"十二五"普通高等教育本科国家级规划教材

新工科卓越工程师教育培养计划电气信息类专业系列教材

# 自动控制原理

（第三版）


主　编　吴怀宇

副主编　谭建豪　曾庆山　王仁明　朱清祥

熊　凌　张　燕　胡立坤　张俊敏

王后能　常雨芳

華中科技大學出版社

http://www.hustp.com

中国 · 武汉

## 内容简介

本书是根据教育部高等学校自动化类专业“自动控制原理”课程教学大纲和高等工程教育认证标准的要求编写的。全书从高等工程教育对人才培养的新要求出发，讨论了经典控制理论的基本概念、基本原理和基本方法，尝试将“新工科”和高等工程教育认证的内涵特征融入控制系统建模、分析与综合，致力于培养学生的创新意识、实践动手能力和解决复杂工程问题的能力。

全书共九章和两个附录。九章内容包括：绪论，线性控制系统的数学模型，控制系统的时域分析，根轨迹法，控制系统的频域分法，控制系统的校正与设计，非线性控制系统，离散控制系统和直流电动机控制系统分析与综合。两个附录包括：Matlab/Simulink 在控制系统分析与综合中的应用实例，自动化领域重要学术期刊、会议及文献检索工具。

本书可作为自动化类、电气工程类、电子信息类、仪器仪表类等相关专业的本科生教材，也可供从事控制理论与控制工程研究、设计和应用的科技工作者参考使用。

**图书在版编目(CIP)数据**

自动控制原理/吴怀宇主编. —3 版. —武汉：华中科技大学出版社，2017.8(2022.7 重印)
ISBN 978-7-5680-3333-6

Ⅰ.①自…　Ⅱ.①吴…　Ⅲ.①自动控制理论-高等学校-教材　Ⅳ.①TP13

中国版本图书馆 CIP 数据核字(2017)第 204936 号

**自动控制原理(第三版)**
Zidong Kongzhi Yuanli
吴怀宇　主编

策划编辑：王红梅
责任编辑：余　涛
封面设计：秦　茹
责任校对：刘　竣
责任监印：周治超
出版发行：华中科技大学出版社(中国·武汉)　电话：(027)81321913
武汉市东湖新技术开发区华工科技园　邮编：430223
录　排：武汉市洪山区佳年华文印部
印　刷：武汉市籍缘印刷厂
开　本：787mm×1092mm　1/16
印　张：23.5
字　数：569 千字
版　次：2022 年 7 月第 3 版第 4 次印刷
定　价：45.00 元

# 第三版前言

本书第二版自2012年8月出版以来，一直受到广大读者、兄弟院校师生的喜爱与关注。本书第三次修订，源于以下几个重要背景。

其一，2010年6月，教育部试点实施“卓越工程师教育培养计划”（简称卓越计划），卓越计划具有企业深度参与培养过程，学校按照国家工程认证通用标准和行业标准培养工程人才，强化培养学生工程能力和创新能力的要求和特点。

其二，2016年6月2日，在吉隆坡召开的国际工程联盟大会上，全票通过了我国加入《华盛顿协议》的转正申请。由此，我国成为第18个《华盛顿协议》正式成员。这标志着我国高等工程教育质量在国际上得到认可，加快了我国工程教育国际化步伐。今后，通过中国工程教育专业认证协会（CEEAA）认证的中国大陆工程专业本科学位将得到美、英、澳等所有该协议正式成员国的承认。

其三，2017年2月18日，教育部在复旦大学召开“综合性高校工程教育发展战略研讨会”，第一次公开提出“新工科”概念，并发布了有关新工科的十点共识，即“复旦共识”，初步提出了新工科的内涵特征、新工科建设与发展的路径选择等内容。2017年4月18日，教育部在天津大学举行“工科优势高校新工科建设研讨会”，形成了“新工科建设行动路线图”，即“天大行动”。2017年6月1日，清华大学召开工科发展研讨会，制定并启动“强化工科优势行动计划”。

正是基于以上背景要求，《自动控制原理》第三次修订试图从课程性质与目标定位、课程内容与教学要求、基本概念与核心概念、系统分析与综合等关键问题入手，探索融合启发式、探究式、讨论式等多样化的“教”与“学”的学习方式，试图融入“新工科”和高等工程教育认证的若干内涵特征。例如，运用工程数学和工程科学原理识别、分析和表达典型控制系统问题；将数学、工程知识和现代计算工具应用于解决复杂控制系统问题，包括理论分析、设计实验与解释数据等；通过拓展复杂控制系统的分析与综合训练，着力培养学生自主学习、团队协作与沟通的意识和能力等。总之，希望通过本次修订，使《自动控制原理（第三版）》教材的内容更有助于培养学生的创新意识、实践动手能力和解决复杂工程问题的能力。

本次主要修改和增补内容说明如下。

在1.1节，增补了与自动控制技术发展相关的最新科技进展；将第二版1.3节合并到1.2节中，便于读者更加系统和完整地理解自动控制系统基本组成；将第二版1.5节合并到1.3节中，并增加了有界输入、有界输出稳定和李雅普诺夫稳定性的定义，使读者易于系统地理解自动控制系统的基本要求。在2.3.2节，增补了比较点和引出点移动解决方案的说明，使读者易于理解和接受；在2.4节，增补了信号流图与方框图应用范围的比较，便于读者了解并熟悉信号流图与方框图的不同特点。在4.3节，重写了常规根轨迹绘制规则的内容；在4.5.2节，重写了基于根轨迹的系统稳态性能分析的内容。在5.3.3节，将开环对数幅频特性低频段特点与系统型别关系纳入到“开环对数频率特性曲线”这一节中，有助于读者全面地理解绘制过程及特性。将第二版6.2节调整到6.2.4节；考虑到利用根轨迹法进行校正在实际工程应用中很少涉及，删除了第二版6.5节根轨迹法串联校正。在7.3节，增补了相平面分析法的发展历程；在7.3.2节，增补了解析法和等倾斜线法的优点分析；在7.3.3节，增补了非线性系统相平面分析与线性系统相平面分析的不同特点。删除了第二版8.6节“最少拍无差离散控制系统设计”部分。新增了第9章“直流电动机控制系统分析与综合”，借助Matlab/Simulink数值计算工具对典型直流电动机控制系统进行了仿真分析、设计、验证和比较，更有助于提高读者分析和解决复杂工程问题的综合能力。扩充了每一章的思考题和控制工程综合练习题。将原来分布在各章最后一节的Matlab/Simulink软件工具在控制系统分析与综合中的应用实例集中于附录一，学习难度从入门到提高，便于读者循序渐进地学习和掌握。新增了附录二，介绍了自动化领域代表性的学术期刊、会议以及国际三大文献检索数据库，供读者查阅和参考。

本书第三版由吴怀宇主编，参与本次修订的有湖南大学谭建豪，郑州大学曾庆山，三峡大学王仁明，长江大学朱清祥，武汉科技大学熊凌，河北工业大学张燕，广西大学胡立坤，中南民族大学张俊敏，武汉工程大学王后能，湖北工业大学常雨芳；武汉科技大学郑秀娟协助补充和校对了部分内容。需要特别指出的是，国家杰出青年基金获得者、武汉科技大学柴利教授，华北电力大学韩璞教授，江汉大学钱同惠教授、刘霞教授，中国地质大学贺良华教授，东华理工大学罗先喜教授及其他很多友人都给予了大力支持和热情帮助。此外，本书第三版内容中仍然包含第一版和第二版诸多参编者的辛勤劳动成果。在本书出版之际，请允许我向所有对于本书撰写、修改、出版与选用提供过帮助与支持的同志们表示衷心的感谢！

本书修订得到了教育部“自动控制原理”国家级精品资源共享课程(教高厅函[2016]54号)、第一批“十二五”普通高等教育本科国家级规划教材(教高函[2012]21号)、“控制理论与应用核心课程”国家教学团队(教高函[2009]18号)和“自动控制原理”国家级精品课程(教高函[2008]22号)等国家教学质量工程项目的资助，在此表示衷心的感谢！

由于编者水平有限，书中难免有缺点与错误，恳请各界读者和广大师生进一步批评和建议。

编　者

2017年8月

# 第二版前言

本书第一版自 2007 年 9 月出版以来，已在多所工科院校使用，并根据需要重新印刷多次，得到了兄弟院校同行专家和老师们的充分肯定和大力支持。近几年来，自动控制、电气工程和电子信息技术的飞速发展给“自动控制原理”课程赋予新的内涵，相关专业在教学实践中对学生加强基础、拓宽专业和培养能力提出了新的要求，这些都促使本课程的内容和体系不断地进行着调整和改革。因此，编者感到有必要在第 1 版的基础上进行修订。

本次修订保持了原有的体系结构和简明的风格，吸收了国内外同类教材的优点；同时，融入了编者在教学和科研过程中积累的一些新的体会和成果。主要修改和补充内容说明如下。

在 1.1 节，增补了与自动控制技术发展相关的最新科技进展；在 1.2 和 1.3 节，修改了相关的控制系统方框图，使实际物理系统与自动控制系统建立了一一对应关系，便于读者加深对自动控制系统组成要素的直观理解；在 2.4 节，引入了一个直流电动机转速闭环控制系统的建模实例，进一步巩固从典型环节到控制系统的分析与建模的综合训练；在 3.2.2 节，增补了三种典型输入信号与系统输出响应关系表，使动态性能指标的表述更直观、易读；将第一版 5.3.4 节中的例题合并到 5.4.1 节中，使开环幅相频率特性曲线绘制的讲解更加系统和完整；重写了奈奎斯特稳定判据这一部分的内容，使读者易于理解和接受；在 6.1 节，强调了控制系统校正的概念；在 7.1.1 节，增补了线性系统与非线性系统特性比较表，便于读者快速了解并熟悉线性系统与非线性系统的不同特点；将第一版 7.2.3 节中的“组合非线性环节的描述函数”调整到 7.2.2 节，并增补了“自持振荡分析”内容；删除了第一版 8.3.3 节中 $z$ 变换定理的证明，避免了与“信号与系统”课程内容的重复；引用了部分新版参考文献，新增了部分重要参考文献；修改和补充了部分习题；更正了第一版中图表、文字和计算中的一些错误和不妥之处。

参加本次修订的有吴怀宇、刘霞、谢勤岚、宋立忠、熊凌、廖家平、朱清祥、易天元，吴怀宇、廖家平任主编。

借此次修订再版之际，对一直给予本书出版、再版以关怀和支持的“21 世纪电气信息学科立体化系列教材”编委会的各位专家、教授表示由衷的感谢。对读者的支持谨致深深的谢意。

本书的修订得到了教育部“自动控制原理”国家精品课程（教高函[2008]22 号）、

“控制理论与应用核心课程”国家教学团队(教高函[2009]18号)等建设项目的资助,在此表示衷心感谢。

由于作者水平有限,书中难免有疏漏和不足之处,敬请读者批评指正。

编　者

2012年8月

# 第一版前言

本书是为适应应用型本科电子信息科学类、仪器仪表类、电气信息类、自动控制类及电机类各专业的教学需要而编写的。

在当今的社会生活中，自动控制技术已经广泛应用于工农业生产、交通运输、航空航天和国防建设等各个领域，自动化控制装置无所不在。特别是计算机技术的迅猛发展，使得一些高要求的控制方法得以实现，自动控制技术迅速普及。可以说，自动控制技术对科学技术现代化的发展作出了重要贡献。

自动控制原理是自动控制技术的理论基础，是自动化及其相关专业的基础课。随着自动控制技术在各个行业的广泛渗透，“自动控制原理”已经成为众多不同专业背景学生的必修或者选修科目，其重要性可见一斑。

一般来说，控制理论分为以单输入单输出系统为研究对象的经典控制理论和以多输入多输出系统为研究对象的现代控制理论。经典控制理论是控制理论的基础，其理论与现代控制理论相通。考虑到实际工程的需要以及相当一部分院校另外开设有“现代控制理论”课程的情况，本书只讲述经典控制理论。如果读者想学习现代控制理论的相关内容，可参阅相关书籍。

本书的主要特点是：注重基本理论与基本概念的阐述，语言文字力求通俗易懂，增加实例说明，使读者更好地理解和掌握本书内容；各章中都结合书本内容介绍了运用 Matlab 分析与设计自动控制系统的基本方法，使读者较容易掌握 Matlab 在控制工程方面的应用，从而满足 21 世纪科技发展的需要。希望本书的出版有助于提高读者的理论联系实际的能力，为进一步学习相关知识打好坚实的理论基础。

参与本书编写工作的有：武汉科技大学吴怀宇（编写第 1 章），江汉大学刘霞（编写第 2 章），中南民族大学谢勤岚（编写第 3 章），海军工程大学宋立忠（编写第 4 章），武汉科技大学熊凌（编写第 5 章），湖北工业大学廖家平（编写第 6 章），长江大学朱清祥（编写第 7 章），武汉工程大学易天元（编写第 8 章）。本书经所有参编作者的商讨，由吴怀宇负责编写大纲的制定，并负责全书的组织和定稿。

本书在编写过程中参考了国内外大量专著、教材和文献（见参考文献），在此，本书编著者谨向有关著作者致以衷心的感谢！

对于本书中存在的错误和不足之处，恳请读者批评指正。

**21 世纪电气信息学科立体化系列教材**

**《自动控制原理》编写组**

2007 年 2 月

# 目录

# 1

# 绪　论

## 1.1　控制理论的形成与发展

近几十年来，自动控制技术(automatic control technology)迅猛发展，在工农业生产、交通运输、航空航天、国防建设、经济管理、生物工程等几乎所有科学和技术领域得到了广泛的应用。在工农业生产领域，自动化技术的发展从早期的机械转速、位置的控制到工业过程中的温度、压力、流量、张力等不同物理量的控制；在航海领域，从远洋巨轮、"雪龙号"极地考察船、"辽宁舰"航母到深海载人潜水器的控制，自动化技术都发挥了重要的作用。

在航海领域，2016 年 9 月 20 日，"雪龙号"第七次完成北极科考任务。2017 年 1 月 13 日，辽宁舰与多艘驱逐舰、护卫舰组成的航母编队，顺利完成了跨海区训练和试验任务。深海潜水器包括载人作业型和载人探险型两种。其中，载人作业型深海潜水器具有水下观察和作业能力，主要用来执行水下考察。1964 年，美国的"阿尔文号"载人潜水器可以下潜到 4500 m 的深海。2012 年 6 月 24 日，中国"蛟龙号"载人潜水器下潜深度达到 7020 m，创造了中国载人深潜新的历史纪录。载人探险型深海潜水器下潜能力强，但活动范围有限。2012 年 3 月 26 日，由澳大利亚工程师打造的"深海挑战者号"单人潜水艇下潜深度超过 10000 m。

在航空航天领域，从飞机自动驾驶、精确导弹制导、人造卫星到 2016 年 12 月 19 日"神舟十一号"与"天宫二号"自动交会对接与返回控制，再到 2013 年 12 月 14 日发射的"嫦娥三号"探测器登陆月球，2003 年 6 月 10 日发射的"勇气号"、2003 年 7 月 7 日的"机遇号"和 2011 年 11 月 26 日的"好奇号"探测器登陆火星的控制，随着科学技术和社会经济的不断发展，自动控制已经介入许多学科，渗透到各个工程领域。

此外，自动控制技术也渗入人们日常生活的方方面面。2005 年雪铁龙公司首次研发了自动泊车入位系统，实现了汽车自动停入车位，随后丰田、奥迪、奔驰、大众等公司纷纷跟进；2009 年以来，特斯拉和 Google 公司研制的无人驾驶汽车实现了自动车道保持、自动变更车道和自动泊车等功能。2014 年百度公司生产的小度机器人，集成了自然语言理解、智能交互、语音视觉等多种人工智能技术，能以自然的方式与用户进行信息、服务、情感的交流。2014 年 8 月，天津市投入使用的电力智能巡检机器人负责变电站的设备巡检工作，实时回传清晰的设备视频、图片、红外成像测温视频、数据，自动读取设备表计，开展远程巡视、特殊巡视，自动生成巡检报告和历史数据趋势曲线。2016年3月，谷歌研制的人工智能系统阿尔法围棋(AlphaGo)以总比分4比1战胜了来自韩国的围棋世界冠军李世石，显示出人工智能的强大力量。2016年9月，深圳机场采用智能安保机器人执行日常巡逻防控任务，开展24小时不间断自主巡逻，通过前后左右四个移动高清数字摄像头实现民航安检前置、移动人像识别功能，并将相关图像信息回传公安大数据后台进行人员分析、实时预警。2017年4月，人工智能"冷扑大师"向六位华人顶尖德州扑克牌手发起挑战，开启共30小时为期5天的人机对决，人工智能完胜。2017年4月，申通快递采用机器人分拣系统，实现流水线分拣到自动装袋的过程，能根据包裹地址识别路径，自动充电，每天至少分拣20万个快递，极大地节省了人工成本。

因此，自动控制技术不仅成为最有发展前途的科学技术之一，而且是现代化社会中不可或缺的组成部分。

所谓自动控制，是指在没有人直接参与的情况下，利用外加设备或控制装置使生产过程或被控对象中的某一物理量或多个物理量自动地按照期望的规律去运行或变化的技术。这种外加的设备或装置就称为自动控制装置。

自动控制理论(automatic control theory)是研究自动控制共同规律的技术学科，主要阐述自动控制的基本原理、自动控制系统的分析和设计方法等内容。控制理论的发展与人类科学技术的发展密切相关，在近代已迅速地发展成为一门内涵极为丰富的新兴学科。控制理论的产生和发展划分为三个阶段：自动控制理论(也称经典控制理论)阶段、现代控制理论阶段和智能控制理论阶段。

### 1.1.1 自动控制理论阶段

#### 1. 自动装置的发明与应用

自古以来，人类就有创造自动装置以减轻或代替人劳动的想法，他们凭借生产实践中积累的丰富经验和对反馈概念的直观认识，发明了许多闪烁控制理论智慧火花的杰作。

水时钟是古代埃及人发明的一种计时装置，它出现于公元前1400年，至今开罗博物馆还珍藏着水时钟的实物。水时钟在中国又称为漏壶、漏刻或漏滴，历代形制不一，有一种是用4个铜壶，由上而下互相叠置而成，上面3个壶底有小孔，最上一壶装满水后，水即逐渐流入以下各壶，最下一壶(称为受水壶或箭壶)内装一直立浮标，上刻时辰，水逐渐升高，浮标也随之上升，通过标记即可知道时辰。图1-1(a)所示的是1745年建造的铜壶漏刻，现存于北京故宫博物院。公元前3世纪中叶，亚历山大里亚城的斯提西比乌斯(Ctesibius)首次在受水壶中使用了浮子(phellossive tympanum)，注入的水通过圆锥形的浮子节制，这种节制方式已含有负反馈(negative feedback)的思想。

天文钟是中国人发明的另一种计时装置。有史料记载，汉武帝太初年间(公元前104—公元前101年)由落下闳发明了世界上最早的天文观测仪器——浑天仪。东汉时期的天文学家张衡制造了世界上最早的以水为动力的观测天象的机械计时器——漏水转运浑天仪，它是世界机械天文钟的先驱。北宋时期(公元1086—1092年)，苏颂和韩公廉利用漏滴、齿轮机械、水力推动等原理在开封建造了世界上第一座装有擒纵器的自鸣机械天文钟——水运仪象台，如图1-1(b)所示。它是集观测天象的浑仪、演示天象

(a) 铜壶漏刻

(b) 水运仪象台

**图 1-1 中国人发明的自动装置**

的浑象、计量时间的漏刻和报告时间的机械装置于一体的综合性观测仪器，每天仅有1 s的误差。其中，结构精巧的擒纵器是后世钟表以及所有自动机械装置的起源。擒纵器是机械钟表的灵魂，它能对动力轮做周期性的控制和放纵，使其产生匀速转动。英国剑桥大学教授李约瑟(Joseph Needham)博士在 1956 年 3 月份英国《Nature》杂志上发表的《Chinese Astronomical Clockwork》一文中指出了"The Chinese chronometer is the direct ancestor of the chronometer of Middle Age in Europe"。水运仪象台本质上是一个按被调量的偏差进行控制的闭环非线性自动控制系统，这是中国科学家对人类计时科学的伟大贡献，在世界钟表史上具有极其重要的意义。

1642 年，法国物理学家帕斯卡(B. Pascal)采用与钟表类似的齿轮传动装置，发明了第一台机械式十进制加法器，解决了自动进位这一关键问题，也第一次确立了计算器的概念，因此他被公认为是制造机械计算机的第一人。1657 年，荷兰科学家惠更斯(C. Huygens)应用伽利略(G. Galilei，1564—1642)的理论设计了钟摆，在他的指导下，年轻的钟匠考斯特(S. Coster)成功地制造了第一个摆钟。1675 年，惠更斯又用游丝取代了原始的钟摆，这样就形成以发条为动力、以游丝为调速机构的小型钟，同时也为制造便于携带的袋表创造了条件。1765 年，俄国人普尔佐诺夫(I. I. Polzunov)发明了浮子阀门式水位调节器，用于蒸汽锅炉水位的自动控制。1788 年，瓦特(James Watt，1736—1819)发明了蒸汽机，此后他给蒸汽机添加了一个节流控制器即节流阀，它由一个离心调节器操纵，用于调节蒸汽流，以便确保引擎工作时速度大致均匀，在当时这是反馈调节器最成功的应用。

古代劳动人民发明的各种自动装置不胜枚举。正是这些构思奇异的自动装置的发明与应用，推动和促进了人们对这些自动装置的基本原理和设计技术做更深入的探索和研究。

**2. 稳定性理论的建立**

英国物理学家牛顿(I. Newton，1642—1727)是第一个关注动态系统稳定性的人。1687 年，在他的著作《Mathematical Principles of Natural Philosophy》中，对围绕引力中心做圆周运动的质点进行了研究。在牛顿创立引力理论之后，法国数学家拉格朗日(Joseph Louis Lagrange，1736—1813)和拉普拉斯(Pierre-Simon de Laplace，1749—1827)在证明太阳系的稳定性问题方面做了相当大的努力。1773 年，24 岁的拉普拉斯证明了行星到太阳的距离在一些微小的周期之内是不变的。1868 年，英国物理学家麦克斯韦(J. Clerk Maxwell,1831—1879)通过对调速系统线性常微分方程的建立和分析,导出了调节器的微分方程,并在平衡点附近进行线性化处理,指出稳定性取决于特征方程的根是否具有负的实部,并解释了瓦特速度控制系统中出现的不稳定问题,从而开创了利用数学方法研究系统稳定性的先河。1872 年,И. А. 维什聂格拉斯基(1831—1895)对蒸汽机的稳定性问题做了进一步研究;1876 年,他发表了论文《论调整器的一般原理》,用线性微分方程描述了由调整对象和调整器组成的控制系统,使问题大大简化;1878 年,他还对非线性继电器型调整器进行了研究。维什聂格拉斯基在苏联被视为自动调整理论的奠基人。

此后,英国数学家劳斯(E. J. Routh,1831—1907)和瑞士数学家古尔维茨(A. Hurwitz, 1859—1919)分别在 1877 年和 1895 年独立地建立了直接根据代数方程的系数判别系统稳定性的准则。他们工作的意义在于将当时各种有关稳定性的孤立的结论和非系统的结果统一起来,开始建立有关动态稳定性的系统理论。1892 年,俄国数学力学家李亚普诺夫(A. M. Lyapunov,1857—1918)发表了具有深远历史意义的博士论文《The General Problem of the Stability of Motion》,给出了稳定性概念的严格数学定义,并提出了解决稳定性问题的一般方法——李亚普诺夫第二方法或李亚普诺夫直接方法。该方法不仅可用于线性系统而且可用于非线性时变系统的分析与设计,从而奠定了稳定性理论的基础。

在这一时期,研究工作的重点是系统的稳定性和稳态偏差,采用的数学工具是微分方程解析法,它们是在时间域上进行讨论的,通常称这些方法为控制理论的时间域方法,简称时域法。

**3. 频域法与根轨迹法的建立**

1928 年,Bell 实验室工程师布莱克(H. S. Black)在研究电子管放大器的失真和不稳定问题时,提出了基于误差补偿的前馈放大器,在此基础上又提出了负反馈放大器,并对其进行了数学分析;然而,反馈放大器的振荡问题使其实用化遇到了障碍。1932 年,美国物理学家奈奎斯特(H. Nyquist,1889—1976)在研究长距离电话线信号传输中出现失真问题的过程中,运用复变函数理论建立了以频率特性为基础的稳定性判据,它不仅可以判断系统的稳定性,解决了布莱克负反馈放大器的稳定性问题,还可以用来分析系统的稳定裕量,从而奠定了频域分析与综合法的基础。随后,布莱克于 1935 年成功地研制出实用的负反馈放大器,彻底解决了反馈放大器的振荡问题。1938 年,苏联学者米哈依洛夫提出用图解分析方法判别系统稳定性的准则,把奈奎斯特判据推广到条件稳定和开环不稳定系统的一般情况。1940 年,Bell 实验室的数学家伯德(H. Bode,1905—1982)引入了半对数坐标系,使频率特性的绘制工作更加适用于工程设计。1942 年,哈里斯(H. Harris)引入了传递函数的概念,用方框图、环节、输入和输出等信息传输的概念来描述系统的性能和关系,这样就把原来由研究反馈放大器稳定性而建立起来的频率法,更加抽象化了,因而也更有普遍意义,可以把对具体物理系统,如力学、电学等的描述,统一用传递函数、频率响应等抽象的概念来研究。1945 年,伯德在他的著作《Network Analysis and Feedback Amplifier Design》中,提出了频率响应分析方法,即简便而实用的伯德图法。

1948 年,控制论之父——美国数学家维纳(N. Wiener, 1894—1964)出版了控制理论的基础著作《Cybernetics or Control and Communication in the Animal and the

Machine》，标志着控制论的正式诞生，该书从控制的观点揭示了动物与机器的共同的信息与控制规律，首次使用了 Cybernetics（赛伯）一词，人们为了纪念维纳在自动化发展中的巨大贡献，最后决定将自动化技术命名为赛伯。1947 年，尼柯尔斯（N. B. Nichols）先后提出了 PID 整定表和尼可尔斯图，进一步将频率响应法加以发展，并且这些方法一直沿用到现在。1948 年和 1950 年，美国电信工程师埃文斯（W. R. Evans）发表了两篇重要论文《Graphical Analysis of Control System》和《Control System Synthesis by Root Locus Method》，提出了直观而简便的图解分析法——根轨迹法，为分析系统性能随系统参数变化的规律性提供了有力工具，从而奠定了单变量控制系统问题的理论基础。1954 年中国科学家钱学森全面总结并提高了经典控制理论的理论高度，在美国出版了英文专著《Engineering Cybernetics》。

**4. 脉冲控制理论的建立**

1928 年，奈奎斯特发表了论文《Certain Topics in Telegraph Transmission Theory》，提出了著名的奈奎斯特采样定理，它给出了采样信号复现原连续信号必需的最低采样频率。1948 年，信息论之父——当代数学家、贝尔实验室最杰出的科学家香农（C. E. Shannon，1916—2001）发表了论文《The Mathematical Theory of Communication》，从信息论的观点给出了采样定理的理论证明，采样定理的提出为脉冲控制理论的形成奠定了基础。1944 年，奥尔登伯格（R. C. Oldenbourg）和萨托里厄斯（H. Sartorious）提出了脉冲系统的稳定性判据，即线性差分方程的所有特征根应位于单位圆内。1947 年，霍尔维兹（W. Hurewicz）首先引进了一个变换用于对离散序列的处理。在此基础上，崔普金（Tsypkin）、拉格兹尼（J. R. Ragazzini）和扎德（L. A. Zadeh）在 1949 年至 1952 年之间分别提出和定义了 $Z$ 变换方法，大大简化了运算量。并针对脉冲系统拉氏变换式是超越函数的特殊情况，提出了用保角变换将 $Z$ 平面的单位圆内部映射到新的复平面的左半面的方法，从而将连续系统分析的频域方法推广到离散系统分析之中。由于 $Z$ 变换只能反映脉冲系统在采样点的运动规律，崔普金、巴克尔（R. H. Barker）和朱利（E. I. Jury）又分别于 1950 年、1951 年和 1956 年提出了广义 $Z$ 变换方法，进一步丰富了脉冲系统的变换理论。此外，在脉冲控制理论的发展过程中，美国哥伦比亚大学的拉格兹尼和他的博士生们也做出了重要贡献，其中包括朱里的离散系统的稳定判据、卡尔曼（R. E. Kalman，1930—2016）的离散状态方法等。

经典控制理论主要是解决单输入单输出控制系统的分析与设计，研究对象主要是线性定常系统。它以拉氏变换为数学工具，以传递函数、频率特性、根轨迹等为主要分析设计工具，构成了经典控制理论的基本框架。可简单地概括为一个函数（传递函数）两种方法（频率响应法和根轨迹法）。其主要特点如下。

（1）它是一套工程实用的方法，许多工作可用作图法来完成。

（2）物理概念清晰，在分析和设计时便于联系工程实际作出决定，减少盲目性。

（3）可用实验方法建立系统的数学模型。

然而，当把这种理论推广到更为复杂的系统时，经典控制理论就显得无能为力了，特别是它不能解决诸如时变参数系统、多变量系统、强耦合系统的最优控制问题，也难以揭示这些复杂系统更为深刻的特性，从而促使了现代控制理论的发展，现代控制理论能够对经典控制理论精确化、数学化及理论化。

### 1.1.2 现代控制理论阶段

20 世纪 50 年代末，蓬勃兴起的航空航天技术提出了最优控制的要求，同时，计算机技术的迅速发展也从计算手段上为控制理论的新方法提供了有力的工具。一种既适合于描述航天器的运动规律，又便于计算机求解的状态空间法(state space method)很快成为主要的模型形式，并吸引了许多数学工作者投入这一领域工作。1892 年，俄国数学家李雅普诺夫创立的稳定性理论被引用到控制理论中。1953 年，苏联工程师费尔德鲍曼(A. A. Feldbaum)提出了 Bang-Bang(开关)控制。1956 年，苏联数学家庞特里亚金(Pontryagin)受到费尔德鲍曼研究工作的启发，提出了著名的极大值原理(maximum principle)。同年，美国数学家贝尔曼(R. Bellman，1920—1984)创立了动态规划(dynamic programming)。极大值原理和动态规划为解决最优控制问题提供了理论工具。1959 年美国数学家卡尔曼提出了著名的卡尔曼滤波器，1960 年又提出系统可控性和可观性两个重要概念，揭示了系统的内在属性。到 20 世纪 60 年代初，一套以状态方程作为描述系统的数学模型，以最优控制和卡尔曼滤波为核心的控制系统分析设计的新原理和方法基本确定，这些理论构成了现代控制理论的发展起点和基础。

现代控制理论以线性代数和微分方程为主要的数学工具，以状态空间法为基础，利用计算机对系统进行分析、设计与控制。状态空间法本质上是一种时域的方法，它不仅描述了系统的外部特性，而且反映和揭示了系统的内部状态和性能。分析与综合的基本目标是在揭示系统内在规律的基础上，使控制系统在一定意义下实现最优化。与经典控制理论相比较，现代控制理论的研究对象要广泛得多，它既可以是单变量的、线性的、定常的、连续的，也可以是多变量的、非线性的、时变的、离散的。

现代控制理论涉及的主要学科分支包括：系统辨识、自适应控制、非线性系统、最优控制、鲁棒控制、模糊控制、预测控制、容错控制、复杂系统控制等。

### 1.1.3 智能控制理论阶段

必须指出，经典控制理论和现代控制理论(包括自适应控制理论与随机最优控制理论)都是以被控对象的精确数学模型为基础的。随着科学技术的突飞猛进，对工业过程控制的要求越来越高，不仅要求控制的精确性，更注重控制的鲁棒性、实时性、容错性以及对控制参数的自适应和学习能力。此外，现代工程技术、生态或社会环境等领域的研究对象本身存在非线性、时变性、强耦合及内部动力学特性不确定性，使这类系统难以用常规的数学方法来建立精确的数学模型，需要用学习、推理或统计意义上的模型来描述实际系统，这就导致了智能控制理论的研究。

智能控制的基础是人工智能，人工智能的发展促进了传统控制向智能控制的发展。

1936 年，24 岁的英国数学家图灵(A. Turing，1912—1954)提出了自动机理论，把研究会思维的机器和计算机的工作向前推进了一大步，他是国际公认的人工智能之父和计算机之父。为纪念图灵在计算机领域的突出贡献，1966 年美国计算机协会设立了图灵奖。1956 年，麻省理工学院(MIT)年轻学者明斯基(M. L. Minsky，1927—2016)和麦卡锡(J. McCarthy)等在美国达特茅斯(Dartmouth)大学会议上首次提出人工智能(artificial intelligence)概念，标志着人工智能学科的正式诞生。明斯基获得了 1969 年度图灵奖，这是第一位获此殊荣的人工智能学者，而麦卡锡获得了 1971 年度图灵奖。

1965年，美籍华裔科学家傅京孙教授(King-Sun Fu，1930—1985)首先提出把人工智能的启发式推理规则用于学习控制系统；1971年他发表了论文《Learning Control Systems and Intelligent Control Systems：An Intersection of Artificial Intelligence and Automatic Control》，论述了人工智能与控制理论的交接关系，并将智能控制概括为自动控制和人工智能的结合。他是国际公认的智能控制的先行者和奠基人。1965年，美国加州伯克利分校模糊数学创始人扎德(L. A. Zadeh)发表了著名论文《Fuzzy Sets》，首先提出了模糊集理论，为模糊控制奠定了基础。在其后的20年中已有很多模糊控制在实际应用中获得成功的例子。模糊控制也是智能控制的一类形式，模糊控制试图模仿人的决策和推理能力。1967年，利昂兹(C. T. Leondes)等人首次正式使用“intelligent control”一词。1977年，萨里迪斯(G. N. Saridis)出版了专著《Self-organizing Control of Stochastic Systems》，1979年发表了综述文章《Toward the Realization of Intelligent Controls》。在这两篇著作中，他从控制理论发展的观点论述了从通常的反馈控制到最优控制、随机控制，再到自适应控制、自学习控制、自组织控制，并最终向智能控制这个更高阶段发展的过程。他首次提出了多级递阶智能控制结构形式，整个控制结构由上往下分为三个层次：组织级、协调级和执行级。分层递阶智能控制遵循“精度随智能降低而提高”的原理分级分布。在多级递阶智能控制系统中，萨里迪斯提出用熵作为整个系统的一个性能测度。1968年，知识工程之父——美国斯坦福大学计算机系的费根鲍姆(E. A. Feigenbaum)研制出第一个真正的专家系统DENDRAL，用于物理质谱仪分析有机化合物的分子结构；1977年，费根鲍姆又进一步提出了知识工程(knowledge engineering)的概念。1982年，美国加州工学院物理学家霍普菲尔德(J. J. Hopfield)提出了Hopfield神经网络模型，引入了能量函数的概念，并建立了神经网络的稳定性判据，拓展了智能控制的新领域。1986年，儒默哈特(D. E. Rumelhart)等人提出了解决多层神经网络权值修正的BP (back propagation)算法——误差反向传播法，找到了解决明斯基提出的问题的办法，给人工神经网络增添了活力。1986年，自适应控制的创始人瑞典科学家奥斯特洛姆(K. J. Åström)提出了专家系统的概念，将人工智能中的专家系统技术引入控制系统，组成了另外一种类型的智能控制系统。借助专家系统技术，他将常规的PID控制、自适应控制等各种不同的控制方法有机地组合在一起，根据不同的情况分别采用不同的控制策略，这种方法在实际应用中取得了明显的效果。

人工智能经过几十年的发展，历经起伏。1985年8月，IEEE在美国纽约召开了第一届智能控制专题讨论会，它标志着智能控制作为一个新的学科分支得到国际控制界的公认。1994年6月在美国奥兰多召开了全球计算智能大会，首次将模糊系统、神经网络与进化计算三个方面内容综合在一起，引起国际控制界的广泛关注。智能控制是一门交叉学科。智能控制的主要目标是使控制系统具有学习和适应能力。智能控制是自动控制发展的高级阶段，是人工智能、控制论、系统论和信息论等多种学科的高度综合与集成，代表控制理论与技术领域发展的最新方向。目前，智能控制理论虽然取得了不少研究成果，但智能控制的理论体系还不够成熟。关于智能控制，目前尚无统一的定义。有一种观点认为智能控制是人工智能、运筹学和自动控制三者的交叉。这种观点包含了两层含义：一方面它指出了智能控制产生的背景和条件，即人工智能理论和技术的发展及其向控制领域的渗透，以及运筹学中的定量优化方法逐渐和系统控制理论相结合，这样就在理论和实践两方面开辟了新的发展途径，提供了新的思想和方法，为智能控制的发展奠定了坚实的基础;另一方面它说明了智能控制的内涵,即智能控制就是应用人工智能理论和技术以及运筹学方法,与控制理论相结合,在变化的环境下,仿效人类智能,实现对系统的有效控制。

回顾人工智能近60年来的发展,可以分为三个阶段:20世纪50年代至70年代,人工智能研究者试图模拟人类智慧,但是受到过分简单的算法、匮乏得难以应对不确定环境的理论以及计算能力的限制,这一热潮逐渐冷却;20世纪80年代,人工智能的关键应用——基于规则的专家系统得以发展,但是数据较少,难以捕捉专家系统的隐性知识,加之计算能力依然有限,使得人工智能不被重视;进入20世纪90年代,神经网络、深度学习等人工智能算法以及大数据、云计算和高性能计算等信息通信技术快速发展,人工智能进入新的快速增长时期。

2013年5月,麦肯锡全球研究院分析了正在迅猛发展、具有广泛影响且对未来经济影响显著的12项颠覆性技术,并预测其将对2025年以后的日常生活、商业活动和全球经济产生重大影响,如图1-2所示。其中,知识型工作自动化高居第二位,其涉及的核心技术包括人工智能、机器学习、自然人机接口、大数据等内容,应用范围包括智能学习、疾病诊断与药物发现等领域,是自动化的重要研究方向之一。谷歌的AlphaGo战胜世界顶级围棋选手李世石,再次将人工智能研究推向一个新的高潮。伴随着互联网的普及、传感器网络的渗透和大数据的涌现,“新一代人工智能”呈现深度学习、跨界融合、人机协同、群智开放、自主操控等新特征,和类人智能、仿脑智能、自主智能、混合智能、跨媒体智能及群体智能等智能新形态,其应用覆盖了生活的方方面面,例如智能城市、智慧医疗、智能制造、智能交通、智能物流、智能机器人、无人驾驶等。谷歌、微软、Facebook、百度、阿里巴巴等互联网巨头的战略也已向人工智能转移。2013年,百度建立了专注于Deep Learning(深度学习)的研究院,是中国第一家把人工智能研究提高到核心技术创新地位的互联网企业。2014年,微软宣布将斥资10亿美元组建Watson人工智能部门,作为一款人工智能超级电脑系统,Watson可利用自然语言能力和分析能力对信息进行处理,能在短时间内快速分析、整合大量数据。2015年6月,Facebook成

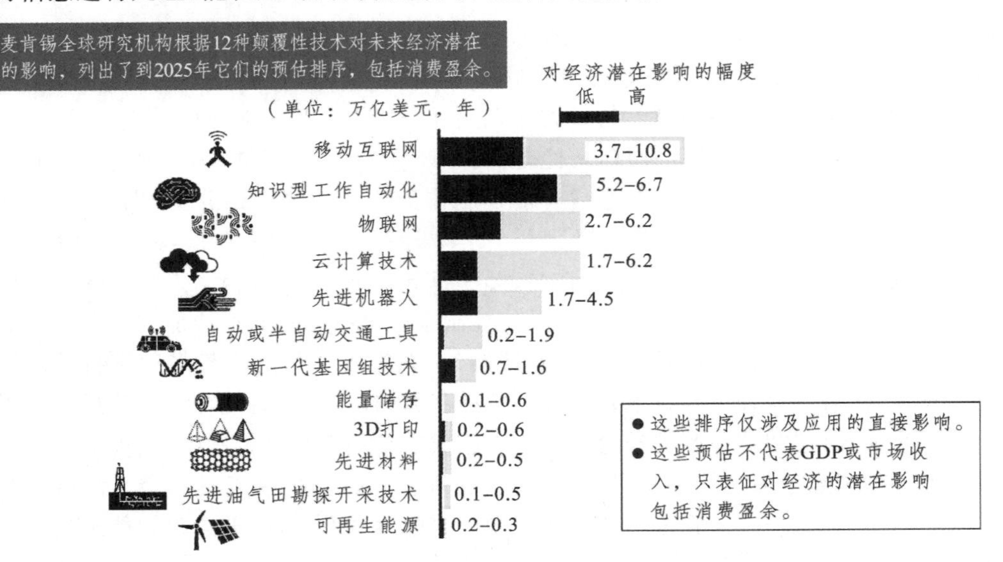


图1-2 麦肯锡12项颠覆性技术

立了人工智能研究实验室。

2016 年，美国白宫先后发布了“为未来人工智能做好准备”、“美国国家人工智能研发战略计划”和“人工智能、自动化与经济”三份报告，深入考察了人工智能驱动的自动化对国家经济的影响，并提出了美国的三大应对策略。2016 年，英国制定了“机器人与人工智能”战略规划，并发布了“人工智能：未来决策制定的机遇与影响”报告。在中国，“人工智能”被写入我国“十三五”规划纲要。2017 年 7 月 8 日，国务院发布了“新一代人工智能发展规划”，明确将人工智能的研发作为国家未来重要的发展战略。

智能控制研究和应用的主要分支包括：模糊控制（fuzzy control）、神经网络控制（neural net-based control）、基于进化机制的控制（evolutionary mechanism based control）、基于知识的控制（knowledge based control ）或专家控制（expert control）、学习控制（learning control）、复合智能控制（hybrid intelligent control）。随着科学技术的迅速发展，自动化开始向复杂的系统控制和高级的智能控制发展，并广泛地应用到国防、科学研究和经济等各个领域，实现更大规模的自动化，如大型企业的综合自动化系统、全国铁路自动调度系统、国家电力网自动调度系统、空中交通管制系统、城市交通控制系统、自动化指挥系统、国民经济管理系统等。自动化的应用正从工程领域向非工程领域扩展，如医疗自动化、人口控制自动化、经济管理自动化等。自动化将在更大程度上模仿人的智能，机器人已在工业生产、海洋开发和宇宙探测等领域得到应用，专家系统在医疗诊断、地质勘探等方面取得显著效果。工厂自动化、办公自动化、家庭自动化和农业自动化将成为新技术革命的重要内容，并得到迅速发展。其中，有些新技术已在现代工业生产过程的智能控制与智能自动化中得到实际应用。

纵观控制理论的发展历程，社会的需求、科学技术的发展和学科之间的相互渗透、相互促进是推动自动控制学科不断向前发展的源泉和动力。控制理论目前还在向更纵深、更广阔的领域发展，无论在数学工具、理论基础，还是在研究方法上都产生了实质性的飞跃，在信息与控制学科研究中注入了蓬勃的生命力，启发并扩展了人的思维方式，引导人们去探讨自然界更为深刻的运动机理。

## 1.2 自动控制系统的基本概念

自动控制是指在没有人直接参与的情况下，利用外加的控制装置使被控对象（如机器、设备或生产过程）的工作状态或某些物理量（如电压、电流、速度、位置、温度、压力、流量、水位、化学成分等）自动地按照预定的规律运行（或变化）。自动控制系统是指能够对被控对象的工作状态进行自动控制的系统。它一般由控制装置和被控对象组成。被控对象是指那些要求实现自动控制的机器、设备或生产过程，控制装置是指对被控对象起控制作用的设备总体。显然，自动控制技术的研究有利于将人类从复杂、危险、烦琐的劳动环境中解放出来，并大大提高控制效率。

自动控制是相对手动控制概念而言的，下面以水箱水位控制系统为例，简要介绍手动控制与自动控制的基本概念。

### 1.2.1 手动控制与自动控制系统

**【例 1-1】** 水位手动调节系统如图 1-3 所示。其控制要求是保持水箱水位始终处在期望水位(简称给定值)。图中,水箱是被控制的设备,简称被控对象;水箱水位是被控制的物理量,简称被控量。由图可知,当实际水位低于或高于期望水位时,就需要对流入量进行适当的调节;当水位高度达到期望值且流入量与流出量相等时,水箱里的水位就处于平衡状态。在手动操纵方式下,操作者用眼观看水位高低情况,用脑比较实际水位与期望水位的偏差并根据经验做出决策,确定进水阀门的调节方向与幅度,然后用手调节进水阀门,最终使水位高度等于期望值。只要水位高度偏离了期望值,操作者就要重复上述调节过程。图 1-3(a)所示的是水位手动调节原理图;图 1-3(b)所示的是水位手动调节过程分析;图 1-3(c)所示的是手动调节水位的模拟过程,简称控制系统的方框图。图中用方框代表系统中具有相应功能的单元或部件,用箭头表示功能单元之间的信号及其传递方向。

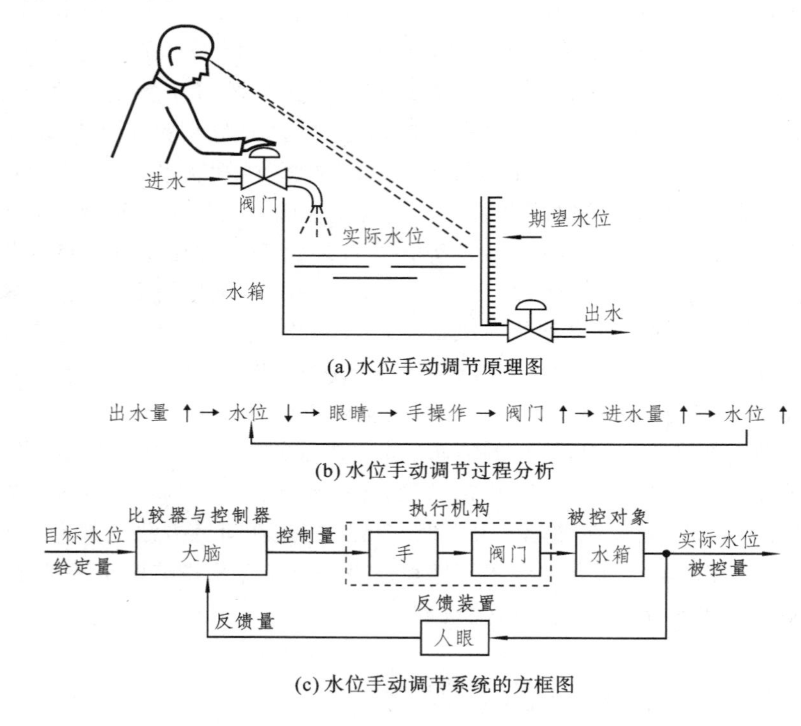


**图 1-3 水位手动调节系统**

**【例 1-2】** 水位自动调节系统如图 1-4 所示。图中浮子相当于人的眼睛,用来测量水位高低;连杆机构相当于人的大脑和手,用来进行比较、计算误差并实施控制。连杆的一端由浮子带动,另一端连接着进水调节阀。当水箱用水量或流出量增大时,水位开始下降,浮子也随之降低,通过杠杆的作用使进水阀门开大,使水位回到期望值附近。反之,若用水量变小,水位及浮子上升,进水阀关闭,水位自动下降到期望值附近。在整个过程中,无需人工直接参与,调节过程是自动完成的。图 1-4(a)所示的是水位自动调节原理图。图 1-4(b)所示的是水位自动调节过程分析。图 1-4(c)所示的是连杆自动调节水位系统的方框图。

必须指出的是,图 1-4 所示的系统虽然可以实现自动控制,但由于调节装置简单而存在缺陷,其主要表现是被控制的水位高度将随着出水量的变化而变化。水箱的出水量越多,水箱的水位就越低,偏离期望值就越远,误差也就越大。其控制结果是总存在一定范围的误差值。这是因为当出水量增加时,为使水箱水位保持恒定不变,就得开大

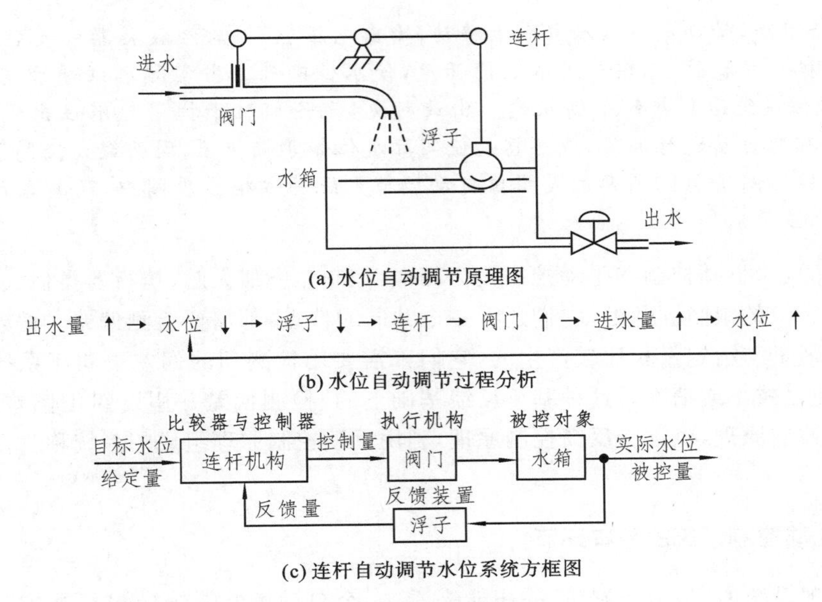


(a) 水位自动调节原理图

(b) 水位自动调节过程分析

(c) 连杆自动调节水位系统方框图

**图 1-4 水位自动调节系统**

阀门，增加进水量。而要开大进水阀，唯一的途径是浮子要下降得更多，这就意味着实际水位要偏离期望值更多。于是，整个水位调节系统就会在较低的水位上建立起新的平衡状态。

**【例 1-3】** 改进的水位自动调节系统如图 1-5 所示。图 1-5 所示的是将图 1-4 所示系统进行改进的水位自动调节系统。在图 1-5(a)所示的系统中，浮子相当于人的眼睛，对实际水位进行测量；连杆和电位器相当于人的大脑，它将实际水位与期望水位进行比较，给出偏差的大小和极性；电动机和减速器相当于人的手，调节阀门开度，对水位实施控制。在正常情况下，实际水位等于期望值，电位器的滑臂居中，$\Delta u=0$。当出水量增

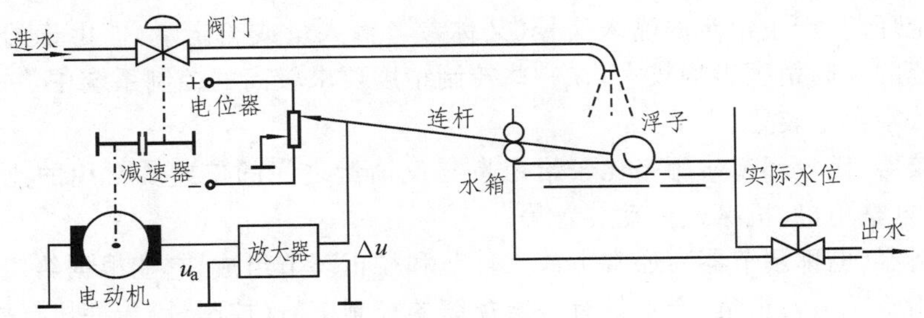


(a) 改进的水位自动调节原理图

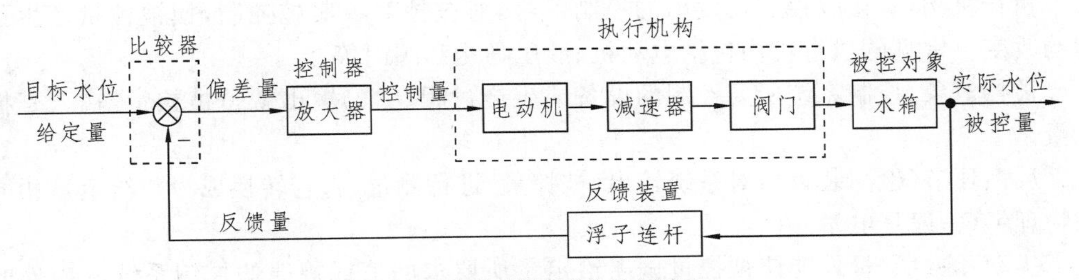


(b) 水位自动调节系统的方框图

**图 1-5 改进的水位自动调节系统**

大时,浮子下降,带动电位器滑臂向上移动,输出电压 $\Delta u>0$,经放大器放大后成为 $u_a$,使直流电机正向旋转,以增大进水阀门开度,使水位回升。当实际水位等于期望值时,$\Delta u=0$,水位系统达到新的平衡状态。由此可见,无论何种干扰引起水位出现偏差,该水位系统都能自动进行调节,最终总是使实际水位等于期望值,因而大大提高了控制精度和可靠性。图 1-5(b)所示的是水位自动调节系统的方框图。图中,"⊗"表示电位器(相当于比较器),"—"表示负反馈。

不难看出,自动控制和手动控制极为相似:控制器类似人脑,执行器类似人手,反馈装置相当于人的眼睛。此外,它们还有一个共同的特点:都需要检测偏差。偏差是由控制量的反馈量与给定量相比较产生的,它们都需要用检测到的偏差去纠正系统中存在的偏差,使之减小或消除。这种基于反馈基础上的"检测偏差并用以纠正偏差"的原理就是自动控制原理,也称为反馈控制原理,利用反馈控制原理组成的系统称为反馈控制系统。

### 1.2.2　自动控制系统的基本环节

从实现系统的"自动控制"这一职能来看,一个自动控制系统应包括被控对象和控制装置两大部分,而根据被控对象和组成控制装置的元件不同,系统又有各种不同的形式,但是一般来说,自动控制系统均应包括以下几个基本环节,如图 1-6 所示。

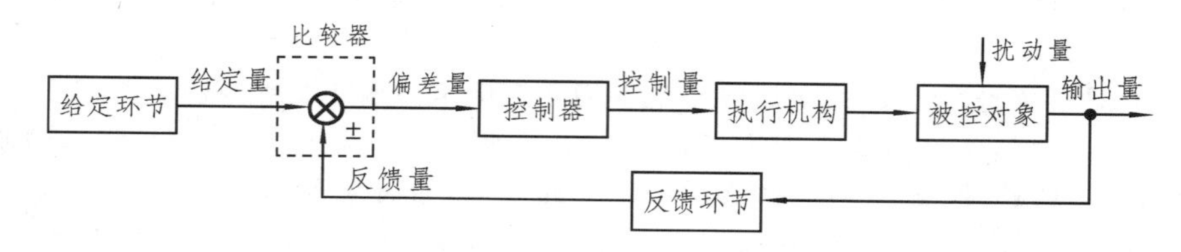


**图 1-6　反馈控制系统的基本构成**

给定环节:产生给定的输入信号(又称参考输入量或给定量)。由于给定环节的精度对系统的控制精度影响较大,在一些控制精度要求较高的控制系统中,一般采用精度较高的数字给定装置。

比较器(比较环节):用来比较给定量与反馈量之间的偏差。常用的比较器有运算放大器、自整角机、机械式差动装置等。

控制器(也称调节器):通常由放大环节和校正环节组成,它能根据给定量和反馈量之间的偏差大小与正负,产生具有一定规律的控制信号(控制量)指挥执行机构动作。

放大环节:将控制信号进行放大,使其变换成能直接作用于执行机构的信号。

执行机构:它接收控制器发出的控制信号,对被控对象实施控制,使被控量产生预期的改变。常见的执行机构包括电动机、液压马达和阀门等。

被控对象:控制系统所要控制的设备或生产过程,它的输出就是被控量,输入是控制量。

反馈环节(检测装置):对系统输出(被控量)进行测量,将它转换成为与给定量相同的物理量(一般是电量)。

扰动:除给定量外能使被控量偏离给定量所要求的值或规律的控制系统的内外的物理量。

图 1-6 中,用"⊗"代表比较环节,"—"表示负反馈;"+"表示正反馈。信号从输入

端沿箭头方向到达输出端的通路称为前向通路;系统的输出量经检测装置到输入端的通路称为主反馈通路;前向通路和主反馈通路构成主回路。此外,由局部前向通路和局部反馈通路构成的回路称为内回路。一个只包含主反馈通路的系统称为单回路系统;包含两个或两个以上的反馈通路的系统称为多回路系统。

控制系统一般受到两种类型的外部作用:参考输入(也称为有用输入)和扰动。有用输入决定系统被控量的变化规律;扰动又可分为内部扰动和外部扰动,它是系统不希望有的外部作用,因为它破坏输入对系统的控制。然而,在实际系统中,扰动总是不可避免的,它可以作用于系统的任何元部件上,也可能一个系统会同时受到多个扰动的作用。

图 1-6 所示的是按偏差原则构成的控制系统,不管外部扰动或内部扰动何时发生,只要出现偏差量,系统就利用产生的偏差去纠正输出量的偏差。从系统结构来看,也可以按照补偿扰动的原则来构成系统,即当扰动量引起偏差的同时,直接利用扰动量来纠正偏差。这种控制作用的优点是迅速,但当干扰较多时,干扰的检测就会比较困难,系统结构也比较复杂。

### 1.2.3 自动控制系统的基本变量

图 1-6 还表示了典型反馈控制系统的 6 个基本变量:给定量(参考输入量)、偏差量、控制量、被控量(输出量)、反馈量和扰动量。

给定量:系统输出量的期望值,又称为参考输入量或设定值。

偏差量:给定量与反馈量之差。

控制量:作用于被控制对象的信号。

被控量(输出量):被控系统所控制的物理量。

反馈量:与输出量成正比或成某种函数关系,与给定量有相同量纲和数量级相同的信号。

扰动量:对系统输出量有不利影响的输入量。

控制系统一般受到两种类型的外部作用:参考输入和扰动。参考输入(给定量)决定系统被控量的变化规律;扰动可以分为内部扰动和外部扰动,它是系统希望避免的外作用,因为它破坏输入对系统的控制。

### 1.2.4 开环控制系统

最典型的控制方式有三种:开环控制系统、闭环控制系统和复合控制系统。

所谓开环控制系统,是指不带反馈装置的控制系统,即不存在由输出端到输入端的反馈通路。换句话说,就是指系统的控制输入不受输出影响的控制系统。在开环控制系统中,输入端与输出端之间,只有信号的前向通道(即信号从输入端到输出端的路径),而不存在反馈通道(即信号从输出端到输入端的路径)。

**【例 1-4】** 图 1-7(a)所示的是一个直流电动机转速开环控制系统。图中,直流电动机是被控对象,电动机的转速 $\omega$ 称为系统的被控量或输出量;参考电压 $u_r$ 称为系统的给定量或输入量;电动机负载转矩 $M_z$ 称为系统的干扰或扰动量。系统的任务是控制他激式直流电机以恒定的速度带动负载运行。系统的控制原理:调节电位器从而获得系统的输入量 $u_r$,经过放大环节成为电动机的电枢电压 $u_a$,使直流电动机带动负载运转。在负载恒定的条件下，电动机的转速 $\omega$ 与电压 $u_a$ 成正比，显然，只要改变输入量 $u_r$，便可获得相应的电动机转速 $\omega$。由图可知，只有输入量 $u_r$ 对输出量 $\omega$ 的单向控制作用，而输出量 $\omega$ 对输入量 $u_r$ 却没有任何影响和联系，这样的系统就称为开环控制系统。图 1-7(b)是直流电动机转速开环控制系统的方框图。

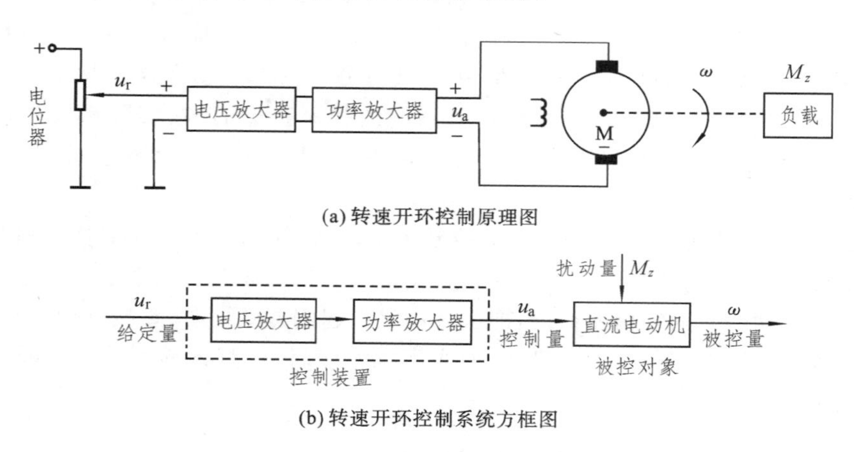


**图 1-7　转速开环控制系统**

由此可见，在开环控制系统中，被控对象的输出量对控制装置(控制器)的输出没有任何影响，即控制装置与被控对象之间只有顺向控制作用，而没有反向联系的控制。正是由于缺少从系统输出端到输入端的反馈回路，因此开环控制系统精度低且适应性差。

### 1.2.5　闭环控制系统

为了提高系统的控制精度，必须把系统输出量的信息反馈到输入端，通过比较输入值与输出值，产生偏差信号，该偏差信号以一定的控制规律产生相应的控制作用，使偏差信号逐渐减小直至消除，从而使控制系统达到预期的性能要求。

所谓闭环控制系统，是指输出量直接或间接地反馈到输入端，形成闭环参与控制的系统。换句话说，就是将输出量反馈回来和输入量比较，使输出值稳定在期望的范围内的控制系统。

**【例 1-5】** 图 1-8(a)所示的是一个直流电动机转速闭环控制系统。图中，测速发电机由电动机同轴带动，它将电动机的实际转速 $\omega$(系统输出量)测量出来，并转换成电压 $u_f$，再反馈到系统的输入端，与给定电压 $u_r$(系统输入量)进行比较，得出偏差电压 $\Delta u = u_r - u_f$。由于该电压能间接地反映误差的大小和方向，通常称为偏差。偏差 $\Delta u$ 经放大器放大后成为 $u_a$，用以控制电动机转速 $\omega$。

图 1-8(b)是直流电动机转速闭环控制系统的方框图。图中，把从系统输入量到输出量之间的通道称为前向通道或正向通道；从输出量到反馈信号之间的通道称为反馈通道。由图可知，由于采用了反馈回路，使信号的传输路径形成闭合回路，使系统输出量(转速)反过来直接影响控制作用。这种通过反馈回路使系统构成闭环，并按偏差产生控制作用，用以减小或消除偏差的控制系统，称为闭环控制系统或反馈控制系统。图 1-8(b)还标注了闭环控制系统的 6 个基本变量：给定量(参考输入量)、偏差量、控制量、被控量(输出量)、反馈量和扰动量。

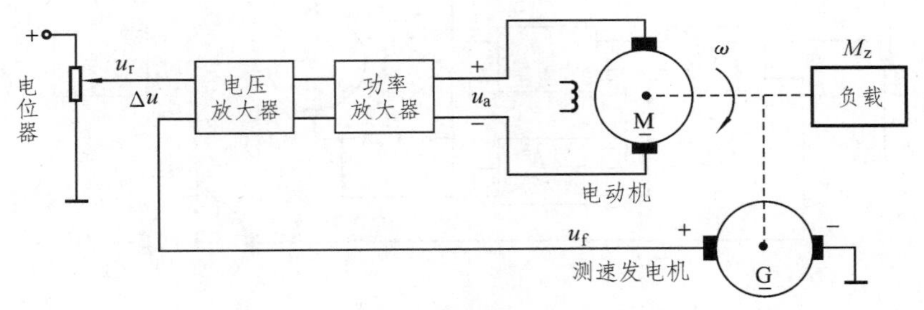


(a) 转速闭环控制原理图

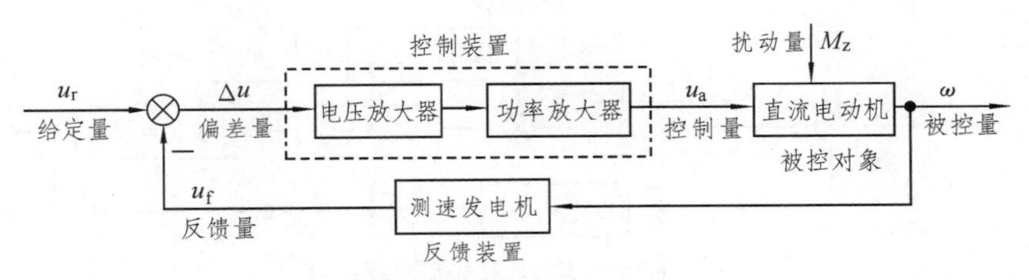


(b) 转速闭环控制系统方框图

图 1-8 转速闭环控制系统

闭环控制系统的主要特点是被控对象的输出(被控制量)会返送回来影响控制器的输出,形成一个或多个闭环或回路。闭环控制系统有正反馈和负反馈,若反馈信号与系统给定值信号极性相反,称为负反馈;若极性相同,则称为正反馈。一般的闭环控制系统都采用负反馈,又称负反馈控制系统。负反馈控制系统是本课程讨论的重点。

开环控制系统的优点是结构比较简单,成本较低;缺点是不能自动修正被控量的偏离,控制精度低,抗干扰能力差,而且对系统参数变化比较敏感。开环控制系统一般用于可以不考虑外界影响或精度要求不高的场合,如洗衣机、步进电动机控制及水位调节等。

闭环控制系统的优点是具有自动修正被控量出现偏离的能力,可以修正元件参数变化以及外界扰动引起的误差,控制精度高;缺点是被控量可能出现振荡,甚至发散。

### 1.2.6 复合控制系统

从系统结构来看,可以按扰动原则或偏差原则来构成系统,前面所讲的开环系统和闭环系统就分别是按扰动原则和按偏差原则构成的系统。按扰动原则构成系统在技术上较按偏差原则简单,但它只适用于扰动可测的场合,而且一个补偿装置也只能对一种扰动进行补偿,对其他扰动没有补偿作用。所以较为合理的方式是结合两种方式来构成系统,对主要的扰动采用适当的补偿装置实现按扰动原则控制;同时,组成闭环反馈控制实现按偏差原则控制,以消除其他扰动带来的偏差。这种按偏差原则和按扰动原则结合起来构成的系统,称为复合控制系统,它兼有两者的优点,可以构成精度很高的控制系统。一种控制直流电动机速度的复合控制系统的原理图和方框图如图 1-9 所示。

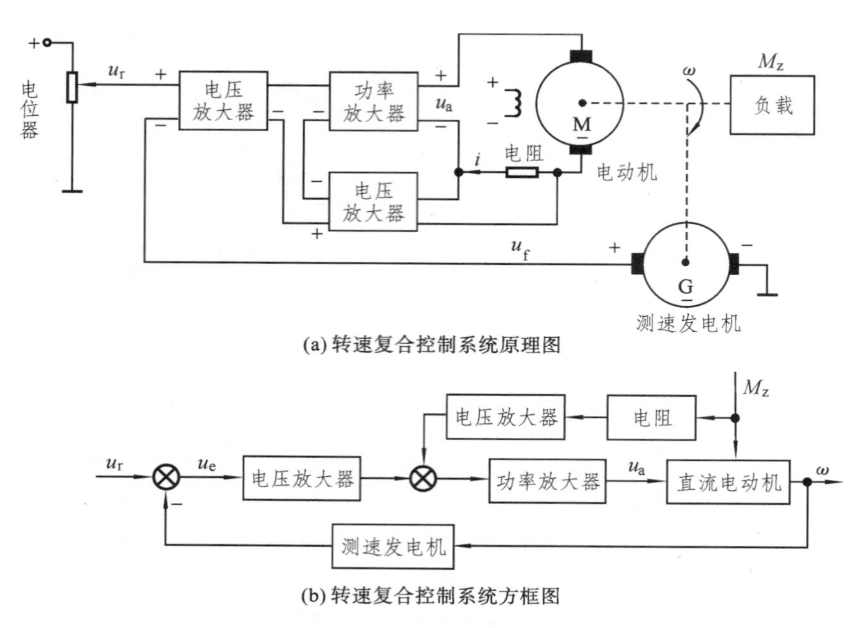


(a) 转速复合控制系统原理图

(b) 转速复合控制系统方框图

图 1-9 转速复合控制系统

## 1.3 自动控制系统性能的基本要求

自动控制是使一个或一些被控制的物理量按照另一个物理量即控制量的变化而变化或保持恒定。如何使控制量按照给定量的变化规律变化,是一个控制系统要解决的基本问题。不论是哪一类的控制系统,我们都希望它满足一定的设计要求。根据系统的不同,其设计要求也不尽相同,但通常是从稳定性(稳)、准确性(准)、快速性(快)三个方面来衡量自动控制系统。

稳定性是控制系统能够运行的首要条件,它是一切自动控制系统必须满足的一个性能指标。换言之,所有系统都必须满足稳定性的要求才能够正常工作。准确性是系统处于稳态时的要求,它反映的是控制系统的控制精度。快速性是控制系统对动态性能(过渡过程)的形式和快慢提出的要求。稳定性和快速性反映了控制系统的动态性能,准确性反映了控制系统的静态性能。

### 1.3.1 稳定性

稳定性是指系统处于平衡状态下,受到扰动作用后,系统恢复原有平衡状态的能力。如果系统受到外作用后,经过一段时间,其被控量可以达到某一稳定状态,则称系统是稳定的;否则为不稳定的。不稳定的系统无法正常工作,甚至会毁坏设备,造成重大损失。直流电动机的失磁,导弹发射的失控,运动机械的增幅振荡等都属于系统不稳定现象。

设一个实际系统处于一个平衡的状态,当扰动发挥作用(或给定值发生变化)时,输出量将偏离原来的稳定值,系统的反馈作用可能会出现两种结果:一是通过系统内部的调节,经过一系列的振荡过程后系统输出回到(或接近)原来的稳态值或跟随给定值,这样的系统称为稳定系统，也是能够进行正常工作达到预期目标的系统，如图 1-10(a)和(c)所示；二是内部相互作用使系统输出出现发散振荡，此时系统处于不稳定状态，其控制量偏离期望值的初始偏差将随时间的增长而发散，这显然不能满足对系统进行控制的基本要求，因此不能实现预定任务，这样的系统称为不稳定系统，如图 1-10(b)和(d)所示。对于不稳定系统，在有界信号的输入作用下实际的输出量只能增大到一定的程度。

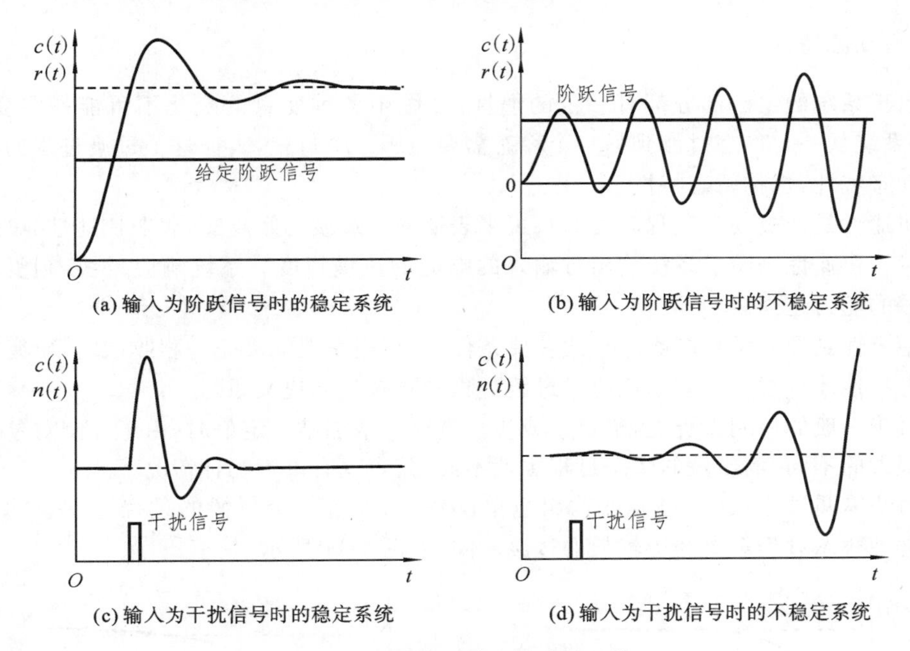


(a) 输入为阶跃信号时的稳定系统

(b) 输入为阶跃信号时的不稳定系统

(c) 输入为干扰信号时的稳定系统

(d) 输入为干扰信号时的不稳定系统

图 1-10 稳定系统和不稳定系统

**1. 稳定性的要求**

对不同的控制系统，稳定性有如下不同的要求。

(1) 对恒值系统，要求当系统受到扰动后，经过一定时间的调整能够回到原来的期望值。

(2) 对随动系统，被控制量始终跟踪数据量的变化。

稳定性反映的是控制系统长期稳定性，它通常由系统的结构决定，而与外界因素无关。因为自控系统中的储能元件的能量不能突变，当有干扰信号或是有输入量时，控制过程总存在一定的延迟。

**2. 稳定性的定义**

对于控制系统，稳定性的定义通常有如下两种方式。

(1) 外部稳定性：基于输入-输出描述系统的外部特性，即有界输入有界输出(bounded-input bounded-output，BIBO)稳定。若系统对所有有界输入引起的零状态响应的输出是有界的，则称该系统是外部稳定的。外部稳定性只适用于线性系统，是对系统输入量和输出量的约束。

(2) 内部稳定性：基于状态空间法，同时描述了系统的外部特性和内部特性，借助平衡状态稳定与否研究系统的稳定性，即李雅普诺夫意义下的稳定性。内部稳定关心的是系统的零输入响应，即在输入恒为零时，系统状态演变的趋势。内部稳定性不但适用于线性定常系统,也适用于非线性、时变系统。

不论是BIBO稳定还是内部稳定,系统稳定性都是由系统内部结构决定的,与外部输入无关。BIBO稳定只是通过输入与输出的关系来体现稳定性。若线性定常系统是内部稳定的,则一定是外部稳定的;若线性定常系统是外部稳定的,且满足能控性和能观性条件,则系统是内部稳定的,此时内部稳定和外部稳定是等价的。

### 1.3.2 动态特性

由于系统的组成部分都有一定的惯性,系统中各种变量的变化不可能是突变的。因此,系统从一个稳态过渡到另一个稳态需要经历一个过程,表征这个过渡过程的指标称为动态特性,也称暂态特性。

快速性是通过动态过程时间的长短来表征的。过渡时间越短,表明快速性越好,反之亦然。快速性表明了系统输出对输入的响应的快慢程度。系统响应越快,则复现快变信号的能力越强。

稳定性是控制系统能够运行的首要条件,只有当系统的动态过程收敛时,研究系统的动态特性才有意义。动态性能对过渡过程的要求是既快又稳。

对于一般的控制系统,当给定量或扰动量突然增加某一定值时,由于控制对象的惯性有很大的不同,输出量的暂态过程也就不同,其表现有以下几种情况。

(1) 单调过程:这一过程的输出量单调变化,经过一个缓慢的过程达到新的稳态值。这种暂态过程需要经历较长的过渡时间,如图1-11所示。

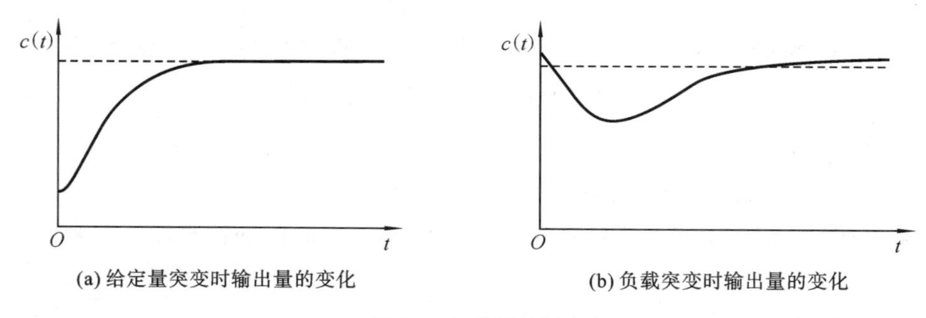


(a) 给定量突变时输出量的变化　　(b) 负载突变时输出量的变化

图1-11　单调过程

(2) 衰减振荡过程:这一过程中输出量快速变化,以致产生超调,但是振荡的幅值在不断衰减。经过数次振荡后,达到新的稳定工作状态,如图1-12所示。

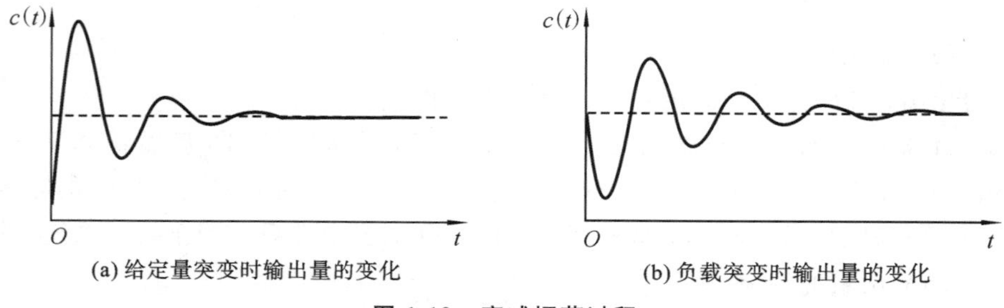


(a) 给定量突变时输出量的变化　　(b) 负载突变时输出量的变化

图1-12　衰减振荡过程

(3) 持续振荡过程:这时被控量持续振荡,始终不能达到新的稳定工作状态,如图1-13所示。这一过程属于不稳定过程。

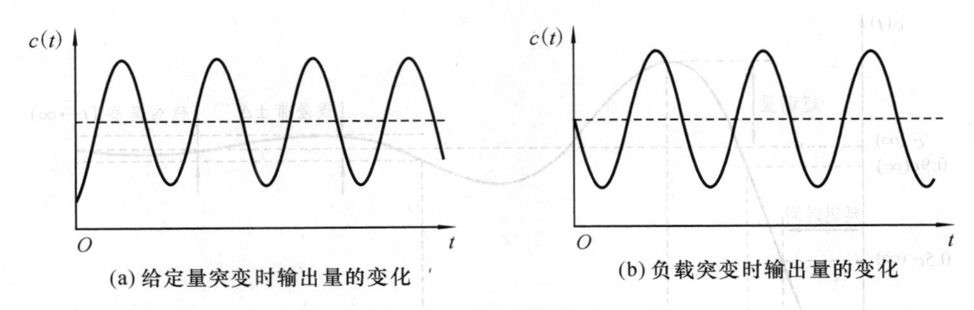

(a) 给定量突变时输出量的变化 (b) 负载突变时输出量的变化

图 1-13 持续振荡过程

(4) 发散振荡过程：这时被控量发散振荡，振荡的幅值越来越大，不能达到所要求的稳定工作状态。在这种情况下，不但不能纠正偏差，反而使偏差越来越大，使系统无法正常工作，如图 1-14 所示。这一过程也属于不稳定过程。

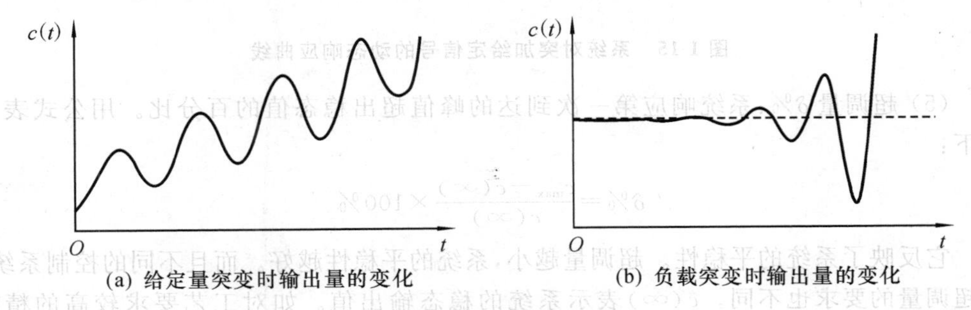

(a) 给定量突变时输出量的变化 (b) 负载突变时输出量的变化

图 1-14 发散振荡过程

一般来说，在合理的结构和适当的系统参数下，系统的暂态过程多属于衰减振荡过程。我们希望控制系统的动态过程不仅是稳定的，并且暂态过程时间越短越好，振荡幅度越小越好，衰减得越快越好。因为阶跃信号的输入对系统来说是最严酷的工作状态。如果系统在此工作状态下工作正常，那么其动态特性是令人满意的，因此通常在阶跃信号下讨论系统的动态特性。现以系统对突加给定信号（阶跃信号）的动态响应来介绍暂态性能指标。

描述系统在单位阶跃信号作用下的动态过程随时间 $t$ 的变化状态的指标称为动态特性指标。系统的动态特性指标通常有延迟时间、上升时间、峰值时间、调节时间、超调量、振荡次数。对于单位阶跃信号，系统的动态响应曲线 $c(t)$ 如图 1-15 所示，图中各项指标介绍如下。

(1) 延迟时间 $t_d$：延迟时间是指响应曲线第一次到达其理论稳定值的一半所需的时间。

(2) 上升时间 $t_r$：上升时间是指响应从理论稳定值的 10%上升到 90%所需的时间。上升时间是系统响应速度的重要指标，上升时间越短，响应速度越快。

(3) 峰值时间 $t_p$：峰值时间是指响应超过其稳态值到达第一个峰值所需的时间。

(4) 调节时间 $t_s$：调节时间是指系统的输出量进入并保持在稳态输出值附近的允许误差带内所需的时间。理论上响应曲线要达到稳态值，时间要趋向无穷大，但在实践中认为满足给定的误差时就可以了。其中允许的误差带（$\pm\Delta$）一般取稳态输出值的 $\pm 2\%$ 或 $\pm 5\%$。调节时间的长短反映了系统的快速性。调节时间越短，系统快速性越好。

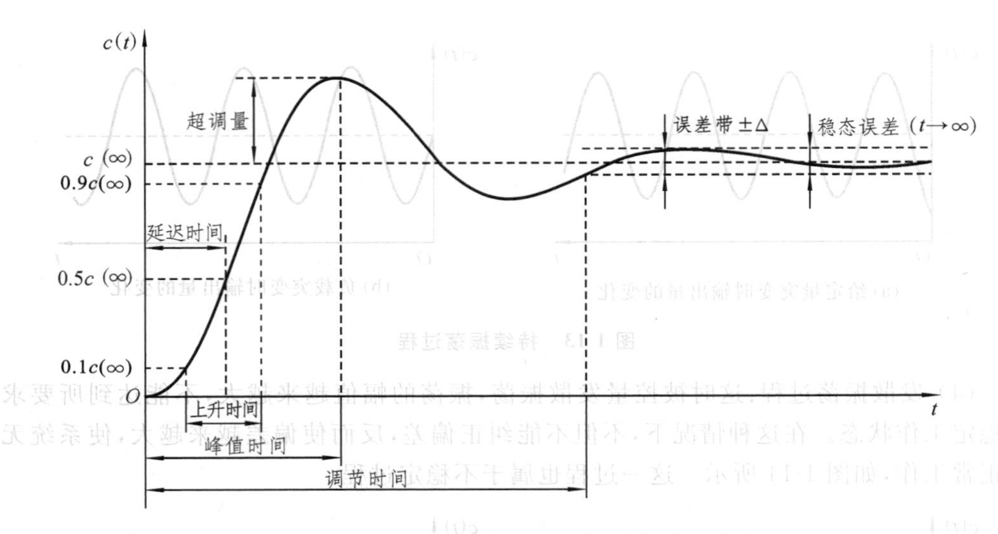


**图 1-15 系统对突加给定信号的动态响应曲线**

(5) 超调量 $\delta\%$:系统响应第一次到达的峰值超出稳态值的百分比。用公式表示如下:

$$\delta\%=\frac{c_{\max}-c(\infty)}{c(\infty)}\times 100\%$$

它反映了系统的平稳性。超调量越小,系统的平稳性越好。而且不同的控制系统,对超调量的要求也不同。$c(\infty)$表示系统的稳态输出值。如对工艺要求较高的精轧机,其 $\delta\%$要求小于 5%;对于卷取机的张力控制系统,则要求不能有超调。

(6) 振荡次数 $N$:振荡次数是指在调节时间内,系统的输出量在稳态值附近上下波动的次数。它反映了系统的平稳性。振荡次数越少,表明系统的稳定性越好。

以上各项指标中,通常用上升时间或峰值时间来评价系统的响应速度;用超调量来评价系统的阻尼程度;用调节时间能同时反映响应速度和阻尼程度;对于简单的一、二阶系统而言,上述指标的解析表达式比较容易确定,但对于高阶系统而言相对较难。对于同一个闭环控制系统,上述各项指标往往存在着矛盾,必须综合考虑,兼顾它们之间的要求。

### 1.3.3 静态特性

稳态过程是在参考输入信号作用下,当时间趋于无穷时,系统输出量的表现方式。稳态过程中表现出的与系统的稳态误差有关的信息用稳态特性来表示。稳定性只取决于系统的固有特性,而与外界的条件无关。

稳定的系统在过渡过程结束后所处的状态称为稳态。稳态特性用稳态误差来表示。

系统对于一个突加的给定或受到的扰动,不可能立即响应,而是有一个过渡过程。对于一个稳定系统,经过一个动态过渡过程,从一个稳态过渡到另一个稳态,系统的输出可能存在一个偏差,这个偏差称为稳态误差。它反映了一个控制系统的控制精度或抗干扰能力,是衡量一个反馈控制系统的稳态特性的重要指标。显然,这种误差越小,表示系统的输出跟随参考输入的精度越高。当稳态误差为零时,系统为无差系统,如图 1-16(a)所示。当稳态误差不为零时,系统为有差系统,如图 1-16(b)所示。由于实际工程中系统实现不可能完全复现理论的设计,因此纯粹的无差系统是不存在的。系统的稳态误差可分为扰动稳态误差和给定稳态误差。对于恒值系统，给定值是不变的，故扰动稳态误差常用于衡量系统的稳态品质，它反映了系统的抗干扰能力；而对于随动系统，要求输出按一定的精度来跟随给定量的变化，因此给定稳态误差常用来衡量随动系统的稳态品质，它反映了系统的控制精度。

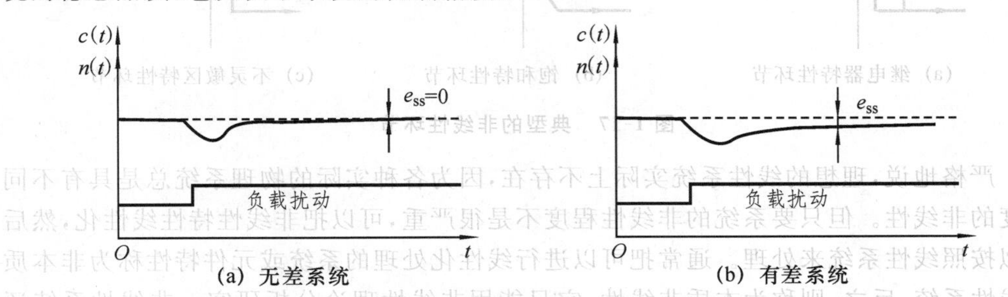


图 1-16 有差系统与无差系统

影响系统的稳态误差的因素有很多，如系统的结构、参数及输入量的形式。需要指出的是，由于元件本身的制造工艺问题造成的永久性的误差不包括在内。

对不同的被控对象，系统对稳、准、快的要求有所不同。如跟踪系统对快速性要求较高，轧机控制系统对准确性的要求较高。而且同一系统中稳、准、快是相互制约的，提高快速性，可能会加速系统的振荡；改善了稳定性，控制过程可能会延长。对此，我们应做综合考虑，使控制系统的性能达到最佳。

## 1.4 自动控制系统的分类

### 1.4.1 线性系统与非线性系统

按照组成系统的元件特性不同，控制系统可分为线性系统和非线性系统等两类。

**1. 线性系统**

线性系统是指组成系统的元器件的静态特性为直线，该系统的输入与输出关系可以用线性微分方程来描述。线性系统的主要特点是具有叠加性和齐次性，系统的时间响应特性与初始状态无关。给定系统，若 $f(t)\Rightarrow y(t)$，有 $af(t)\Rightarrow ay(t)$，其中 $a$ 为任意常数，则称系统满足齐次性；若 $f_1(t)\Rightarrow y_1(t)$，$f_2(t)\Rightarrow y_2(t)$，有 $f_1(t)+f_2(t)\Rightarrow y_1(t)+y_2(t)$，则称系统满足叠加性。叠加性和齐次性是判断系统是否为线性系统的依据，同时满足齐次性与叠加性的系统称为线性系统，用下式表示：

$$a_1f_1(t)+a_2f_2(t)\Rightarrow a_1y_1(t)+a_2y_2(t)$$

如果线性微分方程的各项系数都是与时间无关的常数，则称系统为线性定常系统，也称线性时不变系统；反之，只要系数中有一项是时间的函数，则称系统为线性时变系统。

**2. 非线性系统**

非线性系统是指组成系统的元器件中有一个或一个以上具有非直线的静态特性的系统，只能用非线性微分方程描述，不满足叠加原理。应该注意的是，在控制系统中只要有一个环节是非线性的，那么这个系统就是非线性的。典型的非线性环节有继电器特性环节、饱和特性环节和不灵敏区特性环节等，如图 1-17 所示。

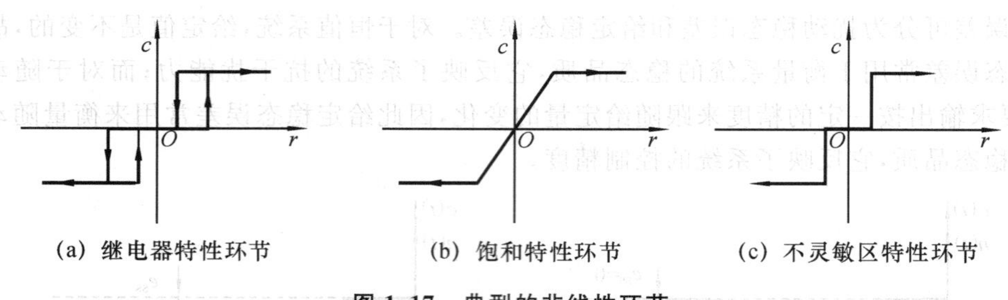


图 1-17 典型的非线性环节

严格地说,理想的线性系统实际上不存在,因为各种实际的物理系统总是具有不同程度的非线性。但只要系统的非线性程度不是很严重,可以把非线性特性线性化,然后近似按照线性系统来处理。通常把可以进行线性化处理的系统或元件特性称为非本质非线性系统;反之,则称为本质非线性,它只能用非线性理论分析研究。非线性系统还可分为非线性时变系统和非线性定常系统等两类。

### 1.4.2 连续系统与离散系统

按照系统内信号的传递形式不同,控制系统可分为连续系统和离散系统等两类。

连续系统是指系统内各处的信号都是以连续的模拟量传递的系统,其输入与输出之间的关系可以用微分方程来描述。连续系统又可以分为线性连续系统和非线性连续系统(或定常连续系统和时变连续系统)等两类。

离散系统是指系统一处或多处的信号以脉冲序列或数码形式传递的系统。其脉冲序列可由脉冲信号发生器或振荡器产生,也可用采样开关将连续信号变成脉冲序列,这类控制系统又称为采样控制系统或脉冲控制系统。而对于采用数字控制器或数字计算机控制,其离散信号以数码的形式传递的系统,则称为采样数字控制系统或计算机控制系统。离散系统又可分为线性离散系统和非线性离散系统(也称为定常离散系统和时变离散系统)。离散系统可用差分方程来描述输入与输出之间的关系。

图 1-18 为脉冲控制系统的结构图。连续信号 $r(t)$加于输入端,经过比较环节得到偏差信号 $e(t)$,采样开关对 $e(t)$进行采样,得到偏差的脉冲序列 $e^*(t)$,这一脉冲序列经过保持器对控制对象进行控制。

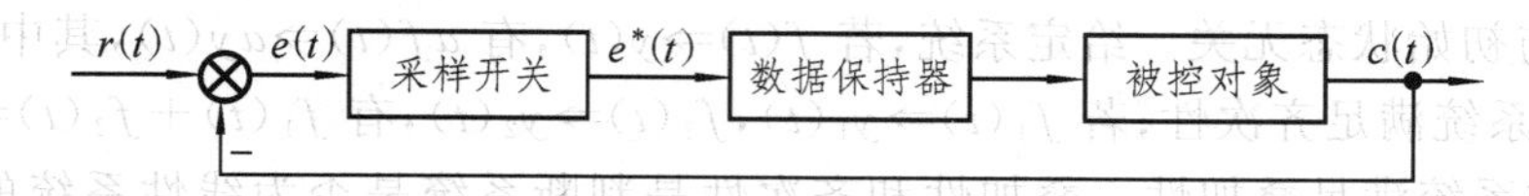


图 1-18 脉冲控制系统的结构图

在采样数字控制系统中,计算机的输入量和输出量都是数码,而被控对象的输入量和输出量都是模拟信号,这就需要有模数转换装置 A/D 和数模转换装置 D/A 来完成模拟量和数码之间的相互转换。一个典型的采样数字控制系统如图 1-19 所示。

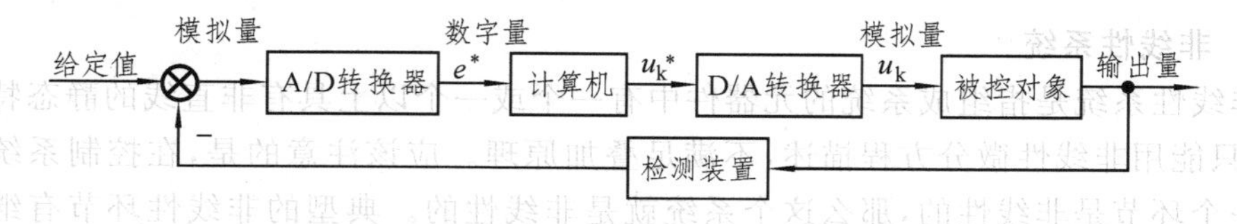


图 1-19 典型的采样数字控制系统的结构图

### 1.4.3 恒值系统与随动系统

按照参考输入形式不同,控制系统可分为恒值系统和随动系统。

恒值系统的特点:系统输入量(即给定值)是恒定不变的。这种系统的输出量也应是恒定不变的,但由于各种扰动的影响使被控量(即系统的输出量)偏离期望值,所以系统的任务是尽量排除扰动的影响,使被控量恢复到期望值,并以一定的准确度保持在期望值附近。例如,恒速、恒温、恒压等自动控制系统都属于恒值系统。

随动系统的特点:给定值是预先未知的或随时间任意变化。随动系统要求系统被控量以一定的精度和速度跟随输入量变化,跟踪的速度和精度是随动系统的两项主要性能指标。例如,导弹发射架控制系统、雷达天线控制系统等都属于随动系统。

### 1.4.4 单变量系统与多变量系统

单变量系统又称为单输入单输出系统,其输入量和输出量各只有一个,系统结构较为简单。多变量系统又称为多输入多输出系统,其输入量和输出量个数多于一个,系统结构较为复杂。有时一个输入量对多个输出量有控制作用,有时一个输出量受多个输入量的控制。显然,多变量系统在分析和设计上都远较单变量系统复杂。

### 1.4.5 确定性系统与不确定性系统

若系统的结构和参数是确定的,预先可知的,系统的输入信号(包括给定输入和扰动)也是确定的,可用解析式或图表确切地表示,这种系统称为确定系统。若系统本身的结构和参数不确定或作用于系统的输入信号不确定,则称这种系统为不确定系统。

### 1.4.6 集中参数系统与分布参数系统

能用常微分方程描述的系统称为集中参数系统。这种系统中的参量是定常的或是时间的函数,系统的输入量、输出量及中间量都只是时间的函数,因而其运动规律可以用时间变量的常微分方程来描述。

不能用常微分方程而必须用偏微分方程描述的系统称为分布参数系统。在这样的系统中至少存在一个环节必须用偏微分方程来描述,这一环节的参量不只是时间的函数,还明显依赖于该环节的状态。这时系统的输出不再单纯是时间变量的函数,也是系统内部状态变量的函数。

本课程中涉及的内容主要是单变量、集中参数、线性、定常、连续系统,同时对非线性系统及线性离散系统也作必要的阐述。

## 1.5 教学内容与要求

### 1.5.1 教学内容

“自动控制原理”(The principle of automatic control)是自动化类、电气类、电子信

息类、仪器仪表类专业的一门技术基础课,本课程主要介绍经典控制理论。

本书按照"系统模型、系统分析和系统设计"这一统一框架进行讲述,主要从控制系统的数学模型入手,分别介绍时域分析法、根轨迹分析法和频率特性分析法等内容。将控制理论的不同方法放在这个统一的框架里讲述,有利于比较不同方法的特点,即时域分析法的直观性、频率特性分析法的工程应用性、根轨迹分析法的简单实用性。此外,这三种方法的特点虽不同,但都是围绕"稳(稳定性)—准(稳态性能)—快(动态性能)"这一教学主线来展开的。掌握上述基本分析方法后,再进行系统校正与综合的讨论,这是比系统分析更深层次的内容,主要介绍频率特性法校正与系统综合的原理与思路;此外,还要介绍针对非线性系统的描述函数法和相平面分析法;最后学习线性离散控制系统的分析与综合方法。必须指出,无论是系统分析还是系统设计或综合,也都与"稳—准—快"这一教学主线紧密相连,系统分析是采用不同的分析方法来分析系统的性能指标"稳—准—快",而系统设计或综合则是采用频率特性分析法对系统进行校正,使系统达到"稳—准—快"的性能指标要求。

由于自动控制理论学科的理论性较强,为了使学生能有较直观的认识,培养其理论联系实际的基本技能,特开设了有关这方面课程的实验。实验目的是将该课程所论述的某些基本原理、基本分析方法,通过这些实验加以论证和检验。学生们根据实验结果,利用所学过的理论知识,通过分析找出内在的联系,从而加深对其理论的理解,培养学生实际操作和调试的基本技能,提高分析和解决实际问题的能力。

### 1.5.2 教学要求

学习"自动控制原理"要求处理好全面与重点、理解与记忆、原理与方法的关系。具体要求掌握的两项基本内容如下。

**1. 控制系统的分析**

对于一个具体的控制系统,如何从理论上对它的动态性能和稳态精度进行定性的分析和定量的计算,主要包括以下三个方面内容。

稳定性分析:给出判断系统稳定性的基本方法,并阐述系统的稳定性与系统结构(或称控制规律)及系统参数间的关系。

稳态特性分析:系统稳态特性表征了系统实际稳态值与希望稳态值之间的差值,即稳态误差,表征了控制系统的控制精度,给出计算系统稳态误差的方法,指出系统结构和参数对稳态特性的影响。

动态特性分析:系统的输入一定时,一般将由初始稳态向终止稳态过渡,初始稳态与终止稳态之间的过渡过程称为系统的动态过程(或瞬态过程、暂态过程)。分析系统结构、参数与动态特性的关系,并给出计算系统动态性能指标的方法和讨论改善系统动态性能的途径。

**2. 控制系统设计或综合**

根据对系统性能的要求,如何合理地设计校正装置,使系统的性能能全面地满足技术上的要求。

在控制系统的综合分析与设计中,一般采用解析法和实验法。解析方法是运用理论知识对控制系统运行理论方面的分析、计算。实验方法是利用各种各样的仪器仪表装置，对控制系统施加一定类型的信号，测量系统响应的方法以确定系统的性能。这两种方式是相辅相成的。

## 本章小结

本章首先从经典控制到现代控制，再到智能控制三个方面介绍了自动控制原理的形成与发展；进而介绍了自动控制系统的基本概念，包括手动控制与自动控制的比较，自动控制系统的基本构成，开环控制系统、闭环控制系统和复合控制系统；再从控制系统稳定性、动态特性和静态特性三方面讨论了自动控制系统性能的基本要求；接着介绍了自动控制系统各种方式的分类；最后全面论述了自动控制原理课程的教学内容、基本要求和应达到的目的。

## 本章习题

1-1　什么是开环控制？什么是闭环控制？分析、比较开环控制和闭环控制各自的特点。

1-2　闭环控制系统是由哪些基本部分构成的？各部分的作用是什么？

1-3　什么是复合控制系统？分析其工作的特点。

1-4　什么是系统的稳定性？为什么说稳定性是自动控制系统最重要的性能指标之一？

1-5　什么是智能控制？分析智能控制的特点。

1-6　简述对反馈控制系统的基本要求。

1-7　系统的动态特性指标有哪些？每个指标的定义是什么？

1-8　控制系统稳定性的定义有哪两种方式？

1-9　在人们的日常生活和生产过程中，手动控制和自动控制的应用非常广泛。手动控制的例子有人体温度控制、自行车速度控制、汽车驾驶控制、收音机音量控制等。自动控制的例子有电饭煲的温度控制、空调器的温度控制、声控和光控的路灯、导弹飞行控制、人造卫星和宇宙飞船控制等。试选择其中3～6个例子，说明它们的工作原理。

1-10　控制论已经从工程控制领域深入发展到生物领域，生物控制理论是运用控制论的一般原理，研究生物系统中的控制和信息的接收、传递、存储、处理及反馈的一种理论。试分析控制理论在人体系统中的应用，并说明它们的工作原理。例如，呼吸过程中$O_2$和$CO_2$的平衡、血压/血糖的稳定、瞳孔反射、体温调节、血液透析过程等。

1-11　在使用电冰箱时，用户通常是预先设定的一个温度值，其目的是使电冰箱内部的温度保持在这个设定值。试分析电冰箱是如何实现温度的自动控制的，并画出电冰箱温度自动控制系统的方框图。

1-12　无人驾驶汽车通过车载传感器系统感知道路环境，并依靠车内的计算机系统实现智能驾驶。试分析无人驾驶汽车是如何实现行驶方向的自动控制的，并画出无人驾驶自动控制系统的方框图。

1-13　水位自动控制系统的控制要求如下：水位自动控制在一定范围内（如3～7 m）① 当水位低至3 m时，使水泵启动上水；② 当水位升至7 m时，水泵停止工作；③ 因特殊情况水位超限（如高至7 m或低于3 m），报警器报警。

1-14　自动门控制系统，控制要求如下：① 当有人由内到外或由外到内通过光电检测开关K1或K2时，开门执行机构KM1动作，电动机正转，到达开门限位开关K3位置时，电动机停止运行；② 自动门在开门位置停留8 s后，自动进入关门过程，关门执行开关KM2启动，电动机反转，当门移动到关门限位开关K4位置时，电动机停止运行；③ 在关门过程中，当有人员由外到内或由内到外通过光电检测开关K2或K1时，应立即停止关门，并自动进入开门程序；④ 在门打开后的8 s等待时间内，若有人员由外至内或由内至外通过光电检测开关K2或K1时，必须重新开始等待8 s后，再自动进入关门过程，以保证人员安全通过。

# 2 线性控制系统的数学模型

在控制系统的定性分析、定量计算过程中，首先要建立系统的数学模型。控制系统的组成可以是多种多样的，如电气的、机械的、液压的和气动的，但描述这些系统的数学模型却可以是相同的。因此，通过数学模型来研究自动控制系统，可以摆脱不同类型系统的外部特征，研究它们内在的、共性的运动规律。

建立控制系统数学模型的方法主要有两种：分析法和实验法。分析法是对系统各部分的运动机理进行分析，依据其所遵循的基本定律，列写出相应的运动方程，最后得到有关输入与输出关系的数学表达式。实验法是给系统施加某种测试信号，记录其输出响应，并用适当的数学模型去逼近，该方法也称为系统辨识。

控制系统的数学模型就是描述系统内部各变量（系统输入、输出变量以及内部其他变量）之间关系的数学表达式。数学模型的表示有多种。时域中常用的数学模型有微分方程、差分方程和状态方程；复域中有传递函数、结构图和信号流图；频域中有频率特性等。本章主要讨论利用分析法建立微分方程、传递函数、结构图和信号流图四种线性系统数学模型及它们之间的相互转换的方法，进而介绍控制系统数学模型的 Matlab 仿真技术。鉴于系统辨识方法涉及过多后续课程的知识，本书不作讨论，感兴趣的读者可参考相关文献。

## 2.1 微分方程描述法

微分方程是在时域中描述控制系统的运动状态和动态性能的数学模型。利用微分方程可以得到其他多种形式的数学模型，因此它是数学模型的最基本形式。

用分析法建立系统微分方程的一般步骤如下。

(1) 分析系统的工作原理和系统中各变量之间的关系，确定系统的输入量、输出量和中间变量。

(2) 根据系统（或元件）的基本定律（物理、化学定律），从系统的输入端开始，依次列写组成系统各元件的运动方程（微分方程）。

(3) 联立方程，消去中间变量，得到有关输入量与输出量之间关系的微分方程。

(4) 标准化，即将与输出量有关的各项放在方程的左边，与输入量有关的各项放在方程的右边，等式两边的导数项按降幂排列。

为方便理解，首先针对线性系统举例说明系统微分方程列写的步骤和方法。

**【例 2-1】** 设有由电阻 $R$、电感 $L$ 和电容 $C$ 组成的电路，如图 2-1 所示。试列写以 $u_i$ 为输入量，$u_o$ 为输出量的微分方程。

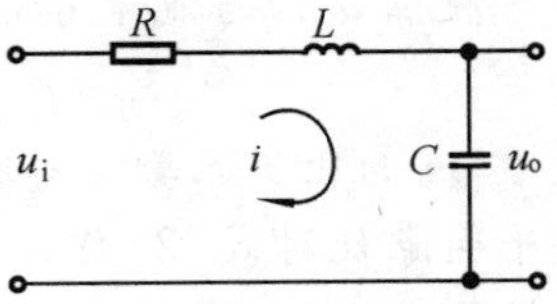

**解** 设回路电流为 $i$，根据基尔霍夫定律，有

$$Ri+L\frac{\mathrm{d}i}{\mathrm{d}t}+u_o=u_i,\quad u_o=\frac{1}{C}\int i\mathrm{d}t$$

图 2-1 RLC 电路

消去中间变量 $i$，得到系统输入输出关系的微分方程为

$$LC\frac{\mathrm{d}^2u_o}{\mathrm{d}t^2}+RC\frac{\mathrm{d}u_o}{\mathrm{d}t}+u_o=u_i$$

**【例 2-2】** 设有由弹簧—质量—阻尼器构成的机械平移系统，如图 2-2 所示。试列写质量 $m$ 在外力 $F$ 作用下，位移 $x$ 的微分方程。

**解** 根据牛顿定律，有

$$ma=\sum F$$

可写出下列方程

$$m\frac{\mathrm{d}^2x}{\mathrm{d}t^2}=F-f\frac{\mathrm{d}x}{\mathrm{d}t}-kx$$

式中：$a=\mathrm{d}^2x/\mathrm{d}t^2$ 为物体运动加速度；$f$ 为阻尼系数；$k$ 为弹性系数；$f\mathrm{d}x/\mathrm{d}t$ 为阻尼器黏性摩擦阻力，它与物体运动速度 $\mathrm{d}x/\mathrm{d}t$ 成正比；$kx$ 为弹簧的弹力，它与物体运动产生的位移 $x$ 成正比。

将方程写成标准形式，得到系统的微分方程为

$$m\frac{\mathrm{d}^2x}{\mathrm{d}t^2}+f\frac{\mathrm{d}x}{\mathrm{d}t}+kx=F$$

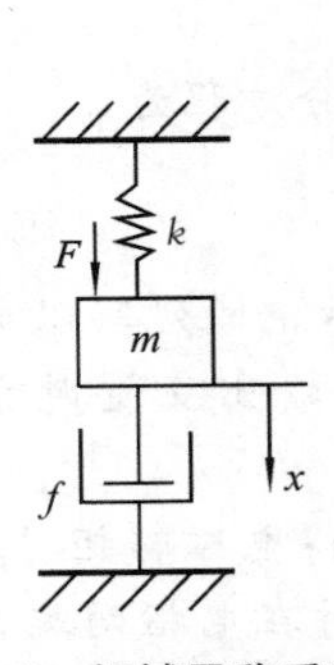


图 2-2 机械平移系统

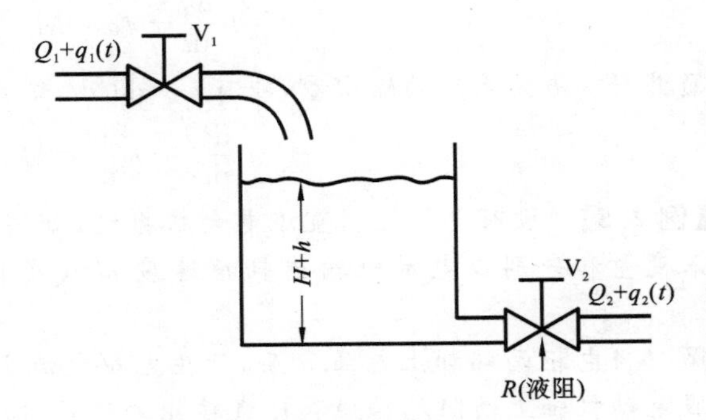


图 2-3 液位控制系统

**【例 2-3】** 图 2-3 所示的为单位储液槽的液位控制系统。其中，$Q_1$、$Q_2$、$H$ 分别为液槽处于平衡状态时的液体流入量、流出量和液位高度。当系统平衡时，阀 $V_1$ 的开度增大，液体流入量为 $Q_1+q_1(t)$，液槽的高度将变为 $H+h$，输出流量将增大为 $Q_2+q_2(t)$。使液槽内的液位趋于一个新的平衡状态，这说明该系统有自平衡功能。试写出当液体流入量为 $Q_1+q_1(t)$ 时，液槽液位变化量 $q_2(t)$ 的微分方程。

**解** 假设液槽的截面积为 $C$，则有

$$C\frac{\mathrm{d}(H+h)}{\mathrm{d}t}=[Q_1+q_1(t)]-[Q_2+q_2(t)]$$

在平衡状态中，$H=$定值，$Q_1=Q_2$，则上式可简化为

$$C\frac{\mathrm{d}h(t)}{\mathrm{d}t}=q_1(t)-q_2(t)\tag{1}$$

液位 $h(t)$ 与流量 $q_2(t)$ 有如下关系

$$q_2(t)=m\sqrt{h(t)} \tag{2}$$

式中，$m$ 为比例系数（与阀 $V_2$ 的开度大小有关）。需要在平衡点处对式(2)作线性化处理，如图 2-4 所示。经线性化处理后，有

$$q_2(t)=\frac{m}{2\sqrt{H}}h(t) \quad 即 \quad \frac{q_2(t)}{h(t)}=\frac{m}{2\sqrt{H}}\approx\frac{1}{R} \tag{3}$$

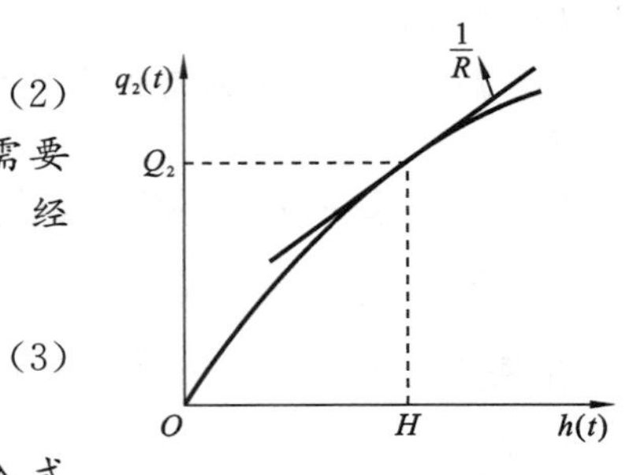

图 2-4　$q_2(t)$ 与 $h(t)$ 的关系曲线

式中，$R\approx\frac{液位高度的变化量}{输出流量的变化量}=$液阻。将式(3)代入式(1)得

$$RC\frac{\mathrm{d}h(t)}{\mathrm{d}t}+h(t)=Rq_1(t)$$

**【例 2-4】**　设有由惯性负载和黏性摩擦阻尼器构成的机械转动系统，如图 2-5 所示。试列写以力矩 $M_i$ 为输入变量，角速度 $\omega$ 为输出变量的系统微分方程。

**解**　根据牛顿定律

$$J\frac{\mathrm{d}\omega}{\mathrm{d}t}=\sum M$$

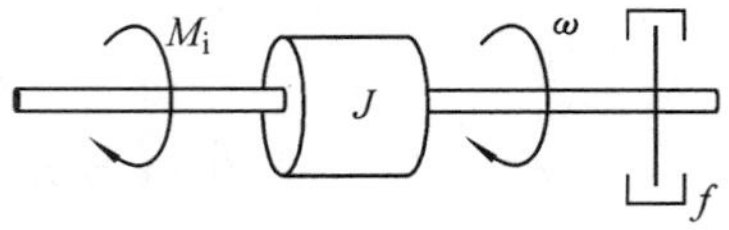

可写出下列方程

$$J\frac{\mathrm{d}\omega}{\mathrm{d}t}=M_i-f\omega$$

图 2-5　机械转动系统

式中：$f\omega$ 为阻尼器的黏性摩擦阻力矩，它与角速度 $\omega$ 成正比；$f$ 为阻尼系数；$J$ 为惯性负载的转动惯量。将方程写成标准形式，求得系统的微分方程为

$$J\frac{\mathrm{d}\omega}{\mathrm{d}t}+f\omega=M_i$$

若以负载转角 $\theta$ 为系统的输出量，即有 $\omega=\mathrm{d}\theta/\mathrm{d}t$，则系统的微分方程为

$$J\frac{\mathrm{d}^2\theta}{\mathrm{d}t^2}+f\frac{\mathrm{d}\theta}{\mathrm{d}t}=M_i$$

**【例 2-5】**　设有电枢控制直流电动机系统，如图 2-6 所示。试列写以电枢电压 $u_a$ 为输入变量和分别以电动机输出轴角速度 $\omega$ 及角位移 $\theta$ 为输出变量时系统的微分方程。

**解**　当电枢两端加上电压 $u$ 后，产生电枢电流 $i$，随即获得电磁转矩 $T_e$，驱动电枢并克服电动机轴上的阻尼转矩和负载转矩带动负载旋转，同时在电枢两端产生反电势 $e_b$，使电机作恒速转动。

根据基尔霍夫定律，得

$$u=Ri+L\frac{\mathrm{d}i}{\mathrm{d}t}+e_b$$

$$e_b=k_e\frac{\mathrm{d}\theta}{\mathrm{d}t}=k_e\omega$$

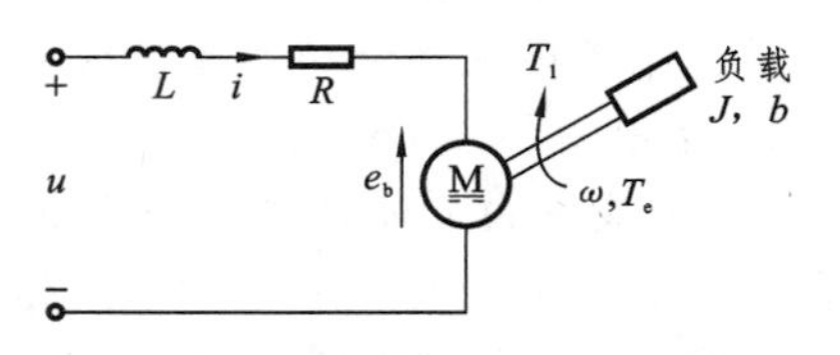

图 2-6　电枢控制的直流电动机

式中：$L$ 为电枢回路总电感；$R$ 为电枢回路总电阻；$k_e$ 为反电势系数。根据刚体转动定律，得

$$T_e=J\frac{\mathrm{d}^2\theta}{\mathrm{d}t^2}+f\frac{\mathrm{d}\theta}{\mathrm{d}t}+T_1$$

$$T_e=k_t i$$

式中：$J$ 为电枢转动惯量；$T_1$ 为负载转矩；$T_e$ 为电磁转矩；$k_t$ 为电动机转矩系数；$f$ 为

阻尼系数。

消去中间变量 $i$、$e_b$、$T_e$，即可得 $u$ 与 $\theta$、$\omega$ 之间的微分方程

$$JL\frac{d^3\theta}{dt^3}+(JR+fL)\frac{d^2\theta}{dt^2}+(fR+k_t k_e)\frac{d\theta}{dt}=k_t u-RT_1-L\frac{dT_1}{dt}$$

$$JL\frac{d^2\omega}{dt^2}+(JR+fL)\frac{d\omega}{dt}+(fR+k_t k_e)\omega=k_t u-RT_1-L\frac{dT_1}{dt}$$

若考虑到电动机中的电感 $L$ 和阻尼系数 $f$ 一般都较小，可以忽略不计，则上式可分别简化为

$$JR\frac{d^2\theta}{dt^2}+k_t k_e\frac{d\theta}{dt}=k_t u-RT_1$$

$$JR\frac{d\omega}{dt}+k_t k_e\omega=k_t u-RT_1$$

若电动机的负载转矩 $T_1=0$，即只考虑阻尼摩擦力矩为负载，并令 $T_m=JR/(k_t k_1)$，$K_m=1/k_e$，则上式可表示为

$$T_m\frac{d^2\theta}{dt^2}+\frac{d\theta}{dt}=K_m u,\quad T_m\frac{d\omega}{dt}+\omega=K_m u$$

式中：$T_m$ 为电动机的机电时间常数；$K_m$ 为电动机的静态传递系数。

由例 2-4 和例 2-5 可知，系统的微分方程式与所选择的输入量和输出量有直接的关系。

上述例子中讨论的元件和系统，都假设其具有线性特性，因而它们的数学模型都是线性系统。实际的物理系统中，往往存在间隙、死区、饱和等非线性特性，因此严格意义上任何一个元件或系统都不同程度地具有非线性特性。目前，线性系统的理论已经相当成熟，但非线性系统的理论尚未完善。因此，在研究系统时，尽量将非线性问题在合理、可能的条件下简化为线性问题，即将非线性模型线性化。

非线性函数的线性化是指将非线性函数在工作点附近展开成泰勒级数，忽略二次以上高阶无穷小量及余项，得到近似的线性化方程。假如元件的输出与输入之间的关系 $y=f(x)$ 的曲线如图 2-7 所示，元件的工作点为 $(x_0,y_0)$。将非线性函数 $y=f(x)$ 在工作点 $(x_0,y_0)$ 附近展开成泰勒级数，得

$$y=f(x)=f(x_0)+\left.\frac{df}{dx}\right|_{x_0}(x-x_0)+\frac{1}{2!}\left.\frac{d^2f}{dx^2}\right|_{x_0}(x-x_0)^2+\cdots \tag{2-1}$$

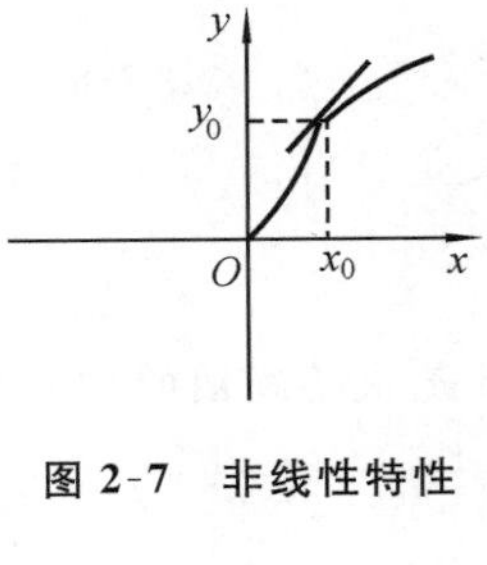

当 $(x-x_0)$ 为微小增量时，可略去二阶以上各项，式(2-1)可写成

$$y=f(x_0)+\left.\frac{df}{dx}\right|_{x_0}(x-x_0)=y_0+K(x-x_0) \tag{2-2}$$

图 2-7 非线性特性

其中，$K=\left.\frac{df}{dx}\right|_{x_0}$ 为工作点 $(x_0,y_0)$ 处的斜率，即此时以工作点处的切线代替曲线，得到变量在工作点的增量方程。可见，经上述处理后，输出与输入之间就变成了线性关系。

如果系统中非线性元件不止一个，则必须对各非线性元件建立它们工作点的线性化增量方程。

**【例 2-6】** 图 2-8 所示的为一铁芯线圈电路，其磁通 $F$ 与线圈中电流 $i$ 之间的关系如图 2-9 所示，试列写以 $u_i$ 为输入量，$i$ 为输出量的电路微分方程。

**解** 设铁芯线圈磁通变化时产生的感应电势为

$$u_a=\frac{\mathrm{d}F}{\mathrm{d}t}$$

根据基尔霍夫定律,可写出电路的微分方程为

$$u_i=\frac{\mathrm{d}F}{\mathrm{d}t}+Ri=\frac{\mathrm{d}F}{\mathrm{d}i}\frac{\mathrm{d}i}{\mathrm{d}t}+Ri \tag{1}$$

由图 2-9 可知,磁通 $F$ 与线圈中电流 $i$ 之间为非线性关系,即式(1)中的系数$\mathrm{d}F/\mathrm{d}i$ 随线圈中电流的变化而变化,所以 $u_i$与 $i$ 为非线性关系。

假设电路原工作在某一平衡状态($u_0$, $i_0$),当工作过程中线圈的端电压和电流只在平衡点附近变化时,即有

$$u_i=u_0+\Delta u_i,\quad i=i_0+\Delta i$$

线圈中的磁通 $F$ 对 $F_0$ 也有增量变化 $\Delta F$,假如 $F$ 在 $i_0$ 附近连续可微,将 $F$ 在 $i_0$ 附近展开成泰勒级数,即

$$F=F_0+\left.\frac{\mathrm{d}F}{\mathrm{d}i}\right|_{i_0}\Delta i+\frac{1}{2!}\left.\frac{\mathrm{d}^2F}{\mathrm{d}i^2}\right|_{x_0}(\Delta i)^2+\cdots$$

因 $\Delta i$ 是微小增量,将二阶以上的高阶无穷小略去,得近似式

$$F\approx F_0+\left.\frac{\mathrm{d}F}{\mathrm{d}i}\right|_{i_0}\Delta i \tag{2}$$

式中,$\left.\frac{\mathrm{d}F}{\mathrm{d}i}\right|_{i_0}$是工作点 $i_0$处的导数值,为线圈的电感 $L$,即 $L=\left.\frac{\mathrm{d}F}{\mathrm{d}i}\right|_{i_0}$。式(2)可写成

$$F\approx F_0+L\Delta i \tag{3}$$

式中,$L$ 为常值。可见经上述处理后,$F$ 与 $i$ 的非线性关系(见图 2-9)可变成式(3)的线性关系。将系统中的 $u_i$、$i$、$F$ 均表示成工作点附近的增量,即

$$u_i=u_0+\Delta u_i,\quad i=i_0+\Delta i,\quad F=F_0+L\Delta i$$

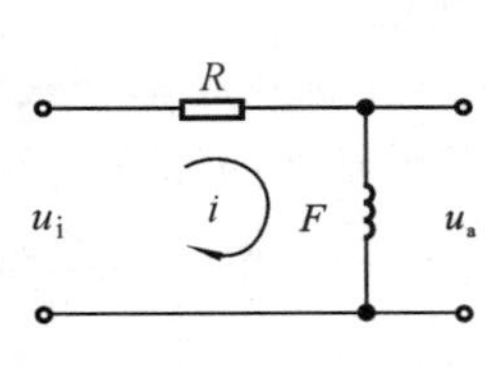


**图 2-8 铁芯线圈**

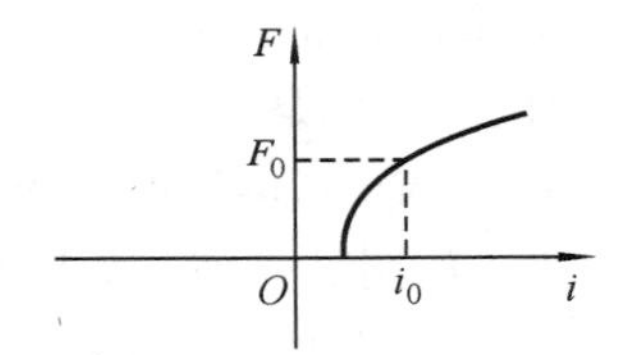


**图 2-9** $F(i)$**曲线**

代入式(1),得

$$L\frac{\mathrm{d}\Delta i}{\mathrm{d}t}+R\Delta i=\Delta u_i$$

这就是铁芯线圈的增量化方程。为简便起见,常略去增量符号而写成

$$L\frac{\mathrm{d}i}{\mathrm{d}t}+Ri=u_i$$

在求取线性化增量方程时应注意以下几点。

(1) 线性化方程通常是以增量方程描述的。

(2) 线性化往往是相对某一工作点(平衡点)进行的。工作点不同,则对应的切线斜率不同,线性化方程的系数也就不同,因此,在线性化之前,必须确定元件的工作点。

(3) 变量的变化必须是小范围的。变量只有在足够小的范围内变化,才能保证线性化具有足够的精度。

(4) 对于严重非线性元件或系统,原则上不能用小偏差法进行线性化,而应当利用非线性系统理论解决(参见第 7 章)。

由线性化引起的误差大小与非线性的程度和工作点偏移的大小有关。严格地说，对于绝大多数的控制系统，经过线性化后所得到的系统数学模型，能以较高精度反映系统的实际运动过程。所以，对于非线性系统的线性化处理是很有实际应用意义的。

## 2.2 传递函数描述法

控制系统的微分方程是在时间域描述系统动态性能的数学模型。在给定外作用和初始条件下，求解控制系统的微分方程可得到系统输出响应的表达式，并可作出输出量的时间响应曲线，从而直观地反映出系统运动的动态过程。但是，当系统参数或结构发生改变，则需要重写微分方程。微分方程阶数越高，工作越复杂，因此使用微分方程这一数学模型对系统进行分析与设计就存在着一定的不便。

传递函数是经典控制理论中广泛采用的一种数学模型。利用传递函数不必求解微分方程就可分析系统的动态性能，以及系统、参数或结构变化对动态性能的影响。

### 2.2.1 传递函数的定义

线性定常系统在零初始条件下，输出量的拉氏变换与输入量的拉氏变换之比，定义为线性定常系统的传递函数，即

$$G(s)=\frac{C(s)}{R(s)}$$

传递函数与输入、输出之间的关系，可用图 2-10 所示的方框图表示。

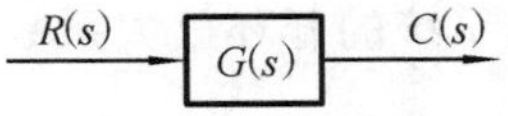

$R(s)$ → $G(s)$ → $C(s)$

图 2-10 传递函数方框图

设线性定常系统的微分方程为

$$a_n\frac{\mathrm{d}^n c(t)}{\mathrm{d}t^n}+a_{n-1}\frac{\mathrm{d}^{n-1} c(t)}{\mathrm{d}t^{n-1}}+\cdots+a_1\frac{\mathrm{d}c(t)}{\mathrm{d}t}+a_0c(t)$$

$$=b_m\frac{\mathrm{d}^m r(t)}{\mathrm{d}t^m}+b_{m-1}\frac{\mathrm{d}^{m-1} r(t)}{\mathrm{d}t^{m-1}}+\cdots+b_1\frac{\mathrm{d}r(t)}{\mathrm{d}t}+b_0r(t) \tag{2-3}$$

式中：$c(t)$为系统输出量；$r(t)$为系统输入量；$a_n, a_{n-1}, \cdots, a_0, b_m, b_{m-1}, \cdots, b_0$ 为由系统结构和参数决定的常数。

设 $c(t)$和 $r(t)$及其各阶导数初始值均为零，对式(2-3)取拉氏变换得

$$(a_ns^n+a_{n-1}s^{n-1}+\cdots+a_1s+a_0)C(s)=(b_ms^m+b_{m-1}s^{m-1}+\cdots+b_1s+b_0)R(s) \tag{2-4}$$

则系统的传递函数为

$$G(s)=\frac{C(s)}{R(s)}=\frac{b_ms^m+b_{m-1}s^{m-1}+\cdots+b_1s+b_0}{a_ns^n+a_{n-1}s^{n-1}+\cdots+a_1s+a_0} \tag{2-5}$$

### 2.2.2 传递函数的基本性质

传递函数的基本性质如下。

(1) 传递函数是微分方程经拉氏变换导出的，而拉氏变换是一种线性积分运算，因此传递函数的概念只适用于线性定常系统。

(2) 传递函数只与系统本身的结构和参数有关，与系统输入量的大小和形式无关。

(3) 传递函数是在零初始条件下定义的，即在零时刻之前，系统处于相对静止状态。因此，传递函数原则上不能反映系统在非零初始条件下的运动规律。

(4) 传递函数是复变量 $s$ 的有理分式。分母多项式的最高阶次 $n$ 高于或等于分子多项式的最高阶次 $m$，即 $n \geqslant m$。这是因为实际系统或元件总是具有惯性且能源有限。

(5) 一个传递函数只能表示单输入单输出的关系。对多输入多输出系统，要用传递函数阵表示。

(6) 传递函数(2-5)可表示成

$$G(s)=\frac{C(s)}{R(s)}=K_{\mathrm{g}}\frac{(s-z_1)(s-z_2)\cdots(s-z_m)}{(s-p_1)(s-p_2)\cdots(s-p_n)} \tag{2-6}$$

式中：$p_1, p_2, \cdots, p_n$ 为分母多项式的根，称为传递函数的极点；$z_1, z_2, \cdots, z_m$ 为分子多项式的根，称为传递函数的零点；$K_{\mathrm{g}}$ 称为根轨迹放大系数。式(2-6)称为传递函数的零极点形式。显然，系统的零、极点完全取决于系统的结构和参数。将零、极点标在复平面上，得到传递函数的零极点分布图，其中零点用"○"表示，极点用"×"表示。例如，$G(s)=\dfrac{s+2}{(s+3)(s^2+2s+2)}$，其零极点分布图如图 2-11 所示。

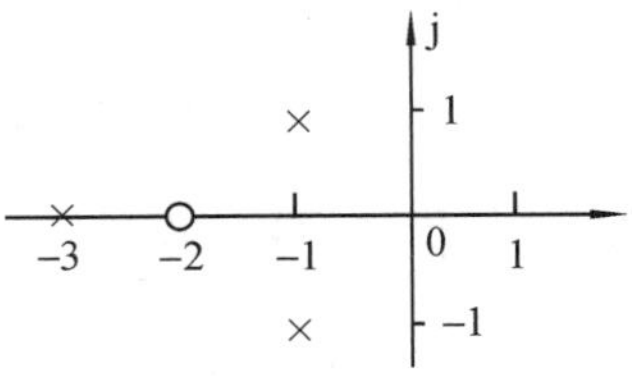

图 2-11　零极点分布

传递函数(2-5)还可以表示成

$$G(s)=\frac{C(s)}{R(s)}=K_{\mathrm{k}}\frac{(\tau_1 s+1)(\tau_2 s+1)\cdots(\tau_m s+1)}{(T_1 s+1)(T_2 s+1)\cdots(T_n s+1)} \tag{2-7}$$

式中：$\tau_i(i=1,\cdots,m)$ 和 $T_i(i=1,\cdots,n)$ 为时间常数；$K_{\mathrm{k}}$ 称为系统的开环放大系数。式(2-7)称为传递函数的时间常数形式。

## 2.2.3　典型环节的传递函数

一个实际的控制系统是由许多元件组合而成，这些元件的物理结构和作用原理是多种多样的，但抛开具体结构和物理特点，从传递函数的数学模型来看，可以划分成以下几类典型环节。

### 1. 比例环节

输出量与输入量成正比，不失真也无时间滞后的环节称为比例环节。比例环节的动态方程为

$$c(t)=Kr(t) \tag{2-8}$$

式中，$K$ 为放大系数或增益。传递函数为

$$G(s)=\frac{C(s)}{R(s)}=K \tag{2-9}$$

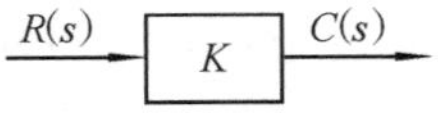

图 2-12　比例环节

比例环节的方框图如图 2-12 所示。

**【例 2-7】**　图 2-13 所示的为运算放大器。设输入为 $u_{\mathrm{i}}(t)$，输出为 $u_{\mathrm{o}}(t)$，求其传递函数。

**解**　根据电路定律，可知该电路的微分方程为

$$\frac{u_{\mathrm{i}}(t)}{R_1}=-\frac{u_{\mathrm{o}}(t)}{R_2}$$

传递函数为　$G(s)=\dfrac{U_0(s)}{U_i(s)}=-\dfrac{R_2}{R_1}=K$

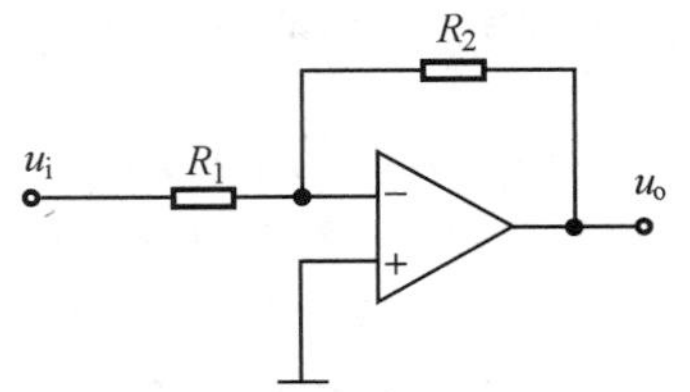

图 2-13　运算放大器

### 2. 积分环节

积分环节的动态方程为

$$c(t)=\frac{1}{T_{\mathrm{i}}}\int_{0}^{t}r(t)\mathrm{d}t \tag{2-10}$$

式中，$T_{\mathrm{i}}$为积分时间常数。传递函数为

$$G(s)=\frac{C(s)}{R(s)}=\frac{1}{T_{\mathrm{i}}s} \tag{2-11}$$

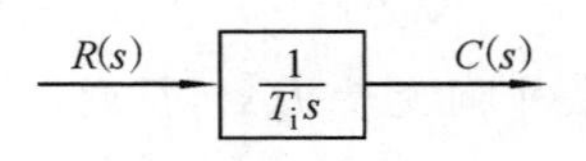

图 2-14 积分环节

积分环节的方框图如图 2-14 所示。

**【例 2-8】** 图 2-15 所示的为运算放大器。设输入为 $u_{\mathrm{i}}(t)$，输出为 $u_{\mathrm{o}}(t)$，求其传递函数。

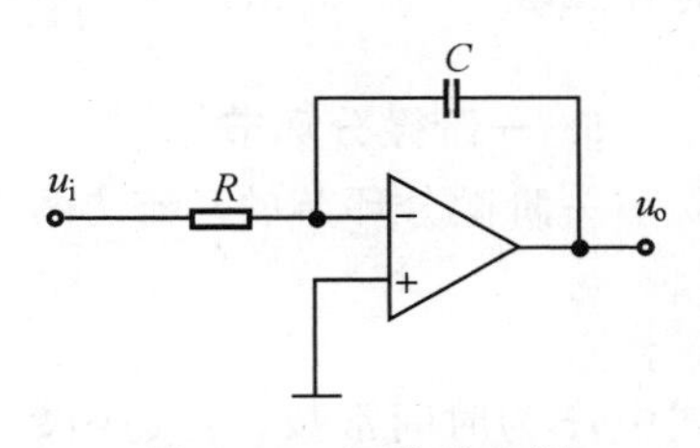

图 2-15 运算放大器

**解** 根据电路定律，可知该电路的微分方程为

$$\frac{u_{\mathrm{i}}(t)}{R}=C\frac{\mathrm{d}u_{\mathrm{o}}(t)}{\mathrm{d}t}$$

传递函数为 $G(s)=\dfrac{U_{\mathrm{o}}(s)}{U_{\mathrm{i}}(s)}=\dfrac{1}{RCs}=\dfrac{1}{T_{\mathrm{i}}s}$

式中，$T_{\mathrm{i}}=RC$。

**3. 微分环节**

微分环节的动态方程为

$$c(t)=T_{\mathrm{d}}\frac{\mathrm{d}r(t)}{\mathrm{d}t} \tag{2-12}$$

式中：$T_{\mathrm{d}}$为微分时间常数。传递函数为

$$G(s)=\frac{C(s)}{R(s)}=T_{\mathrm{d}}s \tag{2-13}$$

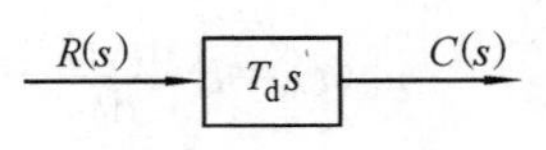

图 2-16 微分环节

微分环节的方框图如图 2-16 所示。

**【例 2-9】** 图 2-17 所示的为一电感线圈。设输入为$i(t)$，输出为 $u_{\mathrm{o}}(t)$，求其传递函数。

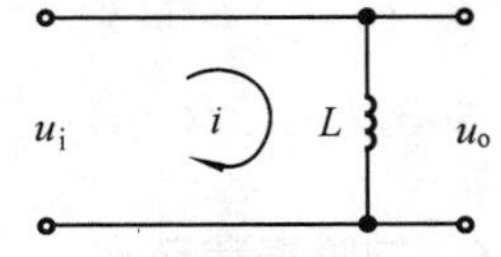

图 2-17 电感线圈

**解** 根据基尔霍夫定律，可知该电路的微分方程为

$$u_{\mathrm{o}}(t)=L\frac{\mathrm{d}i(t)}{\mathrm{d}t}$$

传递函数为 $G(s)=\dfrac{U_{\mathrm{o}}(s)}{I(s)}=Ls$

**4. 惯性环节**

惯性环节的动态方程为

$$T\frac{\mathrm{d}c(t)}{\mathrm{d}t}+c(t)=Kr(t) \tag{2-14}$$

式中：$T$ 为惯性环节的时间常数；$K$ 为惯性环节的增益或放大系数。传递函数为

$$G(s)=\frac{C(s)}{R(s)}=\frac{K}{Ts+1} \tag{2-15}$$

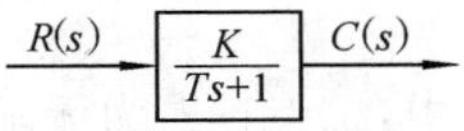

图 2-18 惯性环节

惯性环节的方框图如图 2-18 所示。

**【例 2-10】** 如图 2-19 所示的 RC 电路。设输入为 $u_{\mathrm{i}}(t)$，输出为 $u_{\mathrm{o}}(t)$，求其传递函数。

**解** 根据基尔霍夫定律，可知该电路的微分方程为

$$u_{\mathrm{i}}(t)=Ri(t)+u_{\mathrm{o}}(t),\quad u_{\mathrm{o}}(t)=\frac{1}{C}\int i(t)\mathrm{d}t$$

对上式进行零初始条件下的拉式变换，得

$$U_i(s)=RI(s)+U_o(s),\quad U_o(s)=\frac{1}{Cs}I(s)$$

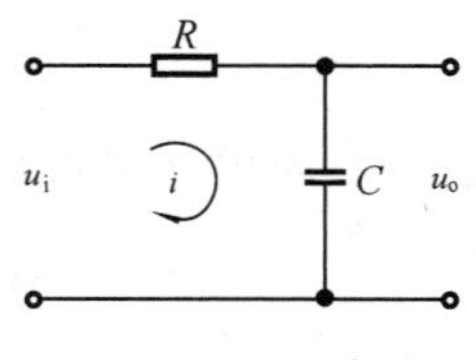


图 2-19　RC 电路

消去中间变量 $I(s)$，得到

$$RCsU_o(s)+U_o(s)=U_i(s)$$

传递函数为　$$G(s)=\frac{U_o(s)}{U_i(s)}=\frac{1}{RCs+1}$$

**5. 一阶微分环节**

一阶微分环节的动态方程为

$$c(t)=\tau\frac{\mathrm{d}r(t)}{\mathrm{d}t}+r(t)\tag{2-16}$$

式中，$\tau$ 为时间常数。传递函数为

$$G(s)=\frac{C(s)}{R(s)}=\tau s+1\tag{2-17}$$

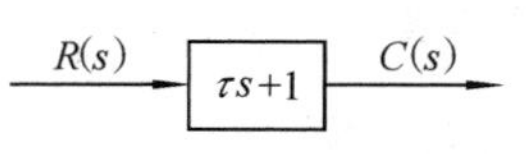


图 2-20　一阶微分环节

一阶微分环节的方框图如图 2-20 所示。

**【例 2-11】**　如图 2-21 所示的 RC 有源电路。设输入为 $u_i(t)$，输出为 $u_o(t)$，求其传递函数。

**解**　根据基尔霍夫定律，可知该电路的微分方程为

$$u_o(t)=L\frac{\mathrm{d}i(t)}{\mathrm{d}t}+Ri(t),\quad u_i(t)=Ri(t)$$

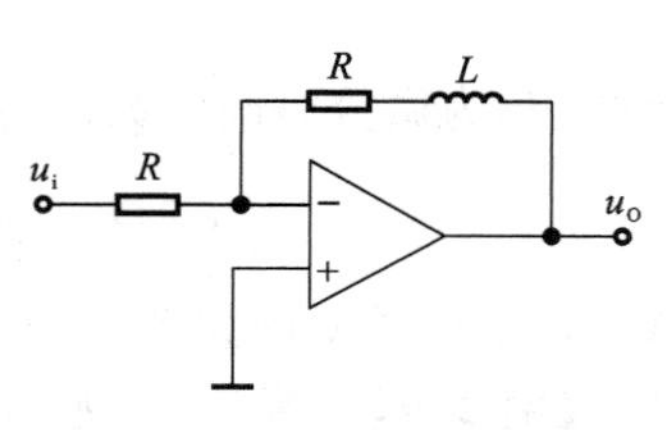


图 2-21　RC 有源电路

对上式进行零初始条件下的拉式变换，得

$$U_o(s)=LsI(s)+RI(s),\quad U_i(s)=RI(s)$$

消去中间变量 $I(s)$，得到

$$LsU_i(s)+U_i(s)=RU_o(s)$$

传递函数为　$$G(s)=\frac{U_o(s)}{U_i(s)}=\frac{L}{R}s+1$$

**6. 二阶振荡环节**

二阶振荡环节的动态方程为

$$T^2\frac{\mathrm{d}^2c(t)}{\mathrm{d}t^2}+2\zeta T\frac{\mathrm{d}c(t)}{\mathrm{d}t}+c(t)=Kr(t)\tag{2-18}$$

传递函数为

$$G(s)=\frac{C(s)}{R(s)}=\frac{K}{T^2s^2+2\zeta Ts+1}=\frac{K\omega_n^2}{s^2+2\zeta\omega_n s+\omega_n^2}\tag{2-19}$$

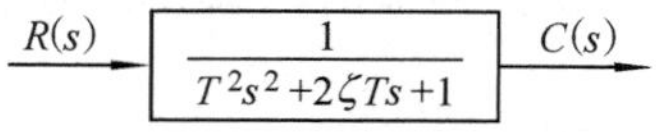

$R(s)$ → $\frac{1}{T^2s^2+2\zeta Ts+1}$ → $C(s)$

图 2-22　二阶振荡环节

式中：$\omega_n=1/T$ 为无阻尼自然振荡频率；$\zeta$ 为阻尼比。二阶振荡环节的方框图如图 2-22 所示。

**【例 2-12】**　如图 2-23 所示的 RLC 电路。设输入为 $u_i(t)$，输出为 $u_o(t)$，求其传递函数。

**解**　根据基尔霍夫定律，可知该电路的微分方程为

$$u_i(t)=L\frac{\mathrm{d}i(t)}{\mathrm{d}t}+Ri(t)+u_o(t),\quad u_o(t)=\frac{1}{C}\int i(t)\mathrm{d}t$$

对上式进行零初始条件下的拉式变换，得

$$U_i(s)=LsI(s)+RI(s)+U_o(s),\quad U_o(s)=\frac{1}{Cs}I(s)$$

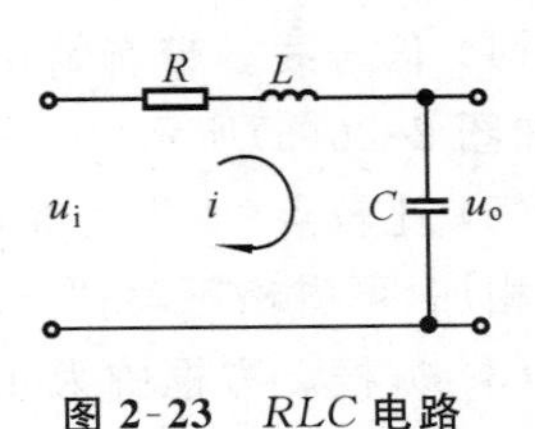


图 2-23　RLC 电路

消去中间变量 $I(s)$，得到

$$LCs^2U_o(s)+RCsU_o(s)+U_o(s)=U_i(s)$$

传递函数为

$$G(s)=\frac{U_o(s)}{U_i(s)}=\frac{1}{LCs^2+RCs+1}=\frac{\omega_n^2}{s^2+2\zeta\omega_n s+\omega_n^2}$$

式中：$\omega_n=\sqrt{\frac{1}{LC}}$；$\zeta=\frac{R}{2}\sqrt{\frac{C}{L}}$。

**7. 二阶微分环节**

二阶微分环节的动态方程为

$$c(t)=\tau^2\frac{d^2r(t)}{dt^2}+2\zeta\tau\frac{dr(t)}{dt}+r(t)\qquad(2\text{-}20)$$

传递函数为

$$G(s)=\frac{C(s)}{R(s)}=\tau^2s^2+2\zeta\tau s+1\qquad(2\text{-}21)$$

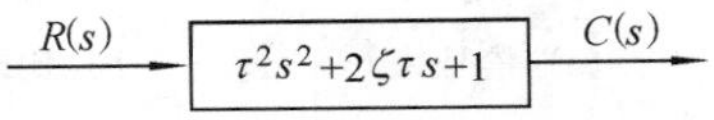

图 2-24　二阶微分环节

二阶微分环节的方框图如图 2-24 所示。

**8. 时滞环节**

时滞环节是在输入信号作用后，输出信号要延迟一段时间才能重现输入信号的环节。其动态方程为

$$c(t)=r(t-\tau)\qquad(2\text{-}22)$$

传递函数为

$$G(s)=\frac{C(s)}{R(s)}=e^{-\tau s}\qquad(2\text{-}23)$$

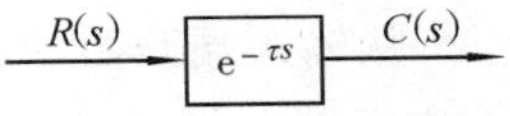

图 2-25　时滞环节

时滞环节的方框图如图 2-25 所示。在实际生产中，有很多场合是存在延迟的，如测量系统，皮带或管道输送过程，管道反应和管道混合过程等。

## 2.3　方框图描述法

在控制工程中，为了便于对系统进行分析和设计，常将各元件在系统中的功能及各部分之间的联系用图形来表示，即方框图和信号流图。两者都能表示系统中各变量之间的因果关系以及对各变量所进行的运算，能形象、简洁地描述控制理论中较为复杂的系统。

系统方框图实质上是系统原理图与数学方程两者的结合，既补充了原理图所缺少的定量描述，又避免了纯数学的抽象运算，从结构上可以用方框进行数学运算，也可以直观了解各元、部件的相互关系及其在系统中所起的作用，重要的是从系统方框图可以方便地求得系统的传递函数。所以，系统方框图也是控制系统的一种数学模型，既适用于线性控制系统，也适用于非线性控制系统。

### 2.3.1　方框图的定义

方框图又称为方块图或结构图，具有形象和直观的特点。方框图由许多对信号(量)进行单向运算的方框和一些信号流向线组成，是表示系统信息传递的框图，它包含以下四种基本单元。

(1) 信号线。带有箭头的直线，箭头表示信号传递的方向，线上标记所对应的变量，如图 2-26(a)所示。

(2) 比较点(或称为综合点)。表示对两个或两个以上的信号进行加减运算。“+”表示相加，可省略不写；“-”表示相减，如图 2-26(b)所示。

(3) 方框。方框中为元件(或系统)的名称或者传递函数，进入箭头表示其输入信号；引出箭头表示其输出信号。方框的输出信号等于输入信号乘以方框中的传递函数，如图 2-26(c)所示。

(4) 引出点(或称为分支点)。表示信号引出或测量的位置，箭头表示信号的传递方向，从同一位置引出的信号，大小和性质完全相同，如图 2-26(d)所示。

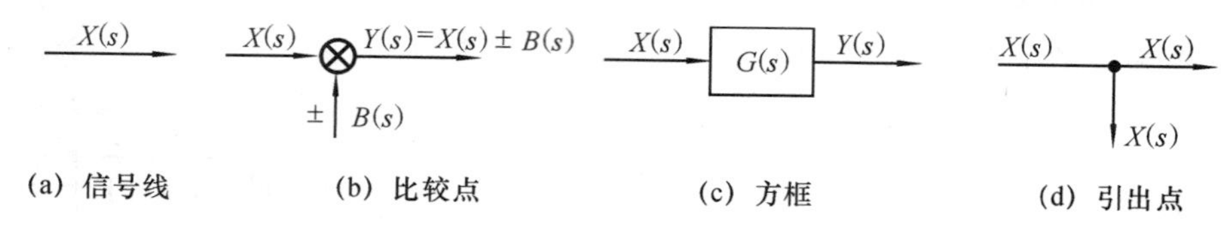


(a) 信号线　(b) 比较点　(c) 方框　(d) 引出点

图 2-26 方框图的基本单元

绘制控制系统方框图的一般步骤如下。

(1) 分析控制系统的工作原理，找出被控对象；

(2) 分清系统的输入量、输出量；

(3) 绘制各个环节的方框图(一般先求出各环节的微分方程，然后转换为传递函数来表示每个环节)；

(4) 从输入端开始，按信号流向依次将各环节方框图用信号线连接成整体，即得控制系统方框图。

值得注意的是，虽然系统方框图是从系统元部件的数学模型得到的，但方框与实际系统的元部件并不是一一对应的。一个实际元部件可以用一个方框或者几个方框表示，而一个方框也可以代表几个元部件或是一个子系统，或是一个大的复杂系统。

**【例 2-13】** 试绘制图 2-27 所示的 RC 网络的方框图。设输入为 $u_1(t)$，输出为 $u_2(t)$。

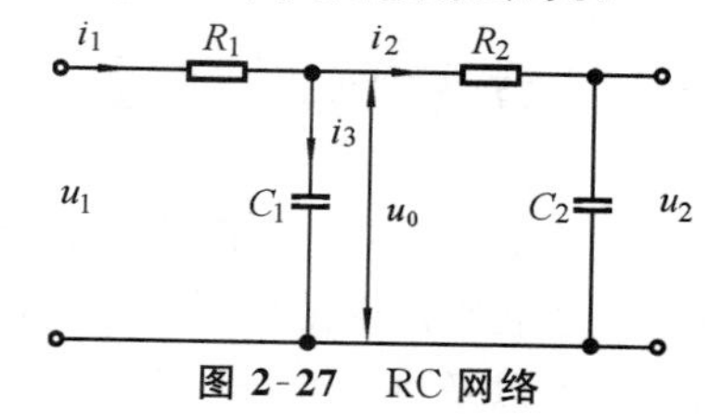


图 2-27 RC 网络

**解** 将图 2-27 所示的 RC 网络视为一个系统，组成网络的元件就对应于系统的元件，选取变量如图 2-27 所示。根据基尔霍夫定律可知该电路的微分方程为

$$i_1(t)=\frac{u_1(t)-u_0(t)}{R_1},\quad i_2(t)=\frac{u_0(t)-u_2(t)}{R_2},\quad i_3(t)=i_1(t)-i_2(t)$$

$$u_0(t)=\frac{1}{C_1}\int i_3(t)\mathrm{d}t,\quad u_2(t)=\frac{1}{C_2}\int i_2(t)\mathrm{d}t$$

在零初始条件下，对上述方程取拉式变换，得

$$I_1(s)=\frac{U_1(s)-U_0(s)}{R_1},\quad I_2(s)=\frac{U_0(s)-U_2(s)}{R_2},\quad I_3(s)=I_1(s)-I_2(s)$$

$$U_0(s)=\frac{1}{C_1 s}I_3(s),\quad U_2(s)=\frac{1}{C_2 s}I_2(s)$$

将每式用方框图表示，如图 2-28 所示。

从输入量开始，将同一变量的信号线连接起来，得到系统的方框图，如图 2-29 所示。

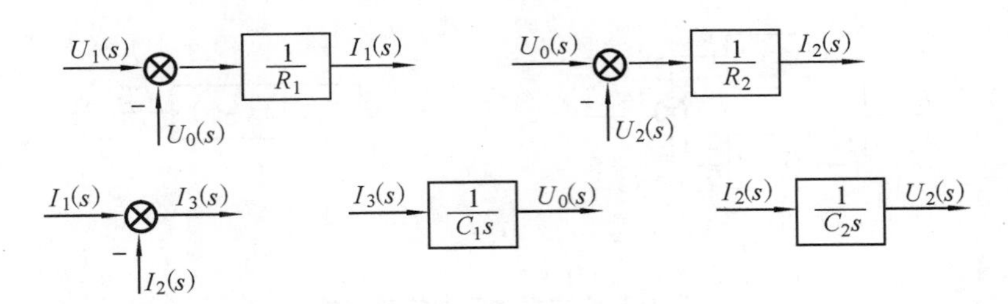


图 2-28 各环节方框图

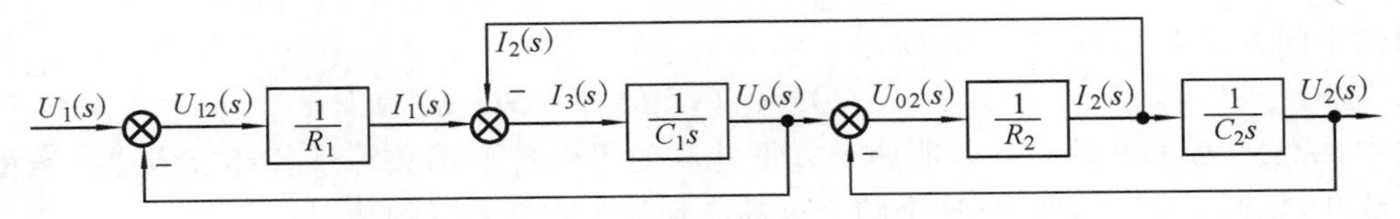


图 2-29 RC 网络方框图

### 2.3.2 方框图的等效变换

一个实际系统的方框图，一般都是由许多子系统的框图作适当连接组成的，其方框间的连接往往是错综复杂的，为了由系统框图方便地写出它的闭环传递函数，通常需要对框图进行等效变换。方框间的基本连接方式只有串联、并联和反馈连接三种。因此，结构图等效简化的一般方法是移动引出点和比较点，合并串联、并联和反馈连接的方框。

在简化过程中，方框图等效变换必须遵循的原则是：变换前、后被变换部分总的数学关系保持不变，也就是变换前、后有关部分的输入、输出之间的关系保持不变。

**1. 串联**

在控制系统中，常见几个环节按照信号的流向相互串联，如图 2-30(a)所示。传递函数分别为 $G_1(s)$ 和 $G_2(s)$ 的两个方框，若 $G_1(s)$ 的输出为 $G_2(s)$ 的输入，则 $G_1(s)$ 和 $G_2(s)$ 的方框连接称为串联。串联的特点：前一环节的输出是后一环节的输入。

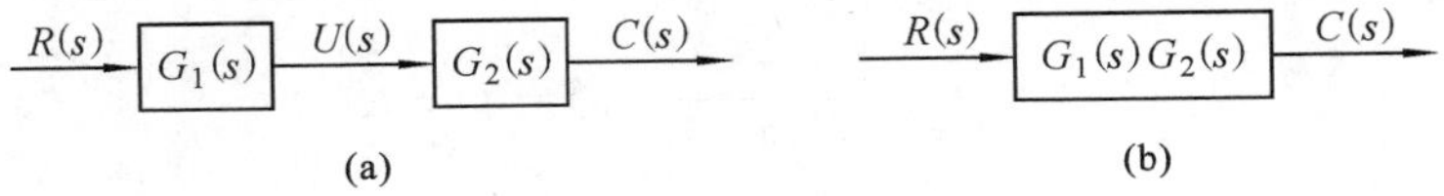

R(s) → $G_1(s)$ → U(s) → $G_2(s)$ → C(s)　　　R(s) → $G_1(s)G_2(s)$ → C(s)

(a)　　　　(b)

图 2-30 方框串联的等效变换

由图 2-30(a)可知

$$U(s)=G_1(s)R(s),\quad C(s)=G_2(s)U(s)$$

消去中间变量，得

$$C(s)=G_1(s)G_2(s)R(s)=G(s)R(s) \tag{2-24}$$

式中，$G(s)=G_1(s)G_2(s)$，表明两个方框串联的等效传递函数等于各环节传递函数的乘积，如图 2-30(b)所示，这个结论可推广到 $n$ 个方框串联的情况。

**2. 并联**

传递函数分别为 $G_1(s)$ 和 $G_2(s)$ 的两个方框，若它们有相同的输入信号 $R(s)$，输出 $C(s)$ 为各环节的输出之和。则 $G_1(s)$ 和 $G_2(s)$ 的方框连接称为并联，如图 2-31(a)所示。

由图 2-31(a)可知

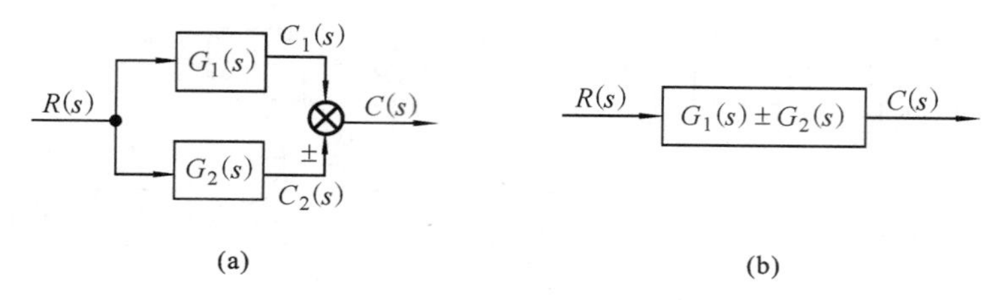


**图 2-31　方框并联的等效变换**

$$C_1(s)=G_1(s)R(s),\quad C_2(s)=G_2(s)R(s),\quad C(s)=C_1(s)\pm C_2(s)$$

消去中间变量 $C_1(s)$和 $C_2(s)$，得

$$C(s)=[G_1(s)\pm G_2(s)]R(s)=G(s)R(s) \tag{2-25}$$

式中：$G(s)=G_1(s)\pm G_2(s)$，表明两个方框并联的等效传递函数等于各环节传递函数的代数和，如图 2-31(b)所示，这个结论可推广到 $n$ 个方框并联的情况。

### 3. 反馈连接

传递函数分别为 $G(s)$和 $H(s)$的两个方框，按图 2-32(a)所示的形式连接，则称为反馈连接。图中，"＋"表示正反馈，可省略；"－"表示负反馈。负反馈连接是控制系统的基本结构形式。若反馈环节 $H(s)=1$，则称为单位反馈。

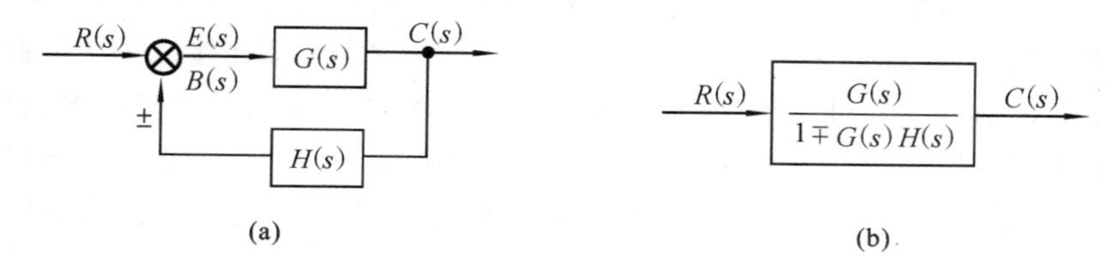


**图 2-32　反馈连接的等效变换**

由图 2-32(a)可知

$$C(s)=G(s)E(s),\quad B(s)=H(s)C(s),\quad E(s)=R(s)\pm B(s)$$

消去中间变量 $E(s)$和 $B(s)$，得

$$C(s)=\frac{G(s)}{1\mp G(s)H(s)}R(s)=\Phi(s)R(s) \tag{2-26}$$

式中，$\Phi(s)=\dfrac{G(s)}{1\mp G(s)H(s)}$，称为系统的闭环传递函数。反馈连接的等效框图如图 2-32(b)所示。

对于简单系统的框图，利用上述 3 种等效变换法则，就能较方便地求得系统的闭环传递函数。例如，图 2-33(a)所示的系统框图，先利用串联连接的等效法则，使之简化为图 2-33(b)所示的等效框图；再通过并联连接的等价法则，简化为图 2-33(c)所示的等效框图；最后应用反馈连接的等价法则，直接写出该网络的传递函数，如图 2-33(d)所示。

### 4. 比较点和引出点的移动

由于实际系统一般较为复杂，在系统的框图中常出现传输信号的相互交叉，这样就不能直接应用上述 3 种等效法则对系统简化。解决方案是先把比较点或引出点作合理的等价移动，其目的是去掉图中的信号交叉，然后再用上述的等效法则对系统框图进行化简。在对比较点或引出点作等价移动时，同样应遵循等效性原则：变换前、后有关部

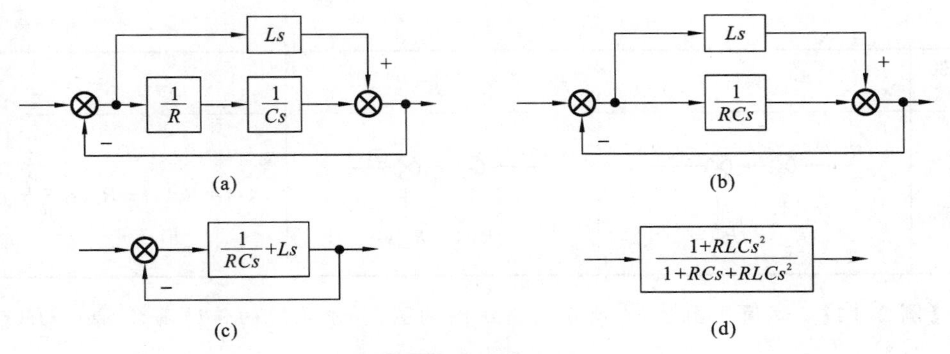


**图 2-33 等效变换**

分的输入量、输出量之间的关系保持不变。

表 2-1 列出了方框图等效变换的基本法则，可供查用。

**表 2-1 方框图等效变换法则**

| 变换方式 | 变 换 前 | 变 换 后 | 等 式 |
| --- | --- | --- | --- |
| 串联 | $R(s)$ → $G_1(s)$ → $G_2(s)$ → $C(s)$ | $R(s)$ → $G_1(s)G_2(s)$ → $C(s)$ | $C(s)=G_1(s)G_2(s)R(s)$ |
| 并联 | $R(s)$；$G_1(s)$；$G_2(s)$；$\pm$；$C(s)$ | $R(s)$ → $G_1(s)\pm G_2(s)$ → $C(s)$ | $C(s)=[G_1(s)\pm G_2(s)]R(s)$ |
| 反馈 | $R(s)$；$G(s)$；$C(s)$；$\pm$；$H(s)$ | $R(s)$ → $\dfrac{G(s)}{1\mp G(s)H(s)}$ → $C(s)$ | $C(s)=\dfrac{G(s)}{1\mp G(s)H(s)}R(s)$ |
| 引出点前移 | $R(s)$ → $G(s)$ → $C(s)$；$C(s)$ | $R(s)$；$G(s)$ → $C(s)$；$G(s)$ → $C(s)$ | $C(s)=G(s)R(s)$ |
| 引出点后移 | $R(s)$ → $G(s)$ → $C(s)$；$R(s)$ | $R(s)$ → $G(s)$ → $C(s)$；$\dfrac{1}{G(s)}$ → $R(s)$ | $C(s)=G(s)R(s)$ |
| 比较点前移 | $R_1(s)$ → $G(s)$ → ⊗ → $C(s)$；$R_2(s)$ | $R_1(s)$ → ⊗ → $G(s)$ → $C(s)$；$R_2(s)$ → $\dfrac{1}{G(s)}$ | $C(s)=G(s)R_1(s)+R_2(s)$ |
| 比较点后移 | $R_1(s)$ → ⊗ → $G(s)$ → $C(s)$；$R_2(s)$ | $R_1(s)$ → $G_1(s)$；$R_2(s)$ → $G_2(s)$；⊗ → $C(s)$ | $C(s)=G(s)[R_1(s)+R_2(s)]$ |

续表

| 变换方式 | 变换前 | 变换后 | 等式 |
| --- | --- | --- | --- |
| 比较点交换 | $R_1(s)$ $C(s)$ $R_2(s)$ $R_3(s)$ | $R_1(s)$ $C(s)$ $R_3(s)$ $R_2(s)$ | $C(s)=R_1(s)+R_2(s)+R_3(s)$ |

**【例 2-14】** 试简化图 2-34 所示的系统结构图,并求系统的传递函数 $C(s)/R(s)$。

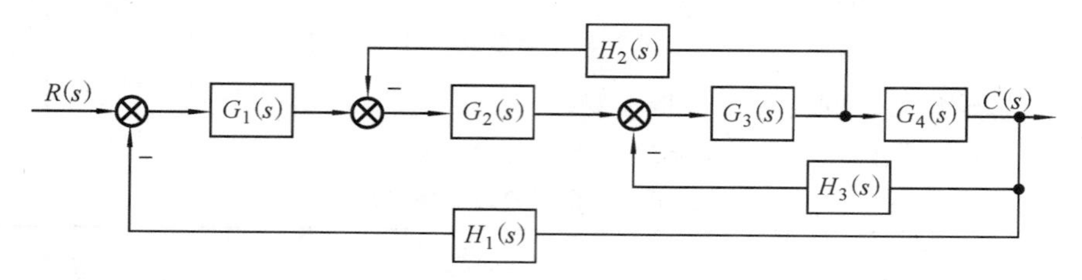


图 2-34 例 2-14 系统结构图

**解** 这是一个多回路系统结构图,且有分支点、相加点的交叉,为了从内回路到外回路的逐步简化,首先要消除交叉连接。具体步骤如下。

(1) 将引出点后移,如图 2-35(a)所示。

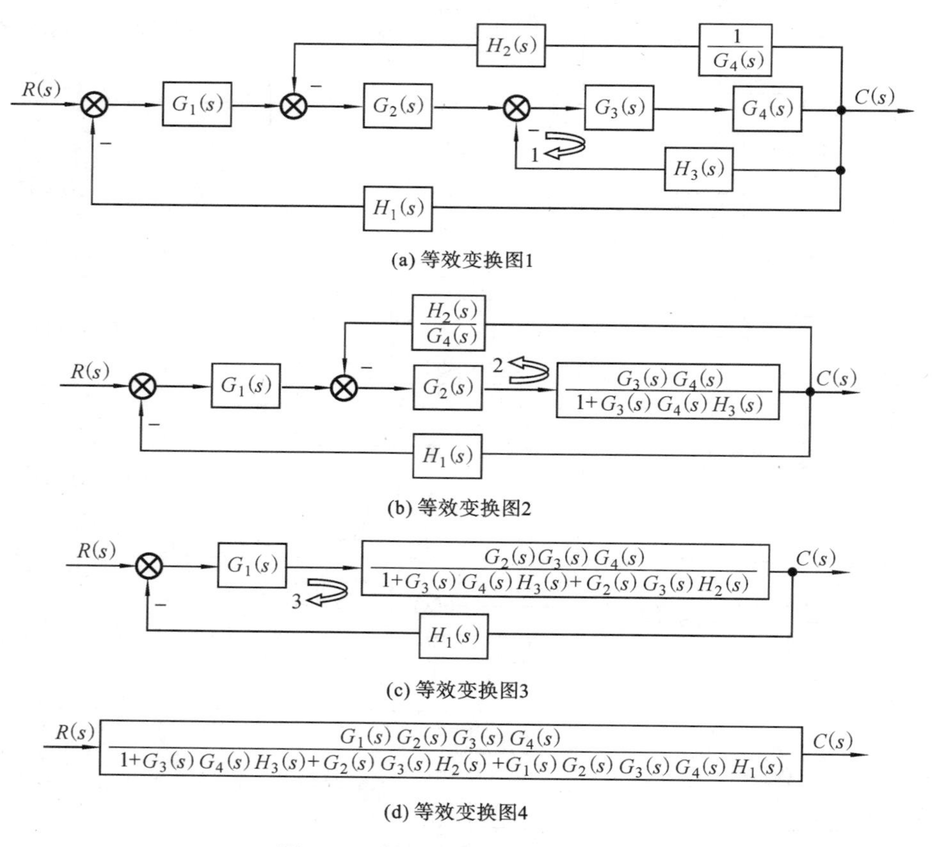


图 2-35 例 2-14 系统等效变换图

(2) 对图 2-35(a)中由 $G_3(s)$、$G_4(s)$和 $H_3(s)$构成的回路 1 进行等效变换，简化为图 2-35(b)。

(3) 对图 2-35(b)中的回路 2 进行等效变换，简化为图 2-35(c)。

(4) 对图 2-35(c)中的回路 3 进行等效变换，简化为图 2-35(d)。

系统的传递函数为

$$\frac{C(s)}{R(s)}=\frac{G_1(s)G_2(s)G_3(s)G_4(s)}{1+G_2(s)G_3(s)H_2(s)+G_3(s)G_4(s)H_3(s)+G_1(s)G_2(s)G_3(s)G_4(s)H_1(s)}$$

**【例 2-15】** 试简化图 2-36 所示的系统结构图，并求系统的传递函数 $C(s)/R(s)$。

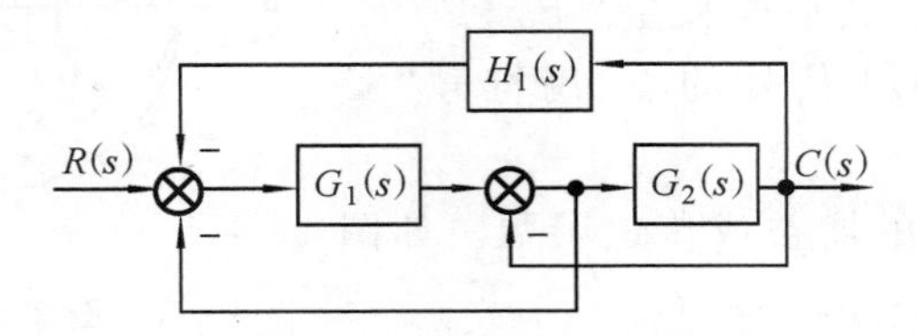


**图 2-36 例 2-15 系统结构图**

**解** 在图 2-36 中，由于 $G_1(s)$和 $G_2(s)$之间有交叉的比较点和引出点，不能直接进行方框运算，也不可简单地互换其位置，在此首先要消除交叉连接。

(1) 将引出点后移，简化为图 2-37(a)。

(2) 对图 2-37(a)中由 $G_2(s)$构成的内回路进行等效变换，简化为图 2-37(b)。

(3) 对图 2-37(b)中的回路进行等效变换，简化为图 2-37(c)。系统的传递函数为

$$\frac{C(s)}{R(s)}=\frac{G_1(s)G_2(s)}{1+G_1(s)+G_2(s)+G_1(s)G_2(s)H_1(s)}$$

(a) 等效变换图1

(b) 等效变换图2

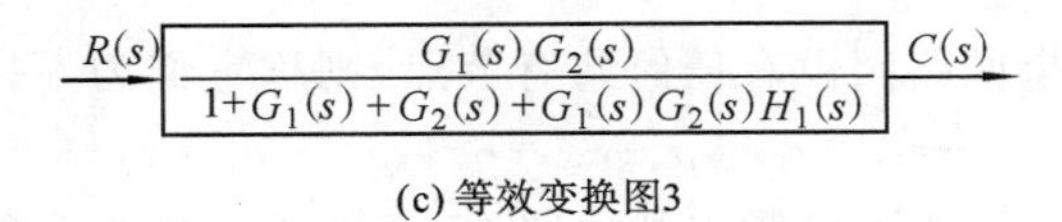


(c) 等效变换图3

**图 2-37 例 2-15 系统等效变换图**

## 2.4 信号流图描述法

信号流图是表示控制系统各变量间相互关系的另一种图示方法，将信号流图用于控制理论中，可不必求解方程或进行预先的等效变换就可得到各变量间的关系。因此，当系统方框图比较复杂时，可以将它转化为信号流图，并根据梅森公式求解系统的传递函数。

与方框图相比，信号流图符号简单，更便于绘制和应用，在计算机模拟仿真研究以及状态空间分析设计中，信号流图可以直接给出计算机模拟仿真程序和系统的状态方

程描述，优越性更显著。但是，信号流图只适用于线性系统，而结构图还可用于非线性系统。

### 2.4.1 信号流图的定义与基本术语

结合图 2-38 说明信号流图中的定义和术语。系统的信号流图是用一些点和有向线段来描述系统，就是用线段端点代表信号，有向线段表示信号传输的路径和方向，所以每一条支路都相当于乘法器。其基本术语如下。

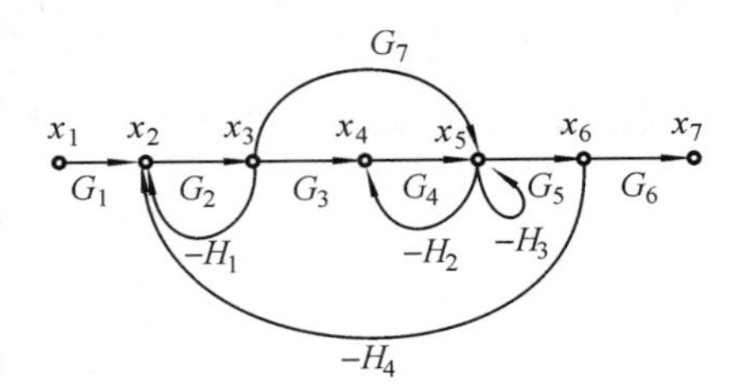


图 2-38 信号流图

**节点** 表示变量或信号的点，用符号“。”表示。

**传输** 两节点间的增益或传递函数。如图 2-38 中的 $G_1$、$G_2$、$G_3$、$G_4$、$G_5$、$G_6$、$G_7$。

**支路** 连接两个节点并标有信号流向的定向线段。支路的增益即是传输。如图 2-38 中支路 $x_2 \rightarrow x_3$ 的传输为 $G_2$，支路 $x_3 \rightarrow x_2$ 的传输为 $-H_1$。

**源点** 只有输出支路而无输入支路的节点，也称为输入节点。它与控制系统的输入信号相对应，如图 2-38 中节点 $x_1$。

**阱点** 只有输入支路而无输出支路的节点，也称为输出节点。它与控制系统的输出信号相对应，如图 2-38 中节点 $x_7$。

**混合节点** 既有输入支路也有输出支路的节点，如图 2-38 中节点 $x_2$、$x_3$、$x_4$、$x_5$、$x_6$。

**通路** 沿支路箭头所指方向穿过各相连支路的路径。如果通路与任一节点相交的次数不多于一次，则称为开通路；如果通路的终点就是通路的起点，而与任何其他节点相交的次数不多于一次，则称为闭通路或回路。如图 2-38 中有五个回路，分别为 $x_2 \rightarrow x_3 \rightarrow x_2$，$x_4 \rightarrow x_5 \rightarrow x_4$，$x_5 \rightarrow x_5$，$x_2 \rightarrow x_3 \rightarrow x_4 \rightarrow x_5 \rightarrow x_6 \rightarrow x_2$，$x_2 \rightarrow x_3 \rightarrow x_5 \rightarrow x_6 \rightarrow x_2$。

**回路增益** 回路中各支路传输的乘积。如图 2-38 中的五个回路增益分别为 $-G_2H_1$，$-G_4H_2$，$-H_3$，$-G_2G_3G_4G_5H_4$，$-G_2G_7G_5H_4$。

**不接触回路** 如果回路间没有任何共有节点，则称它们为不接触回路。如图 2-38 中有两对不接触回路，$x_2 \rightarrow x_3 \rightarrow x_2$ 与 $x_4 \rightarrow x_5 \rightarrow x_4$，$x_2 \rightarrow x_3 \rightarrow x_2$ 与 $x_5 \rightarrow x_5$。

**前向通路** 如果在从源点到阱点的通路上，通过任何节点不多于一次，则该通路称为前向通路。如图 2-38 中有两条前向通路，分别为 $x_1 \rightarrow x_2 \rightarrow x_3 \rightarrow x_4 \rightarrow x_5 \rightarrow x_6 \rightarrow x_7$，$x_1 \rightarrow x_2 \rightarrow x_3 \rightarrow x_5 \rightarrow x_6 \rightarrow x_7$。前向通路中各支路传输的乘积，称为前向通路增益。

### 2.4.2 信号流图的基本性质

信号流图的基本性质如下。

(1) 支路表示一个信号对另一个信号的函数关系；信号只能沿着支路上箭头表示的方向传递。

(2) 节点将所有输入支路的信号叠加，并把叠加结果送给所有相连的输出支路。

(3) 具有输入和输出支路的混合节点，通过增加一个具有单位传输的线路，可将其变为输出节点。

(4) 对于给定的系统，其信号流图不唯一，因为描述同一个系统的方程可以表示为不同的形式。

(5) 信号流图只适用于线性系统。

### 2.4.3 信号流图的绘制

信号流图可以根据系统的运动方程绘制，也可以由系统方框图按照对应关系得出。

**【例 2-16】** 试绘制例 2-13 中 RC 网络的信号流图。

**解** 由例 2-13 的分析得到下列方程组

$$I_1(s)=\frac{U_1(s)-U_0(s)}{R_1},\quad I_2(s)=\frac{U_0(s)-U_2(s)}{R_2},\quad I_3(s)=I_1(s)-I_2(s)$$

$$U_0(s)=\frac{1}{C_1 s}I_3(s),\quad U_2(s)=\frac{1}{C_2 s}I_2(s)$$

式中：八个节点分别为 $I_1(s)$、$I_2(s)$、$I_3(s)$、$U_0(s)$、$U_1(s)$、$U_2(s)$、$U_{12}(s)$、$U_{02}(s)$。

其中 $U_1(s)$ 为源点，$U_2(s)$ 为阱点。按照数学方程式表示的关系，将各变量用相应增益的支路连接，即可得系统的信号流图如图 2-39 所示。

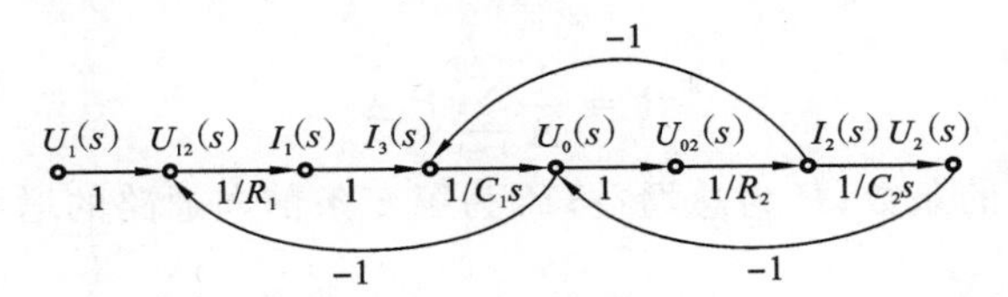


图 2-39 例 2-13 中 RC 网络的信号流图

在表 2-2 中，给出了一些控制系统方框图与信号流图的对照表。从表中可以看出，控制系统的方框图与信号流图是一一对应的，同时也是可以互相转化的。

表 2-2 控制系统方框图与信号流图对照表

| 方框图 | 信号流图 |
|---|---|
| R(s) G(s) C(s) | R(s) G(s) C(s) |
| R(s) E(s) G(s) C(s) − H(s) | R(s) 1 E(s) G(s) C(s) −H(s) |
| R(s) E(s) G1(s) N(s) G2(s) C(s) − H(s) | N(s) 1 R(s) 1 E(s) G1(s) G2(s) C(s) −H(s) |
| N(s) R(s) E(s) G(s) C(s) − H(s) | N(s) 1 R(s) 1 E(s) G(s) 1 C(s) −H(s) |

续表

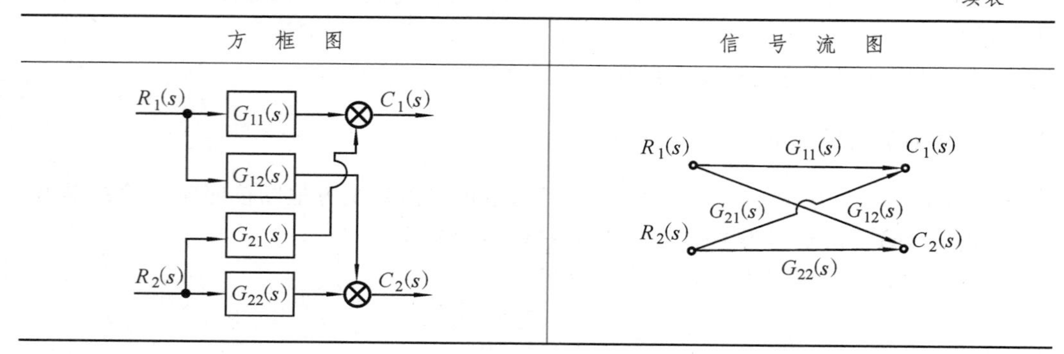


### 2.4.4 信号流图的梅森公式

应用梅森公式，不需要简化处理，只需要通过对信号流图的分析和观察，便可直接得到系统的传递函数。在信号流图中计算输入节点与输出节点间传递函数的梅森公式为

$$P=\frac{1}{\Delta}\sum_{k=1}^{n}P_k\Delta_k \tag{2-27}$$

式中：$n$ 为前向通路的条数；$P$ 为总增益；$P_k$ 为第 $k$ 条前向通路的增益；$\Delta$ 为信号流图的特征式，即

$$\Delta=1-\sum_{\mathrm{a}}L_{\mathrm{a}}+\sum_{\mathrm{bc}}L_{\mathrm{b}}L_{\mathrm{c}}-\sum_{\mathrm{def}}L_{\mathrm{d}}L_{\mathrm{e}}L_{\mathrm{f}}+\cdots \tag{2-28}$$

式中：$\sum\limits_{\mathrm{a}}L_{\mathrm{a}}$ 为所有回路增益之和；$\sum\limits_{\mathrm{bc}}L_{\mathrm{b}}L_{\mathrm{c}}$ 为每两个不接触回路增益乘积之和；$\sum\limits_{\mathrm{def}}L_{\mathrm{d}}L_{\mathrm{e}}L_{\mathrm{f}}$ 为每三个不接触回路增益乘积之和；$\Delta_k$ 为在 $\Delta$ 中除去与第 $k$ 条前向通路相接触的回路后的特征式，称为第 $k$ 条前向通路特征式的余因子。

一般来说，简单的系统可直接由框图进行运算，这样各变量之间的关系表现明确，运算也较为简单。但对于复杂的系统，应用梅森公式更为方便。在应用梅森公式的过程中，要注意考虑周到，不能有遗漏或重复计算的回路和前向通路，否则会得到错误的结果。

**【例 2-17】** 试应用梅森公式，求图 2-40 所示系统的传递函数 $C(s)/R(s)$。

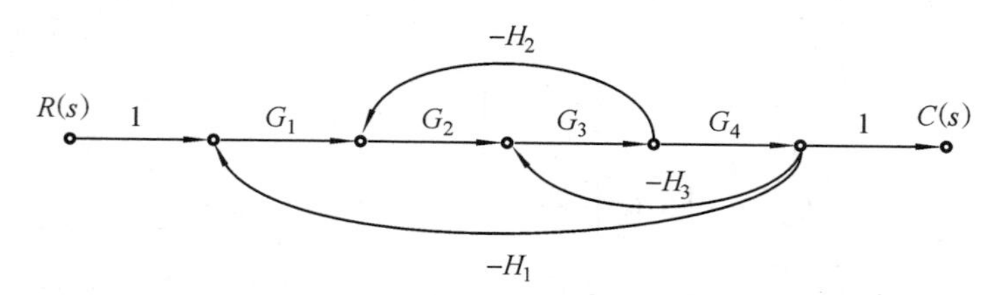


图 2-40 例 2-17 的信号流图

**解** 由图 2-40 可知，该系统有一条前向通路，其通路增益为

$$P_1=G_1G_2G_3G_4$$

有三个回路，各回路的增益分别为

$$L_1=-G_2G_3H_2,\quad L_2=-G_3G_4H_3,\quad L_3=-G_1G_2G_3G_4H_1,$$

没有不接触回路，则系统的特征式为

$$\Delta=1-(L_1+L_2+L_3)=1+G_2G_3H_2+G_3G_4H_3+G_1G_2G_3G_4H_1$$

所有回路与前向通路均有接触，则有 $\Delta_1=1$。根据梅森公式，系统的传递函数

$$\frac{C(s)}{R(s)}=\frac{1}{\Delta}P_1\Delta_1=\frac{G_1G_2G_3G_4}{1+G_2G_3H_2+G_3G_4H_3+G_1G_2G_3G_4H_1}$$

**【例 2-18】** 试应用梅森公式，求图 2-41 所示系统的传递函数 $C(s)/R(s)$。

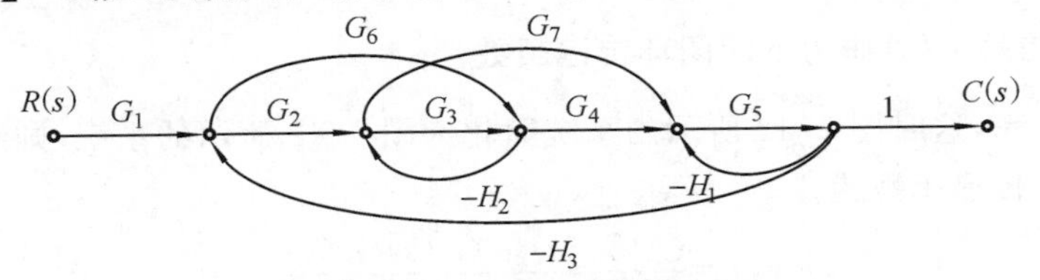


图 2-41　例 2-18 的信号流图

**解**　由图 2-41 可知，该系统有四条前向通路，它们的通路增益分别为

$$P_1=G_1G_2G_3G_4G_5,\quad P_2=G_1G_6G_4G_5,\quad P_3=G_1G_2G_7G_5,\quad P_4=-G_1G_6H_2G_7G_5$$

有六个回路，各回路的增益分别为

$$L_1=-G_3H_2,\quad L_2=-G_5H_1,\quad L_3=-G_2G_3G_4G_5H_3$$

$$L_4=-G_6G_4G_5H_3,\quad L_5=-G_2G_7G_5H_3,\quad L_6=G_6H_2G_7G_5H_3$$

其中，有一对不接触回路 $L_1$ 和 $L_2$，其增益之积为

$$L_1L_2=G_3G_5H_1H_2$$

系统的特征式为

$$\begin{aligned}\Delta&=1-(L_1+L_2+L_3+L_4+L_5+L_6)+L_1L_2\\&=1+G_3H_2+G_5H_1+G_2G_3G_4G_5H_3+G_4G_5G_6H_3+G_2G_5G_7H_3-G_3G_5G_6G_7H_3\\&\quad+G_3G_5H_1H_2\end{aligned}$$

所有回路与前向通路均有接触，则 $\Delta_k=1,k=1,\cdots,4$。根据梅森公式，系统的传递函数为

$$\begin{aligned}\frac{C(s)}{R(s)}&=\frac{1}{\Delta}\sum_{k=1}^{4}P_k\Delta_k\\&=\frac{G_1G_2G_3G_4G_5+G_1G_4G_5G_6+G_1G_2G_5G_7-G_1G_5G_6G_7H_2}{1+G_3H_2+G_5H_1+G_2G_3G_4G_5H_3+G_4G_5G_6H_3+G_2G_5G_7H_3-G_3G_5G_6G_7H_3+G_3G_5H_1H_2}\end{aligned}$$

## 2.5　控制系统的典型传递函数

自动控制系统在工作过程中，经常会受到两类外作用信号的影响：一类是有用信号，或称为给定信号、输入信号、参考输入等，常用 $r(t)$ 表示；另一类则是扰动信号，或称为干扰信号，常用 $n(t)$ 表示。给定信号 $r(t)$ 通常是加在系统的输入端，而扰动信号 $n(t)$ 一般是作用在受控对象上，但也可能出现在其他元部件上，甚至夹杂在给定信号之中。一个闭环控制系统的典型结构可用图 2-42 表示。

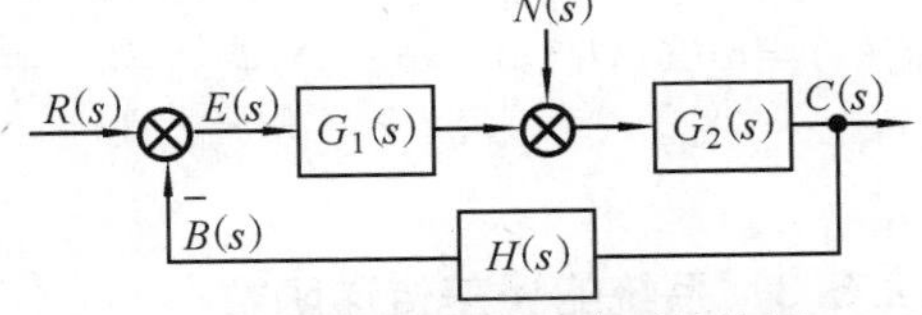


图 2-42　闭环控制系统典型结构图

### 2.5.1　系统的开环传递函数

在图 2-42 中，将 $H(s)$ 的输出通路断开，即断开系统的主反馈通路，则将前向通道传递函数 $G(s)$ 与反馈通道传递函数 $H(s)$ 的乘积 $G(s)\,H(s)$ 称为该系统的开环传递函

数,它等于闭环系统反馈信号 $B(s)$ 与偏差信号 $E(s)$ 的比值,即

$$G(s)H(s)=\frac{B(s)}{E(s)}=G_1(s)G_2(s)H(s) \tag{2-29}$$

### 2.5.2 系统的闭环传递函数

**1. 给定信号 $R(s)$ 作用下的闭环传递函数**

令 $N(s)=0$,这时图 2-42 所示的系统简化为图 2-43 所示的系统,则给定信号 $R(s)$ 作用下的闭环传递函数为

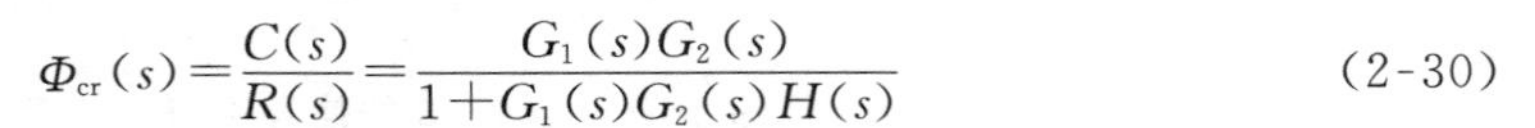

$$\Phi_{cr}(s)=\frac{C(s)}{R(s)}=\frac{G_1(s)G_2(s)}{1+G_1(s)G_2(s)H(s)} \tag{2-30}$$

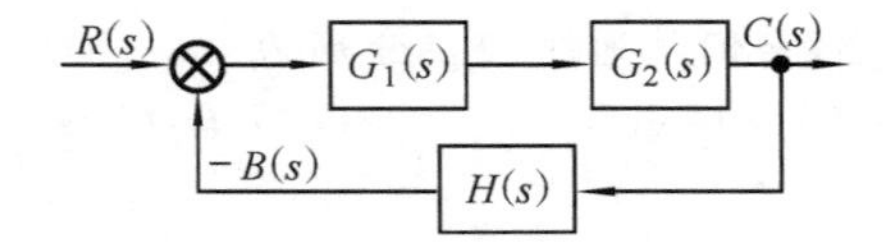


图 2-43 $R(s)$ 作用下系统的结构图

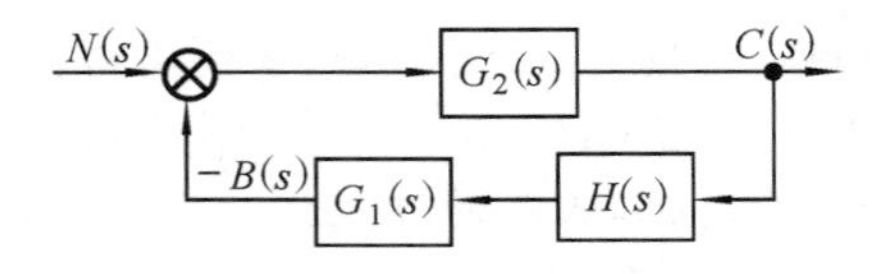


图 2-44 $N(s)$ 作用下系统的结构图

当系统中只有 $R(s)$ 信号作用时,系统的输出 $C(s)$ 完全取决于 $\Phi_{cr}(s)$ 及 $R(s)$ 的形式,即

$$C_r(s)=\Phi_{cr}(s)R(s)=\frac{G_1(s)G_2(s)}{1+G_1(s)G_2(s)H(s)}R(s) \tag{2-31}$$

**2. 扰动信号 $N(s)$ 作用下的闭环传递函数**

为研究扰动对系统的影响,需要求出 $C(s)$ 对 $N(s)$ 之间的传递函数。这时,令 $R(s)=0$,则图 2-42 所示系统简化为图 2-44 所示的系统,则扰动信号 $N(s)$ 作用下的闭环传递函数为

$$\Phi_{cn}(s)=\frac{C(s)}{N(s)}=\frac{G_2(s)}{1+G_1(s)G_2(s)H(s)} \tag{2-32}$$

由于扰动信号 $N(s)$ 在系统中的作用位置与给定信号 $R(s)$ 的作用点不一定是同一个地方,故两个闭环传递函数一般是不相同的。这也表明引入扰动作用下系统闭环传递函数的必要性。

**3. 系统的总输出**

当给定信号和扰动信号同时作用于系统时,根据线性叠加原理,线性系统的总输出等于各外作用引起的输出的总和,即

$$C(s)=\Phi_{cr}(s)R(s)+\Phi_{cn}(s)N(s)=\frac{G_1(s)G_2(s)}{1+G_1(s)G_2(s)H(s)}R(s)+\frac{G_2(s)}{1+G_1(s)G_2(s)H(s)}N(s) \tag{2-33}$$

### 2.5.3 系统的误差传递函数

在分析一个实际系统时,不仅要掌握输出量的变化规律,还经常要关心控制过程中误差的变化规律。误差的大小直接反映了系统工作的精度,因此得到误差与系统的给定信号 $R(s)$ 及扰动信号 $N(s)$ 之间的数学模型,是非常必要的。在此定义误差为给定信号与反馈信号之差,即

$$E(s)=R(s)-B(s) \tag{2-34}$$

**1. 给定信号 $R(s)$ 作用下的误差传递函数**

令 $N(s)=0$，图 2-42 所示的系统简化为图 2-45 所示的系统，则给定信号 $R(s)$ 作用下系统的误差传递函数为

$$\Phi_{\mathrm{er}}(s)=\frac{E(s)}{R(s)}=\frac{1}{1+G_1(s)G_2(s)H(s)} \tag{2-35}$$

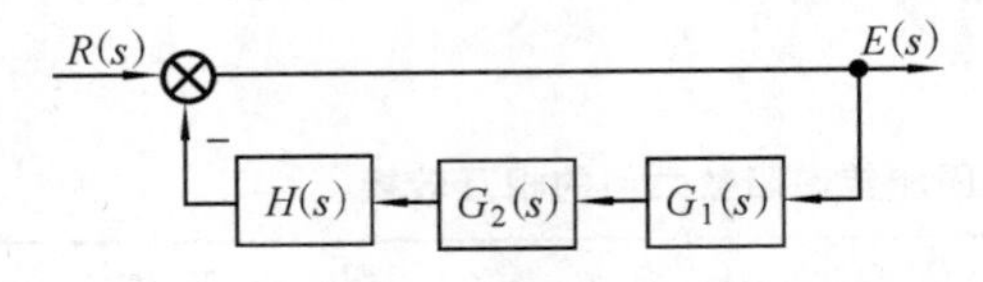


图 2-45 $R(s)$作用下误差输出的结构图

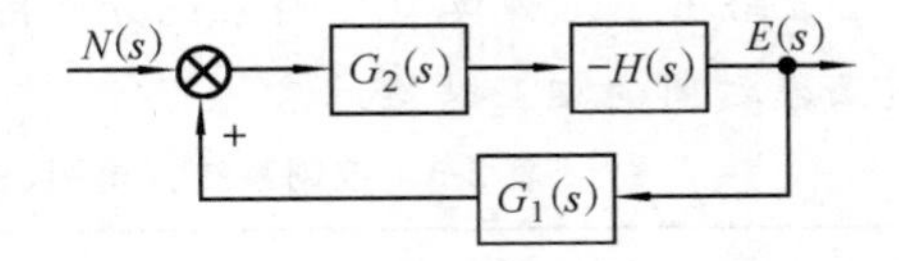


图 2-46 $N(s)$作用下误差输出的结构图

**2. 扰动信号 $N(s)$ 作用下的误差传递函数**

令 $R(s)=0$，图 2-42 所示的系统简化为图 2-46 所示的系统，则扰动信号 $N(s)$ 作用下系统的误差传递函数为

$$\Phi_{\mathrm{en}}(s)=\frac{E(s)}{N(s)}=\frac{-G_2(s)H(s)}{1+G_1(s)G_2(s)H(s)} \tag{2-36}$$

**3. 系统的总误差**

根据线性叠加原理，系统的总误差为

$$\begin{aligned}E(s)&=\Phi_{\mathrm{er}}(s)R(s)+\Phi_{\mathrm{en}}(s)N(s)\\&=\frac{1}{1+G_1(s)G_2(s)H(s)}R(s)+\frac{-G_2(s)H(s)}{1+G_1(s)G_2(s)H(s)}N(s)\end{aligned} \tag{2-37}$$

从上面导出的各传递函数表达式(2-30)、式(2-32)、式(2-35)、式(2-36)可以看出，它们虽然各不相同，但分母却完全相同，这是因为它们的特征式相同，即 $\Delta=[1+G_1(s)G_2(s)H(s)]$，这是闭环控制系统的本质特征，即同一系统的特征式具有唯一性。

## 本章小结

分析或设计控制系统，首先需要建立系统的数学模型。本章介绍了建立控制系统及其元部件数学模型的一般方法。主要内容如下。

(1) 微分方程是描述实际系统数学模型的一种重要形式。本章阐述了通过分析系统及元件的工作原理，确定各变量之间的相互关系，继而构建系统微分方程的方法。

(2) 实际的控制系统都是非线性的。为了简化分析，本章讨论了在一定范围内、一定条件下用小偏差线性化方法将非线性系统转化为线性系统的方法。

(3) 传递函数是指线性定常系统在零初始条件下，输出量的拉氏变换与输入量的拉氏变换之比。本章在建立起传递函数基本概念的基础上，讨论了传递函数的基本性质、典型环节的传递函数及控制系统的典型传递函数。

(4) 方框图是系统数学模型的图形表示。本章在给出方框图定义的基础上，讨论了方框图的等效变换方法。

(5) 信号流图是系统数学模型的另一种图形表示。本章在给出信号流图定义的基

础上，讨论了信号流图的基本性质，阐述了信号流图的绘制方法，介绍了将信号流图转换为传递函数的梅森公式。

综合本章对控制系统四种数学模型的阐述，可以看出它们之间是可以相互转换的，微分方程、传递函数、方框图及信号流图之间的相互转换关系如图 2-51 所示。表 2-3 给出了几种典型控制系统方框图、信号流图及传递函数之间的相互转换结果。

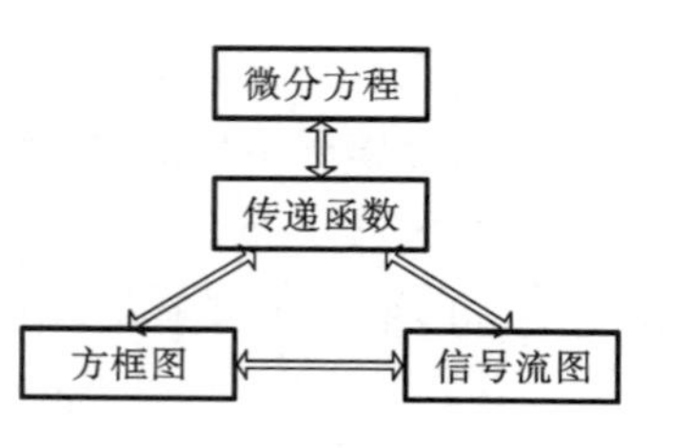

图 2-51 模型转换示意图

表 2-3 控制系统方框图、信号流图和传递函数之间的相互转换

| 方框图 | 信号流图 | 传递函数 |
|---|---|---|
| $R(s)$, $G(s)$, $C(s)$<br>单环节系统 | $R(s)$, $G(s)$, $C(s)$ | $\frac{C(s)}{R(s)}=G(s)$ |
| $R(s)$, $E(s)$, $G(s)$, $C(s)$, $-$, $H(s)$<br>反馈控制系统 | $R(s)$, 1, $E(s)$, $G(s)$, $C(s)$, $-H(s)$ | $\frac{C(s)}{R(s)}=\frac{G(s)}{1+G(s)H(s)}$ |
| $R(s)$, $E(s)$, $G_1(s)$, $N(s)$, $G_2(s)$, $C(s)$, $-$, $H(s)$<br>带干扰的反馈控制系统 | $N(s)$, 1, $R(s)$, 1, $E(s)$, $G_1(s)$, $G_2(s)$, $C(s)$, $-H(s)$ | $\frac{C(s)}{R(s)}=\frac{G_1(s)G_2(s)}{1+G_1(s)G_2(s)H(s)}$<br>$\frac{C(s)}{N(s)}=\frac{G_2(s)}{1+G_1(s)G_2(s)H(s)}$ |
| $R_1(s)$, $G_{11}(s)$, $C_1(s)$, $G_{12}(s)$, $G_{21}(s)$, $R_2(s)$, $G_{22}(s)$, $C_2(s)$<br>耦合系统 | $R_1(s)$, $G_{11}(s)$, $C_1(s)$, $G_{21}(s)$, $G_{12}(s)$, $R_2(s)$, $C_2(s)$, $G_{22}(s)$ | $\frac{C_1(s)}{R_1(s)}=G_{11}(s)$<br>$\frac{C_1(s)}{R_2(s)}=G_{21}(s)$<br>$\frac{C_2(s)}{R_1(s)}=G_{12}(s)$<br>$\frac{C_2(s)}{R_2(s)}=G_{22}(s)$ |

## 本章习题

2-1 试求题 2-1 图所示电路的微分方程和传递函数。

2-2 试求题 2-2 图所示运算放大器构成的电路的传递函数。

2-3 如题 2-3 图所示的电路中，二极管是一个非线性元件，其电流 $i_d$ 与 $u_d$ 间的关系为 $i_d=10^{-6}\left(e^{\frac{u_d}{0.026}}-1\right)$。假设电路中的 $R=10^3\ \Omega$，静态工作点 $u_0=2.39\ \mathrm{V}$，$i_0=2.19\times10^{-3}\ \mathrm{A}$，试求在工作点 $(u_0,i_0)$ 附近 $i_d=f(u_d)$ 的线性化方程。

2-4 系统的微分方程组为

$$x_1(t)=r(t)-c(t),\quad x_2(t)=\tau\frac{\mathrm{d}x_1(t)}{\mathrm{d}t}+K_1x_1(t)$$

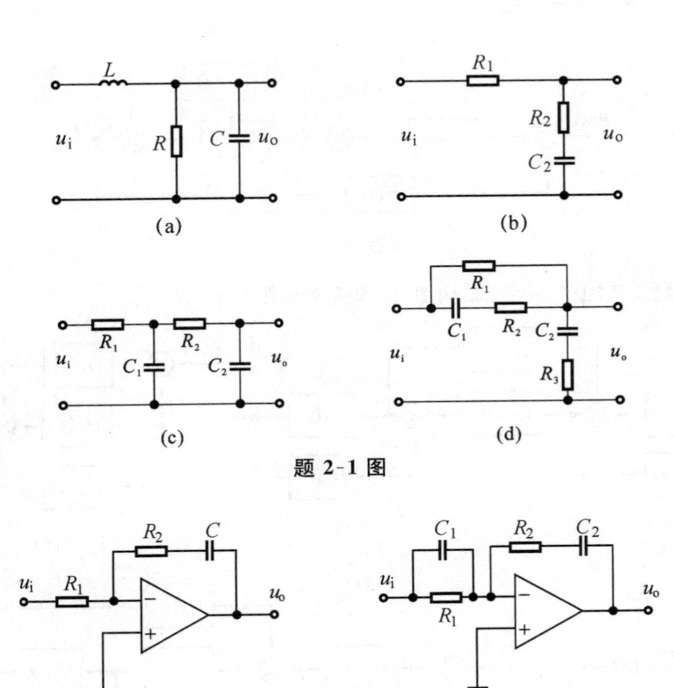


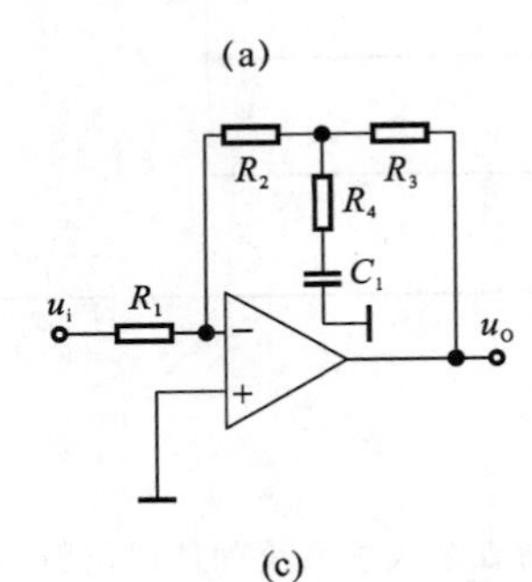


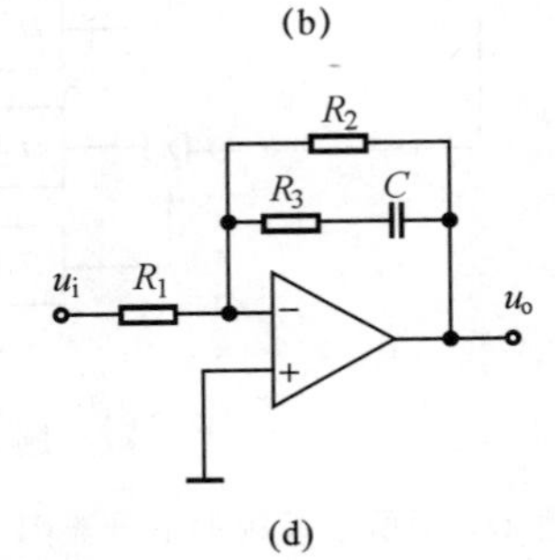


题 2-2 图

$$x_3(t)=K_2x_2(t),\quad x_4(t)=x_3(t)-x_5(t)-K_5c(t)$$

$$\frac{\mathrm{d}x_5(t)}{\mathrm{d}t}=K_3x_4(t),\quad K_4x_5(t)=T\frac{\mathrm{d}c(t)}{\mathrm{d}t}+c(t)$$

式中：$\tau,K_1,K_2,K_3,K_4,K_5,T$ 均为正常数。

试建立系统 $r(t)$ 对 $c(t)$ 的结构图，并求系统传递函数。

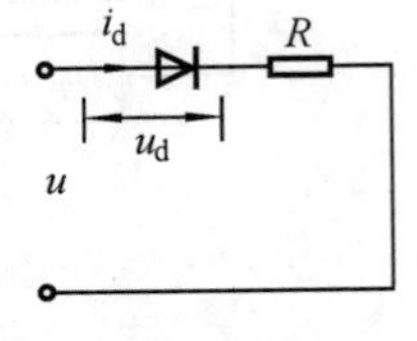


题 2-3 图

2-5　利用框图简化的等效法则，把题 2-5 图(a)简化为题 2-5 图(b)所示的结构形式。

(1) 求题 2-5 图(b)中的 $G(s)$ 和 $H(s)$；

(2) 求 $C(s)/R(s)$。

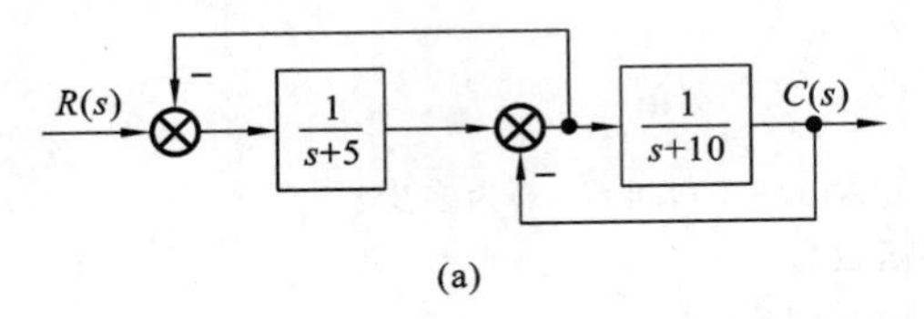


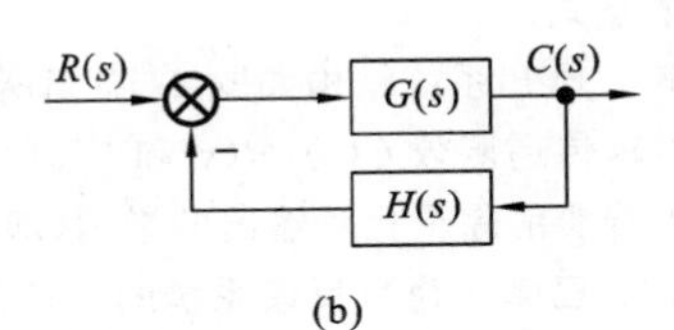


题 2-5 图

2-6　求题 2-6 图所示系统的传递函数 $C(s)/D(s)$ 和 $E(s)/D(s)$。

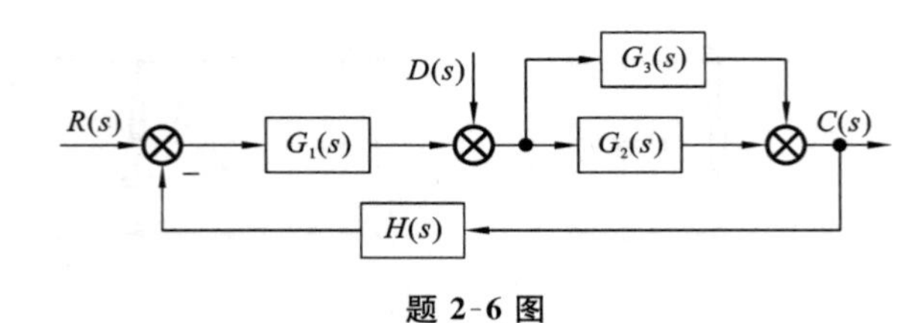


题 2-6 图

2-7　试简化题 2-7 图中各系统结构图，并求传递函数 $C(s)/R(s)$。

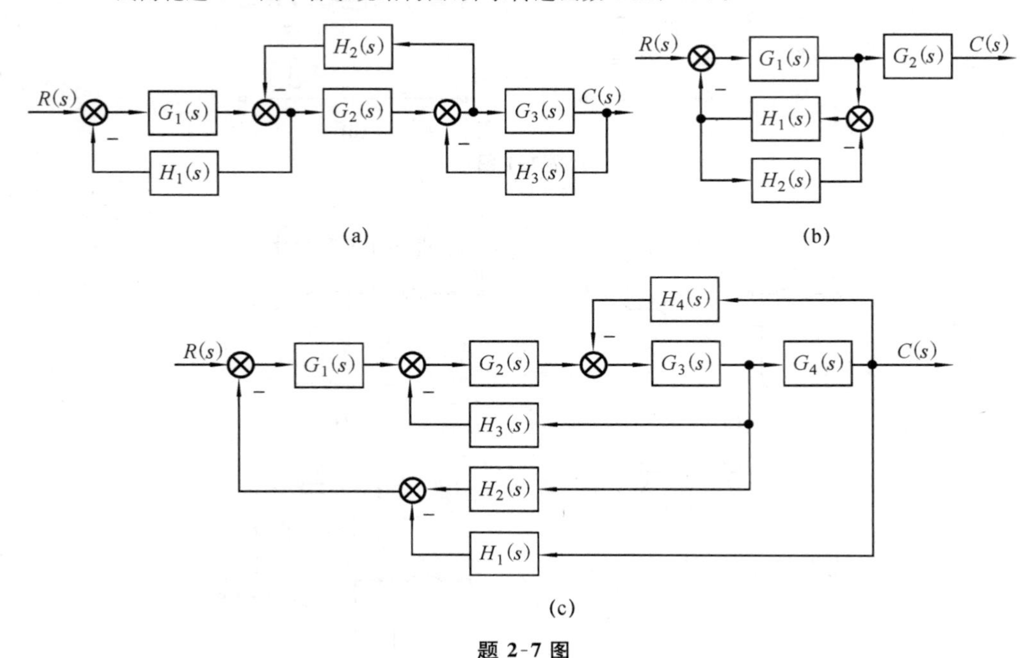


题 2-7 图

2-8　试绘制题 2-8 图所示系统的信号流图，并用梅森公式求系统的传递函数 $C(s)/R(s)$。

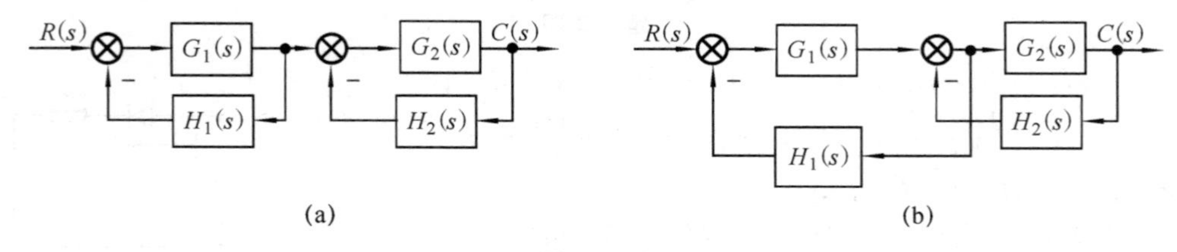


题 2-8 图

2-9　系统的信号流图如题 2-9 图所示，试求系统的传递函数 $C(s)/R(s)$。

2-10　已知系统结构图如题 2-10 图所示，试写出系统在给定 $R(s)$ 及扰动 $N(s)$ 同时作用下输出 $C(s)$ 的表达式。

2-11　已知系统结构如题 2-11 图所示。

(1) 求传递函数 $C(s)/R(s)$ 和 $C(s)/N(s)$；

(2) 若要消除干扰对输出的影响(即 $C(s)/N(s)=0$)，问 $G_0(s)$ 为多少？

2-12　已知单位负反馈系统的开环传递函数为

$$G(s)=\frac{s^3+4s^2+3s+2}{s^2(s+1)[(s+4)^2+4]}$$

(1) 试用 Matlab 求系统的闭环传递函数；

(2) 将闭环传递函数表示为零极点形式和部分分式形式。

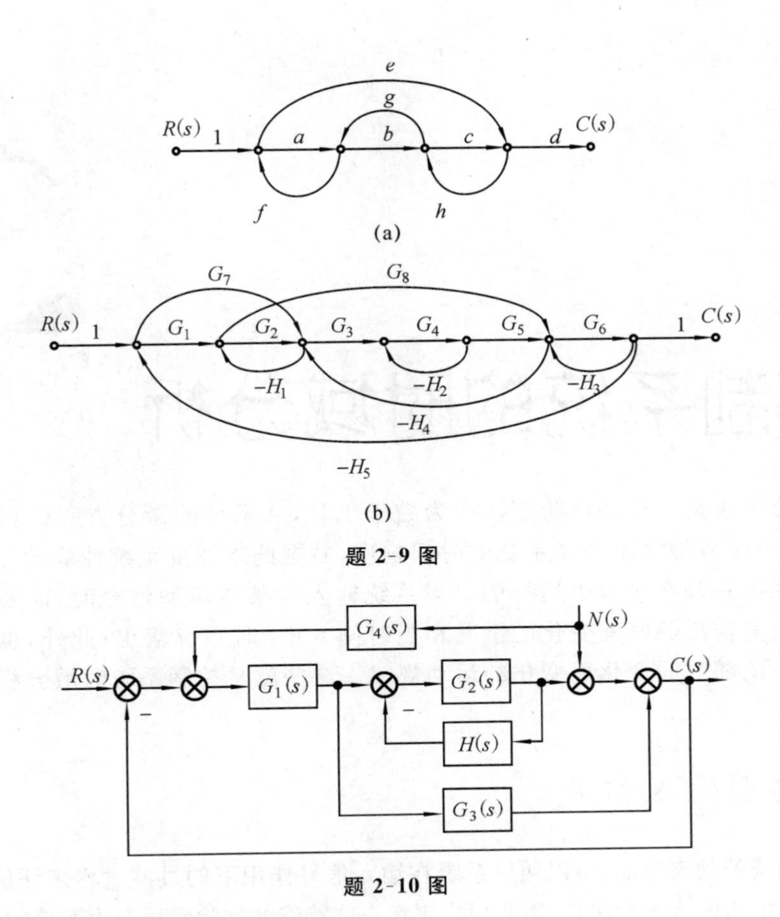


题 2-9 图

题 2-10 图

2-13 如题 2-13 图所示的系统结构图。

(1) 试用 Matlab 简化结构图，并计算系统的闭环传递函数；

(2) 绘制闭环传递函数的零极点图。

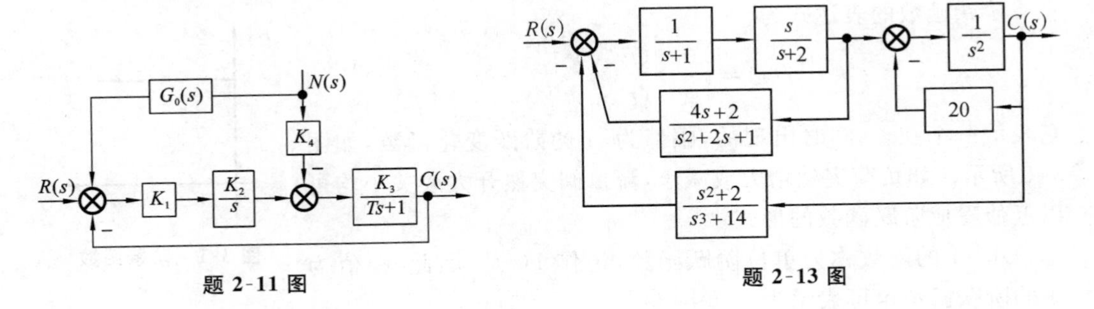


题 2-11 图

题 2-13 图

# 3

# 控制系统的时域分析

时域分析法是以拉普拉斯变换作为数学工具，从系统的微分方程（或传递函数）入手，对给定输入信号求控制系统的时间响应，并据此来评价系统性能的方法。工程中的控制系统总是在时域中运行的。当系统输入为某些典型信号时，需要了解加入输入信号后其输出随时间变化的情况和当时间 $t\to\infty$ 时系统输出；此外，也希望分析研究各类系统随时间变化而变化的运动规律。这些就是控制系统时域分析所要解决的问题。

## 3.1 典型输入信号

控制系统的动态性能，可以通过系统在输入信号作用下的过渡过程来评价。为了对各种控制系统的性能进行比较，需要预先规定一些特殊的试验信号作为系统的输入，然后比较各种系统对这些输入信号的响应。经常采用的典型输入信号有以下几种类型。

**1. 阶跃函数**

阶跃函数的表达式为

$$r(t)=\begin{cases}0 & (t<0)\\ A & (t\geqslant 0)\end{cases}$$

它表示一个在 $t=0$ 时出现的，幅值为 $A$ 的阶跃变化函数，如图 3-1 所示。如负荷突然增大或减小，流量阀突然开大或关小均可以近似看成阶跃函数的形式。

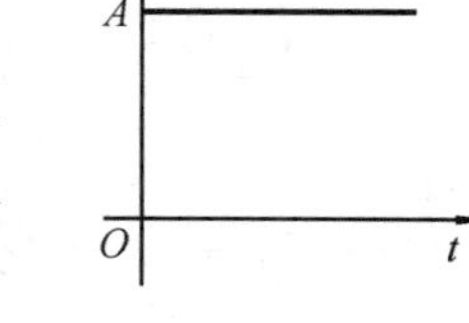

**图 3-1 阶跃函数**

$A=1$ 的函数称为单位阶跃函数，记作 $1(t)$。因此，幅值为 $A$ 的阶跃函数也可表示为

$$r(t)=A\cdot 1(t)$$

**2. 斜坡函数（或速度函数）**

斜坡函数的表达式为

$$r(t)=\begin{cases}0 & (t<0)\\ At & (t\geqslant 0)\end{cases}$$

斜坡函数从 $t=0$ 时刻开始，随时间变化以恒定速度增加，如图 3-2 所示。$A=1$ 时，$r(t)=t$，称为单位斜坡函数。

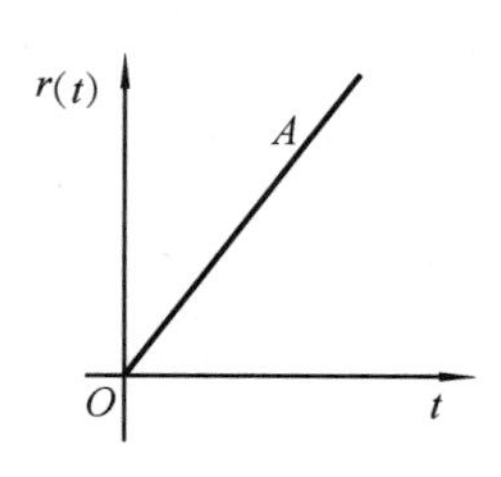

**图 3-2 斜坡函数**

**3. 加速度函数**

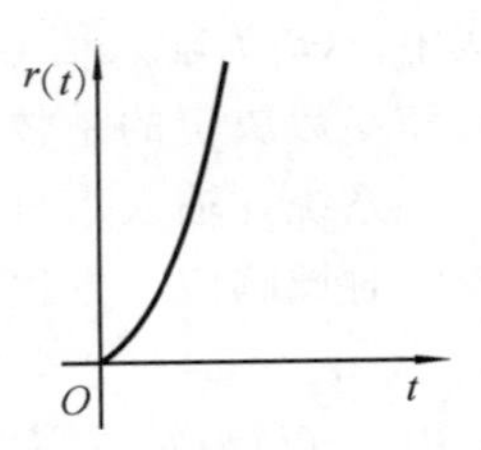

图 3-3　加速度函数

加速度函数的表达式为

$$r(t)=\begin{cases}0 & (t<0)\\ \frac{1}{2}At^2 & (t\geqslant 0)\end{cases}$$

其特点是$\frac{\mathrm{d}^2 r(t)}{\mathrm{d}t^2}=A$为常数，说明加速度函数表征匀加速信号，曲线如图 3-3 所示。当 $A=1$ 时，称为单位加速度函数。

**4. 脉冲函数**

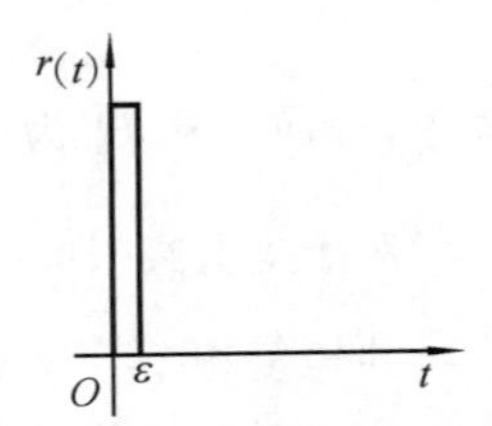

图 3-4　脉冲函数

脉冲函数(见图 3-4)的表达式一般为

$$r(t)=\begin{cases}0 & (t<0)\\ \frac{A}{\varepsilon} & (0\leqslant t\leqslant\varepsilon)\\ 0 & (t>\varepsilon)\end{cases}$$

其中脉冲宽度为 ε，脉冲面积等于 $A$，即$\int_{-\infty}^{\infty} r(t)\mathrm{d}t = A$。

若对脉冲的宽度取趋于零的极限，则有

$$\delta(t) = \begin{cases}0 & (t\neq 0)\\ \infty & (t=0)\end{cases},\quad \int_{-\infty}^{\infty}\delta(t)\mathrm{d}t = 1$$

称此脉冲函数为理想单位脉冲函数，记作 $\delta(t)$。于是强度为 $A$ 的脉冲函数可表示为$A\delta(t)$。

**5. 正弦函数**

正弦函数的表达式为

$$r(t)=\begin{cases}0 & (t<0)\\ A\sin\omega t & (t\geqslant 0)\end{cases}$$

式中：$A$ 为振幅；$\omega$ 为角频率。正弦函数为周期函数。

当正弦信号作用于线性系统时，系统输出的稳态分量是和输入信号同频率的正弦信号，仅仅是幅值和初相位不同。根据系统对不同频率正弦输入信号的稳态响应，可以得到系统性能的全部信息。

应用这些简单的时间函数作为典型输入信号，可以很容易地对控制系统进行分析和试验研究。选取试验输入信号时应注意，试验输入信号的典型形式应反映系统工作的大部分实际情况，并尽可能简单，便于分析处理。

## 3.2　线性定常系统的时域响应与性能指标

### 3.2.1　线性定常系统的时域响应

对于单输入单输出 $n$ 阶线性定常系统，可用 $n$ 阶常系数线性微分方程来描述，即

$$a_0\frac{\mathrm{d}^n c(t)}{\mathrm{d}t^n}+a_1\frac{\mathrm{d}^{n-1}c(t)}{\mathrm{d}t^{n-1}}+\cdots+a_{n-1}\frac{\mathrm{d}c(t)}{\mathrm{d}t}+a_n c(t)$$
$$=b_0\frac{\mathrm{d}^m r(t)}{\mathrm{d}t^m}+b_1\frac{\mathrm{d}^{m-1}r(t)}{\mathrm{d}t^{m-1}}+\cdots+b_{m-1}\frac{\mathrm{d}r(t)}{\mathrm{d}t}+b_m r(t)\qquad(3\text{-}1)$$

式中:$r(t)$为输入信号;$c(t)$为输出信号;$a_0,a_1,\cdots,a_n$ 和 $b_0,b_1,\cdots,b_m$ 是由系统本身结构和参数决定的系数。

系统在输入信号 $r(t)$作用下,输出 $c(t)$随时间变化的规律,即式(3-1)的解,就是系统的时域响应。方程式的解由两部分组成,即

$$c(t)=c_1(t)+c_2(t) \tag{3-2}$$

式中:$c_1(t)$为对应齐次微分方程的通解;$c_2(t)$为对应非齐次微分方程的一个特解。

齐次微分方程的通解 $c_1(t)$由相应的特征方程的特征根决定。特征方程为

$$D(s)=a_0s^n+a_1s^{n-1}+\cdots+a_{n-1}s+a_n=0 \tag{3-3}$$

如果式(3-3)有 $n$ 个不相等的特征根,即 $p_1,p_2,\cdots,p_n$,则齐次微分方程的通解为

$$c_1(t)=k_1\mathrm{e}^{p_1t}+k_2\mathrm{e}^{p_2t}+\cdots+k_n\mathrm{e}^{p_nt} \tag{3-4}$$

式中,$k_1,k_2,\cdots,k_n$ 为由系统的结构、参数及初始条件决定的系数。

对于 $l$ 重实根 $p$,其对应的通解为$\sum_{i=1}^{l}k_it^{i-1}\mathrm{e}^{pt}$。

共轭复根 $p_i=\sigma_i\pm\mathrm{j}\omega_i$,其对应的通解为 $k_i\mathrm{e}^{\sigma_it}\cos(\omega_it+\theta)$。

齐次微分方程的通解 $c_1(t)$与系统结构、参数及初始条件有关,而与输入信号无关,是系统响应的过渡过程分量,称为暂态响应或自由分量。而非齐次微分方程的特解通常是系统是稳态解,它是在输入信号作用下系统的强迫分量,取决于系统结构、参数及输入信号的形式,称为稳态分量。

从系统时域响应的两部分看,稳态分量(特解)是系统在时间 $t\to\infty$时系统的输出,衡量其好坏采用稳态性能指标——稳态误差。系统响应的暂态分量是指从 $t=0$ 开始到进入稳态之前的这一段过程,采用动态性能指标(瞬态响应指标),如稳定性、快速性、平稳性等来衡量。

### 3.2.2 控制系统时域响应的性能指标

性能指标用来衡量一个系统的优劣。时域内的性能指标分为稳态性能指标和动态性能指标两种,它们通常采用时域响应曲线上的一些特征点的函数来衡量。

**1. 稳态性能指标**

稳态响应是时间 $t\to\infty$时系统的输出状态。稳态性能指标采用稳态误差 $e_{ss}$来衡量,其定义为:当时间 $t\to\infty$时,系统输出响应的期望值与实际值之差,即

$$e_{ss}=\lim_{t\to\infty}[r(t)-c(t)] \tag{3-5}$$

稳态误差 $e_{ss}$反映控制系统复现或跟踪输入信号的能力。

**2. 动态性能指标**

动态响应是系统从初始状态到接近稳态的响应过程,即过渡过程。通常动态性能指标是以系统对单位阶跃输入的瞬态响应形式给出的,如图 3-5 所示。

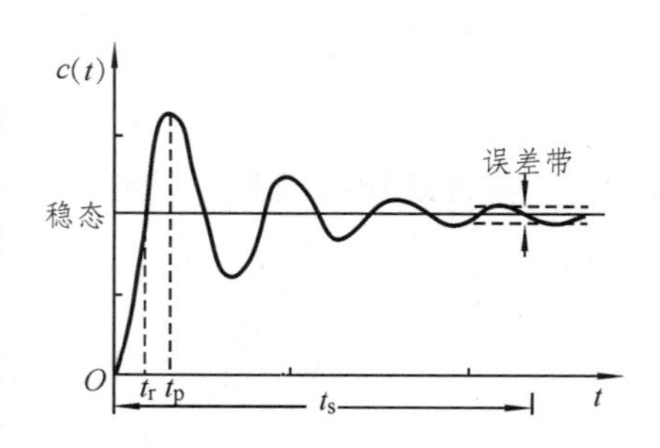

图 3-5 系统瞬态响应指标

(1) 上升时间 $t_r$:从零时刻首次到达稳态值的时间,即阶跃响应曲线从 $t=0$ 开始第一次上升到稳态值所需要的时间。有些系统没有超调,理

论上到达稳态值的时间需要无穷大，因此，也将上升时间 $t_r$ 定义为响应曲线从稳态值的10%上升到稳态值的90%所需的时间。

(2) 峰值时间 $t_p$：过渡过程曲线达到第一个峰值所需的时间称为峰值时间，即阶跃响应曲线从 $t=0$ 开始上升到第一个峰值所需要的时间。

(3) 超调量 $\delta\%$：按第一章的超调量定义可知

$$\delta\%=\frac{c(t_p)-c(\infty)}{c(\infty)}\times 100\% \tag{3-6}$$

(4) 调节时间 $t_s$：阶跃响应曲线进入允许的误差带（一般取稳态值附近±5%或±2%作为误差带），并不再超出该误差带的最小时间，称为调节时间（或过渡过程时间）。

(5) 振荡次数 $N$：在调节时间 $t_s$ 内响应曲线振荡的次数。

以上各性能指标中，上升时间 $t_r$、峰值时间 $t_p$ 和调节时间 $t_s$ 反映系统的快速性；而超调量 $\delta\%$ 和振荡次数 $N$ 则反映系统的平稳性。

## 3.3 一阶系统的时域响应

一阶控制系统，简称一阶系统，其输出信号与输入信号之间的关系可用一阶微分方程来描述。一阶系统微分方程的标准形式为

$$T\frac{\mathrm{d}c(t)}{\mathrm{d}t}+c(t)=r(t) \tag{3-7}$$

式中，$T$ 为一阶系统的时间常数，表示系统的惯性，称为惯性时间常数。

由式(3-7)求得一阶系统的闭环传递函数

$$\Phi(s)=\frac{C(s)}{R(s)}=\frac{1}{Ts+1} \tag{3-8}$$

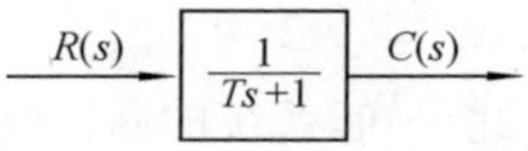

R(s) → $\frac{1}{Ts+1}$ → C(s)

图 3-6 一阶系统方框图

其方框图如图 3-6 所示。它实际上就是一阶惯性环节。

下面分析一阶系统在典型输入信号作用下的过渡过程。如无特殊说明，假设初始条件为零。

### 3.3.1 一阶系统的单位阶跃响应

当输入信号 $r(t)=1(t)$ 时，系统的输出称为单位阶跃响应，记为 $h(t)$。当 $r(t)=1(t)$，即 $R(s)=1/s$ 时，有

$$C(s)=R(s)\cdot\Phi(s)=\frac{1}{s(Ts+1)}$$

对上式取拉普拉斯反变换，得到单位阶跃响应为

$$h(t)=\mathscr{L}^{-1}[C(s)]=\mathscr{L}^{-1}\left[\frac{1}{s(Ts+1)}\right]$$

$$=1-\mathrm{e}^{-t/T}\quad(t\geqslant 0) \tag{3-9}$$

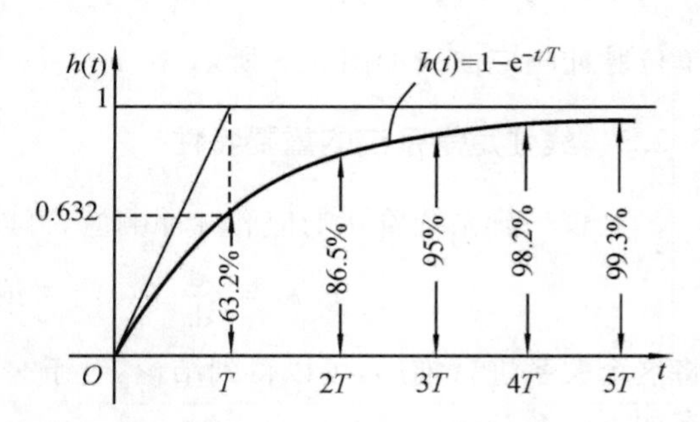


图 3-7 一阶系统的单位脉冲响应

一阶系统的单位阶跃响应如图 3-7 所示，为一条由零开始按指数规律上升的曲线。时间常数 $T$ 是表示一阶系统响应的唯一结构参数，它反映系统的响应速

度。显然,时间常数 $T$ 越小,一阶系统的过渡过程越快;反之,越慢。

在 $t=0$ 处,响应曲线的切线斜率为 $1/T$,即

$$\left.\frac{\mathrm{d}c(t)}{\mathrm{d}t}\right|_{t=0}=\left.\frac{1}{T}\mathrm{e}^{-t/T}\right|_{t=0}=\frac{1}{T}$$

它是一阶系统在单位阶跃信号作用下过渡过程曲线的重要特性,也是用实验方法求取一阶系统时间常数的重要特征点。

当 $t=3T$ 时,$c(3T)=0.95$,即过渡过程曲线 $c(t)$ 的数值与稳态输出值比较,仅相差 5%。在工程实践中,认为此刻过渡已告结束,即 $t_s=3T$。如果规定过渡过程曲线 $c(t)$ 的数值与稳态输出值相差 2%时,过渡过程结束,则 $t_s=4T$。

由上述分析可以确定,一阶系统单位阶跃响应性能指标如下。

(1) 调节时间 $t_s$:经过时间 $3T\sim4T$,响应曲线已达稳态值的 95%~98%,可以认为其调节过程已完成,故一般取 $t_s=(3\sim4)T$。

(2) 稳态误差 $e_{ss}$:系统的实际输出 $h(t)$ 在时间 $t\to\infty$ 时,接近于输入值,即

$$e_{ss}=\lim_{t\to\infty}[c(t)-r(t)]=0$$

(3) 超调量 $\delta\%$:一阶系统的单位阶跃响应为非周期响应,故系统无振荡、无超调,$\delta\%=0$。

### 3.3.2 一阶系统的单位脉冲响应

当系统输入信号为单位脉冲函数 $r(t)=\delta(t)$ 时,$R(s)=1$,此时系统的响应为单位脉冲响应,记为 $g(t)$,即

$$g(t)=\mathscr{L}^{-1}[C(s)]=\mathscr{L}^{-1}[\Phi(s)R(s)]=\mathscr{L}^{-1}[\Phi(s)] \tag{3-10}$$

由此可知,系统的脉冲响应函数就是系统闭环传递函数的原函数。反过来,系统的闭环传递函数等于系统单位脉冲响应的拉普拉斯变换,即

$$\Phi(s)=\mathscr{L}[g(t)]$$

对于一阶系统,当 $r(t)=\delta(t)$,即 $R(s)=1$ 时,有

$$C(s)=\frac{C(s)}{R(s)}R(s)=\frac{1}{Ts+1}$$

对上式求拉普拉斯反变换,得到单位脉冲响应为

$$g(t)=\mathscr{L}^{-1}\left[\frac{1}{Ts+1}\right]=\frac{1}{T}\mathrm{e}^{-t/T}\quad(t\geqslant0) \tag{3-11}$$

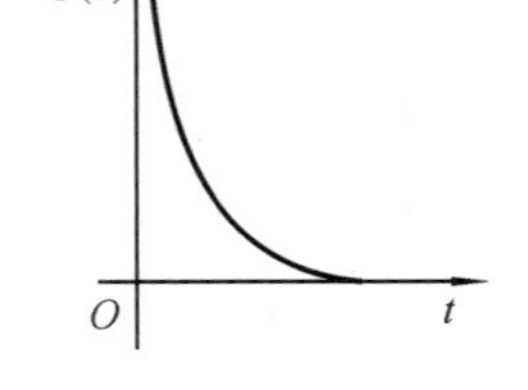

图 3-8 一阶系统的脉冲响应

单位脉冲响应曲线如图 3-8 所示。

### 3.3.3 线性定常系统的重要特性

比较一阶系统阶跃响应和脉冲响应,可以发现它们关系为

$$g(t)=\frac{\mathrm{d}}{\mathrm{d}t}[h(t)]\quad 或 \quad h(t)=\int g(t)\mathrm{d}t$$

将这个关系进行推广,可以得到结论:对于一给定的系统,如果其不同的输入信号之间有如下关系

$$\frac{\mathrm{d}r_1(t)}{\mathrm{d}t}=r_2(t) \quad 或 \quad \int r_2(t)\mathrm{d}t=r_1(t) \tag{3-12}$$

则其过渡过程之间一定有如下关系与之对应

$$\frac{\mathrm{d}c_1(t)}{\mathrm{d}t}=c_2(t) \quad 或 \quad \int c_2(t)\mathrm{d}t=c_1(t) \tag{3-13}$$

这个对应关系说明，系统对输入信号导数的响应，等于系统对该输入信号响应的导数。或者反过来，系统对输入信号积分的响应，等于系统对该输入信号响应的积分，而积分常数由零输入初始条件确定。这是线性定常系统的一个重要特性，不仅适用于一阶线性定常系数，还适用于任何阶线性定常系统，但不适用于线性时变系统和非线性系统。

由上述结论可以直接推导出，当一阶系统的输入为单位速度信号 $r(t)=t$，$R(s)=1/s^2$ 时的响应为

$$c(t)=\int(1-\mathrm{e}^{-t/T})\mathrm{d}t=t+C+T\mathrm{e}^{-t/T} \quad (t\geqslant 0)$$

其中 $C$ 为积分常数，由初始条件 $c(0)=C+T=0$，得到 $C=-T$。因而一阶系统的单位速度响应为

$$c(t)=(t-T)+T\mathrm{e}^{-t/T} \quad (t\geqslant 0)$$

表 3-1 概括了一阶系统在三种典型输入信号（单位脉冲、单位阶跃、单位斜坡）作用下的响应（单位脉冲响应、单位阶跃响应、单位斜坡响应）及它们之间的关系。

**表 3-1 三种典型输入信号及响应关系**

| 相应类型 | 输 入 | 输 出 |
|---|---|---|
| 单位脉冲响应 | $x_i(t)=\delta(t)$ | $x_\delta(t)=\frac{1}{T}\mathrm{e}^{-t/T}$ |
| 单位阶跃响应 | $x_i(t)=1(t)$ | $x_1(t)=1-\mathrm{e}^{-t/T}$ |
| 单位斜坡响应 | $x_i(t)=t$ | $x_t(t)=t-T+T\mathrm{e}^{-t/T}$ |

## 3.4 二阶系统的时域响应

### 3.4.1 二阶系统的数学模型

当系统输出与输入之间的特性由二阶微分方程描述时，称为二阶系统，也称为二阶振荡环节。它在控制工程中应用极为广泛，如 RLC 网络、电枢电压控制的直流电动机转速系统等。此外，许多高阶系统，在一定条件下，常常可以近似作为二阶系统来研究。

典型二阶系统的结构图如图 3-9 所示，其闭环传递函数为

$$\frac{C(s)}{R(s)}=\frac{\omega_n^2}{s^2+2\zeta\omega_n s+\omega_n^2} \tag{3-14}$$

或

$$\frac{C(s)}{R(s)}=\frac{1}{T^2s^2+2\zeta Ts+1} \tag{3-15}$$

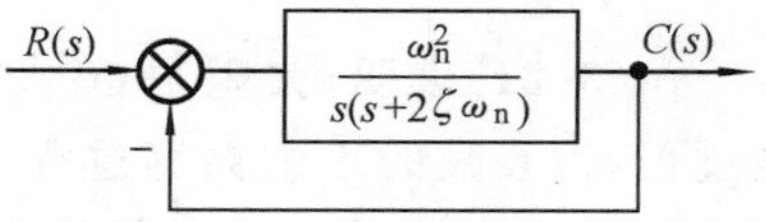

图 3-9 典型二阶系统图

式中：$\zeta$ 为系统的阻尼比；$\omega_n$ 为系统的无阻尼自然振荡角频率；$T=1/\omega_n$ 为系统振荡周期。

不同的控制系统具有不同的系统参数，但总可以变成式(3-14)或式(3-15)的标准形式。这样，二阶系统的过渡过程就可以用 $\zeta$ 和 $\omega_n$ 这两个参数来描述。

由式(3-14)得到系统的特征方程为

$$D(s)=s^2+2\zeta\omega_n s+\omega_n^2=0 \tag{3-16}$$

由上式解得二阶系统的特征根(即闭环极点)为

$$s_{1,2}=-\zeta\omega_n\pm\omega_n\sqrt{\zeta^2-1} \tag{3-17}$$

由式(3-17)可以发现,随着阻尼比 $\zeta$ 取值的不同,二阶系统的特征根(闭环极点)也不相同,系统特征也不同。分别分析系统在单位阶跃函数、速度函数及脉冲函数作用下二阶系统的过渡过程,假设系统的初始条件都为零。

### 3.4.2 二阶系统的单位阶跃响应

令 $r(t)=1(t)$,则有 $R(s)=1/s$,由式(3-14)求得二阶系统在单位阶跃函数作用下输出信号的拉氏变换

$$C(s)=\frac{\omega_n^2}{s^2+2\zeta\omega_n s+\omega_n^2}\cdot\frac{1}{s} \tag{3-18}$$

对上式进行拉氏反变换,可得二阶系统在单位阶跃函数作用下的过渡过程,即

$$h(t)=\mathscr{L}^{-1}[C(s)]$$

**1. 欠阻尼系统阶跃响应**

当 $0<\zeta<1$ 时,两个特征根分别为 $s_{1,2}=-\zeta\omega_n\pm j\omega_n\sqrt{1-\zeta^2}$,是一对共轭复数根,称为欠临界阻尼状态,如图 3-10 所示。图中,$\varphi=\arctan\dfrac{\sqrt{1-\zeta^2}}{\zeta}$。

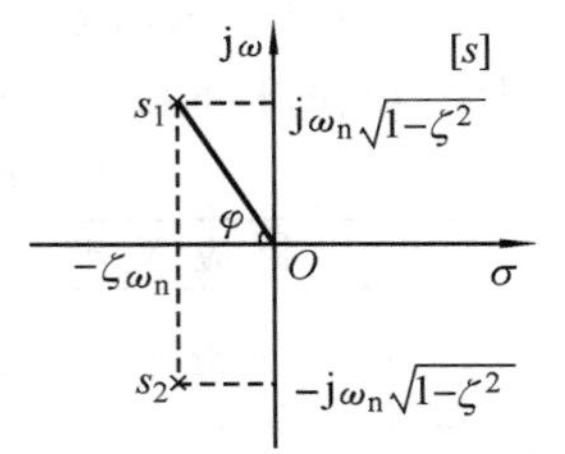


图 3-10 欠阻尼的闭环极点分布

此时,式(3-18)可以展成如下的部分分式

$$\begin{aligned}C(s)&=\frac{1}{s}-\frac{s+2\zeta\omega_n}{(s+\zeta\omega_n+j\omega_d)(s+\zeta\omega_n-j\omega_d)}\\&=\frac{1}{s}-\frac{s+\zeta\omega_n}{(s+\zeta\omega_n)^2+\omega_d^2}-\frac{\zeta\omega_n}{\omega_d}\cdot\frac{\omega_d}{(s+\zeta\omega_n)^2+\omega_d^2}\end{aligned} \tag{3-19}$$

式中,$\omega_d=\omega_n\sqrt{1-\zeta^2}$ 为有阻尼自振角频率。对式(3-19)进行拉氏反变换,得

$$h(t)=1-e^{-\zeta\omega_n t}\cos\omega_d t-\frac{\zeta\omega_n}{\omega_d}e^{-\zeta\omega_n t}\sin\omega_d t=1-e^{-\zeta\omega_n t}\left(\cos\omega_d t+\frac{\zeta\omega_n}{\omega_d}\sin\omega_d t\right)\quad(t\geqslant0) \tag{3-20}$$

将上式进行变换得到

$$h(t)=1-\frac{e^{-\zeta\omega_n t}}{\sqrt{1-\zeta^2}}(\sqrt{1-\zeta^2}\cos\omega_d t+\zeta\sin\omega_d t)=1-\frac{e^{-\zeta\omega_n t}}{\sqrt{1-\zeta^2}}\sin(\omega_d t+\varphi)\quad(t\geqslant0) \tag{3-21}$$

式(3-21)表明,欠阻尼($0<\zeta<1$)状态对应的过渡过程,为衰减的正弦振荡过程,如图 3-11 所示。系统响应由稳态分量和瞬态分量两部分组成,稳态分量为 1,瞬态分量是一个随时间 $t$ 增长而衰减的振荡过程。其衰减速度取决于 $\zeta\omega_n$ 值的大小,其衰减振荡的频率便是有阻尼自振角频率 $\omega_d$,相应的衰减振荡周期为

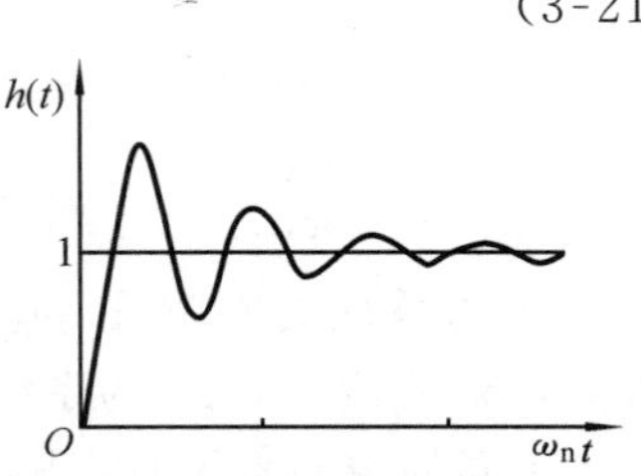


图 3-11 欠阻尼状态下系统单位阶跃响应

$$T_d=\frac{2\pi}{\omega_d}=\frac{2\pi}{\omega_n\sqrt{1-\zeta^2}}$$

$\zeta=0$ 是欠阻尼的一种特殊情况，将其代入式(3-21)，可直接得到

$$h(t)=1-\cos\omega_n t \quad (t\geqslant 0) \tag{3-22}$$

从上式可以看出，无阻尼($\zeta=0$)时二阶系统的阶跃响应是等幅正弦振荡曲线，振荡角频率为 $\omega_n$。

综上分析，可以看出频率 $\omega_n$ 和 $\omega_d$ 的鲜明物理意义。$\omega_n$ 是 $\zeta=0$ 时，二阶系统过渡过程为等幅正弦振荡时的角频率，称为无阻尼自振角频率。$\omega_d$ 是欠阻尼($0<\zeta<1$)时，二阶系统过渡过程为衰减正弦振荡时的角频率，称为有阻尼自振角频率，而 $\omega_d=\omega_n\sqrt{1-\zeta^2}$，显然 $\omega_d<\omega_n$，且随着 $\zeta$ 值增大，$\omega_d$ 的值将减小。

**2. 临界阻尼系统单位阶跃响应**

当 $\zeta=1$ 时，特征方程有两个相同的负实根，即 $s_{1,2}=-\omega_n$，系统的特征根为两相等的负实根，称为临界阻尼状态。此时的 $s_1$、$s_2$ 的位置如图 3-12 所示。

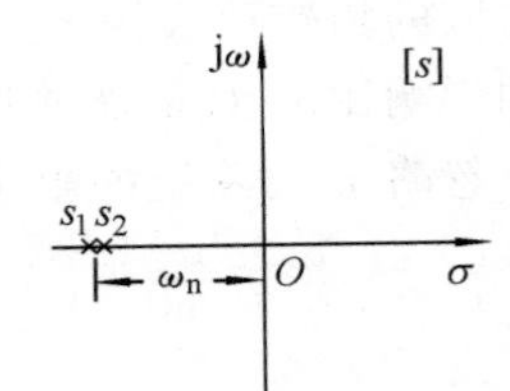

图 3-12 临界阻尼的闭环极点分布

此时系统在单位阶跃函数作用下，输出的拉氏变换为

$$C(s)=\frac{\omega_n^2}{s\,(s+\omega_n)^2}=\frac{1}{s}-\frac{\omega_n}{(s+\omega_n)^2}-\frac{1}{s+\omega_n} \tag{3-23}$$

对上式进行拉氏反变换，得

$$h(t)=1-\omega_n t\mathrm{e}^{-\omega_n t}-\mathrm{e}^{-\omega_n t}=1-\mathrm{e}^{-\omega_n t}(1+\omega_n t) \quad (t\geqslant 0) \tag{3-24}$$

由式(3-24)看出，二阶系统当阻尼比 $\zeta=1$ 时，在单位阶跃函数作用下的过渡过程是一条无超调的单调上升的曲线，如图 3-13 所示。

在临界阻尼状态，系统的超调量 $\delta\%=0$，调节时间 $t_s=4.7/\omega_n$(对应于 $\Delta=5\%$)。

**3. 过阻尼系统单位阶跃响应**

当 $\zeta>1$ 时，两个特征根分别为 $s_{1,2}=-\zeta\omega_n\pm\omega_n\sqrt{\zeta^2-1}$，是两个不同的负实根，称为过阻尼状态，如图 3-14 所示。

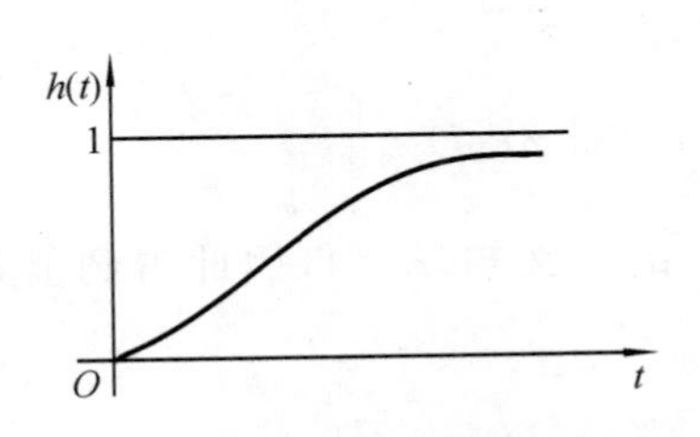

图 3-13 临界阻尼系统阶跃响应

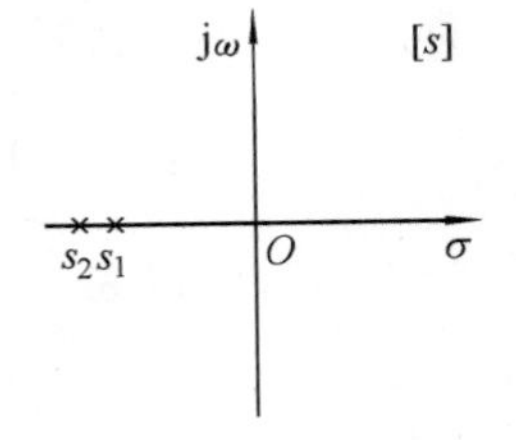

图 3-14 过阻尼的闭环极点分布

两个不相等的负实根为

$$s_1=-\zeta\omega_n+\omega_n\sqrt{\zeta^2-1},\quad s_2=-\zeta\omega_n-\omega_n\sqrt{\zeta^2-1}$$

此时系统在单位阶跃函数作用下，输出的拉氏变换为

$$C(s)=\frac{\omega_n^2}{s^2+2\zeta\omega_n s+\omega_n}\cdot\frac{1}{s}=\frac{\omega_n^2}{s(s-s_1)(s-s_2)}=\frac{1}{s}+\frac{A_1}{s-s_1}+\frac{A_2}{s-s_2} \tag{3-25}$$

其中
$$A_1=\frac{-1}{2\sqrt{\zeta^2-1}(\zeta-\sqrt{\zeta^2-1})},\quad A_2=\frac{1}{2\sqrt{\zeta^2-1}(\zeta+\sqrt{\zeta^2-1})}$$

对式(3-25)求拉氏反变换，得到过阻尼系统的单位阶跃响应为

$$h(t)=1+A_1\mathrm{e}^{s_1 t}+A_2\mathrm{e}^{s_2 t}=1+\frac{1}{2\sqrt{\zeta^2-1}}\left[\frac{1}{\zeta+\sqrt{\zeta^2-1}}\mathrm{e}^{s_1 t}-\frac{1}{\zeta-\sqrt{\zeta^2-1}}\mathrm{e}^{s_2 t}\right] \tag{3-26}$$

分析式(3-26)可知，由于 $s_2$ 和 $s_1$ 均为负实数，这时系统的阶跃响应包含着两个衰减的指数项，输出的稳态值为 1，所以系统不存在稳态误差，其过渡过程曲线如图 3-15 所示。当 $\zeta\gg 1$ 时，闭环极点 $s_2$ 将比 $s_1$ 距虚轴远得多，在式(3-26)中，$s_2$ 对应的指数项的衰减速度要比 $s_1$ 对应的指数项快得多，所以 $s_2$ 对系统过渡过程的影响比 $s_1$ 对系统过渡过程的影响要小得多。因此，在求取输出信号的近似解时，可以忽略 $s_2$ 对系统的影响，把二阶系统近似看成一阶系统，对应的一阶传递函数是

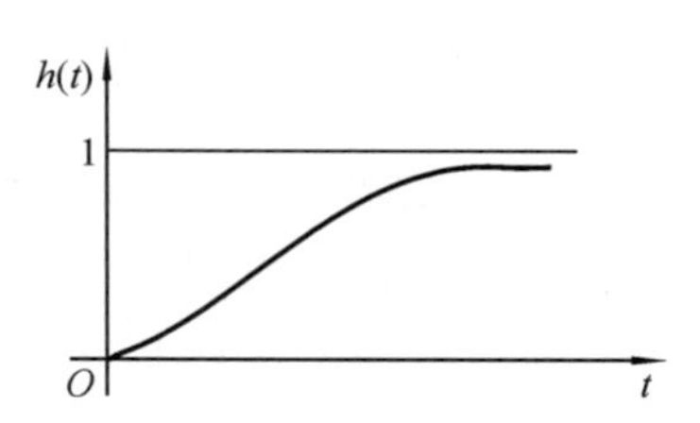

图 3-15 过阻尼二阶系统阶跃响应

$$\Phi(s)=\frac{-s_1}{s-s_1}=\frac{\zeta\omega_n-\omega_n\sqrt{\zeta^2-1}}{s+\zeta\omega_n-\omega_n\sqrt{\zeta^2-1}} \tag{3-27}$$

其对应阶跃响应为

$$h(t)\approx 1-\mathrm{e}^{s_1 t}=1-\mathrm{e}^{(-\zeta\omega_n+\omega_n\sqrt{\zeta^2-1})t} \tag{3-28}$$

当 $\zeta>1.25$ 时，系统的过渡过程时间可近似为 $t_s=(3\sim 4)/s_1$，系统的超调量 $\delta\%=0$。

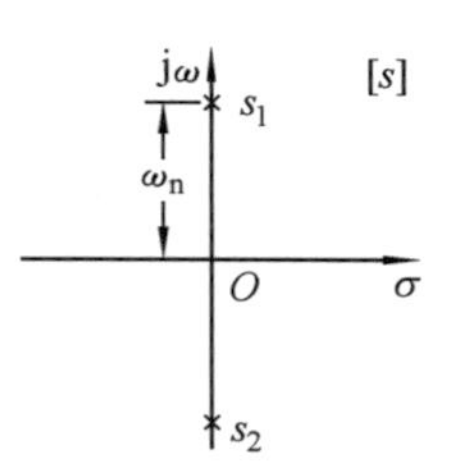

图 3-16 无阻尼的闭环极点分布

**4. 无阻尼系统单位阶跃响应**

当 $\zeta=0$ 时，是欠阻尼的特殊情况，特征方程具有一对共轭纯虚根，即 $s_{1,2}=\pm\mathrm{j}\omega_n$，称为无阻尼状态，如图 3-16 所示。

### 3.4.3 二阶系统的时域响应的性能指标

**1. 欠阻尼下系统单位阶跃响应的性能指标**

(1) 上升时间 $t_r$：在式(3-20)中，令 $h(t_r)=1$，即

$$h(t_r)=1-\frac{\mathrm{e}^{-\zeta\omega_n t_r}}{\sqrt{1-\zeta^2}}\sin(\omega_d t_r+\varphi)=1$$

因为 $\mathrm{e}^{-\zeta\omega_n t_r}\neq 0$，所以 $\omega_d t_r+\varphi=k\pi$。又由 $t_r$ 的定义知，$k=1$，因此得到上升时间 $t_r$ 为

$$t_r=\frac{\pi-\varphi}{\omega_d}=\frac{\pi-\varphi}{\omega_n\sqrt{1-\zeta^2}} \tag{3-29}$$

(2) 峰值时间 $t_p$：在式(3-20)中，将 $h(t)$ 对时间求导，并令其等于零，即

$$\left.\frac{\mathrm{d}h(t)}{\mathrm{d}t}\right|_{t=t_p}=0$$

得到

$$\frac{\zeta\omega_n\mathrm{e}^{-\zeta\omega_n t_p}}{\sqrt{1-\zeta^2}}\sin(\omega_d t_p+\varphi)-\frac{\omega_d\mathrm{e}^{-\zeta\omega_n t_p}}{\sqrt{1-\zeta^2}}\cos(\omega_d t_p+\varphi)=0$$

化简得到

$$\sin(\omega_d t_p+\varphi)=\frac{\sqrt{1-\zeta^2}}{\zeta}\cos(\omega_d t_p+\varphi)$$

进一步化简得到 $$\tan(\omega_d t_p+\varphi)=\tan\varphi$$

所以 $$\omega_d t_p=k\pi \quad (k=0,1,2,\cdots)$$

又因峰值时间 $t_p$ 为第一个峰值时间，所以取 $k=1$，从而得到

$$t_p=\frac{\pi}{\omega_d}=\frac{\pi}{\omega_n\sqrt{1-\zeta^2}} \tag{3-30}$$

(3) 超调量 $\delta\%$：将峰值时间 $t_p$ 表达式(3-30)代入式(3-21)中，得到输出的最大值为

$$h(t)_{\max}=h(t_p)=1-\frac{e^{-\zeta\omega_n t_p}}{\sqrt{1-\zeta^2}}\sin(\omega_d t_p+\varphi)=1-\frac{e^{-\zeta\omega_n t_p}}{\sqrt{1-\zeta^2}}\sin(\pi+\varphi)$$

而 $$\sin(\pi+\varphi)=-\sin\varphi=-\sqrt{1-\zeta^2}$$

所以 $$h(t_p)=1+e^{-\zeta\omega_n t_p}=e^{-\zeta\pi/\sqrt{1+\zeta^2}}$$

代入超调量 $\delta\%$ 公式得到

$$\delta\%=\frac{h(t_p)-h(\infty)}{h(\infty)}=e^{-\zeta\omega_n t_p}\times 100\%=e^{-\zeta\pi/\sqrt{1-\zeta^2}}\times 100\% \tag{3-31}$$

由式(3-31)知，超调量 $\delta\%$ 只与阻尼比 $\zeta$ 有关，其关系如图 3-17 所示。

(4) 过渡过程时间(调节时间) $t_s$：欠阻尼二阶系统的单位阶跃响应(见式(3-21))的幅值为随时间衰减的振荡过程，其过渡过程曲线是包含在一对包络线之间的振荡曲线，如图 3-18 所示。包络线方程为

$$c(t)=1\pm\frac{e^{-\zeta\omega_n t}}{\sqrt{1-\zeta^2}}$$

包络线按指数规律衰减，衰减的时间常数为 $1/\zeta\omega_n$。

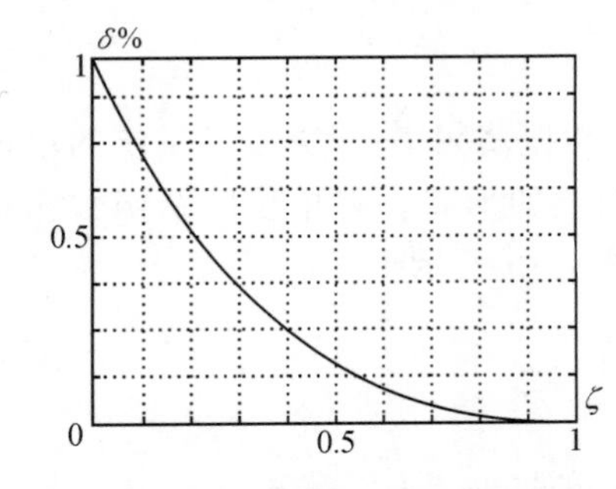


图 3-17 超调量与阻尼比的关系

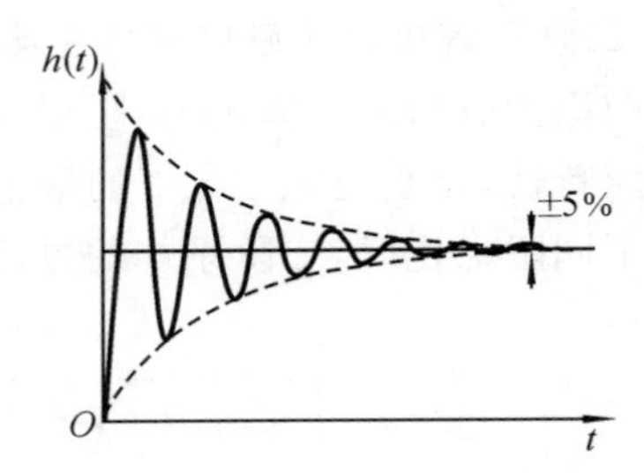


图 3-18 二阶系统的单位阶跃响应及其包络线

由过渡过程时间 $t_s$ 的定义可知，$t_s$ 是过渡过程曲线进入并永远保持在规定的允许误差($\Delta=2\%$或$\Delta=5\%$)范围内，进入允许误差范围所对应的时间，可近似认为 $\Delta$ 就是包络线衰减到区域所需的时间，则有

$$\frac{e^{-\zeta\omega_n t_s}}{\sqrt{1-\zeta^2}}=\Delta$$

解得 $$t_s=\frac{1}{\zeta\omega_n}\left(\ln\frac{1}{\Delta}+\ln\frac{1}{\sqrt{1-\zeta^2}}\right) \tag{3-32}$$

若取 $\Delta=5\%$，并忽略 $\ln\frac{1}{\sqrt{1-\zeta^2}}$ $(0<\zeta<0.9)$时，则得

$$t_s\approx\frac{3}{\zeta\omega_n} \tag{3-33}$$

若取 $\Delta=2\%$,并忽略 $\ln\frac{1}{\sqrt{1-\zeta^2}}$ 项,则得

$$t_s\approx\frac{4}{\zeta\omega_n} \tag{3-34}$$

从式(3-29)至式(3-34)可以看出,上升时间 $t_r$、峰值时间 $t_p$、过渡过程时间 $t_s$ 均与阻尼比 $\zeta$ 和无阻尼自然振荡频率 $\omega_n$ 有关,而超调量 $\delta\%$ 只是阻尼比 $\zeta$ 的函数,与 $\omega_n$ 无关。当二阶系统的阻尼比确定后,即可求得所对应的超调量。反之,如果给出了超调量的要求值,也可求出相应的阻尼比的数值。图 3-17 所示的为 $\delta\%$ 与 $\zeta$ 的关系曲线。

(5) 振荡次数 $N$:根据振荡次数的定义,有

$$N=\frac{t_s}{t_d}=\frac{t_s}{2\pi/\omega_d}=\frac{\omega_n t_s\sqrt{1-\zeta^2}}{2\pi} \tag{3-35}$$

当 $\Delta=5\%$时,由式(3-35),有

$$N=\frac{1.5\sqrt{1-\zeta^2}}{\pi\zeta} \tag{3-36}$$

当 $\Delta=2\%$时,由式(3-35),有

$$N=\frac{2\sqrt{1-\zeta^2}}{\pi\zeta} \tag{3-37}$$

若已知 $\delta\%$,由 $\delta\%=e^{-\zeta\pi/\sqrt{1-\zeta^2}}$,有 $\ln(\delta\%)=-\frac{\pi\zeta}{\sqrt{1-\zeta^2}}$,求得振荡次数 $N$ 与超调量 $\delta\%$的关系为

$$N=\frac{-1.5}{\ln(\delta\%)}\quad(\Delta=5\%),\qquad N=\frac{-2}{\ln(\delta\%)}\quad(\Delta=2\%) \tag{3-38}$$

**2. 二阶系统单位阶跃响应的主要特征**

由前面的分析和计算可知,阻尼比 $\zeta$ 和无阻尼自然振荡频率 $\omega_n$ 决定了系统的单位阶跃响应特性,特别是阻尼比 $\zeta$ 的取值确定了响应曲线的形状。在单位阶跃函数作用下对应不同阻尼比时,二阶系统的过渡过程曲线如图 3-19 所示。

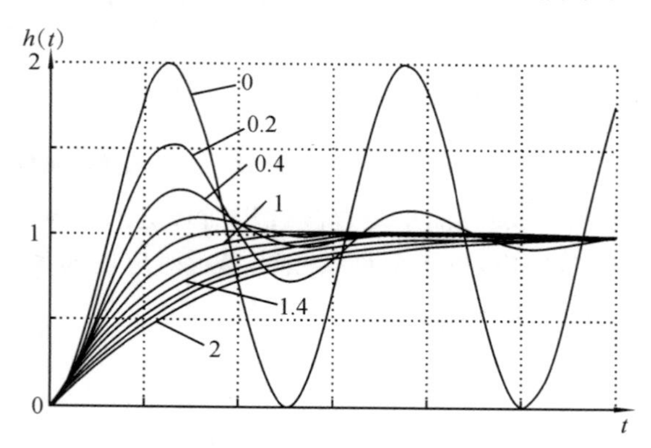


**图 3-19 二阶系统在不同阻尼比时的单位阶跃响应**

由图 3-19 可以看出,二阶系统在不同阻尼比时的单位阶跃响应如下。

(1) 阻尼比 $\zeta$ 越大,超调量越小,响应的平稳性越好。反之,阻尼比 $\zeta$ 越小,振荡越强,平稳性越差。当 $\zeta=0$ 时,系统为具有频率为 $\omega_n$ 的等幅振荡。

(2) 过阻尼状态下，系统响应迟缓，过渡过程时间长，系统快速性差；$\zeta$ 过小，响应的起始速度快，但因振荡强烈，衰减缓慢，所以调节时间 $t_s$ 长，快速性差。

(3) 当 $\zeta=0.707$ 时，系统的超调量 $\delta\%<5\%$，调节时间 $t_s$ 也最短，即平稳性和快速性最佳，故称 $\zeta=0.707$ 为最佳阻尼比。

(4) 当阻尼比 $\zeta$ 保持不变时，$\omega_n$ 越大，调节时间 $t_s$ 越短，快速性越好。

(5) 系统的超调量 $\delta\%$ 和振荡次数 $N$ 仅仅由阻尼比 $\zeta$ 决定，它们反映了系统的平稳性。

(6) 工程实际中，二阶系统多数设计成 $0<\zeta<1$ 的欠阻尼情况，且常取 $\zeta=0.4\sim0.8$ 之间。

**【例 3-1】** 二阶系统如图 3-9 所示，其中 $\zeta=0.6$，$\omega_n=5$ rad/s。当 $r(t)=1(t)$ 时，求过渡过程特征量 $t_r$、$t_p$、$t_s$、$\delta\%$ 和 $N$ 的数值。

**解** $r(t)=1(t)$，系统响应为单位阶跃响应，所以可直接应用二阶系统阶跃响应特征值的计算公式求取特征量。由式(3-29)～式(3-38)，可分别计算得到：

$$t_r=\frac{\pi-\arctan\frac{\sqrt{1-\zeta^2}}{\zeta}}{\omega_n\sqrt{1-\zeta^2}}=\frac{3.14-\arctan\frac{\sqrt{1-0.6^2}}{0.6}}{5\sqrt{1-0.6^2}}\ \text{s}=\frac{3.14-0.93}{4}\ \text{s}=0.55\ \text{s}$$

$$t_p=\frac{\pi}{\omega_n\sqrt{1-\zeta^2}}=\frac{3.14}{4}\ \text{s}=0.785\ \text{s}$$

$$\delta\%=\mathrm{e}^{\frac{-\pi\zeta}{\sqrt{1-\zeta^2}}}100\%=\mathrm{e}^{-\frac{3.14\times0.6}{0.8}}100\%=9.5\%$$

$$t_s\approx\frac{3}{\zeta\omega_n}=1\ \text{s}\quad(\Delta=5\%),\qquad t_s\approx\frac{4}{\zeta\omega_n}=1.33\ \text{s}\quad(\Delta=2\%)$$

$$N=\frac{2\sqrt{1-\zeta^2}}{\pi\zeta}=\frac{2\times0.8}{3.14\times0.6}\ 次=0.8\ 次\quad(\Delta=2\%)$$

$$N=\frac{1.5\sqrt{1-\zeta^2}}{\pi\zeta}=\frac{1.5\times0.8}{3.14\times0.6}\ 次=0.6\ 次\quad(\Delta=5\%)$$

这里，振荡次数 $N<1$，说明过渡过程只存在一次超调现象。这是因为过渡过程在一个有阻尼振荡周期内便可结束，即

$$t_s<T_d=\frac{2\pi}{\omega_d}$$

**【例 3-2】** 一带速度反馈的随动系统，其方框图如图 3-20 所示。要求系统的性能指标为 $\delta\%=20\%$，$t_p=1$ s，试确定系统的 $K$ 值和 $K_A$ 值，并计算过渡过程的特征值 $t_r$、$t_s$ 及 $N$。

**解** (1) 根据要求的 $\delta\%$ 求取相应的阻尼比 $\zeta$ 的值，即由

$$\delta\%=\mathrm{e}^{-\frac{\pi\zeta}{\sqrt{1-\zeta^2}}}$$

得到
$$\frac{\pi\zeta}{\sqrt{1-\zeta^2}}=\ln\frac{1}{\delta\%}=\ln\frac{1}{0.2}=1.61$$

解得 $\zeta=0.456$。

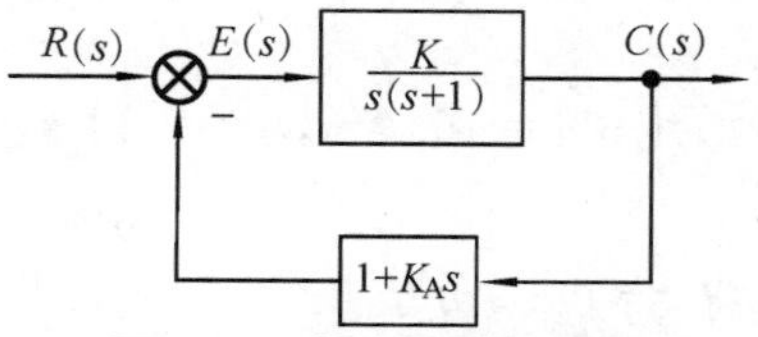

$R(s)$　$E(s)$　$\frac{K}{s(s+1)}$　$C(s)$　$1+K_As$

图 3-20 控制系统方框图

(2) 由已知条件 $t_p=1$ s 及已求出的 $\zeta=0.456$ 求无阻尼自然振荡频率 $\omega_n$，即

$$t_p=\frac{\pi}{\omega_n\sqrt{1-\zeta^2}}$$

解得

$$\omega_n=\frac{\pi}{t_p\sqrt{1-\zeta^2}}=3.53\ \text{rad/s}$$

(3) 将此二阶系统的闭环传递函数与标准形式进行比较,求 $K$ 及 $K_A$ 值。由图 3-20求得

$$\frac{C(s)}{R(s)}=\frac{K}{s^2+(1+KK_A)s+K}=\frac{\omega_n^2}{s^2+2\zeta\omega_n s+\omega_n^2}$$

比较上式两端,得 $\omega_n=\sqrt{K}$,$2\zeta\omega_n=(1+KK_A)$,所以

$$K=\omega_n^2=(3.53)^2=12.5,\quad K_A=\frac{2\zeta\omega_n-1}{K}=0.178$$

(4) 计算 $t_r$、$t_s$ 及 $N$,由于

$$t_r=\frac{\pi-\varphi}{\omega_n\sqrt{1-\zeta^2}}$$

式中 $\varphi=\arctan\dfrac{\sqrt{1-\zeta^2}}{\zeta}=1.1\ \text{rad}$,解得

$$t_s=\frac{3}{\zeta\omega_n}=1.86\ \text{s}\quad(取\ \Delta=5\%),\quad N=\frac{1.5\sqrt{1-\zeta^2}}{\pi\zeta}=0.93\ 次\quad(取\ \Delta=5\%)$$

$$t_s=\frac{4}{\zeta\omega_n}=2.48\ \text{s}\quad(取\ \Delta=2\%),\quad N=\frac{2\sqrt{1-\zeta^2}}{\pi\zeta}=1.2\ 次\quad(取\ \Delta=2\%)$$

**【例 3-3】** 原控制系统如图 3-21(a)所示,引入速度反馈后的改进控制系统如图 3-21(b)所示,已知在图 3-21(b)中,系统单位阶跃响应的超调量 $\delta\%=16.4\%$,峰值时间 $t_p=1.14$ s,试确定参数 $K$ 和 $K_t$,并计算系统原系统和改进系统的单位阶跃响应 $h(t)$。

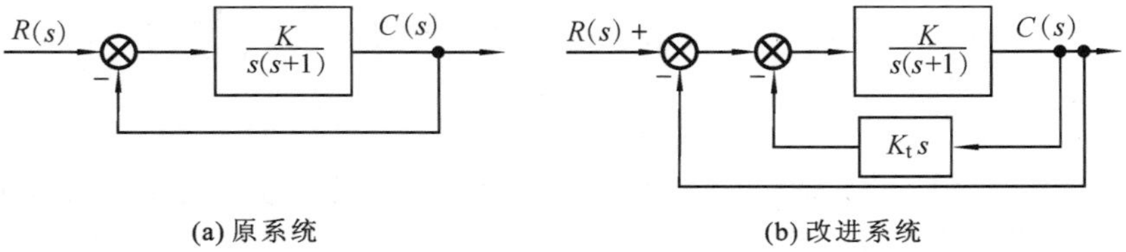

(a) 原系统

(b) 改进系统

**图 3-21 控制系统方框图**

**解** 对于改进系统,其闭环传递函数为

$$\Phi_{改}(s)=\frac{C(s)}{R(s)}=\frac{K}{s^2+(1+KK_t)s+K}$$

与典型二阶系统相比较,有 $\omega_n=\sqrt{K}$,故

$$2\zeta\omega_n=1+KK_t \tag{1}$$

而已知 $\delta\%=16.4\%$,$t_p=1.14$ s,根据

$$\delta\%=e^{-\frac{\zeta\pi}{\sqrt{1-\zeta^2}}}\times100\%=16.4\%$$

求得 $\zeta=0.5$,由于

$$t_p=\frac{\pi}{\omega_n\sqrt{1-\zeta^2}}=1.14$$

求得 $\omega_n=3.16$ rad/s,将 $\zeta=0.5$ 和 $\omega_n=3.16$ 代入式(1)得

$$K=\omega_n^2=10,\quad K_t=\frac{2\zeta\omega_n-1}{K}=0.216$$

其单位阶跃响应为

$$h(t)=1-\frac{1}{\sqrt{1-\zeta^2}}e^{-\zeta\omega_n t}\sin(\omega_n\sqrt{1-\zeta^2}t+\beta)=1-1.154e^{-1.58t}\sin(2.74t+60°)$$

对于原系统，其闭环传递函数为

$$\Phi_{原}(s)=\frac{C(s)}{R(s)}=\frac{K}{s^2+s+K}=\frac{10}{s^2+s+10}$$

与典型二阶系统比较有

$$\omega_n=\sqrt{10}=3.16\ \mathrm{rad/s},\quad \zeta=0.158$$

系统的超调量
$$\delta\%=e^{-\frac{\zeta\pi}{\sqrt{1-\zeta^2}}}\times100\%=60\%$$

峰值时间
$$t_p=\frac{\pi}{\omega_n\sqrt{1-\zeta^2}}=1.01\ \mathrm{s}$$

其单位阶跃响应为

$$h(t)=1-1.016e^{-0.5t}\sin(3.12t+80.9°)$$

从上例计算表明，系统引入速度反馈控制后，其无阻尼自然振荡频率 $\omega_n$ 不变，而阻尼比 $\zeta$ 加大，系统阶跃响应的超调量减小。

**3. 二阶系统的动态性能改善**

常用改善二阶系统性能的方法有比例-微分控制和测速反馈控制两种。

(1) 比例-微分控制。比例-微分控制系统的结构如图 3-22 所示，由图可得系统开环传递函数

$$G(s)H(s)=\frac{\omega_n^2(1+T_ds)}{s(s+2\zeta\omega_n)},\quad K_v=\frac{\omega_n}{2\zeta}$$

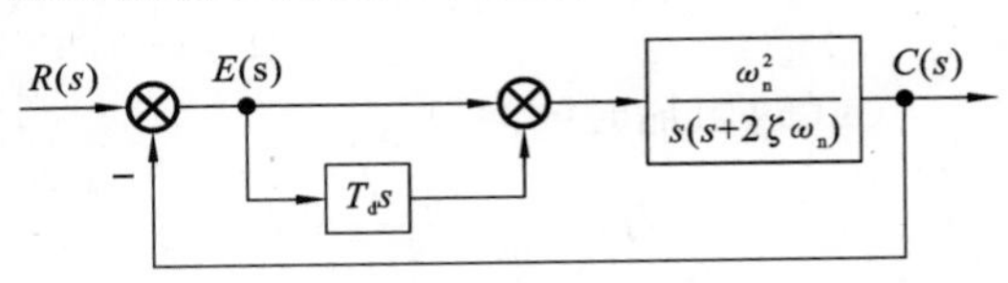


**图 3-22 比例-微分控制系统**

而其闭环传递函数

$$\Phi(s)=\frac{\omega_n^2(1+T_ds)}{s^2+(2\zeta+\omega_nT_d)\omega_ns+\omega_n^2}=\frac{\omega_n^2(1+T_ds)}{s^2+2\left(\zeta+\frac{\omega_nT_d}{2}\right)\omega_ns+\omega_n^2}\tag{3-39}$$

令 $\zeta_d=\zeta+\frac{\omega_nT_d}{2}$ ($\zeta_d<1$)，则 $\Phi(s)=\frac{\omega_n^2(1+T_ds)}{s^2+2\zeta_d\omega_ns+\omega_n^2}$，为一带有零点的二阶系统。

可以看出，比例-微分控制不改变系统的自然频率，但可以增大系统的阻尼比。通过适当选择开关增益和微分器时间常数，既可以减小系统在斜坡输入时的稳态误差，又可以使得系统在阶跃输入时有满意的动态性能。

(2) 测速反馈控制。测速反馈控制系统的结构如图 3-23 所示，由图可得系统的开环传递函数

$$G(s)H(s)=\frac{\omega_n^2}{s(s+2\zeta\omega_n+K_t\omega_n^2)},\quad K_v=\frac{\omega_n}{2\zeta+K_t\omega_n}$$

而其闭环传递函数

$$\Phi(s)=\frac{\omega_n^2}{s^2+2\left(\zeta+\frac{K_t\omega_n}{2}\right)\omega_ns+\omega_n^2}$$

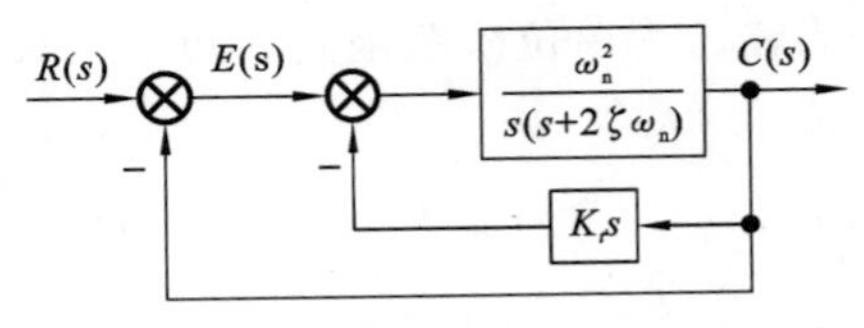


**图 3-23 测速反馈控制的二阶系统**

令 $\zeta_t=\zeta+\frac{K_t\omega_n}{2}$，则

$$\Phi(s)=\frac{\omega_n^2}{s^2+2\zeta_t\omega_ns+\omega_n^2}$$

为一不带零点的典型二阶系统,测速反馈使系统的速度误差系数降低,从而导致稳态误差上升,但这一缺点可通过减小原系统的阻尼系数 $\zeta$ 给以弥补,使测速反馈后系统的 $\zeta_t$ 满足动态性能的要求。

### 3.4.4 二阶系统的单位脉冲响应

对于具有标准形式闭环传递函数的二阶系统,令 $r(t)=\delta(t)$,则有 $R(s)=1$,相应的输出信号的拉氏变换式为

$$C(s)=\frac{\omega_n^2}{s^2+2\zeta\omega_n s+\omega_n^2}$$

取上式的拉氏反变换,便可得到下列各种情况下的脉冲过渡函数。

(1) 欠阻尼($0<\zeta<1$):

$$g(t)=\frac{\omega_n}{\sqrt{1-\zeta^2}}e^{-\zeta\omega_n t}\sin\omega_n\sqrt{1-\zeta^2}t \quad (t\geqslant 0) \tag{3-40}$$

(2) 无阻尼($\zeta=0$):

$$g(t)=\omega_n\sin\omega_n t \quad (t\geqslant 0) \tag{3-41}$$

(3) 临界阻尼($\zeta=1$):

$$g(t)=\omega_n^2 t e^{-\omega_n t} \quad (t\geqslant 0) \tag{3-42}$$

(4) 过阻尼时($\zeta>1$):

$$g(t)=\frac{\omega_n}{2\sqrt{\zeta^2-1}}\left[e^{-(\zeta-\sqrt{\zeta^2-1})^{-\omega_n t}}-e^{-(\zeta+\sqrt{\zeta^2-1})^{-\omega_n t}}\right] \quad (t\geqslant 0) \tag{3-43}$$

## 3.5 高阶系统的时域响应

在实际应用中,大部分控制系统都是高阶系统,即用高于二阶的微分方程描述的系统。对于不能用一、二阶系统近似的高阶系统来说,其动态性能指标比较复杂。工程上常采用闭环主导极点对高阶系统近似,从而得到高阶系统动态性能指标的估算公式。

### 3.5.1 高阶系统单位阶跃响应

设 $n$ 阶系统的闭环传递函数为

$$\Phi(s)=\frac{C(s)}{R(s)}=\frac{b_0 s^m+b_1 s^{m-1}+\cdots\cdots+b_{m-1}s+b_m}{a_0 s^n+a_1 s^{n-1}+\cdots\cdots+a_{n-1}s+a_n}=\frac{K(s-z_1)(s-z_2)\cdots\cdots(s-z_m)}{(s-p_1)(s-p_2)\cdots\cdots(s-p_n)} \tag{3-44}$$

当输入为单位阶跃函数 $r(t)=1(t)$,即 $R(s)=1/s$ 时,有

$$C(s)=\frac{K\prod_{j=1}^{m}(s-z_j)}{\prod_{i=1}^{n}(s-p_i)}\cdot\frac{1}{s}$$

当所有闭环零点和极点互不相等,且均为实数时,上式可以分解为

$$C(s)=\frac{K\prod_{j=1}^{m}(s-z_j)}{\prod_{i=1}^{n}(s-p_i)}\cdot\frac{1}{s}=\frac{a_0}{s}+\sum_{i=1}^{n}\frac{a_i}{(s-p_i)} \tag{3-45}$$

式中
$$a_0=\lim_{s\to 0}sC(s)=\frac{K\prod_{j=1}^{m}(-z_j)}{\prod_{i=1}^{n}(-p_i)}$$

$$a_i=\lim_{s\to p_i}(s-p_i)C(s)=\lim_{s\to p_i}(s-p_i)\frac{K\prod_{j=1}^{m}(s-z_j)}{\prod_{i=1}^{n}(s-p_i)}\cdot\frac{1}{s}$$

对式(3-45)取拉氏反变换，可以得到系统的单位阶跃响应

$$h(t)=a_0+\sum_{i=1}^{n}a_i\mathrm{e}^{p_i t}\quad(t\geqslant 0)\tag{3-46}$$

当极点中还包含共轭复极点时，有

$$\begin{aligned}C(s)&=\frac{K\prod_{j=1}^{m}(s-z_j)}{s\prod_{i=1}^{n}(s-p_i)\prod_{k=1}^{r}(s^2+2\zeta_k\omega_k s+\omega_k^2)}\\&=\frac{a_0}{s}+\sum_{i=1}^{q}\frac{a_i}{s-p_i}+\sum_{k=1}^{r}\frac{b_k(s+\zeta_k\omega_k)+c_k\omega_k\sqrt{1-\zeta_k^2}}{s^2+2\zeta_k\omega_k s+\omega_k^2}\end{aligned}\tag{3-47}$$

式中，$q+2r=n$。对式(3-47)进行拉氏反变换可得系统的单位阶跃响应

$$h(t)=a_0+\sum_{i=1}^{q}a_i\mathrm{e}^{p_i t}+\sum_{k=1}^{r}b_k\mathrm{e}^{-\zeta_k\omega_k t}\cos\omega_k\sqrt{1-\zeta_k^2}t+\sum_{k=1}^{r}c_k\mathrm{e}^{-\zeta_k\omega_k t}\sin\omega_k\sqrt{1-\zeta_k^2}t\tag{3-48}$$

由式(3-46)和式(3-48)可以看出，系统的单位阶跃响应是由一阶系统和二阶系统的单位阶跃响应函数项组成的，并分别由闭环极点 $p_i$ 和系数 $a_i$、$b_i$、$c_i$ 决定，而系数 $a_i$、$b_i$、$c_i$ 也与闭环零、极点分布有关。如果系统的闭环极点均位于根平面左半平面，则阶跃响应的暂态分量将随时间而衰减，此时系统是稳定的。只要有一个极点位于右半平面，则对应的响应将是发散的，系统不能稳定工作。

**【例 3-4】** 设三阶系统闭环传递函数为

$$\Phi(s)=\frac{5(s^2+5s+6)}{s^3+6s^2+10s+8}$$

试确定其单位阶跃响应。

**解** 将已知的 $\Phi(s)$ 进行因式分解，可得

$$\Phi(s)=\frac{5(s+2)(s+3)}{(s+4)(s^2+2s+2)}$$

其单位阶跃响应的拉氏变换为

$$C(s)=\frac{5(s+2)(s+3)}{s(s+4)(s+1+\mathrm{j})(s+1-\mathrm{j})}$$

进行部分分式分解，有

$$C(s)=\frac{a_0}{s}+\frac{a_1}{s+4}+\frac{a_2}{s+1+\mathrm{j}}+\frac{a_3}{s+1-\mathrm{j}}$$

可以计算出其中的系数为

$$a_0=\frac{15}{4},\quad a_1=-\frac{1}{4},\quad a_2=\frac{-7+\mathrm{j}}{4},\quad a_3=\frac{-7-\mathrm{j}}{4}$$

对 $C(s)$进行拉氏反变换可得系统的单位阶跃响应

$$h(t)=\frac{1}{4}[15-e^{-4t}-10\sqrt{2}e^{-t}\cos(t+352°)]$$

### 3.5.2 闭环主导极点

对于稳定的高阶系统来说,其闭环极点和零点在左半 $s$ 平面上有各种分布模式,而极点离实轴的距离决定了该极点对应的系统输出的衰减快慢。

图 3-24 表示了闭环极点 $s_i$ 在 $s$ 平面上的不同分布及各个特征根所对应的暂态分量($s$ 平面的下半部分为闭环极点的复共轭,图中未作标记),其规律可以总结如下。

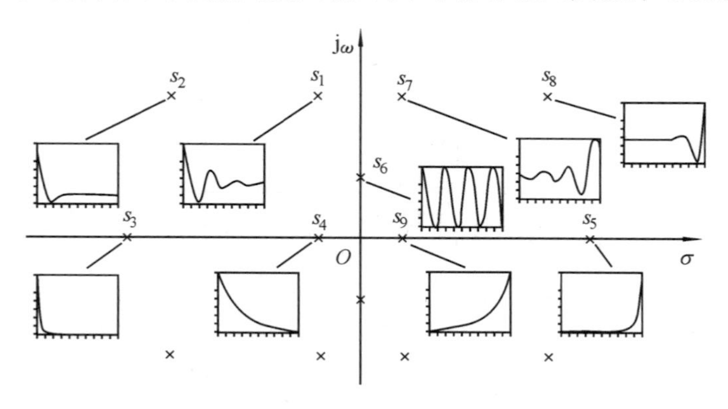


图 3-24 闭环极点的不同分布与其对应的暂态分量

(1) 闭环极点 $s_i$ 在 $s$ 平面的左右分布(实部)决定过渡过程的终值。位于虚轴左边的闭环极点对应的暂态分量最终衰减到零,位于虚轴右边的闭环极点对应的暂态分量一定发散,位于虚轴(除原点)的闭环极点对应的暂态分量为等幅振荡。

(2) 闭环极点的虚实决定过渡过程是否振荡。$s_i$ 位于实轴上时暂态分量为非周期运动(不振荡),$s_i$ 位于虚轴上时暂态分量为周期运动(振荡)。

(3) 闭环极点离虚轴的远近决定过渡过程衰减的快慢。$s_i$ 位于虚轴左边时,离虚轴愈远,过渡过程衰减得越快;离虚轴越近,过渡过程衰减得越慢。所以离虚轴最近的闭环极点"主宰"系统响应的时间最长,被称为主导极点。

一般地,假若距虚轴较远的闭环极点的实部与距离轴最近的闭环极点的实部的比值大于或等于 5,且在距离轴最近的闭环极点附近不存在闭环零点,这个离虚轴最近的闭环极点将在系统的过渡过程中起主导作用,称为闭环主导极点。它常以一对共轭复数极点的形式出现。

应用闭环主导极点的概念,常常可把高阶系统近似地看成具有一对共轭复数极点的二阶系统来研究。需要注意的是,将高阶系统化为具有一对闭环主导极点的二阶系统,是忽略非主导极点引起的过渡过程暂态分量,而不是忽略非主导极点本身,这样能简化对高阶系统过渡过程的分析,同时又力求准确地反映高阶系统的特性。

需要指出的是,应用闭环主导极点的概念分析、设计控制系统时,使分析和设计工作得到很大简化,且易于进行,但必须满足假设条件。若高阶系统不满足应用闭环主导极点的条件,则高阶系统不能近似为二阶系统,这时高阶系统的过渡过程必须具体求解。

## 3.6 线性定常系统的稳定性

稳定是控制系统的重要性能，也是系统正常工作的首要条件。分析系统的稳定性，研究系统稳定的条件，是控制理论的重要组成部分。

### 3.6.1 控制系统稳定性的概念与条件

一个稳定的系统在受到扰动作用后，有可能会偏离原来的平衡状态。所谓稳定性，是指当扰动消除后，系统由初始偏差状态恢复到原平衡状态的性能。对于一个控制系统，假设其具有一个平衡状态，如果系统受到有界扰动作用偏离了原平衡点，当扰动消除后，经过一段时间，系统又能逐渐回到原来的平衡状态，则称该系统是稳定的；否则，称这个系统不稳定。

稳定性是控制系统自身的固有特性，它取决于系统本身的结构和参数，而与输入信号无关。对于纯线性系统来说，系统的稳定性与初始偏差也无关，如果系统是稳定的，就称为大范围稳定的系统。但这种纯线性系统在实际中并不存在，人们所研究的系统大多是经过"小偏差"线性处理后得到的线性系统，因此用线性化方程来研究系统的稳定性时，就只限于讨论初始偏差不超过某一范围时的稳定性，称为"小偏差"稳定性。由于实际系统在发生等幅振荡时的幅值一般并不很大，因此，这种"小偏差"稳定性仍有一定的实际意义。以下讨论的问题都是线性定常系统的稳定性问题，这种稳定性当然是指大范围的稳定性，但当考虑其所对应的实际系统时，则要求初始偏差所引起的系统中诸信号的变化均不超出其线性化范围。

控制理论中所讨论的稳定性都是指自由振荡下的稳定性，即讨论系统输入为零，初始偏差不为零时的稳定性，也就是讨论自由振荡是收敛的还是发散的。

### 3.6.2 线性定常系统稳定的充分必要条件

设线性系统的输出信号 $c(t)$ 对干扰信号 $f(t)$ 的闭环传递函数为

$$\Phi_{\mathrm{f}}(s)=\frac{C(s)}{F(s)}=\frac{M_{\mathrm{f}}(s)}{D(s)}=\frac{K(s-z_1)(s-z_2)\cdots(s-z_m)}{(s-p_1)(s-p_2)\cdots(s-p_n)}$$

式中：$D(s)=0$，称为系统的特征方程；$s=p_i(i=1,2,\cdots,n)$ 是 $D(s)=0$ 的根，称为系统的特征根，假定它们为单根。

令 $f(t)=\delta(t)$，并设系统的初始条件为零，则系统的输出信号的拉氏变换式为

$$C(s)=\Phi_{\mathrm{f}}(s)F(s)=\frac{M_{\mathrm{f}}(s)}{D(s)}=\frac{K(s-z_1)(s-z_2)\cdots(s-z_m)}{(s-p_1)(s-p_2)\cdots(s-p_n)}$$

将上式分解成如下的部分分式

$$C(s)=\frac{c_1}{(s-p_1)}+\frac{c_2}{(s-p_2)}+\cdots+\frac{c_n}{(s-p_n)}=\sum_{i=1}^{n}\frac{c_i}{(s-p_i)}$$

式中，$c_i=\left[\frac{M_{\mathrm{f}}(s)}{D(s)}(s-p_i)\right]_{s=p_i}$ $(i=1,2,\cdots,n)$。取 $C(s)$ 的拉氏反变换，求得

$$c(t)=\sum_{i=1}^{n}c_i\mathrm{e}^{p_it}$$

从上式不难看出,欲满足 $c(t)=\sum_{i=1}^{n}c_i e^{p_i t}$ $\lim_{t\to\infty}c(t)=0$ 条件,必须使系统的特征根全部具有负实部,即

$$\mathrm{Re}p_i<0\quad(i=1,2,\cdots,n)$$

由此得出控制系统稳定的充分必要条件:系统特征方程式的根的实部均小于零,或系统的特征根均在根平面的左半平面。

系统特征方程式的根就是闭环极点,所以控制系统稳定的充分必要条件又可说成是闭环传递函数的极点全部具有负实部,或者说闭环传递函数的极点全部在左半 $s$ 平面。

上述结论对于任何初始状态(只要不超出系统的线性工作范围)都是成立的,而且当系统的特征根具有相同值时,也是成立的。还可以看出,系统输入信号的形式不影响系统的稳定性,因为它只反映了系统与外界作用的关系,而不影响系统本身固有的特性——稳定性。

根据稳定的充分必要条件判别系统的稳定性,需要求出系统的全部特征根,但当系统阶数高于 4 时,求解特征方程将会遇到较大困难,计算工作将相当难。于是人们希望寻求一种不必解出特征根,而直接判断系统稳定与否的方法,这样就产生了一系列稳定性判据,其中最主要的一个判据就是 Routh 提出的判据,称为劳斯稳定判据;另外还有 Hurwitz 提出的判据,称为赫尔维茨稳定判据。

### 3.6.3 劳斯稳定判据

劳斯稳定判据(也称为劳斯判据)是一种不用求解特征方程式的根,而直接根据特征方程式的系数就判断控制系统是否稳定的间接方法。它不但能提供线性定常系统稳定性的信息,还能指出在 $s$ 平面虚轴上和右半平面特征根的个数。

劳斯判据是基于方程式的根与系数的关系而建立的。设 $n$ 阶系统的特征方程为

$$\begin{aligned}D(s)&=a_0s^n+a_1s^{n-1}+a_2s^{n-2}+\cdots+a_{n-1}s+a_n\\&=a_0(s-p_1)(s-p_2)\cdots(s-p_n)=0\end{aligned}\tag{3-49}$$

式中,$p_1,p_2,\cdots,p_n$ 为系统的特征根。由根与系数的关系可知,欲使全部特征根 $p_1,p_2,\cdots,p_n$ 均具有负实部(即系统稳定),就必须满足以下两个条件(必要条件):

(1) 特征方程的各项系数 $a_0,a_1,\cdots,a_n$ 均不为零;

(2) 特征方程的各项系数的符号相同。

也就是说,系统稳定的必要条件是特征方程的所有系数 $a_0,a_1,\cdots,a_n$ 均大于零(或同号),而且也不缺项。

为了利用特征多项式判断系统的稳定性,将式(3-49)的系数排成下面的行和列,即为劳斯阵列表,如表 3-2 所示。其中,系数按下列公式计算。

**表 3-2 劳斯阵列表**

| | | | | | |
|---|---|---|---|---|---|
| $s^n$ | $a_0$ | $a_2$ | $a_4$ | $a_6$ | $\cdots$ |
| $s^{n-1}$ | $a_1$ | $a_3$ | $a_5$ | $a_7$ | $\cdots$ |
| $s^{n-2}$ | $b_1$ | $b_2$ | $b_3$ | $b_4$ | $\cdots$ |
| $s^{n-3}$ | $c_1$ | $c_2$ | $c_3$ | $c_4$ | $\cdots$ |
| $\cdots$ | $\cdots$ | $\cdots$ | | | |
| $s^2$ | $f_1$ | $f_2$ | | | |
| $s^1$ | $g_1$ | | | | |
| $s^0$ | $h_1$ | | | | |

$$b_1=-\frac{\begin{vmatrix}a_0&a_2\\a_1&a_3\end{vmatrix}}{a_1},\quad b_2=-\frac{\begin{vmatrix}a_0&a_4\\a_1&a_5\end{vmatrix}}{a_1},\quad b_3=-\frac{\begin{vmatrix}a_0&a_6\\a_1&a_7\end{vmatrix}}{a_1},\quad\cdots$$

$$c_1=-\frac{\begin{vmatrix}a_1 & a_3\\ b_1 & b_2\end{vmatrix}}{b_1},\quad c_2=-\frac{\begin{vmatrix}a_1 & a_5\\ b_1 & b_3\end{vmatrix}}{b_1},\quad c_3=-\frac{\begin{vmatrix}a_1 & a_7\\ b_1 & b_4\end{vmatrix}}{b_1},\quad \cdots$$

这种过程一直进行到第 $n$ 行被算完为止。

劳斯判据就是利用上述劳斯阵列来判断系统的稳定性。劳斯判据给出了控制系统稳定的充分条件：劳斯阵列表中第一列所有元素均大于零。劳斯判据还表明，特征方程式(3-49)中实部为正的特征根的个数等于劳斯表中第一列的元素符号改变的次数。

**【例 3-5】**　系统特征方程为

$$s^5+3s^4+2s^3+s^2+5s+6=0$$

试应用劳斯稳定判据判断系统的稳定性。

**解**　各项系数均大于零是满足稳定的必要条件，列劳斯阵列如表 3-3 所示。劳斯阵列表中第一列各元素符号不完全一致，系统不稳定。第一列元素符号改变两次，因此系统有两个右半 $s$ 平面的特征根。

利用 Matlab 求解闭环系统的极点分别为：$s_{1,2}=0.7164\pm j1.0185$，$s_{3,4}=-1.2164\pm j0.6748$，$s_5=-2$。可以看出系统有两个右半 $s$ 平面的特征根，与劳斯判据结论一样。

**表 3-3　例 3-5 劳斯阵列表**

| | | | | |
|---|---|---|---|---|
| $s^5$ | 1 | 2 | 5 | |
| $s^4$ | 3 | 1 | 6 | |
| $s^3$ | $\frac{5}{3}$ | 3 | | 同一行乘以系数，不影响判别 |
| $s^2$ | $-\frac{22}{5}$ | 6 | | 同乘以 $\frac{5}{2}$　（改变符号一次） |
| $s^2$ | $-11$ | 15 | | |
| $s^1$ | $\frac{58}{11}$ | | | （改变符号一次） |
| $s^0$ | 15 | | | |

**表 3-4　例 3-6 劳斯阵列表**

| | | | |
|---|---|---|---|
| $s^4$ | 1 | 3 | $K$ |
| $s^3$ | 3 | 2 | 0 |
| $s^2$ | $\frac{7}{3}$ | $K$ | |
| $s^1$ | $2-\frac{9}{7}K$ | | |
| $s^0$ | $K$ | | |

**【例 3-6】**　已知单位负反馈控制系统的开环传递函数为

$$G(s)H(s)=\frac{K}{s(s^2+s+1)(s+2)}$$

试确定欲使系统稳定时 $K$ 的取值范围。

**解**　系统的闭环传递函数为

$$\frac{C(s)}{R(s)}=\frac{K}{s(s^2+s+1)(s+2)+K}$$

特征方程为

$$D(s)=s^4+3s^3+3s^2+2s+K=0$$

欲满足稳定的必要条件，必须使 $K>0$。列劳斯阵列如表 3-4 所示。要满足稳定的充分条件，必须使

$$K>0,\quad 2-\frac{9}{7}K>0$$

由此，求得欲使系统稳定，$K$ 的取值范围是 $0<K<14/9$。当 $K=14/9$ 时，系统处于临界稳定状态，出现等幅振荡。

### 3.6.4　劳斯判据的特殊情况

在使用劳斯稳定判据分析系统的稳定性时，有时会遇到下列两种特殊情况。

(1) 劳斯表中某一行的第一个元素为零，而该行其他元素并不全为零，则在计算下

一行第一个元素时，该元素必将趋于无穷大，以至劳斯表的计算无法进行。

(2) 劳斯表中某一行的元素全为零。

上述两种情况，表明系统在 $s$ 平面内存在正根，或存在两个大小相等符号相反的实根，或存在两个共轭虚根，系统处在不稳定状态或临界稳定状态。

对于第一种情况，可用一个很小的正数 $\varepsilon$ 代替为零的元素，然后继续进行计算，完成劳斯阵列。例如，系统的特征方程为

$$D(s)=s^4+2s^3+3s^2+6s+1=0$$

其劳斯阵列如表 3-5 所示。因为表 3-5 中第一列元素改变符号两次，所以系统不稳定，且有两个具有正实部的特征根。

利用 Matlab 求解闭环系统的极点分别为：$s_{1,2}=0.0518\pm j1.6931$，$s_3=-1.9223$，$s_4=-0.1813$。可以看出系统有两个右半 $s$ 平面的特征根，与劳斯判据结论一样。

**表 3-5　劳斯阵列表 1**

| | | | |
|---|---|---|---|
| $s^4$ | 1 | 3 | 1 |
| $s^3$ | 2 | 6 | |
| $s^2$ | $0\to\varepsilon$ | 1 | |
| $s^1$ | $\frac{6\varepsilon-2}{\varepsilon}\to-\infty$ | | |
| $s^0$ | 1 | | |

**表 3-6　劳斯阵列表 2**

| | | | |
|---|---|---|---|
| $s^3$ | 1 | 16 | |
| $s^2$ | 10 | 160 | 辅助多项式 $P(s)=10s^2+160$ |
| $s^1$ | 0 | 0 | |
| $s^1$ | 20 | 0 | |
| $s^0$ | 160 | | |

对于第二种情况，先用全零行的上一行元素构成一个辅助方程，它的次数总是偶数，它表示特征根中出现数值相同符号不同的根的数目。再对上述辅助方程求导，用求导后的方程系数代替全零行的元素，继续完成劳斯阵列。例如，系统特征方程为

$$s^3+10s^2+16s+160=0$$

其劳斯阵列如表 3-6 所示。表 3-6 中第一列元素符号没有改变，系统没有右半 $s$ 平面的根，但由 $P(s)=0$ 求得

$$10s^2+160=0,\quad s_{1,2}=\pm j4$$

即系统有一对共轭虚根，系统处于临界稳定。从工程角度来看，临界稳定属于不稳定系统。

利用 Matlab 求解闭环系统的极点分别为：$s_{1,2}=\pm j4$，$s_3=-10$。可以看出系统有两个共轭虚根，与劳斯判据结论一样。

**【例 3-7】** 系统的特征方程为 $s^5+2s^4+3s^3+6s^2-4s-8=0$，试应用劳斯稳定判据判断系统的稳定性。

**解**　列劳斯阵列如表 3-7 所示。表中第一列元素符号改变一次，系统不稳定，且有一个右半 $s$ 平面的根，由 $P(s)=0$ 得

$$2s^4+6s^2-8=0,\quad s_{1,2}=\pm 1,\quad s_{3,4}=\pm j2$$

**表 3-7　例 3-7 的劳斯阵列表**

| | | | | |
|---|---|---|---|---|
| $s^5$ | 1 | 3 | $-4$ | |
| $s^4$ | 2 | 6 | $-8$ | $P(s)=2s^4+6s^2-8$ |
| $s^3$ | 8 | 12 | 0 | $P'(s)=8s^3+12s$ |
| $s^2$ | 3 | $-8$ | | |
| $s^1$ | 33.3 | | | |
| $s^0$ | $-8$ | | | |

利用 Matlab 求解闭环系统的极点分别为：$s_{1,2}=\pm 1$，$s_{3,4}=\pm j2$，$s_5=-2$，与劳斯判据结论一样。

### 3.6.5 赫尔维茨稳定判据

该判据也是根据特征方程的系数来判别系统的稳定性。设系统的特征方程式为

$$a_0 s^n + a_1 s^{n-1} + a_2 s^{n-2} + \cdots + a_{n-1} s + a_n = 0 \tag{3-50}$$

以特征方程式的各项系数组成如下行列式

$$\Delta = \begin{vmatrix} a_1 & a_0 & 0 & 0 & 0 & 0 & \cdots & \cdots \\ a_3 & a_2 & a_1 & a_0 & 0 & 0 & \cdots & \cdots \\ a_5 & a_4 & a_3 & a_2 & a_1 & a_0 & \cdots & \cdots \\ a_7 & a_6 & a_5 & a_4 & a_3 & a_2 & \cdots & \cdots \\ \vdots & \vdots & \vdots & \vdots & \vdots & \ddots & & \\ \vdots & \vdots & \vdots & \vdots & \vdots & & a_n & \end{vmatrix}$$

赫尔维茨稳定判据指出，系统稳定的充分必要条件是在 $a_0>0$ 的情况下，上述行列式的各阶主子式 $\Delta_i$ 均大于零，即

$$\Delta_1 = a_1 > 0$$

$$\Delta_2 = \begin{vmatrix} a_1 & a_0 \\ a_3 & a_2 \end{vmatrix} = a_1 a_2 - a_0 a_3 > 0$$

$$\Delta_3 = \begin{vmatrix} a_1 & a_0 & 0 \\ a_3 & a_2 & a_1 \\ a_5 & a_4 & a_3 \end{vmatrix} > 0$$

$$\vdots$$

$$\Delta_n = \Delta > 0$$

**【例 3-8】** 系统的特征方程为 $a_0 s^3 + a_1 s^2 + a_2 s + a_3 = 0$ $(a_0>0)$，试应用赫尔维茨稳定判据判断系统的稳定性。

**解** 列出行列式

$$\Delta = \begin{vmatrix} a_1 & a_0 & 0 \\ a_3 & a_2 & a_1 \\ 0 & 0 & a_3 \end{vmatrix}$$

由赫尔维茨判据，该系统稳定的充分必要条件是

$$\Delta_1 = a_1 > 0, \quad \Delta_2 = \begin{vmatrix} a_1 & a_0 \\ a_3 & a_2 \end{vmatrix} = a_1 a_2 - a_0 a_3 > 0, \quad \Delta_3 = \Delta = a_3 \Delta_2 > 0$$

或写成系统稳定的充分必要条件为

$$a_0 > 0, \quad a_1 > 0, \quad a_2 > 0, \quad a_3 > 0, \quad a_1 a_2 - a_0 a_3 > 0$$

**【例 3-9】** 二阶系统的特征方程为 $a_0 s^2 + a_1 s + a_2 = 0$，试应用赫尔维茨稳定判据判断系统的稳定性。

**解** 列出行列式

$$\Delta = \begin{vmatrix} a_1 & a_0 \\ 0 & a_2 \end{vmatrix}$$

由赫尔维茨判据，系统稳定的充分必要条件为

$$a_0 > 0, \quad a_1 > 0, \quad a_1 a_2 > 0$$

即二阶系统稳定的充分必要条件是特征方程式的所有系数均大于零。

### 3.6.6　稳定判据的应用

应用代数判据不仅可以判断系统的稳定性，还可以用来分析系统参数对系统稳定性的影响。

**【例 3-10】**　设单位反馈控制系统结构图如图 3-25 所示，试确定系统稳定时 $K$ 的取值范围。

**解**　系统的闭环传递函数

$$\frac{C(s)}{R(s)}=\frac{K}{s^3+6s^2+5s+K}$$

其特征方程式为

$$D(s)=s^3+6s^2+5s+K=0$$

列劳斯阵列如表 3-8 所示。

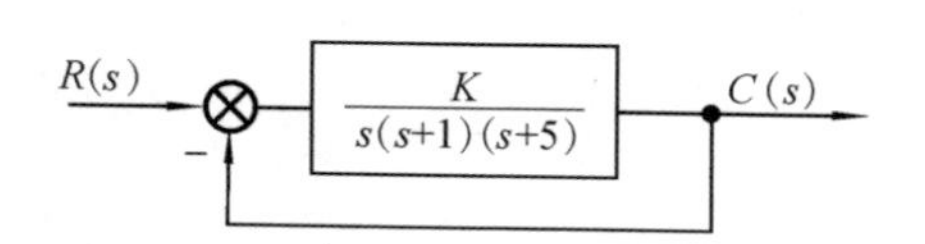


图 3-25　单位反馈控制系统结构图

表 3-8　例 3-10 劳斯阵列表

| | | |
|---|---|---|
| $s^3$ | 1 | 5 |
| $s^2$ | 6 | $K$ |
| $s^1$ | $\frac{30-K}{6}$ | 0 |
| $s^0$ | $K$ | |

按劳斯判据，要使系统稳定，应有 $K>0$，且 $30-K>0$，故 $K$ 的取值范围为 $0<K<30$。

**【例 3-11】**　对图 3-26 所示的控制系统，试分析参数 $K_1$、$K_2$、$K_3$ 和 $T$ 对系统稳定性的影响。

**解**　系统的闭环传递函数

$$\frac{C(s)}{R(s)}=\frac{K_1K_2K_3}{Ts^3+s^2+K_1K_2K_3}$$

特征方程为

$$D(s)=Ts^3+s^2+K_1K_2K_3=0$$

由于特征方程缺项，由劳斯判据知，不论 $K_1$、$K_2$、$K_3$ 和 $T$ 取何值，系统总是不稳定的，称为结构不稳定系统。欲使系统稳定，必须改变系统的结构。如在原系统的前向通道中引入一比例微分环节，如图 3-27 所示。结构改进后系统的闭环传递函数为

$$\frac{C(s)}{R(s)}=\frac{K_1K_2K_3(\tau s+1)}{s^2(Ts+1)+K_1K_2K_3(\tau s+1)}$$

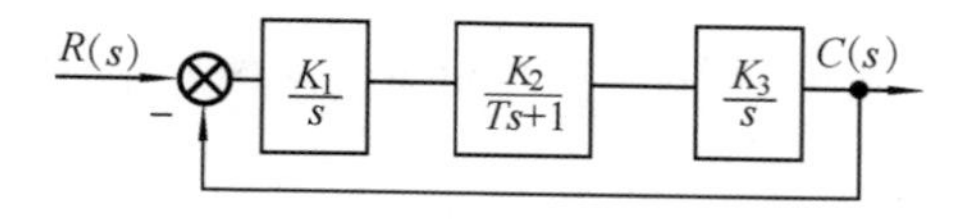


图 3-26　控制系统结构图

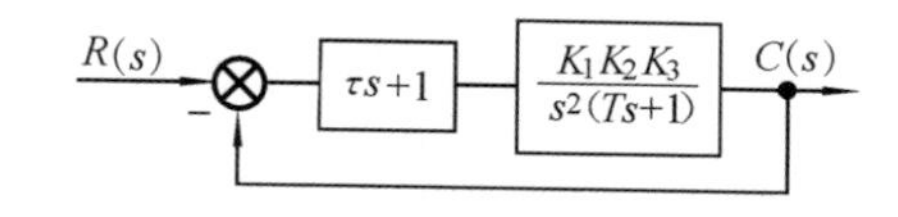


图 3-27　结构改进后的控制系统结构图

特征方程为

$$D(s)=Ts^3+s^2+K_1K_2K_3\tau s+K_1K_2K_3=0$$

列劳斯阵列如表 3-9 所示。

系统稳定的充分必要条件为

$$T>0,\quad \tau>0,\quad K_1K_2K_3>0\quad 及\quad \tau>T$$

即对于结构不稳定系统，改变系统结构后，只要适当选配参数就可使系统稳定。

**【例 3-12】**　设比例-积分(PI)控制系统如图 3-28 所示。其中，$K_1$ 为与积分器时间常数有关的待定参数。已知参数 $\zeta=0.2$ 和 $\omega_n=86.6$，试用劳斯稳定判据确定使闭环系统稳定的 $K_1$ 取值范围。如果要求闭环系统的极点全部位于 $s=-1$ 垂线之左，问

表 3-9 例 3-11 劳斯阵列表

| | | |
|---|---|---|
| $s^3$ | $T$ | $K_1K_2K_3\tau$ |
| $s^2$ | 1 | $K_1K_2K_3$ |
| $s^1$ | $K_1K_2K_3\tau-K_1K_2K_3T$ | |
| $s^0$ | $K_1K_2K_3$ | |

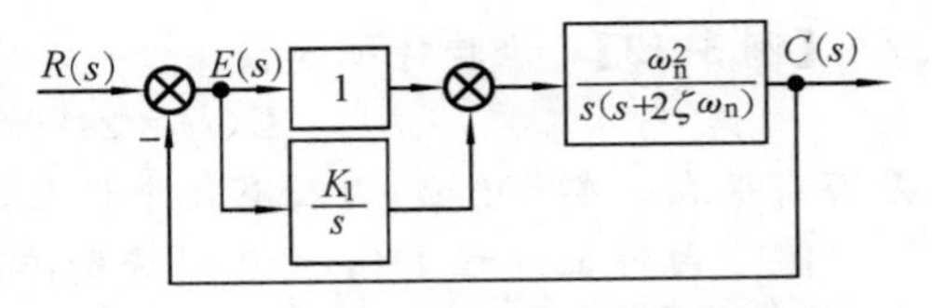


图 3-28 比例-积分控制系统结构图

$K_1$ 值范围又应取多大?

**解** 根据图 3-28 可写出系统的闭环传递函数为

$$\Phi(s)=\frac{\omega_n^2(s+K_1)}{s^3+2\zeta\omega_n s^2+\omega_n^2 s+K_1\omega_n^2}$$

特征方程为

$$D(s)=s^3+2\zeta\omega_n s^2+\omega_n^2 s+K_1\omega_n^2=0$$

代入已知的 $\zeta$ 和 $\omega_n$,得

$$D(s)=s^3+34.6s^2+7500s+7500K_1=0$$

列出相应的劳斯阵列如表 3-10 所示。根据劳斯稳定判据,令表 3-10 中第一列各元为正,求得 $K_1$ 的取值范围为

$$0<K_1<34.6$$

当要求闭环极点全部位于 $s=-1$ 垂线之左时,可令 $s=s_1-1$,代入原特征方程,得到如下新特征方程

$$(s_1-1)^3+34.6(s_1-1)^2+7500(s_1-1)+7500K_1=0$$

整理得

$$s_1^3+31.6s_1^2+7433.8s_1+(7500K_1-7466.4)=0$$

相应的劳斯阵列如表 3-11 所示。令表 3-11 中第一列各元为正,求得使全部闭环极点位于 $s=-1$ 垂线之左的 $K_1$ 取值范围:

$$1<K_1<32.3$$

如果需要确定系统其他参数,如时间常数对系统稳定性的影响,方法是类似的。一般说来,这种待定参数不能超过两个。

表 3-10 例 3-12 劳斯阵列表 1

| | | |
|---|---|---|
| $s^3$ | 1 | 7500 |
| $s^2$ | 34.6 | $7500K_1$ |
| $s^1$ | $\frac{34.6\times7500-7500K_1}{34.6}$ | 0 |
| $s^0$ | $7500K_1$ | |

表 3-11 例 3-12 劳斯阵列表 2

| | | |
|---|---|---|
| $s^3$ | 1 | 7433.8 |
| $s^2$ | 31.6 | $7500K_1-7466.4$ |
| $s^1$ | $\frac{31.6\times7433.8-(7500K_1-7466.4)}{31.6}$ | 0 |
| $s^0$ | $7500K_1-7466.4$ | |

### 3.6.7 相对稳定性和稳定裕度

劳斯判据或赫尔维茨判据可以判定系统稳定与不稳定,即判定系统的绝对稳定性。如果一个系统负实数的特征根非常靠近虚轴,尽管系统满足稳定条件,但动态过程将具有过大的超调量或过于缓慢的响应,甚至会由于系统内部参数变化,使特征根转移到 $s$ 平面的右半平面,导致系统不稳定。为此,需研究系统的相对稳定性,即系统的特征根在 $s$ 平面的左半平面且与虚轴有一定的距离,称为稳定裕量。

为了能应用前面的代数判据,通常将 $s$ 平面的虚轴左移一个距离 $\delta$,得到新的复平面 $s_1$,即令 $s_1=s+\delta$ 或 $s=s_1-\delta$,代入特征方程 $D(s)=0$,得到以 $s_1$ 为变量的新特征方程式 $\overline{D}(s_1)=0$,再利用代数判据判别新特征方程的稳定性,若新特征方程的所有根均在 $s_1$ 平面的左半平面,则说明原系统不但稳定,而且所有特征根均位于 $-\delta$ 的左侧,$\delta$ 称为系统的稳定裕量。

【例 3-13】 检验特征方程

$$D(s)=2s^3+10s^2+13s+4=0$$

是否有根在 $s$ 右半平面，以及有几个根在 $s=-1$ 垂线的右边。

**解** 由特征方程 $D(s)=0$ 列劳斯阵列如表 3-12 所示。由劳斯判据可知，系统稳定，所有特征根均在 $s$ 平面的左半平面。

令 $s=s_1-1$ 代入 $D(s)=0$ 得到关于 $s_1$ 的特征方程式

$$\overline{D}(s_1)=2s_1^3+4s_1^2-s_1-1=0$$

对 $\overline{D}(s_1)=0$ 列劳斯阵列如表 3-13 所示。表 3-13 中第一列元素符号改变一次，表示系统有一个根在 $s_1$ 右半平面，也就是有一个根在 $s=-1$ 垂线的右边(虚轴的左边)，系统的稳定裕量不到 1。

**表 3-12 例 3-13 劳斯阵列表 1**

| | | |
|---|---|---|
| $s^3$ | 2 | 13 |
| $s^2$ | 10 | 4 |
| $s^1$ | 12.2 | |
| $s^0$ | 4 | |

**表 3-13 例 3-13 劳斯阵列表 2**

| | | |
|---|---|---|
| $s_1^3$ | 2 | $-1$ |
| $s_1^2$ | 4 | $-1$ |
| $s_1^1$ | $-\frac{1}{2}$ | |
| $s_1^0$ | $-1$ | |

# 3.7 系统的稳态误差

## 3.7.1 误差及稳态误差的基本概念

### 1. 误差的定义

控制系统的方框图如图 3-29 所示。图中 $c(t)$ 是被控量的实际值，用 $c_r(t)$ 表示系统被控量的希望值。一般定义被控量的希望值与实际值之差为控制系统的误差，记为 $e(t)$，即 $e(t)=c(t)-c_r(t)$。

对于图 3-29 所示的反馈控制系统，常用的误差定义有以下两种。

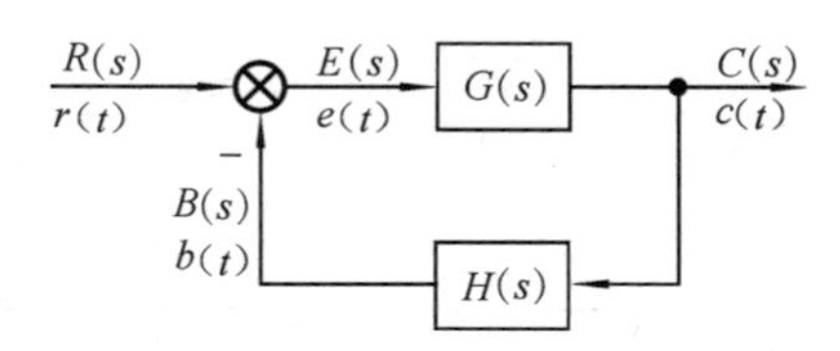

图 3-29 控制系统方框图

(1) 输入端定义：把系统的输入信号 $r(t)$ 作为被控量的希望值，而把主反馈信号 $b(t)$(通常是被控量的测量值)作为被控量的实际值，定义误差为

$$e(t)=r(t)-b(t) \tag{3-51}$$

这种定义下的误差在实际系统中是可以测量的，且具有一定的物理含义。通常该误差信号也称为控制系统的偏差信号。

(2) 输出端定义：设被控量的希望值为 $c_r(t)$，被控量的实际值为 $c(t)$，定义误差

$$e'(t)=c_r(t)-c(t) \tag{3-52}$$

这种定义在性能指标中经常使用，但实际应用中有时无法测量。

当图 3-29 中反馈为单位反馈时，即 $H(s)=1$ 时，上述两种定义可统一为

$$e(t)=e'(t)=r(t)-b(t) \tag{3-53}$$

### 2. 稳态误差

误差响应 $e(t)$ 与系统输出响应 $c(t)$ 一样，也包含暂态分量和稳态分量两部分，对于一个稳定系统，暂态分量随着时间的推移逐渐消失，而我们主要关心的是控制系统平稳

以后的误差，即系统误差响应的稳态分量——稳态误差，记为 $e_{ss}$。

定义稳态误差为稳定系统误差响应 $e(t)$ 的终值。当时间 $t\to\infty$ 时，$e(t)$ 的极限存在，则稳态误差为

$$e_{ss}=\lim_{t\to\infty}e(t) \tag{3-54}$$

**3. 系统的稳态误差分析**

根据误差和稳态误差的定义，对于图 3-29 所示的系统，系统误差 $e(t)$ 的像函数

$$E(s)=R(s)-B(s)=R(s)-G(s)H(s)E(s)$$

$$E(s)=\frac{1}{1+G(s)H(s)}R(s) \tag{3-55}$$

定义

$$\Phi_{er}(s)=\frac{E(s)}{R(s)}=\frac{1}{1+G(s)H(s)} \tag{3-56}$$

为系统对输入信号的误差传递函数。

由拉氏变换的终值定理计算稳态误差，有

$$e_{ss}=\lim_{t\to\infty}e(t)=\lim_{s\to 0}sE(s) \tag{3-57}$$

将 $E(s)$ 表达式(3-55)代入式(3-57)得

$$e_{ss}=\lim_{s\to 0}s\frac{1}{1+G(s)H(s)}R(s) \tag{3-58}$$

从上式得出两点结论：

(1) 稳态误差与系统输入信号 $r(t)$ 的形式有关；

(2) 稳态误差与系统的结构及参数有关。

**【例 3-14】** 设单位反馈控制系统结构图如图 3-30 所示，当输入 $r(t)=4\cdot t$ 时，求系统的稳态误差 $e_{ss}$。

**解** 系统只有在稳定的条件下计算稳态误差才有意义，所以应先判别系统的稳定性。

系统的特征方程为

$$D(s)=4s^3+5s^2+s+K=0$$

列劳斯阵列如表 3-14 所示。

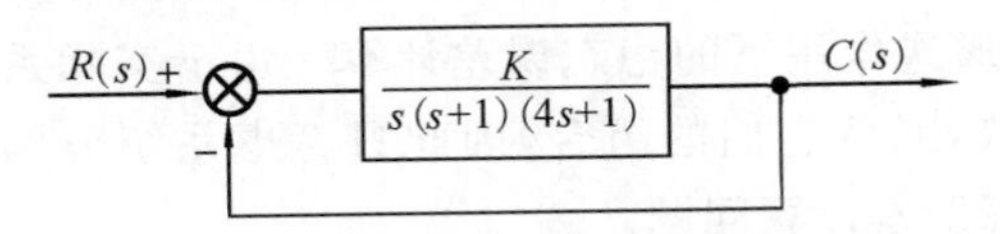


图 3-30 单位反馈控制系统方框图

表 3-14 例 3-14 劳斯阵列表

| | | |
|---|---|---|
| $s^3$ | 4 | 1 |
| $s^2$ | 5 | $K$ |
| $s^1$ | $\frac{5-4K}{5}$ | 0 |
| $s^0$ | $K$ | |

由劳斯判据知，系统稳定条件为 $0<K<5/4$。系统的误差函数为

$$E(s)=\frac{1}{1+G(s)H(s)}R(s)=\frac{s(s+1)(4s+1)}{4s^3+5s^2+s+K}\cdot\frac{4}{s^2}$$

由终值定理求得稳态误差

$$e_{ss}=\lim_{s\to 0}sE(s)=\lim_{s\to 0}s\frac{s(s+1)(4s+1)}{4s^3+5s^2+s+K}\cdot\frac{4}{s^2}=\frac{4}{K}$$

计算表明，稳定误差的大小与系统的放大倍数 $K$ 有关，即 $K$ 越大，稳定误差 $e_{ss}$ 越小。要减小稳态误差则应增大倍数 $K$，而稳定性分析却得出，使系统稳定的 $K$ 值应小于 5/4，表明系统的稳态精度和稳态性对放大倍数的要求常常是矛盾的。

### 3.7.2 系统稳态误差的计算

由前一小节的分析可知,系统的稳态误差不仅与输入信号 $r(t)$ 的形式有关,而且与系统开环传递函数 $G(s)H(s)$ 有关。

**1. 系统的型别**

一般情况下,分子阶次为 $m$,分母阶次为 $n$ 的系统开环传递函数 $G(s)H(s)$ 可表示为

$$G(s)H(s)=\frac{K(\tau_1 s+1)(\tau_2 s+1)\cdots(\tau_m s+1)}{s^v(T_1 s+1)(T_2 s+1)\cdots(T_n s+1)}=\frac{K\prod_{i=1}^{m}(\tau_i s+1)}{s^v\prod_{j=1}^{n-v}(T_j s+1)} \tag{3-59}$$

式中:$K$ 为开环增益(开环放大倍数);$\tau_i$ 和 $T_i$ 为时间常数;$v$ 为积分环节个数。

系统常按开环传递函数中所含有的积分环节个数 $v$ 来分类。把 $v=0,1,2,\cdots$ 的系统分别称为 0 型,Ⅰ型,Ⅱ型,… 系统。开环传递函数中的其他零、极点,对系统的型别没有影响。

这种分类方法的优点在于:可以根据已知的输入信号形式,直接判断系统是否存在原理性稳态误差,并估算稳态误差的大小。阶次 $m$ 和 $n$ 的大小与系统的型别无关,且不影响稳态误差的数值。令

$$G_0(s)H_0(s)=\prod_{i=1}^{m}(\tau_i s+1)\Big/\prod_{j=1}^{n-v}(T_j s+1)$$

则当 $s\to 0$ 时,$G_0(s)H_0(s)\to 1$。因此,式(3-59)可以改写为

$$G(s)H(s)=\frac{K}{s^v}G_0(s)H_0(s) \tag{3-60}$$

将上式代入式(3-58)可以得到计算稳态误差的通用公式为

$$e_{ss}=\frac{\lim\limits_{s\to 0}[s^{v+1}R(s)]}{K+\lim\limits_{s\to 0}s^v} \tag{3-61}$$

上式表明,影响系统稳态误差的因素有:系统型别、开环增益、输入信号的形式和幅值。下面讨论不同型别系统在不同输入信号形式作用下的稳态误差计算。由于实际系统输入多为阶跃函数、斜坡函数和加速度函数,或者它们的组合,因此只考虑系统分别在阶跃、斜坡和加速度函数输入作用下的稳态误差计算问题。

**2. 阶跃输入作用下的稳态误差与静态位置误差系数**

当系统的输入为单位阶跃信号时,$r(t)=1(t)$,$R(s)=1/s$,则由式(3-58)得到系统的稳态误差为

$$e_{ss}=\lim_{s\to 0}s\frac{1}{1+G(s)H(s)}\cdot\frac{1}{s}=\frac{1}{1+\lim\limits_{s\to 0}G(s)H(s)}=\frac{1}{1+K_p} \tag{3-62}$$

式中:$K_p=\lim\limits_{s\to 0}G(s)H(s)$,定义为系统静态位置误差系数。

对于 0 型系统

$$K_p=\lim_{s\to 0}\frac{K(\tau_1 s+1)(\tau_2 s+1)\cdots\cdots(\tau_m s+1)}{(T_1 s+1)(T_2 s+1)\cdots\cdots(T_n s+1)}=K,\quad e_{ss}=\frac{1}{1+K_p}=\frac{1}{1+K}$$

对于Ⅰ型或Ⅰ型以上系统

$$K_p=\lim_{s\to 0}\frac{K(\tau_1 s+1)(\tau_2 s+1)\cdots\cdots(\tau_m s+1)}{s^v(T_1 s+1)(T_2 s+1)\cdots\cdots(T_n s+1)}=\infty,\quad e_{ss}=0$$

由上面分析可以看出：

(1) $K_p$ 的大小反映了系统在阶跃输入下消除误差的能力，$K_p$ 越大，稳态误差越小；

(2) 0 型系统对阶跃输入引起的稳态误差为一常数，其大小与 $K$ 有关，$K$ 越大，$e_{ss}$ 越小，但总是有差的，所以把 0 型系统常称为有差系统；

(3) 在阶跃输入时，若要求系统稳态误差为零，则系统至少为Ⅰ型或Ⅰ型以上系统。

**3. 速度输入作用下的稳态误差与静态速度误差系数**

当系统的输入为单位速度信号时，$r(t)=t\cdot 1(t)$，$R(s)=1/s^2$，则由式(3-59)得到系统的稳态误差为

$$e_{ss}=\lim_{s\to 0}s\,\frac{1}{1+G(s)H(s)}\cdot\frac{1}{s^2}=\frac{1}{\lim\limits_{s\to 0}sG(s)H(s)}=\frac{1}{K_v}\tag{3-63}$$

式中，$K_v=\lim\limits_{s\to 0}sG(s)H(s)$，定义为系统静态速度误差系数。

对于 0 型系统

$$K_v=\lim_{s\to 0}s\,\frac{K(\tau_1 s+1)(\tau_2 s+1)\cdots\cdots(\tau_m s+1)}{(T_1 s+1)(T_2 s+1)\cdots\cdots(T_n s+1)}=0,\quad e_{ss}=\frac{1}{K_v}=\infty$$

对于Ⅰ型系统

$$K_v=\lim_{s\to 0}s\,\frac{K(\tau_1 s+1)(\tau_2 s+1)\cdots\cdots(\tau_m s+1)}{s(T_1 s+1)(T_2 s+1)\cdots\cdots(T_n s+1)}=K,\quad e_{ss}=\frac{1}{K_v}$$

对于Ⅱ型或Ⅱ型以上系统

$$K_v=\lim_{s\to 0}s\,\frac{K(\tau_1 s+1)(\tau_2 s+1)\cdots\cdots(\tau_m s+1)}{s^v(T_1 s+1)(T_2 s+1)\cdots\cdots(T_n s+1)}=\infty,\quad e_{ss}=0$$

由上述分析可得：

(1) $K_v$ 的大小反映了系统跟踪速度输入信号的能力，$K_v$ 越大，系统稳定误差越小；

(2) 0 型系统在稳态时，无法跟踪速度输入信号；

(3) Ⅰ型系统在稳态时，输出和输入在速度上相等，但有一个与 $K_v$ 成反比的常值位置误差；

(4) 在速度输入时，若要求系统稳态误差为零，则系统至少为Ⅱ型或Ⅱ型以上系统。

**4. 加速度输入作用下的稳态误差与静态加速度误差系数**

当系统输入为单位加速度信号时，$r(t)=\frac{1}{2}t^2\cdot 1(t)$，$R(s)=1/s^3$，则由式(3-58)得到系统的稳态误差为

$$e_{ss}=\lim_{s\to 0}s\,\frac{1}{1+G(s)H(s)}R(s)=\lim_{s\to 0}s\,\frac{1}{1+G(s)H(s)}\cdot\frac{1}{s^3}=\frac{1}{\lim\limits_{s\to 0}s^2G(s)H(s)}=\frac{1}{K_a}\tag{3-64}$$

式中，$K_a=\lim\limits_{s\to 0}s^2G(s)H(s)$，定义为系统静态加速度误差系数。

对于 0 型系统

$$K_a=\lim_{s\to 0}s^2\,\frac{K(\tau_1 s+1)(\tau_2 s+1)\cdots\cdots(\tau_m s+1)}{(T_1 s+1)(T_2 s+1)\cdots\cdots(T_n s+1)}=0,\quad e_{ss}=\infty$$

对于Ⅰ型系统

$$K_a=\lim_{s\to 0} s^2\frac{K(\tau_1 s+1)(\tau_2 s+1)\cdots\cdots(\tau_m s+1)}{s(T_1 s+1)(T_2 s+1)\cdots\cdots(T_n s+1)}=0,\quad e_{ss}=\infty$$

对于Ⅱ型系统

$$K_a=\lim_{s\to 0} s^2\frac{K(\tau_1 s+1)(\tau_2 s+1)\cdots\cdots(\tau_m s+1)}{s^2(T_1 s+1)(T_2 s+1)\cdots\cdots(T_n s+1)}=K,\quad e_{ss}=\frac{1}{K}$$

对于Ⅲ型或Ⅲ型以上系统,有

$$K_a=\lim_{s\to 0} s^2\frac{K(\tau_1 s+1)(\tau_2 s+1)\cdots\cdots(\tau_m s+1)}{s^v(T_1 s+1)(T_2 s+1)\cdots\cdots(T_n s+1)}=\infty,\quad e_{ss}=0$$

上述分析表明:

(1) $K_a$ 的大小反映了系统跟踪加速度输入信号的能力,$K_a$ 越大,系统跟踪精度越高;

(2) Ⅱ型以下的系统输出不能跟踪加速度输入信号,在跟踪过程中误差越来越大,稳态时达到无限大;

(3) Ⅱ型系统能跟踪加速度输入,但有一常值误差,其大小与 $K_a$ 成反比;

(4) 要想准确跟踪加速度输入,系统应为Ⅲ型或高于Ⅲ型的系统。

表3-15概括了0型、Ⅰ型和Ⅱ型系统在各种输入作用下的稳态误差。在对角线以上,稳态误差为0;在对角线以下,稳态误差则为无穷大。

**表3-15　典型输入下各型系统的稳态误差**

| 输入形式 | 稳态误差 | | |
|---|---|---|---|
| | 0型系统 | Ⅰ型系统 | Ⅱ型系统 |
| 单位阶跃 | $1/(1+K_p)$ | 0 | 0 |
| 单位斜坡 | $\infty$ | $1/K_v$ | 0 |
| 单位加速度 | $\infty$ | $\infty$ | $1/K_a$ |

误差系数 $K_p$、$K_v$、$K_a$ 反映了系统消除稳态误差的能力,系统型别越高,消除稳态误差的能力越强,但型别增大却使系统难以稳定。

注意,稳态误差系数法仅适用于输入信号为 $1(t)$,$t\cdot 1(t)$,$\frac{1}{2}t^2\cdot 1(t)$,…,$\frac{1}{n}t^n\cdot 1(t)$作用下求稳态误差。另外,上述稳态误差中的 $K$ 必须是系统的开环增益(或开环放大倍数)。

**【例3-15】** 单位反馈系统结构图如图3-31所示,求当输入信号 $r(t)=2t+t^2$ 时,系统的稳态误差 $e_{ss}$。

**解** 系统的开环传递函数为

$$G(s)H(s)=\frac{20(s+1)}{s^2(0.1s+1)}$$

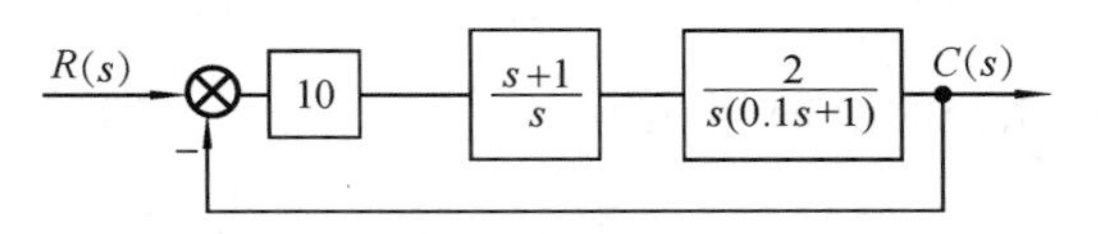


**图3-31　单位反馈控制系统结构图**

(1) 判别系统的稳定性。由开环传递函数可知,闭环特征方程为

$$D(s)=0.1s^3+s^2+20s+20=0$$

根据劳斯判据知闭环系统稳定。

(2) 求稳态误差 $e_{ss}$。已知

$$R(s)=L[2t+t^2]=\frac{2}{s^2}+\frac{2}{s^3}$$

$$E(s)=\frac{1}{1+G(s)H(s)}R(s)=\frac{1}{1+\frac{20(s+1)}{s^2(0.1s+1)}}\left(\frac{2}{s^2}+\frac{2}{s^3}\right)$$

$$=\left[\frac{2s(0.1s+1)}{s^2(0.1s+1)+20(s+1)}+\frac{2(0.1s+1)}{s^2(0.1s+1)+20(s+1)}\right]$$

根据终值定理

$$e_{ss}=\lim_{s\to 0}sE(s)=\lim_{s\to 0}s\left[\frac{2s(0.1s+1)}{s^2(0.1s+1)+20(s+1)}+\frac{2(0.1s+1)}{s^2(0.1s+1)+20(s+1)}\right]=0.1$$

故系统的稳态误差 $e_{ss}=0.1$。

**5. 扰动信号作用下的稳态误差**

一般系统的输入除给定信号 $r(t)$ 外，还有扰动信号 $n(t)$ 同时作用于系统，如图 3-32 所示。如果该系统为线性系统，则响应应具有叠加性，给定输入和扰动产生的误差可分别计算。其中给定输入产生的误差如前所述。

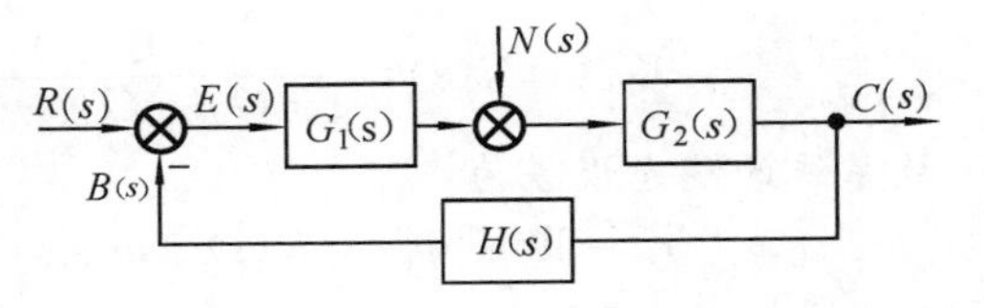


**图 3-32 控制系统结构图**

扰动信号单独作用下，误差 $e_{ssn}(t)=-b(t)$，则

$$E_n(s)=-B(s)=-H(s)C(s)=-H(s)\frac{G_2(s)}{1+G_1(s)G_2(s)H(s)}N(s)$$

$$=-\frac{G_2(s)H(s)}{1+G_1(s)G_2(s)H(s)}N(s) \tag{3-65}$$

稳态误差
$$e_{ssn}=\lim_{s\to 0}sE_n(s)=\lim_{s\to 0}s\frac{-G_2(s)H(s)}{1+G_1(s)G_2(s)H(s)}N(s) \tag{3-66}$$

定义
$$\Phi_{en}(s)=\frac{E_n(s)}{N(s)}=-\frac{G_2(s)H(s)}{1+G_1(s)G_2(s)H(s)} \tag{3-67}$$

为系统对扰动的误差传递函数。若 $\lim\limits_{s\to 0}G_1(s)G_2(s)H(s)\gg 1$，则式(3-66)可近似为

$$e_{ssn}\approx\lim_{s\to 0}s\frac{-G_2(s)H(s)}{1+G_1(s)G_2(s)H(s)}N(s)=\lim_{s\to 0}s\frac{-1}{G_1(s)}N(s) \tag{3-68}$$

由上可得，干扰信号作用下产生的稳态误差 $e_{ssn}$ 除了与干扰信号的形式有关外，还与干扰作用点之前(干扰点与误差点之间)的传递函数的结构及参数有关，但与干扰作用点之后的传递函数(基本)无关。

**6. 控制系统的稳态误差**

根据 2.5.3 节，系统的误差传递函数中的系统总误差为

$$E(s)=\Phi_{er}(s)R(s)+\Phi_{en}(s)N(s)$$

由叠加原理可知，控制系统在给定信号 $r(t)$ 和扰动信号 $n(t)$ 同时作用下的稳态误差 $e_{ss}$ 为二者分别作用下的稳态误差的叠加，即

$$e_{ss}=e_{ssr}+e_{ssn}=\lim_{s\to 0}sE_r(s)+\lim_{s\to 0}sE_n(s)=\lim_{s\to 0}s[\Phi_{er}(s)R(s)+\Phi_{en}(s)N(s)] \tag{3-69}$$

**【例 3-16】** 设系统结构图如图 3-32 所示，已知 $G_1(s)=K_1$，$G_2(s)=\frac{K_2}{s(Ts+1)}$，$H(s)=1$，试求当输入 $r(t)=t\cdot 1(t)$，$n(t)=1(t)$ 时，系统的稳态误差 $e_{ss}$。

**解** 已知 $R(s)=1/s^2$，$N(s)=1/s$，有

$$\Phi_{er}(s)R(s)=\frac{1}{1+G_1(s)G_2(s)H(s)}R(s)=\frac{s(Ts+1)}{s(Ts+1)+K_1K_2}\frac{1}{s^2}$$

$$\Phi_{en}(s)N(s)=\frac{-G_2(s)}{1+G_1(s)G_2(s)H(s)}N(s)=\frac{-K_2}{s(Ts+1)+K_1K_2}\ \frac{1}{s}$$

故系统的稳态误差为

$$e_{ss}=\lim_{s\to 0}s[\Phi_{er}(s)R(s)+\Phi_{en}(s)N(s)]$$

$$=\lim_{s\to 0}s\left[\frac{s(Ts+1)}{s(Ts+1)+K_1K_2}\ \frac{1}{s^2}+\frac{-K_2}{s(Ts+1)+K_1K_2}\ \frac{1}{s}\right]=\frac{1}{K_1K_2}-\frac{1}{K_1}$$

**【例 3-17】** 在例 3-16 中,若 $G_1(s)=K_1/s$,$G_2(s)=K_2/(Ts+1)$,其他不变,重新计算系统的稳态误差 $e_{ss}$。

**解** 已知 $R(s)=1/s^2$,$N(s)=1/s$,$\Phi_{er}(s)R(s)$ 不变,有

$$\Phi_{en}(s)N(s)=\frac{-G_2(s)}{1+G_1(s)G_2(s)H(s)}N(s)=\frac{-sK_2}{s(Ts+1)+K_1K_2}\ \frac{1}{s}$$

故系统的稳态误差为

$$e_{ss}=\lim_{s\to 0}s[\Phi_{er}(s)R(s)+\Phi_{en}(s)N(s)]$$

$$=\lim_{s\to 0}s\left(\frac{s(Ts+1)}{s(Ts+1)+K_1K_2}\ \frac{1}{s^2}+\frac{-sK_2}{s(Ts+1)+K_1K_2}\ \frac{1}{s}\right)=\frac{1}{K_1K_2}$$

比较和分析上面两个例子,可以发现:

(1) 扰动作用点之前的增益 $K_1$ 越大,扰动作用下的稳态误差越小,而与扰动作用点之后的增益 $K_2$ 无关;

(2) 扰动作用下的稳态误差与扰动作用点之后积分环节无关,而与误差信号到扰动作用点之间的前向通道中的积分环节有关,要消除稳态误差,应在误差信号到扰动点之间的前向通道中增加积分环节。

### 3.7.3 动态误差系数

利用动态误差系数法,可以研究输入信号为任意时间函数的系统稳态误差变化,因此动态误差系数又称为广义误差系数。为了求取动态误差系数,写出误差信号的拉氏变换式

$$E(s)=\Phi_e(s)R(s)$$

将误差传递函数 $\Phi_e(s)$ 在 $s=0$ 的邻域内展开成泰勒级数,得

$$\Phi_e(s)=\frac{1}{1+G(s)H(s)}=\Phi_e(0)+\dot{\Phi}_e(0)s+\frac{1}{2!}\ddot{\Phi}_e(0)s^2+\cdots$$

于是,误差信号可以表示为如下级数:

$$E(s)=\Phi_e(0)R(s)+\dot{\Phi}_e(0)sR(s)+\frac{1}{2!}\ddot{\Phi}_e(0)s^2R(s)+\cdots+\frac{1}{l!}\Phi_e^{(l)}(0)s^lR(s)+\cdots \tag{3-70}$$

上述无穷级数收敛于 $s=0$ 的邻域,称为误差级数,相当于在时间域内 $t\to\infty$ 时成立。因此,当所有初始条件均为零时,对式(3-70)进行拉氏变换,就得到作为时间函数的稳态误差表达式

$$e_{ss}(t)=\sum_{i=0}^{\infty}C_ir^{(i)}(t) \tag{3-71}$$

其中,

$$C_i=\frac{1}{i!}\Phi_e^{(i)}(0);\quad i=0,1,2,\cdots \tag{3-72}$$

称为动态误差系数。习惯上称 $C_0$ 为动态位置误差系数,称 $C_1$ 为动态速度误差系数,称

$C_2$ 为动态加速度误差系数。

式(3-71)表明,稳态误差 $e_{ss}(t)$ 与动态误差系数 $C_i$、输入信号 $r(t)$ 及其各阶导数的稳态分量有关。由于输入信号的稳态分量是已知的,因此确定稳态误差的关键是根据给定的系统求出各动态误差系数。在系统阶次较高的情况下,利用式(3-72)来确定动态误差系数是不方便的。例 3-18 采用了一种简便的求法。

**【例 3-18】** 设单位反馈控制系统的开环传递函数为

$$G(s)H(s)=\frac{100}{s(0.1s+1)}$$

若输入信号为 $r(t)=\sin 5t$,试求系统的稳态误差 $e_{ss}(t)$。

**解** 由于输入信号为正弦函数,无法采用静态误差系数法确定 $e_{ss}(t)$。现采用动态误差系数法求系统的稳态误差。对系统误差传递函数使用长除法,得到

$$\begin{aligned}\Phi_e(s)&=\frac{1}{1+G(s)}=\frac{s(0.1s+1)}{0.1s^2+s+100}=\frac{0+s+0.1s^2}{100+s+0.1s^2}\\&=0+10^{-2}s+9\times10^{-4}s^2-1.9\times10^{-5}s^3+\cdots\end{aligned}$$

故动态误差系数为

$$C_0=0,\quad C_1=10^{-2},\quad C_2=9\times10^{-4},\quad C_3=-1.9\times10^{-5},\quad \cdots$$

由此可求得稳态误差

$$e_{ss}(t)=(C_0-C_2\omega_0^2+C_4\omega_0^4-\cdots)\sin\omega_0 t=+(C_1-C_3\omega_0^3+C_5\omega_0^5-\cdots)\cos\omega_0 t$$

式中 $\omega_0=5$。对上述级数求和,得

$$e_{ss}(t)=-0.055\cos(5t-24.9°)$$

因此,系统稳态误差为余弦函数,其最大幅值为 0.055。

在一些特定的系统中,可以建立某些动态误差系数与静态误差系数之间的关系。利用式(3-72)进行长除,可得到如表 3-16 所示的简单关系。

表 3-16 系统型别与误差系数的简单关系

| 系统 | 0 型 | Ⅰ型 | Ⅱ型 |
|---|---|---|---|
| 公式 | $C_0=\frac{1}{1+K_p}$ | $C_1=\frac{1}{K_v}$ | $C_2=\frac{1}{K_a}$ |

### 3.7.4 改善系统稳态精度的途径

为了减小或消除系统在输入信号和扰动作用下的稳态误差,可以采取以下措施。

**1. 增大系统开环增益或扰动作用点之前系统的前向通道增益**

由表 3-15 可见,增大系统开环增益 $K$ 以后,对于 0 型系统,可以减小系统在阶跃输入时的位置误差;对于Ⅰ型系统,可以减小系统在斜坡输入时的速度误差;对于Ⅱ型系统,可以减小系统在加速度输入时的加速度误差。

由例 3-16 可见,增大扰动作用点之前的比例控制器增益 $K_1$,可以减小系统对阶跃扰动转矩的稳态误差。系统在阶跃扰动作用下的稳态误差与 $K_2$ 无关。因此,增大扰动点之后系统的前向通道增益,不能改变系统对扰动的稳态误差数值。

**2. 在系统的前向通道或主反馈通道设置串联积分环节**

在图 3-32 所示的非单位反馈控制系统中,设

$$G_1(s)=\frac{M_1(s)}{s^{v_1}N_1(s)},\quad G_2(s)=\frac{M_2(s)}{s^{v_2}N_2(s)},\quad H(s)=\frac{H_1(s)}{H_2(s)}$$

其中,$N_1(s)$、$M_1(s)$、$N_2(s)$、$M_2(s)$、$H_1(s)$及 $H_2(s)$均不含 $s=0$ 的因子;$v_1$ 和 $v_2$ 为系统前向通道的积分环节数目。因此,系统对输入信号的误差传递函数为

$$\Phi_e(s)=\frac{1}{1+G_1(s)G_2(s)H(s)}=\frac{s^vN_1(s)N_2(s)H_2(s)}{s^vN_1(s)N_2(s)H_2(s)+M_1(s)M_2(s)H_1(s)} \tag{3-73}$$

式中,$v=v_1+v_2$。

上式表明,当系统主反馈通道传递函数 $H(s)$ 不含 $s=0$ 的零点和极点时,只要在系统前向通道中设置 $v$ 个串联积分环节,即可消除系统在输入信号 $r(t)=\sum\limits_{i=1}^{v-1}R_it^i$ 作用下的稳态误差。

如果系统主反馈通道传递函数含有 $v_3$ 个积分环节,即

$$H(s)=\frac{H_1(s)}{s^{v_3}H_2(s)}$$

而其余假定同上,则系统对扰动作用的误差传递函数为

$$\Phi_{en}(s)=-\frac{G_2(s)}{1+G_1(s)G_2(s)H(s)}=-\frac{s^{v_1+v_3}M_2(s)N_1(s)H_2(s)}{s^vN_1(s)N_2(s)H_2(s)+M_1(s)M_2(s)H_1(s)} \tag{3-74}$$

式中,$v=v_1+v_2+v_3$。式(3-74)中的误差传递函数 $\Phi_{en}(s)$ 具有$(v_1+v_3)$个 $s=0$ 的零点,其中 $v_1$ 为系统扰动作用点前的前向通道所含的积分环节数,$v_3$ 为系统主反馈通道所含的积分环节数。式(3-74)表明,如果在扰动作用点之前的前向通道或主反馈通道中设置 $v$ 个积分环节,即可消除系统在扰动信号 $n(t)=\sum\limits_{i=1}^{v-1}n_it^i$ 作用下的稳态误差。

需要指出,在反馈控制系统中,设置串联积分环节或增大开环增益以消除或减小稳态误差的措施,必然导致系统的稳定性降低,甚至造成系统不稳定,从而恶化系统的动态性能。因此,权衡考虑系统稳定性、稳态误差与动态性能之间的关系,便成为系统校正设计的主要内容。

**3. 采用串级控制抑制内回路扰动**

当控制系统中存在多个扰动信号,且控制精度要求较高时,宜采用串级控制方式,可以显著抑制内回路的扰动影响。

串级控制系统在结构上比单回路控制系统多了一个副回路,因而对进入副回路的二次扰动有很强的抑制能力。为了便于定性分析,设一般的串级控制系统如图 3-33 所示。图中,$G_{c1}(s)$和 $G_{c2}(s)$分别为主、副控制器的传递函数;$H_1(s)$和 $H_2(s)$为主、副测量变送器的传递函数;$N_2(s)$为加在副回路上的二次扰动。

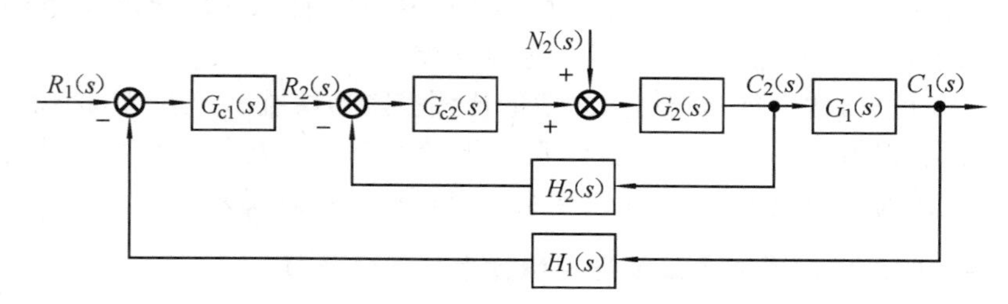


**图 3-33 串级控制系统结构图**

若将副回路视为一个等效环节 $G_2'(s)$，则有

$$G_2'(s)=\frac{C_2(s)}{R_2(s)}=\frac{G_{c2}(s)G_2(s)}{1+G_{c2}(s)G_2(s)H_2(s)}$$

在副回路中，输出 $C_2(s)$ 对二次扰动 $N_2(s)$ 的闭环传递函数为

$$G_{n2}(s)=\frac{C_2(s)}{N_2(s)}=\frac{G_2(s)}{1+G_{c2}(s)G_2(s)H_2(s)}$$

比较 $G_2'(s)$ 与 $G_{n2}(s)$ 可见，必有

$$G_{n2}(s)=\frac{G_2'(s)}{G_{c2}(s)}$$

于是，图 3-33 所示的串级系统结构图可等效为图 3-34 所示的结构图。显然，在主回路中，系统对输入信号的闭环传递函数为

$$\frac{C_1(s)}{R_1(s)}=\frac{G_{c1}(s)G_2'(s)G_1(s)}{1+G_{c1}(s)G_2'(s)G_1(s)H_1(s)}$$

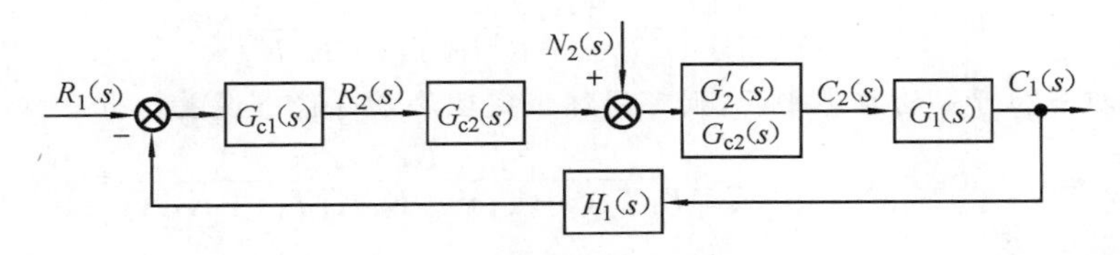


**图 3-34 串级控制系统的等效结构图**

系统对二次扰动信号 $N_2(s)$ 的闭环传递函数为

$$\frac{C_1(s)}{N_2(s)}=\frac{[G_2'(s)/G_{c2}(s)]G_1(s)}{1+G_{c1}(s)G_2'(s)G_1(s)H_1(s)}$$

对于一个理想的控制系统，总是希望多项式比值 $C_1(s)/N_2(s)$ 趋于零，而 $C_1(s)/R_1(s)$ 趋于 1，因而串级控制系统抑制二次扰动 $N_2(s)$ 的能力可用下式表示：

$$\frac{C_1(s)/R_1(s)}{C_1(s)/N_2(s)}=G_{c1}(s)G_{c2}(s)$$

若主、副控制器均采用比例调节器，其增益分别为 $K_{c1}$ 和 $K_{c2}$，则上式可写为

$$\frac{C_1(s)/R_1(s)}{C_1(s)/N_2(s)}=K_{c1}K_{c2}$$

上式表明，主、副控制器的总增益越大，则串级系统抑制二次扰动 $N_2(s)$ 的能力越强。

由于在串级控制系统设计时，副回路的阶数一般都取得较低，因而副调节器的增益 $K_{c2}$ 可以取得较大，通常满足

$$K_{c1}K_{c2}>K_{c2}$$

可见，与单回路控制系统相比，串级控制系统对二次扰动的抑制能力有很大的提高，一般可达 10～100 倍。

**4. 采用复合控制方法**

如果控制系统中存在强扰动，特别是低频强扰动，则一般的反馈控制方式难以满足高稳态精度的要求，此时可以采用复合控制方式。

复合控制系统是在系统的反馈控制回路中加入前馈通路，组成一个前馈控制与反馈控制相结合的系统，只要系统参数选择合适，不但可以保持系统稳定，极大地减小乃至消除稳态误差，而且可以抑制几乎所有的可量测扰动，其中包括低频强扰动。

【例 3-19】 如果在系统中采用比例-积分控制器,如图 3-35 所示,试分别计算系统在阶跃转矩扰动和斜坡转矩扰动作用下的稳态误差。

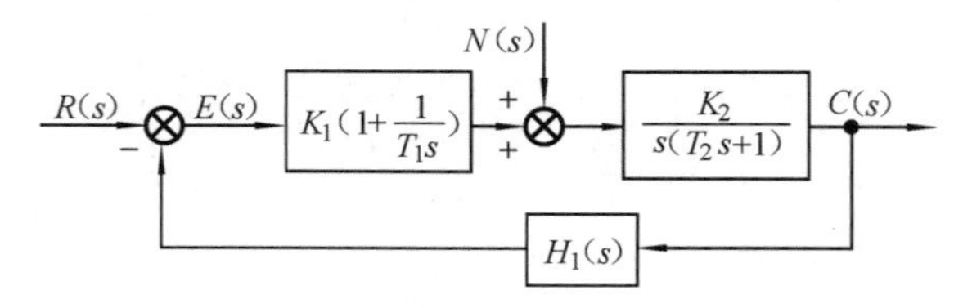


图 3-35 比例-积分控制系统

**解** 由图 3-35 可知,在扰动作用点之前的积分环节数 $v_1=1$,而 $v_3=0$,故该比例-积分控制系统对扰动作用为Ⅰ型系统,在阶跃扰动作用下不存在稳态误差,而在斜坡扰动作用下存在常值稳态误差。

由图 3-35 不难写出扰动作用下的系统误差表达式为

$$E_n(s)=-\frac{K_2T_1s}{T_1T_2s^3+T_1s^2+K_1K_2T_1s+K_1K_2}N(s)$$

设 $sE_n(s)$的极点位于 $s$ 的左半平面,则可用终值定理法求得稳态误差。当 $N(s)=n_0/s$ 时

$$e_{ssn}=\lim_{s\to 0}sE_n(s)=-\lim_{s\to 0}\frac{n_0K_2T_1s}{T_1T_2s^3+T_1s^2+K_1K_2T_1s+K_1K_2}=0$$

当 $N(s)=n_1/s^2$ 时

$$e_{ssn}=-\lim_{s\to 0}\frac{n_0K_2T_1}{T_1T_2s^3+T_1s^2+K_1K_2T_1s+K_1K_2}=-\frac{n_1T_1}{K_1}$$

显然,提高比例增益 $K_1$ 可以减小斜坡转矩作用下的稳态误差,但 $K_1$ 的增大要受到稳定性要求和动态过程振荡性要求的制约。

系统采用比例-积分控制器后,可以消除阶跃扰动转矩作用下的稳态误差,其物理意义是清楚的:由于控制器中包含积分控制作用,只要稳态误差不为零,控制器就一定会产生一个继续增长的输出转矩来抵消阶跃扰动转矩的作用,力图减小这个误差,直到稳态误差为零、系统取得平衡而进入稳态。在斜坡转矩扰动作用下,系统存在常值稳态误差的物理意义可以这样解释:由于转矩扰动是斜坡函数,因此需要控制器在稳态时输出一个反向的斜坡转矩与之平衡,这只有在控制器输入的误差信号为一负常值时才有可能。

实际系统总是同时承受输入信号和扰动作用的。由于所研究的系统为线性定常控制系统,因此系统总的稳态误差将等于输入信号和扰动分别作用于系统时,所得的稳态误差的代数和。

## 本章小结

本章通过系统的时域响应分析了系统的稳定性以及稳态误差和瞬态响应的问题,应着重掌握以下内容。

(1) 线性定常一、二阶系统的时域响应可由解析法求得,从中可以定量分析系统的各种性能,还能用来设计系统。

(2) 系统的时域动态性能指标用于衡量和比较系统的过渡过程的质量。对于二阶系统,结构参数 $\zeta$ 和 $\omega_n$ 确定了系统的单位阶跃响应性能指标。一般希望二阶系统工作在 $\zeta=0.4\sim0.8$ 的欠阻尼状态,以获得一个振荡特性适度、调整时间较短的响应过程。

(3) 线性定常高阶系统的时域响应可以表示为一、二阶系统响应的合成。利用系

统主导极点的概念，可把远离虚轴的极点产生的瞬态响应分量忽略，使高阶系统降阶，从而用低阶系统的结论去分析甚至设计高阶系统。

(4) 线性系统稳定性是系统正常工作的首要条件。一个不稳定的系统，是根本无法复现给定信号和抑制扰动信号的。

(5) 线性系统稳定的充分必要条件是系统特征方程的根全部具有负实部，或者说是系统闭环传递函数的极点均在 $s$ 平面的左半平面。系统的稳定性，是系统固有的一种特性，完全由系统自身的结构、参数决定，而与输入无关。判别稳定性的代数方法是劳斯判据和赫尔维茨判据。

(6) 系统的稳态误差是系统的稳定性能指标，它标志着系统的控制精度。稳态误差既与系统的结构、参数有关，又与输入信号的形式及大小有关；位置误差、速度误差、加速度误差分别指输入为阶跃、斜坡、加速度时引起的输出位置上的误差。

(7) 系统的型别和静态误差系数也是稳态精度的一种标志，型别越高，静态误差系数越大，系统的稳态误差则越小。

## 本章习题

3-1 已知系统的微分方程为 $\dot{c}(t)+2c(t)=2r(t)$，试求系统的闭环传递函数 $\Phi(s)$、单位阶跃响应 $h(t)$ 和单位脉冲响应 $k(t)$。

3-2 已知系统单位脉冲响应为 $k(t)=0.0125\mathrm{e}^{-1.25t}$，试求系统闭环传递函数 $\Phi(s)$。

3-3 已知二阶系统的单位阶跃响应为 $h(t)=1-1.25\mathrm{e}^{-1.2t}\sin(1.6t+53.1°)$，试求系统的超调量 $\delta\%$、峰值时间 $t_p$ 和调节时间 $t_s$，并用 Matlab 验证。

3-4 设单位负反馈系统的开环传递函数 $G(s)H(s)=\dfrac{s+1}{s(s+5)}$，试求系统在单位阶跃输入下的动态性能。

3-5 已知系统的特征方程如下，试判别系统的稳定性，并确定在 $s$ 右半平面根的个数及纯虚根。

(1) $D(s)=s^5+2s^4+2s^3+4s^2+11s+10=0$

(2) $D(s)=s^5+3s^4+12s^3+24s^2+32s+48=0$

(3) $D(s)=s^5+2s^4-s-2=0$

(4) $D(s)=s^5+2s^4+24s^3+48s^2-25s-50=0$

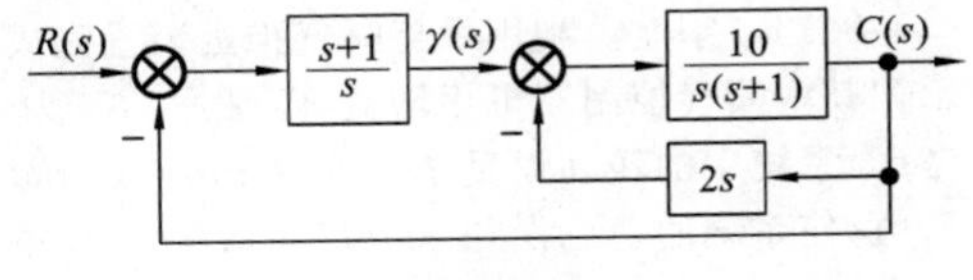

题 3-6 图

3-6 试分析题 3-6 图所示系统的稳定性。

3-7 已知单位负反馈系统的开环传递函数 $G(s)H(s)=\dfrac{K}{s(s+1)(s^2+s+1)}$，试确定系统稳定时 $K$ 的取值范围。

3-8 已知单位负反馈系统的开环传递函数如下，试求位置误差系数 $K_p$、速度误差系数 $K_v$ 和加速度误差系数 $K_a$。

(1) $G(s)H(s)=\dfrac{50}{(0.1s+1)(2s+1)}$；

(2) $G(s)H(s)=\dfrac{K}{s(s^2+4s+200)}$；

(3) $G(s)H(s)=\dfrac{10(4s+1)(2s+1)}{s^2(s^2+2s+10)}$。

3-9 单位负反馈系统的开环传递函数如题 3-8 所示，输入为 $u(t)=2$，利用终值定理求三种系统下的稳态误差。

3-10 系统结构如题 3-10 图所示，当 $b=0$、$b=1$ 时，分别计算输入信号 $u(t)=1+2t$ 的输出响应，并计算出不同 $b$ 时的稳态误差。

3-11 心率控制系统（电子心律起搏器）结构图如题 3-11 图所示，其中模仿心脏的传递函数相当于一纯积分环节，要求：

(1) 若 $\zeta=0.5$ 对应最佳响应，问起搏器增益 $K$ 应取多大？

(2) 若期望心速为 60 次/分钟，并突然接通起搏器，问 1 秒后实际心速为多少？瞬时最大心速多大？

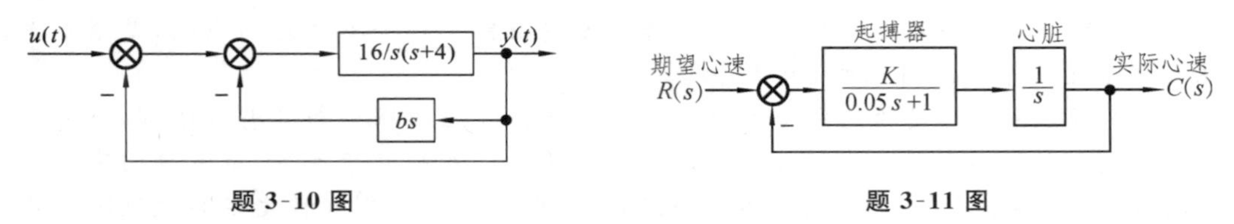


题 3-10 图　　　　题 3-11 图

3-12　某机器人控制系统结构图如题 3-12 图(a)所示，单位阶跃响应如题 3-12 图(b)所示。试确定参数 $K_1$，$K_2$，$a$ 值，并用 Matlab 验证。

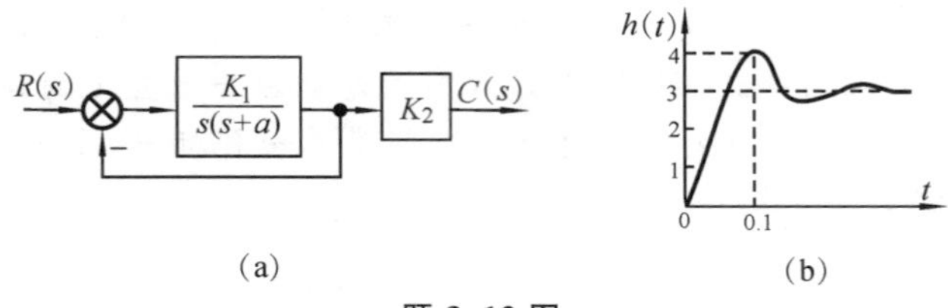


(a)　　　　(b)

题 3-12 图

3-13　现代船舶航向控制系统如题 3-13 图所示。$N(s)$表示持续不断的风力扰动，已知 $N(s)=1/s$，增益 $K_1=5$。假定方向舵的输入 $R(s)=0$，系统没有其他任何扰动和调整措施，确定风力对船舶航向的稳定性影响。试用 Matlab 验证。

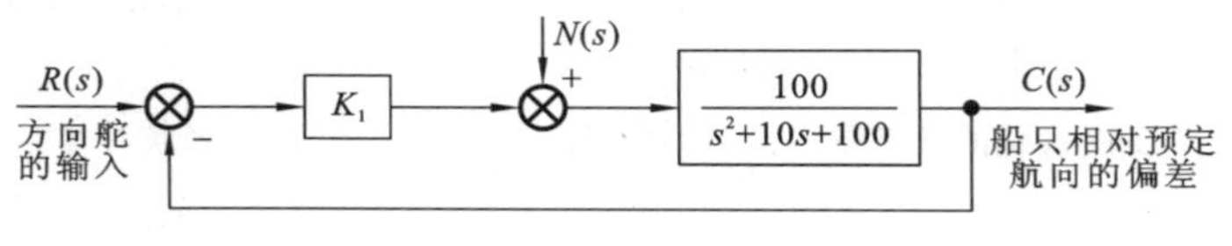


题 3-13 图

3-14　宇航员利用手持喷气推进装置完成太空行走，推进装置控制系统的结构图如题 3-14 图所示。其中喷气控制器可用增益 $K_2$ 表示，$K_3$ 为速度反馈增益。若将宇航员以及他手臂上的装置一并考虑，系统中的转动惯量 $J=25\ \mathrm{N\cdot m\cdot s^2/rad}$，试求当输入为单位斜坡时，确定速度反馈增益 $K_3$ 的取值，使系统的稳态误差 $e_{ss}(\infty)\leqslant 0.001$ m；并用 Matlab 验证。

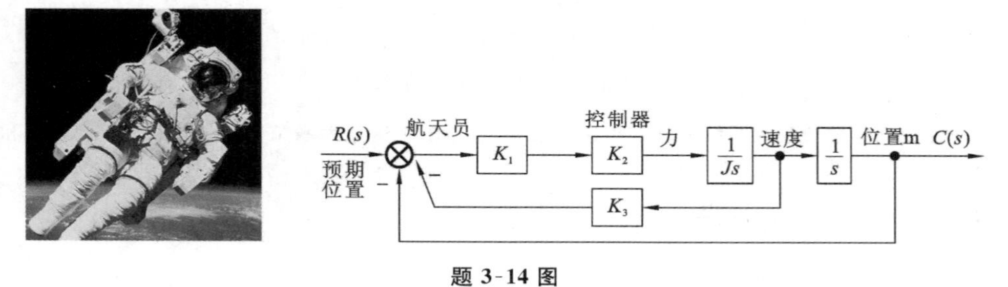


题 3-14 图

3-15　机器人应用反馈原理来控制每个关节的方向，当机械爪抓持负载后，就可能使机器人产生偏差。已知机器人关节指向控制系统如题 3-15 图所示，其中负载的扰动力矩为 $1/s$。试求：

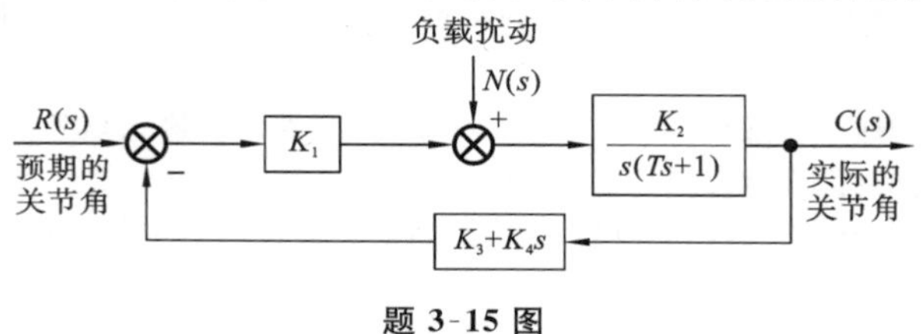


题 3-15 图

(1) 当 $R(s)=0$ 时，确定 $N(s)=1/s$ 对 $C(s)$ 的影响，指出减少此种影响的方法；

(2) 当 $R(s)=1/s, N(s)=0$ 时，计算系统的稳态误差，指出减少此种稳态误差的方法（其中定义稳态误差：$E(s)=R(s)-\Phi(s)R(s)$）。

3-16 系统结构如题 3-16 图所示，其中 $G_1(s)=\dfrac{0.5}{0.2s+1}$，$G_2(s)=\dfrac{5}{s(s+1)}$，$H(s)=1$。试求：当输入分别为 $r(t)=1(t)$，$r(t)=t$，$r(t)=\dfrac{1}{2}t^2$ 和扰动分别为 $f(t)=-1(t)$，$f(t)=-t$ 时系统的稳态误差。

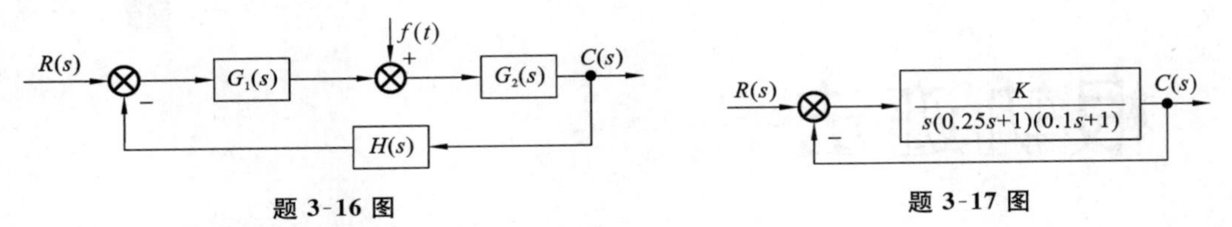


**题 3-16 图** **题 3-17 图**

3-17 系统结构图如题 3-17 图所示。

(1) 为确保系统稳定，如何取 $K$ 值？

(2) 为使系统特征根全部位于 $s$ 平面中 $s=-1$ 的左侧，$K$ 应取何值？

(3) 若 $r(t)=2t+2$ 时，要求系统稳态误差 $e_{ss}\leqslant 0.25$，$K$ 应取何值？

3-18 已知单位负反馈控制系统的开环传递函数为 $G(s)H(s)=\dfrac{K}{s(s+3)(s+5)}$。

(1) 求系统稳定时 $K$ 的取值范围。

(2) 若要求闭环极点的实部均小于 $-1$，试确定 $K$ 的取值范围。

3-19 系统结构图如题 3-19 图所示。已知 $r(t)=n_1(t)=n_2(t)=1(t)$，试分别计算 $r(t)$、$n_1(t)$ 和 $n_2(t)$ 作用时的稳态误差，并说明积分环节设置位置对减小输入和干扰作用下的稳态误差的影响。

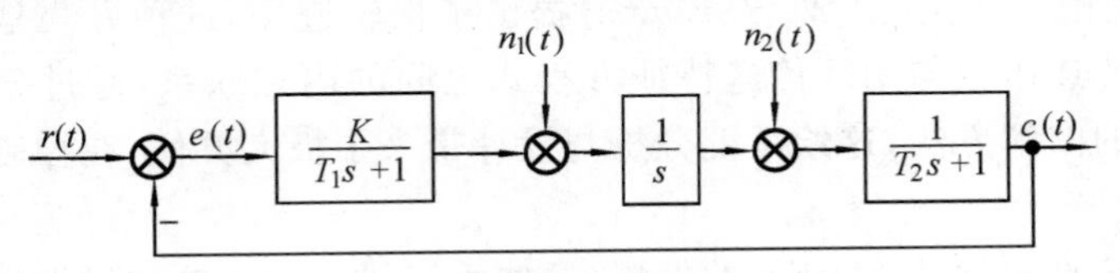


**题 3-19 图**

3-20 控制系统结构图如题 3-20 图所示。其中 $K_1, K_2>0$，$\beta\geqslant 0$。试分析：

(1) $\beta$ 值变化（增大）对系统稳定性的影响；

(2) $\beta$ 值变化（增大）对动态性能（$\delta_p$，$t_s$）的影响；

(3) $\beta$ 值变化（增大）对 $r(t)=at$ 作用下稳态误差的影响。

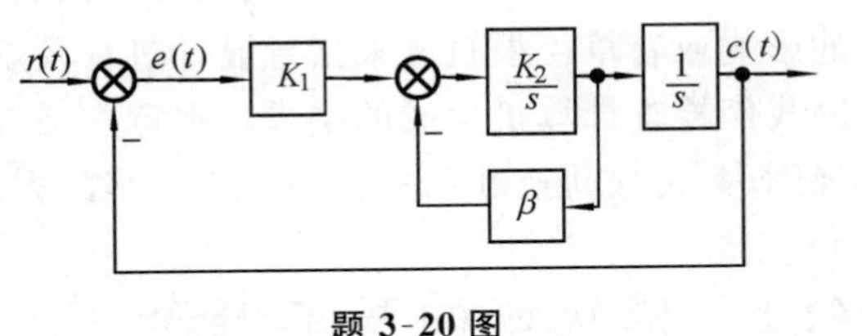


**题 3-20 图**

# 4

# 根轨迹法

通过前面章节的分析，线性定常系统稳定的充分必要条件是：系统闭环极点均应位于 $s$ 平面的左半平面上。从系统的时间响应中可以看出，系统动态响应也是由系统闭环极点决定的。因此，确定系统闭环极点在 $s$ 平面上的位置对于分析系统的性能具有重要意义。另外，从设计的观点来看，我们可以通过调整开环增益，调整或增加开环零、极点而使系统闭环极点移动到希望的位置，从而满足系统性能指标要求。这些都涉及系统闭环极点的求取问题。系统闭环极点就是系统闭环特征方程的根，高阶代数方程直接求取是很困难的，可以借助于计算机。但是每当参数有变化时，都要对代数方程重新进行求解，而且在此过程中不能直观看出闭环极点的变化趋势，这在工程上很不方便。

1948 年，美国人伊文思（W. R. Evans）提出了根轨迹法，这种方法是根据 $z$ 反馈控制系统的开环传递函数与闭环传递特征方程式之间的内在联系，通过分析得到闭环特征根变化趋势的图解方法，这给系统分析与设计带来了极大方便，在控制工程中得到了广泛应用。

随着相关仿真软件及 Matlab 的发展，这些手工描绘根轨迹的详细规则已经不那么重要了，但是对于一个控制系统设计者而言，了解增加系统开环零、极点对系统根轨迹的影响或者草绘根轨迹来指导设计过程及规则还是很有必要的；同时，这些规则可以帮助我们检查计算机生成的结果。本章主要介绍根轨迹的基本概念、绘制根轨迹的基本规则、参量根轨迹和用根轨迹分析系统的方法。

## 4.1 根轨迹的基本概念

所谓根轨迹是指开环系统某一参数（如开环增益 $K$，但是不限定为 $K$）由零变化到无穷大时，闭环系统特征方程式的根（闭环极点）在 $s$ 平面上变化的轨迹。

为了进一步说明根轨迹的概念，以图 4-1 所示的单位负反馈控制系统为例，设系统开环传递函数为

$$G(s)H(s)=\frac{K}{s(0.5s+1)} \tag{4-1}$$

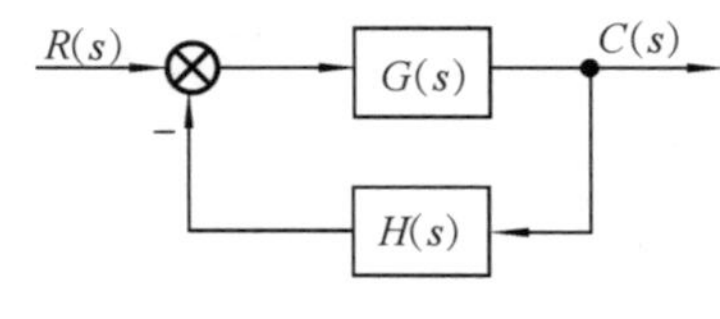

图 4-1 控制系统框图

其零、极点形式为

$$G(s)H(s)=\frac{2K}{s(s+2)}=\frac{K_g}{s(s+2)} \tag{4-2}$$

系统闭环传递函数为

$$\Phi_c(s)=\frac{G(s)}{1+G(s)H(s)}=\frac{K_g}{s^2+2s+K_g} \tag{4-3}$$

系统的特征方程为

$$1+G(s)H(s)=s^2+2s+K_g=0 \tag{4-4}$$

两个特征根(或闭环极点)为

$$s_{1,2}=-1\pm\sqrt{1-K_g} \tag{4-5}$$

若令开环增益 $K_g$(等价的 $2K$)从零变到无穷大,可用解析法按式(4-5)解出相应的闭环特征根的全部值。

当 $K_g=0$ 时,$s_1=0$,$s_2=-2$,此时闭环极点与开环极点重合;当 $0<K_g<1$ 时,$s_1$、$s_2$ 分别位于实轴区间$(-1,0)$和$(-2,-1)$上;当 $K_g=1$ 时,$s_1=s_2=-1$,两个闭环极点相遇;当 $K_g>1$ 时,$s_1$、$s_2$ 为共轭复根,实部为$-1$不变,$s_1$、$s_2$ 位于过$(-1,\mathrm{j}0)$点且平行于虚轴的直线上;当 $K_g\to\infty$时,$s_1$、$s_2$ 将趋于无穷远处。

将这些闭环特征根的数值标注在 $s$ 平面上,连成光滑粗实线,就是系统的根轨迹,如图 4-2 所示。

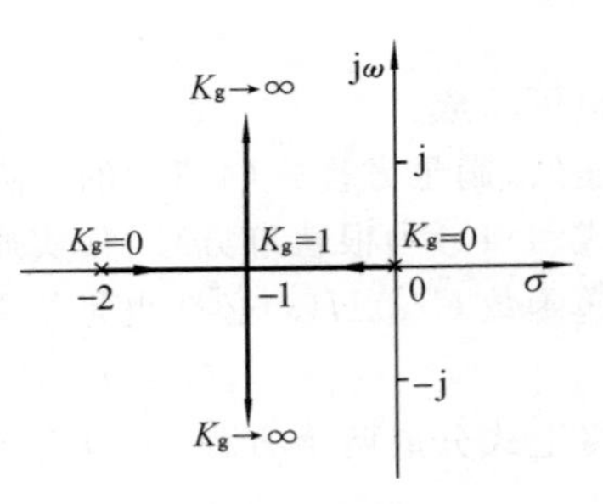


图 4-2 系统的根轨迹

由图 4-2 可知,对任意 $K_g$(大于零),控制系统的闭环极点都位于左半 $s$ 平面,系统是稳定的。$0<K_g\leqslant 1$ 时,两个闭环极点为(负)实极点,系统为过阻尼二阶系统,其单位阶跃响应是单调的,没有超调;$K_g>1$ 时,两个闭环极点为(负实部)共轭复极点,系统为欠阻尼二阶系统,其单位阶跃响应是振荡的,有超调。由于 $K_g=0$ 时的闭环极点就是开环极点,开环极点在原点处的个数就是系统开环积分环节的个数,因此,可以根据根轨迹决定反馈控制系统的型别,根据系统的型别和开环增益就可以决定系统的稳态性能。

上述分析表明,根轨迹与系统性能之间有着密切的联系。对于高阶系统,用上述解析的方法给出系统根轨迹图显然是行不通的。为此,伊文思提出了绘制根轨迹的一套基本规则。应用这些规则,根据已知的开环传递函数零、极点在 $s$ 平面上的分布,就能方便、直接地绘制闭环系统根轨迹图。

## 4.2 根轨迹方程

设控制系统如图 4-1 所示,一般情况下,如第 3 章所介绍,分子阶次为 $m$,分母阶次为 $n$ 的系统开环传递函数 $G(s)H(s)$ 可表示为

$$G(s)H(s)=\frac{K(\tau_1 s+1)(\tau_2 s+1)\cdots\cdots(\tau_m s+1)}{s^v(T_1 s+1)(T_2 s+1)\cdots\cdots(T_n s+1)}=\frac{K\prod_{j=1}^{m}(\tau_j s+1)}{s^v\prod_{i=1}^{n-v}(T_i s+1)} \tag{4-6}$$

式中:$K$ 为系统开环增益(开环放大倍数);$\tau_j$ 和 $T_i$ 为时间常数;$v$ 为积分环节个数。

若将系统开环传递函数写成零、极点的形式,有

$$G(s)H(s)=K_g\frac{\prod_{j=1}^{m}(s-z_j)}{\prod_{i=1}^{n}(s-p_i)} \tag{4-7}$$

其中

$$K=K_g\frac{\prod_{j=1}^{m}(-z_j)}{\prod_{i=1}^{n}(-p_i)} \tag{4-8}$$

式中：$z_j$ 表示开环零点；$p_i$ 表示开环极点；$K_g$ 称为开环根轨迹增益，它与开环增益 $K$ 之间仅相差一个比例常数。

系统的闭环传递函数为

$$\Phi_c(s)=\frac{C(s)}{R(s)}=\frac{G(s)}{1+G(s)H(s)} \tag{4-9}$$

令闭环传递函数的分母为零，得闭环系统特征方程

$$1+G(s)H(s)=0 \tag{4-10}$$

也可写成

$$G(s)H(s)=-1 \tag{4-11}$$

显然，满足方程式(4-11)的 $s$ 值是系统闭环极点，也即系统闭环特征方程的根，因此，称式(4-11)为根轨迹方程，其实质就是系统的闭环特征方程。由于 $s$ 是复数，系统开环传递函数 $G(s)H(s)$ 必然也是复数，所以式(4-11)可改写为

$$|G(s)H(s)|e^{j\angle G(s)H(s)}=1e^{\pm j(2k+1)\pi},\quad k=0,1,2,\cdots \tag{4-12}$$

将上式分成两个方程，可以得到

$$|G(s)H(s)|=1 \tag{4-13}$$

$$\angle[G(s)H(s)]=\pm(2k+1)\pi,\quad k=0,1,2,\cdots \tag{4-14}$$

式(4-13)、式(4-14)分别称为根轨迹的幅值条件和相角条件。显然，满足式(4-11)的 $s$ 值必然同时满足式(4-13)和式(4-14)，式(4-7)可以写成如下形式：

$$K_g\frac{\prod_{j=1}^{m}(s-z_j)}{\prod_{i=1}^{n}(s-p_i)}=-1\quad 或\quad \frac{\prod_{j=1}^{m}(s-z_j)}{\prod_{i=1}^{n}(s-p_i)}=-\frac{1}{K_g} \tag{4-15}$$

相应的幅值条件描述为

$$\frac{|K_g|\times\prod_{j=1}^{m}|s-z_j|}{\prod_{i=1}^{n}|s-p_i|}=1 \tag{4-16}$$

相角条件为

$$\sum_{j=1}^{m}\angle(s-z_j)-\sum_{i=1}^{n}\angle(s-p_i)=\pm(2k+1)\pi,\quad k=0,1,2,\cdots\quad 当 K_g:0\to+\infty \tag{4-17}$$

通常把根轨迹增益 $K_g$ 从 $0\to+\infty$ 变化时的根轨迹称为常规根轨迹，又称为 180° 根轨迹。

幅值条件和相角条件是根轨迹上的点应同时满足的两个条件，根据这两个条件，就可以完全确定 $s$ 平面上的根轨迹及根轨迹上各点对应的 $K_g$ 值。由于幅值条件与 $K_g$ 有关，而相角条件与 $K_g$ 无关，所以满足相角条件的任一点，代入幅值条件总可以求出一个

相应的 $K_g$ 值，也就是说满足相角条件的点，必须同时满足幅值条件。因此，相角条件是确定 $s$ 平面上根轨迹的充要条件。绘制根轨迹时，只有当需要确定根轨迹上各点对应的 $K_g$ 值时，才使用幅值条件。

## 4.3 常规根轨迹绘制规则

绘制根轨迹，需将开环传递函数化为用零、极点表示的标准形式，即方程(4-7)形式。根轨迹增益 $K_g$ 从 $0\to+\infty$ 变化时的常规根轨迹，是根轨迹绘制中最为常见的情况。下面介绍绘制常规根轨迹的基本规则。

**规则1** 根轨迹的起始点和终止点：当开环有限极点数 $n$ 大于开环有限零点数 $m$ 时，根轨迹起始于系统的 $n$ 个开环极点，其中 $m$ 条终止于系统开环零点，$(n-m)$ 条终止于无穷远处。

根轨迹的起始点是指 $K_g=0$ 时闭环极点在 $s$ 平面上的分布位置；根轨迹的终止点则是指 $K_g\to+\infty$ 时闭环极点在 $s$ 平面上的分布位置。

系统根轨迹方程(4-15)可写成如下形式

$$K_g=-\frac{\prod_{i=1}^{n}(s-p_i)}{\prod_{j=1}^{m}(s-z_j)} \tag{4-18}$$

可变形为

$$\prod_{i=1}^{n}(s-p_i)+K_g\prod_{j=1}^{m}(s-z_j)=0 \tag{4-19}$$

式中，$K_g$ 可以从零变到无穷。当 $K_g=0$ 时，由上式可得

$$s=p_i;\quad i=1,2,\cdots,n$$

这说明 $K_g=0$ 时闭环特征方程式的根就是开环传递函数的极点，也就是系统根轨迹起始于系统开环极点。将式(4-18)改写为如下形式：

$$\frac{1}{K_g}\prod_{i=1}^{n}(s-p_i)+\prod_{j=1}^{m}(s-z_j)=0 \tag{4-20}$$

当 $K_g\to+\infty$ 时，由上式可得

$$s=z_j,\quad j=1,2,\cdots,m \tag{4-21}$$

这说明 $K_g\to+\infty$ 时闭环特征方程式的根就是开环传递函数的零点，也就是系统根轨迹终止于系统开环零点。

对于实际的物理系统，开环零点数 $m$ 一般小于或等于开环极点数 $n$。当 $m\leqslant n$ 时，可认为有 $(n-m)$ 条根轨迹的终点位于无穷远处；如果 $m>n$，则可认为有 $(m-n)$ 条根轨迹的起点在无穷远处。因为当 $s\to\infty$ 时，根据幅值条件有

$$K_g=\lim_{s\to\infty}\frac{\prod_{i=1}^{n}|s-p_i|}{\prod_{j=1}^{m}|s-z_j|}=\lim_{s\to\infty}|s|^{n-m}\to\infty,\quad n>m \tag{4-22}$$

$$K_g=\lim_{s\to\infty}\frac{\prod_{i=1}^{n}|s-p_i|}{\prod_{j=1}^{m}|s-z_j|}=\lim_{s\to\infty}|s|^{n-m}=\frac{1}{\lim\limits_{s\to\infty}|s|^{m-n}}\to 0,\quad m>n \tag{4-23}$$

如果把有限数值的零、极点分别称为有限零、极点，而把无穷远处的零、极点分别称为无限零、极点，那么开环零点数和开环极点数是相等的，根轨迹必然起始于开环极点，终止于开环零点。

**规则 2** 根轨迹的分支数、对称性和连续性：根轨迹的分支数与开环有限零点数 $m$ 和有限极点数 $n$ 中的大者相等，并且根轨迹是连续的并且对称于实轴。

根轨迹是开环系统某一参数从零变到无穷时，闭环特征根在 $s$ 平面上变化的轨迹。因此根轨迹的分支数必与闭环特征根的个数一致。而特征根的数目就等于闭环特征方程的阶数，即为开环有限零点个数 $m$ 和开环有限极点个数 $n$ 中的较大者。

系统特征方程式的某些系数是开环根轨迹增益 $K_g$ 的函数，所以当 $K_g$ 在零到无穷之间连续变化时，这些系数也随之连续变化，因此，闭环特征根的变化也是连续的，即根轨迹也是连续的。

又由于系统闭环特征方程式的系数仅与系统的参数有关，对实际的物理系统，这些参数都是实数。而对具有实系数的代数方程式，其根要么为实数，要么为复数。实根位于实轴上，复根必共轭，而根轨迹是根的集合，因此根轨迹必对称于实轴。

**规则 3** 根轨迹的渐近线：当开环有限极点数 $n$ 大于开环有限零点数 $m$ 时，有 $(n-m)$ 条根轨迹分支沿着与实轴交角为 $\varphi_a$、交点为 $\sigma_a$ 的一组渐近线趋向无穷远处，且有

$$\varphi_a=\frac{\pm(2k+1)\pi}{n-m},\quad k=0,1,2,\cdots,n-m-1 \tag{4-24}$$

$$\sigma_a=\frac{\sum_{i=1}^{n}p_i-\sum_{j=1}^{m}z_j}{n-m} \tag{4-25}$$

从规则 1 可知，当 $m<n$ 时，将有 $(n-m)$ 条根轨迹终止于 $s$ 平面的无穷远处。下面我们就来讨论这 $(n-m)$ 条根轨迹是沿何方向趋于无穷远处的。

渐近线可认为是 $K_g\to+\infty$、$s\to\infty$ 时的根轨迹。显然，渐近线的数目等于趋向无穷远处根轨迹的分支数。如果选择实验点 $s$ 是位于无限远处根轨迹上的一点，则它到各开环零、极点的相量可视为都是相等的，即

$$s-z_1=s-z_2=\cdots=s-z_m=s-p_1=s-p_2=\cdots=s-p_n=s-\sigma_a \tag{4-26}$$

式中：$\sigma_a$ 是实数；向量 $s-\sigma_a$ 如图 4-3 所示。

将上式代入根轨迹方程式(4-15)，可得

$$\frac{K_g}{(s-\sigma_a)^{n-m}}=-1 \tag{4-27}$$

即

$$(s-\sigma_a)^{n-m}=-K_g \tag{4-28}$$

式(4-28)就是渐近线应满足的方程。由此式可得

$$(n-m)\angle(s-\sigma_a)=\pm(2k+1)\pi \tag{4-29}$$

所以

$$\varphi_a=\angle(s-\sigma_a)=\frac{\pm(2k+1)\pi}{n-m};\quad k=0,1,2,\cdots,n-m-1 \tag{4-30}$$

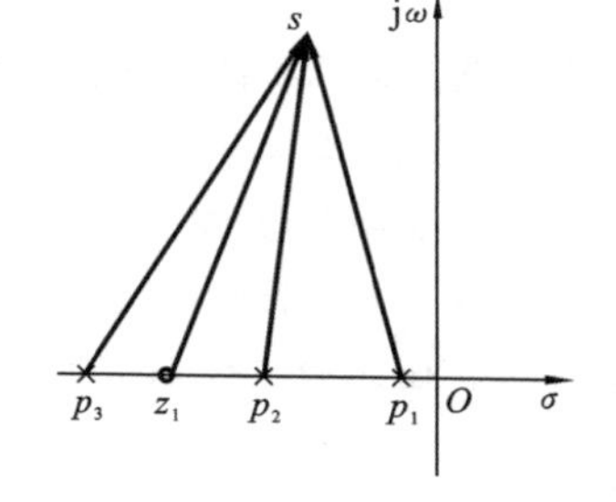

**图 4-3 渐近线上的点到系统开环零、极点向量图**

这就是渐近线与实轴正方向的交角。由于当 $k$ 值变化时，$\varphi_a$ 值重复出现，所以在实际应用时，常将式(4-30)中的"±"号去掉。

下面求交点 $\sigma_a$。利用多项式乘法和除法，由式(4-28)可得

$$-K_g = \frac{\prod_{i=1}^{n}(s-p_i)}{\prod_{j=1}^{m}(s-z_j)} = \frac{s^n - (\sum_{i=1}^{n} p_i)s^{n-1} + \cdots}{s^m - (\sum_{j=1}^{m} z_j)s^{m-1} + \cdots} = s^{n-m} + (\sum_{j=1}^{m} z_j - \sum_{i=1}^{n} p_i)s^{n-m+1} + \cdots \tag{4-31}$$

将式(4-26)代入上式可得

$$(s-\sigma_a)^{n-m} = s^{n-m} + (\sum_{j=1}^{m} z_j - \sum_{i=1}^{n} p_i)s^{n-m+1} + \cdots \tag{4-32}$$

利用二项式定理将上式左边展开后有

$$s^{n-m} - (n-m)\sigma_a s^{n-m-1} + \cdots = s^{n-m} + (\sum_{j=1}^{m} z_j - \sum_{i=1}^{n} p_i)s^{n-m+1} + \cdots \tag{4-33}$$

上式两边 $s^{n-m-1}$ 的系数应相等，故有

$$\sigma_a = \frac{\sum_{i=1}^{n} p_i - \sum_{j=1}^{m} z_j}{n-m} \tag{4-34}$$

**规则 4** 实轴上的根轨迹：判断实轴上的某一区域是否为根轨迹的一部分，就是要看其右边开环实数零、极点个数之和是否为奇数。如果是，则该区域必是根轨迹；反之则该区域不是根轨迹。

根据根轨迹方程的相角条件来确定实轴上某一区域是否为根轨迹。设系统的开环零、极点分布如图 4-4 所示。在实轴上任取一试验点 $s_0$，由图可知：共轭复数极点 $p_3$ 和 $p_4$（或零点）到这一点的向量相角和为 $2\pi$，而位于考察点 $s_0$ 左侧的开环实数零、极点到这一点的向量的相角均为零，故它们均不影响根轨迹方程的相角条件。因此，在确定实轴上的根轨迹时，只需考虑试验点 $s_0$ 右侧实轴上的开环零、极点。

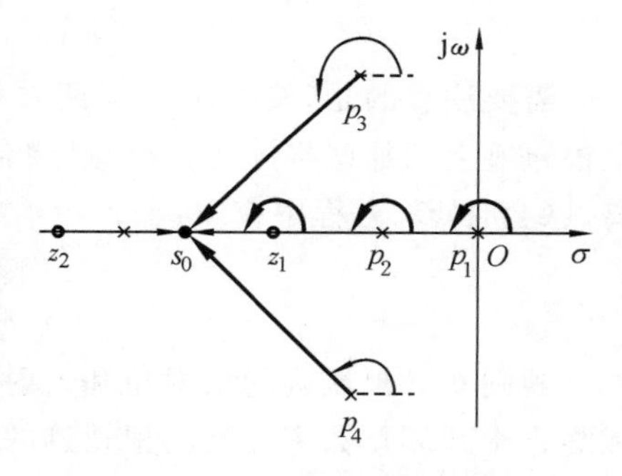

**图 4-4 实轴上的根轨迹**

$s_0$ 点右侧开环实数零、极点到 $s_0$ 点的向量相角均等于 $\pi$，如果令 $\sum\varphi_j$ 代表 $s_0$ 点之右所有开环实数零点到 $s_0$ 点的向量相角和，$\sum\theta_i$ 代表 $s_0$ 点之右所有开环实数极点到 $s_0$ 点的向量相角和，则 $s_0$ 点位于根轨迹上的充分必要条件是下列相角条件成立：

$$\sum\varphi_j - \sum\theta_i = \pm(2k+1)\pi \tag{4-35}$$

由于 $\varphi_j$ 与 $\theta_i$ 中的每一个相角都等于 $\pi$，而 $\pi$ 与 $-\pi$ 代表相同的角度，因此减去 $\pi$ 角就等于加上 $\pi$ 角，于是 $s_0$ 点位于根轨迹上的充分必要条件可等效为

$$\sum\varphi_j + \sum\theta_i = \pm(2k+1)\pi \tag{4-36}$$

欲使上式成立，应有 $j+i=2k+1$（$2k+1$ 为奇数），故有规则 4 成立。

**规则 5** 根轨迹的分离点和会合点：两条或两条以上根轨迹分支在 $s$ 平面上相遇又立即分开的点，称为根轨迹的分离点（或会合点），其坐标由下式决定：

$$\frac{dK_g}{ds} = 0 \tag{4-37}$$

产生分离点和会合点是因在当 $K_g$ 从 $0\to+\infty$ 变化时，可能使特征方程出现重根，在重根点上不仅 $s$ 是相重的，$K_g$ 值也是相重的。如果是 $r$ 重的根，可知便有 $r$ 支的根轨迹在 $K_g$ 值增大的方向上朝向重根点会合。如果该点不是开环的重根点，自然也会在 $K_g$ 值继续增大的方向上离开重根点，所以重根点既是会合点也是分离点，如图 4-5 所示。

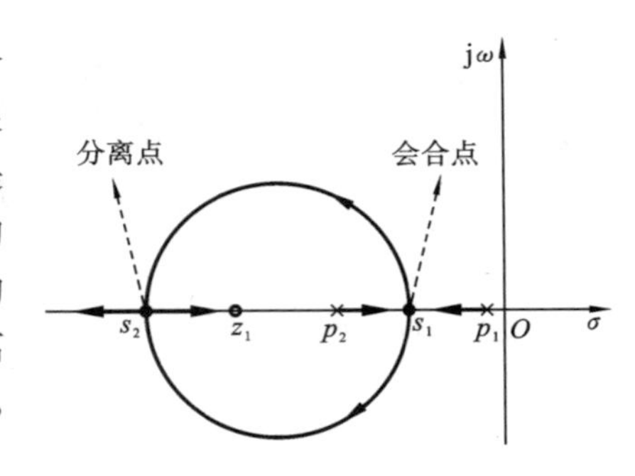


图 4-5　实轴上根轨迹的分离点和会合点

一般来说，重根点常存在于实轴上，但也可能出现在 $s$ 平面上，即也可能有复数重根点。特征方程求取重根点可将 $K_g$ 表示为 $s$ 的函数

$$K_g=-\frac{\prod_{i=1}^{n}(s-p_i)}{\prod_{j=1}^{m}(s-z_j)} \tag{4-38}$$

对 $s$ 求导并使其为 0 的求极值法：$\mathrm{d}K_g/\mathrm{d}s=0$，解此方程便得到重根点 $s$。对上式进行推导，可以得到它的另一种形式：

$$\sum_{j=1}^{n}\frac{1}{(s-p_j)}=\sum_{i=1}^{m}\frac{1}{(s-z_i)} \tag{4-39}$$

需要注意的是，按式(4-37) 所求得的根并非都是实际的分离点(会合点)，只有位于根轨迹上的那些根才是分离点(会合点)。另外，如果开环系统没有有限零点，则在分离点(会合点) 方程中应取：

$$\sum_{i=1}^{m}\frac{1}{s-z_i}=0 \tag{4-40}$$

**规则 6**　根轨迹的出射角和入射角：起始于开环复数极点处的根轨迹的出射角 $\theta_{pk}$ 和终止于开环复数零点处的根轨迹的入射角 $\phi_{zl}$ 为

$$\theta_{pk}=\mp(2k+1)\pi+\sum_{j=1}^{m}\angle(p_k-z_j)-\sum_{\substack{i=1\\i\neq k}}^{n}\angle(p_k-p_i) \tag{4-41}$$

$$\phi_{zl}=\pm(2k+1)\pi+\sum_{i=1}^{n}\angle(z_l-p_i)-\sum_{\substack{j=1\\j\neq k}}^{m}\angle(z_l-z_j) \tag{4-42}$$

式中：$\theta_{pk}$ 为复平面极点 $p_k$ 出射角；$\phi_{zl}$ 为复平面零点 $z_l$ 入射角。

在实际计算中，式(4-41) 中的 $\mp(2k+1)\pi$ 及式(4-42)中的 $\pm(2k+1)\pi$ 常以180°代替。

根轨迹离开开环复数极点处的切线与实轴正方向的夹角，称为根轨迹的出射角(或称起始角)。根轨迹进入开环复数零点处的切线与实轴正方向的夹角，称为入射角(或称终止角)，如图 4-6 所示。计算根轨迹的出射角和入射角的目的在于了解复数极点或零点附近根轨迹的变化趋向，便于绘制根轨迹。

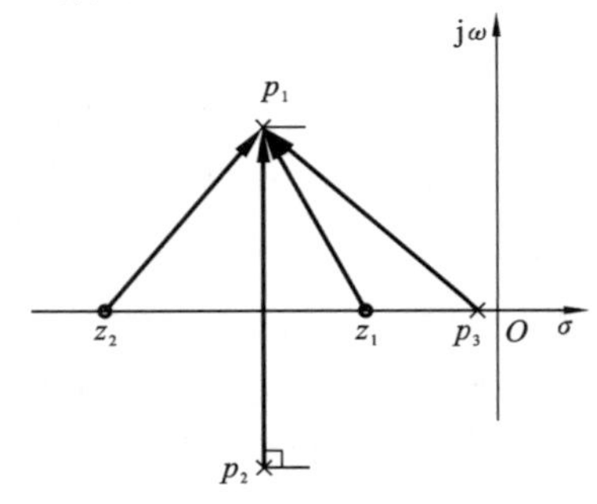


图 4-6　根轨迹的出射角与入射角

以求取 $p_1$ 点出射角为例，设开环系统有 $m$ 个有

限零点，$n$ 个有限极点。在十分靠近待求出射角的复数极点 $p_1$ 的根轨迹上取一点 $s_1$。由于 $s_1$ 无限接近待求出射角的复数极点 $p_1$，因此除 $p_1$ 外，其他所有开环有限零、极点到 $s_1$ 点的向量相角都可以用它们到 $p_1$ 的向量角$\angle(p_1-z_j)(j=1,2,\cdots,m)$和$\angle(p_1-p_i)(i=2,3,\cdots,n)$代替，而 $p_1$ 到 $s_1$ 点的向量相角即为出射角 $\theta_{pi}$。$s_1$ 点必须满足根轨迹的相角条件，应有

$$\sum_{j=1}^{m}\angle(p_1-z_j)-\sum_{i=2}^{n}\angle(p_1-p_i)-\theta_{pi}=\pm(2k+1)\pi \tag{4-43}$$

我们知道，极点 $p_2$ 到其共轭极点 $p_1$ 的相角为90°，故上式可写为

$$\theta_{pi}=\mp(2k+1)\pi-\sum_{j=1}^{m}\angle(p_1-z_j)+\sum_{i=3}^{n}\angle(p_1-p_i)+\pi/2 \tag{4-44}$$

同理可以求得复平面共轭零点出的入射角如式(4-42)所示。

**规则 7** 根轨迹与虚轴的交点：若根轨迹与虚轴相交，令闭环特征方程中的 $s=\mathrm{j}\omega$，然后分别使得其实部和虚部为零即可求得根轨迹与虚轴的交点，也可用劳斯判据确定。

根轨迹与虚轴相交，意味着控制系统有位于虚轴上的闭环极点，即闭环特征方程含有共轭纯虚根，此时系统必处于临界稳定状态，所以有必要确定根轨迹与虚轴的交点。确定根轨迹与虚轴交点的方法很多：可用解析法令 $s=\mathrm{j}\omega$ 代入特征方程中求得，也可利用劳斯判据求得，还可根据相角条件用图解法试探求得。工程中常用前两种方法。

(1) 解析法。若系统闭环特征方程为

$$1+G_o(s)=0 \tag{4-45}$$

令 $s=\mathrm{j}\omega$ 代入上式可得

$$1+G_o(\mathrm{j}\omega)=0 \tag{4-46}$$

令上述方程的实部和虚部分别为零，有

$$\mathrm{Re}[1+G_o(\mathrm{j}\omega)]=0 \tag{4-47}$$

$$\mathrm{Im}[1+G_o(\mathrm{j}\omega)]=0 \tag{4-48}$$

联立求解，即可求得交点处的 $K_g$ 值和 $\omega$ 值。

(2) 劳斯判据法。利用劳斯阵列表中出现全为零行时的特殊情况求取根轨迹与虚轴交点。首先根据闭环特征方程式的各项系数列写出劳斯阵列表，然后令劳斯阵列表某一行 $s^p$($p$ 为奇数)的元素全为零，判断其数值合理性，如果合理即可解得根轨迹与虚轴交点处的 $K_g$ 值。利用全零行的上一行元素构成辅助方程，它的次数总是偶数，辅助方程的解是数值相等、符号相反的纯虚根，这一数值就是根轨迹与虚轴交点处的 $\omega$ 值。

**规则 8** 闭环根轨迹走向规则：在 $n-m\geqslant2$ 的情况下，系统的闭环特征方程可写为

$$\begin{aligned}&\prod_{i=1}^{n}(s-p_i)+K_g\prod_{j=1}^{m}(s-z_j)\\&=s^n+(-\sum_{i=1}^{n}p_i)s^{n-1}+\cdots+\prod_{i=1}^{n}(-p_i)+K_g\Big[s^m+(-\sum_{j=1}^{m}z_j)s^{m-1}+\cdots+\prod_{j=1}^{m}(-z_j)\Big]\\&=s^n+(-\sum_{i=1}^{n}p_i)s^{n-1}+\cdots+\Big[\prod_{i=1}^{n}(-p_i)+K_g\prod_{j=1}^{m}(-z_j)\Big]=0\end{aligned} \tag{4-49}$$

式中：$p_i$ 为开环极点；$z_j$ 为开环零点。

若以 $s_i$ 表示系统的闭环极点，则特征方程又可表示为

$$\prod_{i=1}^{n}(s-s_i)=s^n+(-\sum_{i=1}^{n}s_i)s^{n-1}+\cdots+\prod_{i=1}^{n}(-s_i)=0 \tag{4-50}$$

显然,此时特征方程第二项($s^{n-1}$ 项)系数与 $K_g$ 无关,无论 $K_g$ 取何值,开环 $n$ 个极点之和总是等于闭环 $n$ 个极点之和,即

$$\sum_{i=1}^{n} s_i = \sum_{i=1}^{n} p_i \tag{4-51}$$

在开环极点确定的情况下,这是一个不变的常数。所以,随着 $K_g$ 的增大(或减小),若一些闭环极点在 $s$ 平面上向左移动,则另一些闭环极点必向右移动,且在任一 $K_g$ 下,闭环极点之和保持常数不变。这一性质可用于估计根轨迹分支的变化趋向。

同理,由式(4-49)、式(4-50)的常数项相等,可得闭环极点之积与开环零、极点之间的关系:

$$\prod_{i=1}^{n}(-s_i) = \prod_{i=1}^{n}(-p_i) + K_g\prod_{j=1}^{m}(-z_j) \tag{4-52}$$

对应于某一 $K_g$ 值,如果已知部分闭环极点,则利用式(4-51)、式(4-52)可有助于求出其他闭环极点。

在已知系统的开环零、极点的情况下,利用以上绘制根轨迹的基本法则就可以迅速确定根轨迹的主要特征和大致图形。表 4-1 是系统常规根轨迹的绘制规则表。如果需要,再利用根轨迹方程的相角条件。利用试探法确定若干点,就可以绘制出准确的根轨迹。需要注意的是,在根轨迹绘制过程中,由于需要对相角和幅值进行图解测量,所以

**表 4-1　常规根轨迹图绘制法则**

| 序号 | 规　则 | 内　容 |
| --- | --- | --- |
| 1 | 根轨迹的起点和终点 | 根轨迹起始于开环极点,$m$ 条根轨迹终止于开环零点,$(n-m)$ 条根轨迹终止于无穷远处 |
| 2 | 根轨迹的分支数、对称性和连续性 | 根轨迹的分支数与开环有限零点数 $m$ 和有限极点数 $n$ 中的大者相等,它们是连续的并且对称于实轴 |
| 3 | 根轨迹的渐近线 | $(n-m)$ 条渐近线与实轴的交角和交点为 $\varphi_a = \dfrac{\pm(2k+1)\pi}{n-m},\quad k=0,1,2,\cdots,n-m-1$ $\sigma_a = \dfrac{\sum_{i=1}^{n} p_i - \sum_{j=1}^{m} z_j}{n-m}$ |
| 4 | 根轨迹在实轴上的分布 | 实轴上的某一区域,若其右边开环实数零、极点个数之和为奇数,则该区域必是根轨迹 |
| 5 | 根轨迹的分离点 | 两条或两条以上的根轨迹分支相遇又分开,其分离点(会合点)坐标由 $\mathrm{d}K_g/\mathrm{d}s=0$ 确定 |
| 6 | 根轨迹的出射角和入射角 | 出射角:$\theta_{pk} = \mp(2k+1)\pi + \sum_{j=1}^{m}\angle(p_k - z_j) - \sum_{i=1,i\neq k}^{n}\angle(p_k - p_i)$ 入射角:$\phi_{zl} = \pm(2k+1)\pi + \sum_{i=1}^{n}\angle(z_l - p_i) - \sum_{j=1,j\neq k}^{m}\angle(z_l - z_j)$ |
| 7 | 根轨迹与虚轴的交点 | 交点处的 $K_g$ 值和 $\omega$ 值,可用劳斯判据确定,或令闭环特征方程中的 $s=\mathrm{j}\omega$,然后分别令实部和虚部为零而求得 |
| 8 | 根轨迹走向规则 | $\sum_{i=1}^{n} s_i = \sum_{i=1}^{n} p_i \quad (n-m \geqslant 2)$ |

横坐标轴与纵坐标轴必须采用相同的坐标比例尺。再有，绘制根轨迹草图时，并不一定都用表 4-1 中的 8 条规则，应视情况不同而不同考虑。

**【例 4-1】** 已知单位负反馈系统的开环传递函数为 $G(s)H(s)=\dfrac{K_g}{s(s+1)(s+2)}$，试绘制 $K_g$ 由 $0\to+\infty$ 变化时的根轨迹图。

**解** 由题意所知，系统闭环传递函数为

$$\Phi(s)=\frac{G(s)H(s)}{1+G(s)H(s)}$$

则系统闭环传递函数为

$$1+G(s)H(s)=0$$

即

$$1+\frac{K_g}{s(s+1)(s+2)}=0$$

(1) 确定系统闭环根轨迹的起始点和终止点。令开环传递函数分母多项式 $s(s+1)(s+2)=0$，求得三个开环极点：$p_1=0$，$p_2=-1$，$p_3=-2$；将它们标注在复平面上，以"×"表示开环极点，以"○"表示开环零点（本例无开环零点）。

(2) 根轨迹分支数为 3，三条根轨迹起点分别是：(0,j0)、(−1,j0)、(−2,j0)，终点均为无穷远处。

(3) 确定实轴上的根轨迹：$(-\infty,-2]\cup[-1,0]$。

(4) 根轨迹的渐近线：由于 $n=3$，$m=0$，所以共有三条渐近线，它们在实轴上的交点坐标是：

$$\sigma_a=\frac{\sum_{i=1}^{n}p_i-\sum_{j=1}^{m}z_j}{n-m}=\frac{(0-1-2)-0}{3}=-1$$

渐近线与实轴正方向的夹角为

$$\varphi_a=\frac{(2k+1)\pi}{3},\quad k=0,1,2$$

当 $k=0,1,2$ 时，计算得 $\varphi_a$ 分别为 60°，180°，−60°。

(5) 确定分离点和会合点：由 $K_g=-s(s+1)(s+2)$，令 $\mathrm{d}K_g/\mathrm{d}s=0$ 解得 $s_1=-0.42$，$s_2=-1.58$。由于 $s_2$ 不是根轨迹实轴上的点，故不是分离点和会合点；分离点和会合点坐标为 $s_1=-0.42$。

(6) 确定根轨迹与虚轴的交点，设系统闭环特征方程变形如下：

$$s^3+3s^2+2s+K_g=0$$

令 $s=\mathrm{j}\omega$ 代入上式得

$$-\mathrm{j}\omega^3-3\omega^2+\mathrm{j}2\omega+K_g=0$$

写出实部和虚部方程 $\begin{cases}K_g-3\omega^2=0\\2\omega-\omega^3=0\end{cases}$

可求得 $\begin{cases}\omega=\pm\sqrt{2}\\K_g=6\end{cases}$ 或 $\begin{cases}\omega=0\\K_g=0\end{cases}$

因此，根轨迹在 $\omega=\pm\sqrt{2}$ 处与虚轴相交，交点处的增益 $K_g=6$；另外，实轴上的根轨迹分支在 $\omega=0$ 处与虚轴相交。

由于本例无开环复数零、极点，所以不用计算出射角和入射角。最后画出概略根轨迹图，如图 4-7 所示。

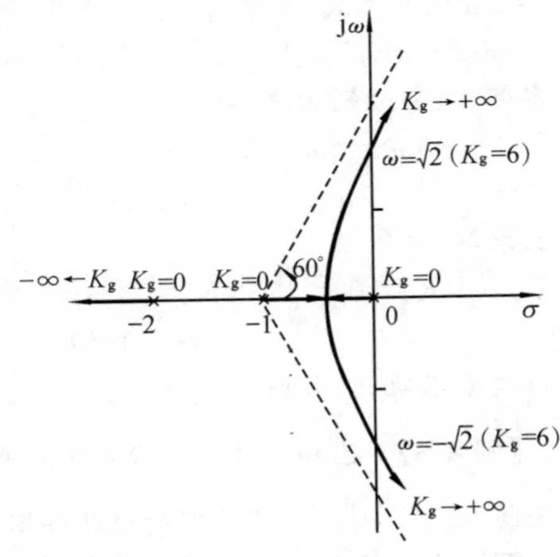


图 4-7　例 4-1 所示系统的根轨迹

**【例 4-2】** 单位负反馈系统的开环传递函数为

$$G(s)H(s)=\frac{K(0.5s+1)}{s(\frac{1}{3}s+1)(\frac{1}{2}s^2+s+1)}$$

试绘制 $K$ 由 $0\to+\infty$ 变化时的根轨迹图。

**解** 由系统的开环传递函数得

$$G(s)H(s)=\frac{3K(s+2)}{s(s+3)(s^2+2s+2)}=\frac{K_g(s+2)}{s(s+3)(s^2+2s+2)}$$

式中,$K_g=3K$。则系统闭环特征方程为

$$1+G(s)H(s)=1+\frac{K_g(s+2)}{s(s+3)(s^2+2s+2)}=0$$

(1) 确定系统闭环根轨迹的起始点和终止点。系统有一个开环零点:$z_1=-2$;4 个开环极点:$p_1=0$,$p_2=-3$,$p_{3,4}=-1\pm \mathrm{j}$。将它们标注在复平面上。

(2) 根轨迹分支数为 4,起点分别是:$(0,\mathrm{j}0)$、$(-3,\mathrm{j}0)$、$(-1,\mathrm{j})$、$(-1,-\mathrm{j})$,其中一条根轨迹分支终止于有限零点$(-2,\mathrm{j}0)$,另外三条根轨迹分支终点为无穷远处。

(3) 确定实轴上的根轨迹:$(-\infty,-3]\cup[-2,0]$。

(4) 确定渐近线。有 3 条渐近线,它们与实轴的交点、交角为

$$\sigma_a=\frac{\sum_{i=1}^{n}p_i-\sum_{j=1}^{m}z_j}{n-m}=\frac{(0-3-1+\mathrm{j}-1-\mathrm{j})-(-2)}{4-1}=-1$$

$$\varphi_a=\frac{(2k+1)\pi}{n-m}=\frac{(2k+1)\pi}{3},\quad k=0,1,2$$

当 $k=0,1,2$ 时,交角分别为 $60°,180°,-60°$。

(5) 根轨迹出射角

$$\theta_{p3}=-\theta_{p4}=180°+\sum_{j=1}^{1}\varphi_{z_jp_3}-\sum_{\substack{j=1\\j\neq 3}}^{4}\theta_{p_jp_3}$$

$$=180°+[45°-(135°+26.6°+90°)]=-26.6°$$

(6) 根轨迹与虚轴的交点:写出系统的闭环特征方程式为

$$s^4+5s^3+8s^2+(6+K_g)s+2K_g=0$$

将 $s=\mathrm{j}\omega$ 代入上式,整理可得:

$$(\omega^4-8\omega^2+2K_g)+\mathrm{j}[-5\omega^3+(6+K_g)\omega]=0$$

令实部、虚部分别为零,则

$$\begin{cases}\omega^4-8\omega^2+2K_g=0\\-5\omega^3+(6+K_g)\omega=0\end{cases}$$

联立求解可得

$$\begin{cases}K_g=0\\\omega=0\end{cases}\quad 或\quad\begin{cases}K_g\approx 7\\\omega\approx\pm 1.61\end{cases}$$

画出概略根轨迹,如图 4-8 所示。

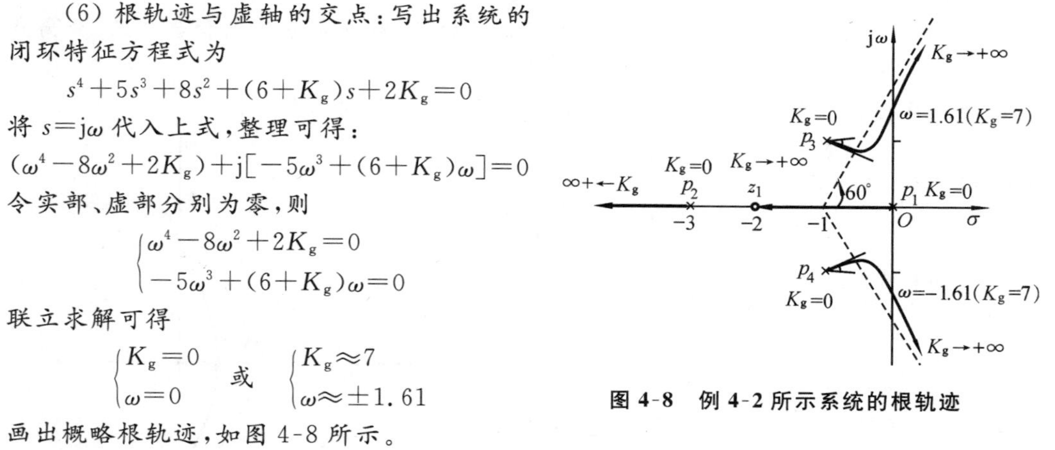


**图 4-8 例 4-2 所示系统的根轨迹**

**【例 4-3】** 已知单位负反馈系统的开环传递函数为 $G(s)H(s)=\dfrac{K_g(s+1)}{(s+0.1)(s+0.5)}$,试绘制 $K_g$ 由 $0\to+\infty$ 变化时的根轨迹图,并请证明该根轨迹图形是个圆。

**解** 由题意所知,系统闭环特征方程为

$$1+G(s)H(s)=1+\frac{K_g(s+1)}{(s+0.1)(s+0.5)}=0$$

绘制根轨迹的步骤如下：

(1) 确定系统闭环根轨迹的起始点和终止点。令 $(s+0.1)(s+0.5)=0$，解得两个开环极点：$p_1=-0.1$，$p_2=-0.5$，求得系统开环零点，$z_1=-1$，将它们标注在复平面上。

(2) 根轨迹分支数为2，两条根轨迹起点分别是：$(-0.1,\mathrm{j}0)$、$(-0.5,\mathrm{j}0)$，一条根轨迹终止于开环零点 $(-1,\mathrm{j}0)$，一条终止为无穷远处。

(3) 确定实轴上的根轨迹：$(-\infty,-1]\cup[-0.5,-0.1]$。

(4) 确定根轨迹在实轴的分离点和会合点，设系统闭环特征方程变形如下：

$$K_g=-\frac{(s+0.1)(s+0.5)}{s+1}$$

对其求导，令 $\mathrm{d}K_g/\mathrm{d}s=0$，可以求得 $s_{1,2}=-1\pm0.67$，两个根经过判断均为分离点和会合点，即

$$s_1=-1.67\text{ 时},K_{g1}=2.6;\quad s_2=-0.33\text{ 时},K_{g2}=0.06$$

(5) 复平面上的根轨迹是圆。证明如下：

设 $s$ 点在根轨迹上，应满足根轨迹幅角条件：

$$\angle(s+1)-\angle(s+0.1)-\angle(s+0.5)=180^\circ$$

把 $s=\sigma+\mathrm{j}\omega$ 代入，得

$$\angle(\sigma+1+\mathrm{j}\omega)-\angle(\sigma+0.1+\mathrm{j}\omega)=180^\circ+\angle(\sigma+0.5+\mathrm{j}\omega)$$

$$\arctan\frac{\omega}{\sigma+1}-\arctan\frac{\omega}{\sigma+0.1}=180^\circ+\arctan\frac{\omega}{\sigma+0.5}$$

利用正切公式，对上式取正切，得到

$$\frac{\dfrac{\omega}{\sigma+1}-\dfrac{\omega}{\sigma+0.1}}{1+\dfrac{\omega}{\sigma+1}\cdot\dfrac{\omega}{\sigma+0.1}}=\frac{\omega}{\sigma+0.5}$$

经整理得到：

$$(\sigma+1)^2+\omega^2=(0.67)^2$$

上式为圆方程，圆心为 $(-0.1,\mathrm{j}0)$，半径为0.67。根轨迹如图4-9所示。

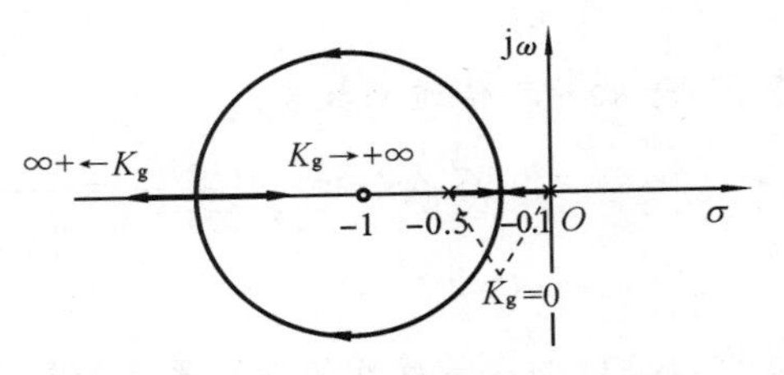


**图4-9　例4-3所示系统的根轨迹**

# 4.4 广义根轨迹及其绘制

## 4.4.1 参数根轨迹

前面所述的根轨迹都是以根轨迹增益 $K_g$（或开环增益 $K$）为可变参数，这在实际系统中是最常见的，但有时需要研究除 $K_g$（或 $K$）以外的其他可变参数（如系统开环零点、极点、时间常数）对系统性能的影响，这时就需要绘制这些参数变化时的根轨迹。其中，以非根轨迹增益为可变参数绘制的根轨迹称为参数根轨迹。

参数根轨迹的绘制规则与常规根轨迹完全相同，但在绘制之前需要对系统闭环特征方程进行等效变换。设系统闭环特征方程为

$$1+G(s)H(s)=0\tag{4-53}$$

假设系统除 $K_g$ 外的任意变化参数为 $A$,则需要用闭环特征方程中不含有 $A$ 的各项去除该方程,使原特征方程式变为

$$1+G_{等效}(s)=0 \tag{4-54}$$

式中,$G_{等效}(s)$为系统的等效开环传递函数,它具有如下形式

$$G_{等效}(s)=K_g^*\frac{P(s)}{Q(s)} \tag{4-55}$$

式中,$P(s)$和 $Q(s)$为两个与 $A$ 无关的多项式。显然,参变量 $A$ 所处的位置与原开环传递函数中的 $K_g$ 所处位置完全相同。经过上述处理后,就可以按照 $G_{等效}(s)$的零、极点去绘制以 $A$ 为参变量的根轨迹。这一处理方法和结论,对于绘制开环零、极点变化时的根轨迹,同样适用。

**【例 4-4】** 已知双闭环系统框图如图 4-10 所示,试绘制以 $\alpha$ 为参变量的根轨迹。

**解** 系统的开环传递函数为

$$G(s)H(s)=2\times\frac{\dfrac{2}{s(s+1)}}{1+\dfrac{2}{s(s+1)}\times\alpha s}=\frac{4}{s(s+1+2\alpha)}$$

由于 $\alpha$ 为参变量,因而不能根据 $G(s)H(s)$的极点来绘制根轨迹。写出闭环系统特征方程:

$$s^2+(1+2\alpha)s+4=0$$

方程两边同除以 $s^2+s+4$,则上式可化为

$$1+\frac{2\alpha s}{s^2+s+4}=0$$

显然,等效开环传递函数为

$$G_{等效}(s)=\frac{2\alpha s}{s^2+s+4}=\frac{K_g^* s}{\left(s+\dfrac{1}{2}+\mathrm{j}\dfrac{\sqrt{15}}{2}\right)\left(s+\dfrac{1}{2}-\mathrm{j}\dfrac{\sqrt{15}}{2}\right)}$$

式中,$K_g^*=2\alpha$。等效开环传递函数的极点为 $p_{1,2}=-\dfrac{1}{2}\pm\mathrm{j}\dfrac{\sqrt{15}}{2}$,零点为 $z_1=0$。于是可利用常规根轨迹的绘制法则画出根轨迹,如图 4-11 所示。

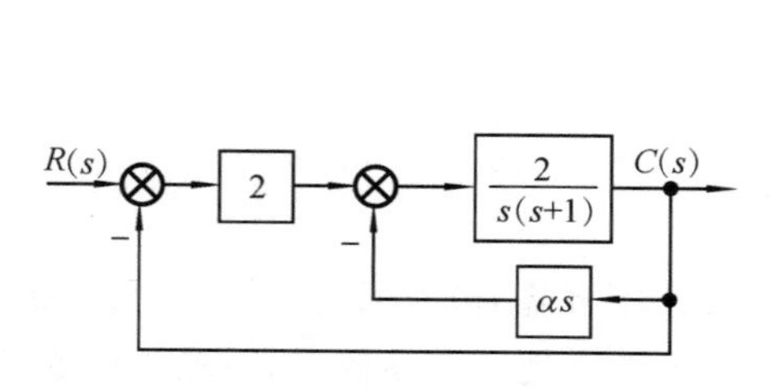


图 4-10 双闭环控制系统框图

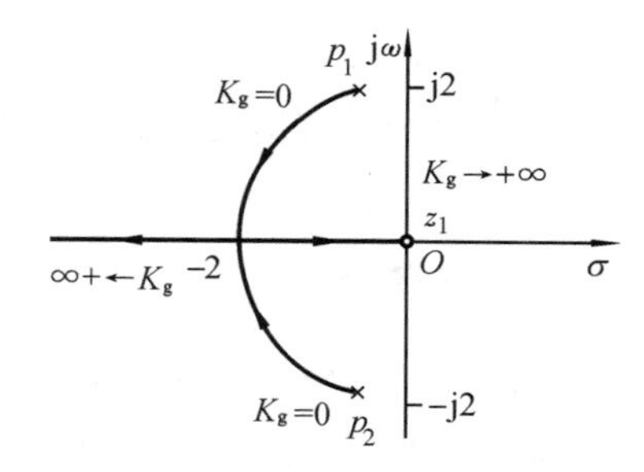


图 4-11 例 4-4 所示系统的根轨迹

另外,在某些场合需要研究几个参量同时变化时对系统性能的影响,此时就需要绘制几个参量同时变化时的根轨迹。以两个参量同时变化为例,绘制时一般是先将其中一个参量在 0→∞ 内取一组常数,然后针对每一个常数绘制以另一个参量为变量的根轨迹,最终得到一组曲线,称为根轨迹簇。

### 4.4.2 零度根轨迹

若研究的控制系统为非最小相位系统(在右半 $s$ 平面具有开环零、极点的系统)或正反馈系统,绘制根轨迹时,其相角遵循 $0°+2k\pi$ 的条件,而不是常规根轨迹遵循的 $180°+2k\pi$,这种根轨迹称为零度根轨迹。

下面以正反馈系统为例说明零度根轨迹绘制规则。

**1. 正反馈系统的根轨迹**

在复杂的控制系统中,有时会遇到内回路采用正反馈的情况,如图 4-12 所示。为了分析整个控制系统的性能,首先要确定内回路的零、极点。当用根轨迹法确定内回路的零、极点时,就相当于绘制正反馈系统的根轨迹。

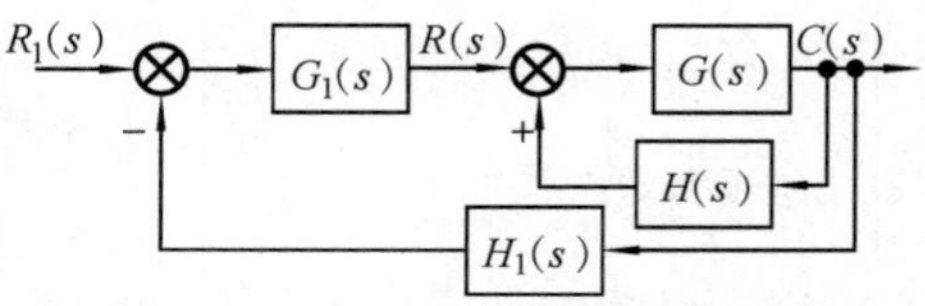

图 4-12 具有正反馈内回路的控制系统

图 4-12 中系统内环传递函数为

$$\frac{C(s)}{R(s)}=\frac{G(s)}{1-G(s)H(s)} \tag{4-56}$$

于是得到正反馈系统的根轨迹方程:

$$G(s)H(s)=1 \tag{4-57}$$

上式可等效为

$$|G(s)H(s)|=1, \quad \angle G(s)H(s)=0°\pm 2k\pi \quad (k=0,1,2,\cdots) \tag{4-58}$$

或写成零、极点形式

$$K_g\frac{\prod\limits_{j=1}^{m}|s-z_j|}{\prod\limits_{i=1}^{n}|s-p_i|}=1, \quad \sum_{j=1}^{m}\angle(s-z_j)-\sum_{i=1}^{n}\angle(s-p_i)=0°+2k\pi \tag{4-59}$$

显然,正反馈系统根轨迹的幅值条件与常规根轨迹完全相同,仅相角条件有所改变。因此,前面介绍的常规根轨迹绘制法则原则上可以应用于零度根轨迹的绘制,但涉及相角条件的一些规则,应作如下调整。

对规则 3,渐近线与实轴的交角应改为

$$\varphi_a=\frac{\pm 2k\pi}{n-m}; \quad k=0,1,2,\cdots,n-m-1 \tag{4-60}$$

对规则 4,根轨迹在实轴上的分布应改为:实轴上的某一区域,若其右边开环实数零、极点个数之和为偶数,则该区域必是根轨迹。

对规则 6,始于开环复数极点处的根轨迹的出射角和止于开环复数零点处的根轨迹的入射角可分别按下式计算:

$$\theta_{pk}=\mp 2k\pi+\sum_{j=1}^{m}\angle(p_k-z_j)-\sum_{\substack{i=1\\i\neq k}}^{n}\angle(p_k-p_i) \tag{4-61}$$

$$\phi_{zl}=\pm 2k\pi+\sum_{i=1}^{n}\angle(z_l-p_i)-\sum_{\substack{j=1\\j\neq k}}^{m}\angle(z_l-z_j) \tag{4-62}$$

除以上三个法则外,其他法则不变。为便于使用,零度根轨迹的绘制法则在表 4-2 中列出。

表 4-2 零度根轨迹绘制法则

| 序号 | 规则 | 内容 |
| --- | --- | --- |
| 1 | 根轨迹的起点和终点 | 根轨迹起始于开环极点，$m$ 条根轨迹终止于开环零点，$(n-m)$ 条根轨迹终止于无穷远处 |
| 2 | 根轨迹的分支数、对称性和连续性 | 根轨迹的分支数与开环有限零点数 $m$ 和有限极点数 $n$ 中的大者相等，它们是连续的并且对称于实轴 |
| 3 | 根轨迹的渐近线 | $(n-m)$ 条根轨迹渐近线与实轴的交点和交角为：<br>$\varphi_a=\dfrac{\pm 2k\pi}{n-m}$； $k=0,1,2,\cdots,n-m-1$<br>$\sigma_a=\dfrac{\sum\limits_{i=1}^{n} p_i-\sum\limits_{j=1}^{m} z_j}{n-m}$ |
| 4 | 根轨迹在实轴上的分布 | 实轴上的某一区域，若其右边开环实数零、极点个数之和为偶数，则该区域必是根轨迹 |
| 5 | 根轨迹的分离点和会合点 | 两条或两条以上的根轨迹分支相遇，其分离点和会合点坐标由 $\dfrac{dK_g}{ds}=0$ 确定 |
| 6 | 根轨迹的出射角和入射角 | 出射角：$\theta_{pk}=\mp 2k\pi+\sum\limits_{j=1}^{m}\angle(p_k-z_j)-\sum\limits_{\substack{i=1\\i\neq k}}^{n}\angle(p_k-p_i)$<br>入射角：$\phi_{zl}=\pm 2k\pi+\sum\limits_{i=1}^{n}\angle(z_l-p_i)-\sum\limits_{\substack{j=1\\j\neq k}}^{m}\angle(z_l-z_j)$ |
| 7 | 根轨迹与虚轴的交点 | 交点处的 $K_g$ 值和 $\omega$ 值，可用劳斯判据确定，或令闭环特征方程中的 $s=j\omega$，然后分别令实部和虚部为零而求得 |
| 8 | 根轨迹走向规则 | $\sum\limits_{i=1}^{n} s_i=\sum\limits_{i=1}^{n} p_i \quad (n-m\geqslant 2)$ |

零度根轨迹与常规根轨迹具有互补性，图 4-13 所示的为一些典型开环零、极点分布下的常规根轨迹(实线部分)和零度根轨迹(虚线部分)。

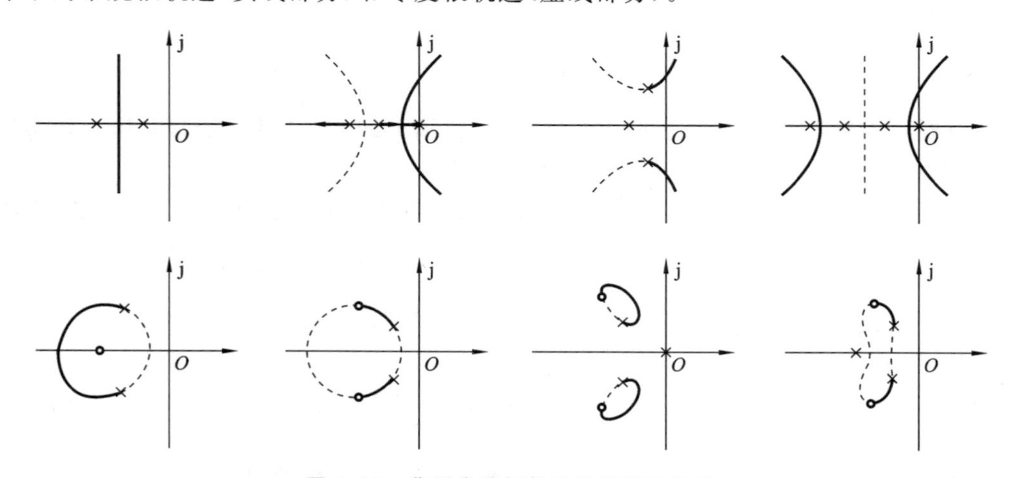


图 4-13 典型常规根轨迹和零度根轨迹

【例 4-5】 设单位正反馈系统中的开环传递函数为

$$G(s)H(s)=\frac{K(s+2)}{(s+3)(s^2+2s+2)}$$

试绘制 $K$ 由 $0\rightarrow+\infty$ 变化时的根轨迹图。

**解** 该系统有一个开环有限零点，$z_1=-2$；三个开环有限极点，$p_{1,2}=-1\pm\mathrm{j}$、$p_3=-3$。将它们标注在 $s$ 平面上。

(1) 因为 $n=3,m=1$，所以系统有三条根轨迹分支，分别起于三个开环有限极点，其中一条分支终止于开环有限零点 $z_1=-2$，其余两条分支终止于无穷远处。

(2) 确定实轴上的根轨迹：$[-2,+\infty)\cup(-\infty,-3]$。

(3) 确定根轨迹的渐近线：有 $n-m=2$ 条根轨迹分支沿渐近线趋于无穷，渐近线与实轴正方向的交角为

$$\varphi_{\mathrm{a}}=\frac{2k\pi}{3-1}=\begin{cases}0^\circ & (k=0)\\ 180^\circ & (k=1)\end{cases}$$

这表明渐近线位于实轴上。

(4) 确定分离点。由方程

$$\frac{1}{d+1-\mathrm{j}}+\frac{1}{d+1+\mathrm{j}}+\frac{1}{d+3}=\frac{1}{d+2}$$

整理得

$$(d+0.8)(d^2+4.7d+6.24)=0$$

显然，分离点位于实轴上，故取 $d=-0.8$。

(5) 确定出射角。复数极点 $p_1=-1\pm\mathrm{j}$ 的出射角为

$$\begin{aligned}\theta_{\mathrm{p1}}&=2k\pi+\Big[\sum_{j=1}^{1}\varphi_{zj\mathrm{p1}}-\sum_{\substack{j=1\\ j\neq1}}^{3}\theta_{\mathrm{p}j\mathrm{p1}}\Big]\\&=45^\circ-(90^\circ+26.6^\circ)=-71.6^\circ\end{aligned}$$

根据对称性，$\theta_{\mathrm{p2}}=-\theta_{\mathrm{p1}}=71.6^\circ$。整个系统的概略零度根轨迹如图 4-14 所示。

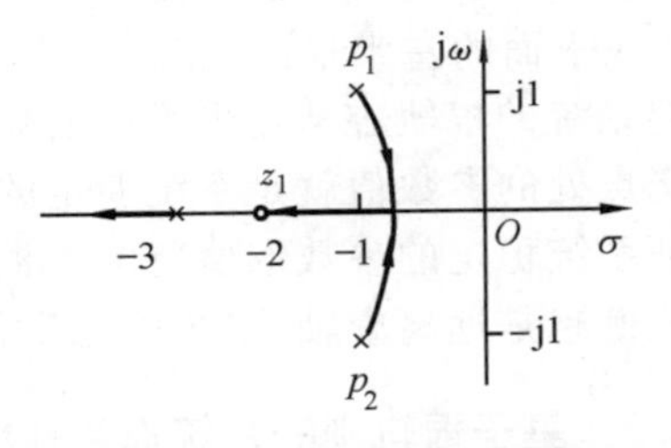


图 4-14 例 4-5 所示系统的根轨迹

(6) 确定临界开环增益。由图 4-14 可见，坐标原点处对应的根轨迹增益为临界值，可由幅值条件求出：

$$K=\frac{\prod_{i=1}^{3}|s-p_i|}{\prod_{j=1}^{1}|s-z_j|}=\frac{|0-(-1+\mathrm{j})|\cdot|0-(-1-\mathrm{j})|\cdot|0-(-3)|}{|0-(-2)|}=3$$

这表明，当 $K>3$ 时，有一个实根进入右半 $s$ 平面，系统变为不稳定，因此开环增益应小于 3。

**2. 非最小相位系统的根轨迹**

非最小相位系统如图 4-15 所示，绘制 $K$ 从 $0\rightarrow+\infty$ 变化时的根轨迹。系统开环传递函数为

$$G(s)H(s)=\frac{K(1-s)}{s(s+1)}$$

该系统有一个开环有限零点，$z_1=1$；两个开环有限极点，$p_1=0$、$p_2=-1$。将它们标注在 $s$ 平面上。系统闭环特征方程为

$$1+G(s)H(s)=1-\frac{K(s-1)}{s(s+1)}=0,\quad \frac{K(s-1)}{s(s+1)}=1$$

$K$ 从 $0\rightarrow+\infty$ 变化时应该按照零度根轨迹绘制规则绘制系统根轨迹，如图 4-16 所示。

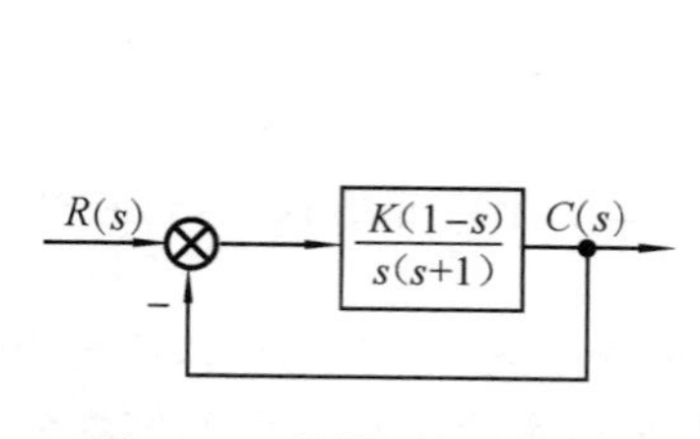

图 4-15 非最小相位系统

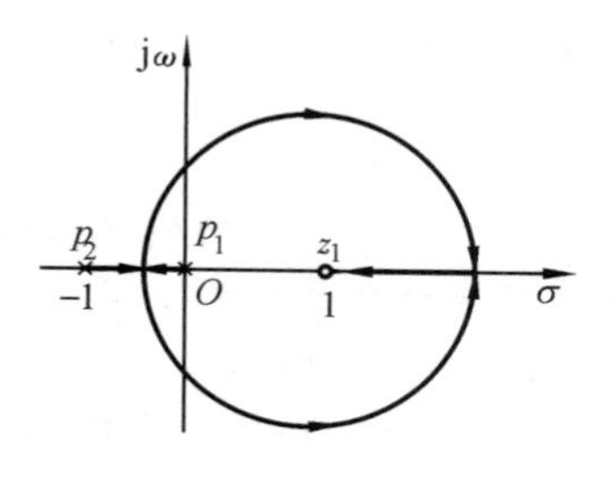

图 4-16 系统根轨迹

# 4.5 控制系统的根轨迹分析

绘制系统的根轨迹，可以方便地利用其分析控制系统的性能，即通过系统根轨迹的形状、走向和一些关键点(如与虚轴的交点，与实轴的交点等)，对控制系统的稳定性、稳态特性和动态特性进行分析。

## 4.5.1 基于根轨迹的系统稳定性分析

控制系统闭环稳定的充要条件是系统闭环极点均在 $s$ 平面的左半平面，而根轨迹描述的是系统闭环极点跟随参数在 $s$ 平面变化的情况。因此，只要控制系统的根轨迹位于 $s$ 平面的左半平面，控制系统就是稳定的，否则就是不稳定的。当系统的参数变化引起系统的根轨迹从左半平面变化到右半平面时，系统从稳定变为不稳定，根轨迹与虚轴交点处的参数值就是系统稳定的临界值。因此，根据根轨迹与虚轴的交点可以确定保证系统稳定的参数取值范围。根轨迹与虚轴之间的相对位置，反映了系统稳定程度，根轨迹越是远离虚轴，系统的稳定程度越好，反之则越差。

## 4.5.2 基于根轨迹的系统稳态性能分析

对于典型输入信号，系统的稳态误差与开环放大倍数 $K$ 和系统的型别 $\nu$ 有关。在根轨迹图上，位于原点处的根轨迹起点数就对应于系统的型别 $\nu$，而根轨迹增益 $K_g$ 与开环增益 $K$ 仅仅相差一个比例常数，有

$$K = K_g \frac{\prod_{j=1}^{m}(-z_j)}{\prod_{i=1}^{n}(-p_i)} \tag{4-63}$$

根轨迹上任意点的 $K_g$ 值，可由根轨迹方程的幅值条件在根轨迹上图解求取。根轨迹的幅值条件为

$$K_g \frac{\prod_{j=1}^{m}|s-z_j|}{\prod_{i=1}^{n}|s-p_i|} = 1 \tag{4-64}$$

由此可得

$$K_g = \frac{\prod_{i=1}^{n}|s-p_i|}{\prod_{j=1}^{m}|s-z_j|} = \frac{|s-p_1||s-p_2|\cdots|s-p_n|}{|s-z_1||s-z_2|\cdots|s-z_m|} \tag{4-65}$$

因为 $p_i(i=1,2,\cdots,n)$、$z_j(j=1,2,\cdots,m)$为已知，而 $s$ 为根轨迹上的考察点。所以利用上式，在根轨迹上用图解法可求出任意点的 $K_g$ 值。根轨迹上的每一组闭环极点都唯一地对应着一个 $K_g$ 值(或 $K$ 值)，知道了开环增益 $K$ 和系统型别 $\nu$，就可以如第 3 章所介绍的求得系统稳态误差。

### 4.5.3 基于根轨迹的系统动态性能分析

对于图 4-17 所示的典型闭环控制系统，若将前向通道传递函数 $G(s)$及反馈通道传递函数 $H(s)$都写成零、极点的形式

$$G(s)=K_G^*\frac{\prod_{i=1}^{f}(s-z_i)}{\prod_{i=1}^{q}(s-p_i)},\quad H(s)=K_H^*\frac{\prod_{j=1}^{l}(s-z_j)}{\prod_{j=1}^{h}(s-p_j)} \tag{4-66}$$

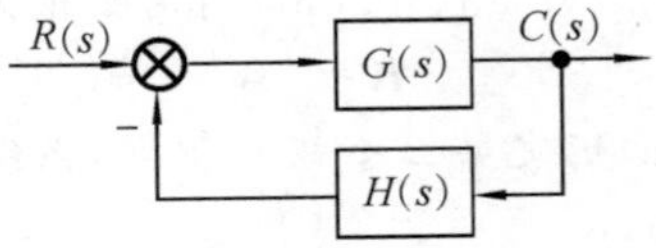

图 4-17 典型控制系统

则开环传递函数为

$$G(s)H(s)=K_G^*K_H^*\frac{\prod_{i=1}^{f}(s-z_i)\prod_{j=1}^{l}(s-z_j)}{\prod_{i=1}^{q}(s-p_i)\prod_{j=1}^{h}(s-p_j)}=K_g\frac{\prod_{j=1}^{m}(s-z_j)}{\prod_{i=1}^{n}(s-p_i)} \tag{4-67}$$

这里 $f+l=m;q+h=n$。系统闭环传递函数为

$$\Phi_c(s)=\frac{G(s)}{1+G(s)H(s)}=K_G^*\frac{\prod_{i=1}^{f}(s-z_i)\prod_{j=1}^{h}(s-p_j)}{\prod_{i=1}^{n}(s-p_i)+K_g\prod_{j=1}^{m}(s-z_j)} \tag{4-68}$$

系统时域单位阶跃响应如第 2 章分析可知：

$$c(t)=\mathscr{L}^{-1}[\Phi_c(s)R(s)]=a_0+\sum_{i=1}^{q}a_i e^{p_i t}+\sum_{k=1}^{r}A_k e^{-\zeta_k\omega_k t}\sin(\omega_k t+\psi_k) \tag{4-69}$$

系统单位阶跃响应由系统闭环零、极点决定。显然，闭环零点由前向通道零点和反馈通道的极点组合而成，对单位反馈系统，闭环零点就是开环零点。所以闭环零点很容易确定。而闭环极点与开环零、极点及开环根轨迹增益 $K_g$ 均有关，无法直接得到。根轨迹法的基本任务就是根据已知开环零、极点的分布及开环根轨迹增益，通过图解的方法找出系统的闭环极点。由系统的根轨迹图确定指定 $K_g$ 值(或 $K$ 值)时的闭环极点。

控制系统的总体要求是，系统输出尽可能跟踪给定输入，系统响应具有平稳性和快速性，这样在设计系统时就要考虑到系统闭环零、极点在 $s$ 平面的位置，来满足下列要求。

(1) 要求系统快速性好，应使阶跃响应中的每个分量 $e^{p_i t}$、$e^{-\zeta_k\omega_k t}$ 衰减快，就是闭环极点应远离虚轴。

(2) 要求系统平稳性好，就是要求复数极点应在 $s$ 平面中与负实轴成±45°夹角线附近。由二阶系统动态响应分析可知，共轭复数极点位于±45°线时，对应的阻尼比 $\zeta=0.707$ 为最佳阻尼比，这时系统的平稳性和快速性都较理想，超过±45°线，阻尼比减小，震荡性加剧。

(3) 要求系统尽快结束动态过程，由第 3 章分析可知，闭环极点离虚轴的远近决定过渡过程衰减的快慢，要求极点之间的距离要大，零点应靠近极点。工程上往往只用主导极点估算系统的动态性能，把系统近似看成一阶或者二阶系统。

【例 4-6】 已知单位负反馈系统的开环传递函数为 $G(s)H(s)=\frac{K}{s(s+1)(s+2)}$，试用根轨迹法分析系统的稳定性，并计算闭环主导极点具有阻尼比 $\zeta=0.5$ 时的性能指标。

**解** (1) 由例 4-1 可以分析出系统的根轨迹图，由图可知，当根轨迹增益 $K>6$ 时，根轨迹进入右半 $s$ 平面，所以使系统稳定的增益范围为 $0<K<6$。

(2) 要求阻尼比 $\zeta=0.5$，确定闭环主导极点。

在 $s$ 平面上画出 $\zeta=0.5$ 时的阻尼线，其与负实轴方向的夹角 $\beta=\arccos\zeta=60°$，阻尼线与根轨迹交点从图上可以测得 $s_1=-0.33+0.58\mathrm{j}$，根据对称性可知其共轭极点为 $s_2=-0.33-0.58\mathrm{j}$，利用幅值方程可以求得 $s_1$ 处的增益

$$K=|s_1|\times|s_1+1|\times|s_1+2|=0.667\times0.886\times1.77=1.05$$

下面确定第三个极点位置，系统闭环特征方程为

$$D(s)=s^3+3s^2+2s+K=0$$

已经求得系统两个极点，用综合除法可以求得另一个极点 $s_3=-2.34$，是 $s_{1,2}$ 离虚轴距离的 7 倍，所以可以认为 $s_{1,2}$ 为主导极点。这样可以根据闭环主导极点来估算系统性能指标。系统闭环传递函数可以近似为二阶系统形式

$$\Phi_c(s)=\frac{0.445}{s^2+0.667s+0.445}$$

二阶系统在单位阶跃信号作用下的性能指标为

$$\sigma\%=\mathrm{e}^{-\zeta\pi/\sqrt{1-\zeta^2}}\times100\%=16.3\%$$

$$t_s=\frac{3.5}{\zeta\omega_n}=\frac{3.5}{0.5\times0.667}\ \mathrm{s}=10.5\ \mathrm{s}$$

### 4.5.4 增加开环零、极点对根轨迹的影响

在开环传递函数中增加极点，可以使根轨迹向右方移动，从而降低系统的相对稳定性，增加系统响应的调整时间(注意，增加积分控制相当于增加位于原点的极点，因此降低了系统的稳定性)，图 4-18 的例子表明了在单极点系统中增加一个极点和增加两个极点对根轨迹造成的影响。

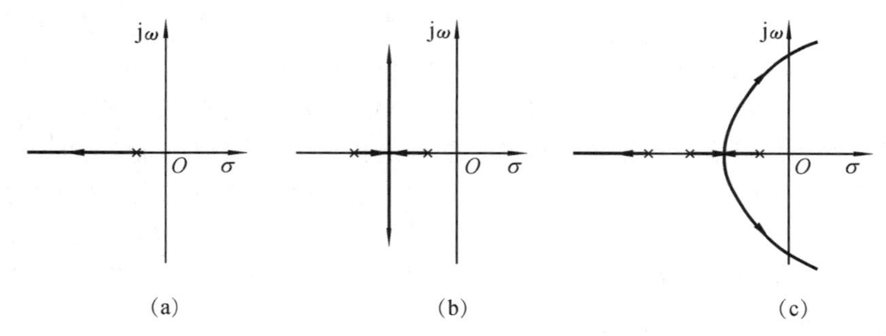


图 4-18 增加开环极点对根轨迹的影响

在开环传递函数中增加零点，可以导致根轨迹向左方移动，从而增加系统的稳定性，减小系统响应的调整时间。图 4-19(a)所示的为某系统的根轨迹，它在小增益时是稳定的，在大增益时则是不稳定的。图 4-19(b)、(c)、(d)所示的为在开环传递函数中加进零点后的根轨迹图。显然，当把零点加进图 4-19(a)所示的系统时，系统变成对所有增益值都是稳定的。

一般情况下，增加开环零点不能增加闭环系统的阶次，即闭环系统根轨迹的分支数不

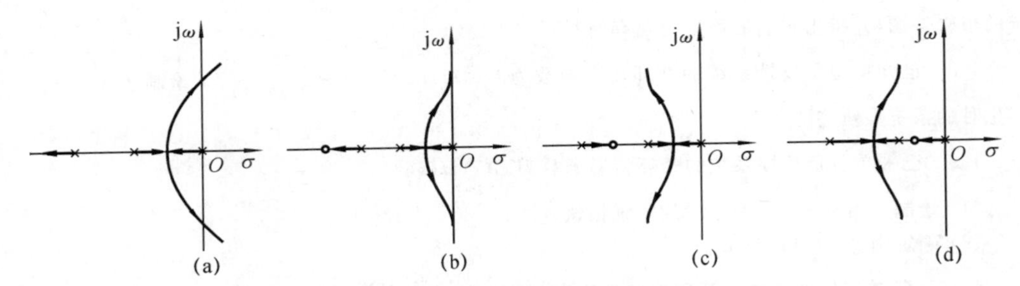


图 4-19　增加开环零点对根轨迹图的影响

变，如果系统新增的开环零点位于系统的前向通道，则新增的开环零点也将成为闭环传递函数的零点。增加开环极点会对系统的稳定性产生不利影响，所以除了为抑制测量噪声需要在测量通道中加入滤波惯性环节外，一般不会在系统前向通道中加入惯性环节。

## 本章小结

根轨迹是指开环系统某一参数（如开环增益 $K$，但是不限定为 $K$）变化时，闭环系统特征方程式的根（闭环极点）在 $s$ 平面上变化的轨迹。它是一种图解方法，可以根据开环零、极点的位置信息确定闭环极点变化的轨迹，避免了求解高阶微分方程的麻烦。利用根轨迹图可以方便地对系统进行系统稳定性分析、系统动态性能、稳态性能分析和设计。

## 本章习题

4-1　已知单位负反馈系统开环传递函数为 $G(s)H(s)=\dfrac{K}{s\,(s+1)^2}$，试绘制出它的根轨迹。

4-2　已知单位负反馈系统的开环传递函数如下，试绘制 $K$ 由 $0\to+\infty$ 变化的闭环根轨迹图。

(1) $G(s)=\dfrac{K(s+2)}{s(s+1)(s+3)}$；　(2) $G(s)=\dfrac{K(s+1)}{s^2(0.1s+1)}$；　(3) $G(s)=\dfrac{K(s+5)}{(s+1)(s+3)}$；

(4) $G(s)=\dfrac{K(s+1)}{s^2}$；　(5) $G(s)=\dfrac{K(s+4)}{(s+1)^2}$；　(6) $G(s)=\dfrac{K}{(s+1)(s+5)(s^2+6s+13)}$。

4-3　设系统的开环传递函数为 $G(s)H(s)=\dfrac{K(s+z)}{s(s+p)}(z>p)$，绘制根轨迹图，证明根轨迹的复数部分是圆，并求出圆的圆心和半径。

4-4　系统方框图如题 4-4 图所示，要求：

(1) 绘制 $K$ 由 $0\to+\infty$ 变化的根轨迹图，并写出绘制步骤；

(2) 由根轨迹确定系统稳定时的 $K$ 值范围。

4-5　设系统闭环特征方程如下，试绘制系统的根轨迹，并确定使系统闭环稳定的参数范围。

(1) $s^3+2s^2+3s+Ks+3K=0$；

(2) $s^3+3s^2+(K+2)s+10K=0$。

4-6　已知系统如题 4-6 图所示，试绘制 $K$ 由 $0\to+\infty$ 变化时的根轨迹图。

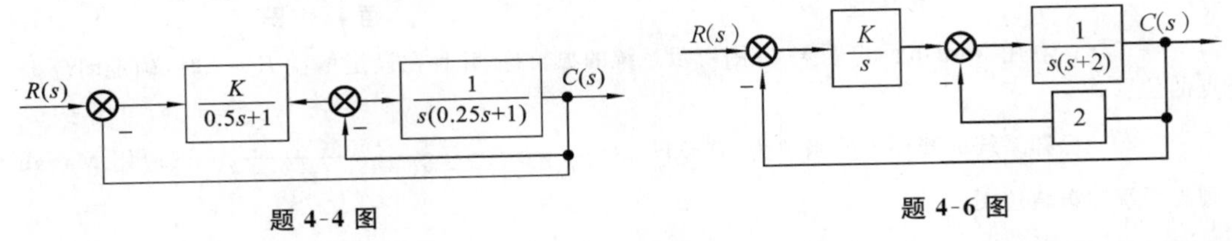


题 4-4 图　　题 4-6 图

4-7　设系统的开环传递函数为 $G(s)H(s)=\dfrac{K(s+1)}{s^2(s+2)(s+4)}$，试分别画出正反馈系统和负反馈系统的根轨迹图,并指出它们的稳定情况有何不同。

4-8 已知单位负反馈系统的开环传递函数为 $G(s)H(s)=\dfrac{20}{(s+p)(s+4)}$,试绘制 $p$ 由 $0\to+\infty$ 变化时的系统根轨迹图。

4-9 已知单位负反馈系统的开环传递函数为 $G(s)H(s)=\dfrac{as}{s^2+as+16}$:

(1) 绘制 $a$ 由 $0\to+\infty$ 变化时的系统根轨迹图;

(2) 确定当 $\zeta=0.6$ 时的 $a$ 值。

4-10 某单位反馈系统的开环传递函数为 $G(s)=\dfrac{K(s+2)(s+3)}{s^2(s+0.1)}$,绘制 $K>0$ 时闭环系统的根轨迹图,说明系统是条件稳定的,求能使系统稳定的 $K$ 的取值范围。

4-11 设系统的开环传递函数为 $G(s)H(s)=\dfrac{K(s+1)}{s^2(s+2)(s+4)}$,试分别画出正反馈系统和负反馈系统的根轨迹图,并指出它们的稳定情况有何不同。

4-12 已知单位负反馈系统的开环传递函数为 $G(s)=\dfrac{K(1-0.5s)}{s(1+0.25s)}$:

(1) 试绘制 $K$ 由 $0\to+\infty$ 变化的闭环根轨迹图;

(2) 求出使系统产生相重实根和纯虚根时的 $K$ 值。

4-13 已知单位负反馈系统的开环传递函数 $G(s)=\dfrac{K}{s(s+4)}$,欲将 $\zeta$ 调整到 $\zeta=\dfrac{1}{\sqrt{2}}$,求相应的 $K$ 值。

4-14 某电梯的位置控制系统,要求以高精度停靠在指定的楼层,其控制系统可以用单位反馈系统来表示,开环传递函数为 $G(s)=\dfrac{K(s+10)}{s(s+1)(s+20)}$,试确定使闭环复数根的阻尼比 $\zeta=0.707$ 时 $K$ 的取值。

4-15 设控制系统的结构图如题 4-15 图所示,为使闭环极点为 $s=-1\pm j\sqrt{3}$,试确定增益 $K$ 和速度反馈系数 $K_h$ 的数值,并利用该 $K$ 绘制 $0\leqslant K_h<+\infty$ 的根轨迹图。

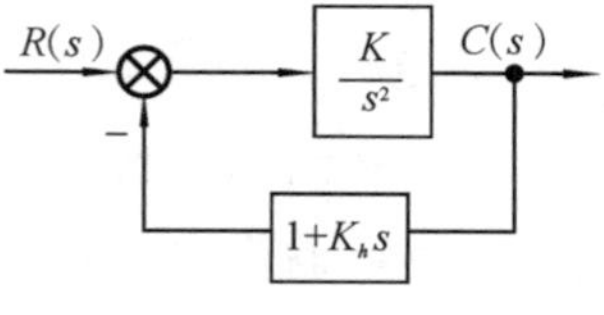


题 4-15 图

4-16 已知 $G(s)=\dfrac{K(s+2)}{s(s+1)(s+3)}$,$H(s)=1$,对于一对共轭极点的 $\zeta=0.5$,求其 $K$ 值。

4-17 设有一个单位反馈控制系统,其前向传递函数为 $G(s)=\dfrac{K}{s(s^2+4s+8)}$,试画出系统的根轨迹图;如果设定增益 $K$ 的值等于 2,试确定闭环极点的位置。

4-18 考虑在大气层内运行的卫星,其姿态控制系统如题 4-18 图所示,其中控制器和受控对象的传递函数分别为:$G_c(s)=\dfrac{(s+2+1.5j)(s+2-1.5j)}{s+4}$;$G_o(s)=\dfrac{K(s+2)}{(s+0.9)(s-0.6)(s-0.1)}$。

(1) 试绘制 $K$ 由 $0\to+\infty$ 变化的闭环根轨迹图;

(2) 确定增益 $K$ 的取值,使系统的调节时间小于 12 s,且复数根的阻尼比大于 0.5。

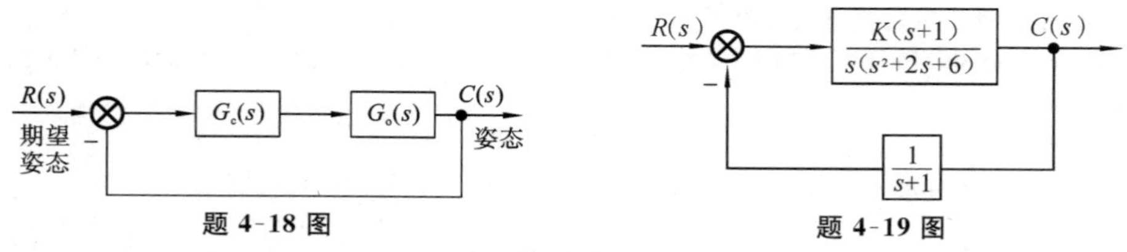


题 4-18 图　　题 4-19 图

4-19 试利用 Matlab 画出题 4-19 图所示系统的根轨迹,并且在设定增益 $K=2$ 时,确定闭环极点的位置。

4-20 已知系统的开环传递函数为 $G(s)H(s)=\dfrac{K(s+1)(s+2)}{(s+5)(s^2+2s+2)(s^2+2s+5)}$,试应用 Matlab 画出系统的根轨迹图。

# 5

# 控制系统的频域分析

## 5.1 频率特性的基本概念

频域分析法是应用频率特性分析与设计线性控制系统的一种经典方法。根据开环系统频率特性，能间接地揭示闭环系统暂态特性、稳定性及稳态特性；可以简单迅速地判断某些环节或者参数对系统暂态特性、稳定性及稳态特性的影响，从而设计出符合要求的控制系统（特别是系统在频率范围存在严重噪声时）；应用奈奎斯特判据可以根据系统开环频率特性研究闭环系统的稳定性，而不必解出闭环系统的特征根；除此以外，频率特性可以由实验确定，这在难以写出系统动态模型时，更为实用。

### 5.1.1 线性系统的频率响应和频率特性

线性系统在正弦输入信号作用下的稳态响应，称为该系统的**频率响应**。设稳定的线性定常系统，其传递函数为 $G(s)$，系统的输入为正弦信号 $r(t)=R\sin\omega t$，则系统的频率响应如图 5-1 所示，也是一个具有相同频率的正弦信号，但是可能具有不同的振幅和相位，即

$$c_{\mathrm{w}}(t)=C\sin(\omega t+\varphi) \tag{5-1}$$

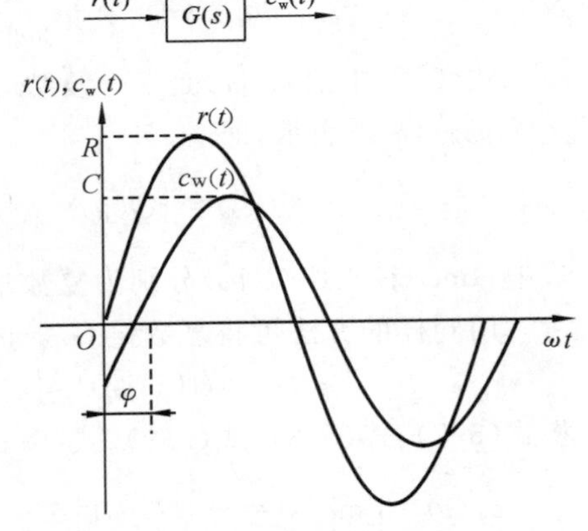

图 5-1　线性系统的正弦输入及频率响应曲线

定义系统的**幅频特性**为系统输出稳态分量的幅值与正弦输入信号的幅值之比，记为 $A(\omega)=C/R$。它描述系统对于不同频率的输入信号在稳态情况下的衰减（或放大）特性。

定义系统的**相频特性**为系统输出稳态分量对正弦输入信号的相移，记为 $\varphi(\omega)$。它描述系统的稳态输出对于不同频率的正弦输入信号的相位滞后（$\varphi<0$）或超前（$\varphi>0$）特性。

定义系统的**频率特性**为正弦输入信号作用下稳态输出与输入的复数比，它是幅频特性与相频特性的总称，记为 $G(\mathrm{j}\omega)=A(\omega)\mathrm{e}^{\mathrm{j}\varphi(\omega)}$。它表征系统对正弦输入信号的三大传递能力：同频、变幅、变相。

下面证明：在正弦信号作用下，稳定的线性定常系统的输出稳态分量是和正弦输入

信号同频率的正弦函数，但一般来说输出稳态分量的幅值、相角与输入信号的幅值、相角不同。幅值与相角的变化是频率 $\omega$ 的函数，且与系统的数学模型有关。

在一般情况下，设系统传递函数可以写成下列形式，即

$$G(s)=\frac{m(s)}{(s+p_1)(s+p_2)\cdots(s+p_n)} \tag{5-2}$$

式中：$m(s)$都是复变量 $s$ 的多项式；$-p_1,-p_2,\cdots,-p_n$ 是$G(s)$的极点，为分析方便，设这些极点互异。当正弦输入信号 $r(t)=R\sin\omega t$ 时，有

$$R(s)=\frac{R\omega}{s^2+\omega^2}$$

系统输出信号的拉氏变换为

$$C(s)=\frac{m(s)}{(s+p_1)(s+p_2)\cdots(s+p_n)}\cdot\frac{R\omega}{s^2+\omega^2} \tag{5-3}$$

将式(5-3)写成部分分式形式，即

$$C(s)=\frac{k_1}{s+p_1}+\cdots+\frac{k_n}{s+p_n}+\frac{b_0}{s+\mathrm{j}\omega}+\frac{b_1}{s-\mathrm{j}\omega} \tag{5-4}$$

式中，$k_1,\cdots,k_n,b_0,b_1$ 为待定系数。

将式(5-4)等号两边分别求拉氏反变换，得到系统的输出信号 $c(t)$，即

$$c(t)=k_1\mathrm{e}^{-p_1t}+\cdots+k_n\mathrm{e}^{-p_nt}+b_0\mathrm{e}^{-\mathrm{j}\omega t}+b_1\mathrm{e}^{\mathrm{j}\omega t} \tag{5-5}$$

对稳定系统来说，$-p_1,-p_2,\cdots,-p_n$ 都需具有负实部。因此，当时间 $t\to\infty$时，式中的各指数项 $\mathrm{e}^{-p_1t},\cdots,\mathrm{e}^{-p_nt}$都将衰减至零。也就是说，系统稳态输出响应 $c_{\mathrm{w}}(t)$可以表示为

$$c_{\mathrm{w}}(t)=\lim_{t\to\infty}c(t)=b_0\mathrm{e}^{-\mathrm{j}\omega t}+b_1\mathrm{e}^{\mathrm{j}\omega t} \tag{5-6}$$

式中待定系数 $b_0,b_1$ 分别按下列二式计算，即

$$b_0=G(s)\frac{R\omega}{(s+\mathrm{j}\omega)(s-\mathrm{j}\omega)}(s+\mathrm{j}\omega)\bigg|_{s=-\mathrm{j}\omega}=-\frac{G(-\mathrm{j}\omega)R}{2\mathrm{j}} \tag{5-7}$$

及

$$b_1=G(s)\frac{R\omega}{(s+\mathrm{j}\omega)(s-\mathrm{j}\omega)}(s-\mathrm{j}\omega)\bigg|_{s=\mathrm{j}\omega}=\frac{G(\mathrm{j}\omega)R}{2\mathrm{j}} \tag{5-8}$$

式(5-8)中的 $G(\mathrm{j}\omega)$是一个复数。对于复数量 $G(\mathrm{j}\omega)$可以通过其模$|G(\mathrm{j}\omega)|$和幅角$\angle G(\mathrm{j}\omega)=\varphi$ 来表示，即

$$G(\mathrm{j}\omega)=|G(\mathrm{j}\omega)|\mathrm{e}^{\mathrm{j}\varphi},\quad \varphi=\angle G(\mathrm{j}\omega)=\arctan\frac{\mathrm{Im}G(\mathrm{j}\omega)}{\mathrm{Re}G(\mathrm{j}\omega)} \tag{5-9}$$

式中，$\mathrm{Im}G(\mathrm{j}\omega)$、$\mathrm{Re}G(\mathrm{j}\omega)$分别为复数量 $G(\mathrm{j}\omega)$的虚部和实部。

用同样的方法可将复数量 $G(-\mathrm{j}\omega)$表示如下

$$G(-\mathrm{j}\omega)=|G(-\mathrm{j}\omega)|\mathrm{e}^{-\mathrm{j}\varphi}=|G(\mathrm{j}\omega)|\mathrm{e}^{-\mathrm{j}\varphi} \tag{5-10}$$

将式(5-7)、式(5-8)、式(5-9)、式(5-10)代入式(5-6)，得系统稳态输出响应，即

$$\begin{aligned}c_{\mathrm{w}}(t)&=\lim_{t\to\infty}c(t)=-|G(\mathrm{j}\omega)|\mathrm{e}^{-\mathrm{j}\varphi}\cdot\frac{R}{2\mathrm{j}}\mathrm{e}^{-\mathrm{j}\omega t}+|G(\mathrm{j}\omega)|\mathrm{e}^{\mathrm{j}\varphi}\cdot\frac{R}{2\mathrm{j}}\mathrm{e}^{\mathrm{j}\omega t}\\&=|G(\mathrm{j}\omega)|R\cdot\frac{\mathrm{e}^{\mathrm{j}(\omega t+\varphi)}-\mathrm{e}^{-\mathrm{j}(\omega t+\varphi)}}{2\mathrm{j}}=|G(\mathrm{j}\omega)|R\cdot\sin(\omega t+\varphi)=C\sin(\omega t+\varphi)\end{aligned}$$

上式表明，系统频率响应的频率与输入信号的频率相同，输出信号的幅值由输入信号的幅值 $R$ 与$|G(\mathrm{j}\omega)|$的乘积给出，而相角则与输入信号的相角相差一个量值 $\varphi=\angle G(\mathrm{j}\omega)$。

从上述推导过程可以看出，系统频率特性 $G(\mathrm{j}\omega)$可以通过系统的传递函数 $G(s)$来求得，即

$$G(\mathrm{j}\omega)=G(s)\big|_{s=\mathrm{j}\omega} \qquad (5\text{-}11)$$

也就是说，当将 $s$ 平面上的复数变量 $s=\sigma+\mathrm{j}\omega$ 的变化范围限定在虚轴上时（取 $\sigma=0$），所得到的传递函数 $G(\mathrm{j}\omega)$ 就是该系统的频率特性。因此，频率特性 $G(\mathrm{j}\omega)$ 是在 $s=\mathrm{j}\omega$ 特定情况下的传递函数，通过它来描述系统的性能，具有与传递函数 $G(s)$ 描述时的同样效果。这种通过传递函数确定频率特性的方法是求取频率特性的解析法。

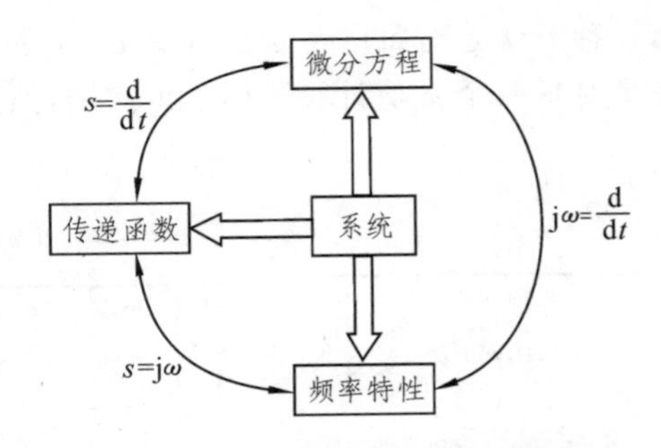


**图 5-2 线性系统三种数学模型之间的关系**

由式(5-11)可以得出下列重要结论：频率特性与传递函数以及微分方程一样，也表征了系统的运动规律，这就是频域分析法能够从频率特性出发研究系统的理论根据。线性系统的三种数学模型之间的关系如图 5-2 所示。

### 5.1.2 用图形表示频率特性

在工程分析和设计中，通常将频率特性绘制成一些曲线，即频率特性的几何表示方法。最常用的频率特性的几何表示方法有幅相频率特性曲线、对数频率特性曲线和对数幅相特性曲线。

**1. 幅相频率特性曲线**

幅相频率特性曲线简称幅相曲线，也称奈奎斯特(Nyquist)曲线，它以频率 $\omega$ 为参变量，将频率特性的幅频特性和相频特性同时表示在复数平面上。

频率特性可以表示成代数形式或极坐标形式。设系统或环节的传递函数为

$$G(s)=\frac{b_0 s^m+b_1 s^{m-1}+\cdots+b_m}{a_0 s^n+a_1 s^{n-1}+\cdots+a_n}$$

令 $s=\mathrm{j}\omega$，可得系统或环节的频率特性

$$G(\mathrm{j}\omega)=\frac{b_0\ (\mathrm{j}\omega)^m+b_1\ (\mathrm{j}\omega)^{m-1}+\cdots+b_m}{a_0\ (\mathrm{j}\omega)^n+a_1\ (\mathrm{j}\omega)^{n-1}+\cdots+a_n}=P(\omega)+\mathrm{j}Q(\omega) \qquad (5\text{-}12)$$

这就是系统频率特性的代数形式，其中 $P(\omega)$ 是频率特性的实部，称为**实频特性**；$Q(\omega)$ 为频率特性的虚部，称为**虚频特性**。式(5-12)还可以表示成复指数形式

$$G(\mathrm{j}\omega)=\sqrt{P^2(\omega)+Q^2(\omega)}\,\mathrm{e}^{\mathrm{j}\varphi(\omega)}=A(\omega)\mathrm{e}^{\mathrm{j}\varphi(\omega)} \qquad (5\text{-}13)$$

式中：$A(\omega)$ 为频率特性的幅值，即**幅频特性**，$A(\omega)=\sqrt{P^2(\omega)+Q^2(\omega)}$；$\varphi(\omega)$ 为频率特性的相角或相角位移，即**相频特性**，$\varphi(\omega)=\arctan\dfrac{Q(\omega)}{P(\omega)}$。

频率特性的指数形式，可以在极坐标中以一个矢量表示，如图 5-3(a)所示。矢量的长度等于模 $A(\omega_i)$，而相对于极坐标的转角等于相角位移 $\varphi(\omega_i)$。

通常将极坐标重合在直角坐标中，如图 5-3(b)所示。取极点为直角坐标的原点，取极坐标轴为直角坐标轴的实轴。

由于 $A(\omega)$ 和 $\varphi(\omega)$ 是频率的函数，故随着频率的变化，$G(\mathrm{j}\omega)$ 的矢量长度和相角位移也改变，如图 5-3(c)所示。当 $\omega$：$0\to\infty$ 时，$G(\mathrm{j}\omega)$ 的矢量的终端将绘出一条曲线，即系统（或环节）的幅相频率特性。

与频率特性的代数形式和极坐标形式相对应，绘制幅相频率特性曲线有两种方法：

第一种方法是对每一个 $\omega$ 值计算 $P(\omega)$ 和 $Q(\omega)$，然后将这些点连成光滑曲线；第二种方法是对每一个 $\omega$ 值计算 $A(\omega)$ 和 $\varphi(\omega)$，然后逐点连接成光滑曲线。

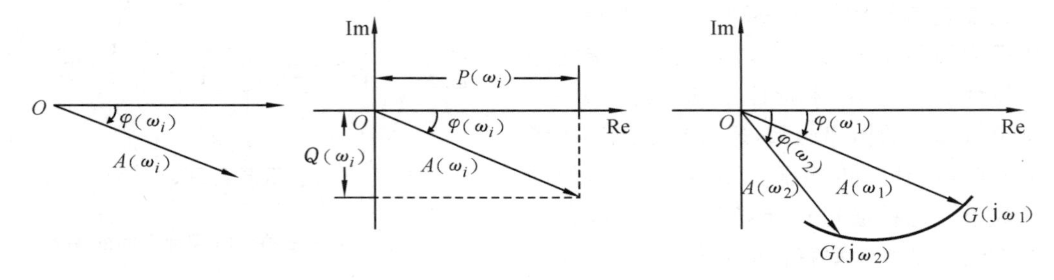


(a) 极坐标系　(b) 极坐标系与复平面直角坐标系　(c) 幅相频率特性的表示方法

图 5-3　幅相频率特性的表示方法

**2. 对数频率特性曲线**

对数频率特性曲线由对数幅频特性和对数相频特性两条曲线组成，常称为伯德图。

伯德图是在半对数坐标系上绘制出来的，即横坐标为角频率 $\omega$，采用对数标度。$\omega$ 每变化十倍，横坐标就增加一个单位长度。这个单位长度代表十倍频距离，故称为"十倍频程"或"十倍频"，记作 decade 或简写为 dec。对数幅频特性的定义式为

$$L(\omega)=20\lg A(\omega) \tag{5-14}$$

对数幅频特性的纵坐标 $L(\omega)$ 称为增益，用普通比例尺标注(均匀分度)，单位为分贝(dB)。

例如，$A(\omega)=10$，则 $L(\omega)=20$ dB；$A(\omega)=100$，则 $L(\omega)=40$ dB。这样，$A(\omega)$ 每变化 10 倍，$L(\omega)$ 变化 20 dB。对数幅频特性的坐标系如图 5-4 所示。注意，坐标系中的 0 点只表示纵坐标 $L(\omega)$ 为 0 dB，而横坐标无 0 点。

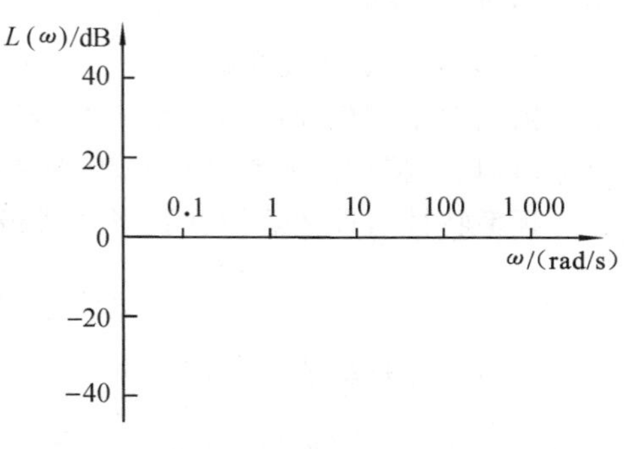


图 5-4　对数幅频特性曲线的坐标系

对数相频特性的横坐标与对数幅频特性的横坐标相同，其纵坐标表示相角位移 $\varphi(\omega)=\angle G(j\omega)$，单位为"度"("°")或"弧度"("rad")，采用普通比例尺(均匀分度)。

采用半对数坐标系的优点很多，主要表现如下。

(1) 由于横坐标采用了对数分度，将低频段相对展宽了(低频段频率特性的形状对于控制系统性能的研究具有重要的意义)，而将高频段相对压缩了。因此，在研究频率范围很宽的频率特性时，在一张图上，既方便研究中、高频段特性，又便于研究低频段特性。

(2) 可以大大简化绘制系统频率特性的工作。因为系统往往是由许多环节串联构成，设各环节的频率特性为

$$G_1(j\omega)=A_1(\omega)e^{j\varphi_1(\omega)}$$
$$G_2(j\omega)=A_2(\omega)e^{j\varphi_2(\omega)}$$
$$\vdots$$
$$G_n(j\omega)=A_n(\omega)e^{j\varphi_n(\omega)}$$

则串联后的开环系统频率特性为

$$G(\mathrm{j}\omega)=A_1(\omega)\mathrm{e}^{\mathrm{j}\varphi_1(\omega)}A_2(\omega)\mathrm{e}^{\mathrm{j}\varphi_2(\omega)}\cdots A_n(\omega)\mathrm{e}^{\mathrm{j}\varphi_n(\omega)}=A(\omega)\mathrm{e}^{\mathrm{j}\varphi(\omega)} \tag{5-15}$$

式中，

$$A(\omega)=A_1(\omega)A_2(\omega)\cdots A_n(\omega)$$

$$\varphi(\omega)=\varphi_1(\omega)+\varphi_2(\omega)+\cdots+\varphi_n(\omega)$$

在极坐标中绘制幅相频率特性，要花较多时间。绘制对数幅频特性时，由于

$$L(\omega)=20\lg A_1(\omega)+20\lg A_2(\omega)+\cdots+20\lg A_n(\omega) \tag{5-16}$$

将乘除运算变成了加减运算，这样，如果绘出各环节的对数幅频特性再进行加减，就能得到串联各环节所组成系统的对数频率特性。

(3) 可以用分段的直线(渐近线)来代替典型环节的准确对数幅频特性。这时，只要使用铅笔、三角板，再加上简单的辅助计算，就可以在半对数坐标上绘制和修改系统的近似频率特性；如果需要精确的曲线，也很容易进行适当的修正，为分析和设计控制系统带来很多方便。

**3. 对数幅相特性曲线**

对数幅相特性曲线是将对数幅频特性和对数相频特性绘在一个平面上，以对数幅值 $L(\omega)=20\lg A(\omega)$ 作纵坐标(单位为分贝)，以相角位移 $\varphi(\omega)=\angle G(\mathrm{j}\omega)$ 作横坐标(单位为度)，以频率为参变量。这种图称为对数幅相频率特性曲线，也称为尼柯尔斯图或尼氏图。事实上，对数幅相特性可以很方便地从伯德图改造而成。只要从伯德图中读取各频率 $\omega$ 下的对数幅值 $L(\omega)$ 和相角值 $\varphi(\omega)$，就可以在对数幅相坐标上以 $\omega$ 作为参变量而得到多个描述点，然后用圆滑曲线将这些点连接起来，便是所求的对数幅相特性曲线。

采用对数幅相特性曲线表示频率特性的好处是：可以方便地求出闭环频率特性及其有关的特性参数，作为评估系统性能的依据。

对数幅相特性曲线的绘制及其应用将在本章第 6 节中详细讲述。

## 5.2 典型环节的频率特性

一个自动控制系统通常是由若干典型环节组成的。熟悉和掌握各典型环节的频率特性及其几何图形，对了解系统的频率特性和分析系统的动态性能有很大的帮助。下面介绍这些典型环节的频率特性。

因为频率特性 $G(\mathrm{j}\omega)$ 既可用 $A(\omega)$、$\varphi(\omega)$ 表示，又可用 $P(\omega)$、$Q(\omega)$ 表示，所以在求环节(或系统)的幅相频率特性时，既可在极坐标系中用幅值 $A(\omega)$ 和相角 $\varphi(\omega)$ 的表达式逐点计算描出，也可以在复平面上用实频 $P(\omega)$ 和虚频 $Q(\omega)$ 的表达式逐点计算描出。

求幅相频率特性一般可参照下列步骤进行：

(1) 求环节(或系统)的传递函数 $G(s)$。

(2) 用 $\mathrm{j}\omega$ 取代传递函数中的 $s$，求出频率特性表达式 $G(\mathrm{j}\omega)$。

(3) 将 $G(\mathrm{j}\omega)$ 分成实部 $P(\omega)$ 和虚部 $Q(\omega)$ (若遇到 $G(\mathrm{j}\omega)$ 的分母为复数或虚数的情况时，应将其做有理化处理)，或用复指数形式进行幅值 $A(\omega)$ 和相角 $\varphi(\omega)$ 计算，然后选取不同的 $\omega$ 值计算 $P(\omega)$ 和 $Q(\omega)$ 或 $A(\omega)$ 和 $\varphi(\omega)$，最后在极坐标上逐点连接成光滑曲线。

对数频率特性由对数幅频特性和对数相频特性两条曲线构成。在控制工程中，为便于作图，常采用分段直线去近似表示对数幅频特性曲线。这样处理，自然会引起一些误差，但其误差值不算大，工程上一般可以接受。在精确分析和设计系统时，若嫌不足，还可以将所绘出的分段直线进行修正，这个过程称为对数幅频特性曲线的精确化。

为了书写的简洁性,本节中传递函数的参数如无特定说明,均视为正值。

### 5.2.1 比例环节的频率特性

比例环节的传递函数为

$$G(s)=\frac{C(s)}{R(s)}=K$$

用 $j\omega$ 替换 $s$ 即得其频率特性

$$G(j\omega)=K \tag{5-17}$$

将式(5-17)写成实频特性与虚频特性的形式,有

$$G(j\omega)=K+j0=P(\omega)+jQ(\omega)$$

式中:$P(\omega)=K$;$Q(\omega)=0$。幅频特性和相频特性为

$$A(\omega)=K,\quad \varphi(\omega)=0$$

**1. 幅相频率特性**

可以看出,比例环节的幅频特性、相频特性均与频率 $\omega$ 无关。所以 $\omega:0\to\infty$,$G(j\omega)$ 在图中为实轴上一点。$\varphi(\omega)=0$,表示输出与输入同相位。比例环节的幅相频率特性如图 5-5 所示。

**2. 对数频率特性**

比例环节的对数幅频特性为

$$L(\omega)=20\lg|G(j\omega)|=20\lg K$$

因此,对数幅频特性是一条平行于横轴,高度为 $20\lg K$(dB)的直线。

比例环节的对数相频特性为

$$\varphi(\omega)=0^\circ$$

因此,对数相频特性是一条与 $0^\circ$ 线重合的直线。$K=100$ 时,比例环节的对数频率特性如图 5-6 所示。

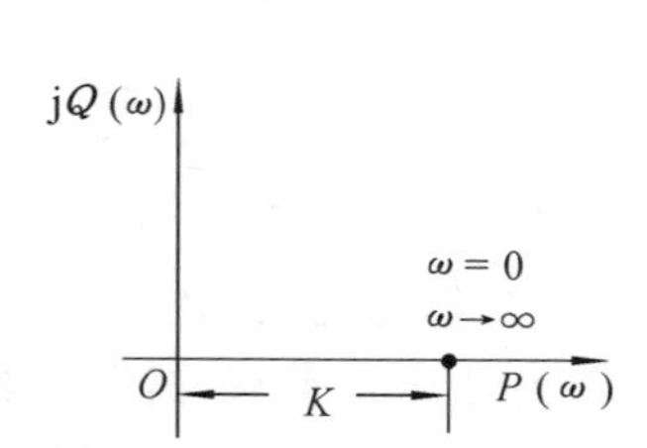


图 5-5 比例环节的幅相频率特性

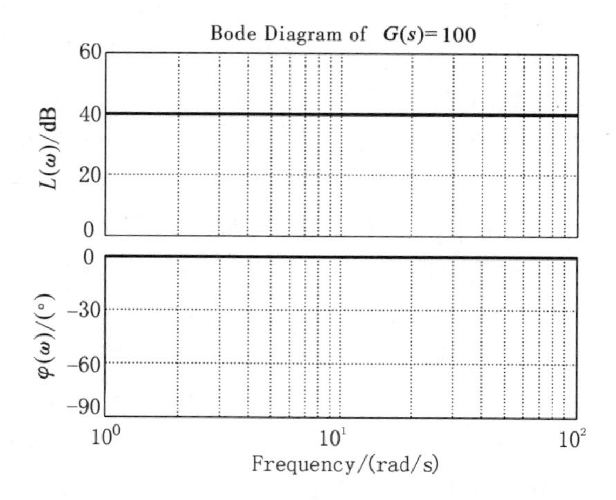


图 5-6 比例环节的对数频率特性

### 5.2.2 积分环节的频率特性

积分环节的传递函数为

$$G(s)=\frac{C(s)}{R(s)}=\frac{1}{s}$$

用 $\mathrm{j}\omega$ 替换 $s$ 即得其频率特性

$$G(\mathrm{j}\omega)=\frac{1}{\mathrm{j}\omega} \tag{5-18}$$

将式(5-18)有理化处理，写成实频特性与虚频特性的形式，有

$$G(\mathrm{j}\omega)=\frac{1}{\mathrm{j}\omega}=-\mathrm{j}\,\frac{1}{\omega}=P(\omega)+\mathrm{j}Q(\omega)$$

式中：$P(\omega)=0$；$Q(\omega)=-1/\omega$。幅频特性和相频特性为

$$A(\omega)=\frac{1}{\omega},\quad \varphi(\omega)=-\frac{\pi}{2}$$

**1. 幅相频率特性**

当 $\omega$ 从 $0\to\infty$ 时，可以计算出一组 $P(\omega)$ 和 $Q(\omega)$ 值，如表 5-1 所示；或相应的 $A(\omega)$ 和 $\varphi(\omega)$ 值，如表 5-2 所示。

**表 5-1　不同频率下，积分环节的实频特性和虚频特性值**

| $\omega$ | 0 | … | $\infty$ |
|---|---|---|---|
| $P(\omega)$ | 0 | … | 0 |
| $Q(\omega)$ | $-\infty$ | … | 0 |

**表 5-2　不同频率下，积分环节的幅频特性和相频特性值**

| $\omega$ | 0 | … | $\infty$ |
|---|---|---|---|
| $A(\omega)$ | $\infty$ | … | 0 |
| $\varphi(\omega)$ | $-90°$ | … | $-90°$ |

根据这些数据，可以绘出积分环节的幅相频率特性，如图 5-7 所示。在 $0\leqslant\omega\leqslant\infty$，幅相特性为虚轴的 $-\infty$ 趋向原点。

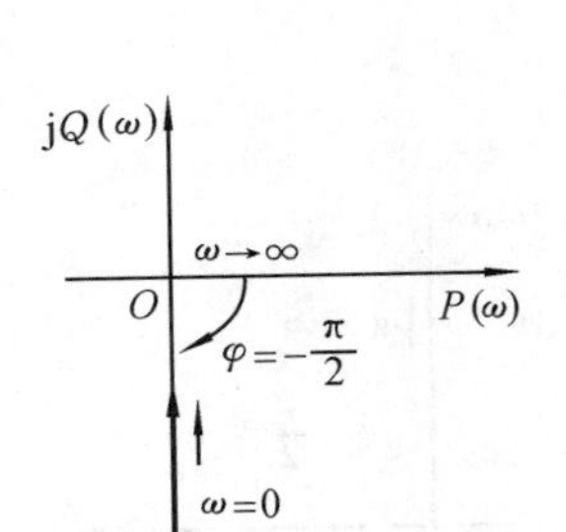


图 5-7　积分环节的幅相频率特性

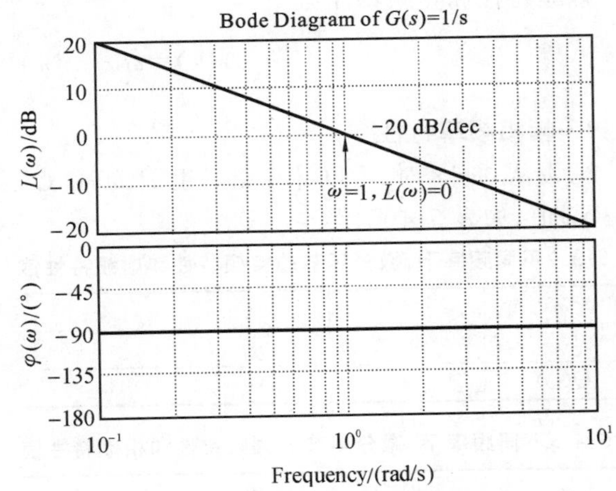


图 5-8　积分环节的对数频率特性

**2. 对数频率特性**

积分环节的对数幅频特性为

$$L(\omega)=20\lg A(\omega)=20\lg\frac{1}{\omega}=-20\lg\omega$$

当 $\omega=1$ 时，$L(\omega=1)=0$ dB。令 $L(\omega_1)=-20\lg\omega_1$，则当 $\omega_2=10\omega_1$ 时，$L(\omega_2)=-20\lg 10\omega_1=-20\lg\omega_1-20$ dB。也就是说，当频率增大 10 倍频时，$L(\omega)$ 变化 $-20$ dB。因此，积分环节的对数幅频特性是一条斜率为 $-20$ dB/dec 的直线，如图 5-8 所示。应注意到，它在 $\omega=1$ 这一点穿过零分贝线。

积分环节的对数相频特性为

$$\varphi(\omega)=-\frac{\pi}{2}$$

它与频率无关,在 $0\leqslant\omega\leqslant\infty$,为平行于横轴的一条直线,如图 5-8 所示。

如果传递函数中有 $N$ 个串联积分环节时,对数幅频特性为

$$L(\omega)=20\lg\frac{1}{\omega^N}=-N\times 20\lg\omega$$

这是一条斜率为 $-20N$ dB/dec 的斜线,且在 $\omega=1$ 处穿过零分贝线。

当传递函数中有 $N$ 个串联积分环节时,对数相频特性为

$$\varphi(\omega)=-N\times\frac{\pi}{2}$$

### 5.2.3 微分环节的频率特性

微分环节的传递函数为

$$G(s)=s$$

用 $\mathrm{j}\omega$ 替换 $s$ 即得其频率特性

$$G(\mathrm{j}\omega)=\mathrm{j}\omega \tag{5-19}$$

将式(5-19)写成实频特性与虚频特性的形式,有

$$G(\mathrm{j}\omega)=\mathrm{j}\omega=P(\omega)+\mathrm{j}Q(\omega)$$

式中:$P(\omega)=0$;$Q(\omega)=\omega$。

幅频特性和相频特性为

$$A(\omega)=\omega,\quad \varphi(\omega)=\frac{\pi}{2}$$

**1. 幅相频率特性**

当 $\omega$ 从 $0\to\infty$ 时,可以计算出一组 $P(\omega)$ 和 $Q(\omega)$ 值,如表 5-3 所示;或相应的 $A(\omega)$ 和 $\varphi(\omega)$ 值,如表 5-4 所示。

**表 5-3 不同频率下,微分环节的实频特性和虚频特性值**

| $\omega$ | 0 | … | $\infty$ |
|---|---|---|---|
| $P(\omega)$ | 0 | … | 0 |
| $Q(\omega)$ | 0 | … | $\infty$ |

**表 5-4 不同频率下,微分环节的幅频特性和相频特性值**

| $\omega$ | 0 | … | $\infty$ |
|---|---|---|---|
| $A(\omega)$ | 0 | … | $\infty$ |
| $\varphi(\omega)$ | 90° | … | 90° |

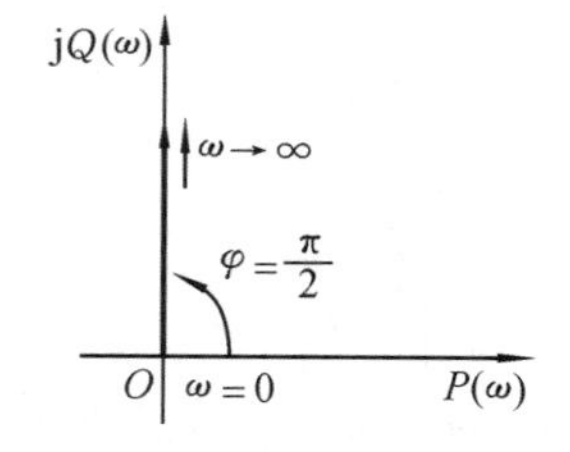


**图 5-9 微分环节的幅相频率特性**

根据这些数据,可以绘出微分环节的幅相频率特性,如图 5-9 所示。在 $0\leqslant\omega\leqslant\infty$,幅相特性为虚轴的原点趋向$\infty$。

**2. 对数频率特性**

理想微分环节的对数幅频特性为

$$L(\omega)=20\lg A(\omega)=20\lg\omega$$

当 $\omega=1$ 时,$L(\omega=1)=0$ dB。令 $L(\omega_1)=20\lg\omega_1$,则当 $\omega_2=10\omega_1$ 时,$L(\omega_2)=20\lg 10\omega_1$

$=20\lg\omega_1+20$ dB。也就是说，当频率增大10倍频时，$L(\omega)$变化20 dB，故微分环节的对数幅频特性是一条斜率为20 dB/dec的直线，如图5-10所示，它在$\omega=1$这一点穿过零分贝线。

微分环节的对数相频特性为

$$\varphi(\omega)=\frac{\pi}{2}$$

它与频率无关，在$0\leqslant\omega\leqslant\infty$，它是平行于横轴的一条直线，如图5-10所示。

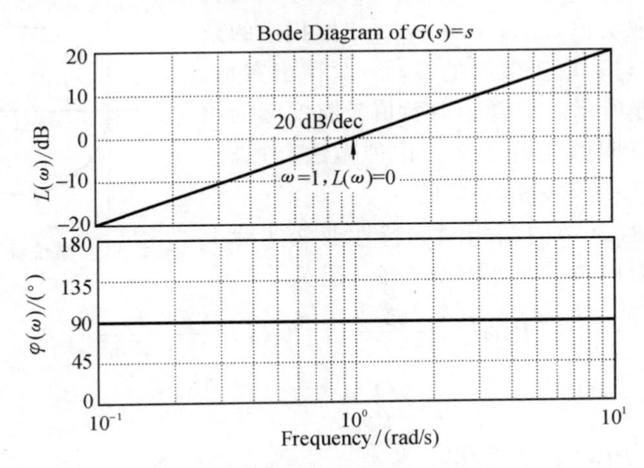


**图5-10　理想微分环节的对数频率特性**

### 5.2.4　惯性环节和一阶微分环节的频率特性

#### 1. 惯性环节

惯性环节的传递函数为

$$G(s)=\frac{C(s)}{R(s)}=\frac{1}{1+Ts}$$

式中，$T$为环节的时间常数。用$\mathrm{j}\omega$替换$s$即得其频率特性

$$G(\mathrm{j}\omega)=\frac{1}{1+\mathrm{j}T\omega} \tag{5-20}$$

将式(5-20)有理化处理，写成实频特性与虚频特性的形式，有

$$G(\mathrm{j}\omega)=\frac{1}{1+\mathrm{j}T\omega}=\frac{1-\mathrm{j}T\omega}{(1+\mathrm{j}T\omega)(1-\mathrm{j}T\omega)}=\frac{1-\mathrm{j}T\omega}{1+T^2\omega^2}=P(\omega)+\mathrm{j}Q(\omega)$$

式中：$P(\omega)=\dfrac{1}{1+T^2\omega^2}$；$Q(\omega)=\dfrac{-T\omega}{1+T^2\omega^2}$。幅频特性和相频特性为

$$A(\omega)=\frac{1}{\sqrt{1+T^2\omega^2}},\quad \varphi(\omega)=-\arctan(T\omega)$$

(1) 幅相频率特性：当$\omega$从$0\to\infty$时，可以计算出一组$P(\omega)$和$Q(\omega)$值，如表5-5所示；或相应的$A(\omega)$和$\varphi(\omega)$值，如表5-6所示。

根据这些数据，可以绘出惯性环节的幅相频率特性，如图5-11所示。

有必要指出，由于实频特性是$\omega$的偶函数，虚频特性是$\omega$的奇函数(或者说，幅频特性是$\omega$的偶函数，相频特性是$\omega$的奇函数)，因此，频率$\omega$无论取正值或负值，$P(\omega)$(或

表 5-5　不同频率下,惯性环节的实频特性和虚频特性值

| $\omega$ | 0 | … | $1/T$ | … | $\infty$ |
|---|---|---|---|---|---|
| $P(\omega)$ | 1 | … | $1/2$ | … | 0 |
| $Q(\omega)$ | 0 | … | $-1/2$ | … | 0 |

表 5-6　不同频率下,惯性环节的幅频特性和相频特性值

| $\omega$ | 0 | … | $1/T$ | … | $\infty$ |
|---|---|---|---|---|---|
| $A(\omega)$ | 1 | … | $1/\sqrt{2}$ | … | 0 |
| $\varphi(\omega)$ | $0^\circ$ | … | $-45^\circ$ | … | $-90^\circ$ |

$A(\omega)$)的符号不变,而 $Q(\omega)$(或 $\varphi(\omega)$)的符号则相反。于是,当频率 $\omega$ 取负值,即 $\omega$ 从 $0\to-\infty$ 时,相应的奈奎斯特曲线必然与 $\omega$ 取正值时的 $G(\mathrm{j}\omega)$ 对称于实轴,如图 5-11 的虚线所示。尽管 $\omega$ 取负值没有实际的物理意义,但却有鲜明的几何意义。这种做法,对进一步分析自动控制系统常常是必要的。

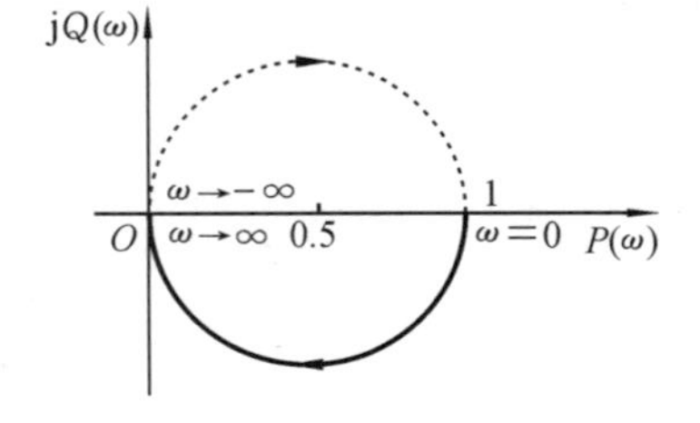


图 5-11　惯性环节的幅相频率特性

下面证明惯性环节的幅相频率特性曲线实际上是一个圆,圆心为(1/2,0),半径为 1/2。因为

$$P(\omega)=\frac{1}{1+T^2\omega^2},\quad Q(\omega)=\frac{-T\omega}{1+T^2\omega^2}$$

所以有

$$\frac{Q(\omega)}{P(\omega)}=-T\omega \tag{5-21}$$

将式(5-21)代入 $P(\omega)$表达式,得

$$P(\omega)=\frac{1}{1+T^2\omega^2}=\frac{1}{1+\frac{Q^2}{P^2}}$$

整理上式,有

$$\left(P-\frac{1}{2}\right)^2+Q^2=\left(\frac{1}{2}\right)^2 \tag{5-22}$$

式(5-22)是圆的方程,圆心为(1/2,0),半径为 1/2。

证毕。

(2) **对数频率特性**:惯性环节的对数幅频特性为

$$L(\omega)=20\lg A(\omega)=20\lg\frac{1}{\sqrt{1+T^2\omega^2}}=-20\lg\sqrt{1+T^2\omega^2} \tag{5-23}$$

给出不同的频率值,按上式可计算出对应的 $L(\omega)$值,从而绘出对数幅频特性曲线。在实际控制工程中,常采用分段直线近似来表示对数幅频特性曲线。

在低频段:当 $T\omega\ll1$(或 $\omega\ll1/T$)时,有

$$L(\omega)=-20\lg\sqrt{1+T^2\omega^2}\approx-20\lg1=0$$

故在低频段时,对数幅频特性可以近似用零分贝线表示,这称为低频渐近线,如图 5-12 中线段①所示。

在高频段:当 $T\omega\gg1$(或 $\omega\gg1/T$)时,有

$$L(\omega)=-20\lg\sqrt{1+T^2\omega^2}\approx-20\lg T\omega$$

令 $L(\omega_1)\approx-20\lg T\omega_1$,则当 $\omega_2=10\omega_1$ 时,$L(\omega_2)\approx-20\lg10T\omega_1=-20\lg T\omega_1-20$ dB。即当频率增大 10 倍频时,$L(\omega)$变化 $-20$ dB。因此,在高频段时,对数幅频特性可以近似用一条斜率为 $-20$ dB/dec 斜线表示,它与低频渐近线的交点为 $\omega=1/T$,如图 5-12 中②线段即为高频渐近线。

惯性环节的对数相频特性为

$$\varphi(\omega)=-\arctan(T\omega) \tag{5-24}$$

为了近似绘制对数相频特性，确定几个关键点就可以了。因为惯性环节的相移与频率呈反正切关系，所以对数相频特性将对于$(1/T,-45°)$这一点斜对称。

$T=10$时，惯性环节的对数频率特性如图5-12所示。可见，惯性环节的幅频特性随频率升高而下降。因此，如果以同样振幅但不同频率的正弦信号加于惯性环节，其输出信号的振幅必不相同；频率越高，输出振幅越小，呈“低通滤波器”的特性。输出信号的相位总是滞后于输入信号，当频率等于转折频率，即$\omega=1/T$时，相位滞后45°，频率越高，相位滞后越多，极限为90°。

在惯性环节对数幅频特性中，高频渐近线和低频渐近线的交点频率$\omega=1/T$(称为转折频率)。在绘制渐近对数频率特性时，它是一个重要参数。

渐近特性和准确特性之间存在误差：越靠近转折频率，误差越大；在转折频率这一点，误差最大。这时

$$L(\omega=1/T)=-20\lg\sqrt{2}=-3\ \text{dB}$$

说明在转折频率上，用渐近线绘制的对数幅频特性的误差为$-3$ dB。

因为渐近线很容易绘制，且与精确曲线充分接近，所以为了能迅速地确定系统频率特性的一般性质，使计算量达到最小，采用这种近似的方法画伯德图是很方便的，通常应用在设计工作的初始阶段。如果需要精确的频率响应曲线，可参照图5-13中给出的误差曲线进行校正。

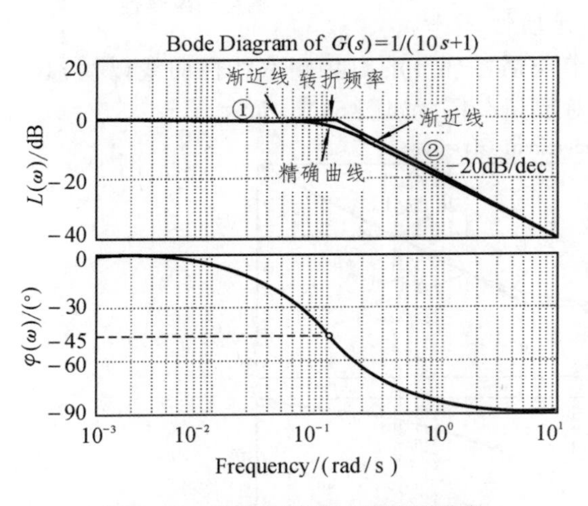


图5-12　惯性环节的对数频率特性

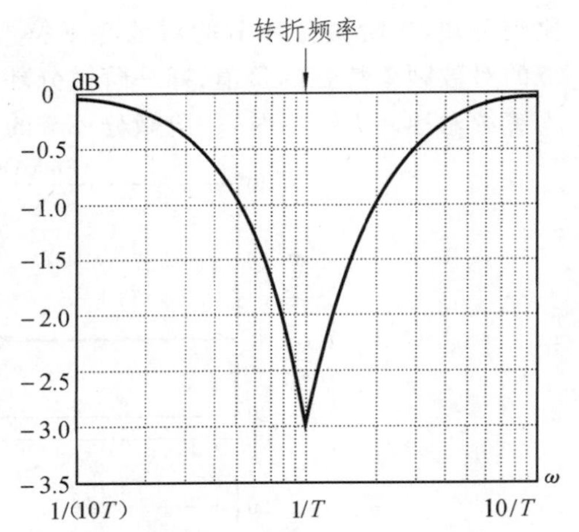


图5-13　惯性环节的幅频特性以渐近线表示时，引起的对数幅值误差

**2. 一阶微分环节**

一阶微分环节传递函数为

$$G(s)=Ts+1$$

用$\mathrm{j}\omega$替换$s$即得其频率特性

$$G(\mathrm{j}\omega)=1+\mathrm{j}T\omega \tag{5-25}$$

将式(5-25)写成实频特性与虚频特性的形式，有

$$G(\mathrm{j}\omega)=1+\mathrm{j}T\omega=P(\omega)+\mathrm{j}Q(\omega)$$

式中：$P(\omega)=1$；$Q(\omega)=T\omega$。

幅频特性和相频特性为

$$A(\omega)=\sqrt{1+T^2\omega^2},\quad \varphi(\omega)=\arctan T\omega$$

(1) 幅相频率特性：当 $\omega:0\to\infty$ 时，可以计算出一组 $P(\omega)$ 和 $Q(\omega)$ 值，如表 5-7 所示；或相应的 $A(\omega)$ 和 $\varphi(\omega)$ 值，如表 5-8 所示。

**表 5-7 不同频率下，一阶微分环节的实频特性和虚频特性值**

| $\omega$ | 0 | … | $1/T$ | … | $\infty$ |
|---|---|---|---|---|---|
| $P(\omega)$ | 1 | … | 1 | … | 1 |
| $Q(\omega)$ | 0 | … | 1 | … | $\infty$ |

**表 5-8 不同频率下，一阶微分环节的幅频特性和相频特性值**

| $\omega$ | 0 | … | $1/T$ | … | $\infty$ |
|---|---|---|---|---|---|
| $A(\omega)$ | 1 | … | $\sqrt{2}$ | … | $\infty$ |
| $\varphi(\omega)$ | 0° | … | 45° | … | 90° |

根据这些数据，可以绘出一阶微分环节的幅相频率特性，如图 5-14 所示。在 $0\leqslant\omega\leqslant\infty$，幅相特性为第一象限过(1,j0)点且平行于虚轴的一条直线。

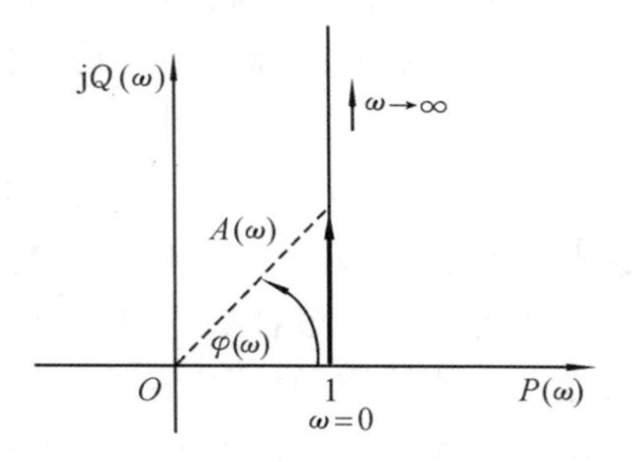


图 5-14 一阶微分环节的幅相频率特性

(2) 对数频率特性：一阶微分环节的对数幅频特性为

$$L(\omega)=20\lg A(\omega)=20\lg\sqrt{1+T^2\omega^2}\tag{5-26}$$

一阶微分环节的对数相频特性为

$$\varphi(\omega)=\arctan(T\omega)\tag{5-27}$$

将式(5-26)与式(5-23)、式(5-27)与式(5-24)进行比较可知，一阶微分环节的对数频率特性是惯性环节的对数频率特性的负值，即一阶微分环节与惯性环节的对数频率特性曲线以横轴互为镜像对称。$T=10$ 时，一阶微分环节的对数频率特性如图 5-15 所示。

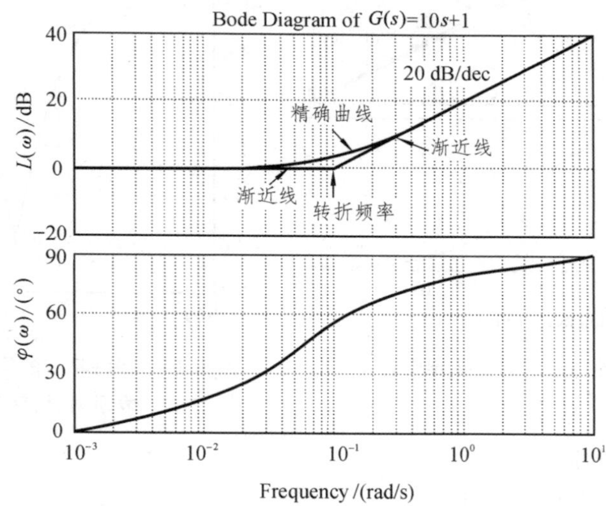


图 5-15 一阶微分环节的对数频率特性

### 5.2.5 振荡环节和二阶微分环节的频率特性

**1. 振荡环节**

振荡环节的传递函数为

$$G(s)=\frac{1}{T^2s^2+2\zeta Ts+1}$$

式中：$T$ 为时间常数，$T=1/\omega_n$；$\zeta$ 为阻尼比，$0\leqslant\zeta<1$。用 $j\omega$ 替换 $s$ 即得其频率特性

$$G(j\omega)=\frac{1}{1-T^2\omega^2+2\zeta Tj\omega} \tag{5-28}$$

将式(5-28)写成实频特性与虚频特性的形式，有

$$G(j\omega)=\frac{1}{1-T^2\omega^2+2\zeta Tj\omega}=\frac{1-T^2\omega^2-2\zeta Tj\omega}{(1-T^2\omega^2)^2+(2\zeta T\omega)^2}=P(\omega)+jQ(\omega)$$

式中：　$P(\omega)=\dfrac{1-T^2\omega^2}{(1-T^2\omega^2)^2+(2\zeta T\omega)^2}$，　$Q(\omega)=\dfrac{-2\zeta T\omega}{(1-T^2\omega^2)^2+(2\zeta T\omega)^2}$

幅频特性

$$A(\omega)=\frac{1}{\sqrt{(1-T^2\omega^2)^2+(2\zeta T\omega)^2}} \tag{5-29}$$

相频特性

$$\varphi(\omega)=\begin{cases}-\arctan\left(\dfrac{2\zeta T\omega}{1-T^2\omega^2}\right), & \omega T<1\\ -\pi+\arctan\left(\dfrac{2\zeta T\omega}{T^2\omega^2-1}\right), & \omega T\geqslant 1\end{cases} \tag{5-30}$$

(1) 幅相频率特性：以 $\zeta$ 为参变量，当 $\omega$：$0\to\infty$ 时，可以计算出一组 $P(\omega)$ 和 $Q(\omega)$ 值，如表 5-9 所示；或相应的 $A(\omega)$ 和 $\varphi(\omega)$ 值，如表 5-10 所示。

**表 5-9　不同频率下，振荡环节的实频特性和虚频特性值**

| $\omega$ | 0 | … | $1/T$ | … | $\infty$ |
|---|---|---|---|---|---|
| $P(\omega)$ | 1 | … | 0 | … | 0 |
| $Q(\omega)$ | 0 | … | $-1/2\zeta$ | … | 0 |

**表 5-10　不同频率下，振荡环节的幅频特性和相频特性值**

| $\omega$ | 0 | … | $1/T$ | … | $\infty$ |
|---|---|---|---|---|---|
| $A(\omega)$ | 1 | … | $1/2\zeta$ | … | 0 |
| $\varphi(\omega)$ | 0° | … | −90° | … | −180° |

根据这些数据，可以绘出振荡环节的幅相频率特性，如图 5-16 所示。

在 $\omega=1/T$ 附近，幅频特性将出现谐振峰值 $M_p$，其大小与阻尼比有关。

由幅频特性 $A(\omega)$ 对频率 $\omega$ 求导数，并令其等于零，可求得谐振角频率 $\omega_p$ 和谐振峰值 $M_p$，即由

$$\frac{dA(\omega)}{d\omega}=-\frac{[4T^4\omega^3+2(4\zeta^2T^2-2T^2)\omega]}{2\sqrt{[(1-T^2\omega^2)^2+4\zeta^2T^2\omega^2]^3}}=0$$

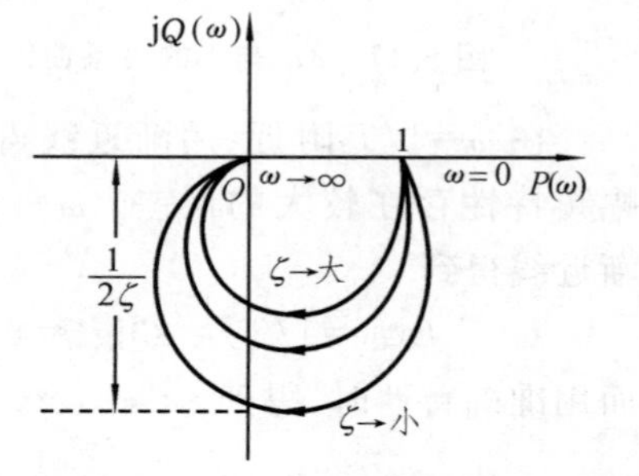


图 5-16　振荡环节的幅相频率特性

可得振荡环节的谐振角频率

$$\omega_p=\frac{1}{T}\sqrt{1-2\zeta^2}\quad(0\leqslant\zeta\leqslant 0.707) \tag{5-31}$$

将式(5-31)代入式(5-29)，可得谐振峰值为

$$M_p=A(\omega_p)=\frac{1}{2\zeta\sqrt{1-\zeta^2}}\quad(0\leqslant\zeta\leqslant 0.707) \tag{5-32}$$

当 $\zeta>0.707$ 时，不产生谐振峰值；当 $0\leqslant\zeta\leqslant 0.707$ 时，$M_p$ 与 $\zeta$ 之间的关系如图 5-17 所示。

(2) 对数频率特性：振荡环节的对数幅频特性为

$$\begin{aligned}L(\omega)&=20\lg A(\omega)=20\lg 1-20\lg\sqrt{(1-T^2\omega^2)^2+(2\zeta T\omega)^2}\\&=-20\lg\sqrt{(1-T^2\omega^2)^2+(2\zeta T\omega)^2}\end{aligned} \tag{5-33}$$

在低频段：$T\omega \ll 1$(或 $\omega \ll 1/T$)时，有

$$L(\omega) = -20\lg\sqrt{(1-T^2\omega^2)^2+(2\zeta T\omega)^2} \approx -20\lg 1\ \text{dB} = 0\ \text{dB}$$

故在低频段时，对数幅频特性可以近似用零分贝线表示，如图 5-18 中曲线①所示，即低频渐近线。

在高频段：$T\omega \gg 1$(或 $\omega \gg 1/T$)时，有

$$\begin{aligned} L(\omega) &= -20\lg\sqrt{(1-T^2\omega^2)^2+(2\zeta T\omega)^2} \approx -20\lg\sqrt{(T^2\omega^2)^2+(2\zeta T\omega)^2} \\ &\approx -20\lg\sqrt{(T^2\omega^2)(T^2\omega^2+4\zeta^2)} \approx -20\lg\sqrt{(T^2\omega^2)^2} = -40\lg T\omega \end{aligned}$$

令 $L(\omega_1) \approx -40\lg T\omega_1$，则当 $\omega_2 = 10\omega_1$ 时，$L(\omega_2) \approx -40\lg 10T\omega_1 = -40\lg T\omega_1 - 40$ dB。即当频率增大 10 倍频时，$L(\omega)$变化$-40$ dB。因此，在高频段时，对数幅频特性可以近似用一条斜率为$-40$ dB/dec 斜线表示，它与低频渐近线的交点为转折频率 $\omega = 1/T$，如图 5-18 中线段②所示，即高频渐近线。

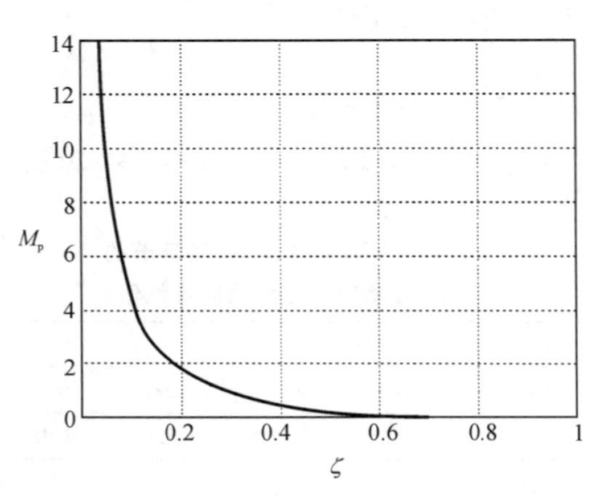


图 5-17　$M_p$ 与 $\zeta$ 的关系曲线

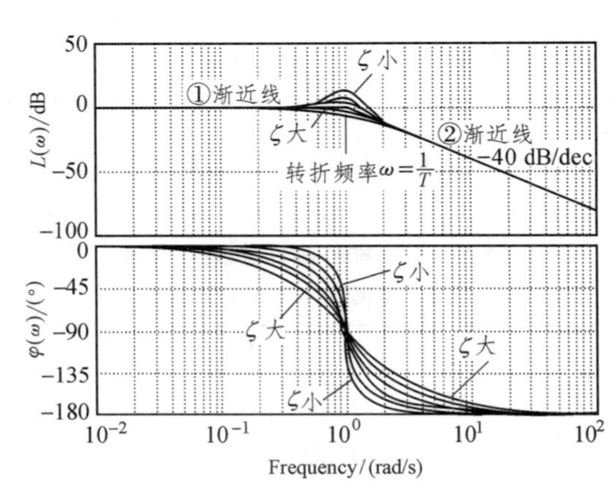


图 5-18　振荡环节的对数频率特性

在 $\omega = 1/T$ 附近，用渐近线得到的对数幅频特性存在较大的误差。$\omega = 1/T$ 时，用渐近线得到

$$L(\omega = 1/T) = 20\lg 1 = 0$$

而用准确特性时，得到

$$L(\omega = 1/T) = 20\lg\frac{1}{2\zeta}$$

只在 $\zeta = 0.5$ 时，两者相等。在 $\zeta$ 不同时，精确曲线如图 5-18 所示。所以，对于振荡环节，以渐近线代替实际幅频特性时，要特别加以注意。如果 $\zeta$ 在 0.4～0.7 范围内，误差不大；而当 $\zeta$ 很小时，要考虑它有一个尖峰。不同阻尼比下，振荡环节的误差修正曲线如图 5-19 所示。

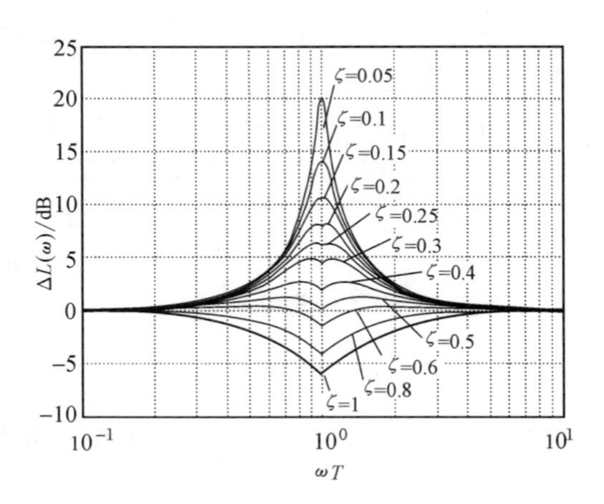


图 5-19　振荡环节的误差修正曲线

振荡环节对数相频特性，在低频段 $T\omega \ll 1$(或 $\omega \ll 1/T$)时，有

$$\varphi(\omega) = -\arctan\left(\frac{2\zeta T\omega}{1-T^2\omega^2}\right) = -\arctan\frac{2\zeta(\omega/\omega_n)}{1-(\omega^2/\omega_n^2)} \approx -\arctan 2\zeta\frac{\omega}{\omega_n}$$

在高频段 $T\omega \gg 1$（或 $\omega \gg 1/T$）时，有

$$\varphi(\omega)=-\pi+\arctan\left(\frac{2\zeta T\omega}{T^2\omega^2-1}\right)=-\pi+\arctan\frac{2\zeta(\omega/\omega_n)}{(\omega^2/\omega_n^2)-1}\approx-\pi+\arctan\frac{2\zeta}{(\omega/\omega_n)}$$

由式上面两个式子可知：$-180^\circ<\varphi(\omega)<0^\circ$，且当 $\omega<1/T$ 时，若 $\zeta_1<\zeta_2$，则 $|\varphi_1(\omega)|<|\varphi_2(\omega)|$；当 $\omega>1/T$ 时，若 $\zeta_1<\zeta_2$，则 $|\varphi_1(\omega)|>|\varphi_2(\omega)|$；当 $\omega=1/T$ 时，$\varphi(\omega)=-90^\circ$。$T=1$ 时，振荡环节频率特性如图 5-18 所示。

**2. 二阶微分环节**

二阶微分环节的传递函数为

$$G(s)=T^2s^2+2\zeta Ts+1\quad(0\leqslant\zeta<1)$$

用 $\mathrm{j}\omega$ 替换 $s$ 即得其频率特性

$$G(\mathrm{j}\omega)=1-T^2\omega^2+2\zeta T\mathrm{j}\omega \tag{5-34}$$

将式(5-34)写成实频特性与虚频特性的形式，有

$$G(\mathrm{j}\omega)=1-T^2\omega^2+\mathrm{j}\cdot 2\zeta T\omega=P(\omega)+\mathrm{j}Q(\omega)$$

式中：$P(\omega)=1-T^2\omega^2$；$Q(\omega)=2\zeta T\omega$。幅频特性和相频特性为

$$A(\omega)=\sqrt{(1-T^2\omega^2)^2+(2\zeta T\omega)^2},\quad \varphi(\omega)=\begin{cases}\arctan\left(\dfrac{2\zeta T\omega}{1-T^2\omega^2}\right) & (\omega T<1)\\ \pi-\arctan\left(\dfrac{2\zeta T\omega}{T^2\omega^2-1}\right) & (\omega T\geqslant 1)\end{cases}$$

(1) 幅相频率特性：当 $\omega=0\to\infty$ 时，可以计算出一组 $P(\omega)$ 和 $Q(\omega)$ 值，如表 5-11 所示；或相应的 $A(\omega)$ 和 $\varphi(\omega)$ 值，如表 5-12 所示。

**表 5-11　不同频率下，二阶微分环节的实频特性和虚频特性值**

| $\omega$ | 0 | … | $1/T$ | … | $\infty$ |
|---|---|---|---|---|---|
| $P(\omega)$ | 1 | … | 0 | … | $-\infty$ |
| $Q(\omega)$ | 0 | … | $2\zeta$ | … | $\infty$ |

**表 5-12　不同频率下，二阶微分环节的幅频特性和相频特性值**

| $\omega$ | 0 | … | $1/T$ | … | $\infty$ |
|---|---|---|---|---|---|
| $A(\omega)$ | 1 | … | $2\zeta$ | … | $\infty$ |
| $\varphi(\omega)$ | 0° | … | 90° | … | 180° |

根据这些数据，可以绘出二阶微分环节的幅相频率特性，如图 5-20 所示。

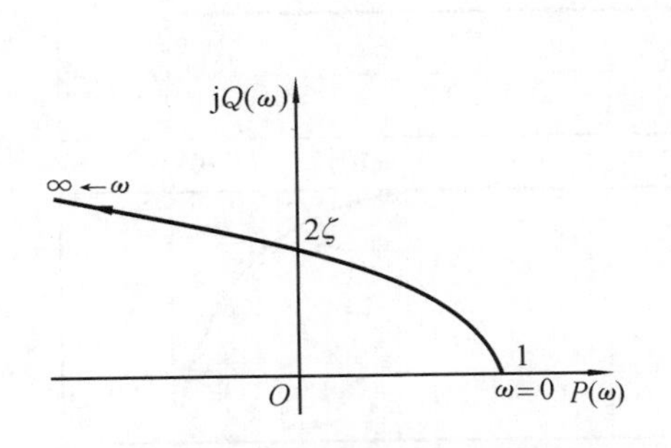


**图 5-20　二阶微分环节的幅相频率特性**

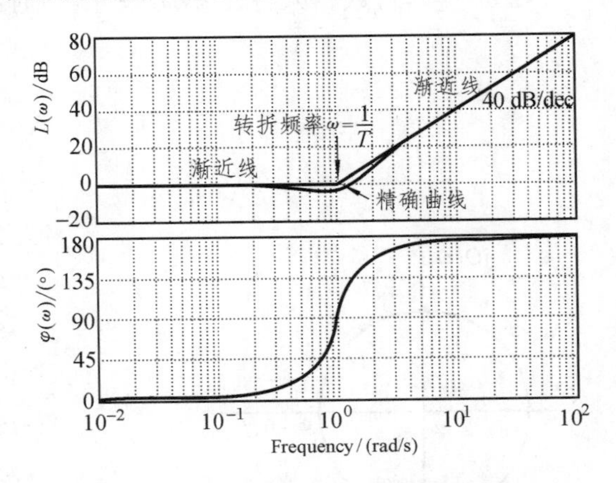


**图 5-21　二阶微分环节的对数频率特性**

(2) 对数频率特性：二阶微分环节的对数幅频特性为

$$L(\omega)=20\lg A(\omega)=20\lg\sqrt{(1-T^2\omega^2)^2+(2\zeta T\omega)^2} \tag{5-35}$$

二阶微分环节的对数相频特性为

$$\varphi(\omega)=\begin{cases}\arctan\left(\dfrac{2\zeta T\omega}{1-T^2\omega^2}\right), & \omega T<1\\ \pi-\arctan\left(\dfrac{2\zeta T\omega}{T^2\omega^2-1}\right), & \omega T\geqslant 1\end{cases} \tag{5-36}$$

将式(5-35)与式(5-33)、式(5-36)与式(5-30)进行比较可知，二阶微分环节的对数频率特性是振荡环节的对数频率特性的负值，即二阶微分环节与振荡环节的对数频率特性曲线以横轴互为镜像对称。$T=1$ 时，二阶微分环节的对数频率特性如图 5-21 所示。

### 5.2.6 时滞环节的频率特性

时滞环节的传递函数为

$$G(s)=\mathrm{e}^{-\tau s}$$

用 $\mathrm{j}\omega$ 替换 $s$ 即得其频率特性

$$G(s)=\mathrm{e}^{-\mathrm{j}\tau\omega} \tag{5-37}$$

将式(5-37)写成实频特性与虚频特性的形式，有

$$G(\mathrm{j}\omega)=\cos\tau\omega-\mathrm{j}\sin\tau\omega=P(\omega)+\mathrm{j}Q(\omega)$$

式中：$P(\omega)=\cos\tau\omega$；$Q(\omega)=-\sin\tau\omega$。幅频特性和相频特性为

$$A(\omega)=1,\quad \varphi(\omega)=-\tau\omega$$

#### 1. 幅相频率特性

由时滞环节的幅频特性和相频特性可知：时滞环节的幅相频率特性是一个以原点为圆心，半径为 1 的圆，如图 5-22 所示。

#### 2. 对数频率特性

时滞环节的对数幅频特性为

$$L(\omega)=20\lg A(\omega)=0\ \mathrm{dB}$$

对数相频特性为

$$\varphi(\omega)=-\tau\omega$$

随 $\omega\to\infty$，对数相频特性 $\varphi(\omega)\to-\infty$，时滞环节的对数频率特性如图 5-23 所示。

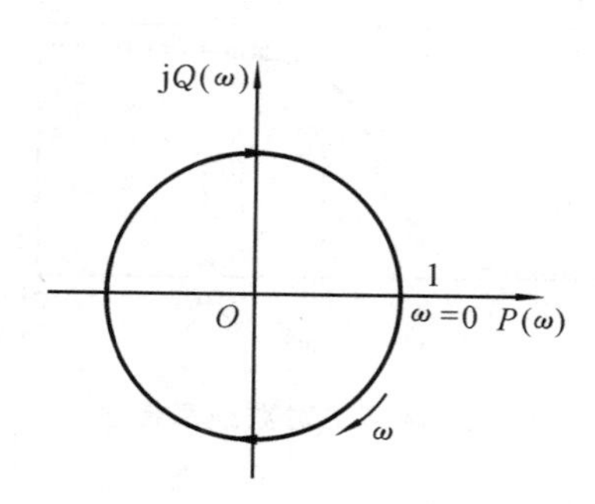


图 5-22 时滞环节的幅相频率特性

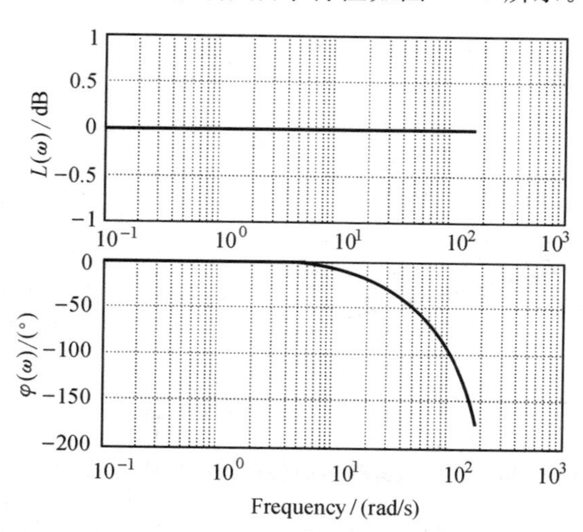


图 5-23 时滞环节的对数频率特性

## 5.3 系统开环频率特性

对自动控制系统进行频域分析时，通常是根据系统的开环频率特性来判断闭环系统的稳定性和估算闭环系统时域响应的各项性能指标，或者根据系统的开环频率特性绘制闭环系统的频率特性，然后再分析及估算时域性能指标。因此，掌握系统的开环频率特性曲线的绘制和特点是十分重要的。

### 5.3.1 开环幅相频率特性曲线

系统的开环幅相频率特性曲线简称为开环幅相曲线。绘制准确的开环幅相曲线可以和绘制典型环节的幅相频率特性曲线一样，根据系统的开环幅频特性和相频特性的表达式，用解析计算法绘制。显然，这种方法比较麻烦。在一般情况下，只需要绘制概略开环幅相曲线。概略开环幅相曲线的绘制方法比较简单，能保持准确曲线的重要特征，并且在要研究的点附近有足够的准确性。

下面首先介绍幅相频率特性曲线的一般规律与特点，然后举例说明绘制概略开环幅相曲线的方法。

设系统的开环传递函数的一般形式为

$$G(s)=\frac{K_{\mathrm{k}}\prod_{i=1}^{m}(T_i s+1)}{s^{v}\cdot\prod_{j=1}^{n-v}(T_j s+1)}\quad(n>m,K_{\mathrm{k}},T_i,T_j>0)\tag{5-38}$$

式中：$K_{\mathrm{k}}$ 为开环放大系数；$v$ 为开环系统中积分环节的个数。系统的开环频率特性为

$$G(\mathrm{j}\omega)=\frac{K_{\mathrm{k}}\prod_{i=1}^{m}(\mathrm{j}\omega T_i+1)}{(\mathrm{j}\omega)^{v}\prod_{j=1}^{n-v}(\mathrm{j}\omega T_j+1)}\tag{5-39}$$

由式(5-39)可得开环幅频特性

$$A(\omega)=\frac{K_{\mathrm{k}}\prod_{i=1}^{m}\sqrt{\omega^2T_i^2+1}}{\omega^{v}\prod_{j=1}^{n-v}\sqrt{\omega^2T_j^2+1}}\tag{5-40}$$

开环相频特性为

$$\varphi(\omega)=\sum_{i=1}^{m}\arctan\omega T_i-90^{\circ}v-\sum_{j=1}^{n-v}\arctan\omega T_j\tag{5-41}$$

**1. 开环幅相曲线的起点**

当 $\omega\to0^{+}$ 时，可以确定特性的低频部分。由式(5-40)、式(5-41)可知，$v=0$ 时，$A(0)=K_{\mathrm{k}}$，$\varphi(0)=0^{\circ}$；$v>0$ 时，$A(0^{+})\to\infty$，$\varphi(0^{+})=-90^{\circ}v$。也就是说，其特点由系统的型别近似确定，如图 5-24(a)所示。

0 型($v=0$)系统：$A(0)=K_{\mathrm{k}}$，$\varphi(0)=0^{\circ}$，因此，0 型系统的开环幅相曲线起始于实轴上的($K$,j0)点。

Ⅰ型($v=1$)系统：$A(0^{+})\to\infty$，$\varphi(0^{+})=-90^{\circ}$，因此，Ⅰ型系统的开环幅相曲线起

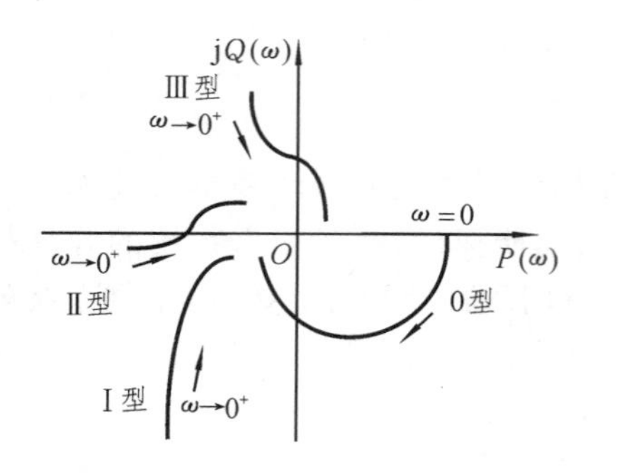


(a) 开环幅相曲线的起点

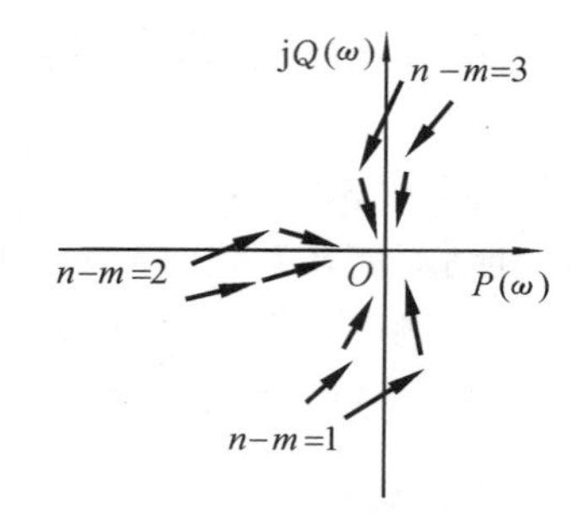


(b) 开环幅相曲线的终点

图 5-24　不同型别系统的幅相频率特性

始于相角为$-90°$的无穷远处。当$\omega\to0^+$时，开环幅相曲线趋于一条与虚轴平行的渐近线，这一渐近线可以由下式确定

$$\sigma_x=\lim_{\omega\to0^+}\mathrm{Re}[G(\mathrm{j}\omega)]=\lim_{\omega\to0^+}P(\omega)$$

Ⅱ型($v=2$)系统：$A(0^+)\to\infty,\varphi(0^+)=-180°$，因此，Ⅱ型系统的开环幅相曲线起始于相角为$-180°$的无穷远处。

**2. 开环幅相曲线的终点**

当$\omega\to\infty$时，可以确定特性的高频部分。一般有$n>m$，故当$\omega\to\infty$时，有$A(\infty)=0,\varphi(\infty)=-90°(n-m)$，即

$$\lim_{\omega\to\infty}G(\mathrm{j}\omega)=0\angle-90°(n-m)\tag{5-42}$$

即特性总是以$-90°(n-m)$顺时针方向终止于坐标原点，如图 5-24(b)所示。

**3. 开环幅相曲线与负实轴的交点**

开环幅相曲线与负实轴的交点的频率$\omega_g$由下式求出

$$\mathrm{Im}[G(\mathrm{j}\omega)]=Q(\omega)=0$$

将求出的交点频率$\omega_g$代入$\mathrm{Re}[G(\mathrm{j}\omega)]=P(\omega)$即可算出开环幅相曲线与负实轴的交点。

**4. 开环幅相曲线的变化范围(象限、单调性)**

在传递函数的分子中，如果没有时间常数，则当$\omega=0\to\infty$过程中，特性的相角连续减小，特性平滑地变化；如果有时间常数，则视这些时间常数的数值大小不同，特性的相角可能不是以同一方向连续地变化，这时，特性曲线可能出现凹部。

下面举例说明概略开环幅相曲线的绘制。

**【例 5-1】**　已知某闭环系统的开环传递函数为$G(s)=\dfrac{K}{(T_1s+1)(T_2s+1)}$ $(K,T_1,T_2>0)$，试绘制概略开环幅相曲线。

**解**　系统的开环频率特性为

$$G(\mathrm{j}\omega)=\frac{K}{(\mathrm{j}\omega T_1+1)(\mathrm{j}\omega T_2+1)}$$

幅频特性和相频特性为

$$A(\omega)=\frac{K}{\sqrt{\omega^2T_1^2+1}\sqrt{\omega^2T_2^2+1}},\quad \varphi(\omega)=-\arctan\omega T_1-\arctan\omega T_2$$

(1) 曲线的起点：该系统为 0 型系统，$\omega=0$ 时，$A(0)=K$，$\varphi(0)=0^\circ$，系统的幅相特性曲线起始于实轴上一点$(K,\mathrm{j}0)$。

(2) 曲线的终点：该系统 $n=2$，$m=0$，故$A(\infty)=0$，$\varphi(\infty)=-(n-m)\times 90^\circ=-180^\circ$，系统幅相特性趋向以$-180^\circ$方向顺时针终止于坐标原点。

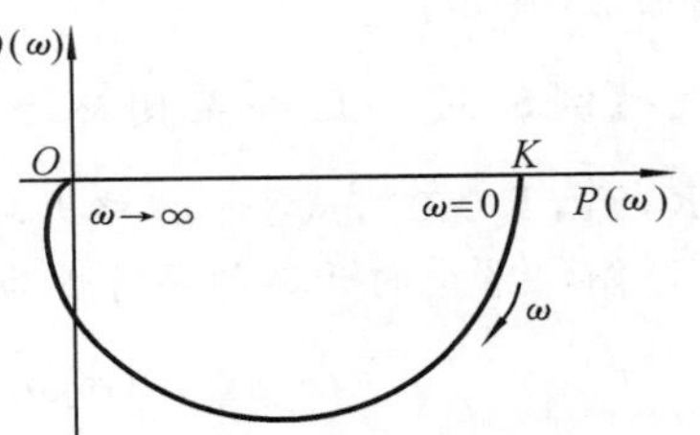

图 5-25 例 5-1 的开环幅相曲线

(3) 曲线的变化范围：该系统不存在一阶微分环节，因此，系统幅相特性曲线的相角将由$0^\circ$单调减小到$-180^\circ$，曲线平滑地变化。

(4) 开环幅相曲线与负实轴的交点：由曲线变化范围可知系统幅相特性曲线与负实轴无交点。

系统概略开环幅相曲线如图 5-25 所示。

**【例 5-2】** 已知某闭环系统的开环传递函数为 $G(s)=\dfrac{K}{s(T_1s+1)(T_2s+1)}$ $(K,T_1,T_2>0)$，试绘制概略开环幅相曲线。

**解** 系统的开环频率特性为

$$G(\mathrm{j}\omega)=\frac{K}{\mathrm{j}\omega(1+\mathrm{j}T_1\omega)(1+\mathrm{j}T_2\omega)}=\frac{-K(T_1+T_2)}{(1+T_1^2\omega^2)(1+T_2^2\omega^2)}-\mathrm{j}\frac{K(1-\omega^2T_1T_2)}{\omega(1+T_1^2\omega^2)(1+T_2^2\omega^2)}$$

幅频特性和相频特性为

$$A(\omega)=\frac{K}{\omega\sqrt{1+T_1^2\omega^2}\sqrt{1+T_2^2\omega^2}},\quad \varphi(\omega)=-90^\circ-\arctan T_1\omega-\arctan T_2\omega$$

(1) 曲线的起点：该系统为Ⅰ型系统，$\omega\to0^+$ 时，有

$$G(\mathrm{j}\omega)=\frac{K}{\mathrm{j}\omega}=\frac{K}{\omega}\mathrm{e}^{-\mathrm{j}\frac{\pi}{2}}$$

得 $A(0^+)\to\infty$，$\varphi(0^+)=-90^\circ$，系统的开环幅相曲线起始于相角为$-90^\circ$的无穷远处。

在 $\omega\to0^+$ 时，$A(0^+)\to\infty$的物理意义可以这样理解：在 $\omega=0$ 时，相当于在系统输入端加一个恒值信号，由于系统有积分环节，所以开环系统输出量将无限增大。在 $\omega=0$ 时，输出量与输入量之间的相角位移没有意义。在这种情况下，$\omega=0\to0^+$ 时，可以认为开环系统幅相频率特性由实轴上无穷远一点开始，在极小的频率范围内按无穷大半径变化，相角位移为$-\pi/2$，如图 5-26 中短虚线所示。

当 $\omega\to0^+$ 时，开环幅相曲线趋于一条与虚轴平行的渐近线，这一渐近线可以由下式确定

$$\sigma_x=\lim_{\omega\to0^+}\mathrm{Re}[G(\mathrm{j}\omega)]=\lim_{\omega\to0^+}P(\omega)=\lim_{\omega\to0^+}\frac{-K(T_1+T_2)}{(1+T_1^2\omega^2)(1+T_2^2\omega^2)}=-K(T_1+T_2)$$

(2) 曲线的终点：该系统 $n=3$，$m=0$，故$A(\infty)=0$，$\varphi(\infty)=-(n-m)\times90^\circ=-270^\circ$，系统幅相特性趋向以$-270^\circ$方向顺时针终止于坐标原点。

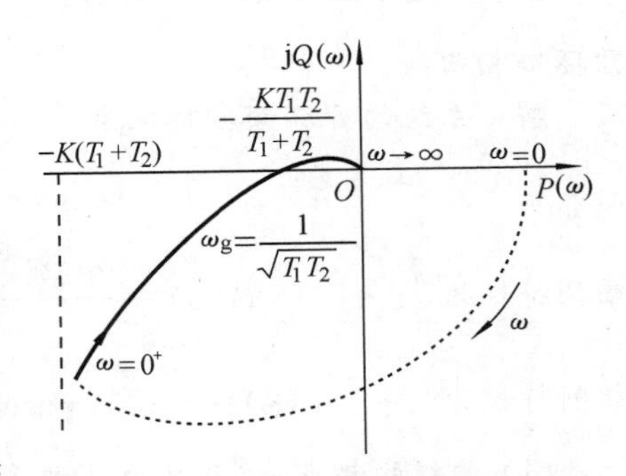

图 5-26 例 5-2 的开环幅相曲线

(3) 曲线的变化范围：该系统不存在一阶微分环节，因此，系统幅相特性曲线的相角将由$-90^\circ$单调减小到$-270^\circ$，曲线平滑地变化。

(4) 开环幅相曲线与负实轴的交点：由 $\mathrm{Im}[G(\mathrm{j}\omega)]=Q(\omega)=0\Rightarrow1-\omega^2T_1T_2=0\Rightarrow\omega=\omega_g=1/\sqrt{T_1T_2}$，开环幅相曲线与负实轴的交点为

$$P(\omega_g)=-\frac{KT_1T_2}{T_1+T_2}$$

由开环幅相曲线的渐近线与负实轴的交点的大小关系，系统概略开环幅相曲线如图 5-26 所示。

**【例 5-3】** 已知某闭环系统的开环传递函数为 $G(s)=\dfrac{K}{s^2(T_1s+1)(T_2s+1)}$ $(K,T_1,T_2>0)$，试绘制概略开环幅相曲线。

**解** 系统的开环频率特性为

$$G(\mathrm{j}\omega)=\frac{K}{-\omega^2(1+\mathrm{j}T_1\omega)(1+\mathrm{j}T_2\omega)}$$

幅频特性为
$$A(\omega)=\frac{K}{\omega^2\sqrt{1+T_1^2\omega^2}\sqrt{1+T_2^2\omega^2}}$$

相频特性为
$$\varphi(\omega)=-180°-\arctan T_1\omega-\arctan T_2\omega$$

(1) 曲线的起点：该系统为Ⅱ型系统，$\omega\to0^+$ 时，有

$$G(\mathrm{j}\omega)=\frac{K}{(\mathrm{j}\omega)^2}=\frac{K}{\omega^2}\mathrm{e}^{-\mathrm{j}\pi}$$

$A(0^+)\to\infty,\varphi(0^+)=-180°$，系统的开环幅相曲线起始于相角为 $-180°$ 的无穷远处。

与例 5-2 同理，$\omega=0\to0^+$ 时，可以认为开环系统幅相频率特性由实轴上无穷远一点开始，在极小的频率范围内按无穷大半径变化，相角位移为 $-\pi$，如图 5-27 短虚线所示。

(2) 曲线的终点：该系统 $n=4,m=0$，故 $A(\infty)=0,\varphi(\infty)=-(n-m)\times90°=-360°$，系统幅相特性趋向以 $-360°$ 方向顺时针终止于坐标原点。

(3) 曲线的变化范围：该系统不存在一阶微分环节，因此，系统幅相特性曲线的相角将由 $-180°$ 单调减小到 $-360°$，曲线平滑地变化。

(4) 开环幅相曲线与负实轴的交点：由曲线的变化范围可知系统幅相特性曲线与负实轴无交点($\omega=0^+\to\infty$)。

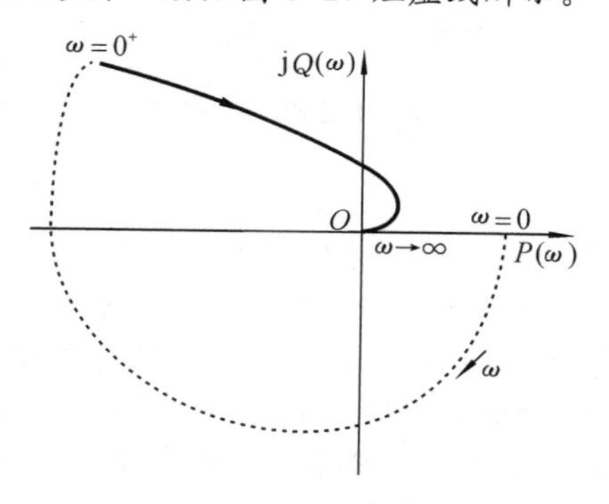


图 5-27 例 5-3 的开环幅相曲线

系统概略开环幅相曲线如图 5-27 所示。

当系统传递函数的分子中存在因子 $(\mathrm{j}\omega T_i+1)$ 时，当 $\omega=0\to\infty$ 时，$\varphi(\omega)$ 可能不按一个方向连续变化。下面举例说明。

**【例 5-4】** 已知某闭环系统的开环传递函数为 $G(s)=\dfrac{5(s+2)(s+3)}{s^2(s+1)}$，试绘制概略开环幅相曲线。

**解** 系统的开环频率特性为

$$G(\mathrm{j}\omega)=\frac{5[(6-\omega^2)+\mathrm{j}5\omega]}{-\omega^2(1+\mathrm{j}\omega)}$$

幅频特性为
$$A(\omega)=\frac{30\sqrt{1+(1/2)^2\omega^2}\sqrt{1+(1/3)^2\omega^2}}{\omega^2\sqrt{1+\omega^2}}$$

相频特性为
$$\varphi(\omega)=-180°-\arctan\omega+\arctan\frac{1}{2}\omega+\arctan\frac{1}{3}\omega$$

(1) 曲线的起点：该系统为Ⅱ型系统，$A(0^+)\to\infty,\varphi(0^+)=-180°$，系统的开环幅相曲线起始于相角为 $-180°$ 的无穷远处。$\omega=0\to0^+$ 时，可以认为开环系统幅相频率特

性由实轴上无穷远一点开始，在极小的频率范围内按无穷大半径变化，相角位移为$-\pi$，如图5-28中短虚线所示。

(2) 曲线的终点：该系统$n=3$，$m=2$，故$A(\infty)=0$，$\varphi(\infty)=-(n-m)\times 90°=-90°$，系统幅相特性趋向以$-90°$方向顺时针终止于坐标原点。

(3) 开环幅相曲线与负实轴的交点$P(\omega_g)$：

由$\text{Im}[G(\text{j}\omega)]=Q(\omega)=0\Rightarrow 5\omega-\omega(6-\omega^2)=0$
$\Rightarrow\omega=\omega_g=1$，开环幅相曲线与负实轴的交点为

$$P(\omega_g)=\frac{5(5+\text{j}5)}{-(1+\text{j})}=-25$$

(4) 曲线的变化范围：该系统存在一阶微分环节，因此，系统幅相特性曲线的相角将由$-180°$变到$-90°$，特性曲线的相角不是以同一方向连续地平滑地变化。

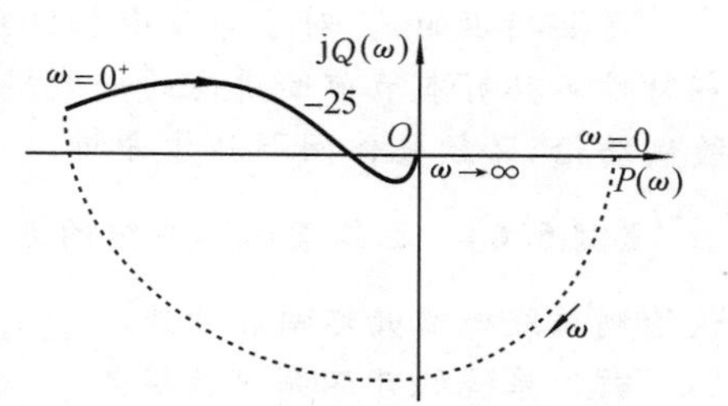


图5-28 例5-4的开环幅相曲线

系统概略开环幅相曲线如图5-28所示。

**【例5-5】** 已知某闭环系统的开环传递函数为$G(s)=\dfrac{K(\tau s+1)}{s(T_1s+1)(T_2s+1)}$（$T_1$，$T_2$，$K$，$\tau>0$，$T_1+T_2>\tau$），试绘制概略开环幅相曲线。

**解** 系统的开环频率特性为

$$G(\text{j}\omega)=\frac{K(1+\text{j}\tau\omega)}{\text{j}\omega(1+\text{j}T_1\omega)(1+\text{j}T_2\omega)}$$
$$=\frac{-K(T_1+T_2+T_1T_2\tau\omega^2-\tau)}{(1+T_1^2\omega^2)(1+T_2^2\omega^2)}-\text{j}\frac{K(1-\omega^2T_1T_2+T_1\tau\omega^2+T_2\tau\omega^2)}{\omega(1+T_1^2\omega^2)(1+T_2^2\omega^2)}$$

幅频特性为
$$A(\omega)=\frac{K\sqrt{1+\tau^2\omega^2}}{\omega\sqrt{1+T_1^2\omega^2}\sqrt{1+T_2^2\omega^2}}$$

相频特性为
$$\varphi(\omega)=-90°-\arctan T_1\omega-\arctan T_2\omega+\arctan\tau\omega$$

(1) 曲线的起点：该系统为Ⅰ型系统，$A(0^+)\to\infty$，$\varphi(0^+)=-90°$，系统的开环幅相曲线起始于相角为$-90°$的无穷远处。$\omega=0\to0^+$时，可以认为开环系统幅相频率特性由实轴上无穷远一点开始，在极小的频率范围内按无穷大半径变化，相角位移为$-\pi/2$，如图5-29中短虚线所示。当$\omega\to0^+$时，开环幅相曲线趋于一条与虚轴平行的渐近线，这一渐近线可以由下式确定

$$\sigma_x=\lim_{\omega\to0^+}\text{Re}[G(\text{j}\omega)]=\lim_{\omega\to0^+}P(\omega)$$
$$=-K(T_1+T_2-\tau)$$

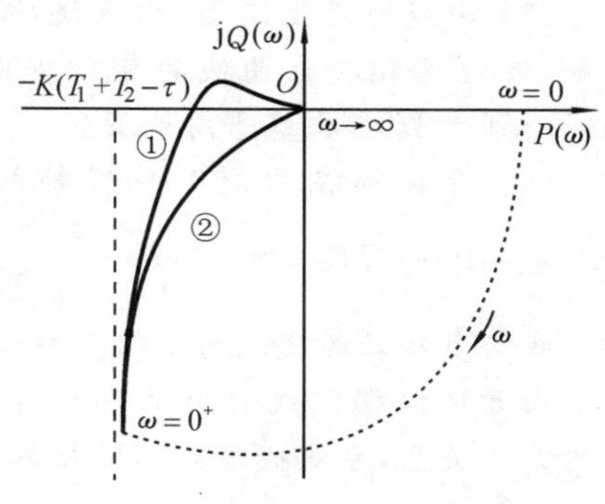


图5-29 例5-5的开环幅相曲线

(2) 曲线的终点：该系统$n=3$，$m=1$，故$A(\infty)=0$，$\varphi(\infty)=-(n-m)\times90°=-180°$，系统幅相特性趋向以$-180°$方向顺时针终止于坐标原点。

(3) 曲线的变化范围：该系统存在一阶微分环节，因此，系统幅相特性曲线的相角将由$-90°$变到$-180°$，视$T_1$、$T_2$、$\tau$的大小不同，特性曲线的相角可能不是以同一方向单调地变化。

(4) 开环幅相曲线与负实轴的交点：

$$\text{Im}[G(\text{j}\omega)]=Q(\omega)=0\Rightarrow1-\omega^2(T_1T_2-T_1\tau-T_2\tau)=0\Rightarrow\omega_g=\frac{1}{\sqrt{T_1T_2-T_1\tau-T_2\tau}}$$

$T_1T_2-T_1\tau-T_2\tau>0$ 时,开环幅相曲线与负实轴的交点为 $P(\omega_g)$;$T_1T_2-T_1\tau-T_2\tau\leqslant0$ 时,开环幅相曲线与负实轴无交点。

$T_1T_2-T_1\tau-T_2\tau>0$ 时,系统概略开环幅相曲线如图 5-29 中曲线①所示。$T_1T_2-T_1\tau-T_2\tau\leqslant0$ 时,系统概略开环幅相曲线如图 5-29 中曲线②所示。

需要指出的是:对于非最小相位系统(在 $s$ 右半平面上有零点或极点的系统),其幅相特性不具有本节前面讲述的一般规律与特点,其绘制不能套用概略开环幅相曲线的绘制结论,必须具体问题具体分析。

**【例 5-6】** 已知某闭环系统的开环传递函数为 $G(s)=\dfrac{K(-\tau s+1)}{s(Ts+1)}$ $(K,\tau,T>0)$,试绘制系统概略开环幅相曲线。

**解** 系统的开环频率特性为

$$G(\mathrm{j}\omega)=\frac{K(1-\mathrm{j}\tau\omega)}{\mathrm{j}\omega(1+\mathrm{j}T\omega)}=\frac{-K(T+\tau)}{(1+T^2\omega^2)}-\mathrm{j}\frac{K(1-\omega^2T\tau)}{\omega(1+T^2\omega^2)}$$

幅频特性为
$$A(\omega)=\frac{K\sqrt{1+\tau^2\omega^2}}{\omega\sqrt{1+T^2\omega^2}}$$

相频特性为
$$\varphi(\omega)=-90^\circ-\arctan T\omega-\arctan\tau\omega$$

(1) 曲线的起点:该系统为Ⅰ型系统,$\omega\to0^+$ 时,$A(0^+)\to\infty$,$\varphi(0^+)=-90^\circ$,系统的开环幅相曲线起始于相角为 $-90^\circ$ 的无穷远处。与例 5-2 同理,$\omega=0\to0^+$ 时,可以认为开环系统幅相频率特性由实轴上无穷远一点开始,在极小的频率范围内按无穷大半径变化,相角位移为 $-\pi/2$,如图 5-30 中短虚线所示。当 $\omega\to0^+$ 时,开环幅相曲线趋于一条与虚轴平行的渐近线,这一渐近线可以由下式确定

$$\sigma_x=\lim_{\omega\to0^+}\mathrm{Re}[G(\mathrm{j}\omega)]=\lim_{\omega\to0^+}P(\omega)=-K(T+\tau)$$

(2) 曲线的终点:$A(\infty)=0$,$\varphi(\infty)=-270^\circ$,系统幅相特性趋向以相角 $-270^\circ$ 方向顺时针终止于坐标原点。

(3) 曲线的变化范围:由系统的相频特性可知,系统幅相特性曲线的相角将由 $-90^\circ$ 单调减小到 $-270^\circ$,曲线平滑地变化。

(4) 开环幅相曲线与负实轴的交点:由 $\mathrm{Im}[G(\mathrm{j}\omega)]=Q(\omega)=0\Rightarrow\omega_g=\dfrac{1}{\sqrt{T\tau}}$,开环幅相曲线与负实轴的交点为 $P(\omega_g)=-K\tau$。

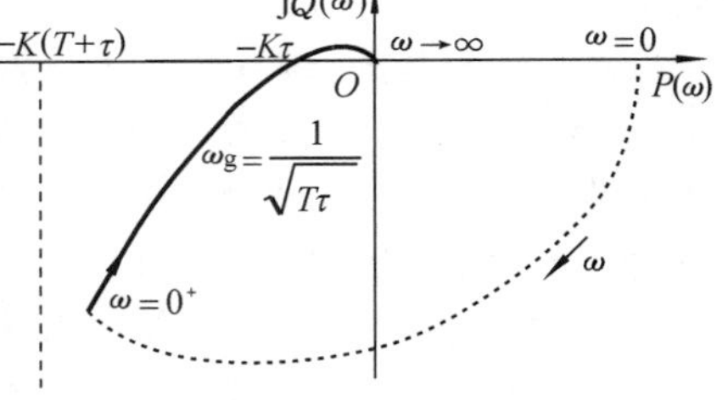


图 5-30 例 5-6 的开环幅相曲线

由开环幅相曲线的渐近线与负实轴的交点的大小关系,系统概略开环幅相曲线如图 5-30 所示。

**【例 5-7】** 已知某闭环系统的开环传递函数为 $G(s)=\dfrac{10\mathrm{e}^{-\tau s}}{s+1}$ $(\tau>0)$,试绘制系统概略开环幅相曲线。

**解** 系统的开环频率特性为

$$G(\mathrm{j}\omega)=\frac{10\mathrm{e}^{-\mathrm{j}\omega\tau}}{1+\mathrm{j}\omega}=\frac{10(\cos\omega\tau-\mathrm{j}\sin\omega\tau)}{1+\mathrm{j}\omega}$$

幅频特性和相频特性为 $A(\omega)=\dfrac{10}{\sqrt{1+\omega^2}}$, $\varphi(\omega)=-\omega\tau-\arctan\omega$

(1) 曲线的起点:该系统为 0 型系统,$\omega\to0$ 时,$A(0)=10$,$\varphi(0)=0^\circ$,系统的开环幅相曲线起始于实轴上一点$(10,\mathrm{j}0)$。

(2) 曲线的终点：$A(\infty)=0,\varphi(\infty)\to-\infty$，系统幅相特性趋向以相角$-\infty$方向顺时针终止于坐标原点。

(3) 曲线的变化范围：由系统的相频特性知，系统幅相特性曲线的相角将由$0^\circ$单调减小到$-\infty$，曲线平滑地变化。

(4) 开环幅相曲线与负实轴的交点：有无穷多个可由$\varphi(\omega)=-\omega\tau-\arctan\omega=-180^\circ$求出$\omega_g$及相应的$A(\omega_g)$。系统概略开环幅相曲线是螺旋线，如图5-31所示。

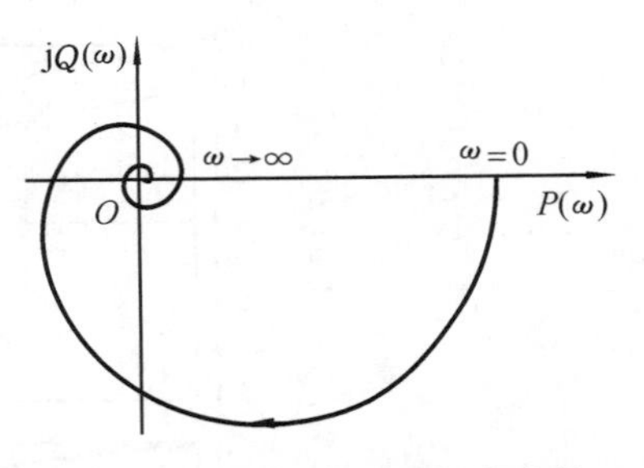


图 5-31 例 5-7 的开环幅相曲线

### 5.3.2 开环对数频率特性曲线

#### 1. 开环对数频率特性曲线的一般绘制步骤

下面举例说明系统开环对数频率特性的绘制步骤。

**【例 5-8】** 已知某闭环系统的开环传递函数为$G(s)=\dfrac{K_k}{s(T_1s+1)(T_2s+1)}$（$K_k=10,T_1>T_2$），试绘制系统的开环对数频率特性曲线。

**解** 系统开环对数幅频特性为

$$L(\omega)=20\lg A(\omega)=20\lg K_k-20\lg\omega-20\lg\sqrt{(T_1\omega)^2+1}-20\lg\sqrt{(T_2\omega)^2+1}$$

先绘出上式中各环节的对数幅频特性分量，然后将各环节的特性分量的纵坐标相加，就可以得到系统开环对数幅频特性。

第一个分量$L_1(\omega)=20\lg K_k$是比例环节，为平行于横轴的一条直线，如图5-32中线条$L_1(\omega)$所示。

第二个分量$L_2(\omega)=-20\lg\omega$是积分环节，为$-20$ dB/dec的一条直线，在$\omega=1$时通过0 dB线，如图5-32中线条$L_2(\omega)$所示。

第三和第四个分量$L_3(\omega)=-20\lg\sqrt{(T_1\omega)^2+1}$和$L_4(\omega)=-20\lg\sqrt{(T_2\omega)^2+1}$均为惯性环节，转折频率分别为$\omega_1=1/T_1$和$\omega_2=1/T_2$，如图5-32中线条$L_3(\omega)$、$L_4(\omega)$所示。

绘出各环节的$L_1(\omega)$、$L_2(\omega)$、$L_3(\omega)$和$L_4(\omega)$以后，将各环节特性的纵坐标相加，就得到系统开环对数幅频特性，如图5-32中线条$L(\omega)$所示。

(1) 系统开环对数幅频特性。

实际上，绘制系统开环对数幅频特性时，可以不用将各环节的特性单独绘出，再进行叠加，而是可以按如下步骤进行。

① 确定转折频率$\omega_1,\omega_2,\cdots$（例5-8中，$\omega_1=1/T_1,\omega_2=1/T_2$），标在角频率轴$\omega$上。

② 在$\omega=1$处，量出幅值$20\lg K_k$，其中$K_k$为系统开环放大系数（图5-32的$A$点）。

③ 通过$A$点作一条$-20v$ dB/dec的直线（例5-8中，$v=1$），直到第一个转折频率$\omega_1=1/T_1$（图5-32的$B$点）。如果$\omega_1<1$，则低频渐近线的延长线经过$A$点（见图5-32）。

④ 以后每遇到一个转折频率，就改变一次渐近线斜率。每当遇到惯性环节$\dfrac{1}{\mathrm{j}T_j\omega+1}$的转折频率时，渐近线斜率增加$-20$ dB/dec；每当遇到一阶微分环节$(\mathrm{j}T_i\omega+1)$的转折频率时，斜率增加$+20$ dB/dec；每当遇到振荡环节$\dfrac{\omega_n^2}{(\mathrm{j}\omega)^2+2\zeta\omega_n\mathrm{j}\omega+\omega_n^2}$的转折

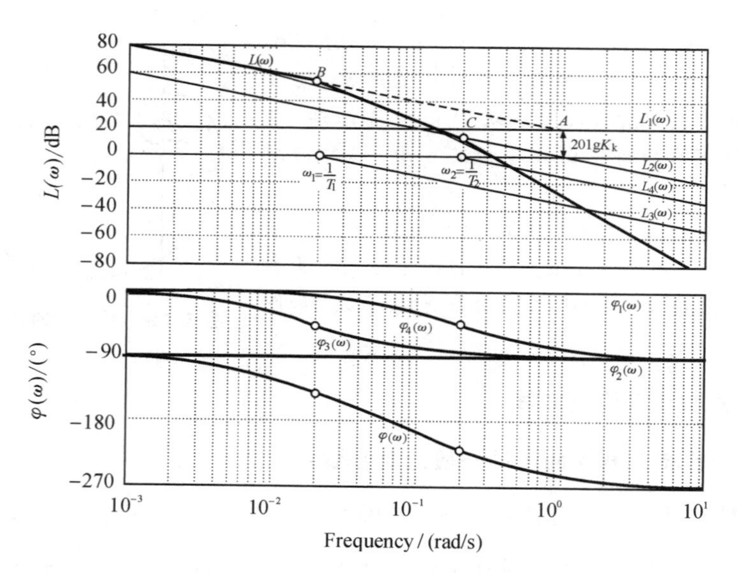


**图 5-32　例 5-8 的开环对数频率特性**

频率时，斜率增加 −40dB/dec；每遇到二阶微分环节$[(j\omega)^2+2\zeta\omega_n j\omega+\omega_n^2]$的转折频率时，斜率增加 +40 dB/dec。

⑤ 绘出用渐近线表示的对数幅频特性以后，如果需要，可以进行修正。通常只需修正转折频率处以及转折频率的二倍频和 1/2 倍频处的幅值就可以了。对于一阶项，在转折频率处的修正值为 ±3 dB；在转折频率的二倍频和 1/2 倍频处的修正值为 ±1 dB。对于二阶项，在转折频率处的修正值可以参照图 5-19 进行。

系统开环对数幅频特性 $L(\omega)$通过 0 分贝线，即

$$L(\omega_c)=0 \quad 或 \quad A(\omega_c)=1$$

时的频率 $\omega_c$ 称为幅值穿越频率。幅值穿越频率 $\omega_c$ 是开环对数频率特性的一个很重要的参量。

(2) 系统开环对数相频特性。

$$\varphi(\omega)=-90°-\arctan T_1\omega-\arctan T_2\omega \tag{5-43}$$

绘制开环系统对数相频特性时，可按式(5-43)先绘出各分量的对数相频特性，然后将各分量的纵坐标相加，就可以得到系统的开环对数相频特性，如图 5-32 所示。

在实际工作中，也常常用分析法进行计算。开环系统对数相频特性有如下特点：

① 在低频区，对数相频特性由 $-v(90°)$开始；

② 在高频段，$\omega\to\infty$，相频特性趋于 $-(n-m)\times 90°$。

由图 5-32 看出，如果在某一频率范围内，对数幅频特性 $L(\omega)$的斜率保持不变，则在此范围内，相角也几乎不变。例如，在低频区的渐近线斜率为 −20 dB/dec，相角约保持为 −90°；当幅频特性接近第一个转折频率 $\omega_1=1/T_1$ 时，由于对数幅频特性即将转入 −40 dB/dec，相频特性也开始迅速变化，并趋向 −180°；当幅频特性接近第二个转折频率 $\omega_2=1/T_2$ 时，由于对数幅频特性即将转入 −60 dB/dec，相频特性又变为趋向 −270°。

**2. 系统型别与开环对数幅频特性低频段之间的关系**

不同型别的系统，开环对数幅频特性低频段显著不同，通过低频段渐进线，可以得出系统的型别和开环放大倍数，进而了解系统的稳态特性，具有重要意义。

(1) 0 型系统:0 型系统的开环频率特性有如下形式

$$G(j\omega)=\frac{K_k\prod_{i=1}^{m}(j\omega T_i+1)}{\prod_{j=1}^{n}(j\omega T_j+1)}$$

低频段时($T_i\omega\ll 1, T_j\omega\ll 1$),有

$$G(j\omega)\approx K_k,\quad A(\omega)=K_k \quad 即 \quad L(\omega)=20\lg A(\omega)=20\lg K_k$$

所以,0 型系统开环对数幅频特性低频段有如下特点:

① 在低频段,斜率为 0 dB/dec;

② 低频段的幅值为 $20\lg K_k$ dB,由此可以确定静态位置误差系数 $K_p=K_k$。

0 型系统的开环对数幅频特性的低频部分如图 5-33 所示。在绘图时,可以经过 $\omega=1$ 或 $\omega=\omega_1$ 时纵坐标为 $20\lg K_k$ 这一点绘制一条平行于 $\omega$ 轴的直线,这就是低频渐近线。

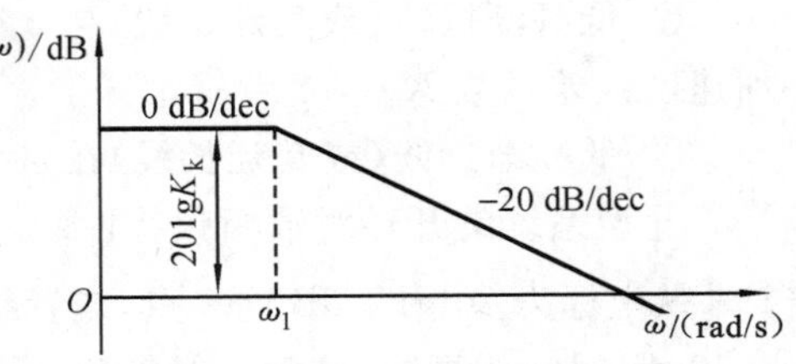

图 5-33 0 型系统的开环对数幅频特性的低频段

(2) Ⅰ型系统:Ⅰ型系统的开环频率特性有如下形式

$$G(j\omega)=\frac{K_k\prod_{i=1}^{m}(j\omega T_i+1)}{j\omega\prod_{j=1}^{n-1}(j\omega T_j+1)}$$

低频段时($T_i\omega\ll 1, T_j\omega\ll 1$),有

$$G(j\omega)\approx\frac{K_k}{j\omega},\quad A(\omega)=\frac{K_k}{\omega} \quad 即 \quad L(\omega)=20\lg A(\omega)=20\lg\frac{K_k}{\omega}=20\lg K_k-20\lg\omega$$

当 $\omega=1$ 时,$L(1)=20\lg K_k$;当 $L(\omega_{c0})=0$ 时,有 $\omega_{c0}=K_k$。所以,Ⅰ型系统开环对数幅频特性低频段有如下特点:

① 在低频段的渐近线斜率为−20 dB/dec;

② 低频渐近线(或其延长线)与 0 分贝线的交点为 $\omega_{c0}=K_k$,由此可以确定系统的静态速度误差系数 $K_v=K_k=\omega_{c0}$;

③ 低频渐近线(或其延长线)在 $\omega=1$ 时的幅值为 $20\lg K_k$dB。

Ⅰ型系统的开环对数幅频特性的低频部分如图 5-34 所示。在绘图时,可以经过 $\omega=1$时纵坐标为 $20\lg K_k$ 这一点,或者经过 0 分贝线上 $\omega_{c0}=K_k$ 这一点绘制一条斜率为−20 dB/dec 的直线,这就是低频渐近线。

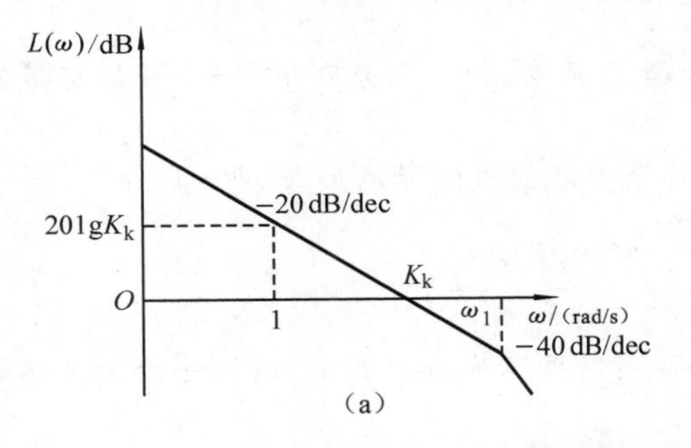

(a)

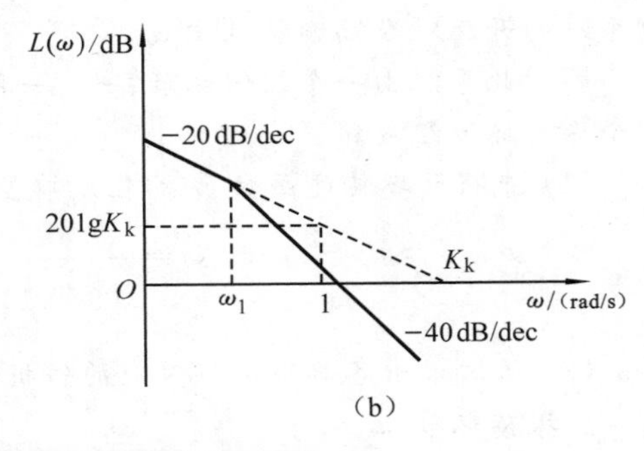

(b)

图 5-34 Ⅰ型系统的开环对数幅频特性的低频段

(3) Ⅱ型系统:Ⅱ型系统的频率特性有如下形式

$$G(\mathrm{j}\omega)=\frac{K_{\mathrm{k}}\prod_{i=1}^{m}(\mathrm{j}\omega T_i+1)}{(\mathrm{j}\omega)^2\prod_{j=1}^{n-2}(\mathrm{j}\omega T_j+1)}$$

低频段时($T_i\omega\ll1, T_j\omega\ll1$),有

$$G(\mathrm{j}\omega)\approx\frac{K_{\mathrm{k}}}{(\mathrm{j}\omega)^2},\quad A(\omega)=\frac{K_{\mathrm{k}}}{\omega^2}\quad 即\quad L(\omega)=20\lg A(\omega)=20\lg\frac{K_{\mathrm{k}}}{\omega^2}=20\lg K_{\mathrm{k}}-40\lg\omega$$

当 $\omega=1$ 时,$L(1)=20\lg K_{\mathrm{k}}$;当 $L(\omega_{c0})=0$ 时,有 $\omega_{c0}=\sqrt{K_{\mathrm{k}}}$。所以Ⅱ型系统开环对数幅频特性低频段有如下特点:

① 低频渐近线的斜率为 $-40$ dB/dec;

② 低频渐近线(或其延长线)与 0 分贝线的交点为 $\omega_{c0}=\sqrt{K_{\mathrm{k}}}$,由之可以确定静态加速度误差系数 $K_{\mathrm{a}}=K_{\mathrm{k}}=\omega_{c0}^2$;

③ 低频渐近线(或其延长线)在 $\omega=1$ 时的幅值为 $20\lg K_{\mathrm{k}}$ dB。

Ⅱ型系统的开环对数幅频特性的低频部分如图 5-35 所示。绘图时,可以经过 $\omega=1$ 时纵坐标为 $20\lg K_{\mathrm{k}}$ dB 这一点,或者经过 0 分贝线 $\omega_{c0}=\sqrt{K_{\mathrm{k}}}$ 这一点绘制一条斜率为 $-40$ dB/dec 的直线,这就是低频渐近线。

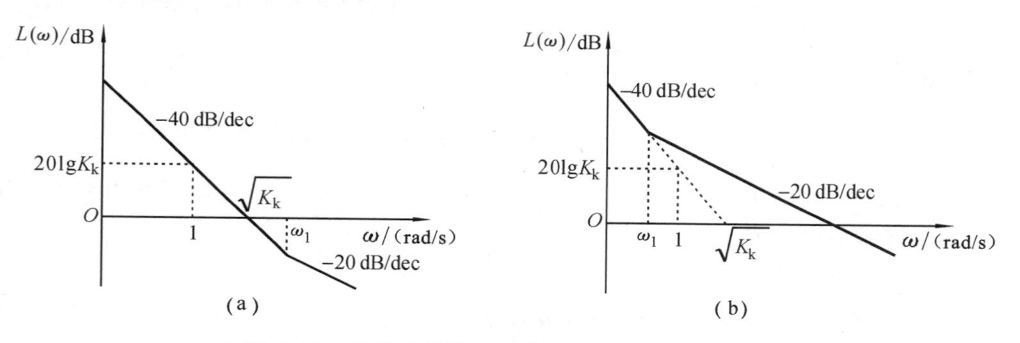


**图 5-35 Ⅱ型系统的开环对数幅频特性的低频段**

下面举例说明如何利用开环对数幅频特性低频段特点与系统型别关系,来绘制开环对数幅频特性曲线。

**【例 5-9】** 已知某闭环系统的开环传递函数为 $G(s)=\dfrac{50(s+1)}{s(5s+1)(s^2+2s+25)}$,试绘制系统的开环对数幅频特性曲线。

**解** 此系统由一个比例环节、一个一阶微分环节、一个积分环节、一个惯性环节和一个振荡环节组成。

(1) 先将开环传递函数 $G(s)$ 化成典型环节串联组成的标准形式,即

$$G(s)=\frac{2(s+1)}{s(5s+1)\left(\frac{s^2}{5^2}+\frac{2\times0.2}{5}s+1\right)}$$

(2) 依次求出各典型环节对应的转折频率:惯性环节 $\omega_1=1/5=0.2$,一阶微分环节 $\omega_2=1$,振荡环节 $\omega_3=5$。

(3) 求出低频段(或其延长线)$\omega=1$ 时对应的幅值 $L(\omega)=20\lg K_{\mathrm{k}}=20\lg2=$

6.02 dB。

(4) 由于系统是Ⅰ型系统，在图中 $\omega=1$ 处标出 $L(\omega)=6.02$ dB，过点(1,6.02)画一条斜率为$-20$ dB/dec 的直线(直线或其延长线必与 0 dB 线交于 $\omega=K_k=2$ 处)，或过点(1,6.02)和点(2,0)画一条直线(斜率必为$-20$ dB/dec)，该直线就是低频段的渐近线。

(5) 在横坐标上标出各典型环节的转折频率，即惯性环节的转折频率 $\omega_1=1/5=0.2$，一阶微分环节的转折频率 $\omega_2=1$，振荡环节的转折频率 $\omega_3=5$。在各转折频率处依次改变斜率，直接绘制开环对数幅频特性曲线的渐近线。在 $\omega_1=0.2$ 处，曲线斜率由$-20$ dB/dec 变为$-40$ dB/dec；在 $\omega_2=1$，曲线斜率由$-40$ dB/dec 变为$-20$ dB/dec；在 $\omega_3=5$ 处，曲线斜率由$-20$ dB/dec 变为$-60$ dB/dec。

⑥ 必要时，利用误差修正曲线对渐近特性曲线进行修正。

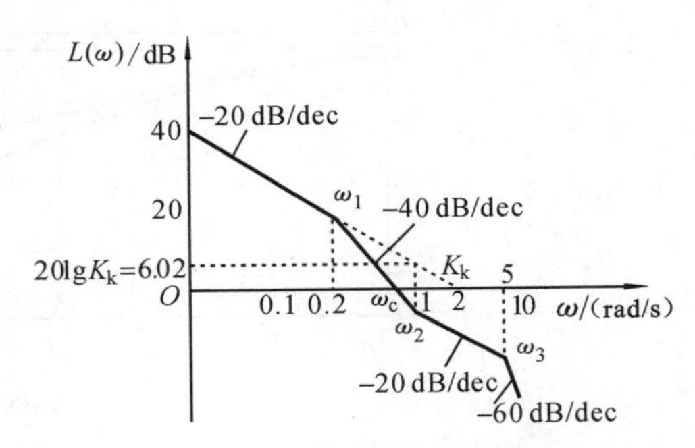

图 5-36 例 5-9 的开环对数幅频特性

系统的开环对数幅频特性曲线如图 5-36 所示。

### 5.3.3 最小相位系统和非最小相位系统

系统开环传递函数在 $s$ 右半平面上既没有零点又没有极点，则该系统称为最小相位系统。系统开环传递函数在 $s$ 右半平面上有零点或极点，则该系统称为非最小相位系统。

有两个系统，其传递函数各为

$$G_1(s)=\frac{1+Ts}{1+10Ts},\quad G_2(s)=\frac{1-Ts}{1+10Ts}\quad (T>0)$$

因为
$$A_1(\omega)=A_2(\omega)=\frac{\sqrt{1+(T\omega)^2}}{\sqrt{1+(10T\omega)^2}}$$

$$L_1(\omega)=L_2(\omega)=20\lg\sqrt{1+(T\omega)^2}-20\lg\sqrt{1+(10T\omega)^2} \tag{5-44}$$

因此，两者的对数幅频特性是相同的。$T=1$ 时，$G_1(s)$、$G_2(s)$的对数幅频特性如图 5-37 所示。对于 $G_1(s)$、$G_2(s)$，相频特性分别为

$$\varphi_1(\omega)=\arctan T\omega-\arctan 10T\omega \tag{5-45}$$

$$\varphi_2(\omega)=-\arctan T\omega-\arctan 10T\omega \tag{5-46}$$

$G_1(s)$的相角有最小可能值，称为最小相位系统；$G_2(s)$不能给出最小相角，称为非最小相位系统。

最小相位系统的对数幅频特性和对数相频特性是密切相关的：若 $L(\omega)$特性的斜率变得更负，则对数相频特性的相角也要朝着更负的方向变化；若 $L(\omega)$特性的斜率向正的方向变化，则对数相频特性的相角也向正的方向变化。最小相位系统有一个重要特征，这就是：最小相位系统的对数幅频特性和对数相频特性具有一一对应的关系，即当给出了系统的幅频特性时，也就唯一地确定了相频特性和传递函数；反之亦然。而非最小相位系统就不存在这种关系。

下面举例说明如何根据最小相位系统的对数幅频特性确定系统的传递函数。

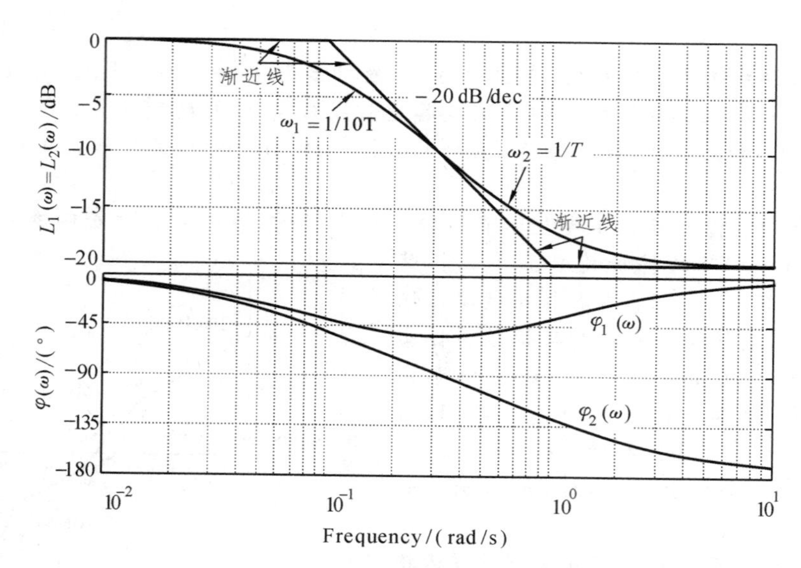


图 5-37 最小相位环节与非最小相位环节的对数频率特性的比较

【例 5-10】 已知某最小相位系统开环对数幅频特性渐近线如图 5-38 所示，求该系统的开环传递函数。

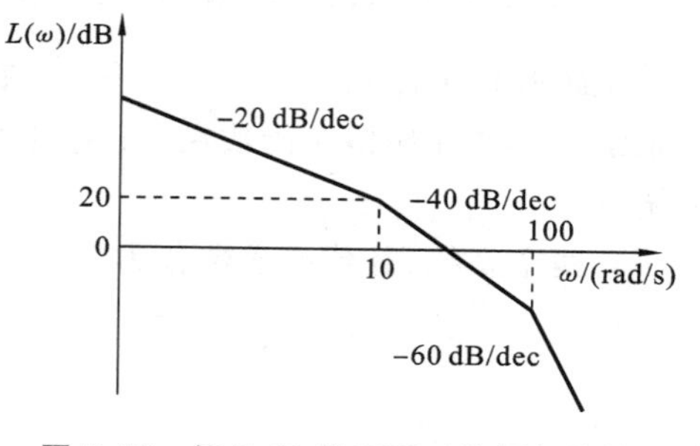


图 5-38 例 5-10 的开环对数幅频特性

**解** (1) 低频段斜率为−20 dB/dec，故系统有且只有一个积分环节，系统为Ⅰ型系统。

(2) 低频段在 $\omega=10$ 处的对数幅值为 20 dB，又因为低频段斜率为−20 dB/dec，所以 $\omega=1$ 处的对数幅值为 40 dB，即 $20\lg K_k=40$，求得开环放大系数 $K_k=100$。

(3) 在 $\omega_1=10$ 处，渐近线斜率由−20 dB/dec 变为−40 dB/dec，因此 $1/\omega_1$ 对应一个惯性环节的时间常数；在 $\omega_2=100$ 处，渐近线斜率由−40 dB/dec 变为−60 dB/dec，因此 $1/\omega_2$ 也对应一个惯性环节的时间常数。

(4) 所求系统的开环传递函数的形式为

$$G(s)=\frac{100}{s(0.1s+1)(0.01s+1)}$$

【例 5-11】 已知某最小相位系统开环对数幅频特性渐近线如图 5-39 所示，求该系统的开环传递函数。

**解** (1) 低频段斜率为 20 dB/dec，故系统有且只有一个纯微分环节。

(2) 因低频段在 $\omega=1$ 处的对数幅值为 0 dB，即 $20\lg K_k=0$，求得开环放大系数 $K_k=1$。

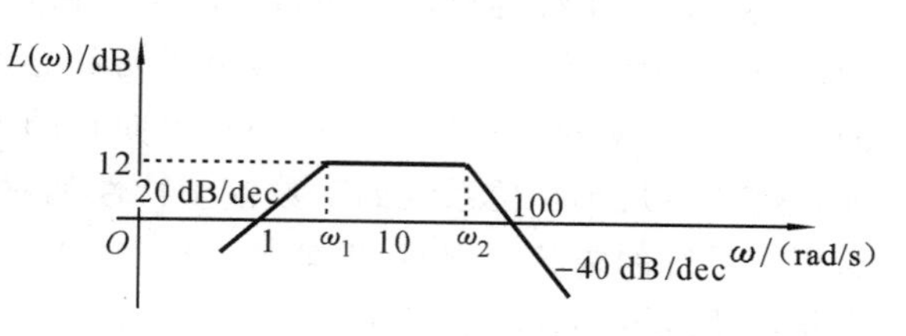


图 5-39 例 5-11 的开环对数幅频特性

(3) 在 $\omega_1$ 处，渐近线斜率由 20 dB/dec 变为 0 dB/dec，因此 $1/\omega_1$ 对应一个惯性环节的时间常数；在 $\omega_2$ 处，渐近线斜率由 0 dB/dec 变为−40

dB/dec，因此 $1/\omega_2$ 对应一个振荡环节（或两个惯性环节——振荡环节的特殊情况 $\zeta=1$）的时间常数，即所求系统的开环传递函数的形式为

$$G(s)=\frac{s}{\left(\frac{s}{\omega_1}+1\right)\left(\frac{s^2}{\omega_2^2}+2\zeta\frac{s}{\omega_2}+1\right)}$$

(4) 求出转折频率 $\omega_1$、$\omega_2$：根据 20 dB/dec 斜率段，有

$$\frac{12-0}{\lg\omega_1-\lg1}=20\Rightarrow\lg\omega_1=\frac{12}{20}\Rightarrow\omega_1=3.98$$

根据－40 dB/dec 斜率段，有

$$\frac{12-0}{\lg\omega_2-\lg100}=-40\Rightarrow\lg\omega_2-\lg100=-\frac{12}{40}\Rightarrow\omega_2=50.1$$

于是得所求系统的开环传递函数为

$$G(s)=\frac{s}{\left(\frac{s}{3.98}+1\right)\left(\frac{s^2}{50.1^2}+2\zeta\frac{s}{50.1}+1\right)}$$

## 5.4 控制系统的频域稳定性判据

自动控制系统的闭环稳定性是系统分析和设计所需解决的首要问题，奈奎斯特稳定判据（简称奈氏判据）和对数频率稳定判据是广泛应用的两种频域稳定判据。由于频域稳定判据是根据系统的开环频率特性曲线判断闭环系统的稳定性，因此也可称为几何稳定判据。

应用频域稳定判据不需要求取闭环系统的特征根，而是由系统的开环频率特性绘制系统的开环频率特性曲线，也可以利用实验的方法获得系统的开环频率特性曲线，进而分析闭环系统的稳定性。这种方法之所以在工程上获得了广泛的应用，其主要原因是：在系统的微分方程或传递函数未知的情况下，就无法利用劳斯稳定判据或根轨迹法判断闭环系统的稳定性，这时可以利用实验方法测出其系统的开环频率特性曲线，应用频域稳定判据就可以分析闭环系统的稳定性。另外，频域稳定判据不仅能回答闭环系统是否稳定，而且还能指出系统的稳定储备——稳定裕度，同时还能指出进一步提高控制系统稳定性能，以及改善系统控制性能的途径。而且，对不稳定的控制系统来说，应用奈氏稳定判据仍能像劳斯稳定判据那样，确切回答出控制系统有多少个不稳定的闭环极点。

奈氏判据的数学基础是复变函数中的幅角原理。

### 5.4.1 幅角原理

假设复变函数 $F(s)$ 为单值，且除了在 $s$ 平面（记作[$s$]）上具有有限个奇点外，处处为连续的正则函数。也就是说，$F(s)$ 在 $s$ 平面上除在其奇点外，处处解析。对于 $s$ 平面上的每一个解析点，在 $F(s)$ 平面（记作[$F(s)$]）上必有一点（称为映射点）与之对应。

设一复变函数

$$F(s)=\frac{K_1(s-z_1)(s-z_2)\cdots(s-z_m)}{(s-p_1)(s-p_2)\cdots(s-p_n)}$$

$F(s)$ 的零点、极点分布如图 5-40(a) 所示，设 $s$ 平面上的 $A$ 点在 $F(s)$ 平面上映射为

$B$ 点,使 $s$ 从 $A$ 开始,绕 $F(s)$ 的某零点 $z_j$ 顺时针沿封闭曲线 $\Gamma_S$($\Gamma_S$ 不包围也不通过 $F(s)$ 的任何极点和其他零点)转一周回到 $A$。相应地,$F(s)$ 则从 $F(s)$ 平面上 $B$ 点出发且回到 $B$,也描出一条封闭曲线 $\Gamma_F$(映射曲线),如图 5-40(b)所示。若 $s$ 沿 $\Gamma_S$ 变化时,$F(s)$ 相角的变化为 $\delta\angle F(s)$,则

$$\begin{aligned}\delta\angle F(s)=&\delta\angle(s-z_1)+\delta\angle(s-z_2)+\cdots+\delta\angle(s-z_m)-\delta\angle(s-p_1)\\&-\delta\angle(s-p_2)-\cdots-\delta\angle(s-p_n)\end{aligned}\tag{5-47}$$

式中,$\delta\angle(s-z_j)$ $(j=1,\cdots,m)$ 表示 $s$ 沿 $\Gamma_S$ 变化时,向量 $s-z_j$ 相角的变化;$\delta\angle(s-p_i)$ $(i=1,\cdots,n)$ 表示 $s$ 沿 $\Gamma_S$ 变化时,向量 $s-p_i$ 相角的变化。

由图 5-40(a)可知,除 $\delta\angle(s-z_j)$ 顺时针变化一周外,式(5-47)右端其他各项都为零,故

$$\delta\angle F(s)=\delta\angle(s-z_j)=-2\pi\tag{5-48}$$

式(5-48)表明,在 $F(s)$ 平面上,$F(s)$ 曲线从 $B$ 点开始,绕其原点顺时针方向旋转了一圈。

若 $s$ 平面上的封闭曲线 $\Gamma_S$ 包围了 $F(s)$ 的 $Z$ 个零点,则在 $F(s)$ 平面上,$F(s)$ 曲线将绕坐标原点顺时针旋转 $Z$ 圈。同理,若 $s$ 平面上的封闭曲线 $\Gamma_S$ 包围了 $F(s)$ 的 $P$ 个极点,则在 $F(s)$ 平面上,$F(s)$ 曲线将绕坐标原点逆时针旋转 $P$ 圈。

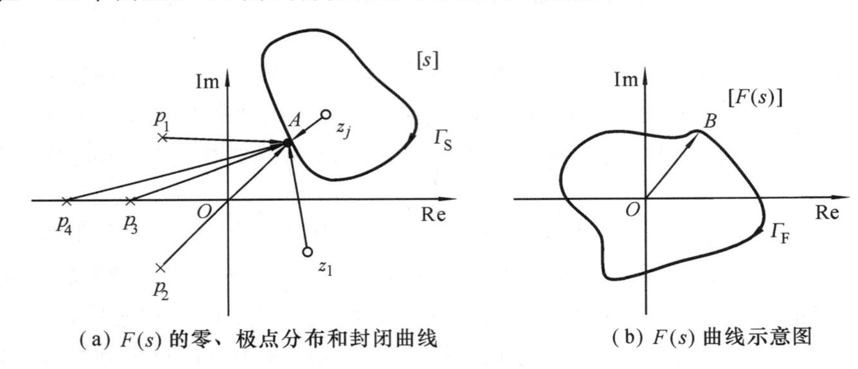


(a) $F(s)$ 的零、极点分布和封闭曲线　　(b) $F(s)$ 曲线示意图

**图 5-40　$s$ 与 $F(s)$ 的映射关系**

根据以上分析,可得**幅角原理**:设 $s$ 平面上的封闭曲线 $\Gamma_S$($\Gamma_S$ 不通过 $F(s)$ 的任何极点和零点)包围了 $F(s)$ 的 $Z$ 个零点和 $P$ 个极点,则当 $s$ 沿 $\Gamma_S$ 顺时针转一圈时,在 $F(s)$ 平面上,$F(s)$ 曲线绕坐标原点逆时针转过的圈数 $N$ 为 $P$ 和 $Z$ 之差,即

$$N=P-Z\tag{5-49}$$

若 $N$ 为负,表示 $F(s)$ 曲线绕原点顺时针转过的圈数;若 $N=0$,表示 $F(s)$ 曲线不包围 $F(s)$ 平面上的坐标原点。

### 5.4.2　奈氏判据

设控制系统方框图如图 5-41 所示,系统开环传递函数为

$$G(s)H(s)=\frac{K(s-z_1)(s-z_2)\cdots(s-z_m)}{(s-p_1)(s-p_2)\cdots(s-p_n)}\quad(n\geqslant m)\tag{5-50}$$

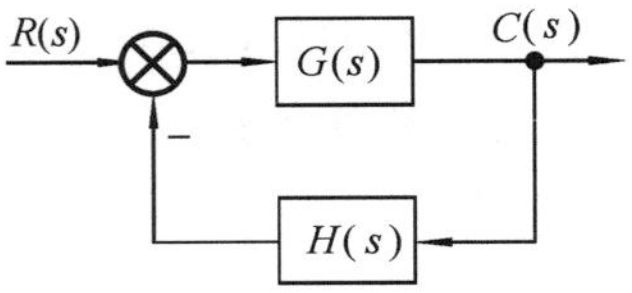

闭环传递函数为

$$\Phi(s)=\frac{G(s)}{1+G(s)H(s)}\tag{5-51}$$

**图 5-41　控制系统方框图**

特征方程为
$$1+G(s)H(s)=0 \tag{5-52}$$
令辅助函数为
$$F(s)=1+G(s)H(s) \tag{5-53}$$
有
$$F(s)=\frac{(s-p_1)(s-p_2)\cdots(s-p_n)+K(s-z_1)(s-z_2)\cdots(s-z_m)}{(s-p_1)(s-p_2)\cdots(s-p_n)}$$
$$=\frac{\prod_{i=1}^{n}(s-s_i)}{\prod_{i=1}^{n}(s-p_i)} \tag{5-54}$$
式中，$s_i$ 和 $p_i$ 分别为 $F(s)$的零点和极点。

由上可知，辅助函数 $F(s)$具有如下特点：

(1) $F(s)$的零点是闭环系统的极点，$F(s)$的极点是开环系统的极点；

(2) 零点和极点个数相同；

(3) $F(s)$和 $G(s)H(s)$只差常数 1。

线性闭环控制系统的稳定性充要条件是：闭环特征方程的根（闭环极点）全部位于左半 $s$ 平面。辅助函数 $F(s)$的零点是闭环系统的极点，因此判定线性闭环控制系统的稳定性也就是要判定辅助函数 $F(s)$位于右半 $s$ 平面上的所有零点个数。

为了确定闭环系统的极点位于右半 $s$ 平面的个数，也就是确定辅助函数 $F(s)$位于右半 $s$ 平面上的所有零点个数，现将封闭曲线 $\Gamma_S$ 扩大为包括虚轴的整个右半 $s$ 平面，这种封闭曲线 $\Gamma_S$ 称为奈奎斯特路径，简称奈氏路径。

通常，开环系统的极点是已知的，那么在奈氏路径内，开环系统的极点即 $F(s)$的极点在整个右半 $s$ 平面的个数 $P$ 也是已知的。

当 $s$ 沿奈氏路径顺时针变化一圈时，如果可以方便地获得 $F(s)$的曲线，当然可以获得曲线 $F(s)$绕坐标原点逆时针转过的圈数 $N$。应用幅角原理，很容易获得 $F(s)$位于右半 $s$ 平面上的所有零点个数，也就是系统位于右半 $s$ 平面的闭环极点个数，即
$$Z=P-N \tag{5-55}$$
其中，$P$ 为右半 $s$ 平面内的开环极点个数，$N$ 为 $\Gamma_F$ 逆时针绕原点旋转的圈数。当 $Z=0$ 时，闭环系统稳定。

而由辅助函数 $F(s)$的特点(3)知，$F(s)$与系统开环传递函数 $G(s)H(s)$只相差常数 1，即复平面上的曲线 $G(s)H(s)$沿实轴平移+1 的曲线就是 $F(s)$曲线，因此，$F(s)$绕原点逆时针转过的圈数等于 $G(s)H(s)$绕$(-1,\mathrm{j}0)$点逆时针转过的圈数，因此，关键在于研究当 $s$ 沿奈氏路径旋转一圈时，映射曲线 $\Gamma_{GH}$ 的绘制问题，映射曲线 $\Gamma_{GH}$ 也称奈氏曲线。下面证明：映射曲线 $\Gamma_{GH}$ 就是系统开环幅相曲线（$\omega=-\infty\rightarrow\infty$）。

**1. 开环传递函数无积分环节时**

设系统开环传递函数为
$$G(s)H(s)=K_k\frac{\prod_{i=1}^{m}(\tau_i s+1)}{\prod_{j=1}^{n}(T_j s+1)} \tag{5-56}$$

选取奈氏路径，如图 5-42 所示，它由以下三段组成：

(1) 正虚轴 $s=\mathrm{j}\omega$，频率 $\omega=0\to\infty$；

(2) 半径为无穷大的右半圆 $s=R\mathrm{e}^{\mathrm{j}\varphi}, R\to\infty, \varphi=\pi/2\to-\pi/2$，即顺时针转过 180°；

(3) 负虚轴 $s=\mathrm{j}\omega$：频率 $\omega=-\infty\to0$。

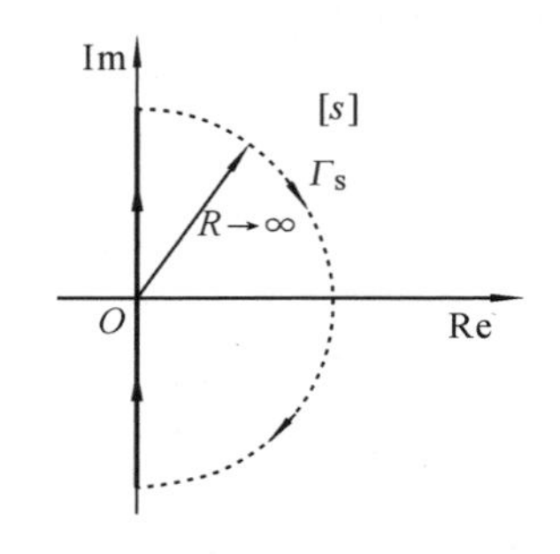


图 5-42 包括虚轴的整个右半 s 平面的奈氏路径

由奈氏路径的对称性，映射曲线 $\Gamma_{GH}$ 必关于实轴对称，以下只讨论奈氏路径 $\mathrm{Im}(s)\geqslant0$ 时的映射曲线 $\Gamma_{GH}$，奈氏路径 $\mathrm{Im}(s)\leqslant0$ 时的映射曲线 $\Gamma_{GH}$ 可通过关于实轴镜像得到。

(1) $s=\mathrm{j}\omega$ $(\omega=0\to\infty)$时，映射曲线 $\Gamma_{GH}$ 正好是系统开环幅相曲线 $G(\mathrm{j}\omega)H(\mathrm{j}\omega)$ $(\omega=0\to\infty)$。

(2) $s=R\mathrm{e}^{\mathrm{j}\varphi}(R\to\infty, \varphi=\pi/2\to0)$时，由于物理系统中 $n>m$，所以 $|s|\to\infty$ 时，$|G(s)H(s)|\to0$，即当 $s$ 沿 $R$ 为无穷大的半圆弧取值时，通过 $G(s)H(s)$映射到 $GH$ 平面(记作$[GH]$)的像是原点，这恰好是 $s$ 平面虚轴无穷远点映射到 $GH$ 平面的像。

从上面的分析可知：开环传递函数无积分环节时，映射曲线 $\Gamma_{GH}$ 是系统开环幅相曲线$(\omega=-\infty\to\infty)$。

**2. 开环传递函数有积分环节时**

设系统开环传递函数为

$$G(s)H(s)=K\frac{\prod_{i=1}^{m}(\tau_i s+1)}{s^{v}\prod_{j=1}^{n-v}(T_j s+1)} \tag{5-57}$$

按照幅角原理的规定，$s$ 平面上的封闭曲线 $\Gamma_S$ 不能通过 $F(s)$的奇异点，即 $\Gamma_S$ 不能通过 $F(s)$的零、极点。而辅助函数 $F(s)$的零点是闭环系统的极点，$F(s)$的极点是开环系统的极点，因此，当存在系统的开环极点位于虚轴上时，封闭曲线 $\Gamma_S$ 必须避开这些开环极点但又仍能包围整个右半平面。具体地讲，奈氏路径如图 5-43 所示，奈氏路径由以下四段组成：

(1) 正虚轴 $s=\mathrm{j}\omega$，频率 $\omega=0^{+}\to\infty$；

(2) 半径为无穷大的右半圆 $s=R\mathrm{e}^{\mathrm{j}\varphi}, R\to\infty, \varphi=\pi/2\to-\pi/2$，即顺时针转过 180°；

(3) 负虚轴 $s=\mathrm{j}\omega$，频率 $\omega=-\infty\to0^{-}$；

(4) 半径为无穷小的右半圆 $s=\rho\mathrm{e}^{\mathrm{j}\theta}, \rho\to0, \theta=-\pi/2\to\pi/2$，即逆时针转过 180°。

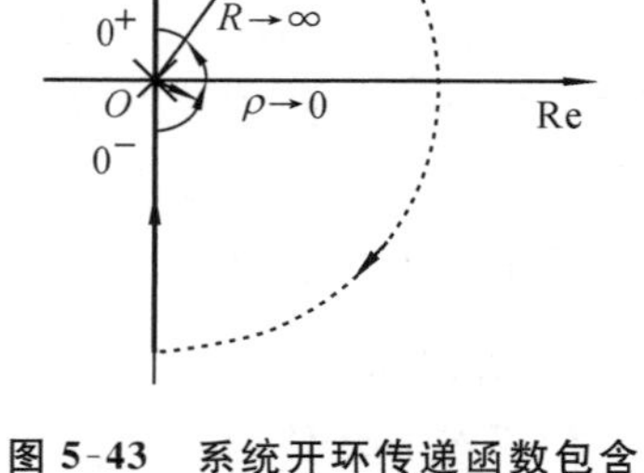


图 5-43 系统开环传递函数包含积分环节时的奈氏路径

以下同样只讨论奈氏路径 $\mathrm{Im}(s)\geqslant0$ 时的映射曲线 $\Gamma_{GH}$，奈氏路径 $\mathrm{Im}(s)\leqslant0$ 时的映射曲线 $\Gamma_{GH}$ 可通过关于实轴镜像得到。

(1) $s=\mathrm{j}\omega(\omega=0^{+}\to\infty)$时，映射曲线 $\Gamma_{GH}$ 正好是系统开环幅相曲线 $G(\mathrm{j}\omega)H(\mathrm{j}\omega)(\omega=0^{+}\to\infty)$。

(2) $s=R\mathrm{e}^{\mathrm{j}\varphi}(R\to\infty, \varphi=\pi/2\to0)$时，与当系统无开环极点位于虚轴上时同理，通过 $G(s)H(s)$映射到 $GH$ 平面的像是原点。

(3) 当 $s$ 沿半径为无穷小的右半圆弧逆时针变化时，即 $s=\rho e^{j\theta}(\rho\to 0,\theta=0\to\pi/2)$，将 $s$ 代入式(5-57)，得 $G(s)H(s)$ 的映射：

$$G(s)H(s)\mid_{s=\lim\limits_{\rho\to 0}\rho e^{j\theta}}=\lim_{\rho\to 0}\frac{K}{\rho^{v}e^{j\theta v}}=\infty e^{-jv\theta} \tag{5-58}$$

由式(5-58)可知，当 $s$ 沿四分之一的半径为无穷小的右半圆弧按逆时针变化时，即当 $\omega=0\to 0^{+},\theta=0\to\pi/2$ 时，$G(s)H(s)$ 曲线将沿半径无穷大的圆弧顺时针转过 $v90°$。这正与系统的开环传递函数有积分环节(0 型以上系统)$\omega=0\to 0^{+}$ 变化时的开环幅相曲线相同。

同样可以分析当系统的开环传递函数有振荡环节时，映射曲线 $\Gamma_{GH}$ 仍是系统开环幅相曲线($\omega=-\infty\to\infty$)。

可见，不论系统有无积分环节或振荡环节，映射曲线 $\Gamma_{GH}$ 都是系统开环幅相曲线($\omega=-\infty\to\infty$)。因此有如下奈氏判据。

**奈氏判据**：如果系统的开环极点有 $P$ 个在右半 $s$ 平面上，则闭环系统稳定的充要条件是当 $\omega=-\infty\to\infty$ 时，开环幅相曲线逆时针包围$(-1,j0)$点的圈数 $N$ 等于 $P$ 圈；否则，闭环系统是不稳定的。

若闭环系统是不稳定的，则系统位于右半 $s$ 平面的闭环极点个数为 $Z=P-N$。

若开环幅相曲线在复平面上通过$(-1,j0)$点，则闭环系统是临界稳定的。

**【例 5-12】** 已知系统开环传递函数为 $G(s)=\dfrac{K}{(T_1s+1)(T_2s+1)}$ $(K,T_1,T_2>0)$，试用奈氏判据判断闭环系统的稳定性。

**解** 由开环传递函数知，右半 $s$ 平面的开环极点数为零，即 $P=0$。系统的开环幅相曲线如图 5-44 所示。由幅相曲线可以看到，曲线不包围$(-1,j0)$点，即 $N=0$，所以有 $N=P$，故闭环系统稳定。

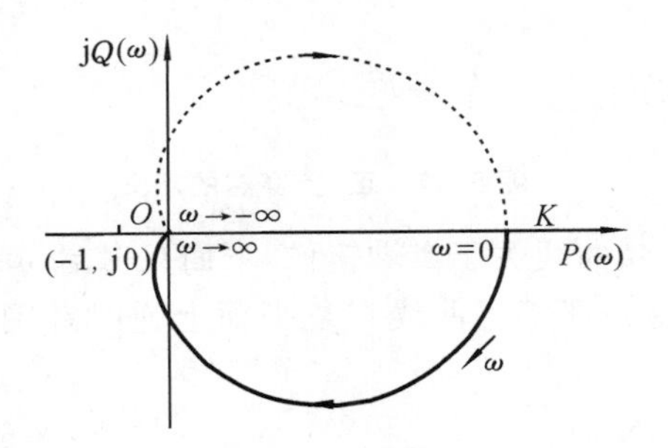


**图 5-44 例 5-12 的开环幅相曲线**

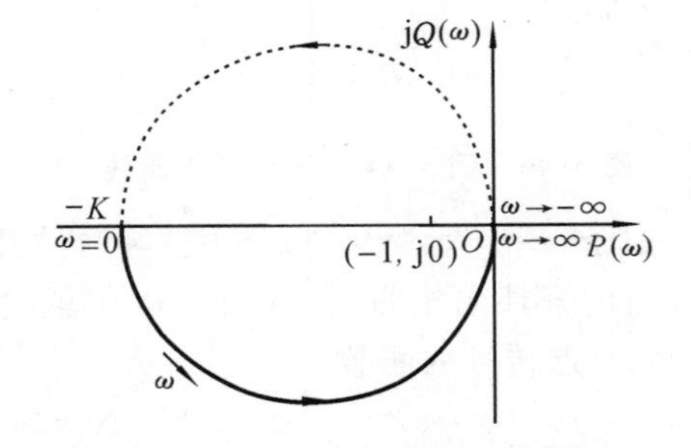


**图 5-45 例 5-13 的开环幅相曲线**

**【例 5-13】** 已知系统开环传递函数为 $G(s)=\dfrac{K}{Ts-1}(K>1)$，试用奈氏判据判断闭环系统的稳定性。

**解** 由开环传递函数知，右半 $s$ 平面的开环极点数为 1，即 $P=1$。系统的开环幅相曲线如图 5-45 所示。由幅相曲线可以看到，曲线逆时针包围$(-1,j0)$点一圈，即 $N=1$，所以有 $N=P$，故闭环系统稳定。

**【例 5-14】** 已知系统开环传递函数为 $G(s)=\dfrac{K}{s(T_1s+1)(T_2s+1)}$ $(K,T_1,T_2>0)$，试用奈氏判据判断闭环系统的稳定性。

**解** 由开环传递函数知，右半 $s$ 平面的开环极点数为零，即 $P=0$。系统的开环幅相曲线如图 5-46 所示。其中,渐近线为 $\sigma_x=-K(T_1+T_2)$,$\omega_g=1/\sqrt{T_1T_2}$ 时,开环幅相曲线与负实轴的交点为 $P(\omega_g)=-KT_1T_2/(T_1+T_2)$。

由幅相曲线可以看到,当 $KT_1T_2/(T_1+T_2)>1$ 时,曲线顺时针包围(-1,j0)点二圈,即 $N=-2$,所以有 $N\neq P$,故闭环系统不稳定且闭环特征方程正实部根个数 $Z=P-N=0-(-2)=2$;当 $KT_1T_2/(T_1+T_2)<1$ 时,曲线不包围(-1,j0)点,即 $N=0$,所以有 $N=P$,故闭环系统稳定;当 $KT_1T_2/(T_1+T_2)=1$ 时,曲线通过(-1,j0)点,故闭环系统临界稳定。

逆时针包围和顺时针包围同时存在时,常常给 $N$ 的计算带来困难,下面给出通过确定开环幅相曲线在(-1,j0)点左侧实轴上的穿越次数来获得 $N$ 的方法。

随着 $\omega$ 的增大,若开环幅相曲线以逆时针方向包围(-1,j0)点一圈,则开环幅相曲线必然从上至下穿过(-1,j0)点左侧的负实轴一次。这种穿越伴随着相角的增加而穿越,故称为正穿越。反之,若开环幅相曲线按顺时针方向包围(-1,j0)点一圈,则开环幅相曲线必由下至上穿过(-1,j0)点左侧的负实轴一次。这种穿越是伴随着相角的减小而穿越的,故称为负穿越。记 $N_+$ 为正穿越次数,$N_-$ 为负穿越次数,正负穿越的定义如图 5-47 所示。

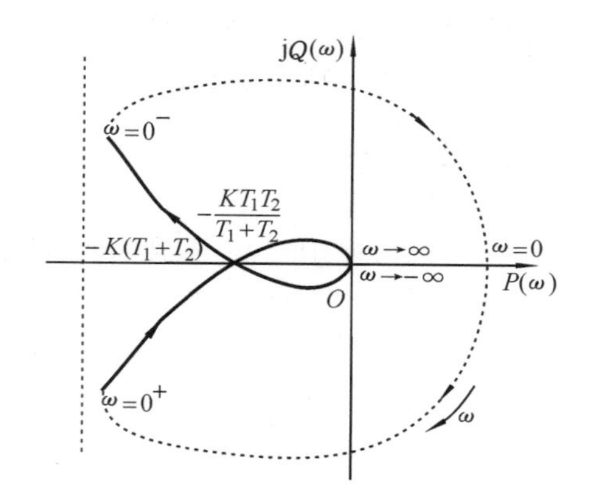


图 5-46 例 5-14 的开环幅相曲线

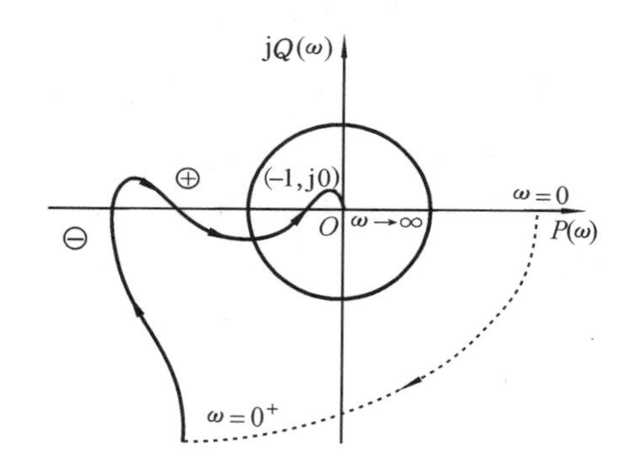


图 5-47 正、负穿越的定义

由于 $\omega=-\infty\to0$ 与 $\omega=0\to\infty$ 时的开环幅相曲线关于实轴镜像,下面只考虑 $\omega=0\to\infty$ 时的开环幅相曲线上的正、负穿越次数,则开环幅相曲线在复平面上逆时针围绕(-1,j0)点转过的圈数

$$N=2(N_+-N_-) \tag{5-59}$$

注意,只考虑 $\omega=0\to\infty$ 时的开环幅相曲线时,开环幅相曲线的 $\omega=0$ 到 $\omega\to\infty$ 段可能会出现起始于(或终止于)(-1,j0)点左侧的负实轴的情况,如例 5-45 所示。开环幅相曲线起始于(或终止于)(-1,j0)点左侧的负实轴,记为半次穿越,即若沿逆时针方向离开(或终止于)负实轴,记为半次正穿越,即 $N_+=1/2$;若沿顺时针方向离开(或终止于)负实轴,则记为半次负穿越,即 $N_-=1/2$。

实际上,只需绘制 $\omega=0\to\infty$ 时开环幅相曲线,联立式(5-49)和式(5-59)可得根据正、负穿越的次数之差来陈述的奈氏判据,因其简单实用,也称奈氏判据的实用方法。

**奈氏判据的实用方法** 设系统开环极点有 $P$ 个在右半 $s$ 平面上,则闭环系统稳定的充要条件为:当 $\omega=0\to\infty$ 时,系统开环幅相曲线在实轴(-1,j0)点左侧的正、负穿越数之差为 $P/2$,即

$$N_+ - N_- = P/2 \tag{5-60}$$

若闭环系统不稳定，系统位于右半 $s$ 平面的闭环极点个数为

$$Z = P - 2(N_+ - N_-) \tag{5-61}$$

**【例 5-15】** 已知系统开环传递函数为 $G(s)=\dfrac{K(T_2s+1)}{s^2(T_1s+1)}$ $(K,T_1,T_2>0)$，试用奈氏判据判断闭环系统的稳定性。

**解** 由传递函数知，右半 $s$ 平面的开环极点数为零，即 $P=0$。系统频率特性为

$$G(\mathrm{j}\omega)=\frac{K(T_2\mathrm{j}\omega+1)}{(\mathrm{j}\omega)^2(T_1\mathrm{j}\omega+1)}$$

系统幅频、相频特性为

$$A(\omega)=\frac{K}{\omega^2}\sqrt{\frac{(T_2\omega)^2+1}{(T_1\omega)^2+1}},\quad \varphi(\omega)=-180^\circ-\arctan T_1\omega+\arctan T_2\omega$$

由系统相频特性可知：参数 $T_1$ 和 $T_2$ 的大小影响系统开环幅相特性曲线的形状和位置。

(1) $T_1>T_2$：$\omega=0\to\infty$ 时系统开环幅相特性曲线如图 5-48(a)所示，其中补画的虚线圆弧为 $\omega=0\to0^+$ 时的开环幅相曲线。由图可知，$N_-=1$，$N_+=0$，则有 $N_+-N_-=-1\neq P/2$，故当 $T_1>T_2$ 时，闭环系统不稳定。系统位于右半 $s$ 平面的闭环极点个数为

$$Z=P-2(N_+-N_-)=0-2\times(-1)=2$$

(2) $T_1<T_2$：$\omega=0\to\infty$ 时系统开环幅相特性曲线如图 5-48(b)所示，其中补画的虚线圆弧为 $\omega=0\to0^+$ 时的开环幅相曲线。由图可知，$N_-=0$，$N_+=0$，则有 $N_+-N_-=0=P/2$，故当 $T_1<T_2$ 时，闭环系统稳定。

(3) $T_1=T_2$：$\omega=0\to\infty$ 时系统开环幅相特性曲线如图 5-48(c)所示，其中补画的虚线圆弧为 $\omega=0\to0^+$ 时的开环幅相曲线。由图可知，系统开环幅相特性曲线通过$(-1,\mathrm{j}0)$点，故当 $T_1=T_2$ 时，闭环系统临界稳定。

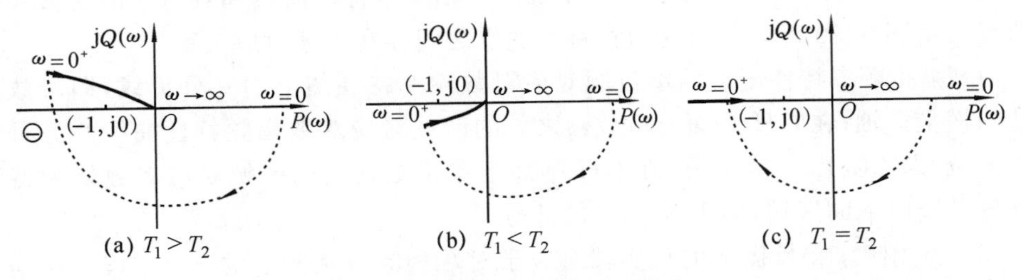


图 5-48 例 5-16 开环幅相曲线

**【例 5-16】** 已知系统开环传递函数为 $G(s)=\dfrac{K(T_2s+1)}{s(T_1s-1)}$ $(K,T_1,T_2>0)$，试用奈氏判据判断闭环系统的稳定性。

**解** 由系统开环传递函数知，右半 $s$ 平面的开环极点数为 1，即 $P=1$。系统频率特性为

$$G(\mathrm{j}\omega)=\frac{K(T_2\mathrm{j}\omega+1)}{(\mathrm{j}\omega)\cdot(T_1\mathrm{j}\omega-1)}=-\frac{K(T_1+T_2)}{T_1^2\omega^2+1}+\mathrm{j}\,\frac{-K(T_1T_2\omega^2-1)}{\omega(T_1^2\omega^2+1)}$$

系统幅频特性为

$$A(\omega)=\frac{K}{\omega}\sqrt{\frac{(T_2\omega)^2+1}{(T_1\omega)^2+1}}$$

系统相频特性为

$$\varphi(\omega)=-90^\circ-(180^\circ-\arctan T_1\omega)+\arctan T_2\omega=-270^\circ+\arctan T_1\omega+\arctan T_2\omega$$

幅相曲线起点

$$G(\mathrm{j}0^+)=\infty\angle(-270^\circ)$$

幅相曲线终点 $G(\mathrm{j}\infty)=0\angle(-90^\circ)$

系统是Ⅰ型系统,存在渐近线

$$\sigma_x=\lim_{\omega\to 0^+}\mathrm{Re}[G(\mathrm{j}\omega)]=-K(T_1+T_2)$$

幅相曲线与负实轴的交点

$$\mathrm{Im}[G(\mathrm{j}\omega)]=0\Rightarrow\omega_g=\frac{1}{\sqrt{T_1T_2}}\Rightarrow\mathrm{Re}[G(\mathrm{j}\omega_g)]=-KT_2$$

系统幅相曲线如图5-49所示。系统为Ⅰ型系统,图5-49中补画的带箭头的虚线圆弧为 $\omega$ 由 $0\to0^+$ 时的开环幅相曲线。由图中可以看出:

(1) $KT_2>1$ 时,$N_-=1/2$,$N_+=1$,则有 $N_+-N_-=1/2=P/2$,故当 $KT_2>1$ 时,闭环系统稳定。

(2) $KT_2<1$ 时,$N_-=1/2$,$N_+=0$,则有 $N_+-N_-=-1/2\neq P/2$,故当 $KT_2<1$ 时,闭环系统不稳定。系统位于右半 $s$ 平面的闭环极点个数为

$$Z=P-2(N_+-N_-)=0-2\times\left(-\frac{1}{2}\right)=1$$

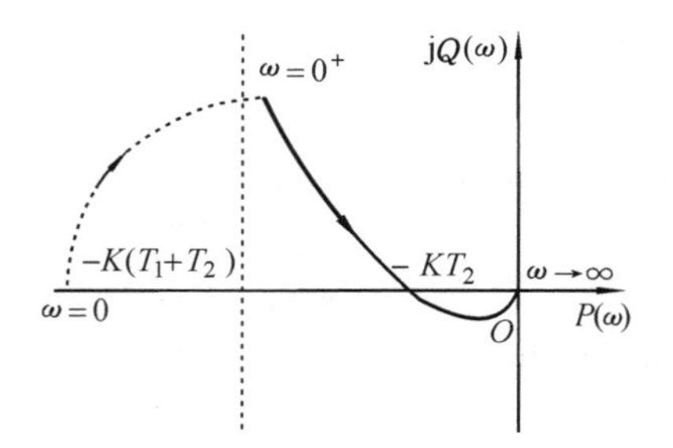


图5-49 例5-17的开环幅相曲线

(3) $KT_2=1$ 时,系统开环幅相特性曲线通过$(-1,\mathrm{j}0)$点,故当 $T_1=T_2$ 时,闭环系统临界稳定。

### 5.4.3 奈氏判据在伯德图中的应用

由于开环对数频率特性又可以通过实验获得,因此,可以利用开环系统的对数频率特性(伯德图)来判别闭环系统的稳定性,并在工程上获得了广泛的应用。

图5-50(a)、图5-50(b)分别表示系统的幅相频率特性曲线和其对应的对数频率特性曲线。由图5-50可以看出这两种特性曲线之间存在下述对应关系。

(1) 幅相频率特性图上的单位圆对应对数频率特性图上的0分贝线,即对数幅频特性的横坐标轴;在 $GH$ 平面上单位圆之外的区域对应对数幅频特性曲线0分贝线以上的区域,即 $L(\omega)>0$ 的部分;在 $GH$ 平面上单位圆之内的区域对应对数幅频特性曲线0分贝线以下的区域,即 $L(\omega)<0$ 的部分。

(2) 幅相频率特性图上的负实轴对应于对数相频特性图上的$-180^\circ$线。根据上述对应关系,幅相频率特性曲线的穿越次数可以利用 $L(\omega)>0$ 的区间内,$\varphi(\omega)$曲线对$-180^\circ$线的穿越次数来计算。在 $L(\omega)>0$ 的区间内,$\varphi(\omega)$曲线自下而上通过$-180^\circ$线为正穿越(相角增加),如图5-50(b)中的 $B$ 点;$\varphi(\omega)$曲线自上而下通过$-180^\circ$线为负穿越(相角减小),如图5-50(b)中的 $A$ 点。

比较系统的幅相频率特性曲线和其对应的对数频率特性曲线,容易得到奈氏判据在伯德图中的应用,也称为对数频率稳定判据。

**对数频率稳定判据** 设系统开环极点有 $P$ 个在右半 $s$ 平面上,则闭环系统稳定的充要条件为:开环对数幅频特性 $L(\omega)>0$ 的所有频率范围内,对数相频特性曲线 $\varphi(\omega)$ 与$-180^\circ$线的正负穿越数之差为 $P/2$,即

$$N_+-N_-=P/2$$

若闭环系统不稳定,系统位于右半 $s$ 平面的闭环极点个数为

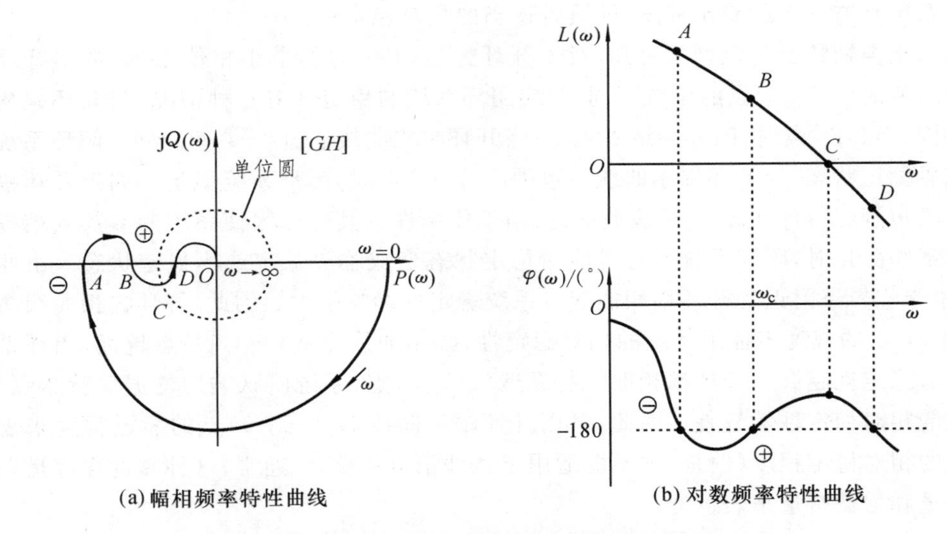

(a) 幅相频率特性曲线　　(b) 对数频率特性曲线

**图 5-50　幅相频率特性曲线与对应的对数频率特性曲线**

$$Z=P-2(N_{+}-N_{-})$$

应用对数频率稳定判据时，应注意以下两点。

① 若开环传递函数存在积分环节，即开环系统存在 $s=0$ 的 $v$ 重极点时，应从足够小的 $\omega$ 所对应的 $\varphi(\omega)$ 起向上补作 $v90^{\circ}$ 的虚垂线。

② 开环对数幅频特性 $L(\omega)>0$ 的所有频率范围内，$\varphi(\omega)$ 起始于或终止于 $-(2k+1)180^{\circ}$ 线（$k=0,\pm1,\pm2,\cdots$），记为半次穿越。

**【例 5-17】** 已知系统开环传递函数为 $G(s)=\dfrac{100}{s^{2}\left(\dfrac{s}{3}+1\right)}$，试用对数频率稳定判据判断闭环系统的稳定性。

**解** 由系统开环传递函数知，右半 $s$ 平面的极点数为零，即 $P=0$。画开环系统伯德图，如图 5-51 所示。

开环系统有两个积分环节，故在对数相频曲线 $\omega=0^{+}$ 处，向上补作 $180^{\circ}$ 的短虚垂线作为 $\varphi(\omega)$ 曲线的一部分。

从图中可看出：$N_{-}=1$，$N_{+}=0$，则有 $N_{+}-N_{-}=-1\neq P/2$，故闭环系统不稳定。系统位于右半 $s$ 平面的闭环极点个数为

$$Z=P-2(N_{+}-N_{-})=0-2\times(-1)=2$$

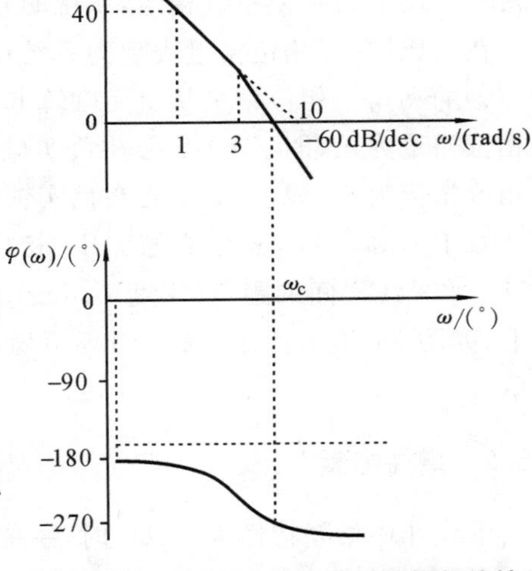

**图 5-51　例 5-17 的开环对数幅频特性**

## 5.5　控制系统的相对稳定性

控制系统稳定与否是绝对稳定性的概念。而对一个稳定系统而言，还存在稳定程度的问题。系统的稳定程度则是相对稳定性的概念。相对稳定性与系统的瞬态响应指标有着密切的关系。在设计一个控制系统时，不仅要求它必须是绝对稳定的，而且还应

保证系统具有一定的稳定程度,即具备适当的相对稳定性。

由奈奎斯特稳定性判据可知,对于开环稳定($P=0$)的最小相位系统,根据开环幅相曲线相对(−1,j0)点的位置不同,对应闭环系统的稳定性有三种情况:当开环幅相曲线包围(−1,j0)点时,闭环系统不稳定;当开环幅相曲线通过(−1,j0)点时,闭环系统处于临界稳定状态;当开环幅相曲线不包围(−1,j0)点时,闭环系统稳定。如果开环幅相曲线不包围(−1,j0)点,但离该点很近,当工作条件或其他原因使系统的参数或结构发生了某些变化时,闭环系统就有可能由稳定状态变成临界稳定或不稳定状态。由此可见,位于临界点附近的开环幅相曲线对系统稳定性影响很大。因此,开环幅相曲线靠近(−1,j0)点的程度表征了系统的相对稳定性,幅相曲线距离(−1,j0)点越远,闭环系统的相对稳定性越高。开环幅相曲线越靠近(−1,j0)点,系统阶跃响应的振荡就越强烈,系统的相对稳定性就越差。因此,可用开环幅相曲线对(−1,j0)点的靠近程度来表示系统的相对稳定程度(但是,这不能适用于条件稳定系统)。通常,这种靠近程度是以相位裕量和增益裕量来表示的。

### 5.5.1 相位裕量

系统开环频率特性的幅值为1时,系统开环频率特性的相角与180°之和定义为相位裕量,所对应的频率 $\omega_c$ 称为系统幅值穿越频率,即

$$PM=\gamma(\omega_c)=180°+\varphi(\omega_c) \tag{5-62}$$

式中,$\omega_c$ 满足 $A(\omega_c)=1$ 或 $L(\omega_c)=0$ dB。

相位裕量的物理意义在于:对于闭环稳定的最小相位系统,相位裕量指出了系统在变为不稳定之前,系统的开环频率特性的相角可以再滞后 $\gamma$ 度;对于不稳定的系统,相位裕量指出了为了使系统稳定,系统的开环频率特性的相角应超前 $\gamma$ 度。

在奈氏图中,相位裕量表现为系统的开环幅相特性的幅值 $A(\omega_c)=1$ 时的向量与负实轴的夹角。相位裕量从负实轴算起,逆时针为正,顺时针为负。对于稳定的系统,其相位裕量为正,即 $\gamma>0$,$\gamma$ 必在负实轴以下,如图5-52(a)所示;对于不稳定的系统,其相位裕量为负,即 $\gamma<0$,$\gamma$ 必在负实轴以上,如图5-52(b)所示。

由于 $L(\omega_c)=0$,故在伯德图中,相位裕量表现为 $L(\omega)=0$ dB处的相角 $\varphi(\omega_c)$ 与 −180°水平线之间的距离(用度(°,deg)表示)。对于闭环稳定的系统,$\gamma$ 必在−180°线以上,如图5-52(c)所示;对于闭环不稳定的系统,$\gamma$ 必在−180°线以下,如图5-52(d)所示。

### 5.5.2 增益裕量

系统开环相频特性为−180°时,系统开环频率特性幅值的倒数定义为增益裕量,所对应的频率 $\omega_g$ 称为系统相角穿越频率,即

$$h=\frac{1}{A(\omega_g)} \tag{5-63}$$

式中,$\omega_g$ 满足 $\varphi(\omega_g)=-180°$。

如果用分贝表示增益裕量(也称为对数增益裕量,单位为dB),则有

$$GM=20\lg h=20\lg\frac{1}{A(\omega_g)}=-20\lg A(\omega_g) \tag{5-64}$$

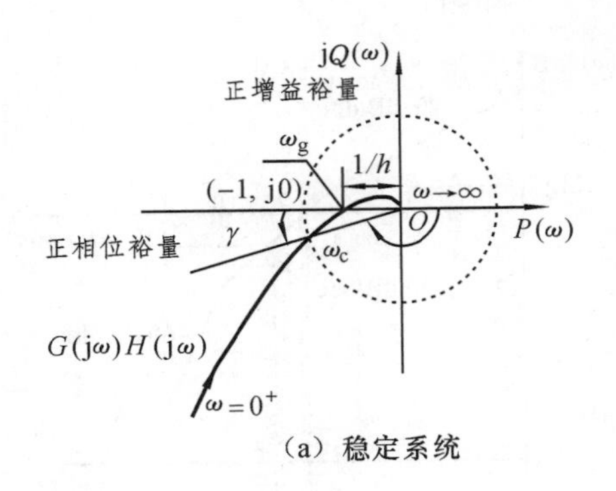


(a) 稳定系统

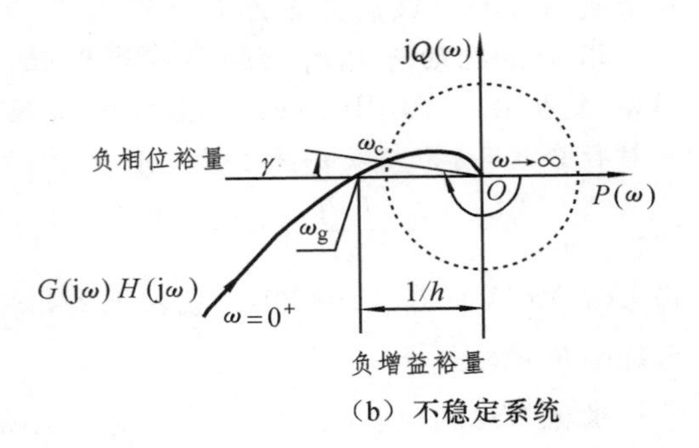


(b) 不稳定系统

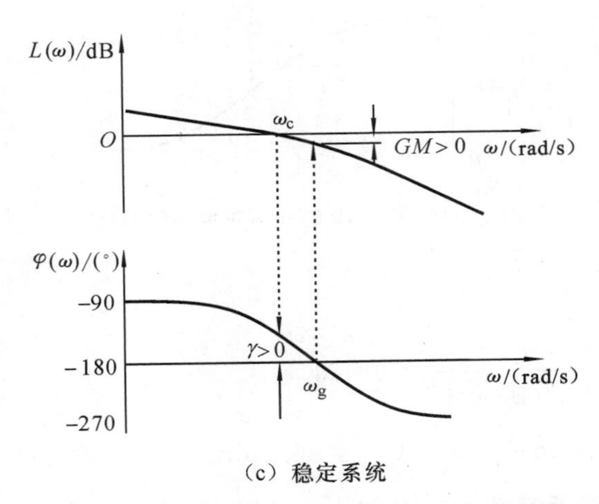


(c) 稳定系统

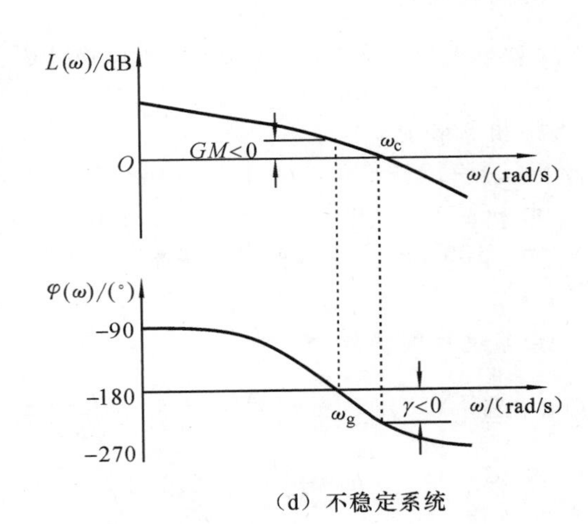


(d) 不稳定系统

**图 5-52 稳定与不稳定系统的相位裕量与增益裕量**

增益裕量的物理意义在于：对于闭环稳定的最小相位系统，增益裕量指出系统在变为不稳定之前，系统的开环放大系数还能增大 $h$ 倍；对于不稳定的系统，增益裕量指出为了使系统稳定，系统的开环放大系数应减小为原来的 $1/h$。对于稳定的系统，增益裕量 $h>1$，即 $GM>0$ dB，如图 5-52(a)和图 5-52(c)所示；对于不稳定的系统，增益裕量 $h<1$，即 $GM<0$ dB，如图 5-52(b)和图 5-52(d)所示。

对于最小相位系统，欲使系统稳定，就要求相位裕量 $\gamma>0$ 和增益裕量 $GM>0$ dB（或 $h>1$）。显然，增益裕量和相位裕量越大，系统的稳定性越好。为保证系统具有一定的相对稳定性，稳定裕度不能太小；但是，稳定裕度过大会影响系统的其他性能，如系统响应的快速性。在工程设计中，一般取 $\gamma=30°\sim60°$，$GM=6\sim20$ dB。

**【例 5-18】** 已知系统开环传递函数为 $G(s)=\dfrac{K}{s(s+1)(0.1s+1)}$，试求：(1) $K=5$ 时，系统的相位裕量和增益裕量；(2) 用频率分析法求出系统处于临界稳定状态时的 $K$ 值。

**解** (1) 系统幅频特性和相频特性为

$$A(\omega)=\frac{K}{\omega\sqrt{\omega^2+1}\cdot\sqrt{0.1^2\omega^2+1}},\quad \varphi(\omega)=-90°-\arctan\omega-\arctan0.1\omega$$

当 $K=5$ 时，开环系统对数幅频特性曲线如图 5-53 所示。其中，对数幅频特性渐近线转折频率为 $\omega_1=1$ 和 $\omega_2=10$，$L(1)=20\lg K=20\lg5$，因系统为Ⅰ型系统，低频段的延长线与0分贝线的交点为$K=5$。

根据系统的开环对数幅频渐近特性，因$\omega_c$发生在$-40$ dB/dec直线段，又$\omega$轴为对数分度，所以根据斜率公式，有

$$\frac{L(\omega_c)-L(1)}{\lg\omega_c-\lg 1}=-40$$

将$L(\omega_c)=0$和$L(1)=20\lg 5$代入上式，得系统幅值穿越频率$\omega_c=\sqrt{5}=2.24$。

根据系统相频特性，在$\omega_c=\sqrt{5}$时，系统相频特性为

$$\varphi(\omega_c)=-90°-\arctan\sqrt{5}-\arctan 0.1\sqrt{5}=-168.5°$$

得相位裕量

$$\gamma(\omega_c)=180°+\varphi(\omega_c)=180°-168.5°=11.5°$$

由$\varphi(\omega_g)=-90°-\arctan\omega_g-\arctan 0.1\omega_g=-180°$，计算得相角穿越频率

$$\omega_g=\sqrt{10}$$

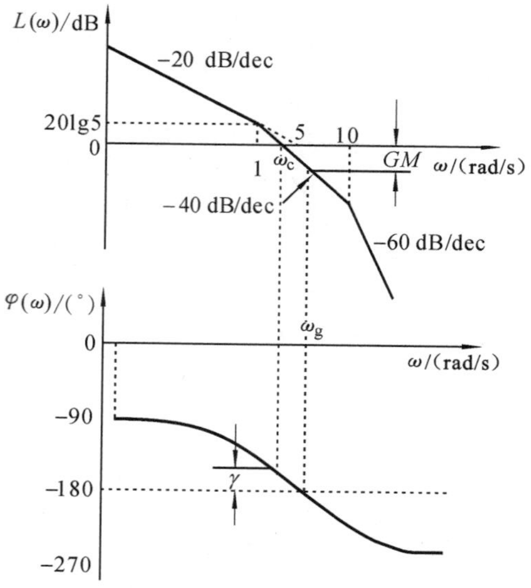

图 5-53 例 5-18 的开环对数幅频特性

由系统幅频特性，有

$$A(\omega_g)=\frac{5}{\omega_g\sqrt{\omega_g^2+1}\cdot\sqrt{0.1^2\omega_g^2+1}}=0.473$$

得

$$h=\frac{1}{A(\omega_g)}=2.112,\quad GM=20\lg h=-20\lg A(\omega_g)=6.5\ \text{dB}$$

(2) 由增益裕量$h$的物理意义可知，若开环放大系数增大2.112倍，即$K=5\times 2.112=10.56$，则系统处于临界稳定状态。

应该指出，为了获得满意的过渡过程，通常要求系统有30°～60°的相位裕量，通过例5-18可知，通过减小开环放大系数$K$的办法可以达到。但是，减小$K$一般会使斜坡输入时的稳态误差变大。因此，有必要应用校正技术，使系统兼顾稳态误差和过渡过程的要求。

对于最小相位系统，开环对数幅频特性曲线和开环对数相频特性曲线有一一对应关系。当要求相位裕量在30°～60°之间时，意味着开环对数幅频特性曲线在幅值穿越频率$\omega_c$附近的斜率应大于$-40$ dB/dec，且有一定宽度。在大多数实际系统中，要求$\omega_c$附近斜率为$-20$ dB/dec。如果此斜率设计为$-40$ dB/dec，系统即使稳定，相位裕量也过小(如例5-18所示)，如果斜率设计为$-60$ dB/dec或更小，则系统是不稳定的。

下面从分析开环对数频率特性与相对稳定性的关系，即开环对数幅频特性低频段、高频段特性斜率变化以及开环放大系数对相位裕量的影响出发，说明要设计一个合理的系统，要求其开环对数频率特性的三段频(低频段、中频段、高频段)应具有的特点。

### 5.5.3 开环对数频率特性与相对稳定性的关系

应用伯德图来分析和设计系统，是以伯德的两个定理为基础的。这两个定理适用于最小相位系统，其要点可以归纳如下。

**伯德第一定理**指出：对数幅频特性渐近线的斜率与相角位移有对应关系。例如，对数幅频特性斜率为 $-20v$ dB/dec，对应于相角位移 $-v90°$，如图 5-54 所示。在某一频率 $\omega$ 时的相角位移，当然是由整个频率范围内的对数幅频特性斜率来确定的，但是，在这一频率 $\omega$ 时的对数幅频特性斜率对确定 $\omega$ 时的相角位移起的作用最大。离这一频率 $\omega$ 越远的幅频特性斜率，起的作用越小。

**伯德第二定理**指出：对于一个线性最小相位系统，幅频特性和相频特性之间的关系是唯一的。当给定了某一频率范围的对数幅频特性时，在这一频率范围的相频特性也就确定了；反之亦然。

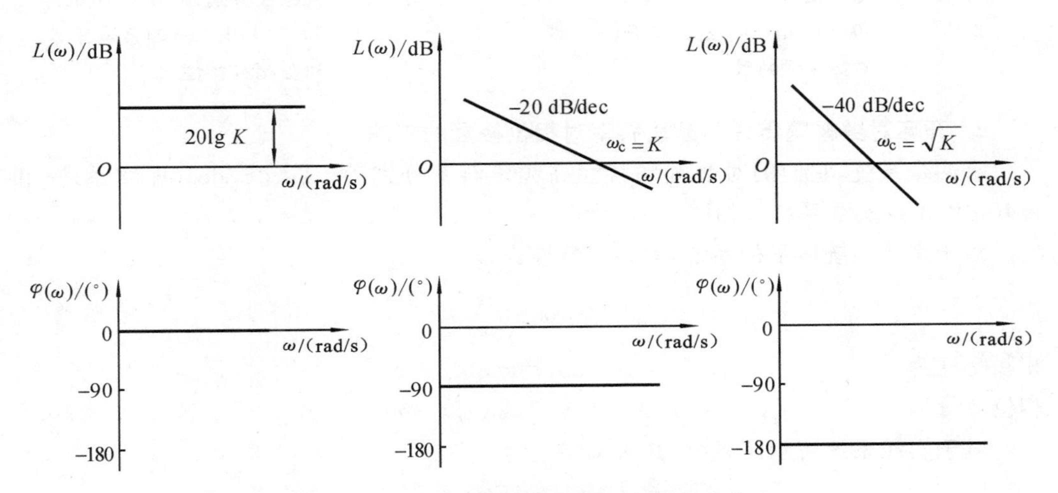


**图 5-54　开环对数幅频特性斜率与相角的关系**

**1. 开环对数幅频特性低频段斜率对相位裕量的影响**

有两个系统，它们的开环对数幅频特性低频段斜率分别为 $-20$ dB/dec（虚线系统）和 $-40$ dB/dec（实线系统），如图 5-55 所示。

对于虚线系统所示的系统，其频率特性为

$$G(\mathrm{j}\omega)=\frac{K_{\mathrm{k}}}{\mathrm{j}\omega}$$

相频特性为

$$\varphi(\omega)=-90°$$

相位裕量为

$$\gamma(\omega_{\mathrm{c}})=180°+\varphi(\omega_{\mathrm{c}})=90° \tag{5-65}$$

对于实线系统所示的系统，其频率特性为

$$G(\mathrm{j}\omega)=\frac{K_{\mathrm{k}}(\mathrm{j}T_1\omega+1)}{(\mathrm{j}\omega)^2}$$

在幅值穿越频率 $\omega_{\mathrm{c}}$ 处的相角位移为

$$\varphi(\omega_{\mathrm{c}})=-180°+\arctan T_1\omega_{\mathrm{c}}=-180°+\arctan\frac{\omega_{\mathrm{c}}}{\omega_1}$$

相位裕量为

$$\gamma(\omega_{\mathrm{c}})=\arctan\frac{\omega_{\mathrm{c}}}{\omega_1} \tag{5-66}$$

比较式(5-65)和式(5-66)，可以得到以下结论：在低频段有更大斜率的线段时，相位裕量减小，减小的程度与 $\omega_{\mathrm{c}}/\omega_1$ 的值有关。对于低频段斜率为 $-40$ dB/dec 的系统，当其幅值穿越频率 $\omega_{\mathrm{c}}$ 远远大于低频段转折频率 $\omega_1$ 时，低频段斜率对相位裕量的影响较小。

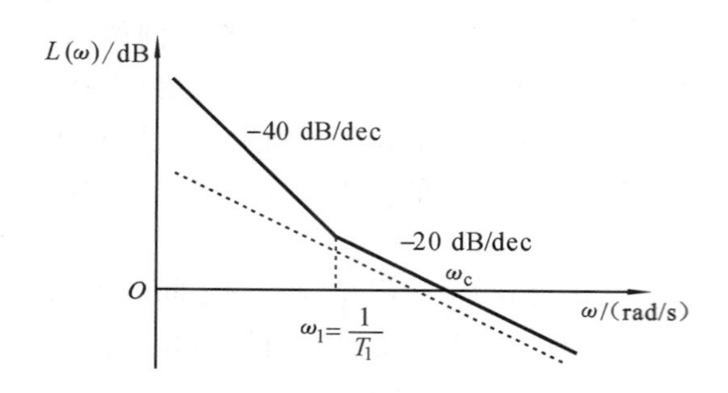


图 5-55 低频段分别为 $-20$ dB/dec 和 $-40$ dB/dec 的系统开环对数幅频特性

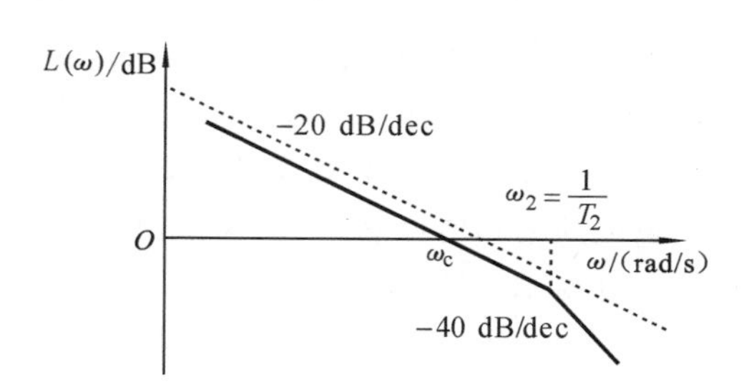


图 5-56 高频段分别为 $-20$ dB/dec 和 $-40$ dB/dec 的系统开环对数幅频特性

**2. 开环对数幅频特性高频段斜率对相位裕量的影响**

有两个系统,它们的对数幅频特性高频段斜率分别为 $-20$ dB/dec(虚线系统)和 $-40$ dB/dec(实线系统),如图 5-56 所示。

对于虚线系统所示的系统,其频率特性为

$$G(\mathrm{j}\omega)=\frac{K_k}{\mathrm{j}\omega}$$

相频特性为
$$\varphi(\omega)=-90°$$

相位裕量为
$$\gamma(\omega_c)=180°+\varphi(\omega_c)=90° \tag{5-67}$$

对于实线系统所示的系统,其频率特性为

$$G(\mathrm{j}\omega)=\frac{K_k}{\mathrm{j}\omega(\mathrm{j}T_2\omega+1)}$$

在幅值穿越频率 $\omega_c$ 处的相角位移为

$$\varphi(\omega_c)=-90°-\arctan T_2\omega_c=-90°-\arctan\frac{\omega_c}{\omega_2}$$

相位裕量为
$$\gamma(\omega_c)=180°+\varphi(\omega_c)=90°-\arctan\frac{\omega_c}{\omega_2} \tag{5-68}$$

比较式(5-67)和式(5-68),可以得到以下结论:在高频段有更大斜率的线段时,相位裕量减小,减小的程度与 $\omega_c/\omega_2$ 的值有关。对于高频段斜率为 $-40$ dB/dec 的系统,当其幅值穿越频率 $\omega_c$ 远远小于高频段转折频率 $\omega_2$ 时,高频段斜率对相位裕量的影响较小。

在实际的系统中,开环对数幅频特性一般都是随着 $\omega$ 的增大而下降的,也就是有"低通"滤波器的特性。在频率大于 $\omega_c$ 时,一般都有斜率更大的渐近线,这样的系统具有较好的抑制高频噪声能力。

为讲解方便,以后把渐近线表示的对数幅频特性中各斜率线段作如下标记:0 dB/dec 渐近线,记为 0;20 dB/dec 渐近线,记为 $+1$;$-20$ dB/dec 渐近线,记为 $-1$;$-40$ dB/dec 渐近线,记为 $-2$;$-60$ dB/dec 渐近线,记为 $-3$。这样,图 5-57 实线所示特性简称为 $-1/-2$ 特性。

**3. 开环放大系数 $K_k$ 对相位裕量的影响**

下面对三种不同的开环对数幅频特性分别讨论。

(1) $-1/-2$ 特性:$-1/-2$ 特性如图 5-57 所示,系统开环频率特性为

$$G(\mathrm{j}\omega)=\frac{K_\mathrm{k}}{\mathrm{j}\omega(\mathrm{j}T_2\omega+1)}$$

在幅值穿越频率 $\omega_\mathrm{c}$ 处的相角位移为

$$\varphi(\omega_\mathrm{c})=-90°-\arctan T_2\omega_\mathrm{c}$$

相位裕量为

$$\gamma(\omega_\mathrm{c})=180°+\varphi(\omega_\mathrm{c})=90°-\arctan T_2\omega_\mathrm{c} \tag{5-69}$$

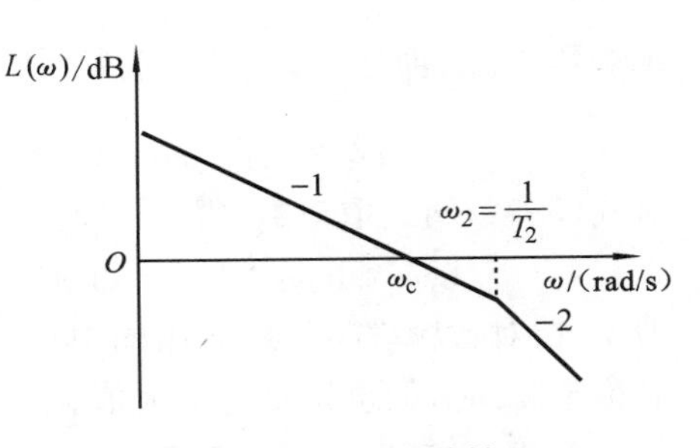

图 5-57 −1/−2 特性

由于系统是Ⅰ型系统，图 5-57 所示的 −1/−2特性的幅值穿越频率 $\omega_\mathrm{c}$ 等于开环放大系数 $K_\mathrm{k}$，即 $\omega_\mathrm{c}=K_\mathrm{k}$。

由式(5-69)知，当 $T_2$ 不变，$K_\mathrm{k}$ 增大时，相位裕量减小。从图 5-57 可知，$K_\mathrm{k}$ 增大时，渐近线上移，$\omega_\mathrm{c}$ 与 $\omega_2$ 更靠近，−40 dB/dec 的斜率线更靠近 $\omega_\mathrm{c}$，根据伯德第一定理，若相角位移增大，则相位裕量减小。

(2) −2/−1/−2 特性：−2/−1/−2 特性如图 5-58 所示，系统开环频率特性为

$$G(\mathrm{j}\omega)=\frac{K_\mathrm{k}(\mathrm{j}T_1\omega+1)}{(\mathrm{j}\omega)^2(\mathrm{j}T_2\omega+1)}\quad (T_1>T_2)$$

幅值穿越频率 $\omega_\mathrm{c}$ 满足 $A(\omega_\mathrm{c})=1$，即

$$\frac{K_\mathrm{k}\sqrt{1+(T_1\omega_\mathrm{c})^2}}{\omega_\mathrm{c}^2\sqrt{1+(T_2\omega_\mathrm{c})^2}}=1 \tag{5-70}$$

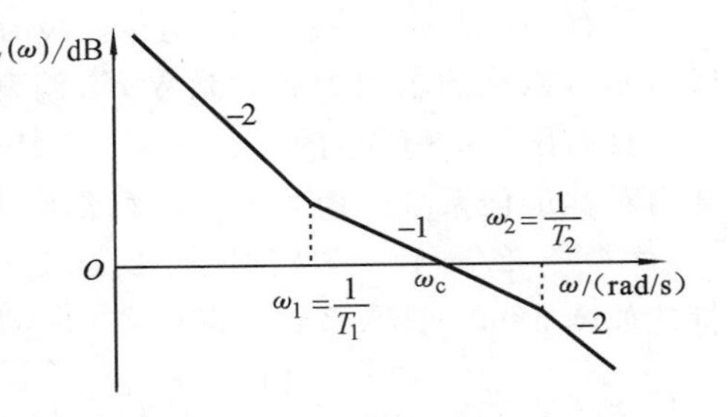

图 5-58 −2/−1/−2 特性

由开环对数幅频特性低、高频段斜率对相位裕量的影响知，要得到较大的相位裕量，低频和高频转折频率要远离幅值穿越频率 $\omega_\mathrm{c}$，即有

$$T_1\omega_\mathrm{c}=\frac{\omega_\mathrm{c}}{\omega_1}\gg 1,\quad T_2\omega_\mathrm{c}=\frac{\omega_\mathrm{c}}{\omega_2}\ll 1$$

所以式(5-70)可以化简为$\dfrac{K_\mathrm{k}\cdot(\omega_\mathrm{c}/\omega_1)}{\omega_\mathrm{c}^2}\approx 1$，求得幅值穿越频率为 $\omega_\mathrm{c}=\dfrac{K_\mathrm{k}}{\omega_1}=K_\mathrm{k}T_1$。

在幅值穿越频率 $\omega_\mathrm{c}$ 处的相角位移为

$$\varphi(\omega_\mathrm{c})=-180°-\arctan T_2\omega_\mathrm{c}+\arctan T_1\omega_\mathrm{c}=-180°-\arctan\frac{\omega_\mathrm{c}}{\omega_2}+\arctan\frac{\omega_\mathrm{c}}{\omega_1}$$

令 $\omega_2=n\omega_1$，则相位裕量为

$$\gamma(\omega_\mathrm{c})=180°+\varphi(\omega_\mathrm{c})=\arctan\frac{\omega_\mathrm{c}}{\omega_1}-\arctan\frac{\omega_\mathrm{c}}{n\omega_1} \tag{5-71}$$

从图 5-58 可知，特性上移时，$\omega_\mathrm{c}$ 增大，高频段斜率渐近线对 $\gamma(\omega_\mathrm{c})$ 的影响增大；特性下移，$\omega_\mathrm{c}$ 减小，低频段斜率渐近线对 $\gamma(\omega_\mathrm{c})$ 的影响增大。我们以 $n$ 为参变量，绘出 $\gamma(\omega_\mathrm{c})$ 与 $\omega_\mathrm{c}/\omega_1$ 之间的关系如图 5-59 所示。由图 5-59 可知，相位裕量有最大值。事实上，由式(5-71)求导，并令其等于零，即

$$\frac{\mathrm{d}\gamma(\omega_\mathrm{c})}{\mathrm{d}\left(\dfrac{\omega_\mathrm{c}}{\omega_1}\right)}=0\Rightarrow\frac{1}{1+\left(\dfrac{\omega_\mathrm{c}}{\omega_1}\right)^2}-\frac{\dfrac{1}{n}}{1+\left(\dfrac{\omega_\mathrm{c}}{n\omega_1}\right)^2}=0$$

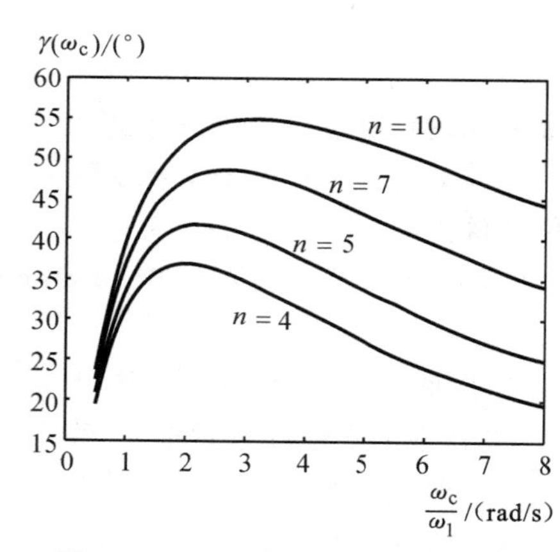


图 5-59 $\gamma(\omega_c)$与$\omega_c/\omega_1$之间的关系

得到$\frac{\omega_c}{\omega_1}=\sqrt{n}$,即

$$\omega_c^2=n\omega_1^2=\omega_1\omega_2 \tag{5-72}$$

对式(5-72)两边取对数,得

$$\lg\omega_c-\lg\omega_1=\lg\omega_2-\lg\omega_c$$

即$\omega_c$在对数频率特性中频段的中点,或中频段对称于$\omega_c$时,相位裕量有最大值。

将式(5-72)代入式(5-71)中,有最大相位裕量

$$\gamma_{\max}(\omega_c)=\arctan\sqrt{n}-\arctan\frac{1}{\sqrt{n}} \tag{5-73}$$

由式(5-73)可知:最大相位裕量与中频段线段长度有关,$n$越大,中频段线段越长,最大相位裕量越大。

选择$K_k$使$\omega_c=K_kT_1$和$\omega_c/\omega_1=\sqrt{n}$同时成立时,相位裕量有最大值。这个值由式(5-73)可以准确求出。放大系数$K_k$偏离这个值,均使相位裕量下降。

具有图5-58所示的$-2/-1/-2$特性,按式(5-72)确定幅值穿越频率的系统,常称为对称最佳系统。而当$n=4$时,常称为三阶工程最佳系统。

(3) $-2/-1/-3$特性:$-2/-1/-3$特性如图5-60所示,系统开环频率特性为

$$G(j\omega)=\frac{K_k(jT_1\omega+1)}{(j\omega)^2(jT_2\omega+1)^2}\quad (T_1>T_2)$$

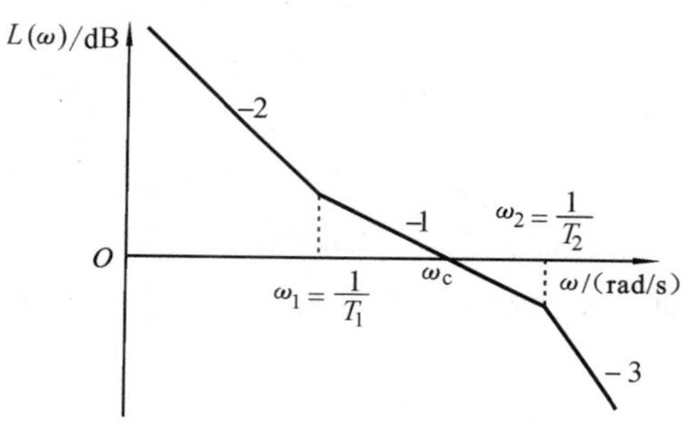


图 5-60 $-2/-1/-3$特性

幅值穿越频率$\omega_c$满足$A(\omega_c)=1$,即

$$\frac{K_k\sqrt{1+\left(\frac{\omega_c}{\omega_1}\right)^2}}{\omega_c^2\left[1+\left(\frac{\omega_c}{\omega_2}\right)^2\right]}=1 \tag{5-74}$$

由于$T_1\omega_c=\omega_c/\omega_1\gg1$,$T_2\omega_c=\omega_c/\omega_2\ll1$,所以式(5-74)可以化简为$\frac{K_k\cdot\omega_c/\omega_1}{\omega_c^2}\approx1$,求得幅值穿越频率为$\omega_c=K_k/\omega_1=K_kT_1$。在幅值穿越频率$\omega_c$处的相角位移为

$$\varphi(\omega_c)=-180°-2\arctan\frac{\omega_c}{\omega_2}+\arctan\frac{\omega_c}{\omega_1}$$

令$\omega_2=n\omega_1$,则相位裕量为

$$\gamma(\omega_c)=180°+\varphi(\omega_c)=\arctan\frac{\omega_c}{\omega_1}-2\arctan\frac{\omega_c}{n\omega_1} \tag{5-75}$$

对式(5-75)求导,并令其等于零,即

$$\frac{d\gamma(\omega_c)}{d(\omega_c/\omega_1)}=0\Rightarrow\frac{1}{1+(\omega_c/\omega_1)^2}-\frac{2/n}{1+(\omega_c/n\omega_1)^2}=0$$

得到

$$\omega_c=\omega_1\sqrt{\frac{(n-2)n}{2n-1}}=\sqrt{\frac{(\omega_2-2\omega_1)\omega_1\omega_2}{2\omega_2-\omega_1}}$$

当$\omega_2\gg\omega_1$时,有

$$\omega_c\approx\sqrt{\omega_1\omega_2/2} \tag{5-76}$$

将式(5-76)代入式(5-75)中，有最大相位裕量

$$\gamma_{\max}(\omega_c)=\arctan\sqrt{\frac{n}{2}}-2\arctan\sqrt{\frac{1}{2n}} \tag{5-77}$$

$n$ 越大，中频段线段越长，最大相位裕量越大。取不同 $n$ 时，所得 $\gamma_{\max}(\omega_c)$ 绘于图5-61中。

具有图 5-60 所示特性(－2/－1/－3)的系统，当按式(5-76)确定转折频率和 $\omega_c$(或放大系数 $K_k$)时，将有最大相位裕量。不仅增加放大系数时会降低系统的稳定性，降低放大系数也将降低系统的稳定性。有的系统，降低放大系数后甚至会造成不稳定。开环放大系数下降到一定程度时，系统由稳定变为不稳定的系统，常称为条件稳定系统。

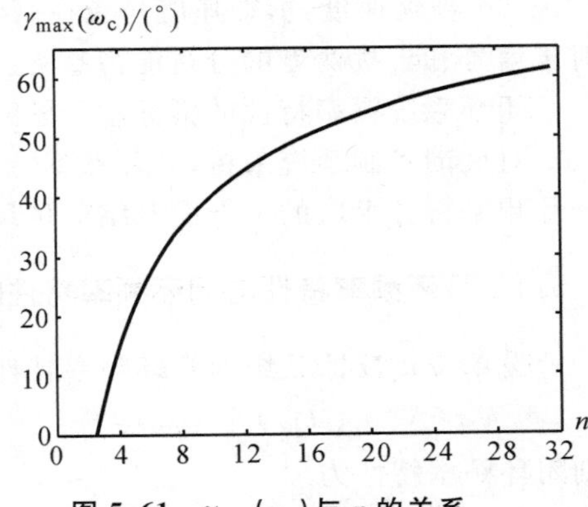


图 5-61 $\gamma_{\max}(\omega_c)$与 $n$ 的关系

根据以上分析可以看出，一个设计合理的系统，在低频段要满足稳态精度的要求。对于中频段，要注意到暂态特性的要求来确定其线段的形状，即系统开环对数频率特性的三段频(低频段、中频段、高频段)应具有如下特点。

① 穿过 $\omega_c$ 的幅频特性斜率以－20 dB/dec 为宜，一般最大不超过－30 dB/dec。

② 低频段和高频段可以有更大的斜率。低频段有斜率更大的线段可以提高系统的稳态指标；高频段有斜率更大的线段可以更好地排除高频干扰。

③ 中频段的幅值穿越频率 $\omega_c$ 的选择，取决于系统暂态响应速度的要求。

④ 中频段的长度对相位裕量有很大影响，中频段越长，相位裕量越大。

## 5.6 控制系统的闭环频率特性

利用开环频率特性分析和设计控制系统是很方便的，但在全面分析系统的控制性能时也常常需要知道系统闭环频率特性的形状和性能指标。

闭环系统的幅频特性曲线的一般形状如图 5-62 所示。用闭环频率特性来评价系统的性能，通常用以下指标。

(1) 谐振峰值 $M_p$：谐振峰值 $M_p$ 是闭环系统幅频特性的最大值，它反映系统的相对稳定性。通常，$M_p$ 值越大，系统阶跃响应的超调量 $\delta\%$ 也越大，因而系统的相对稳定性就比较差。通常希望系统的谐振峰值 $M_p$ 在 1.1～1.3 之间。

(2) 谐振频率 $\omega_p$：谐振频率 $\omega_p$ 是闭环系统幅频特性出现谐振峰值时所对应的频率，它在一定程度上反映了系统瞬态响应的速度。$\omega_p$ 值越大，瞬态响应越快。

(3) 带宽频率 $\omega_b$：当闭环系统频率特性的幅值 $M(\omega)$ 由其初始值 $M(0)$ 减小到 $0.707M(0)$ (或零频率分贝值以下 3 dB)时，所对应的频率 $\omega_b$ 称为带宽频率，也称为频带

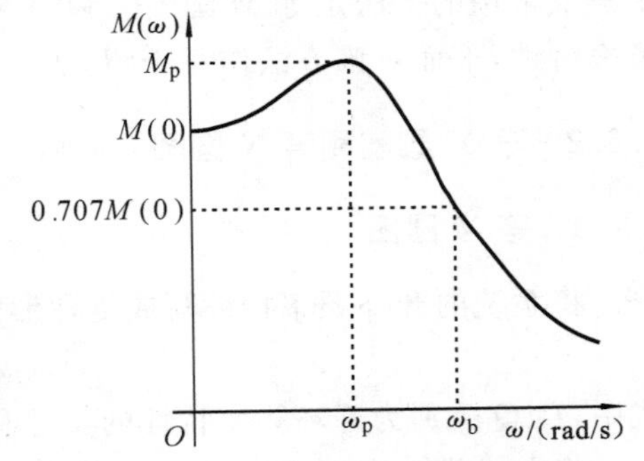


图 5-62 闭环系统的幅频特性曲线

宽。$0\sim\omega_b$ 的频率范围称为系统的频带宽。系统的频带宽反映了系统对噪声的滤波特性,同时也反映了系统的响应速度。频带宽越大,瞬态响应速度越快,但对高频噪声的过滤能力越差。

(4) 剪切速度:剪切速度是指在高频时频率特性衰减的快慢。在高频区衰减越快,对于信号和干扰两者的分辨能力越强。但是往往剪切速度越快,谐振峰值越大。

闭环系统频率特性的指标示于图5-62中。

对反馈控制系统来讲,开环频率特性容易获得和计算,而其闭环频率特性通常是由开环频率特性求取的。下面介绍单位反馈控制系统闭环频率特性曲线的绘制方法。

### 5.6.1 开环频率特性与闭环频率特性的关系

设单位负反馈系统的开环频率特性为

$$G(\mathrm{j}\omega)=A(\omega)\mathrm{e}^{\mathrm{j}\varphi(\omega)}$$

则闭环频率特性为

$$\Phi(\mathrm{j}\omega)=\frac{G(\mathrm{j}\omega)}{1+G(\mathrm{j}\omega)}$$

为避免与开环混淆,将闭环幅频特性和相频特性分别记为 $M(\omega)$ 和 $\alpha(\omega)$,则有

$$M(\omega)=|\Phi(\mathrm{j}\omega)|=\left|\frac{G(\mathrm{j}\omega)}{1+G(\mathrm{j}\omega)}\right| \tag{5-78}$$

$$\alpha(\omega)=\angle\Phi(\mathrm{j}\omega)=\angle\frac{G(\mathrm{j}\omega)}{1+G(\mathrm{j}\omega)} \tag{5-79}$$

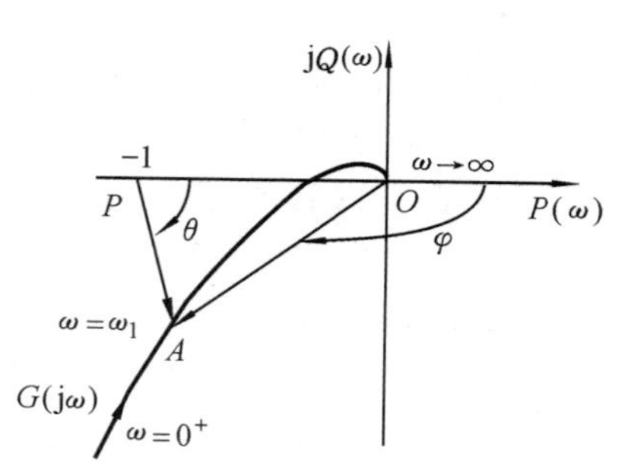


图 5-63 由开环频率特性确定闭环频率特性

根据式(5-78)、式(5-79),可以用图解法求出闭环频率特性。设系统开环频率特性曲线如图 5-63 所示。当频率 $\omega=\omega_1$ 时,向量$\overrightarrow{OA}$表示 $G(\mathrm{j}\omega_1)$。向量$\overrightarrow{PO}$表示$+1$,向量$\overrightarrow{PA}$表示 $1+G(\mathrm{j}\omega_1)$。因此,闭环频率特性 $\Phi(\mathrm{j}\omega_1)$ 可由两个向量之比求得,即

$$\Phi(\mathrm{j}\omega)=\frac{\overrightarrow{OA}}{\overrightarrow{PA}},\quad M(\omega)=\frac{|\overrightarrow{OA}|}{|\overrightarrow{PA}|},\quad \alpha(\omega)=\angle\overrightarrow{OA}-\angle\overrightarrow{PA}$$

式(5-78)、式(5-79)表明,当 $\omega=\omega_1$ 时,闭环频率特性的幅值 $M(\omega_1)$ 等于向量$\overrightarrow{OA}$和$\overrightarrow{PA}$的幅值之比;而闭环频率特性的相角 $\alpha(\omega_1)$ 等于 $\varphi-\theta$。可见,只要给出系统的开环幅相频率特性 $G(\mathrm{j}\omega)$,就可在 $\omega=0\sim\infty$ 的范围内逐点采用图解法求出整个系统的闭环频率特性。

上述的图解法求闭环频率特性,其几何意义清晰,容易理解,但求的过程比较麻烦。工程上常用的方法是等 $M$ 圆图法和等 $N$ 圆图法,直接由开环频率特性 $G(\mathrm{j}\omega)$ 得到闭环频率特性,下面对该方法作一介绍。

### 5.6.2 等 $M$ 圆图和等 $N$ 圆图

#### 1. 等 $M$ 圆图

将系统的开环频率特性写成复数形式,即

$$G(\mathrm{j}\omega)=P+\mathrm{j}Q \tag{5-80}$$

式中,$P$、$Q$ 分别为开环频率特性的实部和虚部。

将上式代入式(5-78)可得 $M$ 与 $P$、$Q$ 的关系为

$$M=\left|\frac{P+\mathrm{j}Q}{1+P+\mathrm{j}Q}\right|=\sqrt{\frac{P^2+Q^2}{(1+P)^2+Q^2}}$$

将上式两边平方，并整理后可得

$$P^2(1-M^2)-2M^2P-M^2+(1-M^2)Q^2=0 \tag{5-81}$$

现研究当 $M$ 取定值时，方程(5-81)所描绘的轨迹。由于这轨迹上的 $M$ 值均相等，故称为等 $M$ 轨迹。当 $M=1$ 时，将 $M=1$ 代入式(5-81)，有

$$P=-\frac{1}{2}$$

显然，在复平面上，它是通过$(-1/2,\mathrm{j}0)$点且平行于虚轴的直线。

当 $M\neq1$ 时，将式(5-81)两边同除 $1-M^2$，并两边同时加上 $\left(\frac{M}{1-M^2}\right)^2$，经整理后有

$$\left(P-\frac{M^2}{1-M^2}\right)^2+Q^2=\left(\frac{M}{1-M^2}\right)^2 \tag{5-82}$$

式(5-82)是表示一簇圆的方程，圆心为$\left(\frac{M^2}{1-M^2},0\right)$，半径为$\left|\frac{M}{1-M^2}\right|$。这就是等 $M$ 圆，如图 5-64 所示。

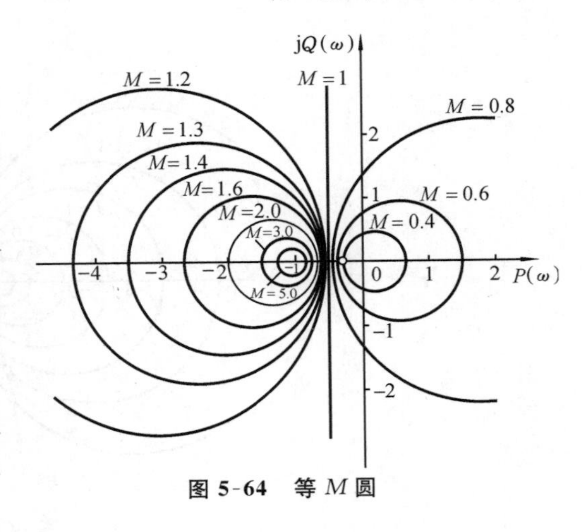


图 5-64 等 $M$ 圆

等 $M$ 圆图表明：当 $M>1$ 时，所有 $M$ 圆均落在 $P=-1/2$ 直线的左侧，且随着 $M$ 值的增大，$M$ 圆越来越小，最后收敛于$(-1,\mathrm{j}0)$点；相反，当 $M<1$ 时的所有 $M$ 圆均落在 $P=-1/2$ 直线的右侧，随着 $M$ 值的减小，$M$ 圆也越来越小，最后收敛于坐标原点。

**2. 等 $N$ 圆图**

将式(5-80)代入式(5-79)可得闭环相频特性 $\alpha$ 与 $P$、$Q$ 的关系为

$$\alpha=\arctan\frac{Q}{P}-\arctan\frac{Q}{1+P}$$

若设 $\tan\alpha=N$，则有

$$N=\tan\alpha=\frac{\frac{Q}{P}-\frac{Q}{1+P}}{1+\frac{Q}{P}\cdot\frac{Q}{1+P}}=\frac{Q}{P^2+P+Q^2}$$

或

$$P^2+P+Q^2-\frac{Q}{N}=0$$

在上式配方并整理得

$$\left(P+\frac{1}{2}\right)^2+\left(Q-\frac{1}{2N}\right)^2=\frac{1}{4}+\frac{1}{4N^2} \tag{5-83}$$

可见，式(5-83)也是表示一簇圆的方程，圆心为$(-1/2,1/2N)$，半径为$\sqrt{1/4+1/4N^2}$。这就是等 $N$ 圆，如图 5-65所示。

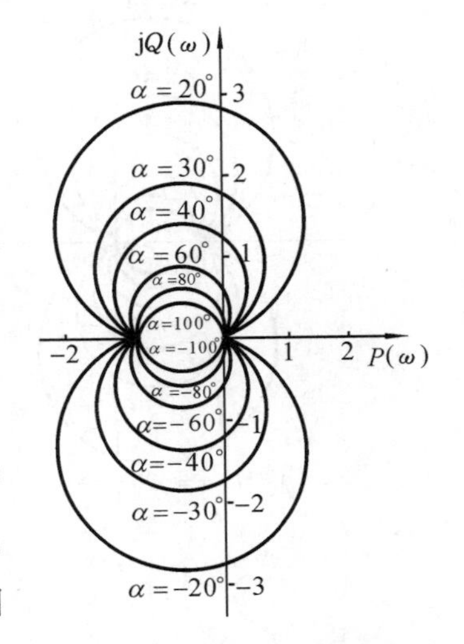


图 5-65 等 $N$ 圆

无论 $N$ 值的大小如何，当 $P=0$、$Q=0$ 以及 $P=-1$、$Q=0$ 时，式(5-83)总是成立的，所以每个 $N$ 圆均通过坐标原点和$(-1,\mathrm{j}0)$点。

注意:对于某个 $\alpha$ 值的等 $N$ 轨迹,实际上并不是一个完整的圆,而只是一段圆弧。例如,$\alpha=30°$和 $\alpha=150°$的圆弧是同一个圆的一部分,这是因为任何一个角度 $\alpha$ 加上 $\pm180°$ 之后,其正切值是相等的。等 $N$ 圆图是根据式(5-83)的不同 $N$ 值绘出的,但为使用方便起见,各圆弧的参变量不标 $N$ 值,而是标以 $\alpha$ 值。两者的关系为 $\tan\alpha=N$。

**3. 利用等 $M$ 圆、等 $N$ 圆图求系统闭环频率特性的方法**

利用等 $M$ 圆、等 $N$ 圆图求闭环频率特性是比较方便的,只要在绘有等 $M$ 圆或等 $N$ 圆图簇的复平面上,以相同的比例尺绘出系统的开环幅相频率特性 $G(j\omega)$,如图 5-66(a)、(b)所示,然后由 $G(j\omega)$曲线和等 $M$ 圆、等 $N$ 圆的交点处,分别读得频率值、闭环频率特性的幅值 $M$ 和相角 $\alpha$,从而得到系统的闭环幅频特性 $M(\omega)$和闭环相频特性 $\alpha(\omega)$,如图 5-66(c)所示。

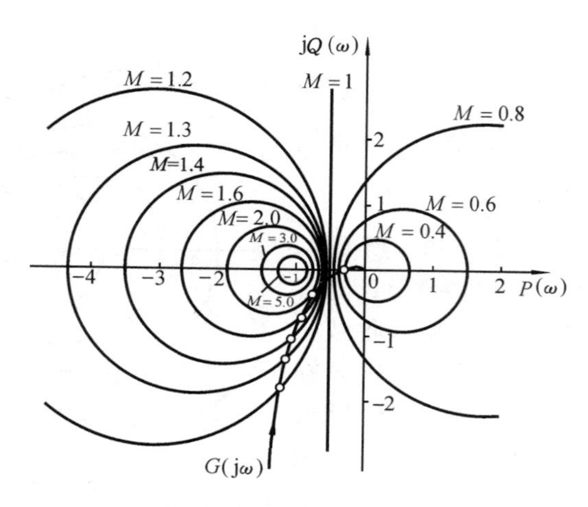


(a) 开环幅相频率特性与等$M$圆

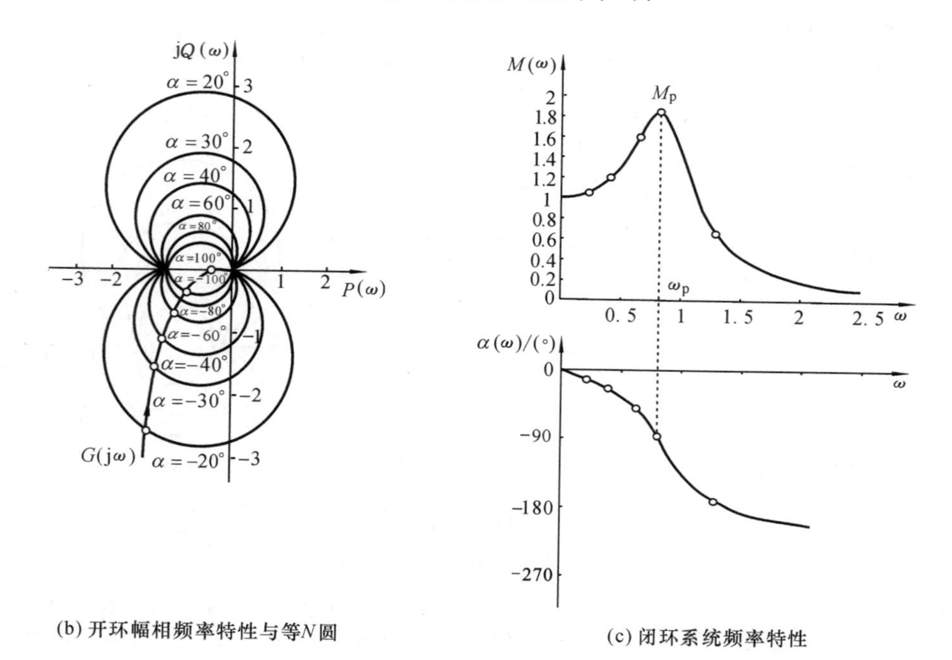


(b) 开环幅相频率特性与等$N$圆

(c) 闭环系统频率特性

**图 5-66 用等 $M$ 圆、等 $N$ 圆图求闭环系统频率特性**

### 5.6.3　尼柯尔斯图线

用等 $M$ 圆、等 $N$ 圆图求系统的闭环频率特性时，需画出系统的开环幅相特性曲线 $G(\mathrm{j}\omega)$。由于绘制 $G(\mathrm{j}\omega)$ 曲线一般比较麻烦，总不如绘制伯德图那么方便，因此希望能用开环对数坐标图来求闭环频率特性，尼柯尔斯图线正是为满足这个要求而提出的。

尼柯尔斯图线由两簇曲线所组成：一簇是对应于闭环频率特性的幅值($20\lg M$)为定值时的轨迹(相当于等 $M$ 圆)；另一簇则是对应于闭环频率特性的相角($\alpha$)为定值时的轨迹(相当于等 $N$ 圆)。两簇曲线既可根据式(5-82)、式(5-83)在对数幅相平面上绘制等幅值、等相角轨迹而得到，也可以通过复平面上的等 $M$ 圆图和等 $N$ 圆图，用图解的方法转换到对数幅相平面上而获得。

尼柯尔斯图线是在对数幅相坐标系中绘出的，横坐标是开环频率特性的相角 $\varphi(\omega)$，单位是度；纵坐标是开环频率特性的幅值 $L(\omega)$，单位是 dB。尼柯尔斯图线对称于 $-180°$ 的轴线。每隔 $360°$，等 $M$ 轨迹和等 $N$ 轨迹重复一次，且在每个 $180°$ 的间隔上相对称。

考虑到控制工程上常常对 $L(\omega)=0$ dB 以及 $\varphi(\omega)=-180°$ 附近的特性进行研究，对尼柯尔斯图也不例外。因此，图 5-67 绘出了相角在 $-240°\sim0°$ 之间的尼柯尔斯图线。为了使用方便，图线上的等 $M$ 值用分贝表示，而等 $\alpha$ 值则仍用度表示。

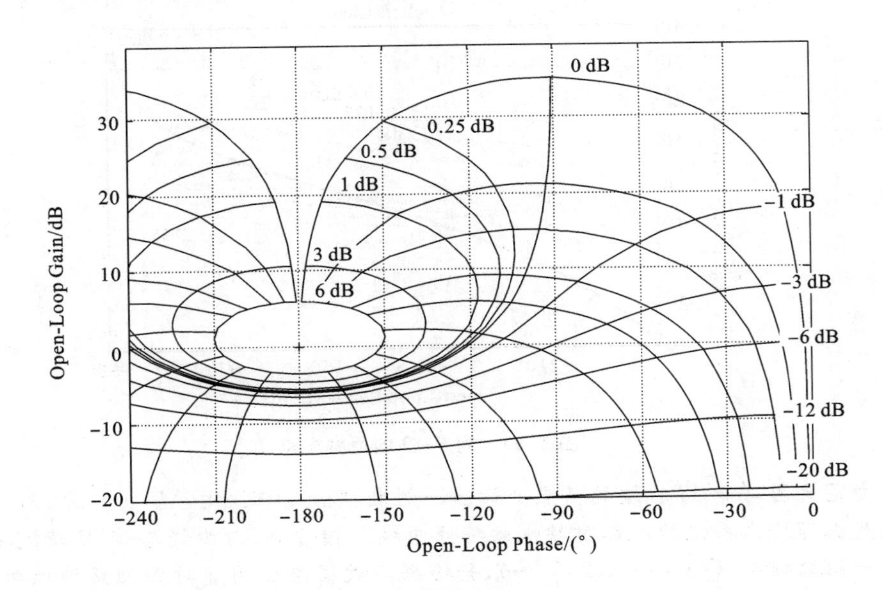


**图 5-67　尼柯尔斯图**

使用尼柯尔斯图线求闭环频率特性时，需首先绘制系统的开环对数频率特性。然后，将所得的开环对数频率特性以相同的比例尺覆盖在尼柯尔斯图线上，于是从对数频率特性曲线与尼柯尔斯图线上的等 $M$ 轨迹、等 $N$ 轨迹的交点，可读得各频率下闭环频率特性的对数幅值和相角值。

**【例 5-19】**　设单位反馈系统的开环频率特性表达式为 $G(\mathrm{j}\omega)=\dfrac{1}{\mathrm{j}\omega(\mathrm{j}\omega+1)(0.5\mathrm{j}\omega+1)}$，试

应用尼柯尔斯图线求闭环对数幅频特性和对数相频特性。

**解** 先画出系统的开环对数频率特性曲线,如图 5-68 所示。在开环系统伯德图上任选取一组 $\omega_i(i=1,2,3,\cdots)$ 读出相应的数据 $L(\omega_i)$ 以及 $\varphi(\omega_i)$ 置于尼柯尔斯图线上,即得到系统的尼柯尔斯图,如图 5-69 所示。

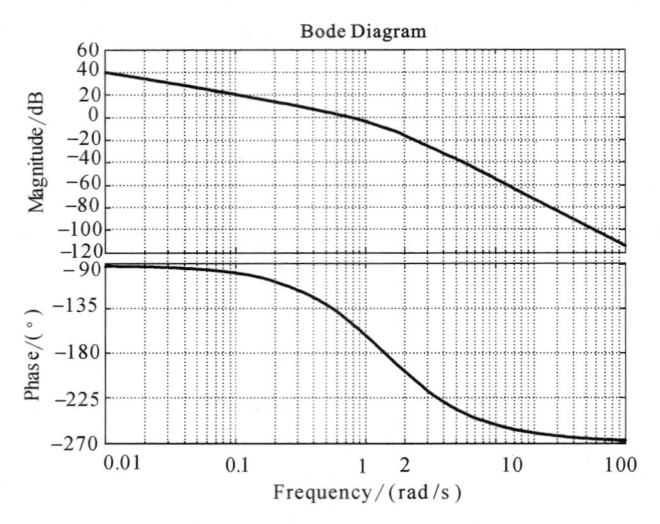


**图 5-68 例 5-19 的伯德图**

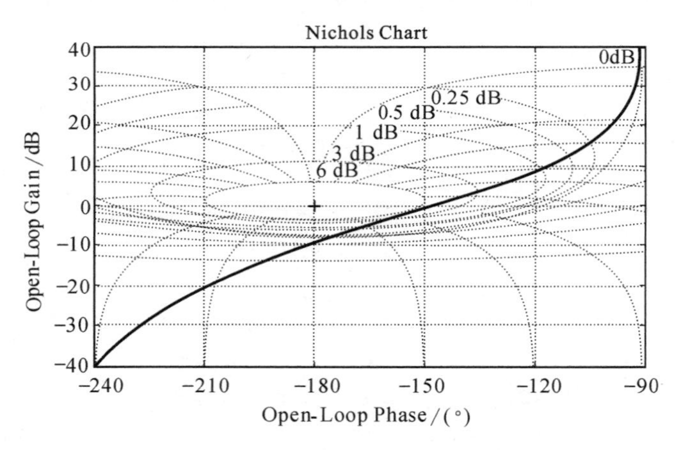


**图 5-69 例 5-19 的尼柯尔斯图**

由尼氏图与等 $M$ 轨迹的交点处读出一组数据 $\omega_i$ 以及 $20\lg M_i(i=1,2,3,\cdots)$,根据这组数据可绘出系统的闭环对数幅频特性曲线。相仿地,由曲线与等 $N$ 轨迹之交点读得另一组数据 $\omega_i$ 和 $\alpha_i(i=1,2,3,\cdots)$,并根据其数据绘出闭环对数相频特性曲线,如图 5-70 所示。

由图 5-69 可见,开环对数幅相特性曲线与约 5 dB 的等 $M$ 轨迹相切,切点的频率为 0.8 rad/s。所以,闭环对数幅频特性将出现谐振峰,峰值的对数值为 5 dB(即 $20\lg M_p=5$ dB 或 $M_p=1.78$),谐振频率 $\omega_p=0.8$ rad/s,如图 5-70 所示。

注意:由于开环频率特性的幅值与开环放大系数 $K$ 成正比,而相角 $\varphi$ 则与 $K$ 无关,因此,当开环放大系数 $K$ 变动时,开环对数幅相特性仅作上下平移,其形状保持不变。这时,因为开环对数幅相特性曲线与尼柯尔斯图线的交点不同,所以由此得到的闭环对数幅频特性及对数相频特性亦将有所不同。

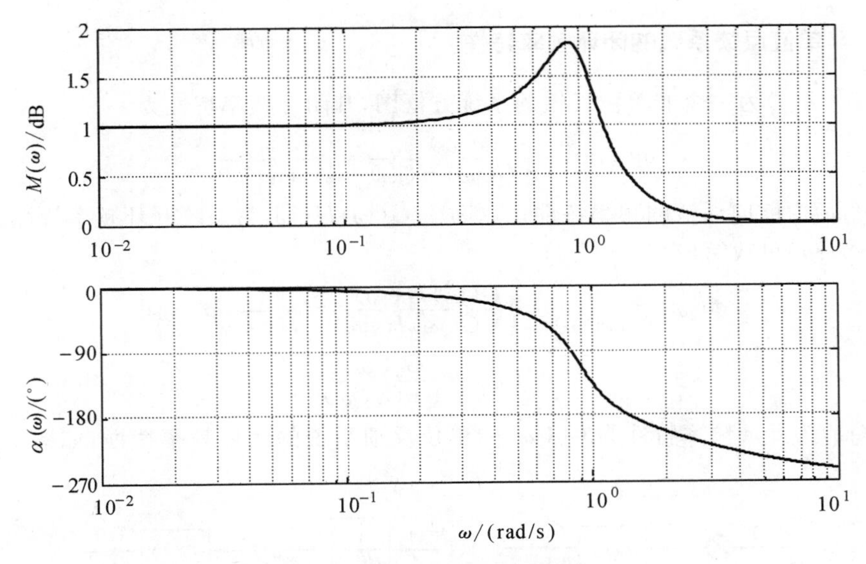


图 5-70 例 5-19 的闭环相频特性

【例 5-20】 考虑一个单位反馈控制系统，其开环传递函数为 $G(\mathrm{j}\omega)=\dfrac{K}{\mathrm{j}\omega(\mathrm{j}\omega+1)}$，试确定增益 $K$ 值，使得 $M_{\mathrm{p}}=1.4$。

**解** 为了确定增益 $K$，第一步工作是画出下列函数的尼柯尔斯图，$M_{\mathrm{p}}=1.4$ 的轨迹和$G(\mathrm{j}\omega)/K$的轨迹如图 5-71 所示。

$$\frac{G(\mathrm{j}\omega)}{K}=\frac{1}{\mathrm{j}\omega(\mathrm{j}\omega+1)}$$

改变增益值不影响相角，仅使曲线垂直方向移动。当 $K>1$ 时，曲线垂直向上移动；当 $K<1$ 时，曲线垂直向下移动。在图中，为了能使 $G(\mathrm{j}\omega)/K$ 轨迹与所需要的 $M_{\mathrm{p}}=1.4$ 轨迹相切，$G(\mathrm{j}\omega)/K$ 轨迹必须升高 4 分贝。根据 $G(\mathrm{j}\omega)/K$ 轨迹垂直移动的值，可以提供必要的 $M_{\mathrm{p}}=1.4$ 的增益。因此，求解方程 $20\lg K=4$，解得：

$$K=1.59$$

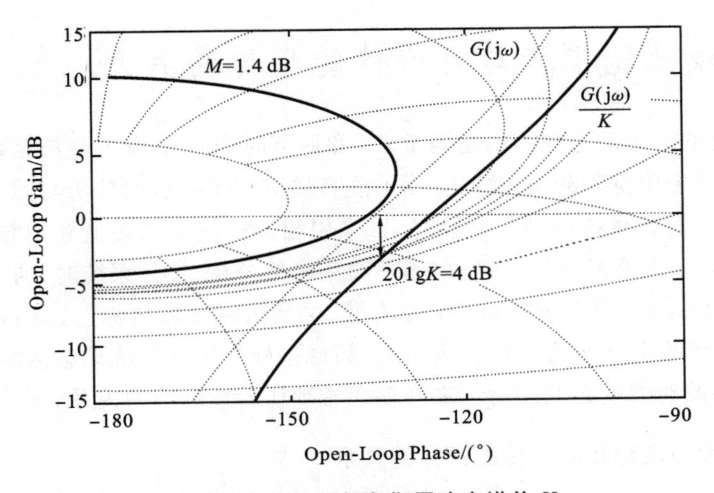


图 5-71 利用尼柯尔斯图确定增益 $K$

### 5.6.4 非单位反馈系统的闭环频率特性

图 5-72(a)为一个非单位反馈的系统方框图，其闭环频率特性为

$$\Phi(\mathrm{j}\omega)=\frac{G(\mathrm{j}\omega)}{1+G(\mathrm{j}\omega)H(\mathrm{j}\omega)}=\frac{G(\mathrm{j}\omega)}{1+G_{\mathrm{k}}(\mathrm{j}\omega)} \tag{5-84}$$

式中：$G(\mathrm{j}\omega)$为前向通道的频率特性；$G_{\mathrm{k}}(\mathrm{j}\omega)=G(\mathrm{j}\omega)H(\mathrm{j}\omega)$为系统开环频率特性。

式(5-84)可改写成

$$\Phi(\mathrm{j}\omega)=\frac{1}{H(\mathrm{j}\omega)}\cdot\frac{G(\mathrm{j}\omega)H(\mathrm{j}\omega)}{1+G(\mathrm{j}\omega)H(\mathrm{j}\omega)}=\frac{1}{H(\mathrm{j}\omega)}\Phi'(\mathrm{j}\omega) \tag{5-85}$$

$$\Phi'(\mathrm{j}\omega)=\frac{G_{\mathrm{k}}(\mathrm{j}\omega)}{1+G_{\mathrm{k}}(\mathrm{j}\omega)} \tag{5-86}$$

$\Phi'(\mathrm{j}\omega)$为开环频率特性为 $G_{\mathrm{k}}(\mathrm{j}\omega)$的单位反馈系统的闭环频率特性，如图 5-72(b)所示。

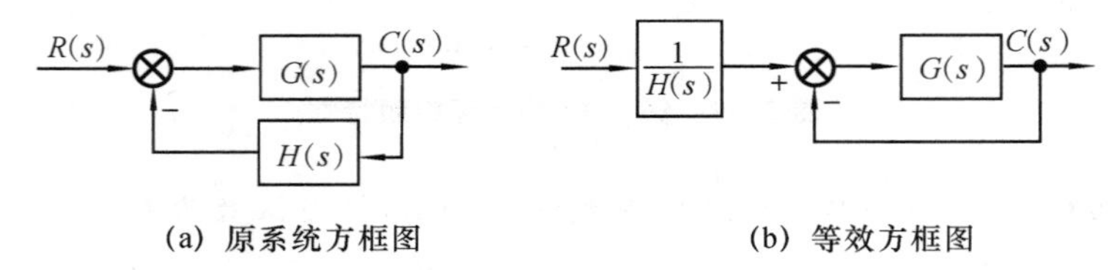


(a) 原系统方框图　　(b) 等效方框图

图 5-72 非单位反馈系统的等效变换

由此可知，求非单位反馈系统的频率特性的步骤如下：

(1) 绘制 $G_{\mathrm{k}}(\mathrm{j}\omega)$的伯德图。

(2) 由 $G_{\mathrm{k}}(\mathrm{j}\omega)$的伯德图求出与之相对应的对数幅相频率特性(尼柯尔斯图)。

(3) 将所得的对数幅相特性覆盖在尼柯尔斯图线上，并在不同交点处读得频率 $\omega$、幅值 $20\lg M$ 和相角 $\alpha$ 值，从而求得 $\Phi'(\mathrm{j}\omega)$的对数幅频特性和对数相频特性。

(4) 在对数坐标图上，绘出 $\Phi'(\mathrm{j}\omega)$和 $H(\mathrm{j}\omega)$的对数幅频特性 $M'_{\Phi}(\omega)$、$M_{\mathrm{H}}(\omega)$和对数相频特性 $\alpha'_{\Phi}(\omega)$、$\alpha_{\mathrm{H}}(\omega)$。根据式(5-85)可求得系统的闭环对数频率特性分别为

$$M(\omega)=M'_{\Phi}(\omega)-M_{\mathrm{H}}(\omega) \quad 和 \quad \alpha(\omega)=\alpha'_{\Phi}(\omega)-\alpha_{\mathrm{H}}(\omega)$$

## 5.7 频域性能指标与时域性能指标的关系

控制系统的时域动态性能由超调量 $\delta\%$和调节时间 $t_{\mathrm{s}}$ 来描述时具有直观和准确的优点，但仅适用于单位阶跃响应分析，而不能直接应用于频域的分析与综合。使用开环频率特性分析、设计系统的动态性能时，常采用相位裕量 $\gamma$ 和幅值穿越频率 $\omega_{\mathrm{c}}$ 两个特征量作为依据，这是开环频域指标；用闭环频率特性分析、设计系统时，通常以谐振峰值 $M_{\mathrm{p}}$ 和频带宽度 $\omega_{\mathrm{b}}$(或谐振频率 $\omega_{\mathrm{p}}$)作为依据，这是闭环频域指标。这些频域指标用于系统的分析和综合是十分方便的。事实上，频域指标是表征系统动态性能的间接指标，频域指标和系统时域动态性能指标之间存在着确切的或近似的关系。

### 5.7.1 开环频域指标和时域性能指标的关系

为了能使用开环频率特性来评价系统的动态性能，需要首先找出开环频域指标 $\gamma$、

$\omega_c$ 与时域动态性能指标 $\delta\%$、$t_s$ 的关系。

**1. 二阶系统**

典型二阶系统的开环传递函数为

$$G(s)=\frac{\omega_n^2}{s(s+2\zeta\omega_n)} \quad (0\leqslant\zeta<1)$$

相应的闭环传递函数为

$$\Phi(s)=\frac{\omega_n^2}{s^2+2\zeta\omega_n s+\omega_n^2}$$

为了研究该系统的开环频率特性与动态性能指标的关系，首先找出典型二阶系统的开环频率特性

$$G(j\omega)=\frac{\omega_n^2}{j\omega(j\omega+2\zeta\omega_n)} \tag{5-87}$$

(1) 相位裕量 $\gamma$ 与超调量 $\delta\%$ 的关系：由式(5-87)得开环幅频和相频特性分别为

$$A(\omega)=\frac{\omega_n^2}{\omega\sqrt{\omega^2+(2\zeta\omega_n)^2}}, \quad \varphi(\omega)=-90°-\arctan\frac{\omega}{2\zeta\omega_n}$$

在 $\omega=\omega_c$ 处，$A(\omega)=1$，有

$$A(\omega_c)=\frac{\omega_n^2}{\omega_c\sqrt{\omega_c^2+(2\zeta\omega_n)^2}}=1 \quad 即 \quad \omega_c^4+4\zeta^2\omega_n^2\omega_c^2-\omega_n^4=0$$

解得

$$\omega_c=\sqrt{-2\zeta^2+\sqrt{4\zeta^4+1}}\,\omega_n \tag{5-88}$$

当 $\omega=\omega_c$ 时，有

$$\varphi(\omega_c)=-90°-\arctan\frac{\omega_c}{2\zeta\omega_n}$$

由此可得系统的相位裕量为

$$\gamma(\omega_c)=180°+\varphi(\omega_c)=90°-\arctan\frac{\omega_c}{2\zeta\omega_n}=\text{arccot}\frac{2\zeta\omega_n}{\omega_c} \tag{5-89}$$

将式(5-88)代入式(5-89)得

$$\gamma(\omega_c)=\arctan\frac{2\zeta}{\sqrt{-2\zeta^2+\sqrt{4\zeta^4+1}}} \tag{5-90}$$

根据所得到的 $\gamma$ 与 $\zeta$ 的函数关系，可画出关系曲线，如图 5-73 所示。

另一方面，从时域分析中知超调量

$$\delta\%=e^{-\frac{\zeta\pi}{\sqrt{1-\zeta^2}}}\times 100\% \tag{5-91}$$

为便于比较，将式(5-91)的函数关系也一并绘于图 5-73 中。

从图 5-73 所示的曲线 $\gamma=f(\zeta)$ 和 $\delta\%=f(\zeta)$ 可以看出：$\gamma$ 越小(即 $\zeta$ 小)，$\delta\%$ 就越大；反之，$\gamma$ 越大，$\delta\%$ 就越小。通常，为了使二阶系统在阶跃函数作用下所引起的过程不至于振荡太剧烈，以及调节时间不至于太长，一般希望 $30°\leqslant\gamma\leqslant 60°$。

(2) 相位裕量 $\gamma$、幅值穿越频率 $\omega_c$ 与调节时间 $t_s$ 的关系：在时域分析中知，二阶系统的调节时间(取 $\Delta=0.05$ 时)为

$$t_s=\frac{3}{\omega_n\zeta} \tag{5-92}$$

将式(5-92)与式(5-88)相乘得

$$t_s\omega_c=\frac{3}{\zeta}\sqrt{-2\zeta^2+\sqrt{4\zeta^4+1}} \tag{5-93}$$

再由式(5-90)和式(5-93)可得

$$t_s\omega_c=\frac{6}{\tan\gamma} \tag{5-94}$$

将式(5-94)的函数关系绘成曲线,如图 5-74 所示。

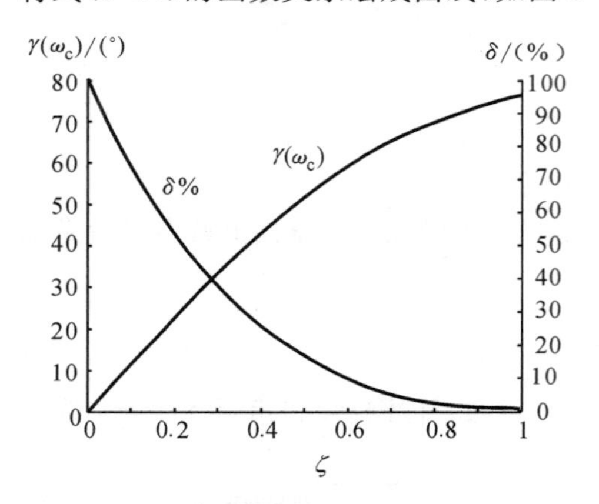


图 5-73 相位裕量 $\gamma$ 与超调量 $\delta\%$ 的关系

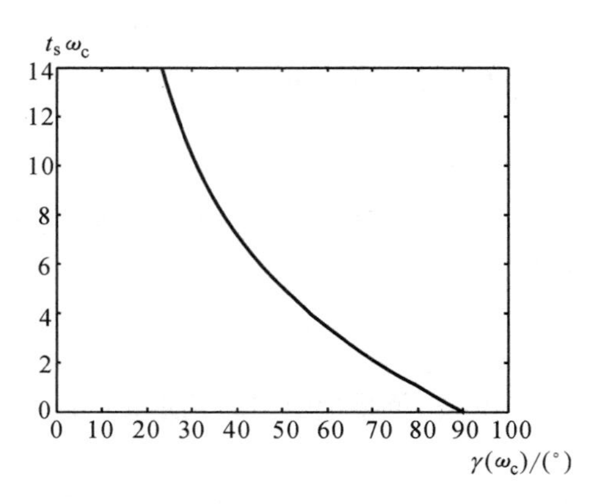


图 5-74 相位裕量 $\gamma$ 与 $t_s\omega_c$ 的关系

可见,调节时间 $t_s$ 与相位裕量 $\gamma$ 和幅值穿越频率 $\omega_c$ 都有关。如果相位裕量 $\gamma$ 已经给定,那么 $\omega_c$ 与 $t_s$ 成反比。换言之,如果两个二阶系统的相位裕量 $\gamma$ 相同,那么它们的超调量也相同(见图 5-73);$\omega_c$ 较大的系统,其调节时间 $t_s$ 较短(见图 5-74)。可见,$\omega_c$ 在对数频率特性中是一个重要的参数,它不仅影响系统的相位裕量,也影响系统的暂态过程时间。

**2. 高阶系统**

对于三阶或三阶以上的高阶系统,要准确地推导出开环频域特征量($\gamma$ 和 $\omega_c$)与时域指标($\delta\%$ 和 $t_s$)之间的关系是困难的,并且使用起来也不方便,实用意义不大。在控制工程的分析与设计中,通过下述近似公式,可用频域指标估算系统的时域性能。

$$\delta\%=\left[0.16+0.4\left(\frac{1}{\sin\gamma}-1\right)\right]\times100\% \quad (35°\leqslant\gamma\leqslant90°) \tag{5-95}$$

$$t_s=\frac{\pi}{\omega_c}\left[2+1.5\left(\frac{1}{\sin\gamma}-1\right)+2.5\left(\frac{1}{\sin\gamma}-1\right)^2\right] \quad (35°\leqslant\gamma\leqslant90°) \tag{5-96}$$

两式表明,随着 $\gamma$ 增大,高阶系统的超调量 $\delta\%$ 和调节时间 $t_s$ 减小。

### 5.7.2 闭环频域指标与时域性能指标的关系

$M_p$、$\omega_b$ 与时域指标 $\delta\%$、$t_s$ 之间亦存在某种关系,这种关系在二阶系统中是严格、准确的,在高阶系统中则是近似的。

**1. 二阶系统**

典型二阶系统的开环传递函数为

$$G(s)=\frac{\omega_n^2}{s(s+2\zeta\omega_n)} \quad (0\leqslant\zeta<1)$$

相应的闭环传递函数为

$$\Phi(s)=\frac{\omega_n^2}{s^2+2\zeta\omega_n s+\omega_n^2}$$

则二阶系统的闭环频率特性为

$$\Phi(j\omega)=\frac{\omega_n^2}{(\omega_n^2-\omega^2)+j2\zeta\omega_n\omega} \tag{5-97}$$

（1）$M_p$ 与 $\delta\%$ 的关系：由式(5-97)易知，二阶系统的闭环幅频特性为

$$M(\omega)=\frac{\omega_n^2}{\sqrt{(\omega_n^2-\omega^2)^2+(2\zeta\omega_n\omega)^2}} \tag{5-98}$$

在阻尼系数较小时，幅频特性 $M(\omega)$ 将出现峰值，其谐振峰值 $M_p$ 和谐振频率 $\omega_p$ 可由式(5-98)求极值而得。令

$$\frac{dM(\omega)}{d\omega}=0$$

得谐振频率为 $$\omega_p=\omega_n\sqrt{1-2\zeta^2}\quad(0\leqslant\zeta\leqslant0.707)$$

将 $\omega_p$ 值代入式(5-98)，可求得幅频特性的峰值为

$$M_p=\frac{1}{2\zeta\sqrt{1-\zeta^2}}\quad(0\leqslant\zeta\leqslant0.707) \tag{5-99}$$

当 $\zeta>0.707$ 时，$\omega_p$ 为虚数，说明不存在谐振峰值，幅频特性 $M(\omega)$ 单调衰减；当 $\zeta=0.707$ 时，$\omega_p=0$，$M_p=1$；当 $\zeta<0.707$ 时，$\omega_p>0$，$M_p>1$；当 $\zeta\to0$ 时，$\omega_p\to\omega_n$，$M_p\to\infty$。

式(5-99)所描述的 $M_p$ 与 $\zeta$ 的函数关系 $M_p=f(\zeta)$ 如图 5-75 所示。

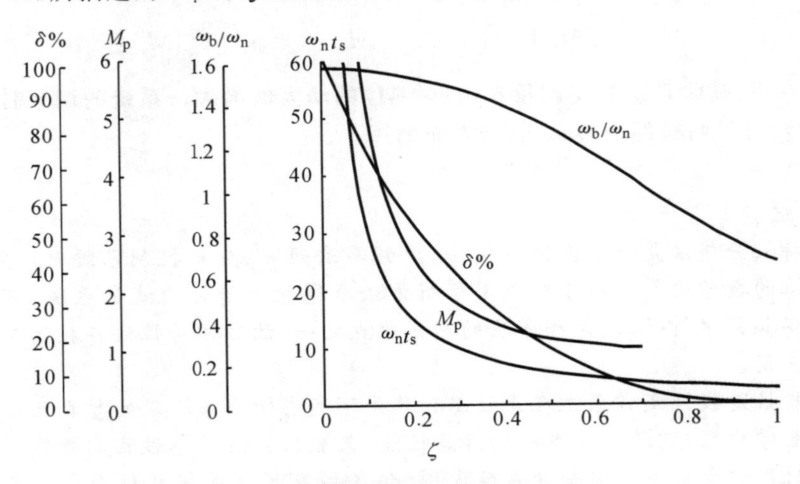


**图 5-75　闭环频域指标与时域指标的关系**

曲线表明，$M_p$ 越小，系统的阻尼性能越好。若 $M_p$ 值较高，则系统的动态过程超调量大，收敛慢，平稳性和快速性都较差。从图 5-75 还可以看出，$M_p=1.2\sim1.5$ 时，对应的 $\delta\%=20\%\sim30\%$，这时的动态过程有适度的振荡，平稳性及快速性均较好。控制工程中常以 $M_p=1.3$ 作为系统设计的依据。$M_p$ 过大（如 $M_p>2$），则闭环系统阶跃响应的超调量可达 40%以上。

（2）$M_p$、$\omega_b$ 与 $t_s$ 的关系：根据频率带宽的定义，在带宽 $\omega_b$ 处，典型二阶系统闭环频率特性的幅值为

$$M(\omega_b)=\frac{\omega_n^2}{\sqrt{(\omega_n^2-\omega_b^2)^2+(2\zeta\omega_n\omega_b)^2}}=0.707$$

由此解出带宽 $\omega_b$ 与 $\omega_n$、$\zeta$ 的关系为

$$\frac{\omega_b}{\omega_n}=\sqrt{1-2\zeta^2+\sqrt{2-4\zeta^2+4\zeta^4}} \tag{5-100}$$

从时域分析知,系统的调节时间为 $t_s=3/\zeta\omega_n$,即

$$\omega_n t_s=\frac{3}{\zeta} \tag{5-101}$$

将式(5-100)与式(5-101)所表达的函数关系绘成曲线,如图 5-75 所示。

将式(5-100)与式(5-101)相乘,有

$$\omega_b t_s=\frac{3}{\zeta}\sqrt{1-2\zeta^2+\sqrt{2-4\zeta^2+4\zeta^4}} \tag{5-102}$$

由式(5-102)可知,对于给定的谐振峰值 $M_p$,调节时间 $t_s$ 与带宽 $\omega_b$ 成反比,频带宽度越宽,则调节时间越短。实际上,如果系统有较宽的频带宽,则表明系统自身的“惯性”很小,故动作过程迅速,系统的快速性好。

**2. 高阶系统**

对于高阶系统,难以找出闭环频率特性的频域指标和时域指标之间的关系。但是,若高阶系统存在着一对共轭复数主导极点时,则可用二阶系统所建立的关系来近似表示。至于一般的高阶系统,常用下列两个经验公式进行分析、估算:

$$\delta\%=[0.16+0.4(M_p-1)]\times 100\% \quad (1\leqslant M_p\leqslant 1.8) \tag{5-103}$$

$$t_s=\frac{\pi}{\omega_c}[2+1.5(M_p-1)+2.5(M_p-1)^2] \quad (1\leqslant M_p\leqslant 1.8) \tag{5-104}$$

以上两式表明:高阶系统的超调量 $\delta\%$ 随着 $M_p$ 的增大而增大。系统的调节时间 $t_s$ 亦随着 $M_p$ 的增大而增长,但随着 $\omega_c$ 的增大而缩短。

## 本章小结

频率特性分析法是一种图解分析法,用频率法研究、分析控制系统时,可免去许多复杂而困难的数学运算。对于难以用解析方法求得频率特性曲线的系统,可以改用实验方法测得其频率特性,这是频率法的突出优点之一,故频率特性法在控制工程中得到了广泛的应用。

频率特性是线性定常系统在正弦函数作用下稳态输出与输入的复数比。频率特性也是一种数学模型,它既反映系统的静态性能,又反映系统动态过程的性能。频率特性图形因其采用的坐标系不同而分为奈氏图、伯德图及尼氏图等几种形式。各种形式之间是互通的,而每种形式却有其特定的适用场合。

奈氏稳定判据是用频率特性法分析、设计控制系统的基础。奈氏稳定判据是根据开环频率特性曲线绕(−1,j0)点的情况和右半 $s$ 平面上的极点数来判断对应闭环系统的稳定性。相应的,在对数频率特性曲线上,可采用对数频率稳定判据。

考虑到系统内部参数和外界环境变化对系统稳定性的影响,要求控制系统不仅能稳定地工作,而且还有足够的稳定裕量。稳定裕量一般用相位裕量 $\gamma(\omega_c)$ 和增益裕量 $GM$ 来表征。在控制工程中,通常要求系统的相位裕量 $\gamma(\omega_c)$ 在 30°~60°范围内,这是十分必要的。

开环对数频率特性曲线——伯德图是控制系统工程设计的重要工具。为了方便地绘制对数频率特性曲线并用它来定性分析系统性能,常将开环频率特性曲线分成低频段、中频段和高频段三个频段。开环对数幅频特性低频段的斜率表征系统的型别,其高度则表征开环放大系数的大小,因而低频段全面表征系统稳态性能;开环对数幅频特性

中频段的斜率、宽度以及幅值穿越频率 $\omega_c$ 则表征系统的动态性能；高频段对动态性能的影响甚小，但却表征了系统的抗干扰能力。

利用开环频率特性或闭环频率特性的某些特征量，均可对系统的时域性能指标作出间接的评估。其中开环频域指标是相位裕量 $\gamma$ 和幅值穿越频率 $\omega_c$。闭环频域指标是谐振峰值 $M_p$ 和谐振频率 $\omega_p$、带宽频率（频带宽度）$\omega_b$。这些特征量和时域指标 $\delta\%$、$t_s$ 之间有密切的关系。这种关系对于二阶系统是确切的，而对于高阶系统则是近似的，但在工程设计中已完全满足要求。

## 本章习题

5-1 已知单位负反馈系统的开环传递函数为 $G(s)=\frac{10}{s+1}$，当系统的给定信号为

(1) $r_1(t)=\sin(t+30°)$

(2) $r_2(t)=2\cos(2t-45°)$

(3) $r_3(t)=\sin(t+30°)-2\cos(2t-45°)$

时，求系统的稳态输出。

5-2 已知系统单位阶跃响应 $y(t)=1-1.8e^{-4t}+0.8e^{-9t}$，请写出系统频率特性。

5-3 某单位负反馈系统的开环传递函数 $G(s)=\frac{1}{s+1}$，试求当输入为 $r(t)=\sin(t-30°)-\cos 2t$ 作用下的稳态误差。

5-4 测量元件的传递函数 $G(s)=\frac{K}{0.01s+1}$，要求输入信号以 10 Hz 做正弦变化时，稳态测量输出的相位差不超过 10°，试验算该测量元件是否满足要求。

5-5 试绘制最小相位系统 $G_1(s)=\frac{1+s}{1+2s}$ 和非最小相位系统 $G_2(s)=\frac{1-s}{1+2s}$ 的伯德图，并做比较。

5-6 绘出下列传递函数的幅相频率特性曲线和对数频率特性曲线。

(1) $G(s)=\frac{1}{(1+0.5s)(1+2s)}$　　(2) $G(s)=\frac{(1+0.5s)}{s^2}$

(3) $G(s)=\frac{s-10}{s^2+6s+10}$　　(4) $G(s)=\frac{30(s+8)}{s(s+2)(s+4)}$

5-7 已知传递函数 $G(s)=\frac{Ks}{(s+a)(s^2+20s+100)}$，其对数频率特性如题 5-7 图所示，求 $K$ 和 $a$ 的值。

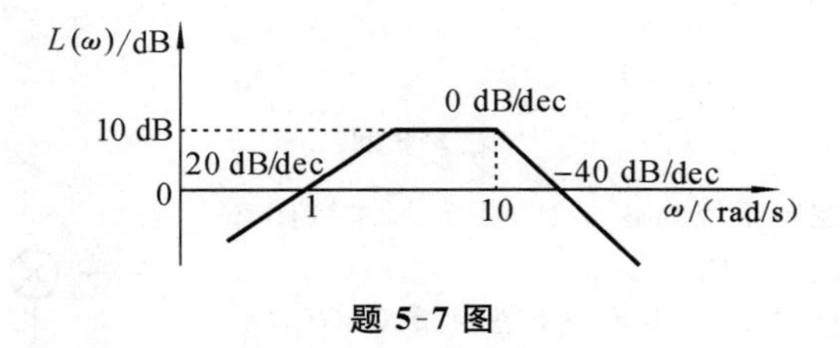


题 5-7 图

5-8 已知最小相位系统的对数幅频特性如题 5-8 图所示，试确定其传递函数。

5-9 设开环系统的奈氏曲线如题 5-9 图所示，其中，$p$ 为的 $s$ 右半平面上的开环根的个数，$v$ 为开环积分环节的个数，试判别闭环系统的稳定性。

5-10 单位负反馈系统开环传递函数 $G(s)=\frac{K}{s(s+2)(s+50)}$，当 $K=1300$ 时，求相位裕量、幅值穿越频率和增益裕量。

5-11 某系统开环传递函数为 $G(s)=\frac{K}{s(s+2)(s+3)}$。(1) 求相位裕量为 60°时的 $K$ 的值；(2) 求此时系统的增益裕量。

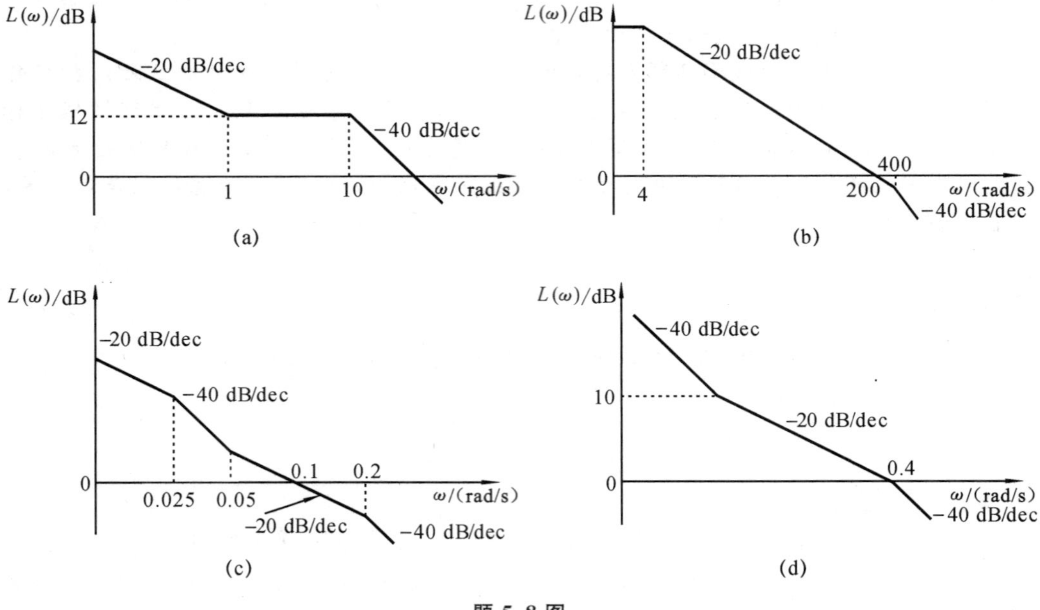


**题 5-8 图**

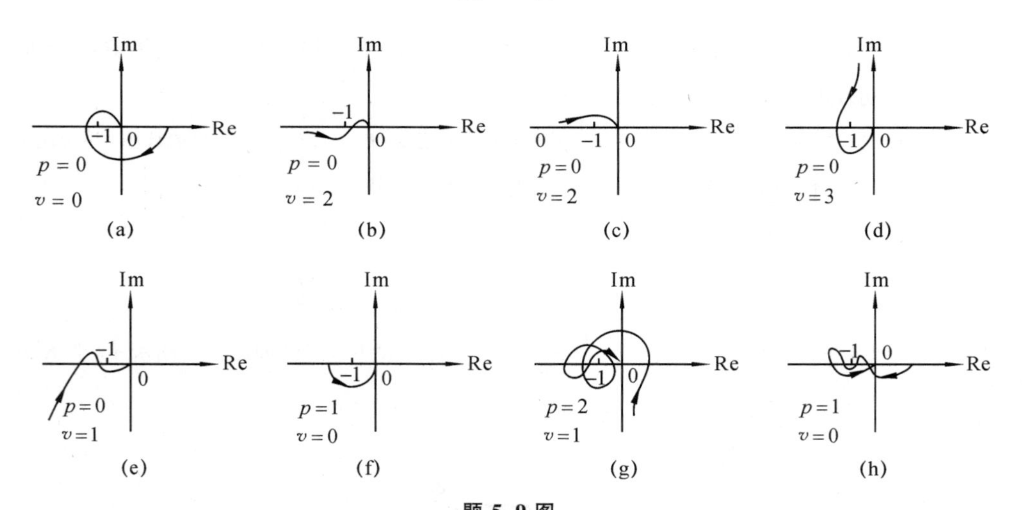


**题 5-9 图**

5-12 单位负反馈控制系统如题 5-12 图所示，求该闭环系统的谐振峰值、谐振频率和频率带宽。

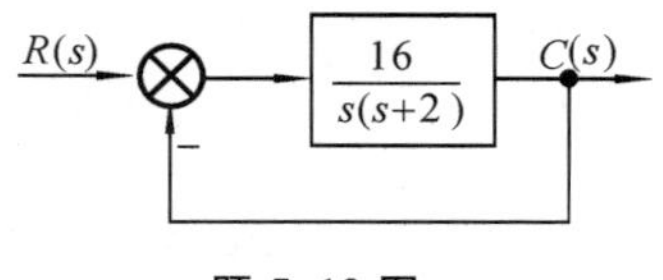


**题 5-12 图**

5-13 已知单位负反馈系统，其开环传递函数为 $G(s)=\dfrac{20(s^2+s+0.5)}{s(s+1)(s+10)}$，试利用 Matlab 画出奈氏图，并检查闭环系统的稳定性。

5-14 单位负反馈系统开环传递函数为 $G(s)=\dfrac{20(s+1)}{s(s+5)(s^2+2s+10)}$，试利用 Matlab 绘出其开环频率特性的伯德图，并确定增益裕量、相位裕量、幅值穿越频率和相角穿越频率。

5-15 单位负反馈系统开环传递函数为 $G(s)=\dfrac{50}{s(s+5)}$，试利用 Matlab 求闭环频率特性的伯德图，并求谐振峰值、谐振频率和带宽。

# 6 控制系统的校正与设计

## 6.1 控制系统校正的概念

控制系统是由为完成给定任务而设置的一系列元件组成的，这些元件可分成被控对象和控制器两大部分。当被控对象给定后，按照被控对象的工作条件、被控制信号应具有的最大速度与加速度等，可初步确定执行元件的形式、特性和参数。而控制系统中的测量元件，可按测量准确度、对干扰的抑制能力、测量过程中的惯性、非线性度等方面的要求，以及根据被测信号的物理性质等因素进行合理选择。在此基础上，还需要在测量元件与执行元件之间合理选择放大元件，其中包括前置与功率放大器。一般来说，放大器的增益必须是可调的，而其调节上限应高于系统的正常要求值。上述测量、放大和执行等元件是构成控制器的基本元件。这些初步选定的元件，以及包括被控对象在内，它们都有自身固有的静态与动态特性。因此，这些元件便构成了通常所谓的系统不可变部分。设计控制系统的目的，在于将构成控制器的各元件和被控对象适当地组合起来，使之能完成对控制系统提出的给定任务。通常，这种给定任务通过所谓的性能指标来表达。这些性能指标常常与控制精度、阻尼程度和响应速度有关。当将上面选定的控制器与被控对象组成控制系统后，如果不能全面满足设计要求的性能指标时，在已选定的系统不可变部分基础上，还需要再增加些必要的元件，使重新组合起来的控制系统能够全面满足设计要求的性能指标。这就是控制系统设计中的综合与校正问题。本章主要讨论单输入单输出定常系统的校正与设计问题。

在校正与设计控制系统过程中，系统不可变部分的特性为已知，其中除放大器的增益可作适当调整外，其余参数均固定不变。这便是不可变一词的含义。在这种情况下，校正与设计控制系统使其满足性能指标的最简单方法是调整系统的开环增益。但在大多数实际情况下，仅仅调整开环增益往往不能使系统的特性得到应有的改变，以满足给定的性能指标。这通常表现为，随开环增益的增加系统的稳态性能虽将得到改善，但稳定性将因之而变差，甚至有可能造成系统的不稳定。因此，对控制精度及稳定性能都要求较高的控制系统来说，为使系统能全面满足性能指标，只能在原已选定的不可变部分基础上，引入其他元件来校正控制系统的特性。这些能使系统的控制性能满足设计要求的性能指标而有目的的增添的元件，称为控制系统的校正元件。加进校正元件后，将使原系统在性能指标方面的缺陷得到补偿。

**1. 校正方案及分类**

校正元件的形式及其在系统中的位置，以及它和系统不可变部分的连接方式，称为系统的校正方案。在控制系统中，较常用的校正方案有两种，即串联校正和反馈校正。

如果校正元件与系统不可变部分串接起来，如图 6-1 所示，这种形式的校正称为串联校正。图中，$G_o(s)$与$G_c(s)$分别为不可变部分及校正元件的传递函数。

如果从系统的某个元件输出取得反馈信号，构成反馈回路，并在反馈回路内设置传递函数为$G_c(s)$的校正元件，如图 6-2 所示，这种校正形式称为反馈校正。

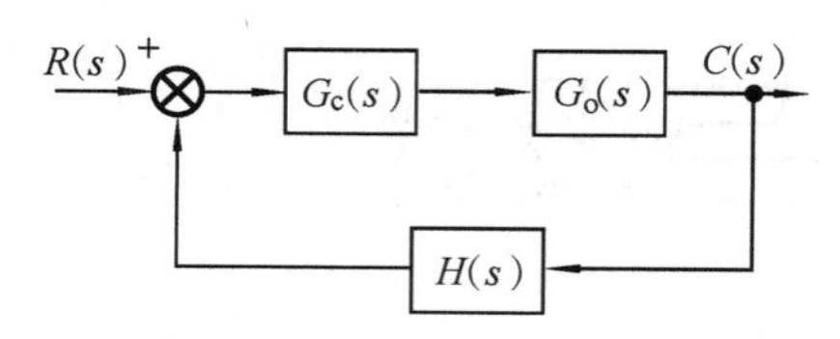


图 6-1 串联校正系统方框图

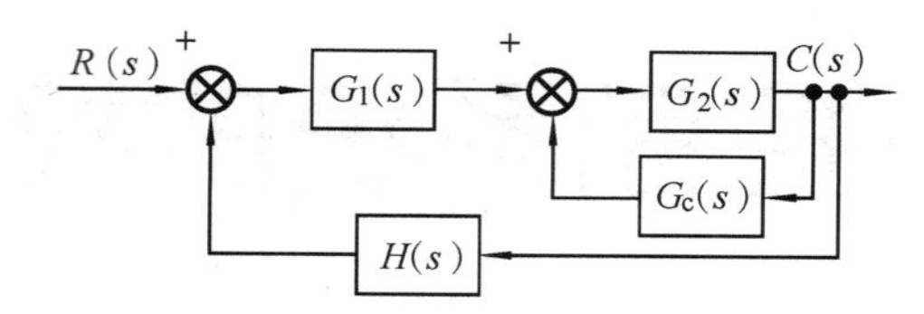


图 6-2 反馈校正系统方框图

**2. 校正的应用**

应用串联校正或(和)反馈校正，合理选择校正元件的传递函数$G_c(s)$，可以改变控制系统的开环传递函数及其性能指标。一般来说，系统的校正与设计问题，通常简化为合理选择串联或(和)反馈校正元件的问题。究竟是选择串联校正还是反馈校正，主要取决于信号性质、系统各点功率的大小、可供采用的元件、设计者的经验以及经济条件等。通常，串联校正比反馈校正简单，也比较易于实现对信号进行各种必要形式的变换。但是，如果应用无源串联校正，往往需要附加放大器用来提高增益，以补偿串联校正在信号变换过程中引起的幅值衰减。若采用有源串联校正，由于有源校正元件中含有放大器，因此上述补偿问题可在有源校正电路中自行解决，而不必增加额外的附加放大器。为尽量避免功率损耗，串联校正元件通常设置在前向通道中电平较低的部位上。如果有可能在控制系统中实现反馈校正方案，一般来说，这时需要的元件数较串联校正时的少。这是因为采用反馈校正时，信号从高功率点传输到低功率点，一般不必采用附加放大器。在控制系统中采用反馈校正除能获得与串联校正同样的校正效果外，还可减弱系统不可变部分的参数漂移对系统性能的影响。因此，若给定控制系统的某参量随工作条件改变，变化幅度较大，且给定控制系统有条件采用反馈校正，则采用反馈校正方案是合理、可行的。

在控制工程实践中，解决系统的校正与设计问题时，采用的设计方法一般依据性能指标而定。例如，性能指标以单位阶跃响应的峰值时间、超调量和调整时间等时域指标给出时，或以系统的相角裕度、幅值裕度及闭环幅频特性的相对谐振峰值、带宽等频域指标给出时，则可分别应用以根轨迹法原理或频率响应法原理为基础的试探设计法。试探法一般只限于用来设计单输入单输出的线性定常系统。通常情况下，设计者只要能灵活地运用试探法，便可设计出满足给定性能指标的控制系统。一旦这样的控制系统设计出来，设计者还需按性能指标进行全面检查。如发现不能使性能指标全部得到满足，则需通过调整参数，如系统的开环增益，或改变系统结构(如在系统中引进校正元件等办法)，重复进行上述校正与设计过程，直到全部满足给定的性能指标为止。在利用上述试探法综合与校正控制系统时，对一个设计者来说，灵活的设计技巧和丰富的设计经验都将起着很重要的作用。

串联校正和反馈校正是控制系统工程中两种常用的校正方法，在一定程度上可以使已校正系统满足给定的性能指标要求。然而，如果控制系统中存在强扰动，特别是低频强扰动，或者系统的稳态精度和响应速度要求很高，则一般的反馈控制校正方法难以满足要求。目前在工程实践中，如在高速、高精度火炮控制系统中，还广泛采用一种把前馈控制和反馈控制有机结合起来的校正方法。这就是复合控制校正。

为了减小或消除系统在特定输入作用下的稳态误差，可以提高系统的开环增益，或者采用高型别系统。但是，这两种方法都将影响系统的稳定性，并会降低系统的动态性能。当型别过高或开环增益过大时，会使系统失去稳定。此外，通过适当选择系统带宽的方法，可以抑制高频扰动，但对低频扰动却无能为力；采用比例-积分反馈校正，虽然可以抑制来自系统输入端的扰动，但反馈校正装置的设计比较困难，且难以满足系统的高性能要求。如果在系统的反馈控制回路中加入前馈通路，组成一个前馈控制和反馈控制相组合的系统，只要系统参数选择得当，不但可以保持系统稳定，极大地减小乃至消除稳态误差，而且可以抑制几乎所有的可量测扰动，这样的系统就称为复合控制系统，相应的控制方式称为复合控制。把复合控制的思想用于系统设计，就是所谓复合校正。

复合校正中的前馈装置是按不变性原理进行设计的，可分为按扰动补偿和按给定补偿两种方式。

按扰动补偿的复合控制系统如图 6-3 所示。图中，$N(s)$为可量测扰动，$G_1(s)$和$G_2(s)$为前向通道传递函数，$G_n(s)$为前馈补偿装置传递函数。复合校正的目的，是通过恰当选择$G_n(s)$，使扰动$N(s)$经过$G_n(s)$对系统输出$C(s)$产生补偿作用，以抵消扰动$N(s)$通过$G_2(s)$对输出$C(s)$的影响。

按给定补偿的复合控制系统如图 6-4 所示。图中，$G(s)$为反馈系统的开环传递函数，$G_r(s)$为前馈补偿装置的传递函数。

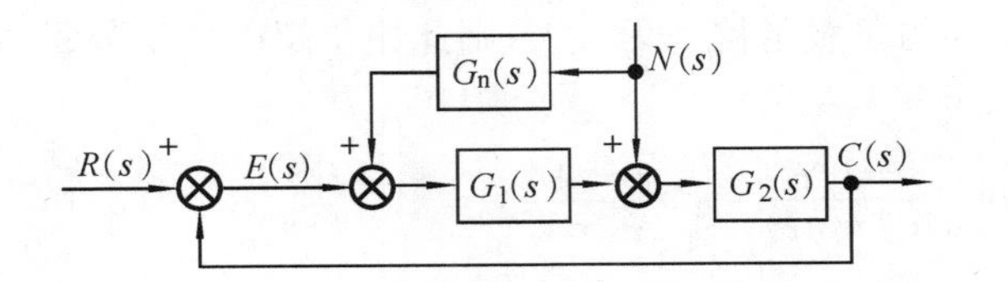


**图 6-3　按扰动补偿的复合控制系统**

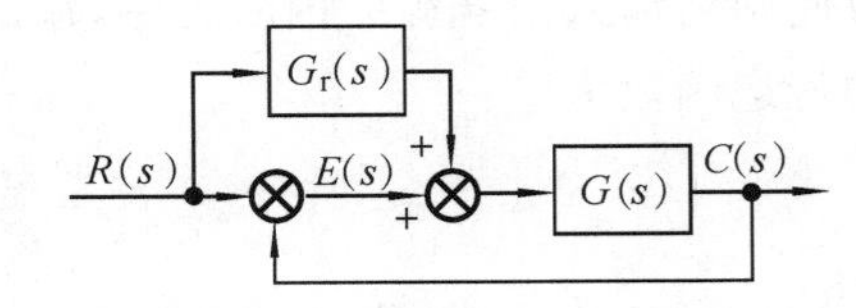


**图 6-4　按给定补偿的复合控制系统**

前馈补偿装置$G_r(s)$的存在，相当于在系统中增加了一个输入信号$G_r(s)R(s)$，其产生的误差信号与原输入信号$R(s)$产生的误差信号相比，大小相等而方向相反。由于$G(s)$一般均具有比较复杂的形式，故在工程实践中，大多采用满足跟踪精度要求的部分补偿条件，或者在对系统性能起主要影响的频段内实现近似全补偿，以使$G_r(s)$的形式简单并易于物理实现。

**3. 系统校正与设计的条件**

综上所述，控制系统的校正与设计问题，是在已知下列条件的基础上进行的。

(1) 已知控制系统不可变部分的特性与参数；

(2) 已知对控制系统提出的全部性能指标。

根据第一个条件初步确定一个切实可行的校正方案，并在此基础上根据第二个条件利用本章介绍的理论与方法确定校正元件的参数。

注意，控制系统的综合与校正问题和分析问题既有联系又有差异。分析问题，是在已知控制系统的结构形式及其全部参数的基础上，求取系统的各项性能指标，以及这些性能指标与系统参数间的关系。而综合与校正问题，是在给定系统不可变部分的基础上，按控制系统应有的性能指标，寻求全面满足性能指标的校正方案，并合理确定校正元件的参数。因此，综合与校正问题不像分析问题那样单一，也就是说，能全面满足性能指标的控制系统并不是唯一的。

## 6.2 常用校正装置及其特性

上一节阐述了微分和积分控制在校正系统特性中的作用，其实，从滤波器的观点看，比例微分校正装置将是一个高通滤波器，而比例积分校正装置则是一个低通滤波器，比例积分微分校正装置无疑是由其参量决定的带通滤波器。由于高通滤波器在高于某一频率范围时给系统一个正相移，所以又常称为相位超前校正装置。而低通滤波器引入了负相移，所以也常称为相位滞后校正装置，下面对用无源网络构成的校正装置予以说明。

采用无源网络构成的校正装置，其传递函数最简单的形式为

$$G_c(s)=\frac{s-z_c}{s-p_c}$$

若 $p_c<z_c$，则是高通滤波器或相位超前校正装置；若 $p_c>z_c$，则为低通滤波器或相位滞后校正装置。

### 6.2.1 超前校正装置

相位超前校正装置可用如图 6-5 所示的电网络实现，它是由无源阻容元件组成的。设此网络输入信号源的内阻为零，输出端的负载阻抗为无穷大，则此相位超前校正装置的传递函数为

$$G_c(s)=\frac{s-z_c}{s-p_c}=\frac{s+1/\tau}{s+1/(\alpha\tau)}=\alpha\left(\frac{\tau s+1}{\alpha\tau s+1}\right) \tag{6-1}$$

式中：$\tau=R_1C$，$\alpha=\dfrac{R_2}{R_1+R_2}<1$。

在 $s$ 平面上，相位超前网络传递函数的零点与极点位于负实轴上，如图 6-6 所示。其中零点靠近坐标原点，零、极点之间的比值为 $\alpha$，改变 $\alpha$ 和 $\tau$ 的值，能改变零、极点的位置。

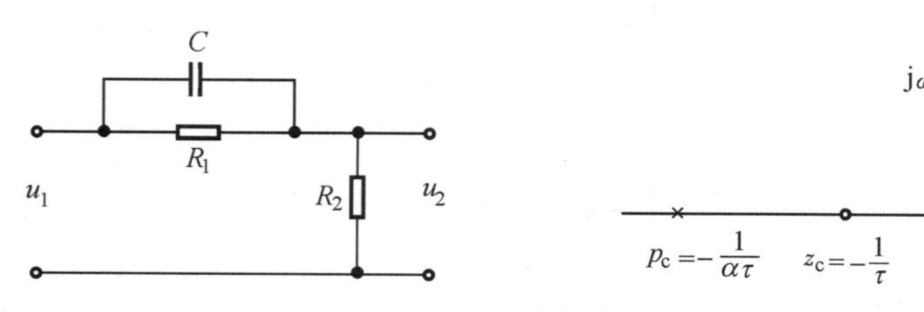


图 6-5 相位超前 RC 网络　　图 6-6 相位超前网络的零、极点分布

式(6-1)表明，在采用无源相位超前校正装置时，系统的开环增益要下降，因为 $\alpha<1$。图 6-5 所示的相位超前校正装置的频率特性为

$$G_c(j\omega)=\alpha\,\frac{j\omega\tau+1}{j\alpha\omega\tau+1}$$

其伯德图如图 6-7 所示。

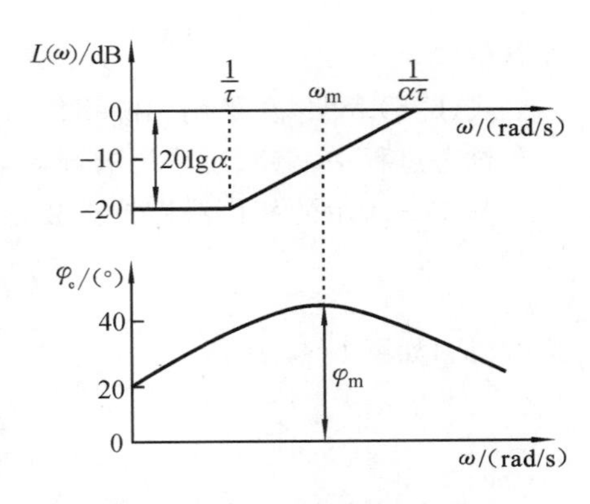


图 6-7 相位超前校正网络的伯德图

由于 $\alpha<1$，所以校正网络正弦稳态输出信号的相位超前于输入信号，或者说具有正的相角特性，它反映了输出信号包含有输入对时间的微分分量。

相位超前网络的相角可用下式计算：

$$\varphi_c=\arctan\tau\omega-\arctan\alpha\tau\omega=\arctan\frac{(1-\alpha)\tau\omega}{\alpha\tau^2\omega^2+1} \tag{6-2}$$

利用 $d\varphi_c/d\omega=0$ 的条件，可以求出最大超前相角的频率为

$$\omega_m=\frac{1}{\tau\sqrt{\alpha}} \tag{6-3}$$

上式表明，$\omega_m$ 是频率特性的两个交接频率的几何中心。

将式(6-3)代入式(6-2)可得到

$$\varphi_m=\arctan\frac{1-\alpha}{2\sqrt{\alpha}} \quad 或 \quad \varphi_m=\arcsin\frac{1-\alpha}{1+\alpha}$$

又可以写成

$$\alpha=\frac{1-\sin\varphi_m}{1+\sin\varphi_m} \tag{6-4}$$

由此可见，$\varphi_m$ 仅与 $\alpha$ 值有关，$\alpha$ 值越小，输出稳态正弦信号相位超前越多，微分作用越强，而通过网络后信号幅度衰减也愈严重。图 6-8 给出了 $\varphi_m$ 与 $\alpha$ 之间的关系，当相位超前大于 60°时，$\alpha$ 急剧减小，说明网络增益衰减很快。

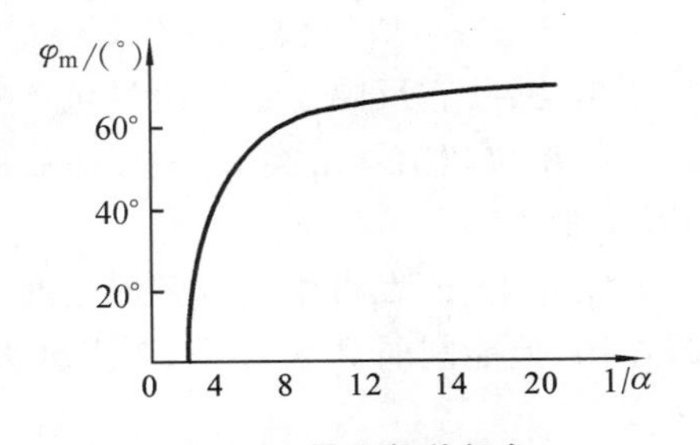


图 6-8 最大超前相角 $\varphi_m$ 与 $\alpha$ 的关系

在选择 $\alpha$ 的数值时，另一个需要考虑的是系统高频噪声。超前校正网络是一个高通滤波器，而噪声的一个重要特点是其频率要高于控制信号的频率，$\alpha$ 值过小对抑制系统噪声不利。为了保持较高的系统信噪比，实际中一般选用的 $\alpha$ 不小于 0.07，如选择 $\alpha=0.1$ 较为有利。

### 6.2.2 滞后校正装置

相位滞后校正装置可用图 6-9 所示的 RC 无源网络实现，假设输入信号源的内阻为零，输出负载阻抗为无穷大，可求得其传递函数为

$$G_c(s)=\frac{s-z_c}{s-p_c}=\frac{1}{\beta}\left[\frac{s+1/\tau}{s+1/(\beta\tau)}\right]=\frac{\tau s+1}{\beta\tau s+1} \tag{6-5}$$

式中：$\tau=R_2C$；$\beta=\dfrac{R_1+R_2}{R_2}>1$。

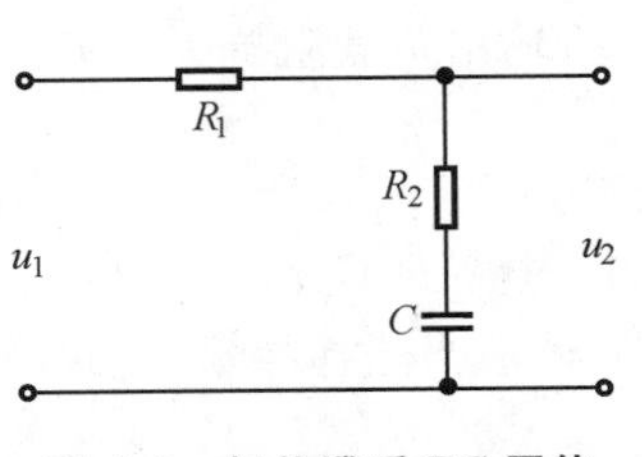


图 6-9 相位滞后 RC 网络

在 $s$ 平面上，相位滞后网络传递函数的零点与极点位于负实轴上，如图 6-10 所示。其中极点靠近坐标原点，零、极点之间的比值为 $\beta$，改变 $\beta$ 及 $\tau$ 值，能改变零、

极点位置。

式(6-5)表明,在采用无源相位滞后校正装置时,对系统稳态的开环增益没有影响,但在暂态过程中,将减小系统的开环增益。

图 6-9 所示的相位滞后校正装置的频率特性为

$$G_c(j\omega)=\frac{j\omega\tau+1}{j\beta\omega\tau+1} \tag{6-6}$$

其伯德图如图 6-11 所示。

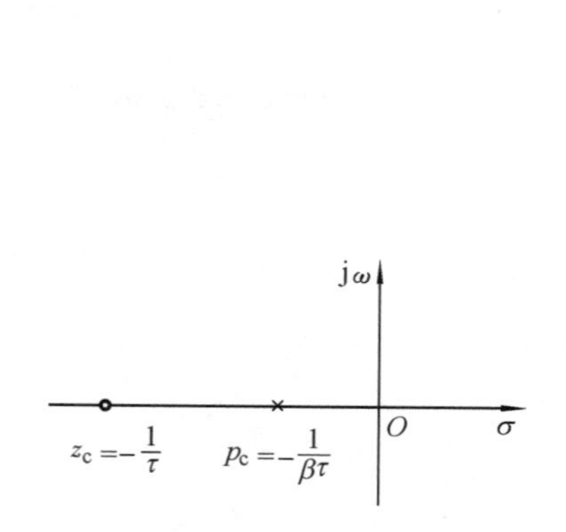


图 6-10　相位滞后网络的零、极点分布

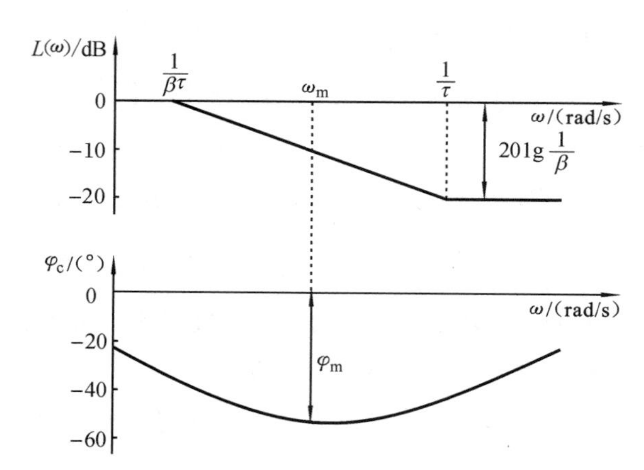


图 6-11　相位滞后校正网络的伯德图

由于 $\beta>1$,所以校正网络交流稳态输出信号的相位滞后于输入信号,或者说具有负相角特性,它反映了输出信号包含有输入对时间的积分分量。

与相位超前网络类似,相位滞后网络的最大滞后角 $\varphi_m$ 位于 $1/\beta\tau$ 与 $1/\tau$ 的几何中心 $\omega_m$ 处。

图 6-11 还表明相位滞后校正网络实际是一低通滤波器,它对低频信号基本没有衰减作用,但能削弱高频噪声,$\beta$ 值越大,抑制噪声的能力越强。通常选择 $\beta=10$ 较为适宜。

采用相位滞后校正装置改善系统的暂态性能时,主要是利用其高频幅值衰减特性。但应注意避免使最大滞后相角发生在校正后系统的开环对数频率特性的剪切频率 $\omega_c$ 附近,以免对暂态响应产生不良影响,一般可取

$$\frac{1}{\tau}=\frac{\omega_c}{4}\sim\frac{\omega_c}{10} \tag{6-7}$$

### 6.2.3　滞后-超前校正装置

相位滞后-超前校正装置可用图 6-12 所示的网络实现。设此网络输入信号源内阻为零,输出负载阻抗为无穷大,则其传递函数为

$$G_c(s)=\frac{(\tau_1 s+1)(\tau_2 s+1)}{\tau_1\tau_2 s^2+(\tau_1+\tau_2+\tau_{12})s+1} \tag{6-8}$$

式中:$\tau_1=R_1C_1$;$\tau_2=R_2C_2$;$\tau_{12}=R_1C_2$。

若适当选择参量,使式(6-8)具有两个不相等的负实数极点,可以改写为

$$G_c(s)=\frac{(\tau_1 s+1)(\tau_2 s+1)}{(T_1 s+1)(T_2 s+1)} \tag{6-9}$$

同样，通过参量的选择，可以使 $T_1>\tau_1>\tau_2>T_2$，且

$$\frac{T_1}{\tau_1}=\frac{\tau_2}{T_2}=\beta>1 \tag{6-10}$$

将式(6-10)的关系代入式(6-9)，得到

$$G_c(s)=\frac{(s-z_{c1})(s-z_{c2})}{(s-p_{c1})(s-p_{c2})}=\frac{\left(s+\frac{1}{\tau_1}\right)\left(s+\frac{1}{\tau_2}\right)}{\left(s+\frac{1}{\beta\tau_1}\right)\left(s+\frac{\beta}{\tau_2}\right)}=\frac{(\tau_1 s+1)(\tau_2 s+1)}{(\beta\tau_1 s+1)\left(\frac{\tau_2}{\beta}s+1\right)} \tag{6-11}$$

在 $s$ 平面上，相位滞后-超前网络传递函数的零、极点位于负实轴上，如图 6-13 所示。滞后部分的极、零点更靠近坐标原点。

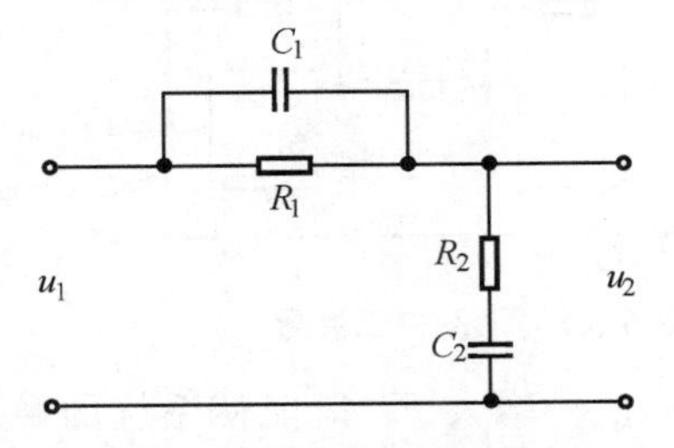


图 6-12 相位滞后-超前 RC 网络

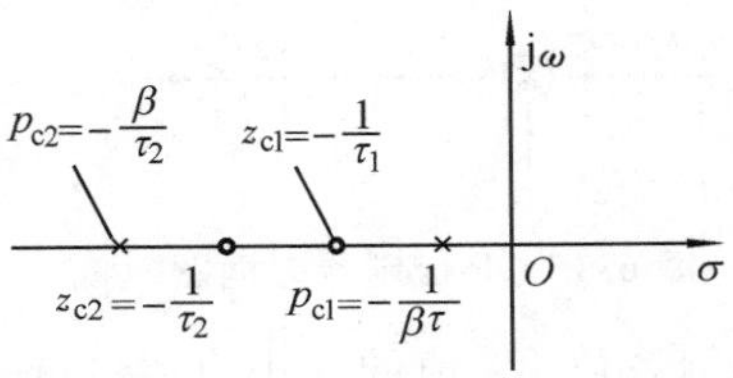

图 6-13 相位滞后-超前网络零、极点分布

相位滞后-超前校正网络的频率特性为

$$G_c(j\omega)=\frac{(j\omega\tau_1+1)(j\omega\tau_2+1)}{(j\omega\beta\tau_1)(j\omega\tau_2/\beta+1)} \tag{6-12}$$

相应的伯德图如图 6-14 所示。由图可见，在 $\omega=0\rightarrow\omega_1$ 的频带中，此网络有滞后的相角特性；在 $\omega=1\rightarrow\infty$ 的频带内，此网络有超前的相角特性，在 $\omega=\omega_1$ 处，相角为零。

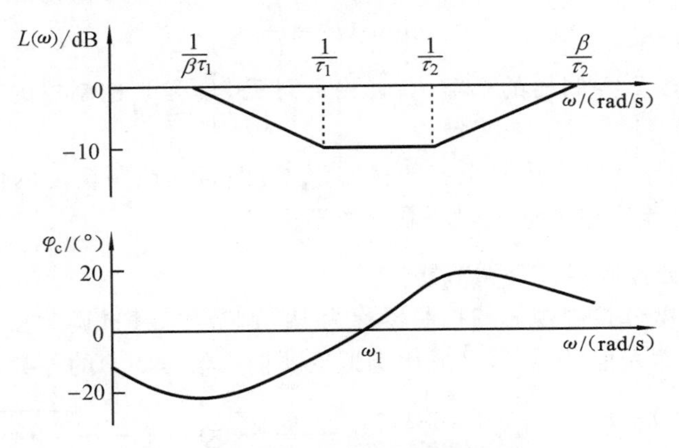


图 6-14 相位滞后-超前网络的伯德图

### 6.2.4 PID 校正装置

前面叙述了超前、滞后和滞后-超前三种对系统的校正方法，这些方法都是基于校正装置的输出与其输入信号间相位的超前、滞后来区分的，并利用这些特性对不同的系统进行动态校正。这些校正装置所起的作用等价于时域中的比例-微分(PD)、比例-积分(PI)或它们的组合(PID)。PID 控制器具有使用灵活、参数调节方便、性能稳定等优点，且有定性的工业产品，因此，它被广泛应用于控制工程中。本节介绍由比例、微分、积分三种基本

的控制规律或它们的某些组合构成的控制器，以实现对被控对象的有效控制。

**1. 比例控制器(P 调节器)**

P 调节器的输出信号 $m(t)$ 成比例地反映其输入信号 $e(t)$，即

$$m(t)=K_{\mathrm{P}}e(t) \tag{6-13}$$

式中，$K_{\mathrm{P}}$ 为比例系数。控制器的方框图如图 6-15 所示。

图 6-16 所示的为 P 控制器电路图，它的传递函数为

$$G_{\mathrm{c}}(s)=\frac{R_2}{R_1}=K_{\mathrm{P}} \tag{6-14}$$

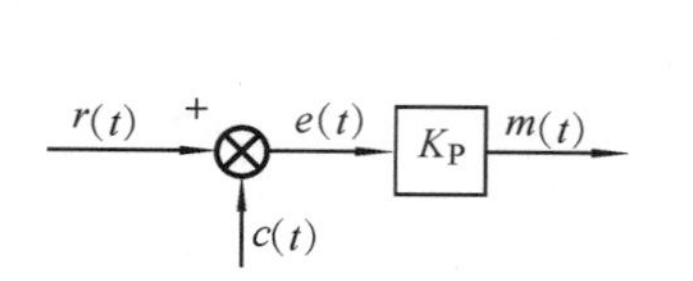


图 6-15　P 控制器方框图

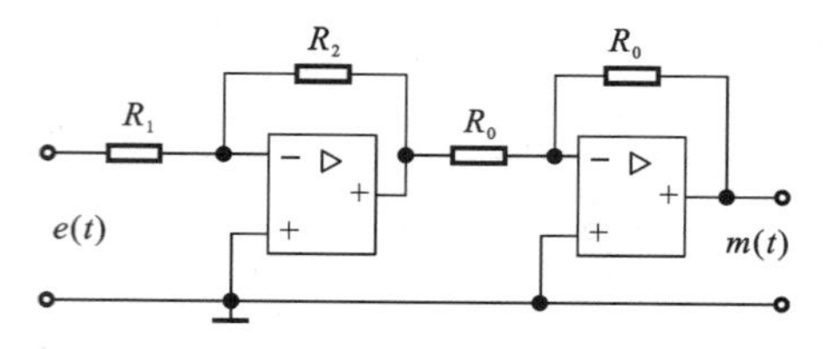


图 6-16　比例校正装置

比例系数 $K_{\mathrm{P}}$ 值的大小直接改变系统开环增益的值。增大 $K_{\mathrm{P}}$ 既能使系统的稳态误差减小，以提高其控制精度，又可使系统的响应速度加快。例如，对于单位反馈系统，0 型系统响应阶跃 $R_0\cdot 1(t)$ 的稳态误差与其开环增益 $K$ 近似成反比，即

$$\lim_{t\to\infty}e(t)=\frac{R_0}{1+K} \tag{6-15}$$

这里开环增益 $K$ 中包含 P 控制器的增益 $K_{\mathrm{P}}$。Ⅰ型系统响应匀速信号 $R_1(t)$ 的稳态误差与开环增益 $K_{\mathrm{v}}$ 成反比，即

$$\lim_{t\to\infty}e(t)=\frac{R_1}{K_{\mathrm{v}}} \tag{6-16}$$

而 $K_{\mathrm{v}}$ 无疑将包含 P 控制器的增益 $K_{\mathrm{P}}$。由此可见，具有 P 控制器的系统，其稳态误差可通过 P 控制器的增益 $K_{\mathrm{P}}$ 来调整。

此外，P 控制器在减小控制系统的稳态误差，提高其控制精度的同时，却导致系统稳定性的降低，甚至有可能造成闭环系统的不稳定。

**2. 比例-微分控制器(PD 调节器)**

具有比例加微分控制规律的控制器称为 PD 调节器。PD 调节器的输出信号 $m(t)$ 既成比例地反映输入信号 $e(t)$，又成比例地反映输入信号 $e(t)$ 的导数，即

$$m(t)=K_{\mathrm{P}}e(t)+K_{\mathrm{P}}\tau\frac{\mathrm{d}e(t)}{\mathrm{d}t} \tag{6-17}$$

其中 $K_{\mathrm{P}}$ 为比例系数，$\tau$ 为微分时间常数。$K_{\mathrm{P}}$ 与 $\tau$ 二者都是可调的参数。PD 控制器的方框图如图 6-17 所示。

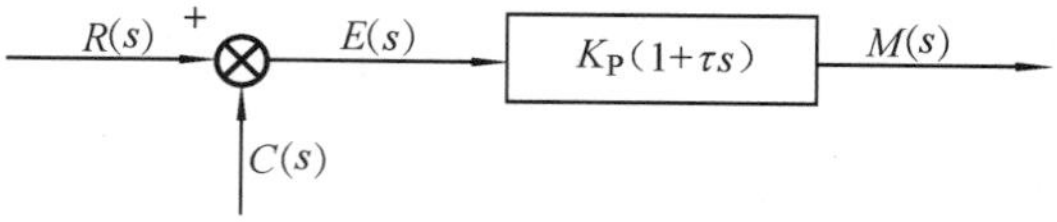

图 6-17　PD 控制器方框图

微分控制规律由于能反映输入信号的变化趋势，故在输入信号的量值变得太大之前，基于其敏感变化趋势而具有的预见性，可为系统引进一个有效的早期修正信号，以增加系统的阻尼程度，从而提高系统的稳定性。通过图 6-18 所示的 PD 控制器对于匀速信号的响应过程可清楚地看到微分控制规律相对比例控制规律所具有的预见性，其中微分时间常数 $\tau$ 便是微分控制规律超前于比例控制规律的时间。

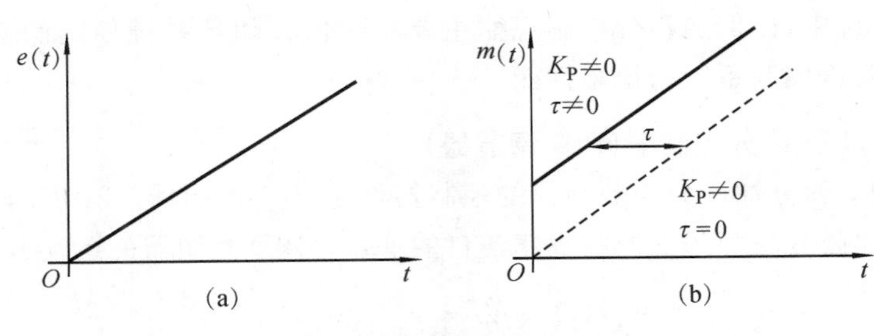


**图 6-18　微分控制规律的预见性**

图 6-19 为 PD 调节器的电路图，它的传递函数为

$$\frac{M(s)}{E(s)}=G_c(s)=\frac{R_2}{R_1}(1+R_1Cs)=K_P(1+\tau s)\tag{6-18}$$

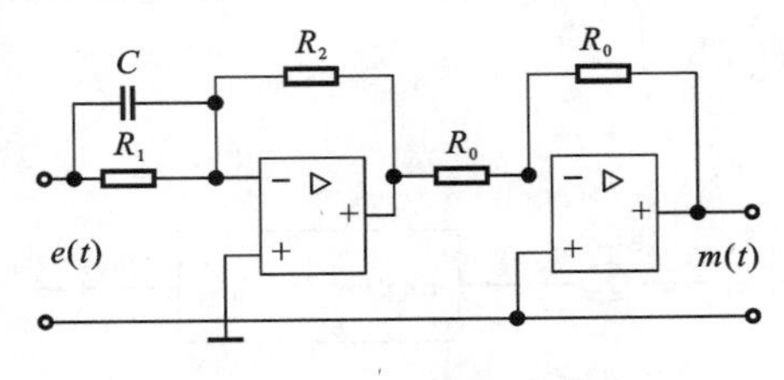


**图 6-19　PD 调节器电路图**

式中，$K_P=R_2/R_1$，$\tau=R_1C$，它们都是可调参数。如令 $K_P=1$，当 $\omega>0$ 时，$\omega_c>0^\circ$。因此，PD 调节器实际上是一种超前校正装置，它能增加系统的阻尼，提高系统的稳定性，加快系统的响应。

**3. 比例-积分控制器（PI 调节器）**

具有比例加积分控制规律的控制器称为 PI 控制器，或 PI 调节器。其输出信号 $m(t)$ 同时成比例地反映输入信号 $e(t)$ 和它的积分，即

$$m(t)=K_Pe(t)+\frac{K_P}{T_i}\int_0^t e(t)\mathrm{d}t\tag{6-19}$$

式中，$K_P$ 为比例系数，$T_I$ 为积分时间常数，二者都是可调参数。PI 控制器的方框图如图 6-20 所示。

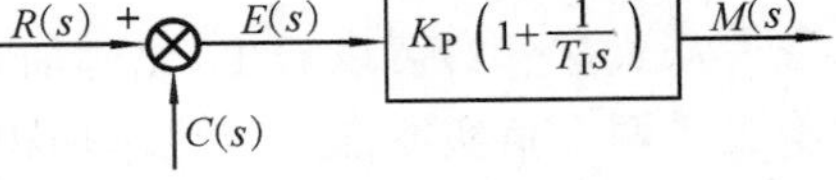


**图 6-20　PI 控制器的方框图**

PI 调节器的电路图如图 6-21 所示。由图可知，其传递函数为

$$\frac{M(s)}{E(s)}=G_c(s)=\frac{R_2}{R_1}\left(1+\frac{1}{R_2Cs}\right)=K_P\ \frac{T_Is+1}{T_Is}\tag{6-20}$$

式中，$K_P=\dfrac{R_2}{R_1}$，$T_I=R_2C$，它们都是可调参数。这种校正装置属于滞后校正装置。

PI 调节器对单位阶跃信号的响应如图 6-22 所示。由于 PI 控制器的输出不仅反映输入信号，还反映输入信号的积分，所以当输入信号具有阶跃形式时，PI 控制器的输出信号将具有随时间线性增大的特性。

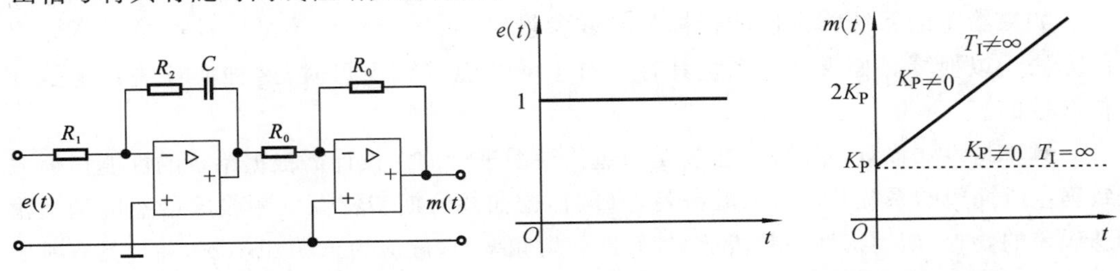


**图 6-21　PI 调节器电路图**

**图 6-22　PI 控制器的输入、输出信号**

在控制系统中，比例加积分控制规律主要用于保证闭环系统稳定的基础上改变系统的型别，以改善控制系统的稳态性能。

**4. 比例-积分-微分控制器(PID 调节器)**

具有比例加积分加微分控制规律的控制器称为 PID 控制器，或 PID 调节器。它具有比例、积分和微分三个基本控制规律各自的特点。PID 控制器的运动方程为

$$m(t)=K_{\mathrm{P}}e(t)+\frac{K_{\mathrm{P}}}{T_{\mathrm{I}}}\int_{0}^{t}e(t)\mathrm{d}t+K_{\mathrm{P}}T_{\mathrm{D}}\frac{\mathrm{d}e(t)}{\mathrm{d}t} \tag{6-21}$$

式中，$e(t)$、$m(t)$分别为 PID 控制器的输入、输出信号。PID 控制器的方框图如图 6-23 所示。

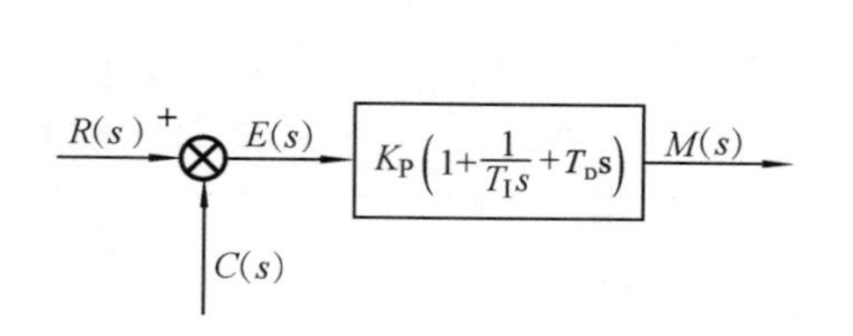


图 6-23 PID 控制器的方框图

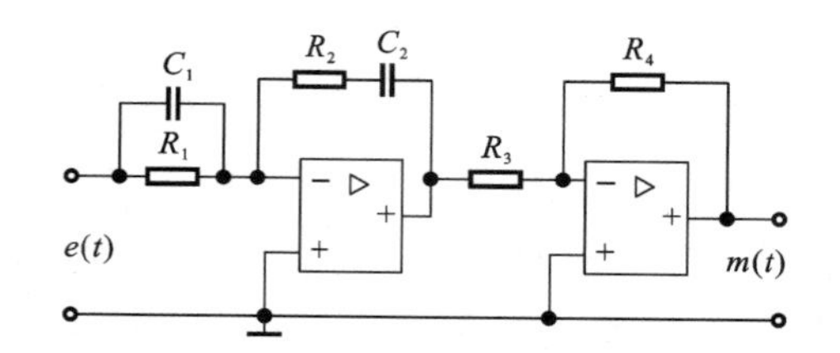


图 6-24 PID 控制器的电路图

PID 控制器的电路图如图 6-24 所示。它的传递函数为

$$\frac{M(s)}{E(s)}=\frac{R_2R_4}{R_1R_3}\frac{(R_1C_1s+1)(R_2C_2s+1)}{R_2C_2s}=K_{\mathrm{P}}\left(1+\frac{1}{T_{\mathrm{I}}s}+T_{\mathrm{d}}s\right) \tag{6-22}$$

式中：$K_{\mathrm{P}}=\frac{R_4(R_1C_1+R_2C_2)}{R_1R_3C_2}$；$T_{\mathrm{I}}=R_1C_1+R_2C_2$；$T_{\mathrm{d}}=\frac{R_1C_1R_2C_2}{R_1C_1+R_2C_2}$。

从式(6-22)可以看出，比例加积分加微分控制规律除可使系统的型别提高之外，还将提供两个负实零点。与比例加积分控制规律相比，它不但保留改善系统稳态性能的特点，还由于多提供一个负实零点，从而在提高系统动态性能方面具有更大的优越性。这也是比例加积分加微分控制规律在控制系统中得到广泛应用的主要原因之一。PID 校正可以通过软件实现，也可以通过硬件装置实现。

## 6.3 采用频率法进行串联校正

设计系统的校正装置的频率特性法是一种简单实用的方法，其实质是一种配置系统滤波特性的方法。设计依据是频域参量，如相角裕度 $\gamma$ 或谐振峰值 $M_{\mathrm{p}}$，闭环系统带宽 $\omega_{\mathrm{b}}$ 或开环对数幅频特性的剪切频率 $\omega_{\mathrm{c}}$，以及系统的开环增益 $K$。

如果给定的系统暂态性能指标是时域参量时，对于二阶系统可以通过第 5 章介绍的方法予以换算。如果高阶系统具有一对主导共轭复数极点时，这种换算关系也是近似有效的。

频率特性法设计校正装置主要是通过伯德图进行的。设计需根据给定的性能指标大致确定所期望的系统开环对数幅频特性(即伯德曲线)，期望特性低频段的增益应满足稳态误差的要求，期望特性中频段的斜率(即剪切频率)一般应为−20 dB/dec，并且具有所要求的剪切频率 $\omega_{\mathrm{c}}$，期望特性高频段应尽可能迅速衰减，以抑制噪声的不良影响。

用伯德图设计校正装置后，需要检验性能指标是否满足，有时可用尼氏图检验。

### 6.3.1　超前校正设计

超前校正的基本原理是利用超前校正网络的相角超前特性去增大系统的相角裕度，以改善系统的暂态响应。因此在设计校正装置时应使最大的超前相位角尽可能出现在校正后系统的剪切频率处。

用频率特性法设计串联超前校正装置的步骤大致如下。

(1) 根据给定的系统稳态性能指标，确定系统的开环增益 $K$。

(2) 绘制在确定的 $K$ 值下系统的伯德图，并计算其相角裕度 $\gamma_0$。

(3) 根据给定的相角裕度 $\gamma$，计算所需要的相角超前量 $\varphi_0$，$\varphi_0=\gamma-\gamma_0+\varepsilon$。其中 $\varepsilon=15°\sim20°$，是因为考虑到校正装置影响剪切频率的位置而留出的裕量。

(4) 令超前校正装置的最大超前角 $\varphi_m=\varphi_0$，并按下式计算网络的系数 $\alpha$ 值，即

$$\alpha=\frac{1-\sin\varphi_m}{1+\sin\varphi_m}$$

如 $\varphi_m>60°$，则应考虑采用有源校正装置或两级网络。

(5) 将校正网络在 $\varphi_m$ 处的增益定为 $10\lg(1/\alpha)$，同时确定未校正系统伯德曲线上增益为 $-10\lg(1/\alpha)$ 处的频率即为校正后系统的剪切频率 $\omega_c=\omega_m$。

(6) 确定超前校正装置的交接频率

$$\omega_1=\frac{1}{\tau}=\omega_m\sqrt{\alpha},\quad \omega_2=\frac{1}{\alpha\tau}=\omega_m/\sqrt{\alpha}$$

(7) 画出校正后系统的伯德图，验算系统的相角稳定裕度。如不符要求，可增大 $\varepsilon$ 值，并从第 3 步起重新计算。

(8) 校验其他性能指标，必要时重新设计参量，直到满足全部性能指标。

**【例 6-1】** 设Ⅰ型单位反馈系统原有部分的开环传递函数为 $G_0(s)=\dfrac{K}{s(s+1)}$，要求设计串联校正装置，使系统具有 $K=12$ 及 $\gamma=40°$ 的性能指标。

**解** 当 $K=12$ 时，未校正系统的伯德图如图 6-25 中的曲线 $G_0$，可以计算出其剪切频率 $\omega_{c1}$。由于伯德曲线自 $\omega=1\ \mathrm{s}^{-1}$ 开始以 $-40$ dB/dec 的斜率与零分贝线相交于 $\omega_{c1}$，故有

$$\frac{20\lg12}{\lg\omega_{c1}/\omega}=40$$

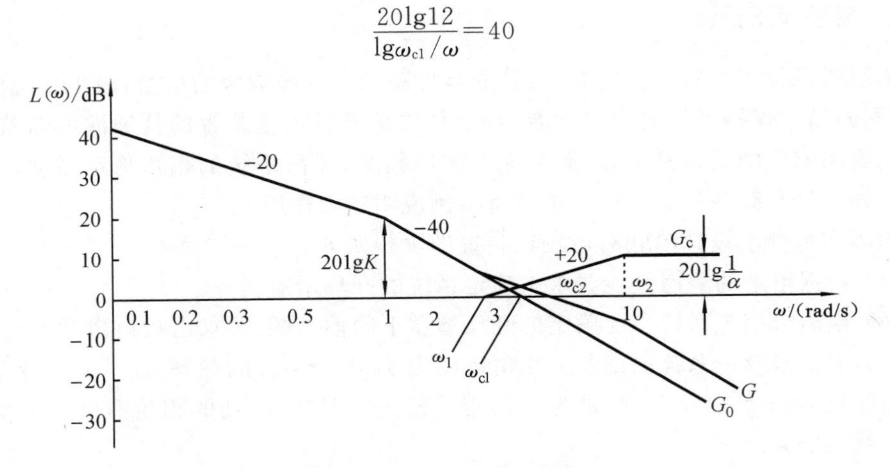


图 6-25　例 6-1 系统的伯德图

由于 $\omega=1\ \mathrm{s}^{-1}$，故 $\omega_{c1}=\sqrt{12}\ \mathrm{s}^{-1}=3.46\ \mathrm{s}^{-1}$。于是未校正系统的相角裕度为

$$\gamma=180^\circ-90^\circ-\arctan\omega_{c1}=16.12^\circ<40^\circ$$

为使系统相角裕量满足要求，引入串联超前校正网络。在校正后系统剪切频率处的超前相角应为

$$\varphi_0=40^\circ-16.12^\circ+16.12^\circ$$

因此 $\alpha=\dfrac{1-\sin30^\circ}{1+\sin30^\circ}=0.334$。在校正后系统剪切频率 $\omega_{c2}=\omega_m$ 处校正网络的增益应为

$$10\lg\ (1/0.334)\ \mathrm{dB}=4.77\ \mathrm{dB}$$

根据前面计算 $\omega_{c1}$ 的原理，可以计算出未校正系统增益为 $-4.77$ dB 处的频率即为校正后系统的剪切频率 $\omega_{c2}$，即

$$\frac{10\lg(1/0.334)}{\lg\omega_{c2}/\omega_{c1}}=40 \quad 或 \quad \lg\frac{\omega_{c2}}{\omega_{c1}}=\frac{1}{4}\lg(1/0.334)$$

于是 $\omega_{c2}=\omega_{c1}\sqrt[4]{3}=4.55\ \mathrm{s}^{-1}=\omega_m$。校正网络的两个交接频率分别为

$$\omega_1=1/\tau=\omega_m/\sqrt{\alpha}=2.63\ \mathrm{s}^{-1},\quad \omega_2=1/\alpha\tau=\omega_m/\sqrt{\alpha}=7.9\ \mathrm{s}^{-1}$$

为补偿超前校正网络衰减的开环增益，放大倍数需要再提高 $1/\alpha=3$ 倍。

经过超前校正后，系统开环传递函数为

$$G(s)=G_c(s)G_0(s)=\frac{12(s/2.63+1)}{s(s+1)(s/7.9+1)}$$

其相角稳定裕度为

$$\gamma=180^\circ-90^\circ+\arctan(4.55/2.63)-\arctan4.55-\arctan(4.55/7.9)=42.4^\circ$$

符合给定相角裕度 $40^\circ$ 的要求。

综上所述，串联相位超前校正装置使系统的相角裕量增大，从而降低了系统响应的超调量。与此同时，增加了系统的带宽，使系统的响应速度加快。

在有些情况下，串联超前校正的应用受到限制。例如，当未校正系统的相角在所需剪切频率附近向负相角方面急剧减小时，采用串联超前校正往往效果不大。或者，当需要超前相角的数量很大时，超前校正网络的系数 $\alpha$ 值需选得很小，从而使系统的带宽过大，高频噪声能较顺利地通过系统，严重时可能导致系统失控。在遇到此类情况时，应考虑其他类型的校正装置。

### 6.3.2　滞后校正设计

串联滞后校正装置的作用有二：其一是提高系统低频响应的增益，减小系统的稳态误差，同时基本保持系统的暂态性能不变；其二是滞后校正装置的低通滤波器特性，将使系统高频响应的增益衰减，降低系统的剪切频率，提高系统的相角稳定裕度，以改善系统的稳定性和某些暂态性能。本节将举例说明这种作用。

用频率特性法设计串联滞后校正装置的步骤如下。

(1) 根据给定的稳态性能要求去确定系统的开环增益。

(2) 绘制未校正系统在已确定的开环增益下的伯德图，并求出相角裕度 $\gamma$。

(3) 求出未校正系统伯德图上相角裕度为 $\gamma_2=\gamma+\varepsilon$ 处的频率 $\omega_{c2}$。其中 $\gamma$ 是要求的相角裕度，而 $\varepsilon=10^\circ\sim15^\circ$ 则是为补偿滞后校正装置在 $\omega_{c2}$ 处的相角滞后。$\omega_{c2}$ 即是校正后系统的剪切频率。

(4) 令未校正系统的伯德图在 $\omega_{c2}$ 处的增益等于 $20\lg\beta$，由此确定滞后网络的 $\beta$ 值。

（5）按下列关系式确定滞后校正网络的交接频率

$$\omega_2=\frac{1}{\tau}=\frac{\omega_{c2}}{2}\sim\frac{\omega_{c2}}{10}$$

（6）画出校正后系统的伯德图，校验其相角裕度。

（7）必要时检验其他性能指标，若不能满足要求，可重新选定 $\tau$ 值。但 $\tau$ 值不宜选取过大，只要满足要求即可，以免校正网络中电容太大，难以实现。

**【例 6-2】** 设有Ⅰ型系统，其未校正系统原有部分的开环传递函数为

$$G_0(s)=\frac{K}{s(s+1)(0.25s+1)}$$

试设计串联校正装置，使系统满足 $K\geqslant5,\gamma\geqslant40^\circ,\omega_c\geqslant0.5\ \mathrm{s}^{-1}$。

**解** 以 $K=5$ 代入未校正系统的开环传递函数中，并绘制伯德图，如图 6-26 所示。可以算得未校正系统的剪切频率 $\omega_{c1}$。由于在 $\omega=1\ \mathrm{s}^{-1}$ 处，系统的开环增益为 20lg5 dB，而穿过剪切频率 $\omega_{c1}$ 的系统伯德曲线的斜率为 $-40$ dB/dec，所以

$$\lg(\omega_{c1}/\omega)=\frac{1}{2}\lg5 \quad 或 \quad \omega_{c1}=\sqrt{5}\ \mathrm{s}^{-1}=2.24\ \mathrm{s}^{-1}$$

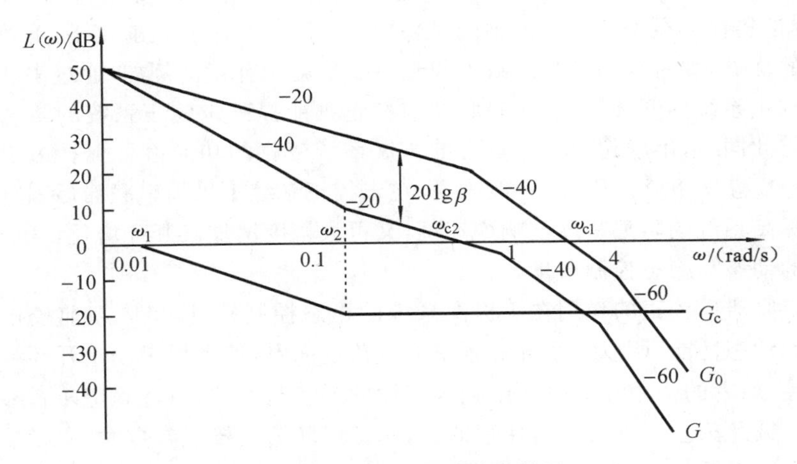


图 6-26 例 6-2 系统的伯德图

相应的相角稳定裕度为

$$\gamma=130^\circ-90^\circ-\arctan\omega_{c1}-\arctan0.25\omega_{c1}=-5.1^\circ$$

说明未校正系统是不稳定的。计算未校正系统相频特性中对应于相角裕度为 $\gamma_2=\gamma+\varepsilon=40^\circ+15^\circ=55^\circ$ 时的频率 $\omega_{c2}$。由于

$$\gamma_2=180^\circ-90^\circ-\arctan\omega_{c2}-\arctan0.25\omega_{c3}=55^\circ$$

或 $$\arctan\omega_{c2}+\arctan0.25\omega_{c2}=35^\circ,\quad \arctan\frac{(1+0.25)\omega_{c2}}{1-0.25\omega_{c2}^2}=35^\circ$$

则可解得，$\omega_{c2}=0.52\ \mathrm{s}^{-1}$。此值符合系统剪切频率 $\omega_c\geqslant0.5\ \mathrm{s}^{-1}$ 的要求，故可选为校正后系统的剪切频率，即选定

$$\omega_c=0.52\ \mathrm{s}^{-1}$$

当 $\omega=\omega_c=0.52\ \mathrm{s}^{-1}$ 时，令未校正系统的开环增益为 $20\lg\beta$，从而求出串联滞后校正装置的系数 $\beta$。由于未校正系统的增益在 $\omega=1\ \mathrm{s}^{-1}$ 时为 20lg5，故有

$$\frac{20\lg\beta-20\lg5}{\lg1/0.52}=20$$

选 $\beta=5/0.52=9.62\approx10,\omega_2=1/\tau=\omega_c/4=0.13\ \mathrm{s}^{-1}$，则 $\omega_1=1/\beta\tau=0.013\ \mathrm{s}^{-1}$。于是，

滞后校正网络的传递函数为

$$G_c(s)=\frac{1}{10}\left(\frac{s+0.13}{s+0.013}\right)=\frac{7.7s+1}{77s+1}$$

故校正后系统的开环传递函数为

$$G(s)=G_c(s)G_0(s)=\frac{5(7.7s+1)}{s(77s+1)(s+1)(0.25s+1)}$$

校验校正后系统的相角稳定裕度

$$\gamma=180°-90°-\arctan77\omega_c-\arctan\omega_c-\arctan0.25\omega_c+\arctan7.7\omega_c=42.53°>40°$$

还可以计算滞后校正网络在 $\omega_c$ 时的滞后相角

$$\arctan7.7\omega_c-\arctan77\omega_c=-12.6°$$

从而说明，取 $\varepsilon=15°$ 是正确的。

### 6.3.3 滞后-超前校正设计

单纯采用超前校正或滞后校正，均只能改善系统暂态或稳态一个方面的性能。若未校正系统不稳定，并且对校正后系统的稳态和暂态都有较高要求时，宜采用串联滞后-超前校正装置。在未校正系统中同时采用串联滞后与串联超前校正，可兼有这两种校正方案的优点，并对它们各自的缺点起到一定程度的补偿。例如，通过串联滞后校正可增大未校正系统的开环增益，而串联超前校正则能提高未校正系统的阻尼程度与响应速度。与此同时，串联超前校正具有的扩展系统带宽的功能恰可弥补由串联滞后校正造成的响应速度下降。因此，一般来说，在未校正系统中采用串联滞后-超前校正，既可有效地提高系统的阻尼程度与响应速度，又可大幅度增加其开环增益，从而双双提高控制系统的动态与稳态控制质量。

由于串联滞后校正的作用在于提高系统的稳态控制精度，串联超前校正主要用来改善系统的动态性能，所以从系统的频率响应角度来看，前者用来校正开环频率响应的低频区特性，后者的作用在于改变中频区特性的形状与参数，由此确定两者参数的过程基本上可以彼此独立地进行。需注意的是，确定串联滞后校正参数时，应尽量不影响经串联超前校正系统的动态指标；而在确定串联超前校正参数时，应为校正系统的动态指标留有一定裕量，以补偿串联滞后校正降低系统相对稳定性的影响。

串联滞后-超前校正的设计步骤如下。

(1) 根据稳态性能要求确定开环增益 $K$。

(2) 绘制待校正系统的对数幅频特性，求出待校正系统的截止频率 $\omega'_c$、相角裕度 $\gamma$ 及幅值裕度 $h$(dB)。

(3) 在待校正系统对数幅频特性上，选择斜率从 −20 dB/dec 变为 −40 dB/dec 的交接频率作为校正网络超前部分的交接频率 $\omega_b$。$\omega_b$ 的这种选法，可以降低已校正系统的阶次，且保证中频区斜率为期望的 −20 dB/dec，并占据较宽的频带。

(4) 根据响应速度要求，选择系统的截止频率 $\omega''_c$ 和校正网络衰减因子 $1/\alpha$。要保证已校正系统的截止频率为所选的 $\omega''_c$，下列等式应成立：

$$-20\lg\alpha+L'(\omega''_c)+20\lg T_b\omega''_c=0 \tag{6-23}$$

式中：$T_b=1/\omega_b$；$L'(\omega''_c)+20\lg T_b\omega''_c$ 可由待校正系统对数幅频特性的 −20 dB/dec 延长线在 $\omega''_c$ 处的数值确定。

因此，由式(6-23)可以求出 $\alpha$ 值。

(5) 根据相角裕度要求，估算校正网络滞后部分的交接频率 $\omega_a$。

(6) 校验已校正系统的各项性能指标。

**【例 6-3】** 设待校正系统开环传递函数为 $G_0(s)=\dfrac{K_v}{s\left(\dfrac{1}{6}s+1\right)\left(\dfrac{1}{2}s+1\right)}$，要求设计校正装置，使系统满足下列性能指标：

(1) 在最大指令速度为 180°/s 时，位置滞后误差不超过 1°；

(2) 相角裕度为 45°±3°；

(3) 幅值裕度不低于 10 dB；

(4) 动态过程调节时间不超过 3 s。

**解** 首先确定开环增益。由题意取

$$K=K_v=180\ \mathrm{s}^{-1}$$

作待校正系统对数幅频特性 $L'(\omega)$，如图 6-27 所示。图中，最低频段为 −20 dB/dec 斜率直线，其延长线交 $\omega$ 轴于 180 rad/s，该值即 $K_v$ 的数值。由图得待校正系统截止频率 $\omega'_c=12.6$ rad/s，算出待校正系统的相角裕度 $\gamma=-55.5°$，幅值裕度 $h=-30$ dB，表明待校正系统不稳定。

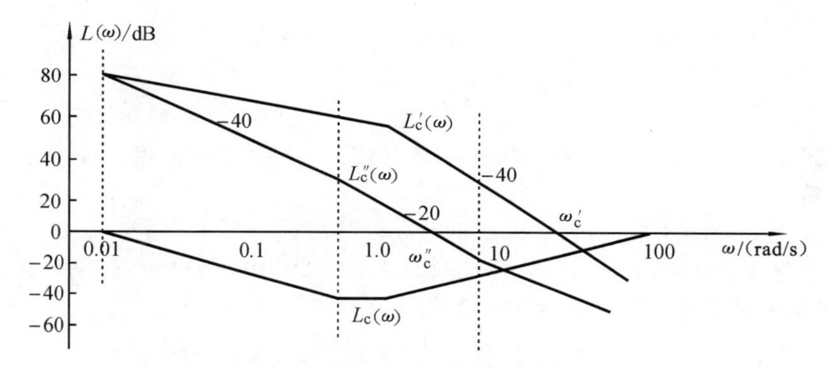


**图 6-27 例 6-3 系统对数幅频特性**

由于待校正系统在截止频率处的相角滞后远小于 −180°，且响应速度有一定要求，故应优先考虑采用串联滞后-超前校正。论证如下。

首先，考虑采用串联超前校正。要把待校正系统的相角裕度从 −55.5°提高到 45°，至少选用两级串联超前网络。显然，校正后系统的截止频率将过大，可能超过 25 rad/s。从理论上说，截止频率越大，系统的响应速度就越快。例如，在 $\omega''_c=25$ rad/s 时，系统动态过程的调节时间近似为 0.34 s，这将比性能指标要求提高近 10 倍。然而，进一步分析发现：① 伺服电机将出现速度饱和，这是因为超前校正系统要求伺服机构输出的变化速率超过了伺服电机的最大输出转速。于是，0.34 s 的调节时间将变得毫无意义。② 由于系统带宽过大，造成输出噪声电平过高。③ 需要附加前置放大器，从而使系统结构复杂化。

其次，若采用串联滞后校正，可以使系统的相角裕度提高到 45°左右，但是对于本例高性能系统，会产生两个很严重的缺点：① 滞后网络时间常数太大。这是因为静态速度误差系数越大，所需要的滞后网络时间常数就越大。对于本例，要求选 $\omega''_c=1$，相应的 $L'(\omega''_c)=45.1$ dB，求出 $b=1/200$，若取 $1/6T=0.1\omega''_c$，可得 $T=2000$ s。这样大的时间常数，实际上是无法实现的。② 响应速度指标不满足。由于滞后校正极大地减小了系统的截止频率，使得系统响应滞缓。对于本例，粗略估算的调节时间约为 9.6 s，该值远大于性能指标的要求值。

上述论证表明,纯超前校正及纯滞后校正都不宜采用,应当选用串联滞后-超前校正。

为了利用滞后-超前网络的超前部分微分段的特性,研究图 6-27 发现,可取 $\omega_b=2$ rad/s,于是待校正系统对数幅频特性在 $\omega\leqslant 6$ rad/s 区间,其斜率均为 $-20$ dB/dec。

根据 $t_s\leqslant 3$ s 和 $\gamma''=45°$ 的指标要求,不难算得 $\omega''_c\geqslant 3.2$ rad/s。考虑到要求中频区斜率为 $-20$ dB/dec,故 $\omega''_c$ 应在 3.2～6 rad/s 范围内选取。由于 $-20$ dB/dec 的中频区应占据一定宽度,故选 $\omega''_c=3.5$ rad/s,相应的 $L'(\omega''_c)+20\lg T_b\omega''_c=34$ dB。由式(6-23)可算出 $1/\alpha=0.02$,此时,滞后-超前校正网络的频率特性可写为

$$G_c(j\omega)=\frac{(1+j\omega/\omega_a)(1+j\omega/\omega_b)}{(1+j\alpha\omega/\omega_a)(1+j\omega/\alpha\omega_b)}=\frac{(1+j\omega/\omega_a)(1+j\omega/2)}{(1+j50\omega/\omega_a)(1+j\omega/100)}$$

相应的已校正系统的频率特性为

$$G_c(j\omega)G_0(j\omega)=\frac{180(1+j\omega/\omega_a)}{j\omega(1+j\omega/6)(1+j50\omega/\omega_a)(1+j\omega/100)}$$

根据上式,利用相角裕度指标要求,可以确定校正网络参数 $\omega_a$。已校正系统的相角裕度

$$\gamma''=180°+\arctan\frac{\omega''_c}{\omega_a}-90°-\arctan\frac{\omega''_c}{6}-\arctan\frac{50\omega''_c}{\omega_a}-\arctan\frac{\omega''_c}{100}$$

$$=57.7°+\arctan\frac{3.5}{\omega_a}-\arctan\frac{175}{\omega_a}$$

考虑到 $\omega_a<\omega_b=2$ rad/s,故可取 $-\arctan(175/\omega_a)\approx-90°$。因为要求 $\gamma''=45°$,所以上式可简化为

$$\arctan(3.5/\omega_a)=77.3°$$

从而求得 $\omega_a=0.78$ rad/s。这样,已校正系统 $-20$ dB/dec 斜率的中频区宽度 $h=6/0.78=7.69$,满足中频区宽度近似关系式

$$h\geqslant\frac{1+\sin\gamma''}{1-\sin\gamma''}=\frac{1+\sin45°}{1-\sin45°}=5.83$$

于是,校正网络和已校正系统的传递函数分别为

$$G_c(s)=\frac{(1+1.28s)(1+0.5s)}{(1+64s)(1+0.01s)},\quad G_c(s)G_0(s)=\frac{180(1+1.28s)}{s(1+0.167s)(1+64s)(1+0.01s)}$$

其对数幅频特性 $L_c(\omega)$ 和 $L''(\omega)$ 已分别表示在图 6-28 之中。

最后,用计算的方法验算已校正系统的相角裕度和幅值裕度指标,求得 $\gamma''=45.5°$,$h''=27$ dB,完全满足指标要求。

### 6.3.4 按系统期望频率特性进行校正

系统期望频率特性通常是指满足给定性能指标的系统开环渐近幅频特性 $20\lg|G(j\omega)|$。由于这种特性只通过幅频特性来表示,而不考虑相频特性,故期望频率特性概念仅适用最小相位系统。

基于系统期望频率特性确定串联校正参数,通常给定的性能指标除开环增益 $K$ 等表征系统稳态性能的指标外还有开环频率响应的相角裕度 $\gamma$、剪切频率 $\omega_c$、幅值裕度 $K_g$,或闭环频率响应的相对谐振峰值 $M_p$、谐振频率 $\omega_r$、截止频率 $\omega_b$ 等频域指标。在一般情况下,根据下列频域指标,应用开环频域指标的伯德图确定串联校正参数是很方便的。另外,如有必要,还需绘制校正系统的奈氏图,验算闭环系统的频域指标:

$M_p$、$\omega_r$及 $\omega_b$。

根据给定性能指标绘制系统期望频率特性的步骤如下。

(1) 根据对系统型别及稳态误差要求,通过性能指标 $v$ 及开环增益 $K$ 绘制期望频率特性的低频区特性。

(2) 根据对系统响应速度及阻尼程度要求,通过剪切频率 $\omega_c$ 及相角裕度 $\gamma$,中频区宽度 $h$ 及中频区特性的上下限角频率 $\omega_2$ 与 $\omega_3$ 绘制期望频率特性的中频区特性。中频区宽度 $h$ 由 $\gamma$ 根据下式求得:

$$h \geqslant \frac{1+\sin\gamma}{1-\sin\gamma}$$

如果给定的频域指标为闭环幅频特性的相对谐振峰值 $M_p$ 及谐振频率 $\omega_r$,或截止频率 $\omega_b$,首先由经验公式

$$\delta\% = [0.16+0.4(M_p-1)]\% = 30\%$$

解出 $M_p$,再由近似式

$$\gamma \approx \arcsin\frac{1}{M_p}$$

将指标 $M_p$ 转换为指标 $\gamma$。

为确保系统具有足够的(如 45°左右)相角裕度,取中频区特性斜率等于-20 dB/dec。

(3) 绘制期望频率特性的低、中频区特性间的过渡特性,其斜率一般取-40 dB/dec。

(4) 根据对系统幅值裕度 $20\lg K_g$ 及抑制高频干扰的要求,绘制期望频率特性的高频区特性。一般地,为使校正环节具有比较简单的特性以便于实现,要求期望频率特性的高频区特性在斜率上尽量与满足抑制高频干扰要求的系统不可变部分幅频特性在这一频带里的斜率一致,或使两者的高频区特性完全相同。

(5) 绘制期望频率特性的中、高频区特性间的过渡特性,其斜率一般取-40 dB/dec。

**【例 6-4】** 设已知位置随动系统不可变部分的传递函数为

$$G_o(s) = \frac{K_v}{s(0.1s+1)(0.02s+1)(0.01s+1)(0.005s+1)}$$

试绘制给定系统的期望特性,要求满足性能指标:

(1) 误差系数 $c_0=0$ 及 $c_1=1/200$ s;

(2) 单位阶跃响应超调量 $\delta\% \leqslant 30\%$;

(3) 单位阶跃响应调整时间 $t_s \leqslant 0.7$ s;

(4) 幅值裕度 $20\lg K_g \geqslant 6$ dB。

**解** (1) 绘制期望特性的低频区特性。

根据给定性能指标要求,从 $c_0=0$ 及 $c_1=1/200$ s 求得校正系统型别 $v=1$ 及开环增益 $K_v=1/c_1=200\ \text{s}^{-1}$。又由给定系统不可变部分传递函数看到,未校正系统已满足 $v=1$ 的要求。按 $v=1$ 及 $K_v=200\ \text{s}^{-1}$ 绘制的期望特性低频区特性为斜率等于-20 dB/dec 并在 $\omega=200$ rad/s 处与横轴相交的直线,如图 6-28 所示。

(2) 绘制期望特性的中频区特性。

首先,将给定的时域指标 $\delta\%$、$t_s$ 换算成频域指标 $\gamma$、$h$ 及 $\omega_c$。由经验公式

$$\delta\% = 0.16+0.4(M_p-1) = 0.3$$

解出 $M_p=1.35$。再根据近似式

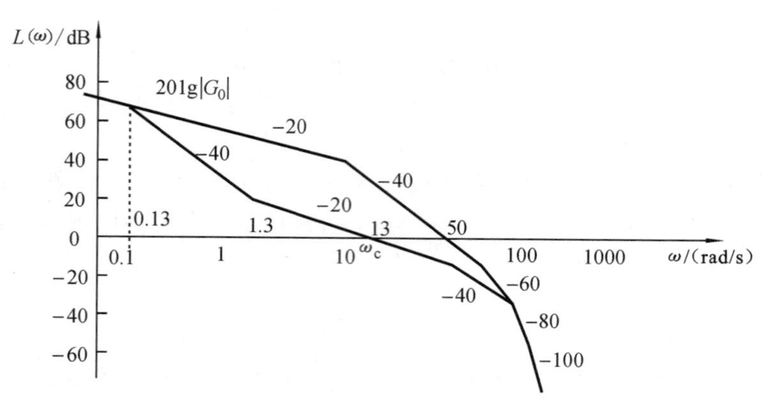


图 6-28 控制系统开环幅频特性图

$$\gamma\approx\arcsin\frac{1}{M_{\mathrm{p}}}$$

求得相角裕度 $\gamma=47.8°$。为留有适当余地,选取相角裕度的要求值 $\gamma=50°$。又按式

$$h\geqslant\frac{1+\sin\gamma}{1-\sin\gamma}=\frac{1+\sin50°}{1-\sin50°}$$

算出要求的中频区宽度 $h\geqslant7.5$。最后,由经验公式

$$t_{\mathrm{s}}=\frac{\pi}{\omega_{\mathrm{c}}}[2+1.5(M_{\mathrm{p}}-1)+2.5(M_{\mathrm{p}}-1)^2]=0.7$$

求得校正系统剪切频率要求值 $\omega_{\mathrm{c}}\approx13$ rad/s。

其次,过 $\omega=\omega_{\mathrm{c}}=13$ rad/s 作斜率为 −20 dB/dec 直线,这便是期望特性的中频区特性。其上下限角频率 $\omega_2$ 与 $\omega_3$ 的取值范围应按不等式

$$\omega_2<\omega_{\mathrm{c}}\frac{M_{\mathrm{p}}-1}{M_{\mathrm{p}}},\quad \omega_3>\omega_{\mathrm{c}}\frac{M_{\mathrm{p}}+1}{M_{\mathrm{p}}}$$

来确定,它们分别是 $\omega_2<3.4$ rad/s 及 $\omega_3>23$ rad/s。初选 $\omega_2=1.3$ rad/s,即取 $\omega_2=1/10\omega_{\mathrm{c}}$,以及 $\omega_3=50$ rad/s,由此求得中频区特性的实际宽度

$$h=\frac{\omega_3}{\omega_2}=\frac{50}{1.3}\approx38.5$$

满足 $h\geqslant7.5$ 的要求,即根据上面初选的角频率 $\omega_2$ 与 $\omega_3$ 可以保证相角裕度 $\gamma=50°$的要求。

(3) 绘制期望特性的低、中频区特性间的过渡特性。

找出中频区特性与过 $\omega=\omega_2=1.3$ rad/s 的横轴垂线的交点,并通过该交点作斜率等于 −40 dB/dec 的直线。这条直线与低频区特性相交,其交点对应的角频率 $\omega_1$ 从图 6-28求得为 0.13 rad/s。角频率 $\omega_1=0.13$ rad/s 及 $\omega_2=1.3$ rad/s 分别为期望特性由低频到高频的第一及第二个转折频率。

(4) 绘制期望特性的高频区特性。

根据 $v=1$ 及 $K_{\mathrm{v}}=200\ \mathrm{s}^{-1}$ 要求,绘制系统不可变部分 $G_0(s)$ 的幅频特性$20\lg|G_0(\mathrm{j}\omega)|$。

从图 6-28 可见,幅频特性 $20\lg|G_0(j\omega)|$ 的高频区特性斜率为 −60～−100 dB/dec。这表明,未校正系统具有良好的抑制高频干扰能力,故可使期望特性的高频区特性与 $20\lg|G_0(\mathrm{j}\omega)|$ 的高频区特性相同。

(5) 绘制期望特性中、高频区特性间的过渡特性。

找出期望特性的中频区特性与过 $\omega=\omega_3=50$ rad/s 的横轴垂线的交点,并通过该

交点作斜率等于−40 dB/dec的直线。这条直线与高频区特性相交，从图 6-28 求得其交点对应的角频率 $\omega_4 \approx 100$ rad/s。角频率 $\omega_4 \approx 100$ rad/s 便是期望特性由低频到高频的第四个转折频率。它的第五个转折频率 $\omega_5$ 等于 200 rad/s。

（6）验算性能指标。

根据初步绘制的期望特性 $20\lg|G(\mathrm{j}\omega)|$ 求得对应的系统开环传递函数为

$$G(s)=\frac{200\left(\frac{1}{1.3}s+1\right)}{s\left(\frac{1}{0.13}s+1\right)\left(\frac{1}{50}s+1\right)\left(\frac{1}{100}s+1\right)\left(\frac{1}{200}s+1\right)}$$

由开环频率响应 $G(\mathrm{j}\omega)$ 计算出相角裕度、中频区宽度及幅值裕度分别为

$$\gamma=51.8°>5°,\quad h=38.5>7.5,\quad 20\lg K_g=8.7\ \mathrm{dB}>6\ \mathrm{dB}$$

它们完全满足给定性能指标要求，故初步绘制的期望特性即可作为给定系统的正式期望特性而不必加以修正。

### 6.3.5 PID 校正

在基于频率法的串联校正装置设计中，PID 校正器的设计是重要的一环。现举例说明。

**【例 6-5】** 考虑图 6-29 所示的系统，试设计一个校正装置，使得 $K_v=4\ \mathrm{s}^{-1}$，$\gamma=50°$，增益裕量等于或大于 10 dB，并且用 Matlab 求校正后系统的单位阶跃和单位斜坡响应曲线。

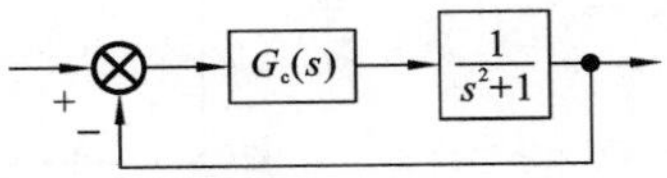

**解** 因为被控对象没有积分器，所以在校正装置中必须增加积分器。我们选择校正装置为

$$G_c(s)=\frac{K}{s}\widetilde{G}_c(s),\quad \lim_{s\to 0}\widetilde{G}_c(s)=1$$

图 6-29 控制系统

$\widetilde{G}_c(s)$将会在后面确定。由 $K_v=4\ \mathrm{s}^{-1}$，得

$$K_v=\lim_{s\to 0}sG_c(s)\frac{1}{s^2+1}=\lim_{s\to 0}s\frac{K}{s}\widetilde{G}_c(s)\frac{1}{s^2+1}=K=4$$

由 $K=4$，得

$$G_c(s)=\frac{4}{s}\widetilde{G}_c(s)$$

画出下列函数的伯德图，如图 6-30 所示。

$$G(s)=\frac{4}{s(s^2+1)}$$

我们需要相位裕量为 50°，增益裕量等于或大于 10 dB。由图 6-30 可以看出，增益交界频率约为 $\omega=1.8$ rad/s。假设校正后系统的增益交界频率位于 $\omega=1$ rad/s 与 $\omega=10$ rad/s 之间的某处。我们选择 $\widetilde{G}_c(s)$ 为

$$\widetilde{G}_c(s)=(as+1)(bs+1)$$

并且选择 $a=5$。于是 $(as+1)$ 将在高频区产生接近 90°的相位超前。画出下列函数的伯德图，如图 6-31 所示。

$$G(s)=\frac{4(5s+1)}{s(s^2+1)}$$

根据图 6-31 选择 $b$ 的值，$(bs+1)$ 这一项需要产生 50°的相位裕量。通过简单的 Matlab 实验，发现 $b=0.25$ 能产生 50°的相位裕量和 $+\infty$ dB 的增益裕量。因此，选择 $b=0.25$，我们得到

$$\widetilde{G}_c(s)=(5s+1)(0.25s+1)$$

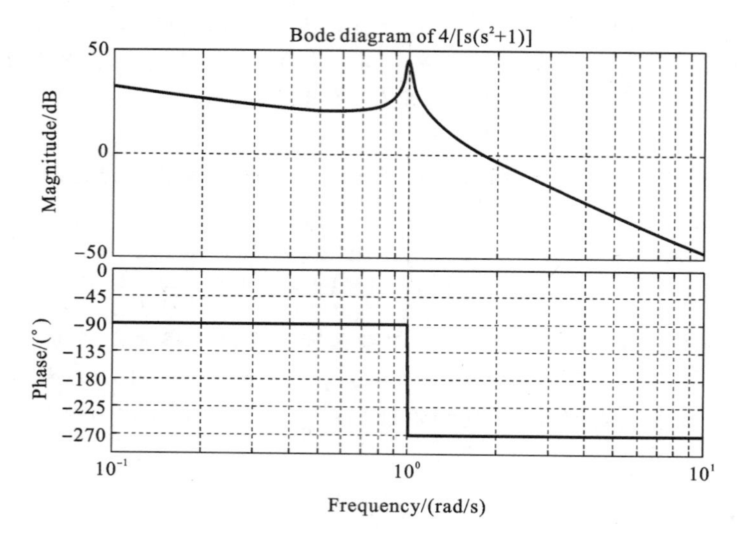


图 6-30 $G(s)=4/s(s^2+1)$的伯德图

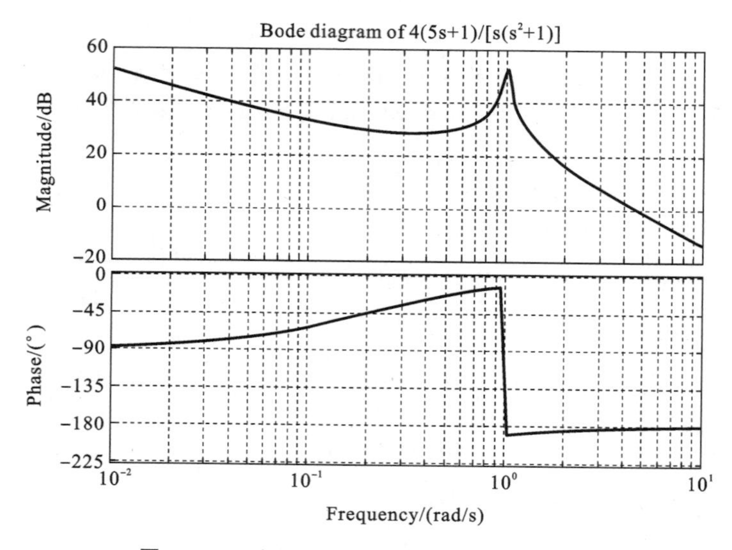


图 6-31 $G(s)=4(5s+1)/s(s^2+1)$的伯德图

已设计出的系统的开环传递函数为

$$G(s)=\frac{4(5s+1)(0.25s+1)}{s}\frac{1}{s^2+1}=\frac{5s^2+21s+4}{s^3+s}$$

应当指出,这里设计出的控制器是一个 PID 控制器。图 6-32 显示了上述开环传递函数的伯德图。由图 6-32 可以看出,$K_v=4\ \mathrm{s}^{-1}$,$\gamma=50°$,而增益裕量为$+\infty$ dB。因此,设计出的系统满足所有的性能要求。还应当指出,存在无穷多个满足要求的系统,现在设计出的这个系统只是其中的一个。

求设计系统的单位阶跃响应和单位斜坡响应。系统的闭环传递函数为

$$\frac{C(s)}{R(s)}=\frac{5s^2+21s+4}{s^3+5s^2+22s+4}$$

注意到,闭环零点位于$s=-4$,$s=-0.2$。闭环极点位于

$$s_1=-2.4052+\mathrm{j}3.9119,\quad s_2=-2.4052-\mathrm{j}3.9119,\quad s_3=-0.1897$$

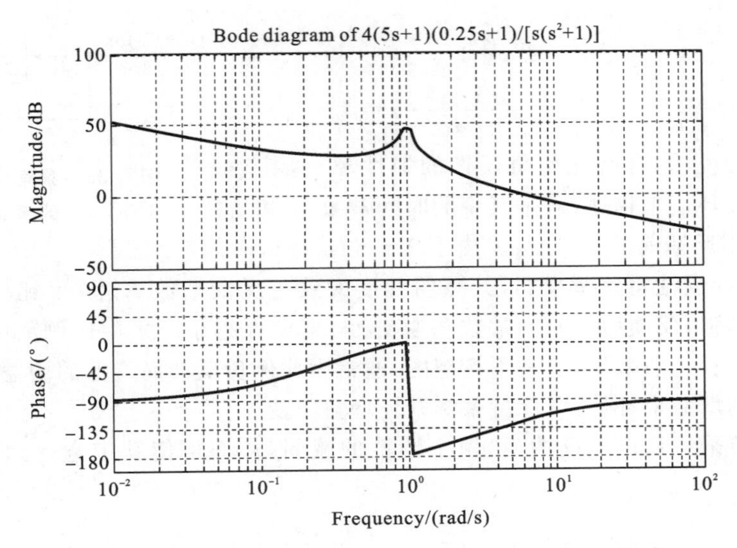


图 6-32 $G(s)=4(5s+1)(0.25s+1)/s(s^2+1)$的伯德图

注意，共轭复数闭环极点具有的阻尼比为 0.5237。图 6-33 和图 6-34 分别显示了闭环系统的单位阶跃曲线和单位斜坡曲线。

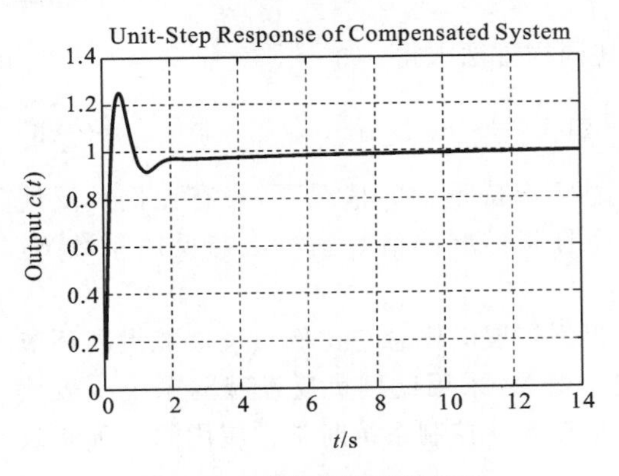


图 6-33 单位阶跃响应曲线

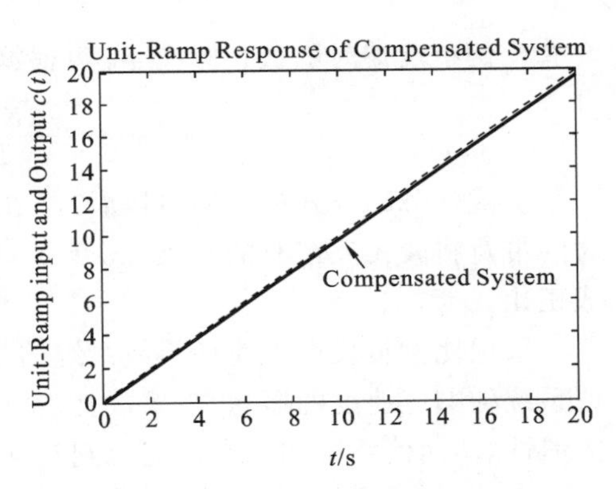


图 6-34 单位斜坡响应曲线

## 6.4 反馈校正及其参数确定

改善控制系统的性能，除了采用串联校正方案外，反馈校正也是广泛采用的校正形式之一。控制系统采用反馈校正后，除了能得到与串联校正相同的校正效果外，其中的反馈还将赋予系统某些有利于改善控制性能的特殊功能。

(1) 比例负反馈可以减弱为其包围环节的惯性，从而将扩展该环节的带宽。

设有传递函数为

$$G(s)=\frac{K}{Ts+1}$$

的惯性环节。当采用如图 6-35 所示反馈系数为 $K_b$ 的比例负反馈时，其闭环传递函数为

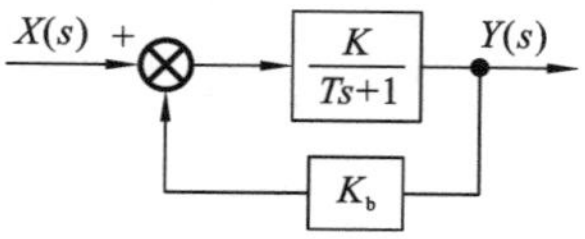

$$\frac{Y(s)}{X(s)}=\frac{K'}{T's+1} \tag{6-24}$$

式中：$T'=\frac{1}{1+KK_b}\cdot T$；$K'=\frac{1}{1+KK_h}\cdot K_0$。

图 6-35 具有比例负反馈的系统方框图

式(6-24)说明，含有比例负反馈的惯性环节，其动态特性仍由惯性环节来描述，只是其中的时间常数 $T'$ 和增益 $K'$ 不同于采用反馈前的 $T$ 与 $K$。由于 $1+KK_b>1$，时间常数 $T'<T$，即惯性将有所减弱，其减弱程度大致与反馈系数 $K_b$ 成反比。也就是说，比例负反馈越强，反馈后的时间常数 $T'$ 将越小，即惯性越小。采用比例负反馈后，增益将因之而降低。一般来说，这是不希望的，通常因比例负反馈而降低的增益可以通过提高放大环节的增益来补偿，以保持系统开环增益不变。

惯性环节采用比例负反馈后，由于惯性的减弱，从而可使其带宽得到扩展。按定义，由

$$\left|\frac{K}{1+j\omega_b T}\right|=\frac{1}{\sqrt{2}}$$

解出无反馈时惯性环节的截止频率为

$$\omega_b=\frac{\sqrt{2K^2-1}}{T} \tag{6-25}$$

含有比例负反馈时的截止频率 $\omega'_b$ 可根据上述同样方法求得：

$$\omega'_b=\frac{\sqrt{2K^2-1}}{T}(1+KK_b) \tag{6-26}$$

从式(6-25)与式(6-26)可以看出，在增益 $K$ 保持不变的情况下，含有比例负反馈时的带宽将较无反馈时的扩展 $1+KK_b$ 倍，而且其扩展的倍数基本上与反馈系数 $K_b$ 成正比。

采用比例负反馈可使环节或系统的带宽得到扩展的概念与比例负反馈能提高环节或系统的响应速度的概念是一致的。基于这个概念，采用比例负反馈减弱系统中较大的惯性，从而使系统的动态性能得到改善，这是在设计控制系统时常常应用的一种有效方法。

(2) 负反馈可以减弱参数变化对系统性能的影响。

在控制系统中，为了减弱系统对参数变化的敏感性，通常最有效的措施之一就是采用负反馈。在图 6-36(a)所示的开环系统中，设因参数变化系统传递函数 $G(s)$ 的变化为 $\Delta G(s)$，以及相应的输出变化为 $\Delta C(s)$。这时，开环系统的输出为

$$C(s)+\Delta C(s)=[G(s)+\Delta G(s)]R(s)$$

因为 $C(s)=G(s)R(s)$，则有

$$\Delta C(s)=\Delta G(s)R(s) \tag{6-27}$$

式(6-27)说明，对开环系统来说，参数变化对系统输出的影响与传递函数的变化 $\Delta G(s)$ 成正比。然而，在图 6-36(b)所示的闭环系统中，如果发生上述的参数变化，则闭环系统的输出为

$$C(s)+\Delta C(s)=\frac{G(s)+\Delta G(s)}{1+[G(s)+\Delta G(s)]}\cdot R(s)$$

通常 $|G(s)|\gg|\Delta G(s)|$，于是近似有

$$\Delta C(s) \approx \frac{\Delta G(s)}{1+G(s)} \cdot R(s) \tag{6-28}$$

式(6-28)表明，因参数变化闭环系统输出的变化将是开环系统中这类变化的 $l/[1+G(s)]$ 倍。由于 $|1+G(s)| \gg 1$，所以负反馈能大大减弱参数变化对控制系统性能的影响。因此，如果说为了提高开环控制系统抑制参数变化这类干扰的能力，必须选用高精度元件的话，那么对采用负反馈的闭环系统来说，基于式(6-28)，则可选用精度较低的元件。下面说明负反馈在降低参数变化对系统性能影响方面的作用。

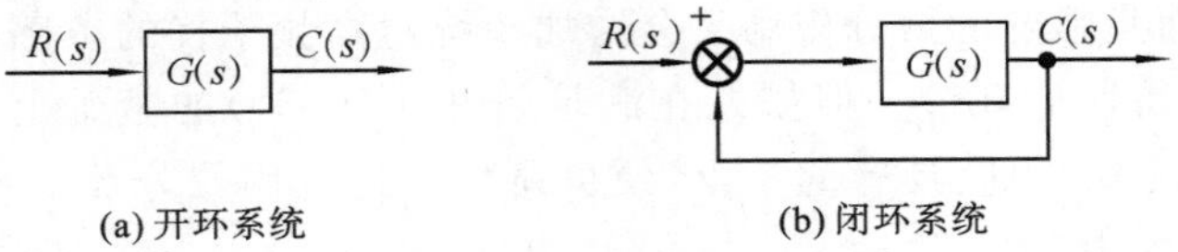

(a) 开环系统　　(b) 闭环系统

**图 6-36　控制系统方框图**

设在图 6-37 所示的多环系统中，前向通道中的环节 $G_2(s)$ 被传递函数为 $H_2(s)$ 的负反馈所包围，于是该内反馈环路的传递函数为

$$\frac{Y(s)}{X(s)} = \frac{G_2(s)}{1+G_2(s)H_2(s)}$$

其频率响应为

$$\frac{Y(\mathrm{j}\omega)}{X(\mathrm{j}\omega)} = \frac{G_2(\mathrm{j}\omega)}{1+G_2(\mathrm{j}\omega)H_2(\mathrm{j}\omega)} \tag{6-29}$$

从式(6-29)可以看到，在感兴趣的频带里，如能满足条件

$$|G_2(\mathrm{j}\omega)H_2(\mathrm{j}\omega)| \gg 1 \tag{6-30}$$

则式(6-29)可近似写成

$$\frac{Y(\mathrm{j}\omega)}{X(\mathrm{j}\omega)} \approx \frac{G_2(\mathrm{j}\omega)}{G_2(\mathrm{j}\omega)H_2(\mathrm{j}\omega)} = \frac{1}{H_2(\mathrm{j}\omega)} \tag{6-31}$$

式(6-31)说明，含负反馈的环路特性，如能满足式(6-30)所示条件，则可用反馈通道传递函数 $H_2(s)$ 的倒数 $1/H_2(s)$ 来等效描述。因此，在式(6-30)所示条件成立的频带内，控制系统的特性由传递函数

$$\frac{C(s)}{R(s)} = \frac{G_1(s)G_3(s)}{H_2(s)+G_1(s)G_3(s)H_1(s)}$$

来描述，它将不受 $G_2(s)$ 参数变化的影响。

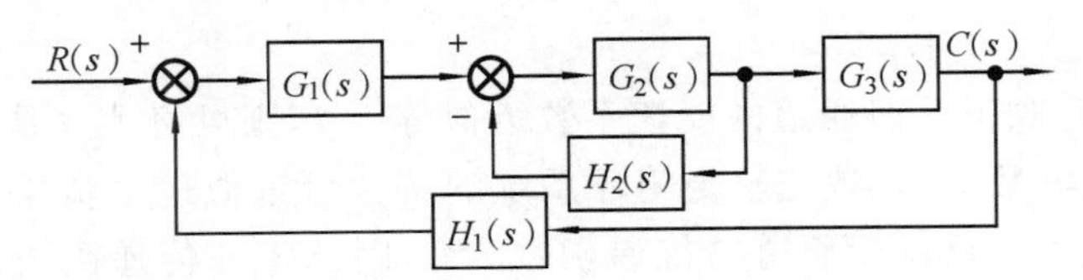


**图 6-37　多环系统方框图**

负反馈的上述特点是十分重要的。这是因为前向通道中的不可变部分特性，包括被控对象特性在内，其参数稳定性大都与被控对象自身的因素有关，通常较难控制。而反馈通道环节 $H_2(s)$ 的特性则是由设计者确定的，它的参数稳定性取决于选用元件的质量，所以对反馈通道使用的元件如能加以精心挑选，便比较容易做到使其特性不受工作条件改变的影响，从而可以保证控制系统特性的稳定。

(3) 负反馈可以消除系统不可变部分中不希望有的特性。

基于式(6-29)～式(6-31)，假如在图 6-37 所示的系统中，不可变部分的特性$G_2(s)$是不希望的，则通过适当地选择反馈通道的传递函数 $H_2(s)$，用其倒数 $1/H_2(s)$代替原来的 $G_2(s)$，并使之具有需要的特性，便可以通过这种“置换”的办法来改善控制系统的性能。

例如，由于环节 $G_2(s)$那些靠近虚轴的零点代表较强的微分作用，若要求环节 $G_2(s)$的零点去补偿环节 $G_1(s)$或 $G_3(s)$所含靠近虚轴的极点，这不仅在具体实现上可能会遇到困难，而且强烈的微分作用又会增加系统对高频干扰的敏感性，因此 $G_2(s)$变成了具有不希望特性的环节。但如能在满足条件式(6-30)的基础上应用负反馈通过 $H_2(s)$的极点实现 $G_2(s)$应具有的零点，便可避免上述应用微分环节带来的缺点，增强系统抑制噪声的能力。

(4) 负反馈可以削弱非线性影响。

因为系统由线性转入非线性工作状态或相反而产生的非线性影响相当于系统参数发生变化，如由线性特性进入饱和特性或由死区特性转入线性特性相当于增益的变化，又由于负反馈可减弱系统对参数变化的敏感性，所以负反馈在一般情况下也可以削弱非线性特性对系统的影响。

(5) 正反馈可以提高反馈环路的增益。

设增益为 $K$ 的放大环节含反馈系数等于 $K_b$ 的正反馈，则求得闭环增益为 $K/(1-KK_b)$。在这种情况下，若取 $K_b\approx 1/K$，则闭环增益将远大于反馈前的增益 $K$。

正反馈的上述特点很重要，应用也相当广泛。例如，在图 6-38 所示的系统中，由其闭环传递函数

$$\frac{C(s)}{R(s)}=\frac{G(s)}{1-H(s)+G(s)}$$

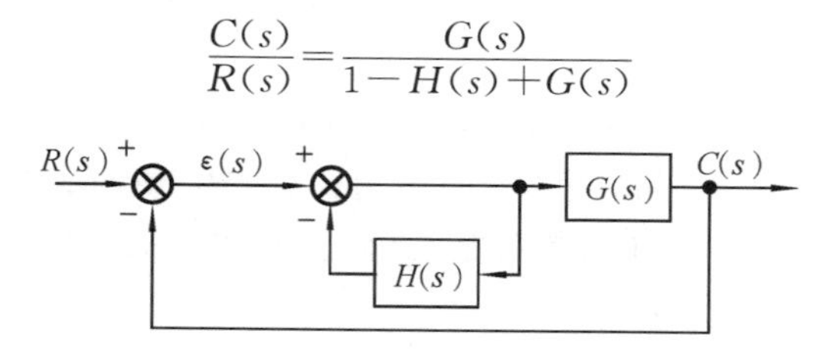


图 6-38　含正反馈的系统方框图

可以看出，若选取 $H(s)\approx 1$，则得

$$\frac{C(s)}{R(s)}\approx 1$$

上式说明，若取正反馈通道的反馈系数近似等于 1，则可将上述系统的开环增益提高到一个相当大的数值，以致使整个闭环系统的特性可近似地由负反馈通道传递函数的倒数来描述。由于负反馈通道的传递函数为 1，因此闭环传递函数便与 1 相近。这表明，系统将不受不可变部分 $G(s)$参数变化的影响，在其输出端总能比较准确地复现输入信号。复现误差可由闭环误差传递函数

$$\frac{E(s)}{R(s)}=\frac{1-H(s)}{1-H(s)+G(s)}$$

求得，即

$$E(s)=\frac{1-H(s)}{1-H(s)+G(s)}R(s)$$

当 $H(s)$ 的取值接近于 1 时，从上式不难看出，即使不可变部分 $G(s)$ 的增益有限，误差仍可接近于零。这是通过正反馈提高系统的开环增益、减小响应误差，从而改善其稳态性能的一种途径。

需注意，在控制系统中，由反馈构成的内环通常希望是稳定的，这样既方便开环系统的调试，又易于使整个闭环系统稳定。

## 本章小结

为了改善控制系统的性能，常需校正系统的特性。本章阐述了系统的基本控制规律及特性校正的原理和方法，其主要内容如下。

(1) 线性系统的基本控制规律。应用这些基本控制规律的组合构成校正装置，附加在系统中，可以达到校正系统特性的目的。

(2) 无论用何种方法去设计校正装置，都表现为修改描述系统运动规律的数学模型的过程，根轨迹法设计校正装置实质是系统的极点配置，频率特性法设计校正装置则是实现系统滤波特性的匹配。

(3) 正确地将提供基本控制（比例、积分和微分控制）功能的校正装置引入系统是实现极点配置或滤波特性匹配的有效手段。

(4) 根据校正装置在系统中的位置划分，有串联校正和反馈校正（并联校正）；根据校正装置的构成元件划分，有无源校正和有源校正；根据校正装置的特性划分，有超前校正和滞后校正。

(5) 串联校正装置（特别是有源校正装置）设计比较简单，也容易实现，应用广泛。但在某些情况下，必须改造未校正系统某一部分特性方能满足性能指标要求时，应采用反馈校正。

(6) 超前校正装置具有相位超前和高通滤波器特性，能提供微分控制功能去改善系统的暂态性能，但同时又使系统对噪声敏感；滞后校正装置具有相位滞后和低通滤波器特性，能提供积分控制功能去改善系统的稳态性能和抑制噪声的影响，但系统的带宽受到限制，减缓了响应的速度。所以，只要带宽容许，采用滞后校正能有效地改善系统的稳定性。

(7) 复合控制虽然在实际上不能使输出响应完全复现参考输入，或完全不受扰动影响，但如使用得当，对提高稳态精度有明显作用，对暂态性能则作用有限。

## 本章习题

6-1 试简要叙述 PI 控制器、PD 控制器和 PID 控制器的动态特性。

6-2 考虑题 6-2 图所示的电路，它包含两个运算放大器。这是一个变形的 PID 控制器，其传递函数包括一个积分器和一个一阶滞后项。试求此 PID 控制器的传递函数。

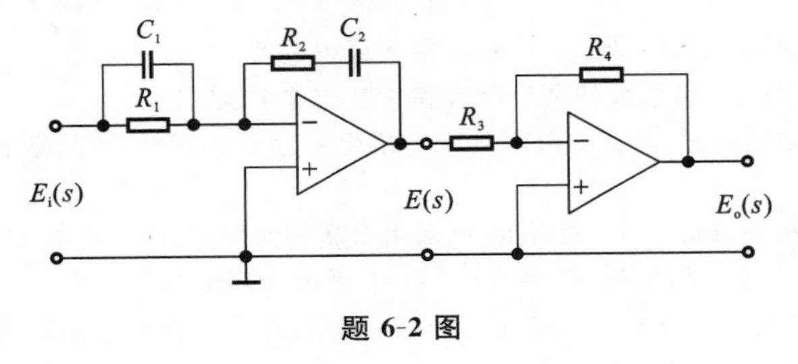


题 6-2 图

6-3　单位反馈系统的开环频率特性为 $G_0(j\omega)=\frac{2.5}{j\omega(j\omega+1)(0.25j\omega+1)}$，为使系统具有 $45°\pm5°$ 的相角裕度，试确定：(1) 串联相位超前校正装置；(2) 串联相位滞后校正装置；(3) 串联相位滞后-超前校正装置。

6-4　单位反馈系统开环传递函数为 $G(s)=\frac{K_g}{s(s+1)(s+5)}$，试用根轨迹法综合串联微分校正装置，使其满足超调量小于5%，调节时间小于5 s的要求。

6-5　设单位反馈系统的开环传递函数为 $G_0(s)=\frac{1}{s^2(0.01s+1)}$，为使系统加速度误差系数 $K_a=100\ \mathrm{s}^{-2}$，谐振峰值 $M_p\leqslant1.3$，谐振频率 $\omega_p=15\ \mathrm{s}^{-1}$，试用期望对数频率特性法确定串联校正装置的形式和特性。

6-6　某单位反馈小功率随动系统的对象特性为 $G_0(s)=\frac{5}{s(s+1)(0.1s+1)}$，为使系统输入速度为1 rad/s时，稳态误差小于2.5°，超调量小于25%，调节时间小于1 s，试确定串联校正装置特性。

6-7　系统结构如题6-7图所示，其中 $G_1(s)=10$，$G_2(s)=\frac{10}{s(0.25s+1)(0.05s+1)}$，要求校正后系统开环传递函数为 $G_K(s)=\frac{100(1.25s+1)}{s(16.67s+1)(0.03s+1)^2}$，试确定校正装置的特性 $H(s)$。

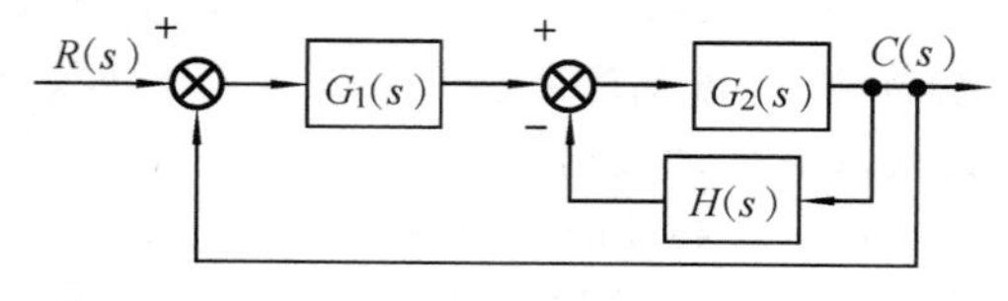


**题6-7图**

6-8　某单位反馈系统的开环传递函数为 $G(s)=\frac{6}{s(s^2+4s+6)}$，当串联校正装置的传递函数 $G_c(s)$ 如下所示时，试求系统的相角裕度 $\gamma$、增益裕度 $GM$、带宽 $\omega_b$ 和超调量 $\delta\%$。

(1) $G_c(s)=1$；　(2) $G_c(s)=\frac{5(s+1)}{s+5}$　(3) $G_c(s)=\frac{s+1}{5s+1}$

6-9　设单位反馈系统的开环传递函数为 $G(s)=\frac{K_1}{s(s+1)(s+5)}$，试求：

(1) 绘制系统的根轨迹图，并确定阻尼比 $\zeta=0.3$ 时的 $K_1$ 值。

(2) 采用传递函数为 $G_c(s)=\frac{10(10s+1)}{100s+1}$ 的串联滞后校正装置对系统进行校正。

6-10　设控制系统的开环传递函数为 $G(s)=\frac{10}{s(0.5s+1)(0.1s+1)}$，试求：

(1) 绘制系统的伯德图，并求相角裕度。

(2) 采用传递函数为 $G_c(s)=\frac{0.23s+1}{0.023s+1}$ 的串联超前校正装置。试求校正后系统的相角裕度，并讨论校正后系统的性能有何改进。

6-11　单位反馈系统的开环传递函数为 $G(s)=\frac{4}{s(2s+1)}$，设计一串联滞后网络，使系统的相角裕度 $\gamma\geqslant40°$，并保持原有的开环增益值。

6-12　设有一单位反馈系统，其开环传递函数为 $G(s)=\frac{K_1}{s(s+3)(s+9)}$，试求：

(1) 确定 $K_1$ 值，使系统在阶跃输入信号作用下超调量为20%。

(2) 在上述 $K_1$ 值下，求出系统的调节时间和速度误差系统。

(3) 对系统进行串联校正，使其对阶跃响应的超调量为15%，调节时间降低2.5 s，并使开环增益 $K\geqslant20$。

6-13　设系统的框图如题6-13图所示，试采用串联超前校正，使系统满足下列要求：

(1) 阻尼比 $\zeta=0.7$；(2) 调节时间 $t_s=1.4$ s；(3) 系统开环增益 $K=2$。

6-14　题6-14图表示一个Ⅰ型系统，设计一个串联校正装置使系统必须满足下列性能指标：

(1) 校正为Ⅱ型系统，且加速度误差系统 $K_a=2$。

(2) 谐振峰值 $M_p\leqslant1.5$。

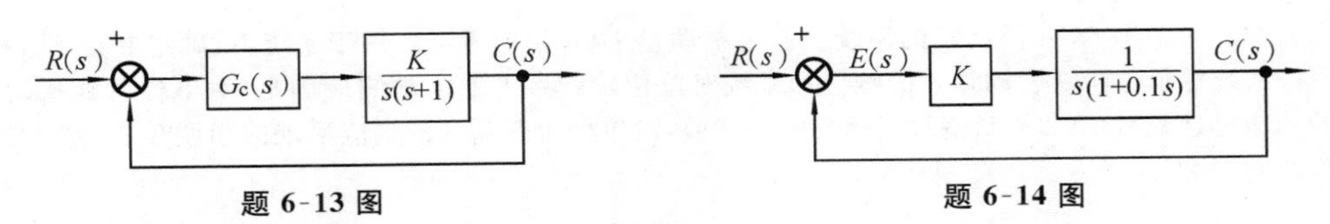


题 6-13 图　　　　题 6-14 图

6-15　单位反馈系统的开环传递函数为 $G(s)=\dfrac{K}{s(s+1)(0.2s+1)}$，试设计滞后校正装置以满足下列要求：

(1) 系统开环增益 $K=8$；

(2) 相角裕度 $\gamma=40°$。

6-16　为了满足要求的稳态性能指标，一单位反馈伺服系统的开环传递函数为$G(s)=\dfrac{200}{s(0.1s+1)}$，试设计一个无源校正网络，使校正后系统的相角裕度不小于 45°，剪切频率不低于 50 $s^{-1}$。

6-17　未校正系统的开环传递函数为 $G(s)=\dfrac{10}{s(0.25s+1)(0.05s+1)}$，若要求校正后系统的谐振峰值 $M_p=1.4$，谐振频率 $\omega_p>10\ s^{-1}$，试确定校正装置的形式与参数。

6-18　设单位反馈系统的开环传递函数为 $G(s)=\dfrac{126}{s\left(\frac{1}{10}s+1\right)\left(\frac{1}{60}s+1\right)}$，设计一串联校正装置，使系统满足下列性能指标：

(1) 斜坡输入信号的频率为 1 $s^{-1}$时，稳态速度误差不大于 1/126；

(2) 系统的开环增益不变；

(3) 相角裕度不小于 30°，剪切频率为 20 $s^{-1}$。

6-19　设控制系统如题 6-19 图所示。试利用根轨迹法确定反馈系数 $K_t$，以使系统的阻尼比等于 0.5，并估算系统的性能指标。

6-20　一控制系统如题 6-20 图所示。用根轨迹法分析 $T$ 的变化对系统闭环极点位置的影响。

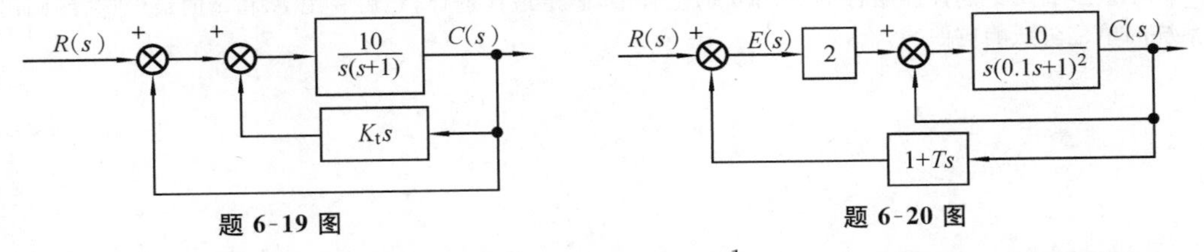


题 6-19 图　　　　题 6-20 图

6-21　设单位反馈系统的开环传递函数为 $G(s)=\dfrac{1}{s^2(0.01s+1)}$，为使系统加速度误差系数 $K_a=100\ s^{-2}$，谐振峰值 $M_p\leqslant1.3$，谐振频率 $\omega_p=15\ s^{-1}$，试用期望对数频率特性法确定串联校正装置的形式和特性。

6-22　系统结构如题 6-22 图所示，其中 $G_1(s)=10$，$G_2(s)=\dfrac{10}{s(0.25s+1)(0.05s+1)}$，要求校正后系统开环传递函数为

$$G_K(s)=\frac{100(1.25s+1)}{s(16.67s+1)(0.03s+1)^2}$$

试确定校正装置的特性 $H(s)$。

6-23　题 6-23 图为一个宇宙飞船姿态控制系统的方框图。为了使闭环系统的宽带为 0.4～0.5 rad/s，试确定相应的比例增益常数 $K_P$ 和微分时间常数 $T_D$(闭环带宽接近于增益交界频率)。系统必须具有适当的相位裕量。试在伯德图上画出开环和闭环频率响应曲线。

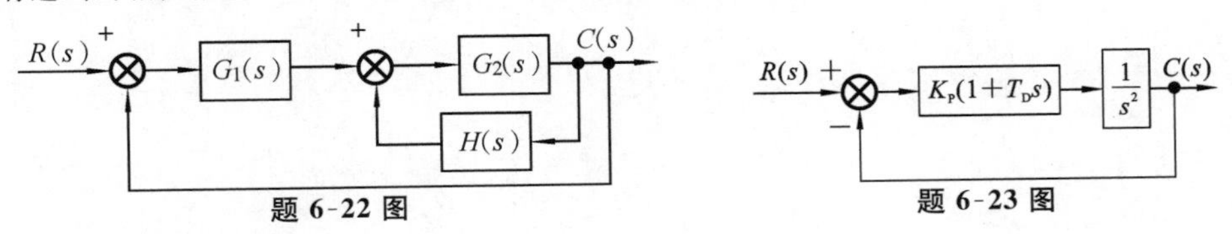


题 6-22 图　　　　题 6-23 图

6-24　考虑题 6-24 图所示的系统。假定扰动量 $D(s)$ 如图所示作用于系统，试确定参数 $K$、$a$ 和 $b$，使得系统对单位阶跃扰动输入的响应和系统对单位阶跃参考输入的响应满足：对单位阶跃扰动输入的响应迅速衰减(在 2% 调整时间标准中为 2 s)，对单位阶跃输入的响应呈现的超调量 $\delta\%\leqslant 20\%$，调整时间为 2 s。

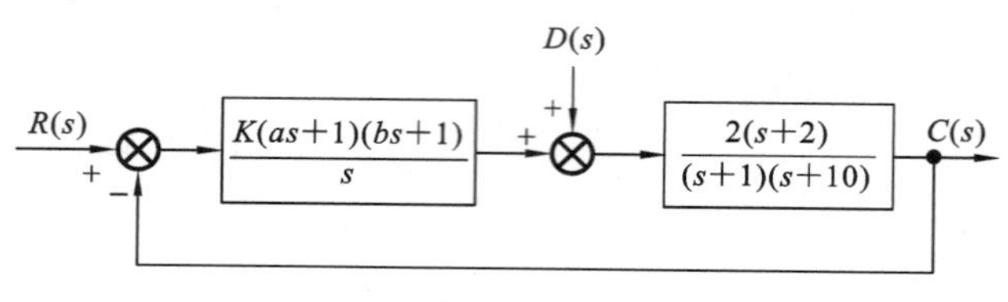


**题 6-24 图**

6-25　考虑题 6-25 图所示的控制系统。设 PID 控制器为 $G_c(s)=K\dfrac{(s+a)^2}{s}$，现在要求确定 $K$ 和 $a$ 的值，使得系统在单位阶跃响应中呈现出的超调量等于 8%，但是大于 3%，并且调整时间 $t_s<2$ s。选取搜索范围为 $2\leqslant K\leqslant 4$，$0.5\leqslant a\leqslant 3$，并且选择 $K$ 和 $a$ 的步长为 0.05。

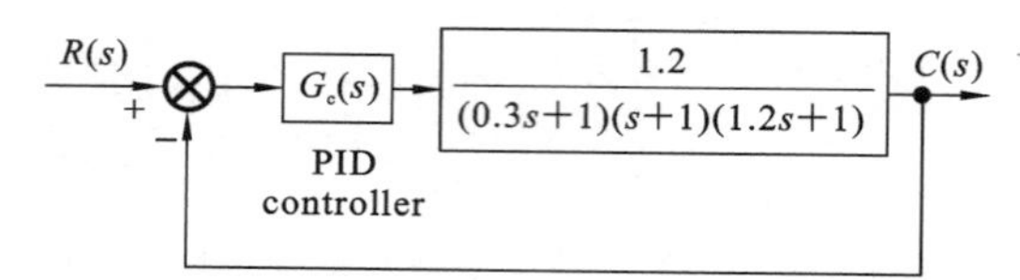


**题 6-25 图**

首先，编写 Matlab 程序，使得程序中的嵌套循环从 $K$ 和 $a$ 的最大值开始，然后逐步向最小值运行，直到首次找到一组希望的 $K$ 和 $a$ 的值为止。其次，编写一个 Matlab 程序，以寻找出所有满足给定性能指标的可能的 $K$ 和 $a$ 的组合。

在众多满足给定性能指标的 $K$ 和 $a$ 的组合中，确定最佳选择，然后利用 $K$ 和 $a$ 的最佳选择，画出系统的单位阶跃响应曲线。

# 7

# 非线性控制系统

本章主要讨论本质非线性系统，即在构成控制系统的环节中，有一个或者一个以上的环节，其输入、输出间的静态特性具有本质非线性。本章将介绍非线性系统的特性和一般分析方法，重点是描述函数法和相平面分析法。

## 7.1 非线性系统概述

一般来说，实际的自动控制系统都是非线性控制系统。因为组成实际自动控制系统的各个环节不可避免地带有某种程度的非线性，如测量元件通常具有死区特性，放大元件具有饱和特性等。系统中只要包含了一个非线性环节，整个系统就是非线性系统。

自动控制系统中所包含的非线性特性可以分为两类。对于一些不太严重的非线性特性，如果系统在运行过程中总是偏离工作点很少，可以采用小偏差线性化方法把非线性特性线性化。在这种情况下，应用线性理论是合适的。这种能采用小偏差线性化方法进行线性化的非线性特性称为非本质非线性。另一类非线性特性，如继电特性，其输入 $x$ 与输出 $y$ 的关系如图 7-1 所示。数学上，这类系统 $y=f(x)$在工作点 $x_0$ 处不具有任意阶导数。对这样的非线性特性是不可能采用小偏差线性化方法进行线性化的，这样的非线性称为本质非线性。

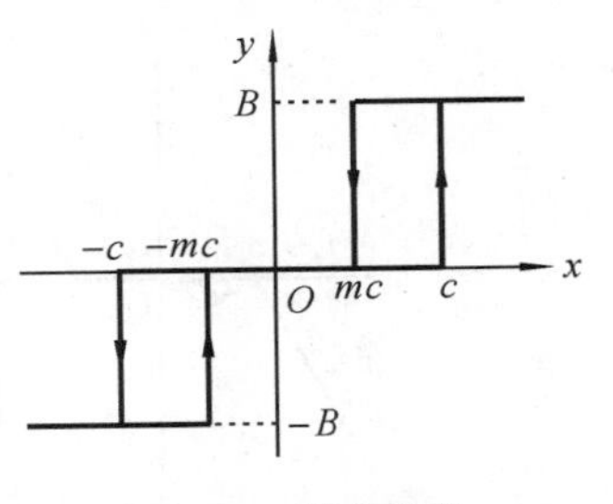

图 7-1　继电特性

如果系统中存在本质非线性环节，则系统不满足叠加原理，因而线性系统的分析方法原则上不适用于这类非线性系统。工程上，仅仅运用线性理论是不够的，还需要有研究分析非线性控制系统的理论。

### 7.1.1 典型非线性特性

常见的典型非线性特征有以下几种。

**1. 饱和非线性**

任何实际的放大器只能在一定的输入范围内保持输出量和输入量之间的线性关系。当输入量超出该范围时，其输出量则保持为一个常值。许多元件的运动范围、运动速度由于受到能源、功率等条件的限制，也都具有饱和非线性特性。有时，为了限制过负荷,人们还故意引入饱和非线性特性。

饱和非线性特性如图 7-2 所示,其中 $-c<x<c$ 的区域称为线性范围,线性范围之外的区域称为饱和区。它的数学描述为

$$y=\begin{cases}+B, & x>c \\ kx, & -c\leqslant x\leqslant c \\ -B, & x<-c\end{cases} \tag{7-1}$$

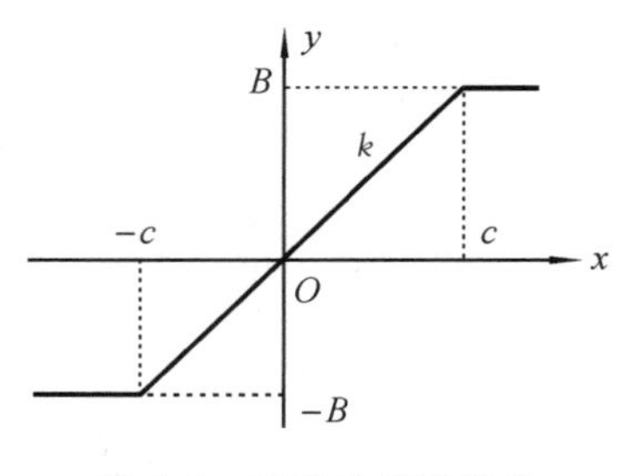


图 7-2 饱和非线性特性

**2. 死区特性**

一般的测量元件、执行机构都具有不灵敏区特性。例如,某些检测元件对于小于某值的输入量不敏感;某些执行机构接收到的输入信号比较小时不会动作,只有在输入信号大到一定程度以后才会有输出。

这种只有当输入量超过一定值后才有输出的特性称为死区特性,如图 7-3 所示。其中 $-c<x<c$ 的区域称为不灵敏区或死区。它的数学描述为

$$y=\begin{cases}0, & |x|<c \\ k(x\pm c), & |x|>c\end{cases} \tag{7-2}$$

**3. 具有不灵敏区的饱和特性**

在很多情况下,系统的元件同时存在死区特性和饱和限幅特性。如测量元件的最大测量范围与最小测量范围都是有限的;采用电枢电压控制的直流电动机的速度特性是既有不灵敏区特性又有饱和限幅特性。具有不灵敏区的饱和特性如图 7-4 所示。

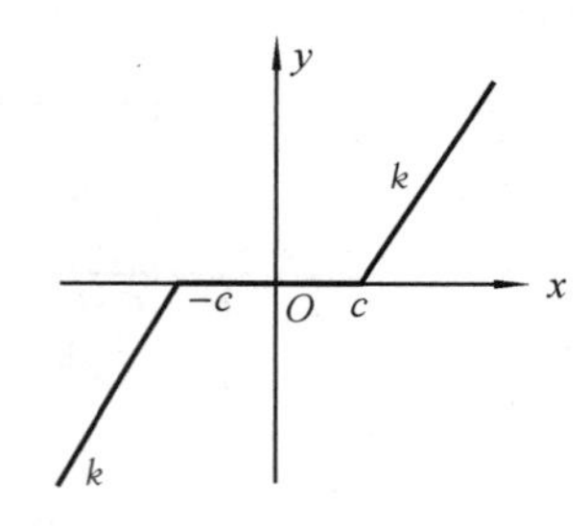


图 7-3 死区特性

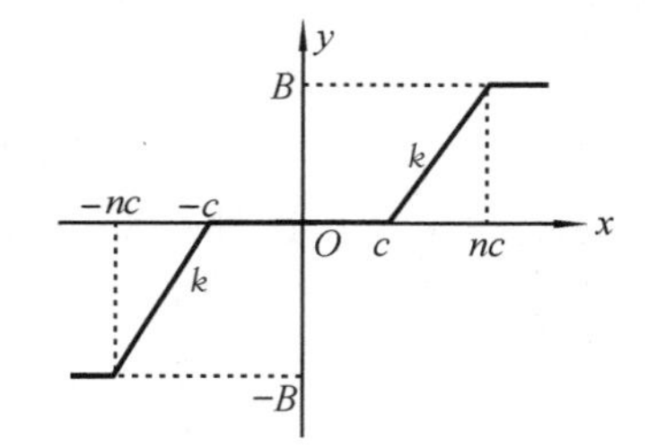


图 7-4 具有不灵敏区的饱和特性

它的数学描述为

$$y=\begin{cases}+B, & x>nc \\ 0, & |x|<c \\ k(x\pm c), & |c|\leqslant|x|\leqslant nc \\ -B, & x<-nc\end{cases} \tag{7-3}$$

**4. 继电特性**

实际继电器的特性如图 7-5 所示,输入和输出之间的关系不完全是单值的。由于继电器吸合及释放时磁路的磁阻不相同,继电器的吸合与释放电流是不相等的。因此,继电器的特性具有一个滞环。这种特性称为具有滞环的三位置继电特性。当 $m=-1$ 时,可得到具有滞环的两位置继电特性,如图 7-6 所示,当 $m=+1$ 时,可得到具有三位置的理想继电特性,这种特性如图 7-7 所示。

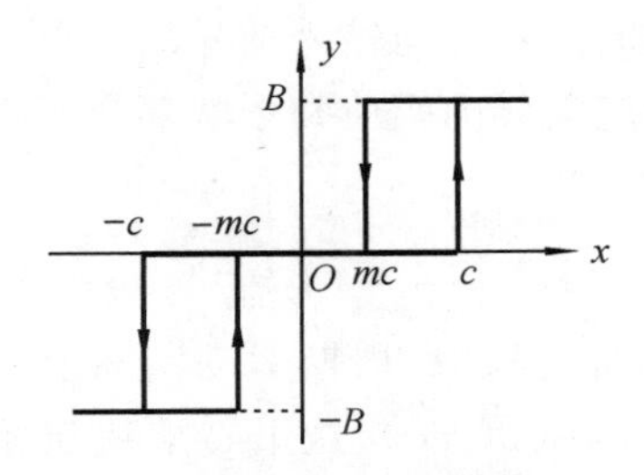


图 7-5 具有滞环的三位置继电特性

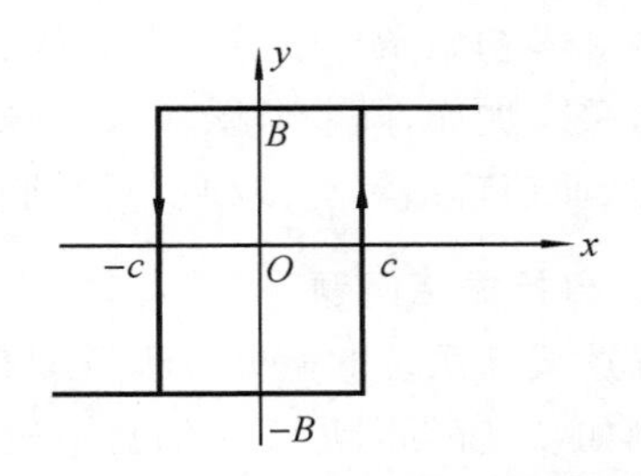


图 7-6 具有滞环的两位置继电特性

**5. 间隙特性**

间隙特性的特点是：当输入量的变化方向改变时，输出量保持不变，一直到输入量的变化超出一定数值（间隙）后，输出量才跟着变化。机械传动一般都有间隙存在。齿轮传动中的齿隙是最明显的例子。间隙特性如图 7-8 所示。

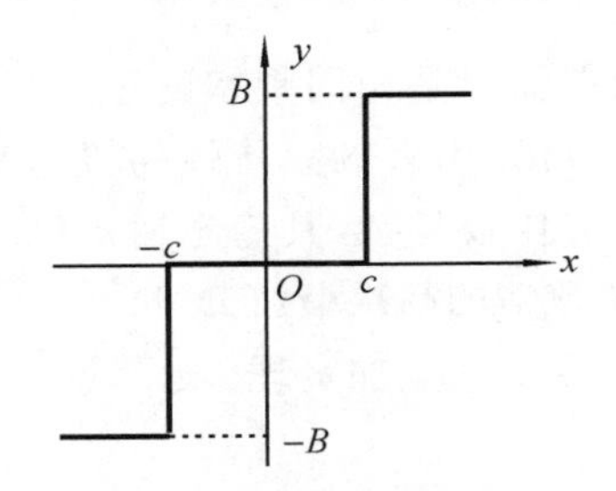


图7-7 具有三位置的理想继电特性

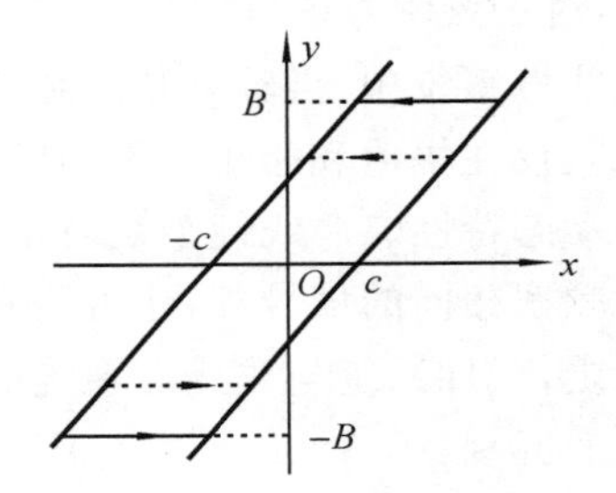


图 7-8 间隙特性

读者可参考式(7-1)、式(7-2)、式(7-3)，考虑 $x$ 的导数是否为正，写出继电特性与间隙特性的数学描述。

### 7.1.2 非线性系统的基本特征

描述线性系统运动状态的数学模型是线性微分方程，其重要特征是可以应用叠加原理；而描述非线性系统运动状态的数学模型是非线性微分方程，不能应用叠加原理。由于两类系统的这种根本区别，它们的运动规律是很不相同的。非线性系统的主要特点归纳如下。

**1. 稳定性问题**

对于线性系统，如果它的一个运动，即描述系统的方程在一定外作用和初始条件下的解是稳定的，则线性系统中可能的全部运动都是稳定的。而非线性系统的平衡点可能不止一个，因此不存在系统是否稳定的笼统概念，一个非线性系统在某些平衡状态可能是稳定的，在另外一些平衡状态却可能是不稳定的。

在线性系统中，系统的稳定性只与系统的结构形式和参数有关，而与外作用及初始条件无关。非线性系统的稳定性除了与系统的结构形式和参数有关外，还与外作用及初始条件有关。

**2. 时间响应**

由于线性系统的运动特征与输入的幅值、系统的初始状态无关，故通常是在典型输入函数和零初始条件下进行研究的。非线性系统的时间响应与输入信号的大小和初始条件有关。例如,随着阶跃输入信号的大小不同,响应曲线的幅值和形状都会产生显著变化,从而使输出具有多种不同的形式。

**3. 自持振荡问题**

描述线性系统的微分方程可能有一个周期运动解,但这一周期运动实际上不能保持。例如,二阶无阻尼系统的自由运动解是 $y(t)=A\sin(\omega t+\varphi)$,这里 $\omega$ 取决于系统的结构、参数,振幅 $A$ 和相位 $\varphi$ 取决于初始状态。一旦系统受到扰动,$A$ 和 $\varphi$ 的值都会改变。因此,这种周期运动是不稳定的。在非线性系统中,即使没有外作用,系统中也有可能发生一定频率和振幅的周期运动。并且,当受到扰动作用后,运动仍能保持原来的频率和振幅。也就是说,这种周期运动具有稳定性。非线性系统出现的这种周期运动称为自持振荡(简称为自振)。自振是非线性系统特有的,是非线性控制系统理论研究的重要问题。

**4. 对正弦输入信号的响应**

在线性系统中,当输入是正弦信号时,系统的稳态输出是相同频率的正弦信号,输出和输入仅在幅值和相角上不相同。利用这一特性,可以引入频率特性的概念来描述系统的动态特性。非线性系统对正弦输入信号的响应比较复杂,其稳态输出除了包含与输入频率相同的信号外,还可能有与输入频率成整数倍的高次谐波分量。

总之,线性系统与非线性系统的根本区别在于能否适用叠加定理,表 7-1 总结了两者特性的区别。

**表 7-1 线性系统与非线性系统特征比较**

| | 线性系统 | 非线性系统 |
|---|---|---|
| 数学模型 | 线性微分方程 | 非线性微分方程 |
| 典型环节 | 比例、惯性、积分、微分等 | 饱和、死区、间隙、继电器等 |
| 稳定性 | 只有一个平衡态,稳定性与外作用和初始条件无关 | 可能不只有一个平衡态,不能笼统地说某个非线性系统稳定与否,必须声明是什么条件、什么范围下的稳定性 |
| 时间响应 | 响应曲线的形状与输入的幅值和初始条件无关 | 幅值或初始条件的变化,可能使响应曲线产生显著变化,比如由振荡收敛形式变为非周期形式,甚至出现发散 |
| 自持振荡 | 理论上在临界稳定时可产生周期运动,但实际系统的这种周期运动不具有稳定性 | 即使没有外界周期变化信号的作用,系统也可能产生稳定的周期运动。当扰动的幅值在一定范围内时,这种周期运动的振幅和频率依靠系统内部非线性特性的调节而维持不变 |
| 对正弦输入信号的响应 | 稳态输出为与输入同频率的正弦信号,只是幅值和相位发生变化;输出幅值是频率的单值连续函数,输入输出关系可由频率特性描述 | 稳态输出不是正弦信号,会因为包含各种谐波分量而发生非线性畸变;输出幅值与频率的关系可能会发生跳跃谐振和多值响应 |
| 研究方法 | 时域法、频率法等 | 描述函数法、相平面法、李雅普诺夫法等 |

### 7.1.3　非线性系统的分析方法及应用

#### 1. 常用分析方法

(1) 小偏差线性化处理：对于一些不太严重的非线性特性，如果系统在运行过程中偏离工作点很少，可以采用小偏差线性化方法把非线性特性线性化，然后应用线性系统理论分析。

(2) 仿真研究：目前没有通用的求解非线性微分方程的方法，用计算机仿真技术分析和处理非线性控制系统有时是非常有效的(此法本章不讨论，读者可参阅计算机仿真类教材)。

(3) 描述函数法：描述函数法又称为谐波线性化法，它可以看成是线性系统理论中的频率法在非线性系统中的推广应用。主要用于研究非线性系统的自持振荡问题，分析振荡过程的基本特性(如振幅、频率)与系统参数(如放大系数、时间常数等)的关系，给系统的初步设计提供一个思考方向。描述函数法是一种工程近似方法，结果的准确度在很大程度上取决于高次谐波成分被衰减的程度，这取决于非线性环节在正弦信号作用下输出高次谐波分量所占的比例，以及系统线性部分的低通滤波性能。该方法不受阶次的限制，且所得结果也比较符合实际，故得到了广泛应用。

(4) 相平面分析法：相平面分析法是一种用图解法求解二阶非线性常微分方程的方法，相轨迹曲线描述了系统状态的变化过程，因此可以用相轨迹分析系统在平衡状态的稳定性和系统的时间响应特性。相平面分析方法原则上仅适用于分析一、二阶系统。

(5) 李雅普诺夫法：构造一个与系统状态 $x$ 有关的标量函数 $V(x,t)$ 来表征系统的广义能量，研究 $V(x,t)$ 及其沿状态轨线随时间的变化率的定号性，从而判断系统的运动稳定性(参见现代控制理论教材)。

本章主要介绍研究非线性控制系统的两种常用方法：描述函数法和相平面分析法。

#### 2. 非线性特性的应用

非线性特性可能给系统的控制性能带来许多不利的影响，但是如果运用得当，也可以改善系统性能。例如，在线性控制中，常用速度反馈来增加系统的阻尼，改善动态响应的平稳性。若在速度反馈通道中串入死区特性，如图 7-9 所示，当系统输出量小于死区时，没有速度反馈；而当输出量超过死区时，速度反馈被接入。这样可以根据系统不同工况采用不同控制规律，进一步改善系统的控制性能。

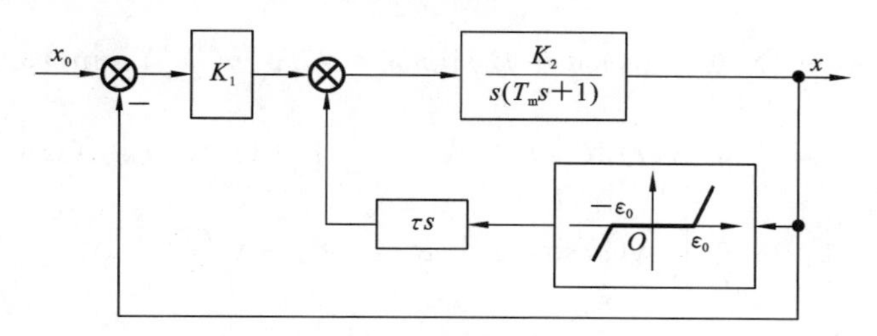


图 7-9　非线性控制

# 7.2 描述函数法

## 7.2.1 描述函数法的基本概念

描述函数法是 P. J. Daniel 在 1940 年首先提出的，其基本思想是：当系统满足一定的假设条件时，系统中非线性环节在正弦信号作用下的输出可用一次谐波分量来近似，由此导出非线性环节的近似等效频率特性，即描述函数。这时非线性系统就等效为一个线性系统，并可运用线性系统理论中的频率法对系统进行频域分析。

描述函数法主要用来分析在无外作用的情况下，非线性系统的稳定性和自振荡问题，一般情况下都能给出比较满意的结果。这种方法不受系统阶次的限制，对系统的初步分析和设计十分方便，因而获得了广泛应用。但是描述函数法是一种近似的分析方法，它的应用有一定的限制条件。另外，描述函数法只能用来研究系统的频率响应特性，不能给出时间响应的确切信息。

**1. 应用描述函数法的限制条件**

应用描述函数法分析非线性系统时，要求元件和系统必须满足以下条件：

(1) 非线性系统的结构图可以简化成只有一个非线性环节和一个线性部分相串联的典型形式，如图 7-10 所示。

(2) 非线性环节的输入输出特性是中心对称的，即 $y(x)=-y(-x)$，以保证非线性特性在正弦信号作用下的输出不包含恒定分量，也就是输出响应的平均值为零。

(3) 系统的线性部分具有较好的低通滤波性能。这样，当非线性环节输入正弦信号时，输出中的高次谐波分量将被大大削弱，因此闭环通道内近似地只有一次谐波信号流通，使应用描述函数法所得的分析结果比较准确。对一般的非线性系统来说，这个条件是满足的，而且线性部分的阶次越高，低通滤波性能越好。

**2. 描述函数的定义**

只含有一个非线性环节的控制系统经过适当的变换可以用图 7-10 表示。

设非线性环节的特性为

$$y=f(x) \tag{7-4}$$

在正弦输入信号 $x=X\sin\omega t$ 作用下，输出 $y(t)$ 是非正弦周期信号。可用傅立叶级数展开，得：

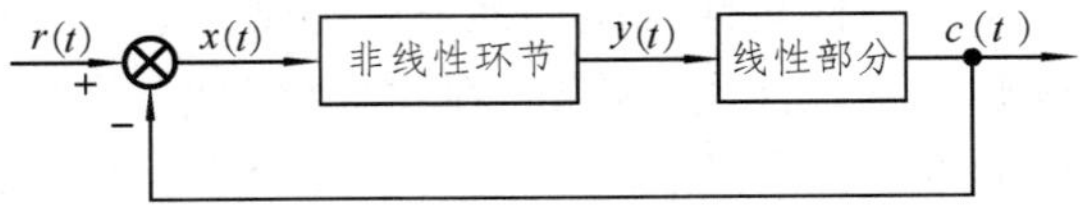

图 7-10 非线性控制系统

$$y(t)=A_0+\sum_{n=1}^{\infty}(A_n\cos n\omega t+B_n\sin n\omega t)=A_0+\sum_{n=1}^{\infty}Y_n\sin(n\omega t+\varphi_n) \tag{7-5}$$

其中

$$A_0=\frac{1}{2\pi}\int_0^{2\pi}y(t)\mathrm{d}(\omega t),\quad A_n=\frac{1}{\pi}\int_0^{2\pi}y(t)\cos n\omega t\,\mathrm{d}(\omega t)$$

$$B_n=\frac{1}{\pi}\int_0^{2\pi}y(t)\sin n\omega t\,\mathrm{d}(\omega t),\quad Y_n=\sqrt{A_n^2+B_n^2},$$

$$\Phi_n=\arctan\frac{A_n}{B_n}$$

如果非线性环节特性满足限制条件(2)，即 $y(t)$ 具有奇次对称性，则 $A_0=0$。

一般高次谐波的幅值小于基波的幅值，如果满足限制条件(3)，即图7-10中系统的线性部分具有良好的低通滤波器特性，则可略去 $y(t)$ 高次谐波分量，即 $y(t)\approx y_1(t)$，有

$$y_1(t)=A_1\cos\omega t+B_1\sin\omega t=Y_1\sin(\omega t+\varphi_1) \tag{7-6}$$

也就是说，在满足上述假设条件的前提下，当非线性环节的输入信号是一个正弦波时，可以认为其输出近似为相同频率的正弦波，只是振幅和相位可能发生了变化。

这与线性环节在正弦信号作用下的输出具有形式上的相似性，类似于频率特性的定义(不同之处在于这里以正弦输入的幅值 $X$ 为参变量)，把该非线性环节的基波输出与正弦输入的复数比称为非线性环节的描述函数，用符号 $N(X)$ 表示，即

$$N(X)=\frac{Y_1}{X}e^{j\Phi_1} \tag{7-7}$$

式中：$Y_1$ 为非线性环节输出信号基波分量的幅值；$\Phi_1$ 为非线性环节输出信号基波与输入正弦信号的相位差；$X$ 为非线性环节输入正弦信号的幅值。

这样一种仅取输出的基波(把非线性环节等效于一个线性环节)而忽略高次谐波的方法称为谐波线性化法。利用描述函数的概念，在一定条件下可以借用线性系统频域分析方法来分析非线性系统的稳定性和自振运动。问题的关键是描述函数的计算。

### 7.2.2　典型非线性特性的描述函数

#### 1. 描述函数的计算方法

设非线性环节的特性为

$$y=f(x) \tag{7-8}$$

以正弦输入信号 $x=X\sin\omega t$ 代入上式，得 $y(t)$，有

$$A_1=\frac{1}{\pi}\int_0^{2\pi}y(t)\cos n\omega t\,d(\omega t),\quad B_1=\frac{1}{\pi}\int_0^{2\pi}y(t)\sin\omega t\,d(\omega t)$$

则非线性环节的描述函数为

$$N(X)=\frac{Y_1}{X}e^{j\Phi_1}=\left(\frac{\sqrt{A_1^2+B_1^2}}{X}\right)e^{j\arctan(A_1/B_1)}=\frac{Y_1}{X}\cos\varphi_1+j\frac{Y_1}{X}\sin\varphi_1$$

$$=\frac{B_1}{X}+j\frac{A_1}{X}=b(X)+ja(X) \tag{7-9}$$

#### 2. 描述函数计算举例

1) 无死区的继电特性

无死区的继电特性及其输入输出波形如图7-11所示，根据非线性环节的特性及输入可推导 $y(t)$ 表达式，过程如下：

$$y=\begin{cases}+M, & x>0\\ -M, & x<0\end{cases} \tag{7-10}$$

把 $x=X\sin\omega t$ 代入上式(根据非线性特性分段描述)，得

$$y(t)=\begin{cases}+M & (0<\omega t\leqslant\pi)\\ -M & (\pi\leqslant\omega t\leqslant 2\pi)\end{cases} \tag{7-11}$$

因为 $y(t)$ 及 $y(t)\cos\omega t$ 的波形都具有奇次对称性，所以有

$$A_0=\frac{1}{2\pi}\int_0^{2\pi}y(t)d(\omega t)=0\quad, A_1=\frac{1}{\pi}\int_0^{2\pi}y(t)\cos n\omega t\,d(\omega t)=0$$

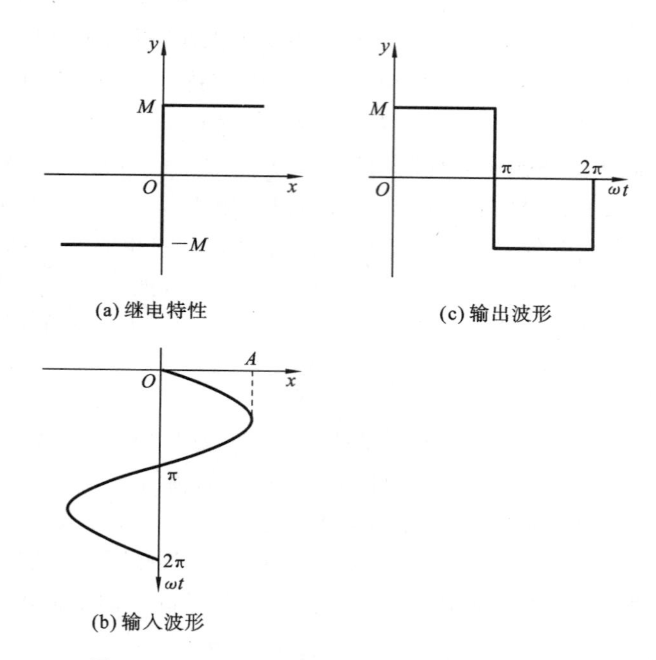

(a) 继电特性

(c) 输出波形

(b) 输入波形

**图 7-11 无死区的继电特性及其输入输出波形**

而 $y(t)\sin\omega t$ 的波形具有偶次对称性(波形的后半周重复前半周期的变化,且符号相同),所以有

$$B_1=\frac{1}{\pi}\int_0^{2\pi}y(t)\sin\omega t\,\mathrm{d}(\omega t)=\frac{2}{\pi}\int_0^{\pi}y(t)\sin\omega t\,\mathrm{d}(\omega t)=-\frac{2M}{\pi}\cos\omega t\Big|_0^{\pi}=\frac{4M}{\pi}$$

根据式(7-9)得

$$N(X)=\frac{Y_1}{X}\angle 0°=\frac{4M}{\pi X} \tag{7-12}$$

2) 饱和非线性

饱和非线性特性及其输出输入波形如图 7-12 所示。首先根据非线性环节的特性得出 $y(t)$,由图 7-12(a)得

$$y=\begin{cases}+B, & x>c\\ kx, & -c\leqslant x\leqslant c\\ -B, & x<-c\end{cases} \tag{7-13}$$

令 $X>c$(饱和区),把 $x=X\sin\omega t$ 代入上式(根据非线性特性分段描述),得

$$y(t)=\begin{cases}kX\sin\omega t>0 & 0\leqslant\omega t<a\\ kc>0 & a\leqslant\omega t\leqslant\pi-a\\ kX\sin\omega t>0 & \pi-a<\omega t\leqslant\pi\\ kX\sin\omega t<0 & \pi\leqslant\omega t<\pi+a\\ -kc<0 & \pi+a\leqslant\omega t\leqslant 2\pi-a\\ kX\sin\omega t<0 & 2\pi-a<\omega t\leqslant 2\pi\end{cases} \tag{7-14}$$

其中,$a=\arcsin(c/X)$。由此画出图 7-12(c),显然 $y(t)$ 具有奇次对称性,所以

$$A_0=\frac{1}{2\pi}\int_0^{2\pi}y(t)\,\mathrm{d}(\omega t)=0$$

因为 $y(t)\cos\omega t$ 的波形也具有奇次对称性,所以

(a) 饱和特性

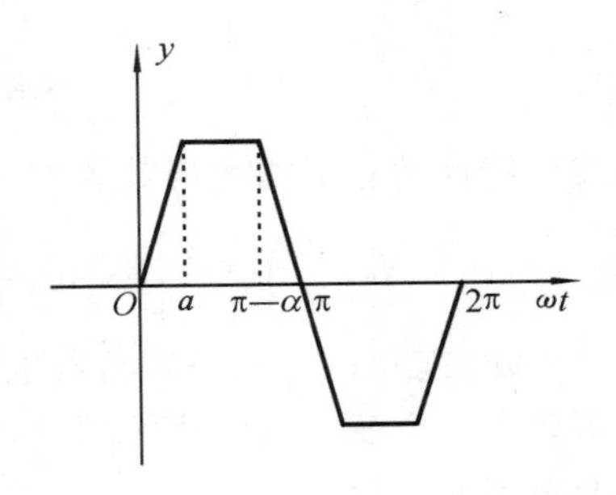


(c) 输出波形

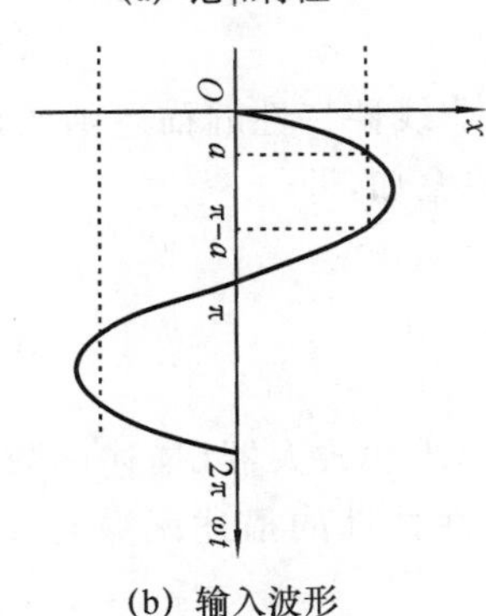


(b) 输入波形

$\tan\beta=k$
$x=X\sin\omega t$
$\alpha=\arcsin\frac{c}{X}$

**图 7-12　饱和非线性特性及其输入输出波形**

$$A_1=\frac{1}{\pi}\int_0^{2\pi}y(t)\cos n\omega t\,\mathrm{d}(\omega t)=0,\quad B_1=\frac{1}{\pi}\int_0^{2\pi}y(t)\sin\omega t\,\mathrm{d}(\omega t)$$

由 $y(t)\sin\omega t$ 的波形具有偶次对称性,所以

$$B_1=\frac{2}{\pi}\int_0^{\pi}y(t)\sin\omega t\,\mathrm{d}(\omega t)\tag{7-15}$$

其中

$$y(t)=\begin{cases}kX\sin\omega t & 0\leqslant\omega t<a\\ kc & a\leqslant\omega t\leqslant\pi-a\\ kX\sin\omega t & \pi-a<\omega t\leqslant\pi\end{cases}\tag{7-16}$$

把式(7-16)代入式(7-15),得

$$\begin{aligned}B_1&=\frac{2}{\pi}\left[\int_0^a kX\sin^2\omega t\,\mathrm{d}(\omega t)+\int_a^{\pi-a}kc\sin\omega t\,\mathrm{d}(\omega t)+\int_{\pi-a}^{\pi}kX\sin^2\omega t\,\mathrm{d}(\omega t)\right]\\&=\frac{2}{\pi}kX\left[\arcsin\frac{c}{X}+\frac{c}{X}\sqrt{1-\left(\frac{c}{X}\right)^2}\right]\end{aligned}$$

根据式(7-9),得

$$N(X)=\frac{B_1}{X}+\mathrm{j}\frac{A_1}{X}=\frac{2}{\pi}k\left[\arcsin\frac{c}{X}+\frac{c}{X}\sqrt{1-\left(\frac{c}{X}\right)^2}\right],\quad X>c\tag{7-17}$$

显然,只有当 $X>c$ 时研究饱和限幅特性才是有意义的。实际使用中,常采用相对描述函数 $N_0(X)$,令

$$N(X)=K_0\,N_0(X)$$

把相对描述函数看作$(X/d)$的函数。$K_0$、$d$ 为表示环节非线性因素的量。在本例中,令 $K_0=k$,$d=c$,则式(7-17)可以改写为

$$N\left(\frac{X}{d}\right)=K_0\frac{2}{\pi}\left[\arcsin\frac{1}{X/d}+\frac{1}{X/d}\sqrt{1-\left(\frac{1}{X/d}\right)^2}\right]$$

即饱和非线性特性的相对描述函数为

$$N_0\left(\frac{X}{d}\right)=\frac{2}{\pi}\left[\arcsin\frac{1}{X/d}+\frac{1}{X/d}\sqrt{1-\left(\frac{1}{X/d}\right)^2}\right]$$

从式(7-17)可知,饱和特性的描述函数也是一个与输入信号幅值有关的实数。饱和非线性特性等效于一个变系数的比例环节,当 $X>c$ 时,等效放大系数总是小于饱和非线性线性段的斜率 $k$。

表 7-2 列出了常见的非线性特性及其描述函数。根据描述函数定义可以证明,非线性特性的描述函数有以下共同点:

(1) 单值非线性特性的描述函数是实数,非单值非线性特性的描述函数是复数;

(2) 若某一非线性特性可以看作两个非线特性的叠加,即

$$y=f(x)=f_1(x)+f_2(x)=y_1+y_2$$

设 $y_1$、$y_2$、$y$ 的描述函数分别为 $N_1(X)$、$N_2(X)$、$N(X)$,则

$$N(X)=N_1(X)+N_2(X)$$

表 7-2 中第 2 行非线性特性可以看作增益为 $k$ 的线性放大器(描述函数为 $k$)和第 1 行非线性特性叠加(相减)而成。所以,第 2 行非线性特性的描述函数是 $k$ 和第 1 行非线性特性的描述函数之差,即

$$N_2(X)=k-N_1(X)=k-\frac{2k}{\pi}\left[\arcsin\frac{c}{X}+\frac{c}{X}\sqrt{1-\left(\frac{c}{X}\right)^2}\right]\quad(X>c)$$

**表 7-2 几种非线性的描述函数**

| 序号 | 名称 | 静特性 | 描述函数 $N(X)$ |
|---|---|---|---|
| 1 | 饱和非线形 | y, k, −c, O, c, x | $\frac{2k}{\pi}\left(\arcsin\frac{c}{X}+\frac{c}{X}\sqrt{1-\frac{c^2}{X^2}}\right)\quad(X>c)$ |
| 2 | 死区 | y, k, −c, O, c, x | $k-\frac{2k}{\pi}\left(\arcsin\frac{c}{X}+\frac{c}{X}\sqrt{1-\frac{c^2}{X^2}}\right)\quad(X>c)$ |
| 3 | 具有死区的饱和特性 | y, k, $-c_2$, $-c_1$, O, $c_1$, $c_2$, x | $\frac{2k}{\pi}\left(\arcsin\frac{c_2}{X}-\arcsin\frac{c_1}{X}+\frac{c_2}{X}\sqrt{1-\frac{c_2^2}{X^2}}-\frac{c_1}{X}\sqrt{1-\frac{c_1^2}{X^2}}\right)\quad(X>c_2)$ |

续表

| 序号 | 名　称 | 静　特　性 | 描述函数 $N(X)$ |
|---|---|---|---|
| 4 | 无死区的继电特性 | | $\frac{4B}{\pi X}$ |
| 5 | 具有三位置的理想继电特性 | | $\frac{4B}{\pi X}\sqrt{1-\frac{c^2}{X^2}}\quad (X>c)$ |
| 6 | 典型继电特性 | | $\frac{2B}{\pi X}\left[\sqrt{1-\frac{c^2}{X^2}}+\sqrt{1-\left(\frac{mc}{X}\right)^2}\right]+\mathrm{j}\frac{2Bc}{\pi X^2}(m-1)\quad (X>c)$ |
| 7 | 间隙特性 | | $\frac{k}{\pi}\left[\frac{\pi}{2}+\sin^{-1}\left(1-\frac{2c}{X}\right)+2\left(1-\frac{2c}{X}\right)\sqrt{\frac{c}{X}-\frac{c^2}{X^2}}\right]+\mathrm{j}\frac{4kc}{\pi X}\left(\frac{c}{X}-1\right)\quad (X>c)$ |
| 8 | 三次曲线 | $y=Bx^3$ | $\frac{3B}{4}X^2$ |

**【例 7-1】** 非线性元件的输入输出特性为 $y(t)=\frac{1}{2}x(t)+\frac{1}{4}x^3(t)$，试确定非线性特性的描述函数和输出的基波分量。

**解** 由于非线性特性是单值奇函数，所以

$$A_1=0,\quad \Phi_1=0$$

$$B_1=\frac{2}{\pi}\int_0^{\pi}y(t)\sin\omega t\,\mathrm{d}(\omega t)=\frac{2}{\pi}\int_0^{\pi}\left[\frac{1}{2}x(t)+\frac{1}{4}x^3(t)\right]\sin\omega t\,\mathrm{d}(\omega t)$$

因为 $x(t)=X\sin\omega t$，所以

$$B_1=\frac{2}{\pi}\left[\frac{X}{2}\int_0^{\pi}\sin^2\omega t\,\mathrm{d}(\omega t)+\frac{X^3}{4}\int_0^{\pi}\sin^4\omega t\,\mathrm{d}(\omega t)\right]=\frac{X}{2}+\frac{3X^3}{16}$$

输出的基波分量为

$$y_1(t)=B_1\sin\omega t=\left(\frac{1}{2}+\frac{3}{16}X^2\right)X\sin\omega t$$

描述函数为

$$N(X)=\frac{1}{2}+\frac{3}{16}X^2$$

对输出的基波分量而言，非线性环节相当于一个增益由输入幅值所确定的放大环节。

### 7.2.3　用描述函数法分析非线性系统的稳定性

#### 1. 非线性系统的稳定性判据

利用描述函数法来分析一个非线性控制系统，可以确定该非线性系统的稳定性，还可以得到关于极限环节稳定的运动参数，也就是系统自持振荡时的振荡频率和振荡幅值。

1）推广奈氏判据

当控制系统的非线性部分以描述函数 $N(X)$ 来表示时，系统如图 7-13 所示。

图中，$G(s)$ 为前向通路中的线性部分，$N(X)$ 是用描述函数来表示的本质非线性部分。由结构图可以得谐波线性化后的闭环频率特性为

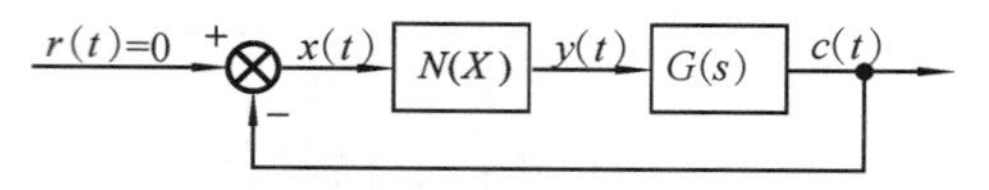


图 7-13　含有本质非线性环节的控制系统

$$\frac{C(j\omega)}{R(j\omega)}=\frac{N(X)G(j\omega)}{1+N(X)G(j\omega)} \tag{7-18}$$

闭环特征方程为

$$1+N(X)G(j\omega)=0 \tag{7-19}$$

得到

$$G(j\omega)=-\frac{1}{N(X)} \tag{7-20}$$

由式(7-20)对照线性系统中奈氏稳定判据知，$-1/N(X)$ 相当于线性系统稳定性分析时复数平面上$(-1,j0)$点的地位。由奈氏判据可以得出判定非线性系统稳定性的推广奈氏判据，其内容如下：

(1) 求非线性系统的描述函数 $N(X)$，在极坐标图上作描述函数 $N(X)$ 的负倒数曲线 $-1/N(X)$，同时将固有特性 $G(j\omega)$ 也作在极坐标图上。

(2) 由奈氏判据得到(当线性部分为最小相位系统时)：当 $G(j\omega)$ 曲线不包围 $-1/N(X)$ 曲线时，该非线性系统是稳定的；当 $G(j\omega)$ 的曲线包围 $-1/N(X)$ 曲线时，该非线性系统不稳定。两种情况分别如图 7-14(a)和(b)所示。

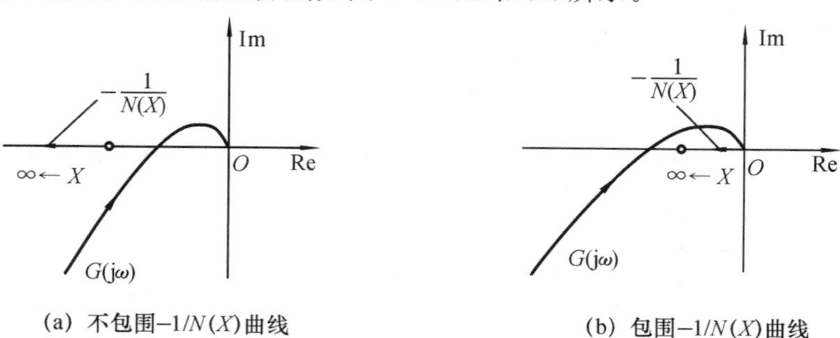


(a) 不包围$-1/N(X)$曲线　　(b) 包围$-1/N(X)$曲线

图 7-14　非线性系统的稳定性

(3) 当 $G(\mathrm{j}\omega)$ 曲线与 $-1/N(X)$ 曲线相交时，该非线性系统的稳定性由临界点邻域的运动性质来决定，即系统可能是稳定的、发散的，或者是自持振荡的。自振是没有外部激励条件下，系统内部自身产生的稳定的周期运动，即当系统受到轻微扰动作用时偏离原来的周期运动状态，在扰动消失后，系统运动能重新回到原来的等幅持续振荡，如图 7-15 所示。

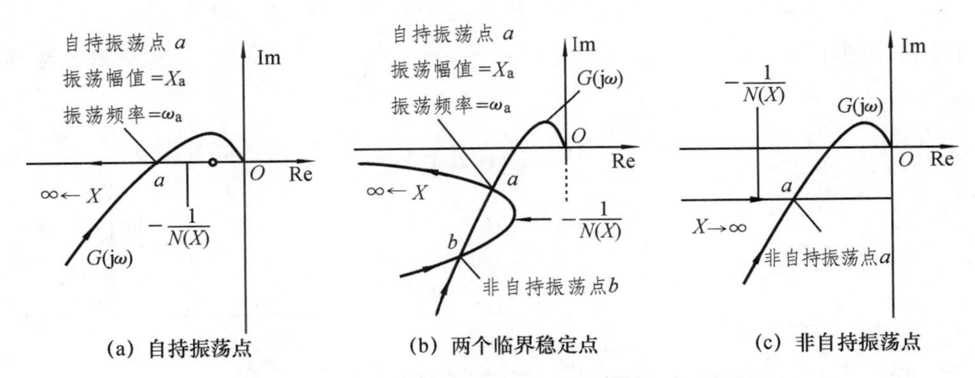


(a) 自持振荡点　(b) 两个临界稳定点　(c) 非自持振荡点

**图 7-15　$G(\mathrm{j}\omega)$ 曲线与 $-1/N(X)$ 曲线相交时的稳定性**

在图 7-15(a) 中，临界点 $a$ 邻域向右方的扰动，使得被 $G(\mathrm{j}\omega)$ 的曲线包围的 $-1/N(X)$ 的曲线部分以幅值增大而趋于 $a$ 点运动，而临界点 $a$ 邻域向左方的扰动使得不被 $G(\mathrm{j}\omega)$ 曲线包围的 $-1/N(X)$ 曲线的部分以幅值减小而趋于 $a$ 点运动。因此，临界点 $a$ 为自持振荡点。在图 7-15(c) 中，临界点 $a$ 邻域两边的扰动都要使得运动脱离 $a$ 点，因此不能形成自持振荡点。在图 7-15(b) 中，由于有两个临界点 $a$ 点与 $b$ 点，通过扰动分析，只有图中的 $a$ 点可以形成自持振荡。

应用相对描述函数的概念，式(7-20)又可以写成下式，分析方法同上。

$$k_0 G_0(\mathrm{j}\omega) = -\frac{1}{N_0(X/d)} \tag{7-21}$$

2) $-1/N(X)$ 的特点

依据非线性特性的描述函数 $N(X)$，写出 $-1/N(X)$ 表达式，令 $X$ 从小到大取值，并在复平面上描点，就可以画出对应的负倒描述函数曲线。注意：$-1/N(X)$ 不是像 $(-1,\mathrm{j}0)$ 点那样固定在负实轴的静止点，而是随非线性系统运动状态变化的“动点”，当 $X$ 改变时，该点沿负倒描述函数曲线移动。

**2. 自振频率和幅值的计算**

在形成自持振荡的情况下，自持振荡的振幅由 $-1/N(X)$ 曲线的自变量 $X$ 的大小确定为 $X_a$，自持振荡的频率由 $G(\mathrm{j}\omega)$ 曲线的自变量 $\omega$ 来确定为 $\omega_a$，如图 7-15 所示。

**【例 7-2】** 设某非线性系统如图 7-16 所示，试分析系统能否产生自振；若产生自振，试确定其自振荡的振幅和频率。

**解**　线性部分的传递函数为

$$G(s) = \frac{10}{s(s+1)(s+2)}$$

其幅频及相频特性分别为

$$|G(\mathrm{j}\omega)| = \frac{5}{\omega\sqrt{1+\omega^2}\sqrt{1+(0.5\omega)^2}},\quad \angle G(\mathrm{j}\omega) = -90^\circ - \arctan\omega - \arctan(0.5\omega)$$

非线性环节的描述函数为

$$N(X)=\frac{4}{\pi X}$$

大致作出 $G(\mathrm{j}\omega)$ 和 $-1/N(X)$ 图形，如图 7-17 所示，由判定非线性系统稳定性的推广奈氏判据知，$A$ 点为稳定的自振点。确定特性 $G(\mathrm{j}\omega)$ 与负实轴交点坐标

$$\angle G(\mathrm{j}\omega_0)=-90^\circ-\arctan\omega_0-\arctan(0.5\omega_0)=-180^\circ$$

即自振荡角频率 $\omega_0=\sqrt{2}$ rad/s，$|G(\mathrm{j}\omega_0)|=\frac{5}{3}$，$-\frac{1}{N(X)}=-\frac{\pi X}{4}=-\frac{5}{3}$，解出自振荡振幅为

$$X=\frac{20}{3\pi}=2.122$$

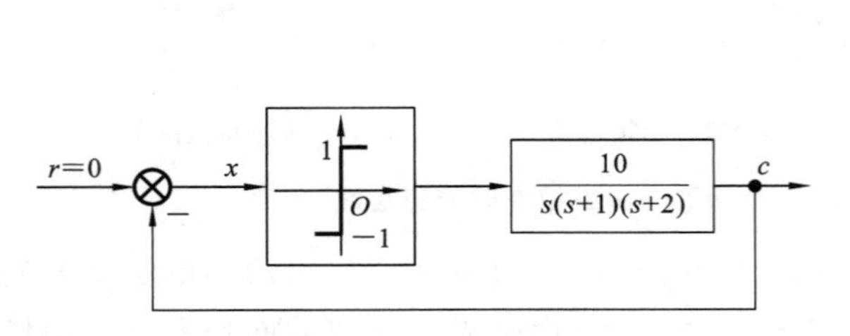


图 7-16　例 7-2 图

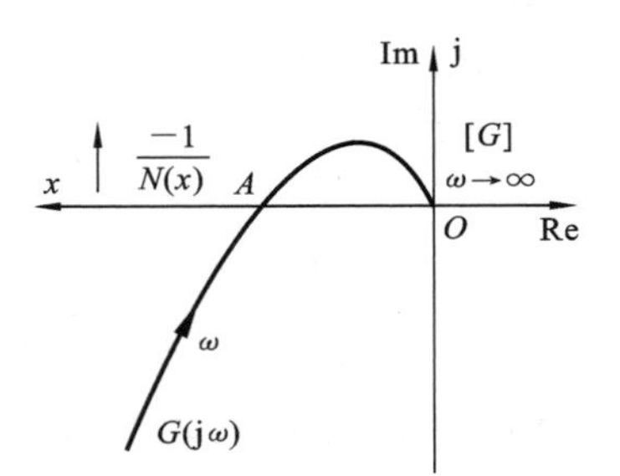


图 7-17　例 7-2 的 $G(\mathrm{j}\omega)$ 曲线与 $-1/N(X)$ 曲线

**【例 7-3】** 已知某控制系统框图如图 7-18 所示，已知非线性环节 $X_{max}=2$，$a=2$，试求：(1) 当系统未接入校正装置 $G_c(s)$ 时，系统是否存在自持振荡；若存在，求出其振幅和频率，并分析使系统稳定的 $X$ 的取值范围；(2) 当系统接入校正装置 $G_c(s)$ 时，分析系统是否会产生自持振荡。

**解**　(1) 未接入校正装置时，线性部分等效传递函数为

$$G(s)=\frac{10}{s(s+1)(s+2)}$$

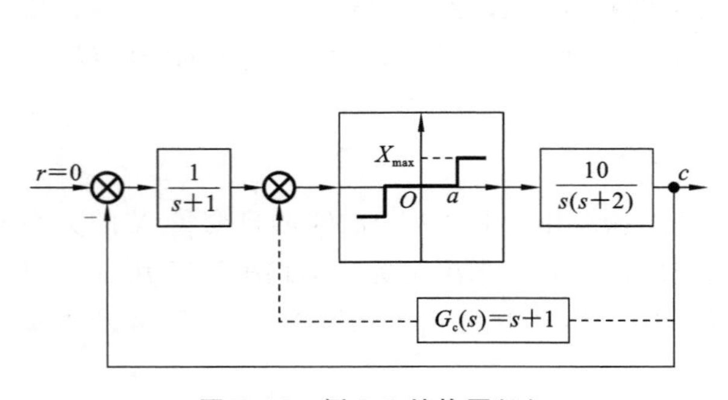


图 7-18　例 7-3 结构图(1)

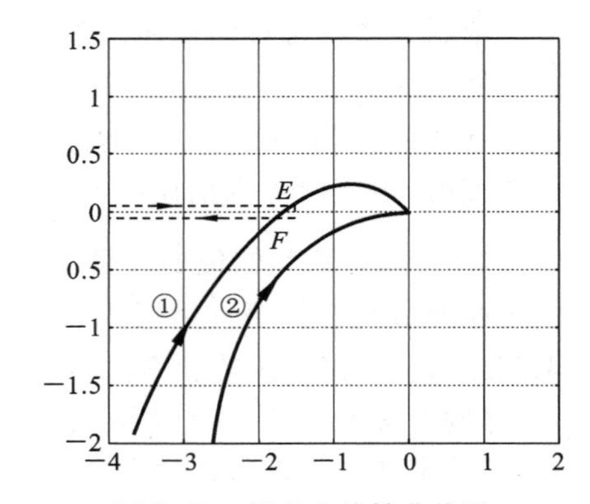


图 7-19　例 7-3 特性曲线图

由例 7-2 知，其线性部分奈氏曲线如图 7-19 中实线①所示。奈氏曲线与实轴交点处，有

$$\omega_0=\sqrt{2}\ \mathrm{rad/s},\quad \mathrm{Re}(\mathrm{j}\sqrt{2})=-\frac{5}{3}$$

非线性部分负倒描述函数为

$$-\frac{1}{N(X)}=\frac{-\pi X}{4X_{\max}\sqrt{1-(a/X)^2}}=\frac{-\pi X^2}{8\sqrt{X^2-4}}$$

其中，$-1/N(X)$曲线如图7-19中虚线所示，计算如下：

$$-\frac{1}{N(X)}\to-\infty \quad (X\to 2)$$

$$-\frac{1}{N(X)}\to-\infty \quad (X\to \infty)$$

令$\dfrac{\mathrm{d}\left[-\dfrac{1}{N(X)}\right]}{\mathrm{d}X}=0$，得$X=2\sqrt{2}$，有

$$-\frac{1}{N(X)}\bigg|_{X=2\sqrt{2}}=-\frac{\pi}{2}>-\frac{5}{3}$$

由判定非线性系统稳定性的推广奈氏判据知，$F$点为稳定的自振点。解方程

$$-\frac{1}{N(X)}=\frac{-\pi X^2}{8\sqrt{X^2-4}}=-\frac{5}{3}$$

得$X=2.448$（见图7-19中$E$点）或$X=3.463$（见图7-19中$F$点），$F$点为稳定的自振点，自振角频率$\omega_0=\sqrt{2}$ rad/s，幅值$X=3.463$。由推广奈氏判据知，当$X<2.448$或$X>3.463$时，系统稳定。

（2）接入校正装置后，简化结构图如图7-20所示。传递函数为

$$G(s)=\frac{10(s^2+2s+2)}{s(s+1)(s+2)}$$

重新绘制线性部分奈氏曲线如图7-19中实线②所示，可知奈氏曲线不会包围$-1/N(X)$曲线，也不会与之相交，故系统不会产生自振荡。

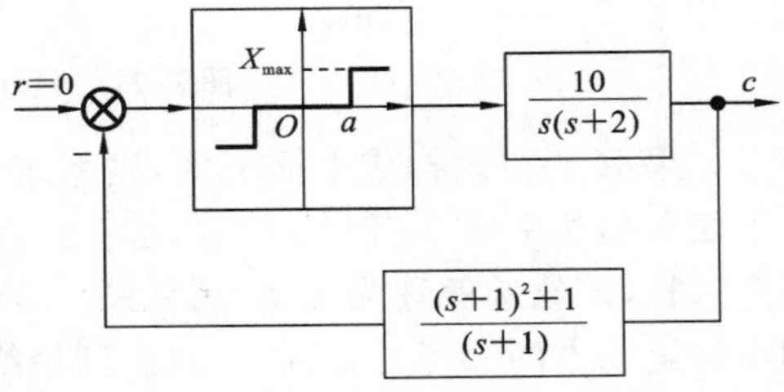


**图7-20 例7-3结构图(2)**

## 7.3 相平面法

当分析非线性系统时，如果不仅要考虑基波分量，还要考虑谐波分量，或者需要研究系统在各种初始条件和一些非周期输入信号（如阶跃信号、速度信号和加速度信号等）作用下的所有可能的运动状态时，描述函数法不再适用。

1885年，庞加莱(Poincare)首先提出了相平面法，即用图解法将一阶和二阶系统的运动过程转化为位置和速度平面上的运动轨迹，从而直观准确地反映系统平衡点附近的稳定性、稳态精度、动态特性以及初值和参数对控制系统的影响。

相平面法的实质是将系统的运动过程形象地转化为相平面上一个点的移动，通过研究这个点移动的轨迹，就能获得系统运动规律的全部信息。由于它能比较直观、准确、全面地表征系统的运动状态，因而获得广泛应用。

总的来说，相平面法可以较为方便地用来分析一、二阶线性或非线性系统的稳定性、平衡位置、时间响应、稳态精度以及初始条件和参数对系统运动的影响。

### 7.3.1 相平面的基本概念

二阶时不变系统一般可用下列常微分方程描述，即

$$\ddot{x}=f(x,\dot{x}) \tag{7-22}$$

式中，$f(x,\dot{x})$是$x(t)$和$\dot{x}(t)$的线性或非线性函数。

该方程的解可以用$x(t)$和$t$的关系曲线来表示，也可以将时间$t$作为参变量，用$\dot{x}(t)$和$x(t)$的关系曲线来表示，如图7-21所示。相平面法就是采用了后一种表示方法。

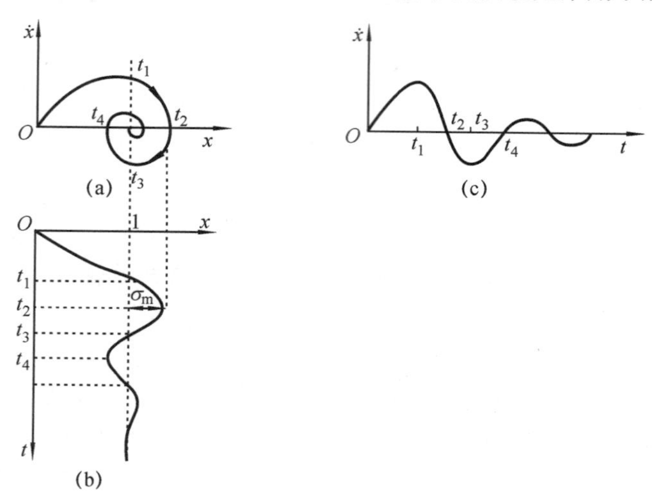


图7-21　$x(t)$和$\dot{x}(t)$及相轨迹

如果取$x$和$\dot{x}$构成坐标平面，则系统的每一个状态均对应于该平面上的一点，这个平面称为相平面。当$t$变化时，这一点在$x$-$\dot{x}$平面上描绘出的轨迹，表征系统状态的演变过程，该轨迹就称为相轨迹，如图7-21(a)所示，相轨迹上的箭头表示时间增加时，相点的运动方向。可见，从起始状态到最终状态的整条相轨迹，可以形象和全面地刻画出系统随时间变化的全部运动规律。根据微分方程解的存在与唯一性定理，对于任一初始条件，微分方程有唯一的解与之对应。因此，对某一个微分方程，在相平面上布满了与不同初始条件相对应的一簇相轨迹，由这样一簇相轨迹所组成的图像称为相平面图，简称相图。用相平面图分析系统性能的方法就称为相平面法。由于在相平面上只能表示两个独立的变量$x(t)$和$\dot{x}(t)$，故相平面法只能用来研究一、二阶线性或非线性系统。

### 7.3.2　相轨迹的绘制

相平面图常用的绘制方法有解析法、图解法或实验的方法。解析法是最直接的方法。而图解法又分为等倾斜线法和圆弧近似法。等倾斜线法用足够短的直线，而圆弧近似法用足够短的圆弧来近似逼近相轨迹。本节将具体介绍解析法和图解法。

**1. 解析法**

解析法就是用求解微分方程的办法找出$\dot{x}(t)$和$x(t)$的关系，从而在平面上绘制相轨迹。当描述系统微分方程比较简单，或者可以分段线性化时，应用解析法比较方便。解析法有消去参变量和直接积分两种方法。

第一种方法：消去参变量$t$。直接解方程$\ddot{x}=f(x,\dot{x})$，求出$x(t)$，通过求导得到$\dot{x}(t)$，在$x(t)$和$\dot{x}(t)$的表达式中消去参变量$t$，就得到$\dot{x}$-$x$的关系。

第二种方法：直接积分。因为

$$\ddot{x}=\frac{\mathrm{d}\dot{x}}{\mathrm{d}t}=\frac{\mathrm{d}\dot{x}}{\mathrm{d}x}\frac{\mathrm{d}x}{\mathrm{d}t}=\dot{x}\frac{\mathrm{d}\dot{x}}{\mathrm{d}x} \tag{7-23}$$

则二阶系统微分方程的一般式 $\ddot{x}=f(x,\dot{x})$ 可以写成

$$\dot{x}\frac{\mathrm{d}\dot{x}}{\mathrm{d}x}=f(x,\dot{x}) \tag{7-24}$$

若该式可分解为

$$g(\dot{x})\mathrm{d}\dot{x}=h(x)\mathrm{d}x \tag{7-25}$$

则由

$$\int_{\dot{x}_0}^{\dot{x}} g(\dot{x})\mathrm{d}\dot{x}=\int_{x_0}^{x} h(x)\mathrm{d}x \tag{7-26}$$

可直接找出 $\dot{x}$-$x$ 的关系，其中 $x_0$、$\dot{x}_0$ 为初始条件。

**【例 7-4】** 设描述系统的微分方程为 $\ddot{x}+M=0$，其中 $M$ 为常量，已知初始条件 $\dot{x}(0)=0, x(0)=x_0$，求其相轨迹。

**解** 解法一：由 $\ddot{x}=-M$，积分得 $\dot{x}=-Mt$，再积分一次得

$$x-x_0=-\frac{1}{2}Mt^2$$

由上式消去 $t$ 得

$$\dot{x}^2=-2M(x-x_0)$$

解法二：由 $\ddot{x}=-M$ 可得

$$\frac{\mathrm{d}\dot{x}}{\mathrm{d}x}=-\frac{M}{\dot{x}},\quad \dot{x}\mathrm{d}\dot{x}=-M\mathrm{d}x$$

积分得 $\frac{1}{2}\dot{x}^2=-M(x-x_0)$， $\dot{x}^2=-2M(x-x_0)$

可见，两种方法求出的相轨迹是相同的，$M>0$ 时对应不同初始状态 $x_0$ 的相轨迹曲线，如图 7-22 所示。

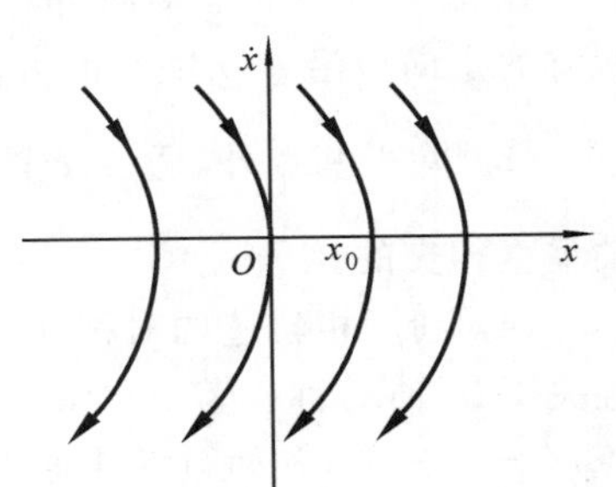


**图 7-22 例 7-4 的相轨迹**

**2. 图解法**

图解法是通过逐步作图的办法，直接在相平面上画出相轨迹的方法。当系统的微分方程用解析法求解比较复杂、困难，甚至不可能时，应采用图解法。这里介绍一种最常用的等倾斜线法。

已知二阶系统微分方程的一般形式

$$\ddot{x}=\frac{\mathrm{d}\dot{x}}{\mathrm{d}x}\dot{x}=f(x,\dot{x})$$

也可改写成

$$\frac{\mathrm{d}\dot{x}}{\mathrm{d}x}=\frac{f(x,\dot{x})}{\dot{x}} \tag{7-27}$$

令斜率 $\mathrm{d}\dot{x}/\mathrm{d}x$ 等于某一常数 $\alpha$，则式(7-27)可以写成

$$\alpha=\frac{f(x,\dot{x})}{\dot{x}} \quad 或 \quad \dot{x}=\frac{f(x,\dot{x})}{\alpha} \tag{7-28}$$

式(7-28)是 $\dot{x}$ 和 $x$ 的代数方程式，称为等倾斜线方程。根据它可以在相平面上画出一条线，这条线上的各点具有一个共同的性质，即相轨迹通过这些点时，其切线的斜率都相同，均为 $\alpha$。线性系统的等倾斜线是直线，非线性系统的等倾斜线往往是曲线或折线。如果令 $\alpha$ 为不同的常数 $\alpha_1, \alpha_2\cdots$，根据等倾斜线方程即可在相平面上绘出若干条等倾斜线(见图 7-23)。在每条等倾斜线上画出相应的 $\alpha$ 值的短线，以表示相轨迹通过这些等倾斜线时切线的斜率，短线上的箭头表示相轨迹前进的方向。任意给定一个初始条件$[x(0),\dot{x}(0)]$，就相当于在相平面上给定了一条相轨迹的起点，从该点出发，按照它所在等倾斜线上的短线方向作一小线段，让它与第二条等倾斜线相交；再由这个交点出发，按照第二条等倾斜线上的短线方向再作一小线段，让它与第三条等倾斜线相交；

依次连续作下去，就可以得到一条从给定起始条件出发，由各小线段组成的折线，最后把这条折线光滑处理，就得到所要求的系统相轨迹。

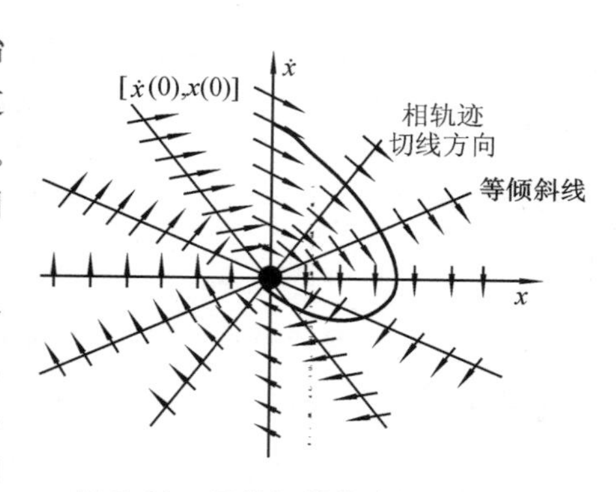


图 7-23　用等倾斜线法绘制相轨迹

用等倾斜线法绘制相轨迹时，还需要说明以下几点。

(1) $x$ 轴与 $\dot{x}$ 轴所选用的比例尺应当一致，这样 $\alpha$ 值才与相轨迹切线的几何斜率相同。

(2) 在相平面的上半平面，因速度 $\dot{x}>0$，故相轨迹的走向应沿着 $x$ 增加的方向从左向右。在相平面的下半平面，因速度 $\dot{x}<0$，故相轨迹的走向应沿着 $x$ 减小的方向自右向左。

(3) 除平衡点外，通过 $x$ 轴时相轨迹的斜率 $\alpha=\dfrac{f(x,\dot{x})}{\dot{x}}\to\infty$，所以，相轨迹是与 $x$ 轴垂直相交的。

(4) 利用相轨迹的对称性可以减少作图的工作量。若 $f(x,\dot{x})$ 是 $x$ 的奇函数，相轨迹关于 $\dot{x}$ 轴对称。若 $f(x,\dot{x})$ 是 $\dot{x}$ 的偶函数，相轨迹关于 $x$ 轴对称。若 $f(x,\dot{x})=-f(-x,-\dot{x})$，相轨迹关于原点对称。

(5) 等倾斜线的条数应取得适当。另外，采用平均斜率的方法作相轨迹，可以提高作图的精确度。即两条等倾斜线之间的相轨迹，其切线的斜率，可近似于这两条等倾斜线上切线斜率的平均值。

**【例 7-5】** 绘出 $\ddot{x}+\dot{x}+x=0$ 的相轨迹，已知 $\dot{x}(0)=1,x(0)=0$。

**解**　等倾斜线方程为

$$\dot{x}\frac{\mathrm{d}\dot{x}}{\mathrm{d}x}=-\dot{x}-x$$

令 $\alpha=\mathrm{d}\dot{x}/\mathrm{d}x=-(\dot{x}+x)/\dot{x}$，故等倾斜线方程为直线，即

$$\dot{x}=\frac{-1}{1+\alpha}x$$

该等倾线的斜率为　　$\tan\theta=\dfrac{-1}{1+\alpha}$

当 $\alpha=-1$ 时，$\theta=90°$，对应的相轨迹经过该等倾斜线的斜率为 $\tan\beta=\alpha,\beta=\arctan(-1)=-45°$。

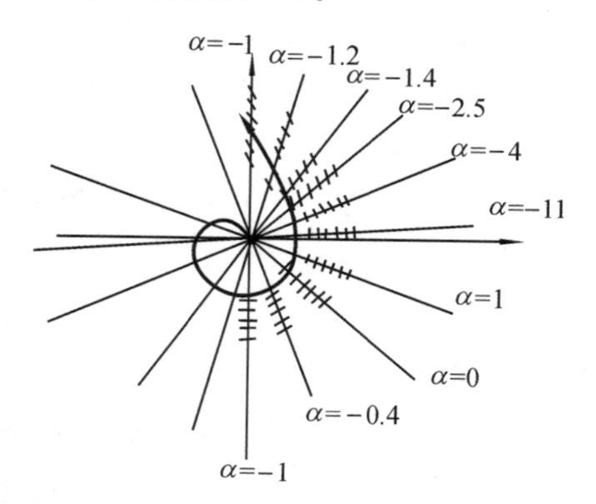


图 7-24　例 7-5 的相轨迹

依此类推求出多条等倾线及 $\beta$ 值，得到所要求的系统相轨迹，如图 7-24 所示。

### 7.3.3　相平面分析

#### 1. 线性系统的相轨迹

相平面法是分析非线性二阶系统的重要方法，但是在介绍非线性系统的相平面分析之前，先掌握各种线性二阶系统相图的作法及其特点是十分必要的。因为许多非线性二阶系统(如含有饱和、死区等特性的非线性系统)可以用分段线性化的方法来研究。下面通过分析线性系统相平面图的类型特点，为分析更为复杂的非线性系统相平面图

打下基础。

若输入 $r(t)=0$，典型线性二阶系统的特征方程为

$$\ddot{c}+2\zeta\omega_n\dot{c}+\omega_n^2c=0 \tag{7-29}$$

该特征方程的根为

$$s_{1,2}=-\zeta\omega_n\pm j\omega_n\sqrt{1-\zeta^2} \tag{7-30}$$

根据式(7-29)写出相轨迹微分方程为

$$\frac{d\dot{c}}{dc}=\frac{-2\zeta\omega_n\dot{c}-\omega_n^2c}{\dot{c}} \tag{7-31}$$

令 $d\dot{c}/dc=\alpha$，得等倾斜线方程

$$\frac{-2\zeta\omega_n\dot{c}-\omega_n^2c}{\dot{c}}=\alpha$$

即

$$\dot{c}=\frac{-\omega_n^2c}{2\zeta\omega_n+\alpha}=\beta c \tag{7-32}$$

可见，等倾斜线是通过坐标原点的直线，式(7-32)中 $\beta=-\omega_n^2/(2\zeta\omega_n+\alpha)$ 是等倾斜线的斜率。设不同的 $\alpha$，求出不同的 $\beta$，绘出若干条等倾斜线，并在等倾斜线上标出表示相轨迹切线斜率的 $\alpha$ 值短线，形成相轨迹的切线方向场，然后即可从不同的初始条件出发绘制相轨迹。

对于线性二阶系统，$\zeta$ 的取值范围不同，其特征根在 $s$ 平面上的分布就不相同，系统的运动规律也不一样。现对六种不同情况分别讨论如下。

(1) $0<\zeta<1$：设 $\zeta=-0.5$，$\omega_n=1$，此时线性二阶系统的微分方程为

$$\ddot{c}+\dot{c}+c=0$$

特征根 $s_{1,2}=-0.5\pm j\sqrt{3}/2$，为一对具有负实部的共轭复根，如图 7-25(a)所示。因此系统稳定，其过渡过程呈衰减振荡形式。根据式(7-32)得等倾斜线方程

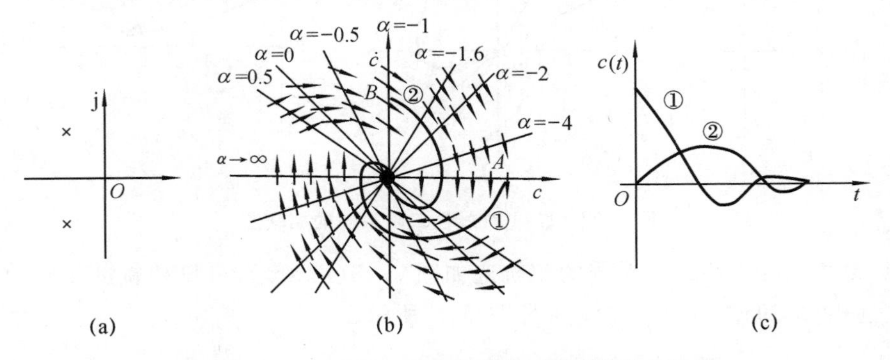


(a) (b) (c)

图 7-25 $\zeta=-0.5$，$\omega_n=1$ 时线性二阶系统的相轨迹

$$\dot{c}=\frac{-1}{1+\alpha}c=\beta c$$

式中，$\beta=-1/(1+\alpha)$ 为等倾斜线的斜率，令不同的 $\alpha$ 值，算出不同的 $\beta$ 值，列于表 7-3 所示。

表 7-3 选不同的 $\alpha$ 值得到的 $\beta$ 值

| $\alpha$ | $-4$ | $-2$ | $-1.6$ | $-1$ | $-0.5$ | $0$ | $0.5$ | $\infty$ |
|---|---|---|---|---|---|---|---|---|
| $\beta=-1/(1+\alpha)$ | $1/3$ | $1$ | $1/0.6$ | $\infty$ | $-2$ | $-1$ | $-1/1.5$ | $0$ |

根据表 7-3 中不同的 $\beta$ 值,在相平面上作出几条等倾斜线,并标出相应的 $\alpha$ 值短线,形成相轨迹的切线方向。假设初始条件分别为 $A(x_{01},\dot{x}_{01})$ 和 $B(x_{02},\dot{x}_{02})$,从 A、B 两点出发沿方向场逐步绘出相轨迹,如图 7-25(b)中曲线①和②所示。可见相轨迹为向心螺旋线,最终趋于原点。与相轨迹相对应的过渡过程曲线如图 7-25(c)所示。

以下同理可得 $\zeta$ 取不同值时二阶系统的相轨迹图。

(2) $-1<\zeta<0$:线性二阶系统的相轨迹如图 7-26(b)所示,可见相轨迹为离心螺旋线,最终发散到无穷。与相轨迹相对应的过渡过程曲线如图 7-26(c)所示。

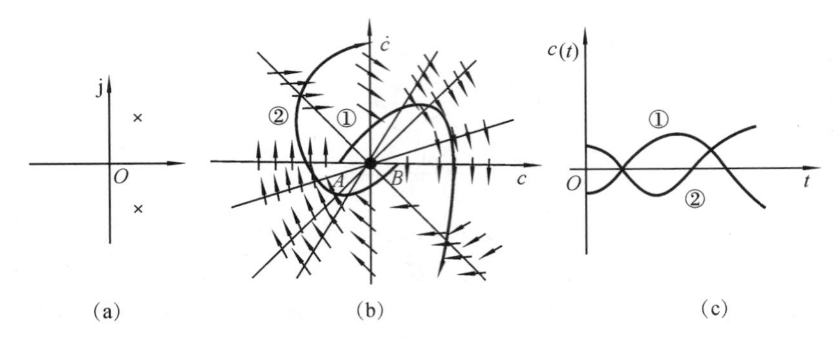


图 7-26　$-1<\zeta<0$ 时线性二阶系统的相轨迹

(3) $\zeta>1$:线性二阶系统的相轨迹如图 7-27(b)所示。不同初始条件的相轨迹最终将沿着其中一条特殊的等倾斜线趋于原点。与相轨迹相对应的过渡过程曲线如图 7-27(c)所示。

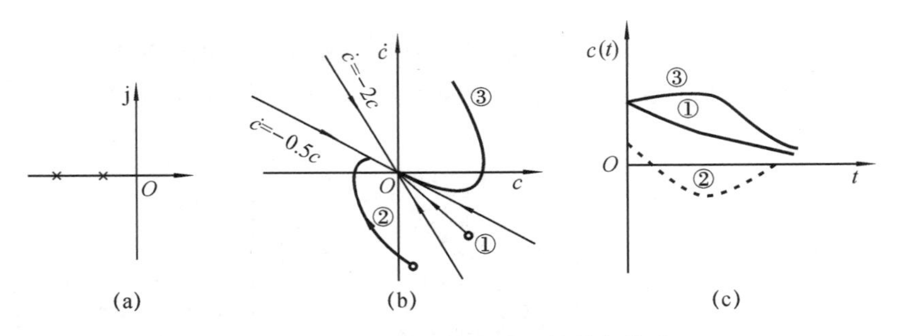


图 7-27　$\zeta>1$ 时线性二阶系统的相轨迹

(4) $\zeta<-1$:线性二阶系统的相轨迹如图 7-28(b)所示,可见相轨迹非周期发散。与相轨迹相对应的过渡过程曲线如图 7-28(c)所示。

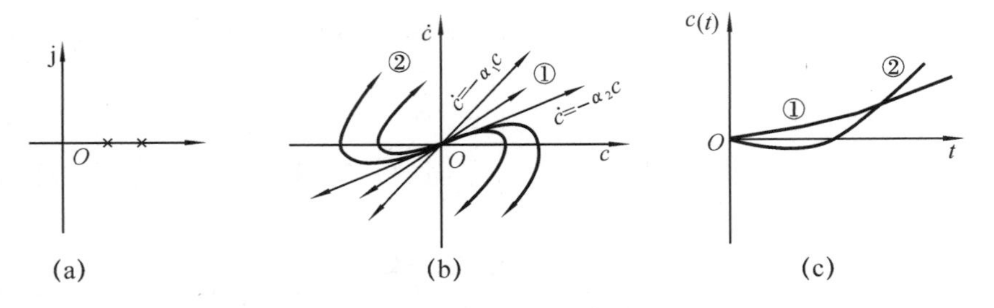


图 7-28　$\zeta<-1$ 时线性二阶系统的相轨迹

(5) $\zeta=0$:线性二阶系统的相轨迹如图 7-29(b)所示,可见系统的相轨迹是围绕坐标原点的一簇椭圆,与相轨迹相对应的过渡过程曲线如图 7-29(c)所示。

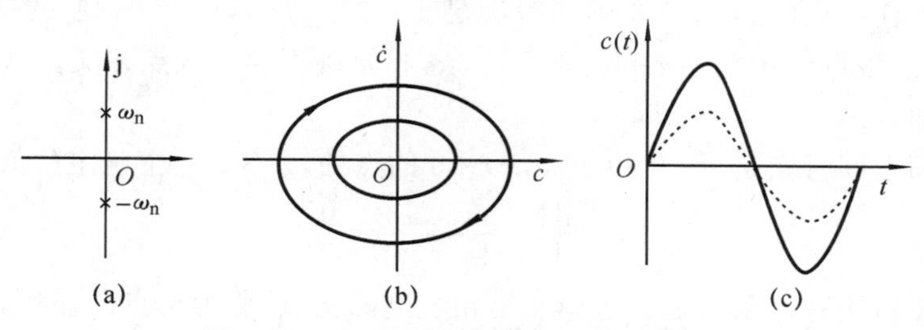


图 7-29 $\zeta=0$ 时线性二阶系统的相轨迹

(6) 设正反馈系统中描述系统自由运动的微分方程为

$$\ddot{c}+2\zeta\omega_n\dot{c}-\omega_n^2c=0$$

特征根 $s_{1,2}=-\zeta\omega_n\pm\omega_n\sqrt{\zeta^2+1}$,为符号相异的两个实根,如图 7-30(a)所示,因此系统不稳定,其过渡过程非周期发散。

参照式(7-32)写出等倾斜线方程

$$\dot{c}=\frac{\omega_n^2c}{2\zeta\omega_n+\alpha}=\beta c$$

式中,$\beta=\omega_n^2/(2\zeta\omega_n+\alpha)$为等倾斜线的斜率。

用等倾斜线法绘出不同初始条件的相轨迹如图 7-30(b)所示,由图可见,所有的相轨迹均趋于无穷。图中有两条特殊的等倾斜线,其斜率分别为 $\beta_1=\alpha_1=s_1$ 和 $\beta_2=\alpha_2=s_2$,这两条等倾斜线是相轨迹的一部分,也是其他相轨迹的渐近线。它们将相平面划分为四个运动状态不同的区域,这种相轨迹称为相平面上的分隔线。当初始条件在 $\dot{c}=s_2c$ 这条相轨迹上时,系统的运动将趋于平衡点,但只要受到哪怕是极其微小的扰动,过渡过程也将沿着 $\dot{c}=s_1c$ 这条相轨迹发散出去,所以系统总是不稳定的。与相轨迹①、②、③相对应的过渡过程曲线如图 7-30(c)所示。

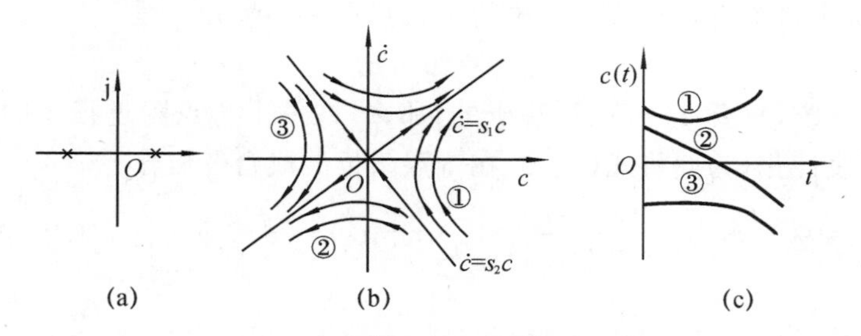


图 7-30 正反馈线性二阶系统的相轨迹

**2. 奇点和奇线**

与线性系统不同,非线性系统常有不止一个奇点,这就需要分别分析每一个奇点。另外,非线性系统还具有线性系统不具有的自持振荡特性。因此,非线性系统的相平面分析涉及多个奇点和引起自持振荡的极限环现象。下面分别从奇点和奇线两个方面来展开讨论。

1) 奇点

通过相平面上任一点的相轨迹在该点处的斜率 $\alpha$ 的表达式为

$$\alpha=\frac{\mathrm{d}\dot{x}}{\mathrm{d}x}=\frac{\mathrm{d}\dot{x}/\mathrm{d}t}{\mathrm{d}x/\mathrm{d}t}=\frac{f(x,\dot{x})}{\dot{x}}$$

相平面上任一点$(x,\dot{x})$，只要不同时满足$\dot{x}=0$和$f(x,\dot{x})=0$，则$\alpha$是一个确定的值。这样，通过该点的相轨迹不可能多于一条，相轨迹不会在该点相交。这些点就是相平面上的普通点。

在相平面上同时满足$\dot{x}=0$和$f(x,\dot{x})=0$的点处，$\alpha$不是一个确定的值，有

$$\alpha=\frac{\mathrm{d}\dot{x}}{\mathrm{d}x}=\frac{f(x,\dot{x})}{\dot{x}}=\frac{0}{0}$$

通过该点的相轨迹有一条以上。这些点是相轨迹的交点，称为奇点。显然，奇点只分布在相平面的$x$轴上。由于奇点处$\ddot{x}=\dot{x}=0$，故奇点也称为平衡点。

线性系统的相轨迹表明，特征根在$s$平面上的分布不同，相平面上奇点附近相轨迹的形状就不一样。因此，按照特征根在$s$平面上的位置，可以把奇点分成以下六种类型。

第一，特征根为一对负实部的共轭复根，此时相轨迹的奇点称为稳定焦点(见图7-25)。

第二，特征根为一对正实部的共轭复根，此时相轨迹的奇点称为不稳定的焦点(见图7-26)。

第三，特征根为两个负实根，此时相轨迹的奇点称为稳定的节点(见图7-27)。

第四，特征根为两个正实根，此时相轨迹的奇点称为不稳定的节点(见图7-28)。

第五，特征根为一对纯虚根，此时相轨迹的奇点称为中心点(见图7-29)。

第六，特征根中一个为正实根，另一个为负实根，此时相轨迹的奇点称为鞍点(见图7-30)。

线性二阶系统只有一个平衡状态，因此相轨迹只有一个奇点。对零输入的线性二阶系统来说，奇点位于相平面的坐标原点。只要知道了奇点的位置和类型，则奇点附近相轨迹的形状就已确定，系统的全部运动规律也就完全清楚了。

非线性二阶系统可能存在多个平衡状态，因此可以有多个奇点，确定出各奇点的位置以后，怎样确定每个奇点附近相轨迹的形状呢？由常微分方程

$$\ddot{x}=f(x,\dot{x}) \tag{7-33}$$

描述的非线性系统，只要$f(x,\dot{x})$是解析的，那么，在每个奇点附近很小的区域内，总可以将式(7-33)线性化，为此将式(7-33)在奇点附近展成台劳级数

$$f(x,\dot{x})=f(x_0,\dot{x}_0)+\left.\frac{\partial f(x,\dot{x})}{\partial x}\right|_{\substack{x=x_0\\ \dot{x}=\dot{x}_0}}(x-x_0)+\left.\frac{\partial f(x,\dot{x})}{\partial \dot{x}}\right|_{\substack{x=x_0\\ \dot{x}=\dot{x}_0}}(\dot{x}-\dot{x}_0)+\cdots \tag{7-34}$$

式中，$x_0$、$\dot{x}_0$为奇点的位置。

在式(7-34)中略去高次项，只取一次近似式，即得到奇点附近的增量线性化方程

$$\Delta\ddot{x}=\left.\frac{\partial f(x,\dot{x})}{\partial x}\right|_{\substack{x=x_0\\ \dot{x}=\dot{x}_0}}\Delta x+\left.\frac{\partial f(x,\dot{x})}{\partial \dot{x}}\right|_{\substack{x=x_0\\ \dot{x}=\dot{x}_0}}\Delta\dot{x} \tag{7-35}$$

因为在奇点处有$\dot{x}=0$，$f(x,\dot{x})=0$，所以式(7-35)中有

$$\Delta\ddot{x}=f(x,\dot{x})-f(x_0,\dot{x}_0)=f(x,\dot{x})$$

$$\Delta x=x-x_0$$

$$\Delta\dot{x}=\dot{x}-\dot{x}_0=\dot{x}$$

通常将式(7-35)简写成

$$\ddot{x}=\frac{\partial f(x,\dot{x})}{\partial x}\bigg|_{\substack{x=x_0\\ \dot{x}=\dot{x}_0}}x+\frac{\partial f(x,\dot{x})}{\partial \dot{x}}\bigg|_{\substack{x=x_0\\ \dot{x}=\dot{x}_0}}\dot{x} \tag{7-36}$$

即得到奇点附近的线性化方程。根据线性化方程的特征根在 $s$ 平面上的位置，就可以确定非线性系统在每个奇点附近的相轨迹形状。因此，只要掌握了线性二阶系统相平面图的特征，便可研究非线性系统在奇点附近的运动状态。

对于不满足解析条件的一类系统，通常都可以根据非线性元件的特点，将整个相平面划分成若干线性区域，在每个区域内为相应的线性微分方程。

非线性系统中存在着不同类型的奇点，并对应着不同类型的相轨迹。然而，每个奇点只能反映非线性系统在该点附近的相轨迹形状，不能确定整个系统的相图。要绘制完整的相图，了解非线性系统的全部运动特征，还必须研究奇线。

2）奇线

奇线就是特殊的相轨迹，它将相平面划分为具有不同运动特点的各个区域。最常见的奇线是极限环。极限环是相平面图上一个孤立的封闭轨迹，所有极限环附近的相轨迹都将卷向极限环，或从极限环卷出。极限环内部(或外部)的相轨迹，总是不可能穿过极限环而进入它的外部(或内部)。

(1) 稳定极限环。在极限环附近，起始于极限环外部或内部的相轨迹均收敛于该极限环。这时，系统表现为等幅持续振荡，如图 7-31 所示。

(2) 不稳定极限环。在极限环附近的相轨迹是从极限环发散出去。在这种情况下，如果相轨迹起始于极限环内，则该相轨迹收敛于极限环内的奇点，如果相轨迹起始于极限环外，则该相轨迹发散至无穷远，如图 7-32 所示。

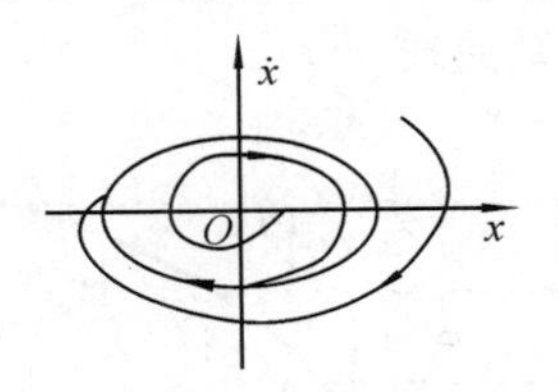


图 7-31 稳定极限环

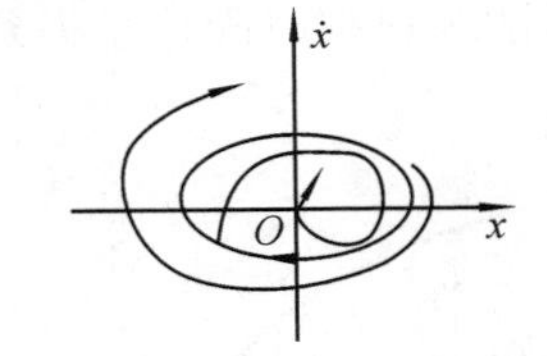


图 7-32 不稳定极限环

(3) 半稳定极限环。如果起始于极限环外部的相轨迹，从极限环发散出去，而起始于极限环内部各点的相轨迹，收敛于极限环；或者相反，起始于极限环外部各点的相轨迹收敛于极限环，而起始于极限环内部各点的相轨迹收敛于圆点，如图 7-33 所示。

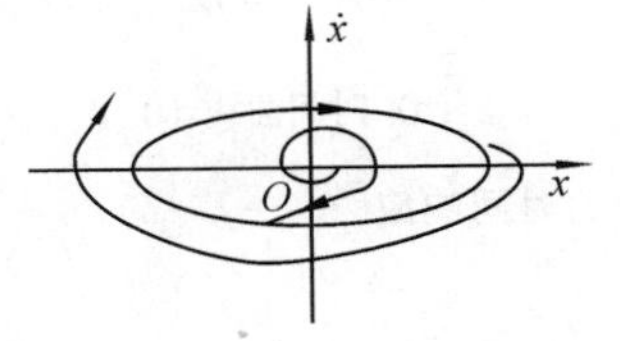


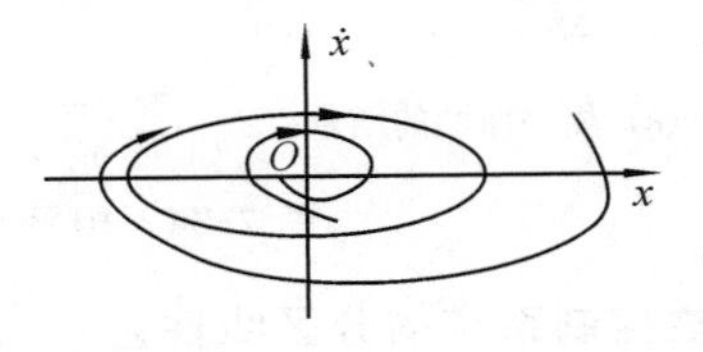


图 7-33 半稳定极限环

应该指出，只有稳定的极限环才能在实验中观察到，不稳定或半稳定的极限环是无法在实验中观察到的。

**【例 7-6】** 求方程 $2\ddot{x}+\dot{x}^2+x=0$ 的奇点，并确定奇点类型。

**解** 由 $\dot{x}=0$，$\ddot{x}=f(\dot{x},x)=0$ 来确定奇点，有

$$\ddot{x}=-\frac{1}{2}(\dot{x}^2+x)$$

令

$$\begin{cases}\dot{x}=0\\ -(\dot{x}^2+x)/2=0\end{cases} \Rightarrow \begin{cases}x=0\\ \dot{x}=0\end{cases}$$

在奇点处，将 $f(x,\dot{x})$ 进行泰勒(Taylor)级数展开，有

$$f(x,\dot{x})=f(0,0)+\frac{\partial f(x,\dot{x})}{\partial x}\bigg|_{\substack{x=x_0\\ \dot{x}=0}}(x-x_0)+\frac{\partial f(x,\dot{x})}{\partial \dot{x}}\bigg|_{\substack{x=x_0\\ \dot{x}=0}}(\dot{x}-\dot{x}_0)=-\frac{1}{2}x$$

故有 $\ddot{x}+x/2=0$，特征方程为

$$\lambda^2+\frac{1}{2}=0,\quad \lambda=\pm \mathrm{j}\sqrt{\frac{1}{2}}$$

故奇点为中心点。

**3. 由相平面图求时间响应**

相平面图虽然清楚地描述了系统的全部运动状态，但没有给出时间响应信息。为了分析系统的时域性能，往往还需要由相轨迹求出系统的过渡过程，并绘出过渡过程曲线 $x(t)$。由相平面图绘制系统的过渡过程曲线可以用增量法。

由于 $\dot{x}=\mathrm{d}x/\mathrm{d}t$，当 $\mathrm{d}x$，$\mathrm{d}t$ 分别取增量 $\Delta x$，$\Delta t$ 时，$\dot{x}$ 就是增量段的平均速度。所以由增量式可以写出

$$\Delta t=\frac{\Delta x}{\dot{x}} \tag{7-37}$$

增量 $\Delta x$ 与平均速度 $\dot{x}$ 可以从相平面图读到，因此也就得到了对应增量段上的时间信息。将增量信息 $\Delta t,\Delta x,\dot{x}$ 表示在 $x$-$t$ 平面或者 $\dot{x}$-$t$ 平面上，便可以得到相变量与时间的函数关系曲线 $x(t)$、$\dot{x}(t)$。图 7-34(a)所示的即为相平面图上时间信息的几何说明，图 7-34(b)所示的为根据时间信息得到的时间关系曲线 $x(t)$。

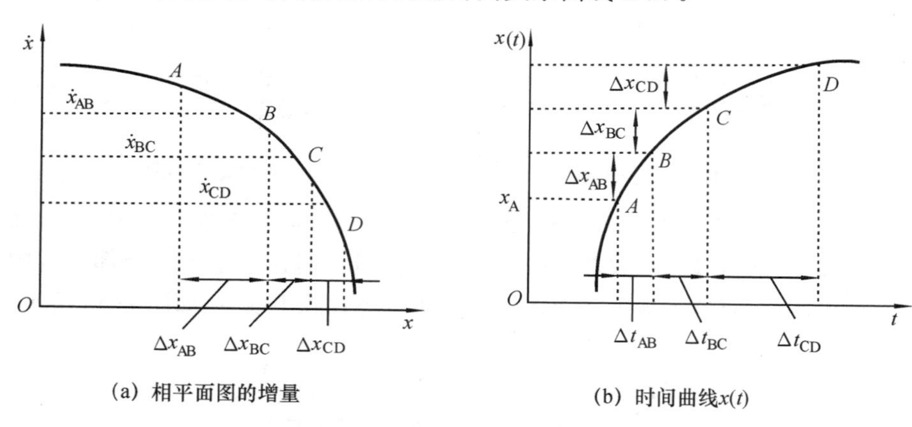


图 7-34 相平面图上的时间响应

**4. 非线性控制系统的分区线性化**

常见的非线性多数可以用分段线性来近似，或本身就是分段线性的，对于包含这些非线性特性的一大类非线性系统，广泛采用"分段线性化"的研究方法来研究。首先，根据非线性特性的分段情况，用几条分界线将相平面划分为几个线性区域；然后，按照系统的结构图分别写出区域的线性微分方程，并应用线性系统相平面分析的方法和结论，绘出各区域的相轨迹；最后，根据系统状态变化的连续性，在各区域的交界线上，将相轨

迹彼此衔接成连续曲线，即构成完整的非线性系统相轨迹。有了这种相轨迹，就足以回答与系统行为有关的一系列问题。通常将各线性区域的分界线称为开关线或转换线，在开关线上相轨迹发生改变的点称为转换点。

在分区绘制相轨迹时，首先要确定奇点的位置和类型，它们均取决于支配该区域的微分方程，奇点的位置和输入信号的函数，随输入信号的形式和大小而变化。每个区域内有一个奇点，如果这个奇点落在本区域之内，这种奇点称为实奇点，这表明该区域的相轨迹可以汇集于实奇点；如果奇点落在本区域之外，则称为虚奇点，这时该区域的相轨迹不可能汇集于虚奇点。在二阶非线性控制系统中，只能有一个实奇点，而与这个实奇点所在区域邻接的所有其他区域，都只能有虚奇点。辨明虚、实奇点对于正确分析系统的运动是非常重要的。

分区线性化法分析非线性系统的一般步骤如下。

(1) 将非线性特性用分段的直线特性来表示，写出相应线段的数学表达式。

(2) 首先在相平面上选择合适的坐标，一般常用误差及其导数作为横、纵坐标。然后将相平面根据非线性特性分成若干区域，使非线性特性在每个区域内都呈线性特性。

(3) 确定每个区域的奇点类别和在相平面上的位置。

(4) 在各个区域内分别画出各自的相轨迹。

(5) 将相邻区域的相轨迹，根据在相邻两区分界线上的点对于相邻两区具有相同工作状态的原则连接起来，便得到整个非线性系统的相轨迹。

(6) 基于该相轨迹，全面分析二阶非线性系统的动态及稳态特性。

**【例 7-7】** 设具有饱和特性的非线性控制系统如图 7-35 所示，图中 $T=1, K=4, e_0=0.2, M_0=0.2$；若系统处于零初始状态，试作出 $r(t)=R\cdot 1(t)$ 时，系统的相平面图。

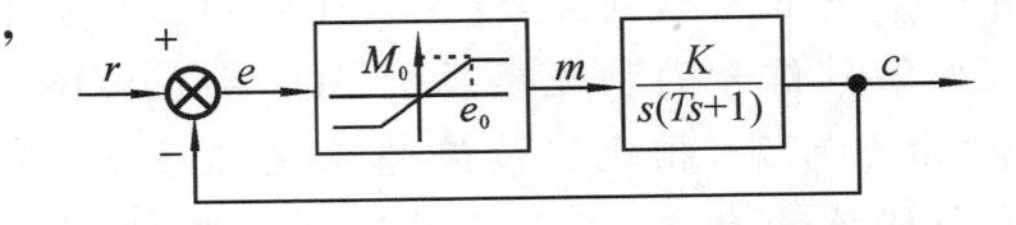


**图 7-35　具有饱和特性的非线性系统**

**解**　根据图 7-35 列出系统的微分方程

$$T\ddot{c}(t)+\dot{c}(t)=Km(t)$$

$$m(t)=\begin{cases} e(t) & (|e|\leqslant e_0) \\ M_0 & (e>e_0) \\ -M_0 & (e<-e_0) \end{cases} \tag{1}$$

$$e(t)=r(t)-c(t)$$

当系统无外作用时，为便于分析，可选用输出量及其导数为相坐标组成相平面。当系统有外作用时，若以系统的输出量及其导数为相坐标，则系统的平衡位置一般不在相平面的坐标原点，有时甚至不是定值。在这种情况下，常取偏差 $e$ 及其导数 $\dot{e}$ 作为相坐标。因为，通常 $e(\infty)=0$ 或为常值，这就回避了因平衡位置不在相平面的原点或不确定时所产生的诸多不便。为此，将方程组(1)变换成以 $e$ 为变量，并分段列写系统的微分方程如下：

$$\begin{cases} T\ddot{e}+\dot{e}+Ke=T\ddot{r}+\dot{r} & (|e|\leqslant e_0) \\ T\ddot{e}+\dot{e}+KM_0=T\ddot{r}+\dot{r} & (e>e_0) \\ T\ddot{e}+\dot{e}-KM_0=T\ddot{r}+\dot{r} & (e<-e_0) \end{cases} \tag{2}$$

显然开关线方程为 $e=e_0$ 和 $e=-e_0$，两条开关线将相平面划分为三个区域，即线性区、正饱和区和负饱和区，分区绘制系统在 $r(t)=R\cdot 1(t)$ 作用下的相平面图。

当 $r(t)=R\cdot 1(t)$ 时，有 $\ddot{r}(t)=\dot{r}(t)=0$，则系统的分段线性微分方程(2)变成

$$\begin{cases}T\ddot{e}+\dot{e}+Ke=0 & (|e|\leqslant e_0)\\ T\ddot{e}+\dot{e}+KM_0=0 & (e>e_0)\\ T\ddot{e}+\dot{e}-KM_0=0 & (e<-e_0)\end{cases}$$

下面按以上各线性微分方程区绘相轨迹。

在$|e|\leqslant e_0$的线性区,相轨迹微分方程为

$$\frac{\mathrm{d}\dot{e}}{\mathrm{d}e}=\frac{-\dot{e}-Ke}{T\dot{e}}$$

令$\mathrm{d}\dot{e}/\mathrm{d}e=0/0$,求得奇点为$e=0,\dot{e}=0$,因该区域线性微分方程的特征根$s_{1,2}=(-1\pm\sqrt{1-4KT})/2=-0.5\pm \mathrm{j}1.94$,是一对负实部的共轭复根,所以该奇点为稳定的焦点,且为实奇点。再令$\mathrm{d}\dot{e}/\mathrm{d}e=\alpha$,得等倾斜线方程

$$\dot{e}=\frac{-Ke}{1+\alpha T}$$

可见等倾斜线是一簇通过原点的直线。

在$e>e_0$和$e<-e_0$的饱和区,相轨迹微分方程和等倾斜线方程分别为

$$\frac{\mathrm{d}\dot{e}}{\mathrm{d}e}=\frac{-\dot{e}-KM_0}{T\dot{e}}\quad(e>e_0),\qquad \dot{e}=\frac{-KM_0}{1+\alpha T}\quad(e>e_0)$$

$$\frac{\mathrm{d}\dot{e}}{\mathrm{d}e}=\frac{-\dot{e}+KM_0}{T\dot{e}}\quad(e<-e_0),\qquad \dot{e}=\frac{KM_0}{1+\alpha T}\quad(e<-e_0)$$

由以上四式可见,这两个区域没有奇点,等倾斜线都是一簇平行于横轴的直线。在$e>e_0$区域,相轨迹均渐近于$\alpha=0,\dot{e}=-KM_0$的直线;在$e<-e_0$区域,相轨迹均渐近于$\alpha=0,\dot{e}=KM_0$的直线。

最后在相平面上作出各个区域的等倾斜线和相轨迹的切线方向场,如图7-36(a)所示。设$R=2$,则$r(0)=2,\dot{r}(0)=0$,已知系统开始处于零初始状态,即$c(0)=\dot{c}(0)=0$,故偏差信号的初始条件为$e(0)=2,\dot{e}(0)=0$。图7-36(a)中绘出了$R=2$的一条相轨迹,由图可见,相轨迹最终趋于坐标原点,系统的稳态误差$e_{ss}=0$。相轨迹还表明,由于饱和特性的存在,减小了系统的振荡性,相应的$e(t)$和$c(t)$的时间响应曲线如图7-36(b)所示。

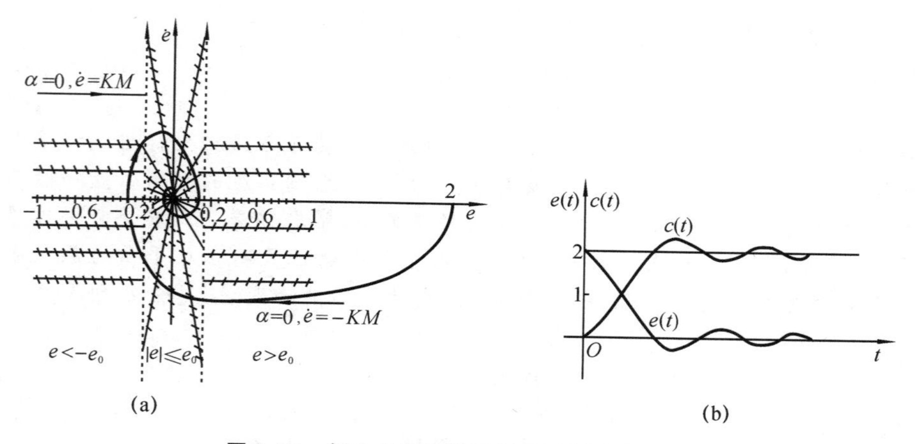


图7-36 例7-7相轨迹及相应时间响应曲线

**【例7-8】** 如图7-37所示的非线性系统,假设输入为零,初始条件$c(0)=1,\dot{c}(0)=2$,试画出$c$-$\dot{c}$相平面上的相轨迹。

**【解】** 由图7-37可得

$$\ddot{c}=\begin{cases}1 & (c<0)\\ -1 & (c>0)\end{cases}$$

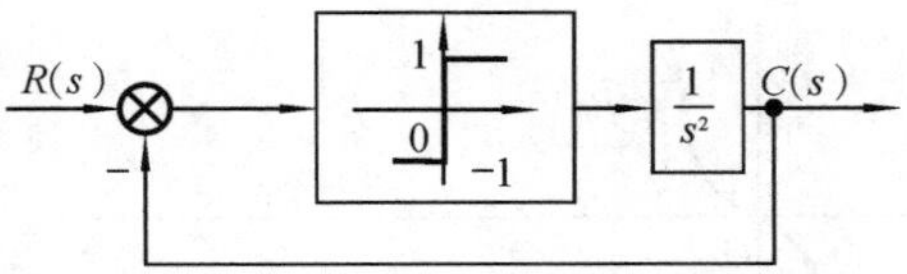

图 7-37 例 7-8 非线性系统的结构图

开关线为 $\dot{c}$ 轴。当 $c>0$ 时，$\ddot{c}=-1$，有

$$\ddot{c}=\frac{\mathrm{d}\dot{c}}{\mathrm{d}t}=\frac{\mathrm{d}\dot{c}}{\mathrm{d}c}\frac{\mathrm{d}c}{\mathrm{d}t}=\dot{c}\frac{\mathrm{d}\dot{c}}{\mathrm{d}c}=-1$$

即 $$\dot{c}\mathrm{d}\dot{c}=-\mathrm{d}c$$

积分可得 $$\frac{1}{2}\dot{c}^2(t)=-c(t)+A$$

代入初值 $c(0)=1$，$\dot{c}(0)=2$，可得 $A=3$，代入上式，得

$$\frac{1}{2}\dot{c}^2(t)=-c(t)+3$$

在 $c>0$ 区域内，相轨迹是开口向左的抛物线，且交 $c$ 轴于 $(0,\pm\sqrt{6})$ 点。

当 $c<0$ 时，$\ddot{c}=1$，$\ddot{c}=\dot{c}\frac{\mathrm{d}\dot{c}}{\mathrm{d}c}=1$，$\dot{c}\mathrm{d}\dot{c}=\mathrm{d}c$，积分可得

$$\frac{1}{2}\dot{c}^2(t)=c(t)+B$$

代入初值 $c(0)=0$，$\dot{c}(0)=-\sqrt{6}$，可得 $B=3$，即

$$\frac{1}{2}\dot{c}^2(t)=c(t)+3$$

在 $c<0$ 区域内，相轨迹是开口向右的抛物线，且交 $\dot{c}$ 轴于 $(0,\pm\sqrt{6})$ 点。

因此，系统相轨迹由两个抛物线封闭组成，对应的运动是周期运动，如图 7-38 所示。

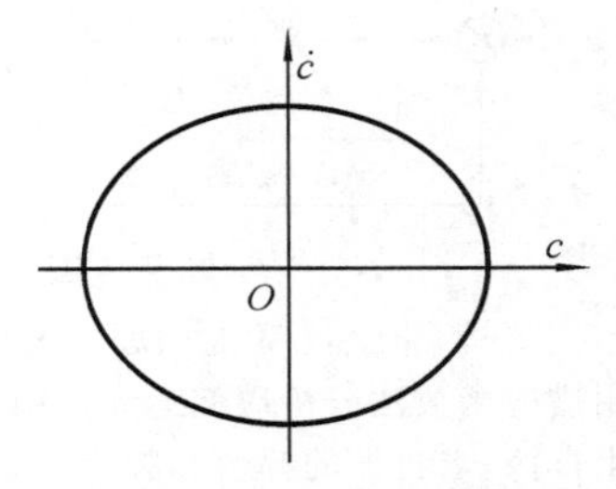


图 7-38 例 7-8 的相轨迹

## 本章小结

本章主要介绍了经典控制理论中研究非线性控制系统的两种常用方法：描述函数法和相平面分析法。

描述函数法主要用于分析非线性系统的自持振荡。利用本方法时，首先应检查系统是否满足应用描述函数法的限制条件（参阅 7.2.1 节）。这种方法的特点是：分析不受系统阶数的限制。在系统存在一个以上非线性元件，且彼此之间又没有有效的低通滤波器隔开的情况下，一般可以把非线性元件结合在一起，并用一个等效的描述函数来描述。

相平面分析法是研究一、二阶非线性系统的一种图解方法。相平面图清楚地表示了系统在不同初始条件下的自由运动。

本章基本要求是，了解非线性系统的特点；掌握非线性环节描述函数的求法及用描述函数法分析非线性系统的稳定性方法；熟悉相轨迹的概念和性质，掌握相轨迹的绘制方法。

## 本章习题

7-1 试求题 7-1 图所示非线性特征的描述函数。

7-2 依据已知非线性特征的描述函数求题 7-2 图所示非线性元件的描述函数。

7-3 试用描述函数法分析下面微分方程的稳定性。

$$\dddot{X}+\ddot{X}+\dot{X}+\frac{1}{2}X^3=0$$

7-4 试用描述函数法分析题 7-4 图所示非线性系统的稳定性。

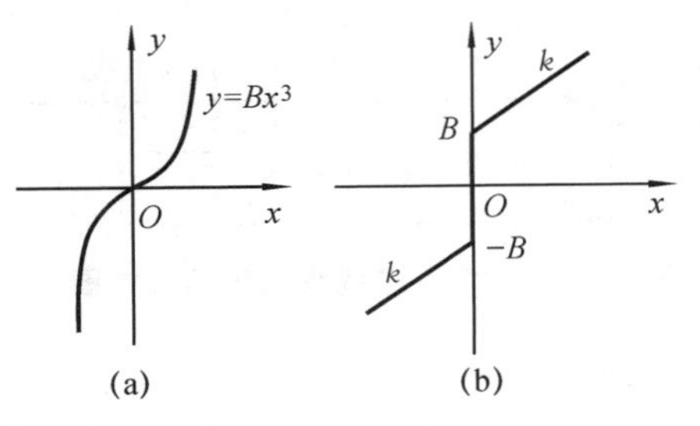


题 7-1 图

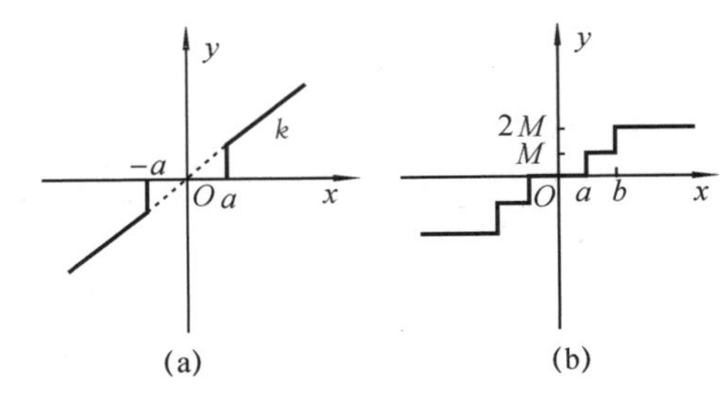


题 7-2 图

7-5 已知非线性系统的结构图如题 7-5 图所示。图中非线性环节的描述函数为

$$N(X)=\frac{X+6}{X+2}\quad(X>0)$$

试用描述函数法确定:使该非线性系统稳定、不稳定以及产生周期运动时,线性部分的 $K$ 值范围。

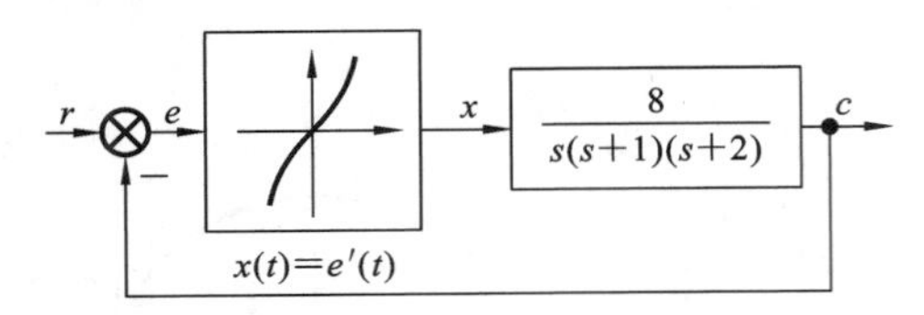


题 7-4 图

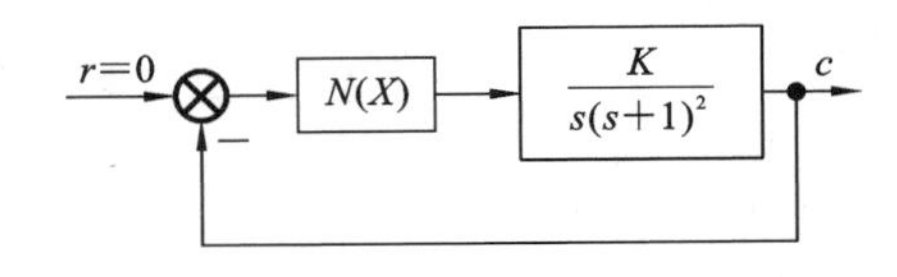


题 7-5 图

7-6 非线性系统如题 7-6 图所示,试用描述函数法分析周期运动的稳定性,若产生自振,求自振的幅值和频率。

7-7 已知非线性系统结构图如题 7-7 图所示(图中 $M=h=1$)。当 $G_1(s)=\frac{1}{s(s+1)}$,$G_2(s)=\frac{2}{s}$,$G_3(s)=1$ 时,试分析系统是否会产生自振,若产生自振,求自振的幅值和频率。

7-8 非线性系统如题 7-8 图所示,试用描述函数法分析周期运动的稳定性,若产生自振,求自振的幅值和频率。

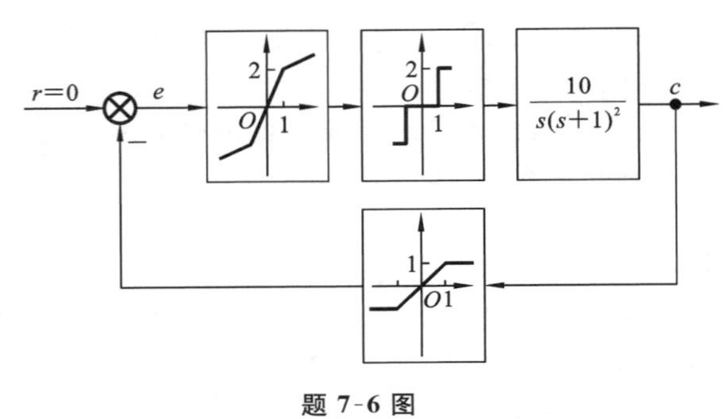


题 7-6 图

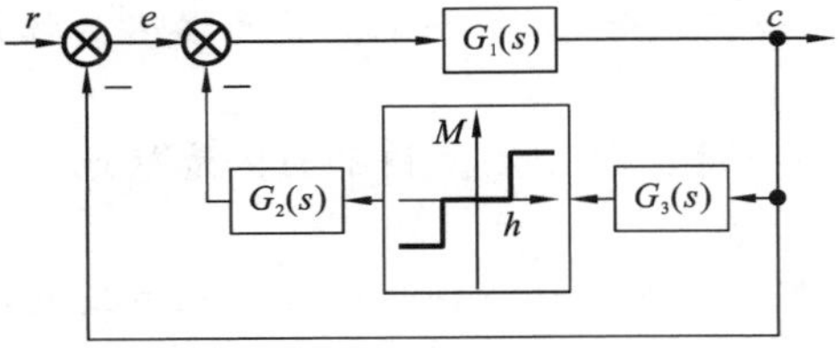

题 7-7 图

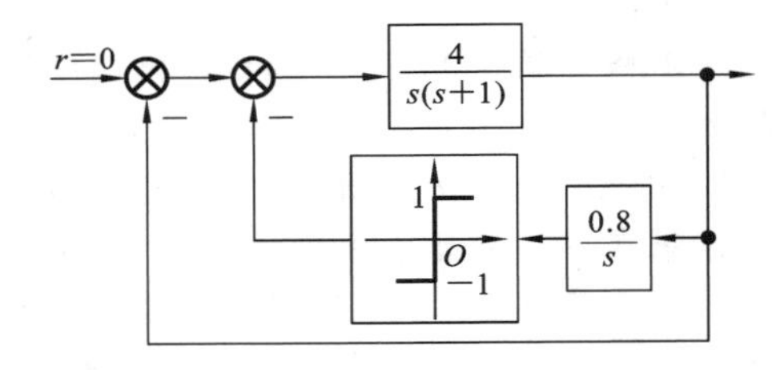


题 7-8 图

7-9 画出由下面方程确定的系统的相平面图。

$$\dot{x}_1=x_1+2x_2$$
$$\dot{x}_2=2x_1+x_2$$

7-10 画出系统 $\ddot{x}+2\dot{x}+|x|=0$ 的相平面图。

7-11 画出系统 $\ddot{\theta}+3\dot{\theta}+\sin\theta=0$ 的相平面图。

7-12 设一阶非线性系统的微分方程为 $\dot{x}=-x+x^3$,试确定系统的平衡状态,分析系统的稳定性,作出相轨迹。

7-13 设非线性系统由下列方程描述,试确定该系统奇点的位置和类型。

$$\dot{x}_1=0.3-0.1x_1+2x_2-0.188x_1^2x_2-0.75x_2^3$$
$$\dot{x}_2=-0.25x_1-0.1x_2+0.047x_2^3+0.188x_1x_2^2$$

7-14 试确定方程 $\ddot{x}-(1-x^2)\dot{x}+x=0$ 的奇点类型，并画出相平面图。

7-15 设非线性系统的微分方程如下，试求系统的奇点，并绘制奇点附近的相轨迹。

(1) $\ddot{x}+(3\dot{x}-0.5)\dot{x}+x+x^2=0$

(2) $\ddot{x}+x\dot{x}+x=0$

(3) $\ddot{x}+\dot{x}^2+x=0$

7-16 已知 Vanderpol 非线性系统方程 $\ddot{x}+2(1-x^2)\dot{x}+x=0$，初始条件为 $x(0)=1, \dot{x}(0)=0$，试用 Matlab 绘制状态变量的零输入响应图及系统的相轨迹图。

7-17 已知 Rössler 方程如下，通过 Matlab 的 Simulink 工具箱或者.m 文件编程求出在初始状态 $x(0)=y(0)=1, z(0)=2$ 下的相轨迹。

$$\frac{dx}{dt}=-y-z, \quad \frac{dy}{dt}=x+0.2y, \quad \frac{dz}{dt}=0.2-5.7z+xz$$

7-18 利用 Matlab 语言对以无阻尼杜芬方程表示的非线性系统进行仿真，以便验证平衡点的数目和性质随参数的变化。

7-19 非线性系统的结构图如题 7-19 图所示。系统开始是静止的，输入信号 $r(t)=4\times 1(t)$，试分别用描述函数法和相平面法分析系统的稳定性。

7-20 试用描述函数法和相平面法分析题 7-20 图所示非线性系统的稳定性。

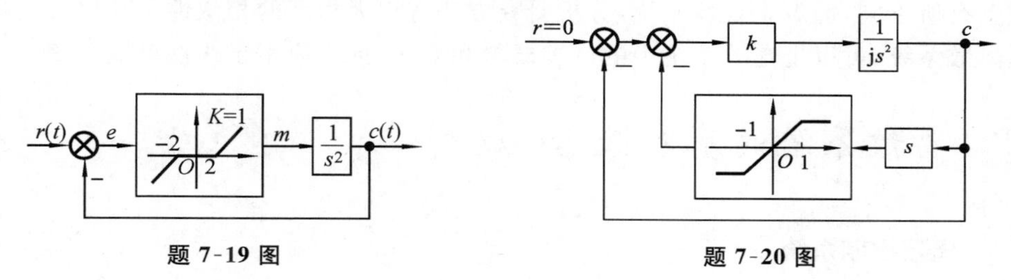


题 7-19 图　　题 7-20 图

# 8

# 离散控制系统

随着计算机技术的迅速发展，离散控制系统在生产、科研等各个领域得到广泛应用，并成为现代控制系统的一种重要形式。基于工程实践的需要，作为分析与设计数字控制系统的基础理论，离散系统理论的研究显得十分必要。

本章着重介绍线性离散系统的控制理论方法。离散系统与连续系统相比，虽然在本质上有所不同，但对于线性系统，分析研究方法有很大程度的相似性。利用 $z$ 变换法研究离散系统，可以把连续系统中的许多概念和方法，推广应用于线性离散系统。

## 8.1 离散系统的基本概念

### 8.1.1 离散控制系统

在控制系统中，如果所有信号都是时间变量的连续函数，换句话说，这些信号在全部时间上是已知的，则这样的系统称为连续时间系统，简称连续系统；如果控制系统中有一处或几处信号是一串脉冲或数码，即这些信号仅定义在离散时间上，则这样的系统称为离散时间系统，简称离散系统。一般来说，离散系统中的离散信号是脉冲序列形式时，称为采样控制系统或脉冲控制系统；而当离散量为数字序列形式时，则称为数字控制系统或计算机控制系统。通常将采样控制系统和数字控制系统，统称为离散控制系统或离散系统。

**1. 采样控制系统**

在工业过程控制中，采样系统有许多成功的应用。作为采样控制的例子，最早出现在对某些惯性很大或具有时滞特性的对象的控制中。例如，图 8-1 所示的工业炉温自动控制系统，该系统中工业炉具有时滞特性的惯性环节。当炉温 $\theta$ 偏离给定值时，测量电阻的阻值发生变化，使电桥失去平衡，检流计有电流流过，指针发生偏转，设转角为 $\beta$。检流计是高灵敏度的元件，不允许指针与电位器之间存在摩擦力，故设计一同步电动机通过减速器驱动凸轮旋转，使指针周期性的上下运动，且每隔 $T$ 秒与电位器接触一次，每次接触时间为 $\tau$。其中，$T$ 称为采样周期，$\tau$ 称为采样持续时间。当炉温连续变化时，则电位器的输出是一串宽度为 $\tau$、周期为 $T$ 的离散脉冲电压信号，用 $e^*(t)$表示。$e^*(t)$经过放大器、电动机、减速器去控制炉门角 $\varphi$ 的大小，以改变加热气体的进气量，使炉温趋于给定值。炉温的给定值由给定电位器给出。

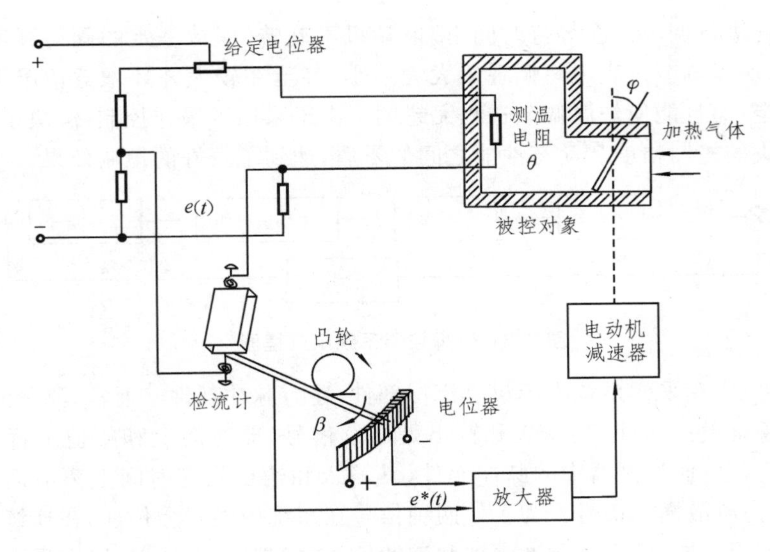


图 8-1　工业炉温采样控制系统

在本例系统中，给定电位器与电桥输出的误差信号 $e(t)$ 是连续变化的，但通过指针和旋转凸轮的作用后，电位器的输出却为离散值 $e^*(t)$，这实际上是该系统借助于指针、凸轮这些元件对连续误差信号 $e(t)$ 进行采样，将连续信号转换成了脉冲序列，凸轮就成了采样器(采样开关)，如图 8-2 所示。有了诸如指针、凸轮这些元件后，使得原来系统至少有一处存在离散信号，这时系统成为采样控制系统。

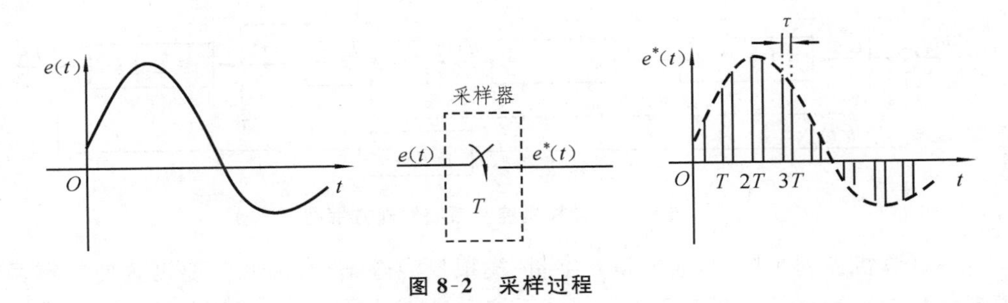


图 8-2　采样过程

在炉温控制过程中，如果采用连续控制方式，则无法解决控制精度与动态性能之间的矛盾。因为炉温调节是一个大惯性过程，当增大开环增益以提高系统的控制精度时，由于系统的灵敏度相应提高，在炉温低于给定值的情况下，电动机将迅速增大阀门开度，给炉子供应更多的加热气体，但因炉温上升缓慢，在炉温升到给定值时，电动机已将阀门的开度开得更大了，从而炉温继续上升，结果造成反方向调节，引起炉温大幅度振荡；而在炉温高于给定值情况下，具有类似的调节过程。当减小开环增益时，系统则很迟钝，只有当误差较大时，产生的控制作用才克服电动机的“死区”而推动阀门动作。这样虽不引起振荡，但调节时间很长且误差较大。

现在考察采样控制，具有采样器的离散温度控制系统的方框图如图 8-3 所示。当有误差信号出现时，这个信号只有在开关闭合时才能通过。该信号经放大推动电动机调节阀门开度。当开关断开时，尽管误差并未消除，但执行电动机马上停下来，等待炉温变化一段时间，直到下次闭合，才检验误差是否仍然存在，并根据那时的误差信号的大小和符号再进行调节。在等待时间里,电动机不旋转,保持一定的阀门开度,等待炉温缓慢变化,所以调节过程中超调现象大为减小,甚至在较大开环增益情况下,不但能保证系统稳定,而且能使炉温调节过程无超调。由于采用了采样控制,解决了连续控制方式无法解决的控制精度和动态性能之间的矛盾,达到了较好的控制效果。

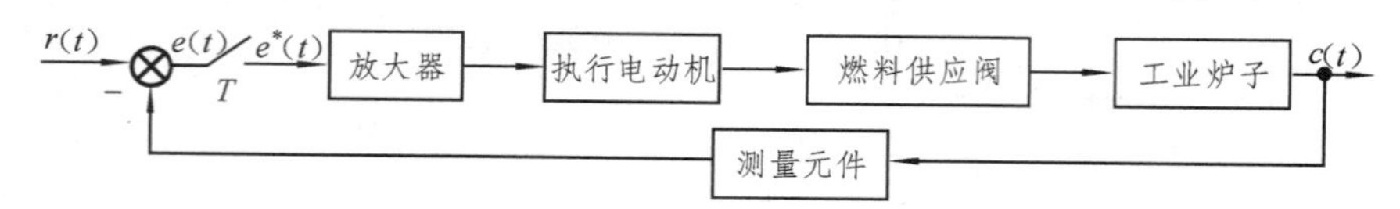


图 8-3 采样控制系统组成框图

由此例可见,在采样系统中不仅有模拟部件,还有脉冲部件。通常,测量元件、执行器和被控对象是模拟元件,其输入和输出是连续信号,即时间上和幅值上都连续的信号,称为模拟信号;而控制器中的脉冲元件,其输入和输出是在时间上离散而幅值上连续的信号,称为离散模拟信号。为了使两种信号在系统中能互相传递,在连续信号和脉冲序列之间要用采样器,而在脉冲序列和连续信号之间要用保持器,以实现两种信号的转换。采样器和保持器是采样控制系统中两个特殊环节。

**2. 数字控制系统**

数字控制系统就是一种以数字计算机或数字控制器去控制具有连续工作状态的被控对象的闭环控制系统。因此,数字控制系统包括工作于离散状态下数字计算机和工作于连续状态下被控对象两大部分,图 8-4 所示的是一个典型的计算机控制系统的原理框图。

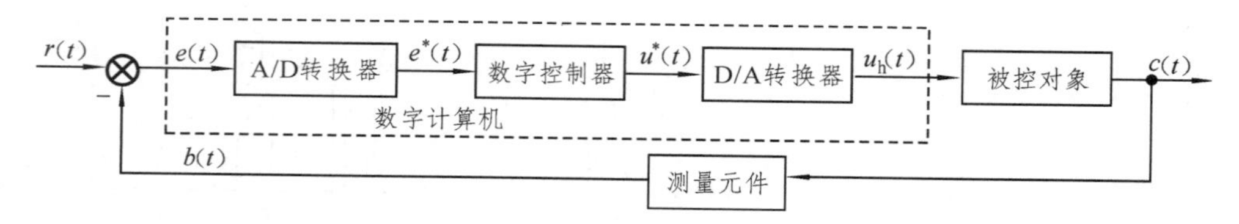


图 8-4 计算机控制系统原理方框图

在计算机控制系统中,通常是数字量-模拟量混合结构,因此需要设置使数字量和模拟量互相转换环节。在图 8-4 所示的系统中,给定信号 $r(t)$、反馈信号 $b(t)$和误差信号 $e(t)$均为模拟量,$e(t)$信号经 A/D 转换器转换成离散量 $e^*(t)$,并把其值由十进制转换成二进制(即编码),输入计算机进行运算处理,计算机输出二进制的控制脉冲序列 $u^*(t)$。由于被控对象通常需要模拟信号去驱动,因此再设置 D/A 转换器将控制信号 $u^*(t)$转换成模拟信号 $u_h(t)$,即把二进制数码转换成模拟信号,此信号经放大后去控制被控对象。通常用计算机的内部时钟来设定采样周期,整个系统的信号传递则要求能在一个采样周期内完成。

另外,由于计算机本身的工作特点,计算机在进行数字处理时必须逐个地接收数字量,然后按一定规则进行运算。尽管现在计算机运行速度相当快,但还是需要花费一定的时间,因此计算机的工作只能输入一次,运算一次,输出一次,然后重复这一过程,所以就输入输出而言,数字计算机也是一种时间上断续工作的系统,这种系统实质上是一类离散时间控制系统。

### 8.1.2 离散控制系统的特点

采样和数字控制技术在自动控制领域得到越来越广泛的应用，其主要原因是采样系统，特别是数字控制系统较相应的连续控制系统具有如下一系列的特点。

(1) 由数字计算机构成的数字校正装置，比连续式校正装置好，且控制规律易于通过软件编程改变，控制功能强。

(2) 采样信号，特别是数字信号的传递可以有效地抑制噪声，从而显著提高了系统的抗干扰能力，同时信号传递和转换精度高。

(3) 允许采用高灵敏度的控制元件，以提高系统的控制精度。

(4) 可用一台计算机分时控制若干个系统，提高了设备的利用率，经济性好。

(5) 容易实现一些复杂的控制算法和实现“最优控制”，对于具有传输延迟，特别是具有大滞后的控制系统，可以引入采样的方式使之稳定。

### 8.1.3 离散控制系统的研究方法

在离散控制系统中，系统至少有一处信号是一个脉冲序列，其作用的过程从时间上看是不连续的，控制的过程是断断续续的，研究连续线性系统所用的方法，如拉氏变换、传递函数和频率特性等不再适用。如果仍然沿用连续系统中的拉氏变换方法来建立系统各个环节的传递函数，则在运算过程中会出现复变量 $s$ 的超越函数。因此，研究离散控制系统的数学基础是 $z$ 变换，通过 $z$ 变换这个数学工具，可以把我们以前学习过的传递函数、频率特性、根轨迹法等概念应用于离散控制系统。因而 $z$ 变换具有和拉氏变换同等的作用，是研究线性离散系统的重要数学工具。

本章主要阐述分析离散系统所必要的数学基础和基本原理，首先建立信号采样与复现过程的数学表达式，介绍 $z$ 变换理论和脉冲传递函数，然后讨论离散控制系统的稳定性、稳态误差、时间响应分析等内容。

## 8.2 信号的采样与保持

把连续信号变换为脉冲信号，需要使用采样器；另一方面，为了控制连续式元器件，又需要使用保持器将脉冲信号变换成连续信号。因此，为了定量研究离散系统，必须对信号的采样过程和保持过程用数学的方法加以描述。在采样的各种方式中，最简单而又最普通的是采样间隔相等的周期采样。以下我们讨论的均是周期采样的情况。

### 8.2.1 采样过程及其数学描述

把连续信号转换成离散信号的过程，称为采样。实现采样的装置称为采样器或采样开关。将连续信号 $e(t)$ 加到采样开关的输入端，采样开关以周期 $T$ 秒闭合一次，闭合持续时间为 $\tau$，于是采样开关输出端得到周期为 $T$、宽度为 $\tau$ 的脉冲序列 $e^*(t)$，如图 8-5 所示。

由于开关闭合持续时间 $\tau$ 很小，远远小于采样周期 $T$ 及系统的最大时间常数，故 $e(t)$ 在 $\tau$ 时间内变化甚微，可近似认为该时间内采样值不变。当 $t=nT$ 时刻，采样器(采样开关)闭合，其输出值等于 $e(t)|_{t=nT}$，当 $t=nT+\tau$ 时刻，开关打开，采样器的输出

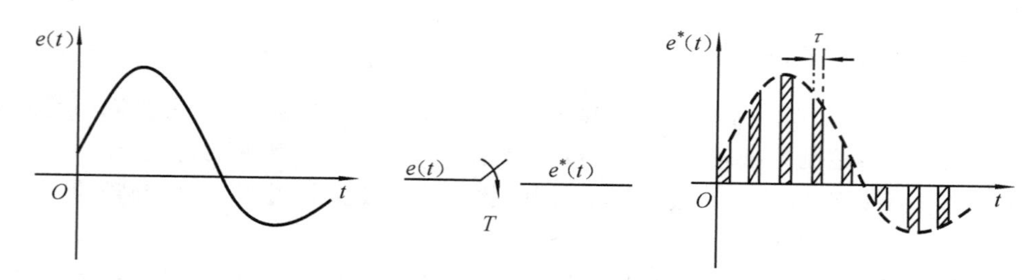


图 8-5 实际采样过程

$e^*(t)$为零。这样，在采样开关的作用下，将采样器的输出近似为矩形脉冲，任意点的采样值表示为

$$e(nT)\times\frac{1}{\tau}[1(t-nT)-1(t-nT-\tau)]$$

则采样信号可表示为

$$\begin{aligned}e^*(t)&=e(0)\times\frac{1}{\tau}[1(t)-1(t-\tau)]+e(T)\times\frac{1}{\tau}[1(t-T)-1(t-T-\tau)]\\&\quad+e(2T)\times\frac{1}{\tau}[1(t-2T)-1(t-2T-\tau)]+\cdots\\&=\sum_{n=0}^{\infty}e(nT)\times\frac{1}{\tau}[1(t-nT)-1(t-nT-\tau)]\end{aligned}\tag{8-1}$$

由于控制系统中，当 $t<0$ 时，$e(t)=0$，所以序列 $n=0\to+\infty$。式(8-1)中，$1(t-nT)-1(t-nT-\tau)$为两个单位阶跃函数之差，表示一个在 $nT$ 时刻，高为 1，宽为 $\tau$，面积为 $\tau\times1$ 的矩形。当令 $\tau\to0$ 时，图 8-5 所示的矩形脉冲面积趋于 1，即

$$\lim_{\tau\to0}\int_{nT}^{nT+\tau}\frac{1}{\tau}[1(t-nT)-1(t-nT-\tau)]\mathrm{d}t=1$$

这等价于理想单位脉冲函数 $\delta(t-nT)$，即

$$\delta(t-nT)=\begin{cases}\infty & t=nT\\0 & t\neq nT\end{cases},\quad 且\quad \int_{-\infty}^{+\infty}\delta(t-nT)\mathrm{d}t=1$$

所以，如果采样持续时间 $\tau$ 非常小，就可以用理想单位脉冲函数来取代采样点处的矩形脉冲，于是就得到连续时间信号 $e(t)$的理想采样表达式为

$$\begin{aligned}e^*(t)&=e(0)\delta(t)+e(T)\delta(t-T)+\cdots+e(nT)\delta(t-nT)+\cdots\\&=\sum_{n=0}^{\infty}e(nT)\times\delta(t-nT)\end{aligned}\tag{8-2}$$

它表示采样器的作用时间趋于零而得到的理想采样信号，仍用 $e^*(t)$表示。由于 $t=nT$ 处的 $e(t)$值即为 $e(nT)$，故式(8-2)也可写作

$$e^*(t)=\sum_{n=0}^{+\infty}e(t)\delta(t-nT)=e(t)\sum_{n=0}^{+\infty}\delta(t-nT)\tag{8-3}$$

或写作

$$e^*(t)=e(t)\delta_{\mathrm{T}}(t)\tag{8-4}$$

式中

$$\delta_{\mathrm{T}}(t)=\sum_{n=0}^{+\infty}\delta(t-nT)\tag{8-5}$$

称为单位理想脉冲序列；$e^*(t)$则为加权单位理想脉冲序列。

采样过程的物理意义：由式(8-4)可以看出，采样过程可以看作单位理想脉冲串

$\delta_T(t)$ 被输入信号 $e(t)$ 进行幅值调制的过程，其中 $\delta_T(t)$ 为载波信号，$e(t)$ 为调制信号，采样器为幅值调制器，其输出为加权单位理想脉冲序列 $e^*(t)$，如图 8-6 所示。

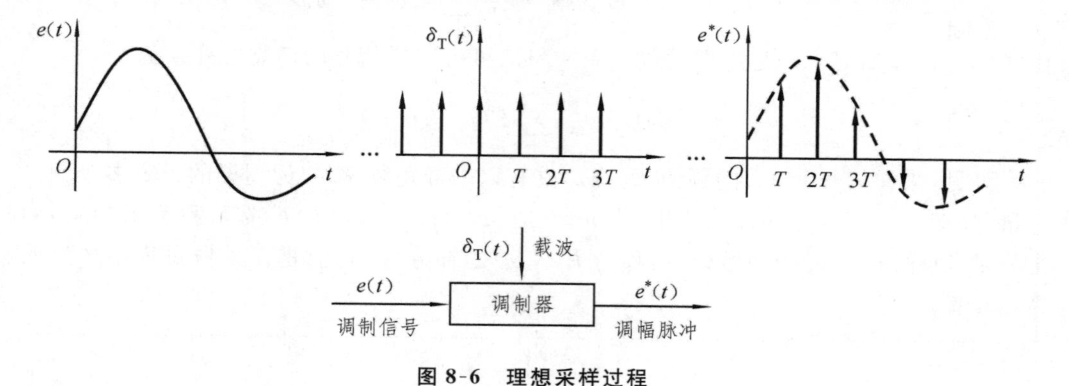


图 8-6　理想采样过程

### 8.2.2　采样定理

连续信号 $e(t)$ 经过采样后，只能给出采样点上的数值，不能知道各采样时刻之间的数值，因此，从时域上看，采样过程损失了 $e(t)$ 所含的信息。怎样才能使采样信号 $e^*(t)$ 大体上反映连续信号 $e(t)$ 的变化规律呢？或者说，我们能否根据离散信号 $e^*(t)$ 无失真地恢复原来连续信号 $e(t)$？如果能，离散化处理需要满足什么条件？下面通过采样过程中信号频谱的变化来加以说明。

设连续信号 $e(t)$ 的频谱 $E(j\omega)$ 如图 8-7 所示，一般来说，连续信号 $e(t)$ 的频谱 $E(j\omega)$ 是单一的带宽有限的连续频谱，其中 $\omega_{max}$ 为连续频谱 $E(j\omega)$ 中的最大角频率。信号 $e(t)$ 经过采样后变为 $e^*(t)$，从频域上看，$E^*(j\omega)$ 发生了什么变化呢？为此要研究采样信号 $e^*(t)$ 的频谱，目的是找出 $E^*(j\omega)$ 与 $E(j\omega)$ 之间的相互联系。

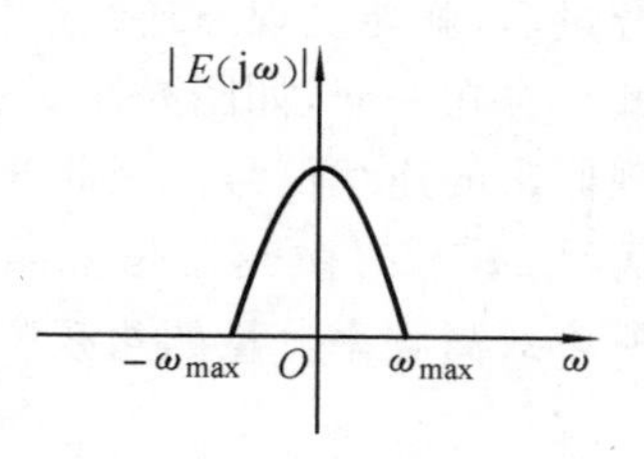


图 8-7　连续信号频谱

由于 $\delta_T(t)$ 本身是以 $T$ 为周期的周期函数，因而可展开成傅立叶级数

$$\delta_T(t) = \sum_{n\to-\infty}^{+\infty} c_k e^{jn\omega_s t} \tag{8-6}$$

式中：$\omega_s$ 为采样角频率，它与采样周期 $T$ 的关系为 $\omega_s = 2\pi/T$；$c_k$ 为傅立叶系数，且有

$$c_k = \frac{1}{T}\int_{-T/2}^{+T/2} \delta_T(t) e^{-jn\omega_s t} dt \tag{8-7}$$

由于在 $-T/2$ 到 $+T/2$ 区间，$\delta_T(t)$ 仅在 $t=0$ 处值等于 1，其余均为零，故

$$c_k = \frac{1}{T}\int_{0-}^{0+} \delta(t) dt = \frac{1}{T} \tag{8-8}$$

将式(8-8)代入式(8-6)，有

$$\delta_T(t) = \sum_{n\to-\infty}^{+\infty} \frac{1}{T} e^{jn\omega_s t} \tag{8-9}$$

将式(8-9)代入式(8-4)，有

$$e^*(t) = e(t)\sum_{n\to-\infty}^{+\infty} \frac{1}{T} e^{jn\omega_s t} = \frac{1}{T}\sum_{n\to-\infty}^{+\infty} e(t) e^{jn\omega_s t} \tag{8-10}$$

对式(8-10)取拉氏变换，并运用复位移定理得

$$\mathscr{L}[e^*(t)] = E^*(s) = \frac{1}{T}\sum_{n\to-\infty}^{+\infty} E(s - \mathrm{j}n\omega_s) \tag{8-11}$$

由式(8-11)可知 $E^*(s)$是周期函数。令 $s=\mathrm{j}\omega$，可得采样信号的傅立叶变换为

$$E^*(\mathrm{j}\omega) = \frac{1}{T}\sum_{n\to-\infty}^{+\infty} E(\mathrm{j}\omega - \mathrm{j}n\omega_s) \tag{8-12}$$

可见，采样信号 $e^*(t)$的频谱 $E^*(\mathrm{j}\omega)$具有以采样角频率 $\omega_s$ 为周期的无穷多个频谱分量，如图 8-8 所示。式(8-12)中，当 $n=0$ 时，$E^*(\mathrm{j}\omega)=(1/T)E(\mathrm{j}\omega)$，称为 $E^*(\mathrm{j}\omega)$的主分量；其余 $n\neq0$ 时的频谱分量，称为 $E^*(\mathrm{j}\omega)$的补分量，它们是在采样过程中产生的高频分量。

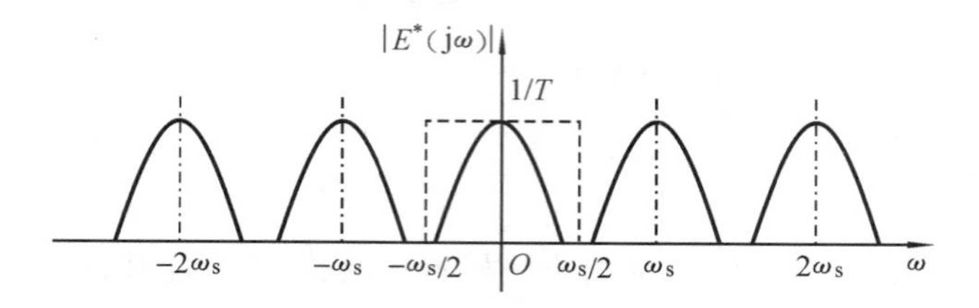


图 8-8 采样信号频谱($\omega_s>2\omega_{max}$)

由图 8-8 可以看出，如果 $\omega_s>2\omega_{max}$，或是 $T<\pi/\omega_{max}$，则 $E^*(\mathrm{j}\omega)$的各频谱分量彼此不发生重叠，连续信号的频谱 $E(\mathrm{j}\omega)$仍能被保存，因此通过理想低通滤波器，滤掉高频分量后，就能复现原连续信号 $e(t)$。反之，如果 $\omega_s<2\omega_{max}$，则 $E^*(\mathrm{j}\omega)$的各频谱分量彼此重叠在一起，如图 8-9 所示，这时已不再保留连续信号的频谱 $E(\mathrm{j}\omega)$，这样就不能复现原来的连续信号。因此要能从采样信号中大体上复现原有连续信号，采样频率必须满足 $\omega_s\geqslant2\omega_{max}$，这就是采样定理，也称香农(Shannon)采样定理，式中 $\omega_{max}$ 为连续信号所含最高频率分量的角频率，$\omega_s$ 为采样角频率。

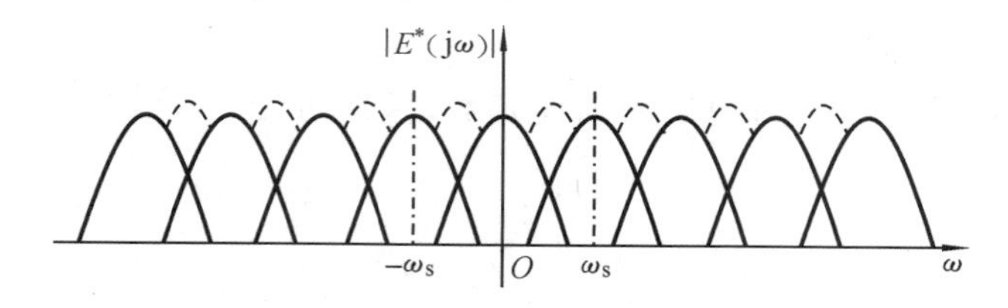


图 8-9 $\omega_s<2\omega_{max}$时采样信号频谱

综上所述，香农采样定理的叙述如下。

要保证采样后的离散信号不失真地恢复原连续信号，或者说要保证信号经采样后不会导致任何信息丢失，必须满足两个条件：

(1) 信号必须是频谱宽度受限的，即其频谱所含频率成分的最高频率为 $\omega_{max}$；

(2) 采样频率 $\omega_s$ 必须至少是信号最高频率的两倍，即 $\omega_s\geqslant2\omega_{max}$。

### 8.2.3 信号的复现与零阶保持器

#### 1. 信号的复现

采样器的输出 $e^*(t)$为脉冲信号，其频谱中含有许多高频分量。显然，如果不经过

滤波器将高频分量滤掉，则相当于给系统加入了噪声，严重时会使系统部件受损。因此在实际应用中，采样开关后面串联一个信号复现滤波器，通过它使脉冲 $e^*(t)$ 复原成连续信号再加到系统中去。理想的滤波器如图 8-8 中虚线所示。它的频率特性在 $\omega_s/2$ 处突然截止，故能将 $E^*(j\omega)$ 中的高频分量全部滤掉，不失真地保留主分量 $E(j\omega)$，而 $E(j\omega)$ 就是连续信号 $e(t)$ 的频谱。所以经过这种理想低通滤波器，脉冲信号能恢复原来的连续信号。但是，实际上这种理想滤波器是无法实现的。工程上，通常只能采用接近理想滤波器性能的保持器来代替。

**2. 零阶保持器**

由于理想低通滤波器实际是不存在的，工程上采用的将采样信号恢复为连续时间信号的装置称为保持器。而最常用、最简单的保持器是零阶保持器。零阶保持器可以将采样点幅值保持至下一个采样瞬时，采样信号 $e^*(t)$ 经零阶保持器后，变为阶梯信号 $e_h(t)$，如图 8-10 所示。由于 $e_h(t)$ 在每个采样区间内的值均为常数，其导数为零，故称这样的装置为零阶保持器。若把阶梯信号的中点连接起来，可得到一条与连续信号 $e(t)$ 形状一致但在时间上滞后 $T/2$ 的时间响应 $e(t-T/2)$。可见，保持器对系统的动态性能的影响近似一个延迟环节。直观地看，采样周期 $T$ 减小，可使近似精度提高。

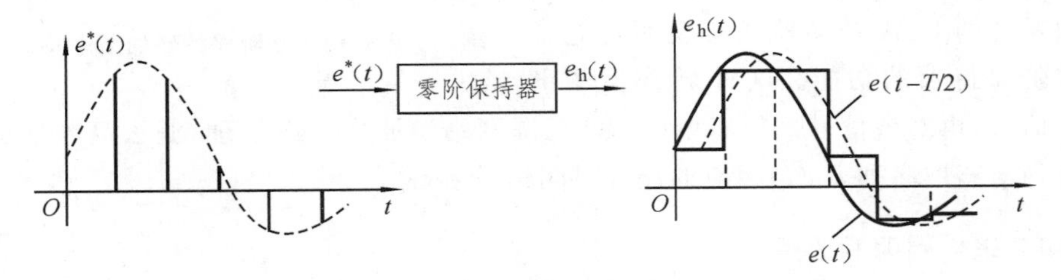


**图 8-10 零阶保持器**

零阶保持器的单位脉冲响应 $g_h(t)$ 如图 8-11 所示，也就是说在单位理想脉冲 $\delta(t)$ 的作用下，零阶保持器的输出为高度为 1、宽度为 $T$ 的矩形脉冲。

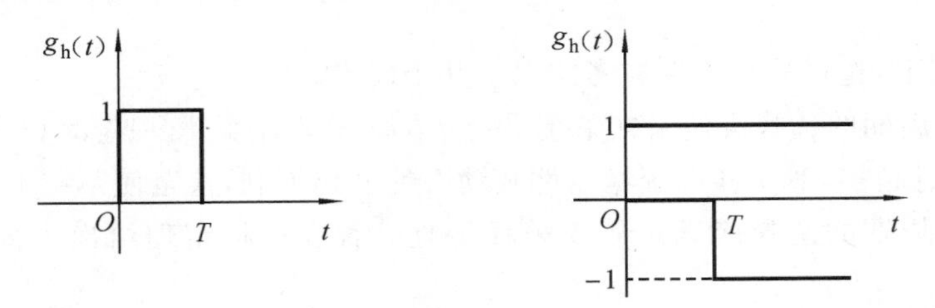


**图 8-11 零阶保持器的单位脉冲响应**

由线性函数的叠加性质，$g_h(t)$ 可分解为两个阶跃函数之和，即

$$g_h(t)=1(t)-1(t-T) \tag{8-13}$$

对上式取拉氏变换得

$$G_h(s)=\mathscr{L}[g_h(t)]=\frac{1}{s}-\frac{1}{s}e^{-Ts}=\frac{1-e^{-Ts}}{s} \tag{8-14}$$

令 $s=j\omega$，得零阶保持器的频率特性为

$$G_h(j\omega)=\frac{1-e^{j\omega T}}{j\omega}=\frac{\sin\omega T}{\omega}-j\,\frac{1-\cos(\omega T)}{\omega} \tag{8-15}$$

其中，$e^{j\omega T}=\cos\omega T-j\sin\omega T$。零阶保持器的幅频特性为

$$|G_h(j\omega)|=T\frac{|\sin(\omega T/2)|}{\omega T/2} \tag{8-16}$$

相频率特性为

$$\angle G_h(j\omega)=-\omega T/2 \tag{8-17}$$

零阶保持器的幅频特性曲线和相频特性曲线如图 8-12 所示。由图中可以看出，$G_h(j\omega)$幅值随 $\omega$ 的增大而减少，是一低通滤波器，但它不是理想的滤波器。除了允许主频分量通过外，还允许部分附加高频分量通过。所以 $e_h(t)$与 $e(t)$不是完全相同的，其频率响应是有差别的。另外，从相频特性看，信号经过零阶保持器后，会产生附加滞后相移，增加了系统的不稳定因素。

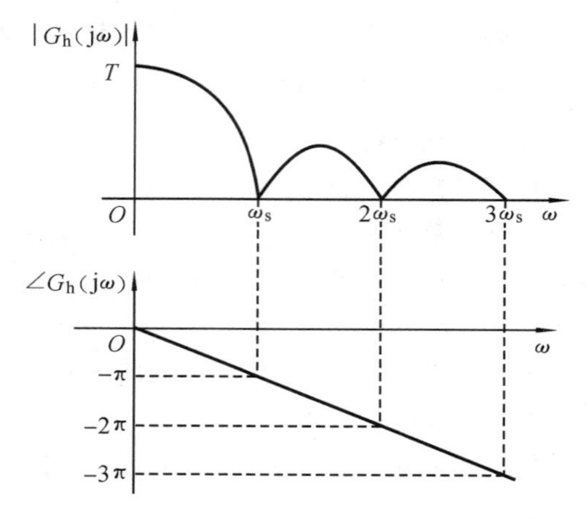


图 8-12 零阶保持器的频率特性

由于数字计算机的广泛应用，计算机控制系统的 D/A 转换器所实现的功能就是零阶保持器的功能。D/A 转换器输出阶梯信号，再对该信号进行简单的 RC 无源网络滤波作平滑处理，滤去高频成分，就可以得到与离散序列 $e^*(t)$相应的连续时间信号 $e(t)$。

### 8.2.4 采样周期的选择

采样周期的选择应考虑许多因素。从系统控制质量的要求来看，一般希望采样周期 $T$ 取得小些，这样更接近于连续控制，系统控制效果较好。从执行机构的特性要求来看，如果采样周期过短，执行机构来不及响应，仍然达不到控制目的，所以采样周期也不宜过短。

一般情况下，选择采样周期应考虑以下几个因素。

(1) 采样周期的选择应使采样系统是稳定的。开环增益 $K$ 一定时，采样周期 $T$ 越长，丢失的信息越多，对采样系统稳定性及动态性能均不利，甚至使系统不稳定。

(2) 采样周期的选择应满足香农采样定理。香农采样定理给出了采样周期的上限 $T_{max}$。

(3) 采样周期的选择应考虑给定值的变化率。闭环系统对于给定信号的跟踪，一般要求采样周期要小一些。

(4) 采样周期的选择应考虑对扰动的抑制。一般采样周期应远小于被控对象的扰动信号的周期，作用于系统的扰动信号频率越高，要求采样频率也要相应提高。

(5) 采样周期的选择应考虑被控对象的时间常数。采样周期应比被控对象的时间常数小得多，否则无法反映瞬变过程。一般情况下，采样周期应小于系统最小时间常数的一半。

(6) 采样周期的选择应考虑执行器的响应速度。如果执行器的响应速度比较慢，那么过短的采样周期将失去意义。

(7) 采样周期的选择考虑被控对象所要求的调节品质。在计算机运算速度允许的情况下,采样周期短,调节品质好。

(8) 考虑性能价格比。从控制性能来考虑,希望采样周期短。但计算机运算速度,以及 A/D 和 D/A 的转换速度要相应地提高,导致计算机硬件的费用增加。

采样周期 $T$ 的选择受到以上多方面因素的制约,有些还是相互矛盾的,需综合考虑。在实际应用中,一般根据经验通过实验确定最合适的采样周期。例如,对温度、成分等响应慢、滞后较大的被控对象,采样周期 $T$ 应选得大一些;对流量、压力等响应快、滞后小的对象,采样周期 $T$ 应选得短些。从系统的控制品质上看,$T$ 取得短,品质会高些;如果以超调量作为系统的主要性能指标,$T$ 可取得大些;如从系统抗扰动和快速响应的要求出发,则 $T$ 应取小些。

## 8.3 $z$ 变换理论

在连续系统分析中,应用拉氏变换作为数学工具,将系统的微分方程转化为代数方程,建立了以传递函数为基础的复域分析法,使得问题处理大大简化。与此相似,线性离散系统的分析,可以通过采用 $z$ 变换的方法来实现。

### 8.3.1 $z$ 变换的定义

已知连续信号 $e(t)$,它的理想采样信号为 $e^*(t)$,其表达式为

$$e^*(t) = \sum_{n=0}^{\infty} e(nT)\delta(t-nT)$$

对上式两边作拉氏变换,有

$$E^*(s) = \mathscr{L}\left[\sum_{n=0}^{\infty} e(nT)\delta(t-nT)\right] = \sum_{n=0}^{\infty} e(nT)\mathrm{e}^{-nTs} \tag{8-18}$$

上式中的指数函数因子 $\mathrm{e}^{Ts}$ 不是 $s$ 的有理函数,而是一个超越函数,因此引入新的变量

$$z=\mathrm{e}^{Ts} \tag{8-19}$$

$$s=\frac{1}{T}\ln z \tag{8-20}$$

将式(8-19)代入式(8-18),可得出以 $z$ 为变量的函数 $E(z)$,即

$$E(z) = \sum_{n=0}^{\infty} e(nT)z^{-n} \tag{8-21}$$

式(8-21)即为 $z$ 变换的定义式。式中 $e(nT)$ 为第 $n$ 个采样时刻的采样值,$z$ 为变换算子,是一个复变量。我们称 $E(z)$ 为 $e^*(t)$ 的 $z$ 变换,记作

$$\mathscr{Z}[e^*(t)]=E(z)$$

需要指出的是,$E(z)$ 实际上是理想采样信号 $e^*(t)$ 的拉氏变换;从定义上看,$E(z)$ 只是考虑了采样时刻的信号值 $e(nT)$。对于一个连续函数 $e(t)$,由于采样时刻的值就是 $e(nT)$,因此 $E(z)$ 既是采样信号 $e^*(t)$ 的 $z$ 变换,也是连续信号 $e(t)$ 的 $z$ 变换,即

$$E(z) = \mathscr{Z}[e^*(t)] = \mathscr{Z}[e(t)] = \sum_{n=0}^{\infty} e(nT)z^{-n} \tag{8-22}$$

将式(8-22 )展开

$$E(z)=e(0)z^0+e(T)z^{-1}+e(2T)z^{-2}+\cdots+e(nT)z^{-n}+\cdots \tag{8-23}$$

可以看出,采样函数的 $z$ 变换是关于 $z$ 的幂级数。其一般项 $e(nT)z^{-n}$ 的物理意义为:$e(nT)$表征采样脉冲的幅值,$z$ 次幂表征采样脉冲出现的时刻。因此,它既包含了量值信息 $e(nT)$,又包含了时间信息 $z^{-n}$,具有清晰的采样节拍感。从另一意义看,$z$ 变换实际上是拉氏变换的一种演化,目的是使 $E(z)$为 $z$ 变量的有理函数,而原来的 $E^*(s)$ 则为 $\mathrm{e}^{Ts}$ 超越函数,这样便于对离散系统进行分析和设计。

$z$ 是个复变量,它具有实部和虚部,所以 $z$ 是一个以实部为横坐标,虚部为纵坐标的平面上的变量,这个平面亦称 $z$ 平面。从理想采样信号的拉氏变换到采样序列的 $z$ 变换,就是由式(8-19)确定的复变量 $s$ 平面到复变量 $z$ 平面的映射变换。一般来说,脉冲序列的 $z$ 变换 $\sum\limits_{n=0}^{\infty}e(nT)z^{-n}$ 并不一定对任何 $z$ 值都收敛,$z$ 平面上满足级数收敛的区域称为"收敛域"。根据级数知识我们知道,级数一致收敛的条件是绝对可积。因此,$z$ 平面的收敛域应满足

$$\sum_{n=0}^{\infty}|e(nT)z^{-n}|<\infty \tag{8-24}$$

### 8.3.2 $z$ 变换方法

求离散时间函数 $z$ 变换的方法很多,简便常用的有以下几种。

**1. 级数求和法**

级数求和法实际上是按 $z$ 变换的定义将离散函数 $z$ 变换展成无穷级数的形式,然后进行级数求和运算,也称直接法。

由 $z$ 变换的定义展开式(8-23)可知,只要知道连续函数 $e(t)$在采样时刻 $nT(n=1,2,\cdots)$的采样值 $e(nT)$后,就可以得到 $z$ 变换的级数和形式。为达到方便运算的目的,必须将级数求和写成闭式。通常函数 $z$ 变换的级数形式都是收敛的,下面举例说明已知函数的 $z$ 变换的级数求和法。

**【例 8-1】** 试求单位阶跃信号 $e(t)=1(t)$的 $z$ 变换。

**解** 单位阶跃函数在任何采样时刻的值均为 1,即

$$e(nT)=1(nT)=1 \quad (n=1,2,\cdots)$$

由 $z$ 变换定义求得

$$E(z)=\mathscr{Z}[1(t)]=\sum_{n=0}^{\infty}1(nT)\cdot z^{-n}=1+z^{-1}+z^{-2}+\cdots+z^{-n}+\cdots$$

这是公比为 $z^{-1}$的等比级数,在满足收敛条件$|z^{-1}|<1$ 时,其收敛和为

$$E(z)=\frac{1}{1-z^{-1}}=\frac{z}{z-1}$$

**【例 8-2】** 设 $e(t)=\delta_{\mathrm{T}}(t)=\sum\limits_{n=0}^{\infty}\delta(t-nT)$,试求单位理想脉冲序列 $\delta_{\mathrm{T}}(t)$ 的 $z$ 变换。

**解** 因为 $T$ 为采样周期,故

$$e^*(t)=\delta_{\mathrm{T}}(t)=\sum_{n=0}^{\infty}\delta(t-nT)$$

根据拉氏变换位移定理知 $E^*(s)=\sum\limits_{n=0}^{\infty}\mathrm{e}^{-nTs}$,因此

$$E(z)=\sum_{n=0}^{\infty}z^{-n}=1+z^{-1}+z^{-2}\cdots$$

在满足收敛条件$|z^{-1}|<1$时，其收敛和为

$$E(z)=\frac{1}{1-z^{-1}}=\frac{z}{z-1}$$

从例 8-1 和例 8-2 可见，相同的 $z$ 变换 $E(z)$ 对应于相同的采样函数 $e^{*}(t)$，但是不一定对应于相同的连续函数 $e(t)$，利用 $z$ 变换分析离散系统时要特别注意这一点。

**【例 8-3】** 求单位斜坡信号 $e(t)=t$ 的 $z$ 变换。

**解** 由于 $e(t)=t$，故 $e(nT)=nT$。由 $z$ 变换定义

$$E(z)=\mathscr{Z}[t]=\sum_{n=0}^{\infty}nTz^{-n}$$

在满足收敛条件$|z^{-1}|<1$时，由于

$$\sum_{n=0}^{\infty}z^{-n}=\frac{z}{z-1}$$

将上式两边对 $z$ 求导

$$\sum_{n=0}^{\infty}(-n)z^{-n-1}=\frac{-1}{(z-1)^2}$$

再将上式两边同边同时乘以$-Tz$，即得单位斜坡信号的 $z$ 变换为

$$E(z)=\sum_{n=0}^{\infty}(nT)z^{-n}=\frac{Tz}{(z-1)^2}$$

**【例 8-4】** 求指数函数 $e(t)=\mathrm{e}^{-at}$ 的 $z$ 变换($a>0$)。

**解** 由 $z$ 变换定义

$$E(z)=\mathscr{Z}[\mathrm{e}^{-at}]=\sum_{n=0}^{\infty}\mathrm{e}^{-anT}\cdot z^{-n}=1+\mathrm{e}^{-aT}z^{-1}+\mathrm{e}^{-2aT}z^{-2}+\cdots+\mathrm{e}^{-anT}z^{-n}+\cdots$$

上式为公比是 $\mathrm{e}^{-aT}z^{-1}$ 的等比级数，若满足$|\mathrm{e}^{-aT}z^{-1}|<1$，其收敛和为

$$E(z)=\frac{1}{1-\mathrm{e}^{-aT}\cdot z^{-1}}=\frac{z}{z-\mathrm{e}^{-aT}}$$

还需要指出，上式中 $\mathrm{e}^{-aT}$ 是一具体数值，假设 $a=1,T=0.5$，由上式可得

$$E(z)=\mathscr{Z}[\mathrm{e}^{-0.5t}]=\frac{z}{z-\mathrm{e}^{-0.5}}=\frac{z}{z-0.606}$$

利用级数求和法求 $z$ 变换时，需要把无穷级数写成闭合形式。只要函数的 $z$ 变换的无穷项级数 $E(z)$ 在 $z$ 平面的某一区域是收敛的，则在应用 $z$ 变换法求解离散控制系统问题时，并不需要指出 $E(z)$ 在什么区域收敛。

**2. 部分分式法**

连续时间函数 $e(t)$ 与其拉氏变换 $E(s)$ 之间是一一对应的。若通过部分分式法将时间函数的拉氏变换式展开成一些简单的部分分式，使每一项部分分式对应的时间函数为最基本、最典型的形式，这些典型函数的 $z$ 变换是已知的，即可方便地求出 $E(s)$ 对应的 $z$ 变换 $E(z)$。

设连续函数 $e(t)$ 的拉氏变换 $E(s)$ 具有以下有理函数形式

$$E(s)=\frac{M(s)}{N(s)}$$

式中，$M(s)$ 和 $N(s)$ 分别为复变量 $s$ 的多项式。

一般可将 $E(s)$ 展成部分分式和的形式，即

$$E(s) = \sum_{i=1}^{n} \frac{A_i}{s + s_i} \tag{8-25}$$

用拉氏反变换求出原时间函数

$$e(t) = \sum_{i=1}^{n} A_i e^{-s_i t}$$

可见，相应的时间函数为各指数函数 $A_i e^{-s_i t}$ 之和。利用已知的指数函数的 $z$ 变换公式，以及 $z$ 变换的线性定理(后面介绍)，函数 $e(t)$ 的 $z$ 变换可从 $E(s)$ 的部分分式和求得，即

$$E(z) = \sum_{i=1}^{n} A_i \frac{z}{z - e^{-s_i T}} \tag{8-26}$$

**【例 8-5】** 已知连续时间函数 $e(t)$ 的拉氏变换为 $E(s)=\dfrac{k}{(s+a)(s+b)}$，试求其 $z$ 变换 $E(z)$。

**解** 将 $E(s)$ 展成如下部分分式

$$E(s)=\frac{k}{(s+a)(s+b)}=\frac{k}{b-a}\left(\frac{1}{s+a}-\frac{1}{s+b}\right)$$

对上式取拉氏反变换，可得

$$e(t)=\frac{k}{b-a}\mathscr{L}^{-1}\left[\frac{1}{s+a}-\frac{1}{s+b}\right]=\frac{k}{b-a}(e^{-at}-e^{-bt})$$

由例 8-4 知 $\qquad \mathscr{Z}[e^{-at}]=\dfrac{z}{z-e^{-aT}},\quad \mathscr{Z}[e^{-bt}]=\dfrac{z}{z-e^{-bT}}$

所以 $\qquad E(z)=\dfrac{k}{b-a}\left(\dfrac{z}{z-e^{-aT}}-\dfrac{z}{z-e^{-bT}}\right)=\dfrac{k}{b-a}\dfrac{z(e^{-aT}-e^{-bT})}{(z-e^{-aT})(z-e^{-bT})}$

**【例 8-6】** 求正弦信号 $e(t)=\sin\omega t$ 的 $z$ 变换。

**解** 对 $e(t)=\sin\omega t$ 取拉氏变换，得

$$E(s)=\frac{\omega}{s^2+\omega^2}$$

将上式展开为部分分式

$$E(s)=\frac{1}{2j}\left(\frac{1}{s-j\omega}-\frac{1}{s+j\omega}\right)$$

根据指数函数的 $z$ 变换表达式，可以得到

$$E(z)=\frac{1}{2j}\left(\frac{z}{z-e^{j\omega T}}-\frac{z}{z-e^{-j\omega T}}\right)=\frac{1}{2j}\left[\frac{z(e^{j\omega T}-e^{-j\omega T})}{z^2-z(e^{j\omega T}+e^{-j\omega T})+1}\right]=\frac{z\sin\omega T}{z^2-2z\cos\omega T+1}$$

**3. 留数计算法**

设连续函数 $e(t)$ 的拉氏变换式 $E(s)$ 及全部极点 $s_i$ 为已知，则可用留数计算法求其 $z$ 变换

$$E(z) = \sum_{i=1}^{n} \mathrm{Res}\left[E(s)\frac{z}{z-e^{sT}}\right]\Bigg|_{s=s_i} = \sum_{i=1}^{n} R_i \tag{8-27}$$

式中：$s_i$ 为 $E(s)$ 的极点；$R_i=\mathrm{Res}\left[E(s)\dfrac{z}{z-e^{sT}}\right]\Bigg|_{s=s_i}$ 为 $E(s)\dfrac{z}{z-e^{sT}}$ 在极点 $s=s_i$ 时的留数。

当 $E(s)$ 具有一阶极点 $s=s_i$，其留数 $R_1$ 为

$$R_1=\lim_{s\to s_i}(s-s_i)\left[E(s)\frac{z}{z-e^{sT}}\right] \tag{8-28}$$

若 $E(s)$ 具有 $m$ 阶重极点 $s=s_i$，其留数 $R_m$ 为

$$R_m=\frac{1}{(m-1)!}\lim_{s\to s_i}\frac{d^{m-1}}{ds^{m-1}}\left[(s-s_i)^m E(s)\frac{z}{z-e^{sT}}\right] \tag{8-29}$$

**【例 8-7】** 已知连续数 $e(t)$ 的拉氏变换为 $E(s)=\dfrac{s+3}{(s+1)(s+2)}$，试求 $E(z)$。

**解** 根据式(8-27)及式(8-28)得

$$\begin{aligned}E(z)&=\sum_{i=1}^{2}\text{Res}\left[E(s_i)\frac{z}{z-e^{s_iT}}\right]\\&=(s+1)\frac{s+3}{(s+1)(s+2)}\frac{z}{z-e^{sT}}\bigg|_{s=-1}+(s+2)\frac{s+3}{(s+1)(s+2)}\frac{z}{z-e^{sT}}\bigg|_{s=-2}\\&=\frac{2z}{z-e^{-T}}-\frac{z}{z-e^{-2T}}=\frac{z[z+(e^{-T}-2e^{-2T})]}{z^2-(e^{-T}+e^{-2T})z+e^{-3T}}\end{aligned}$$

**【例 8-8】** 试求连续时间函数 $e(t)=te^{-at}$ 的 $z$ 变换。

**解** 首先写出 $e(t)$ 拉氏变换 $E(s)$，即

$$E(s)=\frac{1}{(s+a)^2}$$

显然 $s_1=-a,n=2$，根据式(8-29)，得

$$E(z)=\frac{1}{(2-1)!}\frac{d}{ds}\left[(s+a)^2\frac{1}{(s+a)^2}\frac{z}{z-e^{sT}}\right]\bigg|_{s=-a}=\frac{Tze^{sT}}{(z-e^{sT})^2}\bigg|_{s=-a}=\frac{Tze^{-aT}}{(z-e^{-aT})^2}$$

**【例 8-9】** 求 $e(t)=t^2$ 的 $z$ 变换。

**解** 由于 $\mathscr{L}(t^2)=E(s)=2/s^3$，它在 $s=0$ 处有三个重极点，其留数 $R$ 为

$$R=\frac{1}{(3-1)!}\frac{d^2}{ds^2}\left[s^3\frac{2}{s^3}\frac{z}{z-e^{sT}}\right]\bigg|_{s=0}=\frac{T^2z(z+1)}{(z-1)^3}=E(z)$$

需要指出的是，由于 $z$ 变换是与时域中的离散时间序列 $e^*(t)$ 相对应，而不是与连续时间信号 $e(t)$ 相对应，所以不能直接将 $s=(1/T)\ln z$ 代入拉氏变换式去求取 $z$ 变换。

常用时间函数的 $z$ 变换如表 8-1 所示。由表可知，这些函数的 $z$ 变换都是 $z$ 的有理分式，且分母多项式的次数大于或等于分子多项式的次数。值得指出，表中各函数 $z$ 变换有理分式中，分母 $z$ 多项式的最高次数与相应拉氏变换式分母 $s$ 多项式的最高次数相等。

**表 8-1 常用函数的 $z$ 变换表**

| $e(t)$ | $E(s)$ | $E(z)$ |
|---|---|---|
| $\delta(t)$ | 1 | 1 |
| $\delta(t-nT)$ | $e^{-nTs}$ | $z^{-n}$ |
| $1(t)$ | $1/s$ | $z/(z-1)$ |
| $t$ | $1/s^2$ | $Tz/(z-1)^2$ |
| $t^2/2!$ | $1/s^3$ | $T^2z(z+1)/[2(z-1)^3]$ |
| $\sum_{n=0}^{\infty}\delta(t-nT)$ | $1/(1-e^{-Ts})$ | $z/(z-1)$ |
| $e^{-at}$ | $1/(s+a)$ | $z/(z-e^{-aT})$ |

续表

| $e(t)$ | $E(s)$ | $E(z)$ |
|---|---|---|
| $te^{-at}$ | $1/(s+a)^2$ | $Tze^{-aT}/(z-e^{-aT})^2$ |
| $1-e^{-at}$ | $a/s(s+a)$ | $(1-e^{-aT})z/[(z-1)(z-e^{-aT})]$ |
| $\sin\omega t$ | $\omega/(s^2+\omega^2)$ | $z\sin\omega T/[z^2-2z\cos(\omega T)+1]$ |
| $\cos\omega t$ | $s/(s^2+\omega^2)$ | $z(z-\cos\omega T)/[z^2-2z\cos(\omega T)+1]$ |
| $e^{-at}\sin\omega t$ | $\omega/[(s+a)^2+\omega^2]$ | $ze^{-aT}\sin\omega T/[z^2-2ze^{-aT}\cos\omega T+e^{-2aT}]$ |
| $e^{-at}\cos\omega t$ | $(s+a)/[(s+a)^2+\omega^2]$ | $(z^2-ze^{-aT}\cos\omega T)/[z^2-2ze^{-aT}\cos\omega T+e^{-2aT}]$ |
| $a^n$ | | $z/(z-a)$ |
| $a^n\cos n\pi$ | | $z/(z+a)$ |

### 8.3.3 $z$ 变换基本定理

与拉氏变换一样,$z$ 变换也有一些重要性质,这些性质由 $z$ 变换的一些基本定理所反映,运用这些基本定理可使 $z$ 变换运算变得简单和方便。

**1. 线性定理**

设连续函数 $e_1(t)$、$e_2(t)$ 的 $z$ 变换分别为 $E_1(z)$、$E_2(z)$,且 $a_1$、$a_2$ 为常数,则有

$$\mathscr{Z}[a_1e_1(t)\pm a_2e_2(t)]=a_1E_1(z)\pm a_2E_2(z) \tag{8-30}$$

**证** 由 $z$ 变换的定义

$$\begin{aligned}\mathscr{Z}[a_1e_1(t)\pm a_2e_2(t)] &= \sum_{n=0}^{\infty}[a_1e_1(nT)\pm a_2e_2(nT)]z^{-n}\\ &= a_1\sum_{n=0}^{\infty}e_1(nT)z^{-n}\pm a_2\sum_{n=0}^{\infty}e_2(nT)z^{-n}\\ &= a_1E_1(z)\pm a_2E_2(z)\end{aligned}$$

$z$ 变换的线性定理表明了连续时间函数代数和的 $z$ 变换等于各函数单独 $z$ 变换的代数和。

**2. 实位移定理**

如果连续函数 $e(t)$ 的 $z$ 变换为 $E(z)$,则 $e(t)$ 时序后移的 $z$ 变换为(延迟定理)

$$\mathscr{Z}[e(t-kT)]=z^{-k}E(z) \tag{8-31}$$

而且,$e(t)$ 时序前移的 $z$ 变换为(超前定理)

$$\mathscr{Z}[e(t+kT)]=z^kE(z)-z^k\sum_{n=0}^{k-1}e(nT)z^{-n}\quad (k\text{ 为正整数}) \tag{8-32}$$

**证** 根据 $z$ 变换定义

$$\begin{aligned}\mathscr{Z}[e(t-kT)] &= \sum_{n=0}^{\infty}e(nT-kT)z^{-n}=\sum_{n=0}^{\infty}e(nT-kT)z^{-n}z^kz^{-k}\\ &= z^{-k}\sum_{n=0}^{\infty}e[(n-k)T]z^{-(n-k)}\end{aligned}$$

令 $n-k=m$ 代入上式,得

$$\mathscr{Z}[e(t-kT)]=z^{-k}\sum_{m=-k}^{\infty}e(mT)z^{-m}$$

由于 $z$ 变换的单边性，当 $m<0$ 时，有 $e(mT)=0$，所以上式可写成

$$\mathscr{Z}[e(t-kT)]=z^{-k}\sum_{m=0}^{\infty}e(mT)z^{-m}$$

式(8-31)得证。为了证明式(8-32)，由于

$$\mathscr{Z}[e(t+kT)]=\sum_{n=0}^{\infty}e(nT+kT)z^{-n}$$

先考虑 $k=1$ 的情况，这时

$$\mathscr{Z}[e(t+T)]=\sum_{n=0}^{\infty}e(nT+T)z^{-n}=z\sum_{n=0}^{\infty}e[(n+1)T]z^{-(n+1)}$$

令 $m=n+1$，上式可写成

$$\mathscr{Z}[e(t+T)]=z\sum_{m=1}^{\infty}e(mT)z^{-m}=z\left[\sum_{m=0}^{\infty}e(mT)z^{-m}-e(0)\right]=z[E(z)-e(0)]$$

同理，当 $k=2$ 时，有

$$\mathscr{Z}[e(t+2T)]=z^{2}\sum_{m=2}^{\infty}e(mT)z^{-m}=z^{2}\left[\sum_{m=0}^{\infty}e(mT)z^{-m}-e(0)-z^{-1}e(T)\right]$$

$$=z^{2}\left[E(z)-\sum_{m=0}^{1}e(mT)z^{-m}\right]$$

以此类推，取 $k=k$ 时，必有

$$\mathscr{Z}[e(t+kT)]=z^{k}\left[E(z)-\sum_{n=0}^{k-1}e(nT)z^{-n}\right]$$

式(8-32)得证。

在实位移定理中，算子 $z$ 有明确的物理意义：$z^{-k}$ 代表时域中的时滞环节，它将采样信号滞后 $k$ 个采样周期；同理，$z^{k}$ 代表超前环节，它把采样信号超前 $k$ 个采样周期。但是，超前环节 $z^{k}$ 仅用于运算，在实际物理系统中并不存在。

**【例 8-10】** 试用延迟定理求延迟一个采样周期的单位斜坡函数的 $z$ 变换，已知 $e(t)=t-T$。

**解** 根据延迟定理

$$\mathscr{Z}[e(t)]=\mathscr{Z}[t-T]=z^{-1}\mathscr{Z}[t]$$

由单位斜坡函数的 $z$ 变换，有

$$E(z)=z^{-1}\frac{Tz}{(z-1)^{2}}=\frac{T}{(z-1)^{2}}$$

**3. 复位移定理**

设连续时间信号 $e(t)$ 的 $z$ 变换为 $E(z)$，则

$$\mathscr{Z}[e(t)\mathrm{e}^{\mp at}]=E(z\mathrm{e}^{\pm aT}) \tag{8-33}$$

**证** 根据 $z$ 变换的定义，有

$$\mathscr{Z}[e(t)\mathrm{e}^{\mp at}]=\sum_{n=0}^{\infty}e(nT)\mathrm{e}^{\mp anT}z^{-n}=\sum_{n=0}^{\infty}e(nT)(\mathrm{e}^{\pm aT}z)^{-n}$$

令 $z_1=\mathrm{e}^{\pm aT}z$ 代入上式，则有

$$\mathscr{Z}[e(t)\mathrm{e}^{\mp at}] = \sum_{n=0}^{\infty} e(nT) z_1^{-n} = E(z_1) = E(z\mathrm{e}^{\pm aT})$$

证毕。

【例 8-11】 试运用复位移定理,求 $e(t)=t\mathrm{e}^{-at}$ 的 $z$ 变换。

**解** 已知

$$\mathscr{Z}[t]=\frac{Tz}{(z-1)^2}$$

根据复位移定理,有

$$\mathscr{Z}[t\mathrm{e}^{-at}]=\frac{Tz\mathrm{e}^{aT}}{(z\mathrm{e}^{aT}-1)^2}=\frac{Tz\mathrm{e}^{-aT}}{(z-\mathrm{e}^{-aT})^2}$$

前例中,我们已采用留数法讨论过 $t\mathrm{e}^{-at}$ 的 $z$ 变换,相对来说计算复杂一些,现在根据复位移定理可直接写出该题结果。因此,合理运用这些基本定理可使 $z$ 变换运算变得较为简单和方便。

**4. 初值定理**

如果 $e(t)$ 的 $z$ 变换为 $E(z)$,且极限 $\lim\limits_{z\to\infty} E(z)$ 存在,则有

$$e(0)=\lim_{t\to 0} e^*(t)=\lim_{z\to\infty} E(z) \tag{8-34}$$

即离散序列的初值可由 $z$ 域求得。

**证** 根据 $z$ 变换定义,有

$$E(z)=e(0)+e(T)z^{-1}+e(2T)z^{-2}+\cdots$$

对上式两边取极限,并令 $z\to\infty$,可得

$$\lim_{z\to\infty} E(z)=e(0)$$

**5. 终值定理**

如果 $e(t)$ 的 $z$ 变换为 $E(z)$,且 $E(z)$ 在 $z$ 平面的单位圆上没有二重以上极点,在单位圆外无极点,则

$$\lim_{t\to\infty} e(t)=\lim_{n\to\infty} e(nT)=\lim_{z\to 1}(z-1)E(z) \tag{8-35}$$

即离散序列的终值可由 $z$ 域求得。

**证** 由实位移定理得

$$\mathscr{Z}[e(t+T)] = zE(z) - ze(0) = \sum_{n=0}^{\infty} e[(n+1)T]z^{-n}$$

因此有 $$zE(z) - ze(0) - E(z) = \sum_{n=0}^{\infty} e[(n+1)T]z^{-n} - \sum_{n=0}^{\infty} e(nT)z^{-n}$$

并可得到 $$(z-1)E(z) = ze(0) + \sum_{n=0}^{\infty}\{e[(n+1)T] - e(nT)\}z^{-n}$$

上式两边取 $z\to 1$ 时的极限,得

$$\begin{aligned}\lim_{z\to 1}(z-1)E(z) &= e(0) + \sum_{n=0}^{\infty}\{e[(n+1)T] - e(nT)\} \\ &= e(0) + e(\infty) - e(0) = \lim_{t\to\infty} e(t)\end{aligned}$$

$z$ 变换的终值定理形式亦可表示为

$$e(\infty)=\lim_{n\to\infty} e(nT)=\lim_{z\to 1}(1-z^{-1})E(z) \tag{8-36}$$

以上两个定理的应用,类似于拉氏变换中初值定理和终值定理。如果已知 $e(t)$ 的

$z$ 变换，在不求反变换的情况下，可以方便地求出 $e(t)$ 的初值和终值。

**【例 8-12】** 设 $z$ 变换函数如下式，试利用终值定理求 $e(nT)$ 的终值。

$$E(z)=\frac{0.792z^2}{(z-1)(z^2-0.416z+0.208)}$$

**解** 利用终值定理式(8-35)，可得

$$e(\infty)=\lim_{z\to 1}(z-1)\frac{0.792z^2}{(z-1)(z^2-0.416z+0.208)}=\lim_{z\to 1}\frac{0.792z^2}{z^2-0.416z+0.208}=1$$

**6. 卷积定理**

设 $c(t)$、$g(t)$、$r(t)$ 的 $z$ 变换分别为 $C(z)$、$G(z)$、$R(z)$，并且当 $t<0$ 时，$c(t)=g(t)=r(t)=0$。如果

$$c(nT)=\sum_{k=0}^{n}g(nT-kT)r(kT) \tag{8-37}$$

则有

$$C(z)=G(z)R(z) \tag{8-38}$$

式(8-37)也称为两个采样函数 $g(nT)$、$r(nT)$ 的离散卷积，记为

$$g(nT)*r(nT)=\sum_{k=0}^{\infty}g(nT-kT)r(kT)=\sum_{k=0}^{n}g(nT-kT)r(kT) \tag{8-39}$$

**证** 由 $z$ 变换定义

$$C(z)=\sum_{n=0}^{\infty}c(nT)z^{-n}$$

因为当 $k>n$ 时，$g(nT-kT)=0$，所以 $c(nT)$ 可以写成

$$c(nT)=\sum_{k=0}^{n}g(nT-kT)r(kT)=\sum_{k=0}^{\infty}g(nT-kT)r(kT)$$

将上式代入 $C(z)=\sum_{n=0}^{\infty}c(nT)z^{-n}$，并令 $n-k=m$，则

$$\begin{aligned}C(z)&=\sum_{n=0}^{\infty}\sum_{k=0}^{\infty}g(nT-kT)r(kT)z^{-n}=\sum_{k=0}^{\infty}r(kT)\sum_{m=-k}^{\infty}g(mT)z^{-(m+k)}\\&=\sum_{k=0}^{\infty}r(kT)\sum_{m=0}^{\infty}g(mT)z^{-(m+k)}=\sum_{k=0}^{\infty}r(kT)z^{-k}\sum_{m=0}^{\infty}g(mT)z^{-m}=G(z)R(z)\end{aligned}$$

卷积定理指出，两个采样函数卷积的 $z$ 变换，就等于该两个采样函数相应 $z$ 变换的乘积。

### 8.3.4 $z$ 反变换

与连续系统应用拉氏变换法一样，对于离散系统，通常在 $z$ 域进行分析计算后，需用反变换确定时域解。所谓 $z$ 反变换，是已知 $z$ 变换表达式 $E(z)$，求得相应离散时间序列 $e(nT)$ 的过程。记作

$$e(nT)=\mathscr{Z}^{-1}[E(z)]$$

下面介绍三种比较常用的 $z$ 反变换方法。

**1. 部分分式法**

大部分连续时间信号都是由基本信号组合而成，而基本信号的 $z$ 变换大都可以借用 $z$ 变换表查得。因此，可以将 $E(z)$ 分解为对应于基本信号的部分分式，再查表求其 $z$ 反变换。由于基本信号的 $z$ 变换都带有因子 $z$，所以应该首先将 $E(z)/z$ 分解为部分分

式,然后对分解后的各项乘上因子 $z$ 后再查 $z$ 变换表。

**【例 8-13】** 已知 $E(z)=\frac{10z}{(z-1)(z-2)}$,用部分分式法求 $z$ 反变换 $e(nT)$。

**解** $E(z)$有两个极点 $z_1=1,z_2=2$,可以分解为两项部分分式之和。由于

$$\frac{E(z)}{z}=\frac{10}{(z-1)(z-2)}=\frac{-10}{z-1}+\frac{10}{z-2}$$

将部分分式每项乘以因子 $z$

$$E(z)=\frac{-10z}{z-1}+\frac{10z}{z-2}$$

查 $z$ 变换表,有 $\mathscr{Z}^{-1}\left[\frac{z}{z-1}\right]=1,\quad \mathscr{Z}^{-1}\left[\frac{z}{z-2}\right]=2^n$

最后可得 $E(z)$的 $z$ 反变换为

$$e(nT)=10\times(-1+2^n)\quad(n=1,2,3,\cdots)$$

**2. 幂级数展开法**

由于序列 $e^*(t)$的 $z$ 变换 $E(z)$一般为有理分式形式,因此,我们通过某种方法(通常用长除法),可以求出按 $z^{-n}$降幂次序排列的级数展开,根据系数即可得出时间序列 $e(nT)$,这种方法较为简单,但不容易得出 $e(nT)$的一般表达式。

设 $E(z)$的有理分式表达式为

$$E(z)=\frac{b_m z^m+b_{m-1}z^{m-1}+\cdots+b_0}{a_n z^n+a_{n-1}z^{n-1}+\cdots+a_0}\tag{8-40}$$

通常 $m\leqslant n$,用分母除分子,可得

$$E(z)=c_0+c_1z^{-1}+c_2z^{-2}+\cdots+c_nz^n+\cdots=\sum_{n=0}^{\infty}c_nz^{-n}\tag{8-41}$$

上式的 $z$ 反变换式为

$$e^*(t)=c_0\delta(t)+c_1\delta(t-T)+c_2\delta(t-2T)+\cdots+c_n\delta(t-nT)+\cdots\tag{8-42}$$

**【例 8-14】** 已知 $E(z)=\frac{z^2+z}{z^3-3z^2+3z-1}$,用幂级数法求 $z$ 反变换 $e^*(t)$。

**解** 应用长除法,用分子多项式除以分母多项式求得

$$E(z)=0z^0+1z^{-1}+4z^{-2}+9z^{-3}+\cdots$$

其 $z$ 反变换为

$$e^*(t)=0\delta(t)+1\delta(t-T)+4\delta(t-2T)+9\delta(t-3T)+\cdots$$

**3. 留数计算法**

留数计算法又称反演积分法,在实际问题中遇到的 $z$ 变换函数 $E(z)$,除了有理分式外,有可能是超越函数,此时无法应用部分分式法及长除法来求 $z$ 反变换,而只能采用反演积分法。当然,反演积分法对 $E(z)$为有理分式的情况同样适用。

根据 $z$ 变换的定义

$$E(z)=\sum_{n=1}^{\infty}e(nT)z^{-n}=e(0)+e(T)z^{-1}+\cdots+e(nT)z^{-n}+\cdots$$

用 $z^{n-1}$乘上式两边,可得

$$E(z)z^{n-1}=e(0)z^{n-1}+e(T)z^{n-2}+\cdots+e[(n-1)T]z^{-2}+e(nT)z^{-1}\cdots$$

由复变函数积分理论可知,已知离散时间序列 $e(nT)$的 $z$ 变换 $E(z)$,可通过计算 $z$ 域的围线积分求得 $e(nT)$,即

$$e(nT) = \frac{1}{2\pi \mathrm{j}} \oint_C E(z) z^{n-1} \mathrm{d}z \qquad (8\text{-}43)$$

其中，围线 $C$ 为包围 $E(z)z^{n-1}$ 所有极点的封闭曲线。

在复变函数积分理论中，通常积分值是借助于留数定理来计算的。由于围线 $C$ 包围了 $E(z)z^{n-1}$ 的所有极点，所以利用留数定理可以得到

$$e(nT) = \frac{1}{2\pi \mathrm{j}} \oint_C E(z) z^{n-1} \mathrm{d}z = \sum_{i=1}^{n} \mathrm{Res}[E(z)z^{n-1}]\big|_{z=z_i} = \sum_{i=1}^{n} R_i \qquad (8\text{-}44)$$

式中：$z_i$ 为 $E(z)$ 的极点；$R_i$ 为 $E(z)z^{n-1}$ 在极点 $z=z_i$ 时的留数。

式(8-44)表明，$e(nT)$ 等于 $E(z)z^{n-1}$ 在其所有极点上的留数之和。

对于一阶极点的留数 $R_1$ 为

$$R_1 = \lim_{z \to z_i} (z - z_i)[E(z)z^{n-1}]$$

对于 $m$ 阶重极点的留数为

$$R_m = \frac{1}{(m-1)!} \lim_{z \to z_i} \frac{\mathrm{d}^{m-1}}{\mathrm{d}z^{m-1}} [(z - z_i)^m E(z) z^{n-1}] \qquad (8\text{-}45)$$

**【例 8-15】** 已知 $z$ 域函数为 $E(z) = \frac{10z}{(z-1)(z-2)}$，试用留数法求取 $z$ 反变换 $e(nT)$。

**解** $E(z)$ 有两个极点 $z_1 = 1, z_2 = 2$；根据式(8-44)，有

$$\begin{aligned} e(nT) &= \sum_{i=1}^{2} \mathrm{Res}\left[\frac{10z}{(z-1)(z-1)} z^{n-1}\right] = (z-1)\frac{10z^n}{(z-1)(z-2)}\bigg|_{z=1} \\ &\quad + (z-2)\frac{10z^n}{(z-1)(z-2)}\bigg|_{z=2} = -10 + 10 \times 2^n \end{aligned}$$

**【例 8-16】** 已知 $z$ 域函数为 $E(z) = \frac{(1-\mathrm{e}^{-aT})z}{(z-1)(z-\mathrm{e}^{-aT})}$，试用留数法求取 $z$ 反变换 $e(nT)$。

**解** $E(z)$ 有两个极点 $z_1 = 1, z_2 = \mathrm{e}^{-aT}$，所以有

$$\begin{aligned} e(nT) &= \sum_{i=1}^{2} R_i \\ &= (z-1)\frac{(1-\mathrm{e}^{-aT})z}{(z-1)(z-\mathrm{e}^{-aT})} z^{n-1}\bigg|_{z=1} + (z-\mathrm{e}^{-aT})\frac{(1-\mathrm{e}^{-aT})z}{(z-1)(z-\mathrm{e}^{-aT})} z^{n-1}\bigg|_{z=\mathrm{e}^{-aT}} \\ &= 1 - \mathrm{e}^{-anT} \end{aligned}$$

应该指出，上述 $z$ 变换的应用是有局限性的。首先，它只能表征连续函数在采样时刻的特性，而不能反映其在采样时刻之间的特性。其次，当采样系统中包含延迟环节，而延迟时间不是采样周期的整数倍时，直接应用上述方法也有困难。为此，人们在应用延迟定理的基础上，提出了一种广义 $z$ 变换。例如，为了求取两个采样时刻之间的信息，可以设想在采样系统中加入某种假想的滞后，并利用延迟定理求解。由于篇幅所限，这里就不能细述了，读者可参阅有关文献。

## 8.4 离散控制系统的数学模型

分析研究离散控制系统，必须要建立系统的数学模型，类似于连续系统的数学描述，线性离散控制系统可以用差分方程和脉冲传递函数来表示。有关文献也介绍了离散状态空间表达式及其求解。

### 8.4.1　差分方程

连续系统的输入和输出信号都是连续时间的函数，描述它们内在运动规律的是微分方程。而离散系统的输入和输出信号都是离散时间函数，即以脉冲序列形式表示如 $r(nT)(n=0,1,2,\cdots)$，这种系统行为就不能再用时间的微分方程来描述，它的运算规律取决于前后序列数，而且必须用差分方程来描述。描述离散系统的数学模型就成为差分方程，它反映离散系统输入、输出序列之间的运算关系。

对于一个单输入单输出的线性离散系统，设输入脉冲序列用 $r(kT)$ 表示，输出脉冲序列用 $c(kT)$ 表示，且为了简便，通常也可省略 $T$ 而直接写成 $r(k)$ 或 $c(k)$ 等。显然，在某一采样时刻 $t=kT$ 的输出 $c(k)$，不仅与 $k$ 时刻的输入 $r(k)$ 有关，而且与 $k$ 时刻以前的输入 $r(k-1),r(k-2),\cdots$，以及 $k$ 时刻以前的输出 $c(k-1),c(k-2),\cdots$ 有关。这种关系一般可以用下列 $n$ 阶后向差分方程来描述

$$\begin{aligned}&c(k)+a_1c(k-1)+a_2c(k-2)+\cdots+a_{n-1}c(k-n+1)+a_nc(k-n)\\&=b_0r(k)+b_1r(k-1)+b_2r(k-2)+\cdots+b_{m-1}r(k-m+1)+b_mr(k-m)\end{aligned}$$

上式亦可表示为递推的形式

$$c(k)=-\sum_{i=1}^{n}a_ic(k-i)+\sum_{j=0}^{m}b_jr(k-j)\quad(m\leqslant n)\tag{8-46}$$

式中，$a_i(i=1,2,\cdots,n)$ 和 $b_j(j=1,2,\cdots,m)$ 为常系数。

式(8-46)是 $n$ 阶线性常系数差分方程，它在数学上代表一个线性定常离散系统。

线性定常离散系统也可以用如下 $n$ 阶前向差分方程来描述

$$\begin{aligned}&c(k+n)+a_1c(k+n-1)+a_2c(k+n-2)+\cdots+a_{n-1}c(k+1)+a_nc(k)\\&=b_0r(k+m)+b_1r(k+m-1)+b_2r(k+m-2)+\cdots+b_{m-1}r(k+1)+b_mr(k)\end{aligned}$$

或表示为

$$c(k+n)=-\sum_{i=1}^{n}a_ic(k+n-i)+\sum_{j=0}^{m}b_jr(k+m-j)\quad(m\leqslant n)\tag{8-47}$$

值得注意的是，差分方程的阶次应是输出的最高差分与最低差分之差。在式(8-47)中，最高差分为 $c(k+n)$，最低差分为 $c(k)$，所以方程阶次为 $k+n-k=n$ 阶。

线性常系数差分方程的求解方法有经典法、迭代法和 $z$ 变换法。与微分方程的经典解法类似，差分方程的经典解法也要求出相应齐次方程的通解和非齐次方程的一个特解，非常不便。下面通过实例说明迭代法和 $z$ 变换法。

**【例 8-17】** 对于二阶差分方程 $c(k)-5c(k-1)+6c(k-2)=r(k)$，其中输入序列 $r(k)=1(k)=1$，初始条件为 $c(0)=0,c(1)=1$。试用迭代法求输出序列 $c(k)$。

**解**　根据式(8-46)，将系统差分方程写成递推形式

$$c(k)=r(k)+5c(k-1)-6c(k-2)$$

由初始条件及递推关系，得

$$\begin{aligned}&c(0)=0\\&c(1)=1\\&c(2)=r(2)+5c(1)-6c(0)=6\\&c(3)=r(3)+5c(2)-6c(1)=25\\&\vdots\end{aligned}$$

即为输出序列每一项的值。迭代法非常适用于在计算机上求解。

【例 8-18】 用 $z$ 变换求解差分方程 $c(k+2)+3c(k+1)+2c(k)=0$，初始条件为 $c(0)=0, c(1)=1$。

**解** 对差分方程的每一项进行 $z$ 变换，并利用实位移定理，有

$$z^2C(z)-z^2c(0)-zc(1)+3zC(z)-3zc(0)+2C(z)=0$$

代入初始条件，并化简得

$$z^2C(z)-3zC(z)+2C(z)=z$$

所以
$$C(z)=\frac{z}{z^2+3z+2}=\frac{z}{z+1}-\frac{z}{z+2}$$

查 $z$ 变换表得
$$\mathscr{Z}[(-1)^n]=\frac{z}{z+1},\quad \mathscr{Z}[(-2)^n]=\frac{z}{z+2}$$

因此
$$c^*(t)=\sum_{n=0}^{\infty}[(-1)^n-(-2)^n]\delta(t-nT)$$

或有
$$c(k)=(-1)^k-(-2)^k \quad (k=0,1,2,\cdots)$$

### 8.4.2 脉冲传递函数

如果把 $z$ 变换的作用仅仅理解为求解线性常系数差分方程，显然是不够的。在连续系统中由时域函数及其拉氏变换之间的关系所建立起的传递函数，是经典控制理论中研究系统控制性能的基础。对于离散系统来说，通过 $z$ 变换导出线性离散系统的脉冲传递函数，以此来分析和设计离散控制系统。

**1. 脉冲传递函数的定义**

设一开环离散控制系统如图 8-13 所示，连续系统的传递函数为 $G(s)$。如果系统的初始条件为零，输入信号 $r(t)$，经采样后 $r^*(t)$ 的 $z$ 变换为 $R(z)$，连续部分输出为 $c(t)$，采样后 $c^*(t)$ 的 $z$ 变换为 $C(z)$，则离散系统的脉冲传递函数定义为在零初始条件下，系统输出采样信号的 $z$ 变换与输入采样信号的 $z$ 变换之比，记为 $G(z)$，即

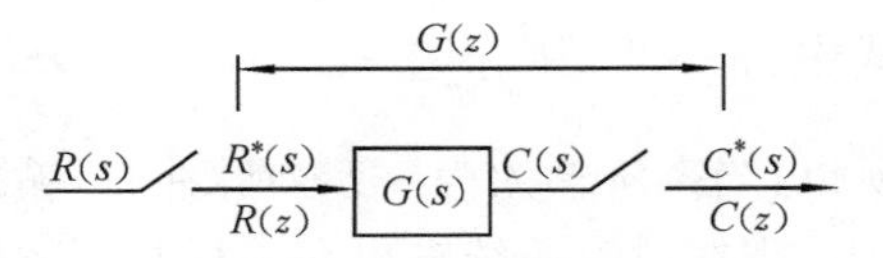

图 8-13 开环离散系统

$$G(z)=\frac{C(z)}{R(z)} \tag{8-48}$$

所谓零初始条件，是指在 $t<0$ 时，输入脉冲序列各采样值 $r(-T), r(-2T), \cdots$，以及输出脉冲序列各采样值 $c(-T), c(-2T), \cdots$ 均为零。

由式(8-48)，如果已知系统的脉冲传递函数 $G(z)$ 及输入信号的 $z$ 变换 $R(z)$，那么输出的采样信号就可以求得

$$c^*(t)=\mathscr{Z}^{-1}[C(z)]=\mathscr{Z}^{-1}[G(z)R(z)]$$

可见与连续系统类似，求解 $c^*(t)$ 的关键是求出系统的脉冲传递函数 $G(z)$。

实际上，大多数离散系统的输出往往是连续信号 $c(t)$，而不是采样信号 $c^*(t)$，此时，可以在输出端虚设一个采样开关，如图 8-14 中虚线所示，它与输入采样开关同步，并具有相同的采样周期。必须指出，虚设的采样开关是不存在的，它只是表明脉冲传递函数能够描述的，应该是输出连续函数 $c(t)$ 在采样时刻的离散值 $c^*(t)$。如果系统的实际输出 $c(t)$ 比

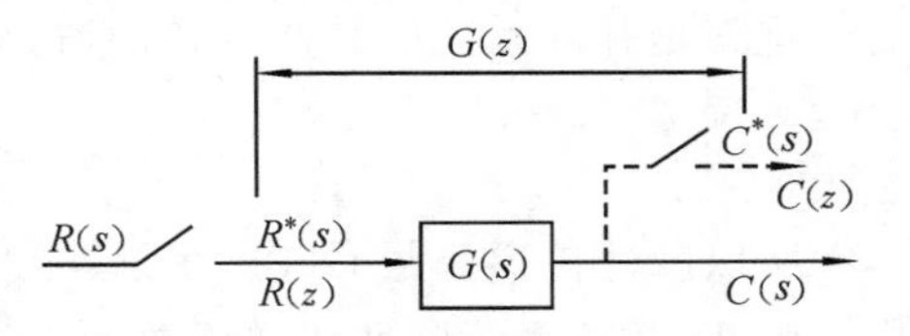

图 8-14 实际开环离散系统

较平滑,且采样频率较高,则用 $c^*(t)$ 近似描述 $c(t)$。

**2. 开环系统脉冲传递函数**

设开环系统结构如图 8-14 所示,下面根据离散系统单位脉冲响应来推导脉冲传递函数,以便从概念上理解它的物理意义。

由线性连续系统的理论可知,当输入为单位脉冲信号 $\delta(t)$ 时,连续系统 $G(s)$ 的输出称为单位脉冲响应,用 $g(t)$ 表示。设输入信号 $r(t)$ 被采样后为如下脉冲序列

$$r(nT)=\sum_{n=0}^{\infty}r(nT)\delta(t-nT)=r(0)\delta(t)+r(T)\delta(t-T)+\cdots+r(nT)\delta(t-nT)+\cdots$$

这一系列脉冲作用于 $G(s)$ 时,该系统的输出 $c(t)$ 为各脉冲响应之和。

在 $0\leqslant t<T$ 时间间隔内,作用于 $G(s)$ 的输入只有 $t=0$ 时刻加入的那一个脉冲 $r(0)$,则系统在这段时间内的输出响应为

$$c(t)=r(0)g(t)\quad(0\leqslant t<T)$$

在 $T\leqslant t<2T$ 时间间隔内,系统有两个脉冲的作用:一个是 $t=0$ 时的 $r(0)$ 脉冲作用,它产生的作用依然存在;另一个是 $t=T$ 时的 $r(T)$ 脉冲作用,所以在此区间内的输出响应为

$$c(t)=r(0)g(t)+r(T)g(t-T)\quad(T\leqslant t<2T)$$

在 $kT\leqslant t<(k+1)T$ 时间间隔内,输出响应为

$$c(t)=r(0)g(t)+r(T)g(t-T)+\cdots+r(kT)g(t-kT)=\sum_{n=0}^{k}g(t-nT)r(nT)$$

式中:

$$g(t-nT)=\begin{cases}g(t), & t\geqslant nT\\ 0, & t<nT\end{cases}$$

所以,当系统输入为一系列脉冲时,输出为各脉冲响应之和。

现在讨论系统输出在采样时刻的值,如 $t=kT$ 时刻的输出脉冲值,它是 $kT$ 时刻以及 $kT$ 时刻以前的所有输入脉冲在该时刻的脉冲响应值的总和,所以

$$c(kT)=\sum_{n=0}^{k}g(kT-nT)r(nT)$$

式中,当 $n>k$ 时,$g[(k-n)T]=0$。上式亦可写成

$$c(kT)=\sum_{n=0}^{\infty}g[(k-n)T]r(nT)$$

根据卷积定理,由上式可得

$$C(z)=G(z)R(z)=\sum_{m=0}^{\infty}g(mT)z^{-m}\sum_{k=0}^{\infty}r(kT)z^{-k}$$

即得

$$G(z)=\frac{C(z)}{R(z)}$$

这就是开环系统的脉冲传递函数,显然有

$$G(z)=\sum_{n=0}^{\infty}g(nT)z^{-n}\tag{8-49}$$

所以脉冲传递函数 $G(z)$,就是连续系统脉冲响应函数 $g(t)$ 经采样后 $g^*(t)$ 的 $z$ 变换。由此,开环系统脉冲传递函数的一般计算步骤如下:

(1) 已知系统的传递函数 $G(s)$,求取系统的脉冲响应函数 $g(t)$;

(2) 对 $g(t)$ 作采样,得采样信号表达式 $g^*(t)$;

(3) 由 $z$ 变换定义式求脉冲传递函数 $G(z)$。

实际上,利用 $z$ 变换可省去从 $G(s)$ 求 $g(t)$ 的步骤。如将 $G(s)$ 展开部分分式后,可直接求得 $G(z)$。

**【例 8-19】** 设系统结构如图 8-14 所示,其中连续部分传递函数 $G(s)=\frac{a}{s(s+a)}$,试求该开环系统的脉冲传递函数 $G(z)$。

**解** 由于
$$g(t)=\mathscr{L}^{-1}[G(s)]=\mathscr{L}^{-1}[\frac{a}{s(s+a)}]=1-\mathrm{e}^{-at}$$

所以
$$g^*(t)=g(nT)=\sum_{n=0}^{\infty}[1(nT)-\mathrm{e}^{-anT}]\delta(t-nT)$$

其 $z$ 变换为
$$G(z)=\sum_{n=0}^{\infty}[1(nT)-\mathrm{e}^{-anT}]z^{-n}=\sum_{n=0}^{\infty}1\cdot z^{-n}-\sum_{n=0}^{\infty}\mathrm{e}^{-anT}z^{-n}$$
$$=\frac{z}{z-1}-\frac{z}{z-\mathrm{e}^{-aT}}=\frac{z(1-\mathrm{e}^{-aT})}{(z-1)(z-\mathrm{e}^{-aT})}$$

此例也可由 $G(s)=\frac{1}{s}-\frac{1}{s+a}$ 直接查 $z$ 变换表得
$$G(z)=\frac{z}{z-1}-\frac{z}{z-\mathrm{e}^{-aT}}=\frac{z(1-\mathrm{e}^{-aT})}{(z-1)(z-\mathrm{e}^{-aT})}$$

**3. 串联环节的脉冲传递函数**

在连续系统中,串联环节的传递函数等于各环节传递函数之积。对于离散系统,串联环节的脉冲传递函数的求法与连续系统的不完全相同,要视环节之间有无采样开关而异,必须区分不同情况来讨论。

1) 串联环节之间有采样开关

设开环离散系统如图 8-15(a)所示,在两个串联连续环节 $G_1(s)$ 和 $G_2(s)$ 之间有理想采样开关隔开,由于每个环节的输入量与输出量的离散关系独立存在,因此,根据脉冲传递函数的定义,由图 8-15(a)可得
$$D(z)=G_1(z)R(z),\quad C(z)=G_2(z)D(z)$$

其中,$G_1(z)$、$G_2(z)$ 分别为 $G_1(s)$ 和 $G_2(s)$ 的脉冲传递函数。于是有

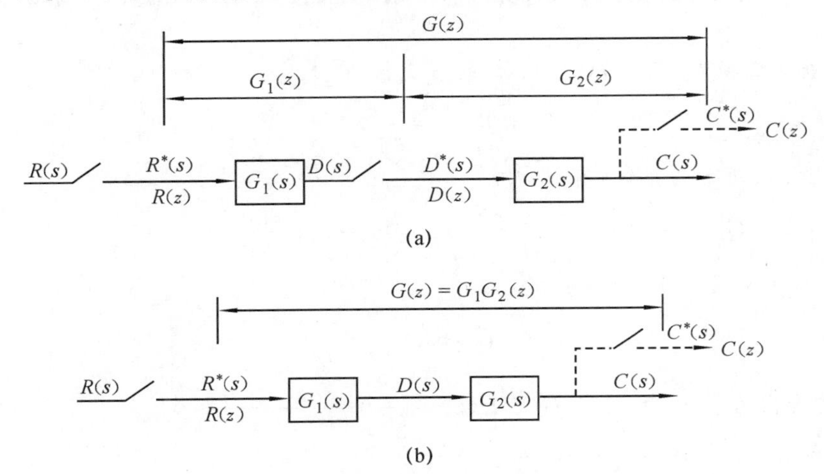


图 8-15 两种环节串联的开环离散系统

$$C(z)=G_2(z)G_1(z)R(z)$$

因此，开环脉冲传递函数

$$G(z)=\frac{C(z)}{R(z)}=G_1(z)G_2(z) \tag{8-50}$$

由此可知，两个串联连续环节之间有理想采样开关隔开时的脉冲传递函数，等于这两个环节各自的脉冲传递函数之积。同理，有 $n$ 个环节串联且所有环节之间有采样开关隔开时，整个开环系统的脉冲传递函数等于每个环节的脉冲传递函数之积，即

$$G(z)=G_1(z)G_2(z)\cdots G_n(z)$$

2）串联环节之间无采样开关

设开环离散系统如图 8-15(b)所示，在两个串联连续环节 $G_1(s)$和 $G_2(s)$之间没有理想采样开关隔开。显然，串联连续环节的总传递函数

$$G(s)=G_1(s)G_2(s)$$

则脉冲传递函数 $G(z)$为 $G(s)$的 $z$ 变换

$$G(z)=\mathscr{Z}[G(s)]=\mathscr{Z}[G_1(s)G_2(s)]=G_1G_2(z) \tag{8-51}$$

即为图 8-15(b)所示开环系统的脉冲传递函数。其中，$G_1G_2(z)$定义为 $G_1(s)$和 $G_2(s)$乘积的 $z$ 变换。

由此可知，两个串联连续环节之间无采样开关隔开时，系统的脉冲传递函数等于这两个环节传递函数乘积后相应的 $z$ 变换。同理，此结论也适用于 $n$ 个环节串联且所有环节之间无采样开关隔开的情况，即

$$G(z)=\mathscr{Z}[G_1(s)G_2(s)\cdots G_n(s)]=G_1G_2\cdots G_n(z)$$

由上面分析，显然

$$G_1(z)G_2(z)\neq G_1G_2(z)$$

它表明各环节传递函数 $G_i(s)$的 $z$ 变换的乘积不等于各环节传递函数乘积的 $z$ 变换，从这个意义上说，$z$ 变换无串联性。

**【例 8-20】** 设开环系统如图 8-15(a)、(b)所示，其中 $G_1(s)=1/s$，$G_2(s)=a/(s+a)$，输入信号 $r(t)=1(t)$，试求图 8-15(a)及(b)所示系统的脉冲传递函数 $G(z)$和输出的 $z$ 变换 $C(z)$。

**解** 查 $z$ 变换表，输入 $r(t)=1(t)$的 $z$ 变换为

$$R(z)=\frac{z}{z-1}$$

对于图 8-15(a)所示的系统，有

$$G_1(z)=\mathscr{Z}\left[\frac{1}{s}\right]=\frac{z}{z-1},\quad G_2(z)=\mathscr{Z}\left[\frac{a}{s+a}\right]=\frac{az}{z-e^{-aT}}$$

由式(8-50)，系统脉冲传递函数为

$$G(z)=G_1(z)G_2(z)=\frac{az^2}{(z-1)(z-e^{-aT})}$$

显然，系统输出为　$$C(z)=G(z)R(z)=\frac{az^3}{(z-1)^2(z-e^{-aT})}$$

对于图 8-15(b)所示的系统，有

$$G_1(s)G_2(s)=\frac{a}{s(s+a)}$$

$$G(z)=G_1G_2(z)=\mathscr{Z}\left[\frac{a}{s(s+a)}\right]=\frac{z(1-e^{-aT})}{(z-1)(z-e^{-aT})}$$

$$C(z)=G(z)R(z)=\frac{z^2(1-e^{-aT})}{(z-1)^2(z-e^{-aT})}$$

显然，在两个串联环节之间有无同步开关隔离时，其总的脉冲传递函数和输出 $z$ 变换是不同的。但是，不同之处仅表现为零点不同，其极点仍然一样，这也是离散系统值得注意的现象。

3）有零阶保持器时的开环脉冲传递函数

设有零阶保持器的开环离散系统如图 8-16 所示。从图中可以看到输入采样后作零阶保持相当于串联环节之间没有采样开关隔离的情况。由于零阶保持器的传递函数是 $s$ 的超越函数，不是 $s$ 的有理分式，故不能用前面介绍的方法直接求开环脉冲传递函数。但考虑到零阶保持器的传递函数的特点，可以把它与系统环节的传递函数 $G_p(s)$ 一起考虑。

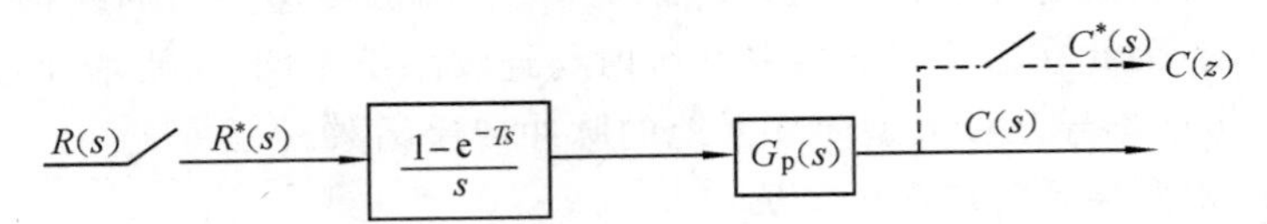


图 8-16　有零阶保持器的开环离散系统

由从图 8-16 可知，开环系统的脉冲传递函数为

$$G(z)=\mathscr{Z}\left[\frac{1-e^{-Ts}}{s}G_p(s)\right]$$

由 $z$ 变换的线性定理，有

$$G(z)=\mathscr{Z}\left[\frac{1}{s}G_p(s)\right]-\mathscr{Z}\left[\frac{1}{s}G_p(s)e^{-Ts}\right]$$

由于 $e^{-Ts}$ 为延迟一个采样周期的延迟因子，根据 $z$ 变换的实位移定理，上式第二项可以写为

$$\mathscr{Z}\left[\frac{1}{s}G_p(s)e^{-Ts}\right]=z^{-1}\mathscr{Z}\left[\frac{1}{s}G_p(s)\right]$$

所以，采样后带有零阶保持器时的开环系统脉冲传递函数为

$$G(z)=\mathscr{Z}\left[\frac{1}{s}G_p(s)\right]-z^{-1}\mathscr{Z}\left[\frac{1}{s}G_p(s)\right]=(1-z^{-1})\mathscr{Z}\left[\frac{1}{s}G_p(s)\right] \tag{8-52}$$

当 $G_p(s)$ 为 $s$ 的有理分式时，式(8-52)中的 $z$ 变换 $\mathscr{Z}[G_p(s)/s]$ 也必然是 $z$ 的有理分式函数。从上面的分析可以看到：零阶保持器 $G_h(s)=(1-e^{-Ts})/s$ 与系统环节 $G_p(s)$ 的串联可以等效为 $(1-e^{-Ts})$ 环节与 $G_p(s)/s$ 的串联，通过利用 $e^{-Ts}$ 延迟因子的性质，可求取开环系统脉冲传递函数。

**【例 8-21】**　带采样保持器的离散控制系统如图 8-16 所示。已知 $G_p(s)=\frac{a}{s(s+a)}$，试求系统的开环脉冲传递函数。

**解**　由于
$$\frac{G_p(s)}{s}=\frac{a}{s^2(s+a)}=\frac{1}{s^2}-\frac{1}{a}\left(\frac{1}{s}-\frac{1}{s+a}\right)$$

查 $z$ 变换表得
$$\mathscr{Z}\left[\frac{G_p(s)}{s}\right]=\frac{Tz}{(z-1)^2}-\frac{1}{a}\left(\frac{z}{z-1}-\frac{z}{z-e^{-aT}}\right)$$

$$=\frac{\frac{1}{a}z[(e^{-aT}+aT-1)z+(1-aTe^{-aT}-e^{-aT})]}{(z-1)^2(z-e^{-aT})}$$

根据式(8-52),得带零阶保持器的开环脉冲传递函数

$$G(z)=(1-z^{-1})\mathscr{Z}\left[\frac{1}{s}G_p(s)\right]=\frac{\frac{1}{a}[(e^{-aT}+aT-1)z+(1-aTe^{-aT}-e^{-aT})]}{(z-1)(z-e^{-aT})}$$

与例 8-19 相比较,可看出 $G(z)$ 的极点完全相同,仅零点不同,所以说,引入零阶保持器后,只改变 $G(z)$ 的分子,不影响离散系统脉冲传递函数的极点。

**4. 闭环系统脉冲传递函数**

在连续系统中,闭环传递函数与相应的开环传递函数之间有着确定的关系,所以可用一种典型的结构图来描述一个闭环系统。而在离散系统中,由于采样开关在系统中所设置的位置不同,既有连续传递关系的结构,又有离散传递关系的结构,所以没有唯一的典型结构图,因此在讨论离散控制系统时与连续系统不同,需要增加符合离散传递关系的分析。下面推导几种典型闭环系统的脉冲传递函数。

1) 典型误差采样的闭环离散系统

图 8-17 是一种比较常见的误差采样闭环离散系统结构图。图中虚线所表示的采样开关是为了便于分析而虚设的,输入采样信号 $r^*(t)$ 和反馈采样信号 $b^*(t)$ 事实上并不存在。图中所有理想采样开关都同步工作,采样周期为 $T$。闭环系统的输入 $r(t)$、输出 $c(t)$ 均为连续量,闭环系统脉冲传递函数应是输入、输出采样信号的 $z$ 变换之比。

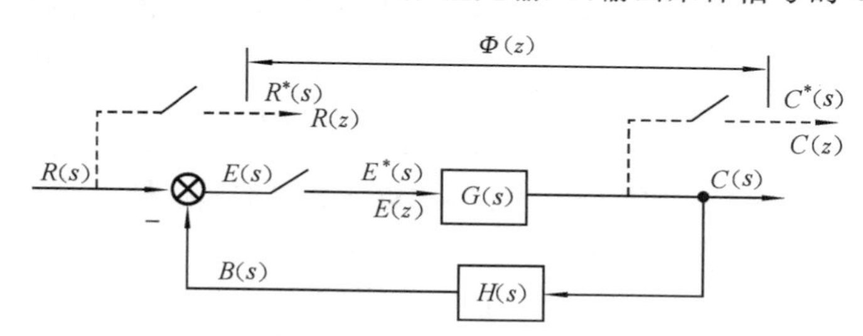


图 8-17 误差采样闭环离散系统

由图 8-17 可见,综合点处误差信号的拉氏变换为

$$E(s)=R(s)-B(s)$$

对上式采样离散化

$$E^*(s)=R^*(s)-B^*(s)$$

进行 $z$ 变换

$$E(z)=R(z)-B(z) \tag{8-53}$$

在前向、反馈通道中,输出为连续量 $b(t)$,输入为采样信号 $e^*(t)$,所以有

$$B(s)=[G(s)H(s)]E^*(s)$$

对上式采样

$$B^*(s)=[G(s)H(s)]^*E^*(s)$$

进行 $z$ 变换

$$B(z)=GH(z)E(z) \tag{8-54}$$

将式(8-54)代入式(8-53)得

$$E(z)=R(z)-GH(z)E(z)$$

化简后

$$E(z)=\frac{1}{1+GH(z)}R(z) \tag{8-55}$$

通常称 $E(z)$ 为误差信号的 $z$ 变换。根据式(8-55)，定义

$$\Phi_e(z)=\frac{E(z)}{R(z)}=\frac{1}{1+GH(z)} \tag{8-56}$$

为闭环离散系统对于输入量的误差脉冲传递函数。

在前向通道中，又因为系统的输出

$$C(s)=G(s)E^*(s)$$

采样后取 $z$ 变换

$$C(z)=G(z)E(z)$$

将式(8-55)代入上式，得系统输出 $z$ 变换为

$$C(z)=\frac{G(z)}{1+GH(z)}R(z) \tag{8-57}$$

根据式(8-57)，定义

$$\Phi(z)=\frac{C(z)}{R(z)}=\frac{G(z)}{1+GH(z)} \tag{8-58}$$

式(8-58)为图 8-17 所示的闭环系统对于输入量的闭环脉冲传递函数。

2) 具有数字校正装置的闭环离散系统

图 8-18 所示的为典型的具有数字校正装置的闭环离散系统。在该系统的前向通道中，脉冲传递函数 $G_1(z)$ 代表数字校正装置，其作用与连续系统的串联校正环节相同，其校正作用可由计算机软件来实现。

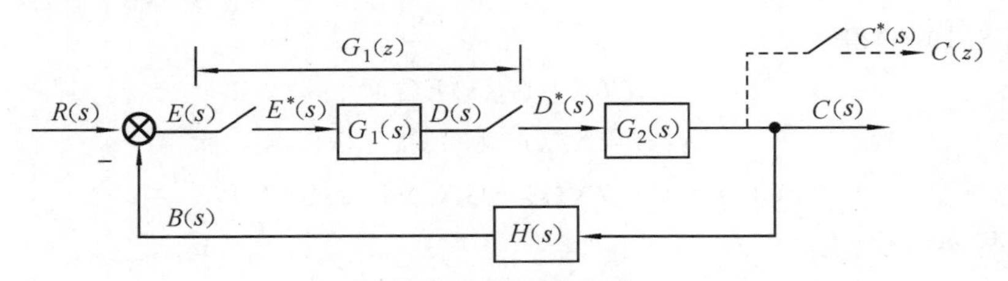


**图 8-18 具有数字校正装置的闭环离散系统**

与前述相同，在综合点处

$$E(s)=R(s)-B(s) \tag{8-59}$$

从前向、反向通道可得

$$B(s)=H(s)G_2(s)D^*(s),\quad D(s)=G_1(s)E^*(s)$$

故有

$$B^*(s)=G_2H^*(s)D^*(s)=G_2H^*(s)G_1^*(s)E^*(s) \tag{8-60}$$

再将式(8-60)代入(8-59)，采样离散化可得

$$E^*(s)=R^*(s)-B^*(s)=R^*(s)-G_2H^*(s)G_1^*(s)E^*(s)$$

化简得

$$E^*(s)=\frac{1}{1+G_1^*(s)G_2H^*(s)}R^*(s)$$

取 $z$ 变换可得误差脉冲传递函数为

$$\Phi_e(z)=\frac{E(z)}{R(z)}=\frac{1}{1+G_1(z)G_2H(z)} \tag{8-61}$$

在前向通道中，又因为系统的输出

$$C(s)=G_2(s)G_1^*(s)E^*(s)$$

采样后取 $z$ 变换

$$C(z)=G_1(z)G_2(z)E(z)=\frac{G_1(z)G_2(z)}{1+G_1(z)G_2H(z)}R(z)$$

闭环脉冲传递函数

$$\Phi(z)=\frac{C(z)}{R(z)}=\frac{G_1(z)G_2(z)}{1+G_1(z)G_2H(z)} \tag{8-62}$$

3) 扰动信号作用的闭环离散系统

离散系统除给定输入信号外，在系统的连续信号部分尚有扰动信号输入，如图8-19(a)所示，扰动对输出量的影响是衡量系统性能的一个重要指标。与分析连续系统一样，为求出 $C^*(s)$ 与 $N(s)$ 之间关系，首先把图 8-19(a)变换成系统等效结构，如图 8-19(b)所示。在这个系统中，连续的输入信号直接进入连续环节 $G_2(s)$，在这种情况下，只能求输出信号的 $z$ 变换表达式 $C(z)$，而求不出系统的脉冲传递函数 $C(z)/N(z)$。

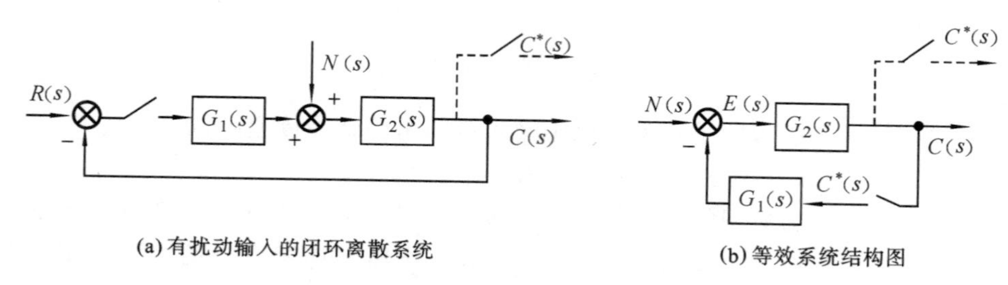


图 8-19 扰动信号作用的闭环离散系统

由图 8-19(b)得

$$C(s)=G_2(s)E(s) \tag{8-63}$$

$$E(s)=N(s)-G_1(s)C^*(s)$$

所以

$$C(s)=G_2(s)N(s)-G_2(s)G_1(s)C^*(s)$$

对上式采样离散化，有

$$C^*(s)=G_2N^*(s)-G_1G_2^*(s)C^*(s)$$

解得

$$C^*(s)=\frac{G_2N^*(s)}{1+G_1G_2^*(s)} \tag{8-64}$$

上式取 $z$ 变换

$$C(z)=\frac{G_2N(z)}{1+G_1G_2(z)} \tag{8-65}$$

由式(8-65)知，解不出 $C(z)/R(z)$，但有了 $C(z)$，仍可由 $z$ 反变换求输出的采样信号 $c^*(t)$。

一般在求取离散系统的输出 $z$ 变换时，不一定都要按照上述方法详细推导计算，而利用简单的方块图运算即可。下面以图 8-19(b)所示的系统为例。首先将系统按连续系统考虑，可以得到闭环输出为

$$C(s)=\frac{G_2(s)N(s)}{1+G_1(s)G_2(s)}$$

然后对上式进行采样离散化，在采样器隔开的地方加“ * ”号，即

$$C^*(s)=\frac{[G_2(s)N(s)]^*}{1+[G_1(s)G_2(s)]^*}$$

最后将上式表示为 $z$ 变换式

$$C(z)=\frac{G_2N(z)}{1+G_1G_2(z)} \tag{8-66}$$

即可得所要的结果，上式与严格推导所得结果式(8-65)完全一样。

又如图 8-18 所示的系统，按连续系统考虑可得

$$C(s)=\frac{G_1(s)G_2(s)R(s)}{1+G_1(s)G_2(s)H(s)}$$

对上式进行采样，并注意采样器在 $G(s)$ 的前后，有

$$C^*(s)=\frac{[G_1(s)]^*[G_2(s)]^*[R(s)]^*}{1+[G_1(s)]^*[G_2(s)H(s)]^*}$$

所以有输出 $z$ 变换为

$$C(z)=\frac{G_1(z)G_2(z)}{1+G_1(z)G_2H(z)}R(z)$$

由于输出能用输入的 $z$ 变换式独立地表示出来，进而可得系统闭环脉冲传递函数

$$\Phi(z)=\frac{C(z)}{R(z)}=\frac{G_1(z)G_2(z)}{1+G_1(z)G_2H(z)} \tag{8-67}$$

从这两个示例说明，应用方块图的直接运算，可以比较容易地求出输出的表达式，或闭环脉冲传递函数。

上面介绍了三种闭环离散系统的结构图及其脉冲传递函数。对于采样开关在系统中具有各种配置的闭环结构图及其输出采样信号的 $z$ 变换表达式 $C(z)$，可参阅表 8-2。

**表 8-2 典型闭环离散系统及输出信号**

| 序号 | 系统结构图 | $C(z)$计算式 |
| --- | --- | --- |
| 1 | 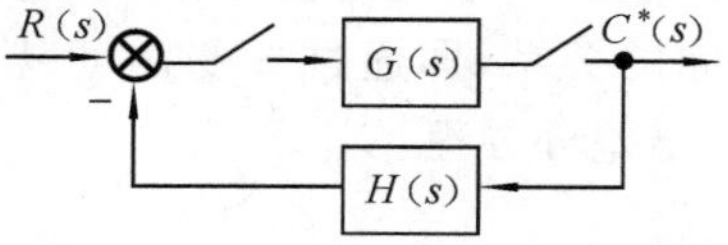 $R(s)$, $-$, $G(s)$, $C^*(s)$, $H(s)$ | $C(z)=\dfrac{G(z)R(z)}{1+G(z)H(z)}$ |
| 2 | 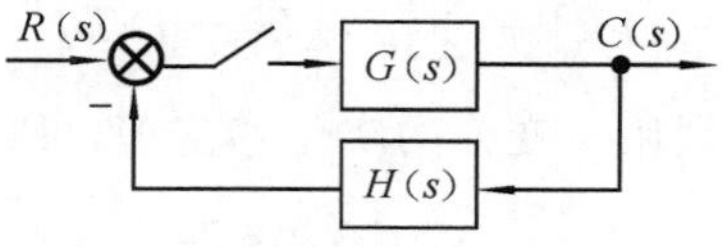 $R(s)$, $-$, $G(s)$, $C(s)$, $H(s)$ | $C(z)=\dfrac{G(z)R(z)}{1+GH(z)}$ |
| 3 | 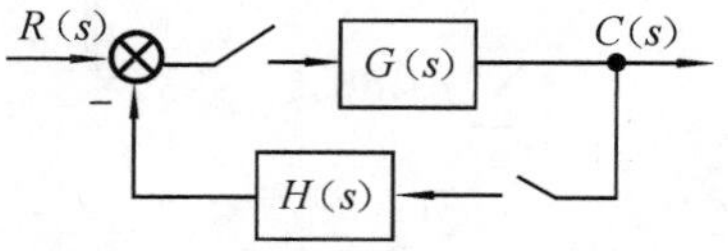 $R(s)$, $-$, $G(s)$, $C(s)$, $H(s)$ | $C(z)=\dfrac{G(z)R(z)}{1+G(z)H(z)}$ |
| 4 | 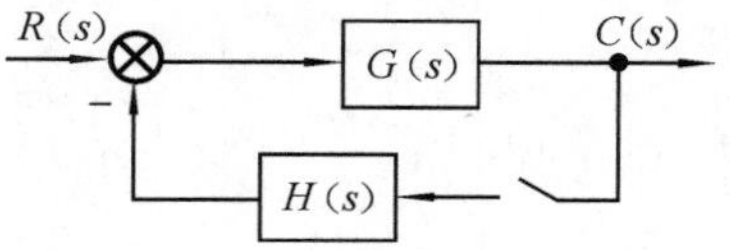 $R(s)$, $-$, $G(s)$, $C(s)$, $H(s)$ | $C(z)=\dfrac{RG(z)}{1+GH(z)}$ |
| 5 | 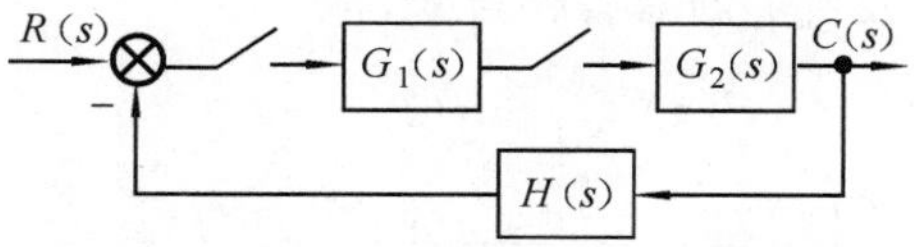 $R(s)$, $-$, $G_1(s)$, $G_2(s)$, $C(s)$, $H(s)$ | $C(z)=\dfrac{G_1(z)G_2(z)R(z)}{1+G_1(z)G_2H(z)}$ |

续表

| 序号 | 系统结构图 | $C(z)$计算式 |
|---|---|---|
| 6 | $R(s)$, $G_1(s)$, $G_2(s)$, $C(s)$, $H(s)$ | $C(z)=\dfrac{G_2(z)G_1R(z)}{1+G_1G_2H(z)}$ |
| 7 | $R(s)$, $G_1(s)$, $G_2(s)$, $C(s)$, $H(s)$ | $C(z)=\dfrac{G_2(z)G_1R(z)}{1+G_2(z)G_1H(z)}$ |
| 8 | $R(s)$, $G_1(s)$, $G_2(s)$, $G_3(s)$, $C(s)$, $H(s)$ | $C(z)=\dfrac{G_2(z)G_3(z)G_1R(z)}{1+G_2(z)G_1G_3H(z)}$ |

采样周期不同,所得到的脉冲传递函数也不同。从表中可见,若误差信号处有采样开关,则可以得到系统的脉冲传递函数 $C(z)/R(z)$,否则只能得到输出的 $z$ 变换表达式 $C(z)$。

### 8.4.3 差分方程和脉冲传递函数的关系

差分方程和脉冲传递函数都是描述离散控制系统的数学模型,它们之间的关系类似于连续系统中微分方程和传递函数之间的关系,即通过 $z$ 变换可以从差分方程得出脉冲传递函数,也可以从脉冲传递函数得出差分方程。

如果描述线性离散系统的差分方程为

$$c(kT)=-\sum_{i=1}^{n}a_ic[(k-i)T]+\sum_{j=0}^{m}b_jr[(k-j)T]$$

在零初始条件下,对上式进行 $z$ 变换,并利用 $z$ 变换的实位移定理,可得

$$C(z)=-\sum_{i=1}^{n}a_iC(z)z^{-i}+\sum_{j=0}^{m}b_jR(z)z^{-j}$$

整理得

$$G(z)=\frac{C(z)}{R(z)}=\frac{\sum\limits_{k=0}^{m}b_kz^{-k}}{1+\sum\limits_{k=1}^{n}a_kz^{-k}} \tag{8-68}$$

这就是脉冲传递函数与差分方程的关系。

**【例 8-22】** 已知系统的差分方程为 $c(k+1)=\mathrm{e}^{-T/T_1}c(k)+\dfrac{1}{T_1}r(k+1)$,求系统的脉冲传递函数 $G(z)$。

**解** 对上式两端进行 $z$ 变换,并设所有初始条件为零,得

$$zC(z)=\mathrm{e}^{-T/T_1}C(z)+\frac{1}{T_1}zR(z)$$

$$G(z)=\frac{C(z)}{R(z)}=\frac{1}{T_1}\frac{z}{z-\mathrm{e}^{-T/T_1}}$$

【例 8-23】 已知系统的脉冲传递函数为$G(z)=\dfrac{C(z)}{R(z)}=\dfrac{0.368z+0.264}{z^2-1.368z+0.368}$，求描述该系统的差分方程。

**解** 将上式等号两边分子、分母交叉相乘，得

$$(z^2-1.368z+0.368)C(z)=(0.368z+0.264)R(z)$$

在零初始条件下，应用$z$变换实位移定理，得

$$c(k+2)-1.368c(k+1)+0.368c(k)=0.368r(k+1)+0.264r(k)$$

即为所求系统的前向差分方程。

若对$G(z)$进行变换，分子分母同除以$z$的最高次幂，即

$$G(z)=\frac{C(z)}{R(z)}=\frac{0.368z+0.264}{z^2-1.368z+0.368}=\frac{0.368z^{-1}+0.264z^{-2}}{1-1.368z^{-1}+0.368z^{-2}}$$

同样有

$$c(k)-1.368c(k-1)+0.368c(k-2)=0.368r(k-1)+0.264r(k-2)$$

即为所求系统的后向差分方程。

## 8.5 离散控制系统的分析

### 8.5.1 离散控制系统的稳定性

我们知道，连续系统的稳定性分析是基于闭环系统特征根在$s$平面中的位置，若系统特征根全部在虚轴左边，则系统稳定。要在$z$平面上研究离散系统的稳定性，至关重要的是要弄清$s$平面与$z$平面的关系。

**1. 由$s$平面到$z$平面的映射**

在前面定义$z$变换时，我们作过一种变换，即

$$z=e^{Ts}$$

其中，$T$为采样周期，它给出了$s$平面与$z$平面的映射关系，如果将复变量$s=\sigma+j\omega$代入上式，则有

$$z=e^{Ts}=e^{T(\sigma+j\omega)}=e^{\sigma T}e^{j\omega T} \tag{8-69}$$

$z$变量的模与幅角分别为

$$|z|=e^{\sigma T},\quad \angle z=\omega T \tag{8-70}$$

令$\sigma=0$时，取$s$平面的虚轴，有

$$|z|=e^{0T}=1$$

由此可见，$s$平面中的虚轴，在$z$平面上映射成一个以原点为中心的单位圆；$s$左半平面与$z$平面上的单位圆内部相对应；$s$右半平面与$z$平面上的单位圆外部相对应。图8-20表示了上述关系。

进一步分析了解离散函数$z$变换的周期性。因为$\angle z=\omega T$，$z$变量的幅角为$\omega$的线性函数，所以$\omega=-\infty\rightarrow+\infty$时，$z$的幅角$\omega=-\infty\rightarrow+\infty$。现在取$s$平面内$j\omega$轴上的一个点，当这个点在$j\omega$轴上从0移动到$\pi/T$，$\angle z$由0变化到$\pi$，对应于$z$平面内单位圆的上半部；显然，当点从$-\pi/T$移动到0时，$\angle z$由$-\pi$变化到0，对应于单位圆的下半部。若$s$平面内的点在$j\omega$轴上从$\pi/T$变化到$3\pi/T$时，$z$平面上相应的点将反时针方向沿着单位圆走一圈。随着点在$j\omega$轴上不断变化，每走过一个频带($2\pi/T$)，对应$z$

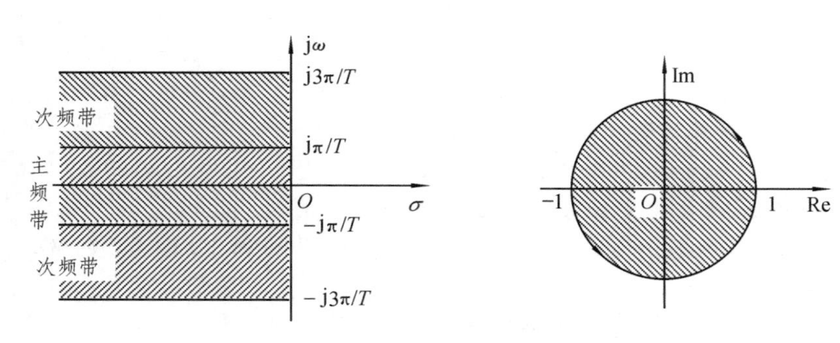


图 8-20 $s$ 平面到 $z$ 平面的映射

变量在 $z$ 平面便重复地画一个圆。一般把 $\omega$ 从 $-\pi/T$ 到 $\pi/T$ 的带称为主频带，其他为次频带。这样，点在 $j\omega$ 轴上从 $-\infty$ 移动到 $+\infty$ 时，$z$ 平面上相应的点将沿着单位圆走无穷多圈，主频带 $\omega=-\pi/T\sim\pi/T$ 与第一圈相对应，这种映射关系如图 8-20 所示。离散函数 $z$ 变换的这种周期特性，也说明了函数离散化后的频谱会产生周期性的延拓。

**2. 离散控制系统的稳定条件**

分析了 $s$ 平面和 $z$ 平面的映射关系后，就容易得出离散控制系统稳定的充分必要条件。设典型离散控制系统如图 8-17 所示，其闭环脉冲函数为

$$\frac{C(z)}{R(z)}=\frac{G(z)}{1+GH(z)}$$

相应的闭环特征方程式为

$$1+GH(z)=0 \tag{8-71}$$

系统特征方程式的根即为闭环脉冲传递函数的极点，而系统的稳定性由特征方程的根的位置所决定。如果是 $n$ 阶离散控制系统，则闭环特征方程有 $n$ 个特征根 $z_i(i=1,2,3,\cdots,n)$。由 $s$ 平面到 $z$ 平面的映射关系，可以得到离散控制系统稳定的充分必要条件如下：

如果离散控制系统闭环特征方程所有的特征根 $z_i$ 全部位于 $z$ 平面的单位圆内部，即

$$|z_i|<1 \quad (i=1,2,3,\cdots,n)$$

则系统是稳定的；否则，系统不稳定。

**【例 8-24】** 二阶离散控制系统的方框图如图 8-21 所示，试判断系统的稳定性。设采样周期 $T=1$ s，$K=1$。

**解** 先求出系统的闭环脉冲传递函数

$$\frac{C(z)}{R(z)}=\frac{G(z)}{1+G(z)}$$

式中：$G(z)=Z\left[\frac{K}{s(s+1)}\right]=\frac{Kz(1-e^{-T})}{(z-1)(z-e^{-T})}$。

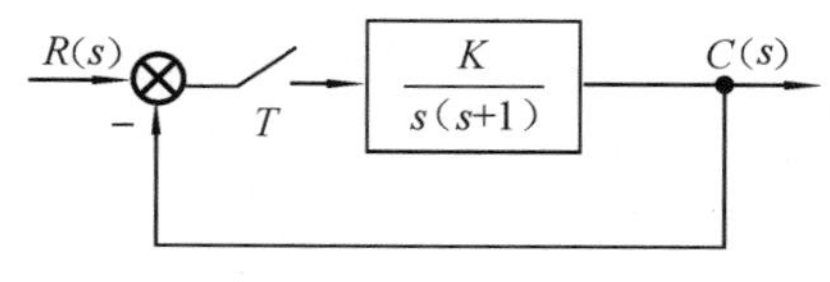


图 8-21 二阶离散系统

闭环系统的特征方程为

$$1+G(z)=(z-1)(z-e^{-T})+Kz(1-e^{-T})=0$$

将 $T=1,K=1$ 代入上式，得

$$z^2-0.736z+0.368=0$$

解出特征方程的根

$$z_1=0.368+\mathrm{j}0.482,\quad z_2=0.368-\mathrm{j}0.482$$

特征方程的两个根都在单位圆内，所以系统稳定。

如果保持采样周期 $T=1\ \mathrm{s}$ 不变，将系统开环放大系数增大到 $K=5$，则上述离散系统将变成不稳定。当 $K=5$ 时，其特征方程为

$$z^2+1.792z+0.368=0$$

解之得

$$z_1=-0.237,\quad z_2=1.555$$

特征方程有一个根在单位圆外，所以系统不稳定。对于二阶连续系统，只要 $K$ 为正值，则系统一定是稳定的，对于二阶离散系统，当 $K$ 值较大时也可能不稳定。这说明了离散采样影响系统的稳定性。

与分析连续系统的稳定性一样，当离散系统阶数较高时，用直接求解特征方程的根来判断系统的稳定性往往比较困难。我们还是期望有间接简单的稳定性判据，这对于研究离散系统结构、参数、采样周期对于稳定性的影响，也是有必要的。

**3. 离散控制系统稳定性代数判据**

判断连续系统是否稳定的代数判据，是根据系统特征根在 $s$ 平面上的位置和特征方程系数的关系而得到的，实质是判断系统特征方程的根是否都在左半 $s$ 平面。但是，在离散系统中需要判断系统特征方程的根是否都在 $z$ 平面上的单位圆内。因此，连续系统的劳斯-赫尔维茨稳定判据不能直接套用，必须进行变量变换，使新的变量 $w$ 与变量 $z$ 之间有这样关系：$z$ 平面上的单位圆正好对应 $w$ 平面上的虚轴；$z$ 平面上的单位圆内的区域则对应 $w$ 平面的左半部分；$z$ 平面上的单位圆外的区域则对应 $w$ 平面的右半部分。经过这样的变量变换，判断离散系统的稳定性就可利用连续系统的代数判据了。

显然，$z=\mathrm{e}^{Tw}$ 满足上述置换关系，然而将 $z=\mathrm{e}^{Tw}$ 代入 $z$ 特征方程后，所得到的是一个超越方程而非代数方程，这种变换没有实用价值。满足上述置换关系而又有实用价值的变换，可采用复变函数双线性变换。

将复变量 $z$ 取双线性变换

$$z=\frac{w+1}{w-1} \tag{8-72}$$

则有

$$w=\frac{z+1}{z-1} \tag{8-73}$$

由于 $z$ 与 $w$ 均为复变量，令 $z=x+\mathrm{j}y$，$w=u+\mathrm{j}v$。将 $z=x+\mathrm{j}y$ 代入 $w$ 的表达式，并将实部和虚部分解，则有

$$w=u+\mathrm{j}v=\frac{z+1}{z-1}=\frac{x+\mathrm{j}y+1}{x+\mathrm{j}y-1}=\frac{x^2+y^2-1}{(x-1)^2+y^2}-\mathrm{j}\,\frac{2y}{(x-1)^2+y^2}$$

令上式实部 $u=0$（$w$ 平面的虚轴），则有 $x^2+y^2=1$，即对应 $z$ 平面的单位圆周。

对于 $z$ 平面的单位圆外有 $x^2+y^2>1$，则显然 $w$ 平面的实部 $\mathrm{Re}[w]=u>0$，即 $w$ 平面的右半平面对应 $z$ 平面的单位圆外。

而对于 $z$ 平面的单位圆内有 $x^2+y^2<1$，则 $w$ 平面的实部 $\mathrm{Re}[w]=u<0$，即对应 $w$ 平面的左半平面。

这样，双线性变换 $z=(w+1)/(w-1)$ 就将 $z$ 平面的单位圆内，映射为 $w$ 平面的左半平面；相应的将 $z$ 平面的单位圆外，映射为 $w$ 平面的右半平面。$z$ 平面和 $w$ 平面的这种对应关系如图 8-22 所示。

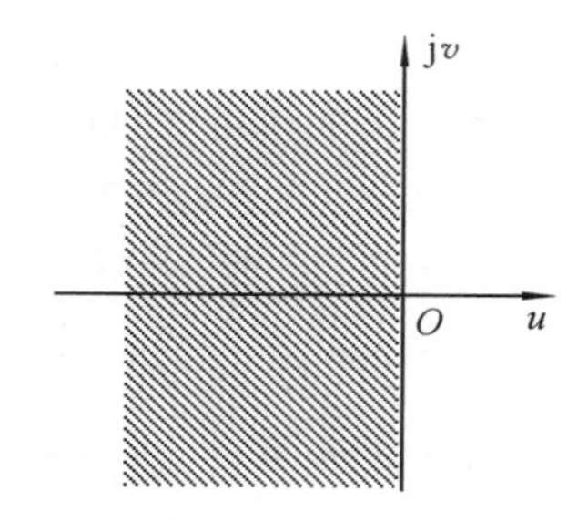


图 8-22 $z$ 平面与 $w$ 平面的对应关系

由 $w$ 变换可知，通过式(8-72)，可将离散系统在 $z$ 平面上的特征方程 $1+GH(z)=0$，转换为 $w$ 平面上的特征方程 $1+\overline{GH(w)}=0$。于是，离散系统稳定的充分必要条件是，由特征方程 $1+GH(z)=0$ 所有根位于 $z$ 平面上的单位圆内，转换为 $w$ 平面上的特征方程 $1+\overline{GH(w)}=0$ 所有根位于 $w$ 左半平面。实际上，一旦获得 $w$ 平面特征方程式，凡是适用于连续系统的判据，均可用来判断离散系统的稳定性。

若有 $D(w)=1+\overline{GH(w)}=0$，设 $w=\mathrm{j}\omega_{\mathrm{p}}$，其中 $\omega_{\mathrm{p}}$ 为虚拟频率，则可以用频率分析法中的奈氏判据、伯德图来判别稳定性，并可求稳定裕度，还可以用来分析离散系统的动态性能及进行系统校正，等等。总之，在连续系统中的分析方法均可用于 $w$ 平面上的离散系统分析，这里不一一赘述。

**【例 8-25】** 已知系统 $z$ 域的闭环特征方程为 $3z^3+3z^2+2z+1=0$，试判断该系统的稳定性。

**解** 由于系统阶次为三阶，直接求解特征方程的根比较困难，故采用代数判据。

将 $z=\dfrac{w+1}{w-1}$ 代入闭环特征方程，得到

$$3\left(\frac{w+1}{w-1}\right)^3+3\left(\frac{w+1}{w-1}\right)^2+2\left(\frac{w+1}{w-1}\right)+1=0$$

整理化简的 $w$ 域特征方程为

$$9w^3+7w^2+7w+1=0$$

列出劳斯阵列表，如表 8-3 所示。

表 8-3 劳斯阵列表

| | | | |
|---|---|---|---|
| $w^3$ | 9 | 7 | 0 |
| $w^2$ | 7 | 1 | |
| $w^1$ | $\frac{40}{7}$ | 0 | |
| $w^0$ | 1 | | |

由于劳斯阵列表第一列元素全为正，所以该系统是稳定的。

**【例 8-26】** 利用劳斯-赫尔维茨判据分析图 8-21 所示二阶离散控制系统在改变放大系数 $K$ 和采样周期 $T$ 时的影响。

**解** 前面已求出开环系统的脉冲传递函数

$$G(z)=\frac{Kz(1-\mathrm{e}^{-T})}{(z-1)(z-\mathrm{e}^{-T})}$$

闭环特征方程为

$$z^2+[K(1-\mathrm{e}^{-T})-(1+\mathrm{e}^{-T})]z+\mathrm{e}^{-T}=0$$

令 $z=\dfrac{w+1}{w-1}$，进行 $w$ 变换，得

$$\left(\frac{w+1}{w-1}\right)^2+[K(1-\mathrm{e}^{-T})-(1+\mathrm{e}^{-T})]\left(\frac{w+1}{w-1}\right)+\mathrm{e}^{-T}=0$$

化简整理后 $K(1-\mathrm{e}^{-T})w^2+(2-2\mathrm{e}^{-T})w+2(1+\mathrm{e}^{-T})-K(1-\mathrm{e}^{-T})=0$

上式可表示为

$$a_0w^2+a_1w+a_2=0$$

式中：$a_0=K(1-e^{-T})$；$a_1=(2-2e^{-T})$；$a_2=2(1+e^{-T})-K(1-e^{-T})$。

由代数判据条件，对于二阶系统有 $a_0>0$，$a_1>0$ 及 $a_2>0$，得到系统稳定条件：

$$K\leqslant\frac{2(1+e^{-T})}{1-e^{-T}}$$

采样周期 $T$ 和临界放大系数 $K$ 的关系如图 8-23 所示。图中阴影区表示稳定的 $K$ 和 $T$ 值。可以看出，当 $T=1$ 时，系统稳定所允许的 $K_{\max}=4.32$，当采样周期增大时，系统的临界 $K$ 值减小。

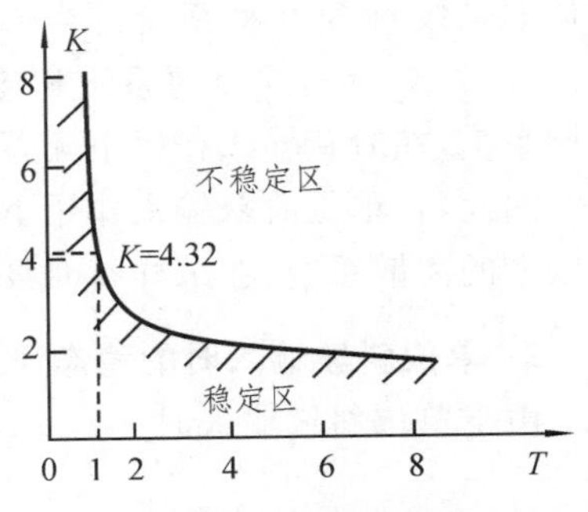


图 8-23 临界 $K$ 值与 $T$ 的关系

### 8.5.2 离散控制系统的稳态误差

在连续系统中，我们知道稳态误差的大小既与系统本身的结构、参数有关，又与系统输入信号类型有关。我们曾经介绍了建立在终值定理基础上的误差计算方法及稳态误差与系统结构之间的内在规律。对于离散系统，同样可以采用类似于连续系统的分析计算方法来求采样瞬时的稳态误差。

单位反馈的离散系统如图 8-24 所示，其误差信号的 $z$ 变换为

$$E(z)=R(z)-C(z)=\frac{R(z)}{1+G(z)}$$

离散系统的稳态误差可由 $z$ 变换的终值定理导出，因此

$$e(\infty)=\lim_{t\to\infty}e^*(t)=\lim_{z\to1}(z-1)\frac{R(z)}{1+G(z)} \tag{8-74}$$

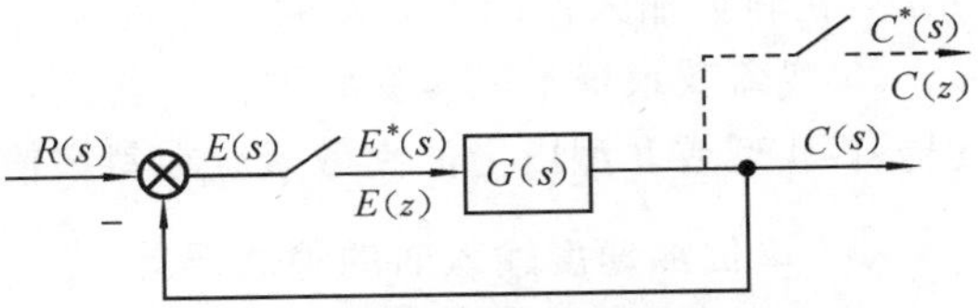

图 8-24 单位反馈离散系统

上式表示了采样时刻的误差，它与输入信号 $R(z)$ 及 $G(z)$ 有关。此外，从 $z$ 变换表也不难发现，$G(s)$ 有多少个极点，则 $G(z)$ 便有多少个极点。若 $G(s)$ 有一个零值极点，则 $G(z)$ 便有一个 $z=1$ 的极点。由于 $z$ 平面上极点 $z=1$ 是与 $s$ 平面上极点 $s=0$ 相对应，因此，可以得到一个与连续系统类似的结论：离散系统可按开环脉冲传递函数 $G(z)$ 中有几个 $z=1$ 的极点来确定其类型，$G(z)$ 中含有 $v$ 个 $z=1$ 的极点系统，称为 $v$ 型系统。

#### 1. 单位阶跃输入时的稳态误差

对于单位阶跃输入的 $z$ 变换为

$$R(z)=\frac{z}{z-1}$$

将 $R(z)$ 代入式(8-74)得

$$e(\infty)=\lim_{z\to1}(z-1)\frac{1}{1+G(z)}\frac{z}{z-1}=\lim_{z\to1}\frac{1}{1+G(z)}=\frac{1}{\lim\limits_{z\to1}[1+G(z)]}=\frac{1}{K_p} \tag{8-75}$$

式(8-75)代表离散系统在采样瞬时的稳态位置误差，其中

$$K_p=\lim_{z\to1}[1+G(z)] \tag{8-76}$$

称为系统的静态位置误差系数。若 $G(z)$ 没有 $z=1$ 的极点，则 $K_p\neq\infty$，从而 $e(\infty)\neq0$，

这样的系统称为 0 型系统。当 $G(z)$ 具有一个或一个以上 $z=1$ 的极点时,$K_p\to\infty$,$e(\infty)=1/K_p=0$,这样的系统相应的称为Ⅰ型或Ⅰ型以上的离散系统。换言之,单位反馈系统,在阶跃输入作用下无差的条件是 $G(z)$ 中至少有一个 $z=1$ 的极点。

因此,在单位阶跃输入作用下,0 型离散系统在采样瞬时存在位置误差;Ⅰ型或Ⅰ型以上的离散系统,在采样瞬时没有位置误差,这与连续系统十分相似。

**2. 单位斜坡输入时的稳态误差**

由于单位斜坡输入时 $r(t)=t$,所以

$$R(z)=\frac{Tz}{(z-1)^2}$$

由式(8-74),有

$$\begin{aligned}e(\infty)&=\lim_{z\to1}(z-1)\frac{Tz}{(z-1)^2[1+G(z)]}\\&=\lim_{z\to1}\frac{T}{(z-1)[1+G(z)]}=\frac{T}{\lim\limits_{z\to1}(z-1)G(z)}\end{aligned}\tag{8-77}$$

现定义静态速度误差系数

$$K_v=\lim_{z\to1}(z-1)G(z)\tag{8-78}$$

则有

$$e(\infty)=\frac{T}{K_v}$$

显然,当 $G(z)$ 具有两个 $z=1$ 的极点时,$K_v\to\infty$,$e(\infty)=T/K_v=0$,所以单位反馈系统,在斜坡输入作用下无差的条件是 $G(z)$ 中至少有两个 $z=1$ 的极点。

0 型离散系统不能承受斜坡输入作用,Ⅰ型离散系统在单位斜坡输入下存在速度误差,Ⅱ型或Ⅱ型以上的离散系统在斜坡输入作用下不存在稳态误差。

**3. 单位加速度输入时的稳态误差**

当系统输入为单位加速度函数 $r(t)=t^2/2$ 时,其 $z$ 变换函数为

$$R(z)=\frac{T^2z(z+1)}{2\,(z-1)^3}$$

因而稳态误差为

$$e(\infty)=\lim_{z\to1}(z-1)\frac{T^2z(z+1)}{2[1+G(z)](z-1)^3}=\lim_{z\to1}\frac{T^2}{(z-1)^2G(z)}=\frac{T^2}{K_a}\tag{8-79}$$

令

$$K_a=\lim_{z\to1}(z-1)^2G(z)\tag{8-80}$$

$K_a$ 称为系统的静态加速度误差系数,当 $G(z)$ 具有三个 $z=1$ 的极点时,$K_a\to\infty$,$e(\infty)=T^2/K_a=0$。

所以单位反馈系统,在加速度输入作用时无差的条件是 $G(z)$ 中至少有三个 $z=1$ 的极点。0 型及Ⅰ型系统不能承受单位加速度输入作用,Ⅱ型离散系统在单位加速度输入作用下存在加速度误差;只有Ⅲ型或Ⅲ型以上的离散系统在加速度输入作用下没有稳态位置误差。

从上面的分析可以看出,系统的稳态误差除了与输入作用的形式有关外,还直接取决于系统开环脉冲传递函数 $G(z)$ 中 $z=1$ 的极点个数。不同型别单位反馈系统的稳态误差如表 8-4 所示。系统采样瞬时的稳态误差与采样周期 $T$ 有关,缩短采样周期将会降低稳态误差。

表 8-4 典型输入作用下的稳态误差

| 系统型别 | 阶跃输入 $r(t)=1(t)$ | 斜坡输入 $r(t)=t$ | 加速度输入 $r(t)=t^2/2$ |
|---|---|---|---|
| 0 型 | $1/K_p$ | $\infty$ | $\infty$ |
| Ⅰ型 | 0 | $T/K_v$ | $\infty$ |
| Ⅱ型 | 0 | 0 | $T^2/K_a$ |

上面仅就单位反馈系统在输入作用下的稳态误差进行计算，对于非单位反馈系统，则必须明确稳态误差是指输入采样开关后面的 $e^*(t)$，那么上述结论同样适用。

**【例 8-27】** 已知离散控制系统结构如图 8-25 所示，采样周期 $T=0.2$ s，输入信号 $r(t)=1+t+t^2/2$，试用静态误差系数法，求该系统的稳态误差。

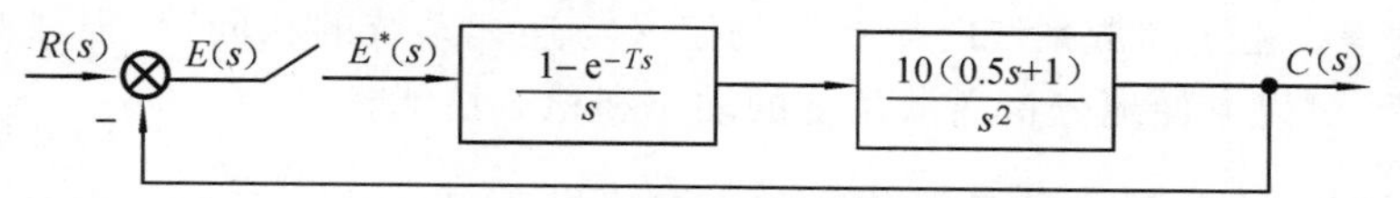


图 8-25 离散控制系统结构图

**解** 先求系统的开环脉冲传递函数 $G(z)$，因有零阶保持器，故

$$G(z)=\frac{z-1}{z}\mathscr{Z}\left[\frac{10(0.5s+1)}{s^3}\right]=\frac{z-1}{z}\mathscr{Z}\left(\frac{10}{s^3}+\frac{5}{s^2}\right)$$

查 $z$ 变换表得 $$G(z)=\frac{z-1}{z}\left[\frac{5T^2z(z+1)}{(z-1)^3}+\frac{5Tz}{(z-1)^2}\right]$$

将采样周期 $T=0.2$ s 代入上式，并化简得

$$G(z)=\frac{1.2z-0.8}{(z-1)^2}$$

为了求系统的稳态误差，必须判断系统是否稳定，即系统的特征根是否在单位圆内。由系统的特征方程

$$D(z)=1+G(z)=0$$

可得 $$(z-1)^2+1.2z-0.8=0,\quad z^2-0.8z+0.2=0$$

显然，系统的一对共轭复根是在单位圆内，所以满足系统稳定条件。现用静态误差系数法求 $e(\infty)$。因为静态位置误差系数

$$K_p=\lim_{z\to 1}[1+G(z)]=\lim_{z\to 1}\left[1+\frac{1.2z-0.8}{(z-1)^2}\right]\to\infty$$

静态速度误差系数 $$K_v=\lim_{z\to 1}(z-1)G(z)=\lim_{z\to 1}\frac{1.2z-0.8}{(z-1)}\to\infty$$

静态加速度误差系数

$$K_a=\lim_{z\to 1}(z-1)^2G(z)=\lim_{z\to 1}(1.2z-0.8)=0.4$$

根据表 8-4，求得在 $r(t)=1+t+t^2/2$ 作用下的稳态误差为

$$e(\infty)=\frac{1}{K_p}+\frac{T}{K_v}+\frac{T^2}{K_a}=0+0+\frac{0.2^2}{0.4}=0.1$$

实际上，此例可以不用逐步计算。由于单位反馈系统的 $G(z)$ 中有两个 $z=1$ 的极点，所以是Ⅱ型系统，则在阶跃及斜坡输入作用下的稳态误差为零，只要求出在加速度信号作用下的常值误差即可。

### 8.5.3 离散控制系统的动态性能分析

离散控制系统的分析和设计与连续系统的方法类似，通常有时域法、根轨迹法和频率分析法。在此主要介绍在时域中如何求取离散系统的时间响应，以及在 $z$ 平面上定

性分析离散系统闭环极点与其动态性能之间的关系。

**1. $z$ 变换分析法**

在已知离散系统结构和参数情况下,应用 $z$ 变换法分析离散控制系统动态性能时,通常假定外作用输入是单位阶跃函数 $r(t)=1(t)$。在这种情况下,系统输出量的 $z$ 变换为

$$C(z)=\Phi(z)R(z)=\Phi(z)\frac{z}{z-1}$$

式中,$\Phi(z)$是闭环系统脉冲传递函数。

要确定一个已知系统的动态性能,只要按上式求出 $C(z)$,再利用长除法求 $z$ 反变换,即可求出输出信号的脉冲序列 $c^*(t)$,它代表了线性离散系统在单位阶跃输入作用下的响应过程。由于离散系统时域指标的定义与连续系统的相同,故根据单位阶跃响应曲线 $c^*(t)$可以方便地分析离散系统的动态和稳态性能。

**【例 8-28】** 设有零阶保持器的离散控制系统如图 8-26 所示,其中 $r(t)=1(t)$,$T=1$ s,试分析该系统的动态性能。

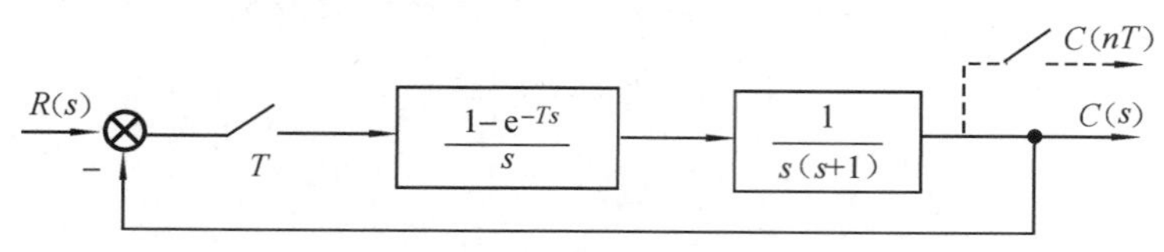


图 8-26 闭环离散控制系统

**解** 系统的开环脉冲传递函数为

$$G(z)=\mathscr{Z}\left[\frac{1-\mathrm{e}^{-Ts}}{s}\frac{1}{s(s+1)}\right]=(1-z^{-1})\mathscr{Z}\left[\frac{1}{s^2}-\frac{1}{s}+\frac{1}{s+1}\right]$$

$$=\frac{(T-1+\mathrm{e}^{-T})z+(1-T\mathrm{e}^{-T}-\mathrm{e}^{-T})}{z^2-(1+\mathrm{e}^{-T})z+\mathrm{e}^{-T}}=\frac{0.368z+0.264}{z^2-1.368z+0.368}$$

其闭环系统的脉冲传递函数为

$$\Phi(z)=\frac{C(z)}{R(z)}=\frac{G(z)}{1+G(z)}=\frac{0.368z+0.264}{z^2-z+0.632}$$

将 $R(z)=z/(z-1)$代入上式,求得单位阶跃响应输出量 $C(z)$为

$$C(z)=\frac{0.368z+0.264}{z^2-z+0.632}\frac{z}{z-1}=\frac{0.368z^{-1}+0.264z^{-2}}{1-2z^{-1}+1.632z^{-2}-0.632z^{-3}}$$

$$=0.368z^{-1}+z^{-2}+1.4z^{-3}+1.4z^{-4}+1.147z^{-5}+0.895z^{-6}+0.802z^{-7}+0.868z^{-8}+\cdots$$

由 $C(z)$的反变换得

$c(0)=0$, $c(1)=0.368$, $c(2)=1$, $c(3)=1.4$

$c(4)=1.4$, $c(5)=1.147$, $c(6)=0.895$

$c(7)=0.802$, $c(8)=0.868$, …

图 8-27 为系统单位阶跃响应输出图形,如果要获得采样时刻之间的响应信息,可采用广义 $z$ 变换法。由此图可以求得系统的近似性能指标:上升时间 $t_r=2$ s,峰值时间 $t_p=4$ s,调节时间 $t_s=12$ s,超调量 $\delta\%=40\%$。

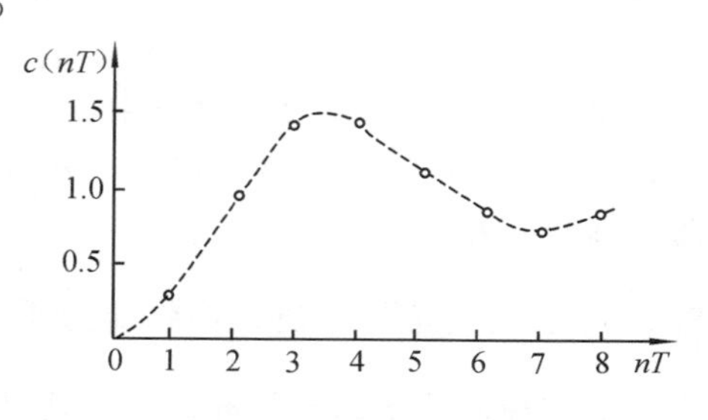


图 8-27 闭环系统输出脉冲序列

**2. 闭环极点与动态响应的关系**

由线性连续系统理论可知,闭环极点在 $s$ 平面的分布对反馈系统的暂态响应有重大影响。与此类似,闭环离散控制系统的暂态响应与闭环脉冲传递函数极点在 $z$ 平面的分布也有密切关系。

设系统闭环脉冲传递函数具有下列一般形式

$$\Phi(z)=\frac{M(z)}{D(z)}=\frac{b_m z^m+b_{m-1}z^{m-1}+\cdots+b_0}{a_n z^n+a_{n-1}z^{n-1}+\cdots+a_0}=\frac{b_m}{a_n}\frac{\prod\limits_{j=1}^{m}(z-z_j)}{\prod\limits_{i=1}^{n}(z-p_i)}\quad(m\leqslant n)$$

式中:$p_i(i=1,2,3,\cdots,n)$为系统的 $n$ 个极点;$z_j(j=1,2,3,\cdots,m)$为系统的 $m$ 个零点;$b_m/a_n$ 称为系统的闭环增益。为了简化问题,假设系统无相重的闭环极点。

当系统输入阶跃信号时,即

$$r(t)=1(t),\quad R(z)=\frac{z}{z-1}$$

系统输出的 $z$ 变换为

$$C(z)=\Phi(z)R(z)=\Phi(z)\frac{z}{z-1}$$

将 $C(z)/z$ 展开成部分分式

$$\frac{C(z)}{z}=\frac{c_0}{z-1}+\sum_{i=1}^{n}\frac{c_i}{z-p_i}$$

式中常数

$$c_0=\lim_{z\to1}\left[(z-1)\frac{M(z)}{D(z)}\frac{1}{z-1}\right]=\frac{M(1)}{D(1)}$$

$$c_i=\lim_{z\to p_i}\left[(z-p_i)\frac{M(z)}{D(z)}\frac{1}{z-1}\right]=\frac{M(z)}{(z-1)\dot{D}(z)}\bigg|_{z=p_i}$$

于是

$$C(z)=\frac{M(1)}{D(1)}\frac{z}{z-1}+\sum_{i=1}^{n}\frac{c_i z}{z-p_i}\tag{8-81}$$

$z$ 反变换

$$c(nT)=\frac{M(1)}{D(1)}+\sum_{i=1}^{n}c_i p_i^n\quad(n=0,1,2,\cdots)\tag{8-82}$$

式(8-82)中的第一项的 $z$ 反变换为 $M(1)/D(1)$,是 $c^*(t)$的稳态分量,它由输入信号决定的。第二项为离散输出信号的瞬态响应,其中每一分量 $c_i p_i^n$ 的收敛与发散是由系统的结构决定的,即由系统的闭环极点 $p_i$ 在 $z$ 平面上的位置所决定。根据 $p_i$ 在 $z$ 平面上的位置,可以确定 $c^*(t)$的动态响应形式。下面分析几种情况。

1) 正实轴上闭环极点

当 $0<p_i<1$ 时,极点位于单位圆内正实轴上,对应的瞬态分量 $c_i p_i^n$ 为一衰减型指数函数,极点 $p_i$ 距离 $z$ 平面坐标原点越近,$p_i^n$ 衰减速度越快。当 $p_i>1$ 时,极点位于单位圆外正实轴上,响应 $c_i p_i^n$ 为单调发散,$p_i^n$ 值随 $n$ 的增加而迅速增大。当 $p_i=1$ 时,极点位于单位圆上的正实轴上,响应 $c_i p_i^n=c_i$ 为一常数,是一串等幅脉冲序列。

2) 负实轴上闭环极点

当 $-1<p_i<0$ 时,极点位于单位圆内的负实轴上,$p_i^n$ 可为正数,也可为负数,取决于 $n$ 为偶数或是奇数。因此,随 $n$ 的增加,$c_i(nT)$为正、负交替的收敛脉冲序列,或称振荡收敛。$p_i$ 距离 $z$ 平面原点越近,收敛越快。振荡周期为 $2T$,振荡的角频率为 $\pi/T$。当 $p_i<-1$ 时,极点位于单位圆外的负实轴上,响应 $c_i p_i^n$ 为振荡发散的脉冲序列。当

$p_i=-1$ 时,极点位于单位圆上的负实轴上,响应 $c_i p_i^n=(-1)^n c_i$ 为正、负交替的等幅脉冲序列。

3) $z$ 平面上的闭环共轭复数极点

设 $p_i$ 和 $\bar{p}_i$ 为一对共轭复数极点,其表达式为

$$p_i,\bar{p}_i=|p_i|\mathrm{e}^{\pm \mathrm{j}\theta_i} \tag{8-83}$$

式中,$\theta_i$ 为共轭复数极点 $p_i$ 的相角。

由式(8-82)可知,一对共轭复极点所对应的瞬态分量为

$$c_i(nT)=c_i p_i^n+\bar{c}_i\bar{p}_i^n \tag{8-84}$$

由于 $\Phi(z)$ 的分子与分母多项式的系数均为实数,所以 $c_i$ 和 $\bar{c}_i$ 也必为共轭复数,令

$$c_i=|c_i|\mathrm{e}^{\mathrm{j}\varphi_i},\quad \bar{c}_i=|c_i|\mathrm{e}^{-\mathrm{j}\varphi_i} \tag{8-85}$$

将式(8-83)和式(8-85)代入式(8-84),可得

$$\begin{aligned}c_i(nT)&=c_i p_i^n+\bar{c}_i\bar{p}_i^n=|c_i|\mathrm{e}^{\mathrm{j}\varphi_i}\cdot|p_i|^n\mathrm{e}^{\mathrm{j}n\theta_i}+|c_i|\mathrm{e}^{-\mathrm{j}\varphi_i}\cdot|p_i|^n\mathrm{e}^{-\mathrm{j}n\theta_i}\\&=|c_i|\cdot|p_i|^n[\mathrm{e}^{\mathrm{j}(n\theta_i+\varphi_i)}+\mathrm{e}^{-\mathrm{j}(n\theta_i+\varphi_i)}]=2|c_i|\cdot|p_i|^n\cos(n\theta_i+\varphi_i)\end{aligned} \tag{8-86}$$

所以,共轭复极点所对应的瞬态分量 $c_i(nT)$ 按振荡规律变化。

当 $|p_i|>1$ 时,闭环复数极点位于单位圆外,对应的瞬态分量 $c_i(nT)$ 为发散振荡。当 $|p_i|<1$ 时,闭环复数极点位于单位圆内,对应的瞬态分量 $c_i(nT)$ 为衰减振荡。$p_i$ 距离 $z$ 平面原点越近,衰减速度越快。振荡的角频率为 $\omega_i=\theta_i/T$。

离散系统闭环极点在 $z$ 平面不同位置时对应的瞬态分量如图 8-28 所示。实轴上的六个极点对应的瞬态分量形式分别是:① 单调发散;② 正向等幅;③ 单调收敛;④ 正、负双向收敛;⑤ 正、负双向等幅;⑥ 正、负双向发散。$z$ 平面上三对共轭复数极点对应的瞬态分量形式分别是:$p_{1,2}$ 为发散振荡;$p_{3,4}$ 为衰减振荡;$p_{5,6}$ 为等幅振荡。

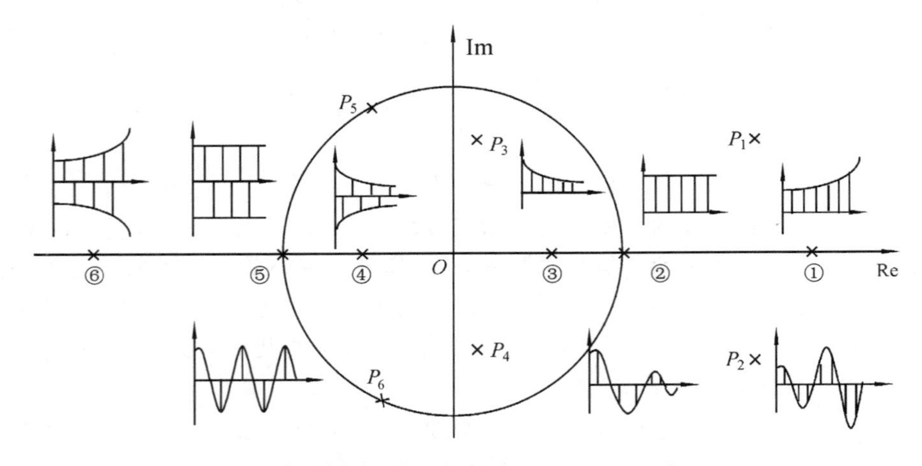


图 8-28 闭环极点的位置与动态响应

综上所述,闭环脉冲传递函数的极点在 $z$ 平面的位置决定相应瞬态分量的性质与特征。当闭环极点位于单位圆内时,对应的瞬态分量是收敛的,故系统是稳定的。当闭环极点位于单位圆外时,对应的瞬态分量均不收敛,产生持续等幅脉冲或发散脉冲,故系统不稳定。极点距离 $z$ 平面坐标原点越近,则衰减速度越快。若极点位于单位圆内的正实轴上,对应的瞬态分量按指数函数衰减。单位圆内一对共轭复数极点所对应的瞬态分量为衰减的振荡函数,其角频率为 $\omega_i=\theta_i/T$。若闭环极点位于单位圆内的负实

轴上，其对应的瞬态分量也为衰减振荡函数，而振荡的角频率为 $\omega_i=\theta_i/T$。为了使离散控制系统具有比较满意的瞬态响应性能，闭环脉冲传递函数的极点最好分布在单位圆内的右半部，并尽量靠近 $z$ 平面的坐标原点。这样系统反应迅速，过渡过程进行较快。

## 本章小结

由于计算机技术的迅速发展，离散控制系统应用日益广泛。本章讨论了线性离散系统的分析与设计方法，它是数字控制系统的基础理论。

8.1 节首先提出了离散控制系统的基本概念，通过实例分析，介绍了采样控制系统与数字控制系统的基本结构框图，从而明确离散控制系统的特点和研究方法。

8.2 节讨论了离散信号的数学描述，介绍了信号的采样与保持。采样过程可视为一种脉冲调制过程，为能无失真地恢复连续信号，采样频率的选择必须符合香农采样定理。由于无失真恢复连续信号的理想滤波器不存在，主要介绍了简单常用的零阶保持器。$z$ 变换工具在线性离散系统中所起的作用与拉氏变换在线性连续系统中所起的作用十分类似。

采样周期的选择应考虑许多因素。从系统控制质量的要求来看，一般希望采样周期 $T$ 取得小些，这样更接近于连续控制，系统控制效果较好。从执行机构的特性要求来看，如果采样周期过短，执行机构来不及响应，仍然达不到控制目的，所以采样周期也不宜过短。

8.3 节介绍了 $z$ 变换的定义、$z$ 变换计算方法以及 $z$ 反变换，它的几个基本定理可以用来简化运算。建立控制系统的数学模型，是进行系统分析与设计的前提。

8.4 节介绍了离散控制系统的差分方程描述和脉冲传递函数的建立，以及两者之间的关系，详细讨论了各种开环系统、典型闭环系统脉冲传递函数的计算，运算时应注意各环节间是否设有采样开关。

8.5 节主要讨论离散控制系统稳定性、稳态误差以及动态性能的分析。在稳定性方面，主要讨论了 $z$ 平面到 $w$ 平面的双线性变换，再利用劳斯代数判据的方法；系统稳态误差的分析计算方法类似于线性连续系统；闭环脉冲传递函数的极点在 $z$ 平面的位置决定相应瞬态分量的性质与特征。

## 本章习题

8-1 离散系统和连续系统有什么区别和联系？

8-2 脉冲传递函数是如何定义的？它与传递函数有什么区别和联系？

8-3 一般情况下应如何选择采样周期？

8-4 离散系统稳定的条件是什么？

8-5 采样周期对离散系统的稳定性有什么影响？

8-6 求下列函数的 $z$ 变换。

(1) $e(t)=t\cos\omega t$　　(2) $e(t)=\mathrm{e}^{-at}\sin\omega t$

(3) $e(t)=t^2\mathrm{e}^{-3t}$　　(4) $e(t)=\dfrac{1}{3!}t^3$

(5) $e(t)=1-\mathrm{e}^{-at}$

8-7 已知 $E(z)=\mathscr{Z}[e(t)]$，试证明下列关系式。

(1) $\mathscr{Z}[a^n e(t)]=E\left(\dfrac{z}{a}\right)$　　(2) $\mathscr{Z}[te(t)]=-Tz\dfrac{\mathrm{d}}{\mathrm{d}z}E(z)$（$T$ 为采样周期）

8-8 求下列拉氏变换式的 $z$ 变换。

(1) $G(s)=\dfrac{1}{(s+a)(s+b)(s+c)}$　　(2) $G(s)=\dfrac{1}{s(s+3)^2}$

(3) $G(s)=\dfrac{s+1}{s^2}$　　　　(4) $G(s)=\dfrac{1-\mathrm{e}^{-Ts}}{s(s+a)}$

8-9　试确定下列函数的 $z$ 反变换。

(1) $G(z)=\dfrac{z}{(z-\mathrm{e}^{-aT})(z-\mathrm{e}^{-bT})}$　　　　(2) $G(z)=\dfrac{z}{(z-1)(z+0.5)^2}$

(3) $G(z)=\dfrac{z}{(z-1)^2(z-2)}$　　　　(4) $G(z)=\dfrac{10z(z+1)}{(z-1)(z^2+z+1)}$

8-10　试确定下列函数的初值和终值。

(1) $G(z)=\dfrac{z^2}{(z-0.5)(z-1)}$　　　　(2) $G(z)=\dfrac{z^2}{(z-0.8)(z-0.1)}$

8-11　用 $z$ 变换法求解下列差分方程。

(1) $c(k+2)+2c(k+1)+c(k)=r(k)$，$c(0)=c(1)=0, r(k)=k$　$(k=0,1,2,\cdots)$；

(2) $c(k+3)+6c(k+2)+11c(k+1)+6c(k)=0, c(0)=c(1)=1, c(2)=0$；

(3) $c(k+2)+5c(k+1)+6c(k)=\cos\left(\dfrac{k}{2}\pi\right), c(0)=c(1)=0$。

8-12　试求题 8-12 图所示开环离散系统的输出 $z$ 变换 $C(z)$，采样周期 $T=1$ s，$r(t)=1(t)$。

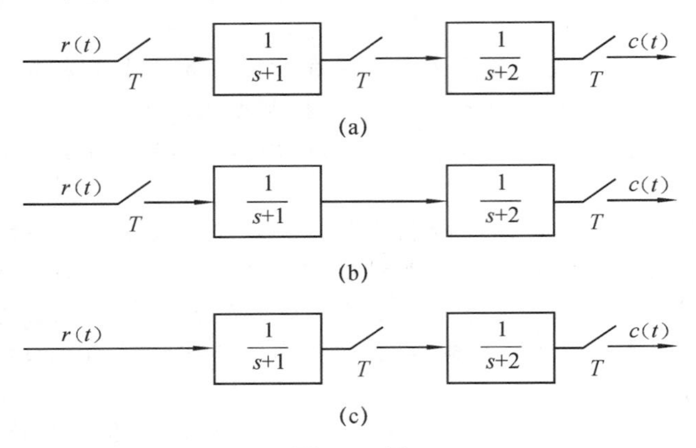


(a)　(b)　(c)

题 8-12 图

8-13　求题 8-13 图所示闭环离散系统的脉冲传递函数 $\Phi(z)$ 或输出 $z$ 变换 $C(z)$。

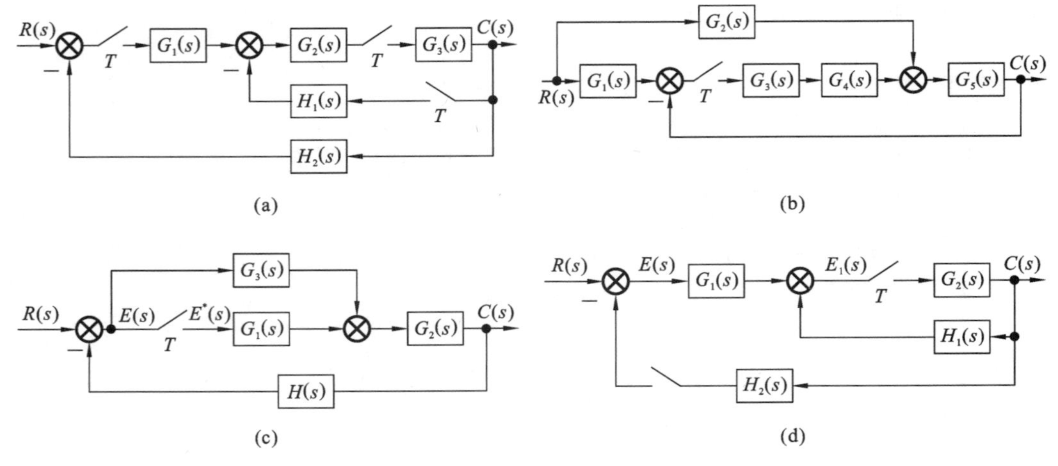


(a)　(b)　(c)　(d)

题 8-13 图

8-14　离散系统结构如题 8-14 图所示，设采样周期 $T=1$ s，$r(t)=1(t)$。

(1) 求系统的开环脉冲传递函数 $G(z)$ 及闭环脉冲传递函数 $\Phi(z)$；

(2) 求系统的输出响应 $c^*(t)$(算至 $n=5$)。

8-15 已知闭环离散系统的特征方程如下，试判断系统的稳定性。

(1) $D(z)=z^2-0.63z+0.89=0$

(2) $D(z)=(z+1)(z+0.5)(z+2)=0$

(3) $D(z)=z^3-1.5z^2-0.25z+0.4=0$

(4) $D(z)=45z^3-117z^2+119z-39=0$

8-16 设离散系统结构如题 8-16 图所示。

(1) 设 $T=1$ s，$K=1$，$a=2$ 求系统的单位阶跃响应；

(2) $T=1$ s，$a=1$ 求使系统稳定的临界 $K$ 值。

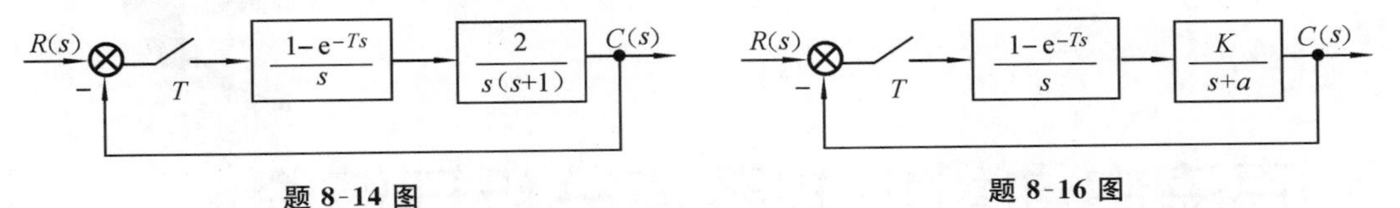


题 8-14 图　　题 8-16 图

8-17 设离散系统结构如题 8-17 图所示，其中采样周期 $T=0.4$ s，试求使系统稳定的 $K$ 值范围。

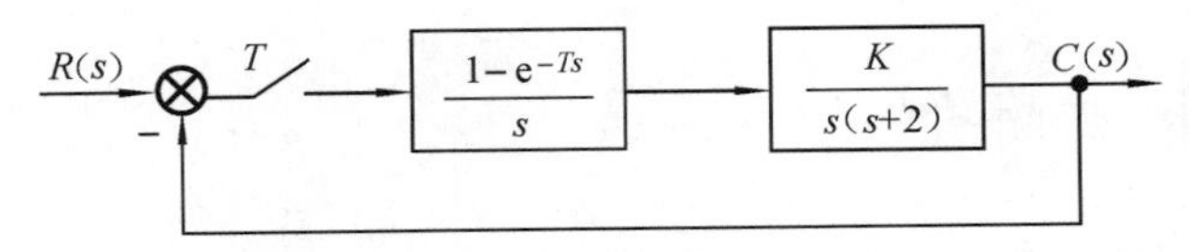


题 8-17 图

8-18 设离散系统结构如题 8-18 图所示，其中采样周期 $T=0.2$ s，$K=10$，$r(t)=1(t)+t+t^2/2$，试用终值定理法计算系统的稳态误差 $e(\infty)$。

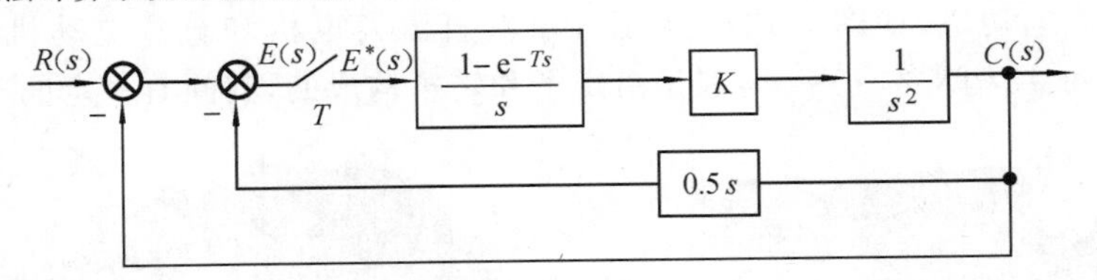


题 8-18 图

8-19 设离散系统结构如题 8-19 图所示，其中采样周期 $T=0.1$ s，$K=1$，$r(t)=1(t)+t$，试用静态误差系数法求系统的稳态误差 $e(\infty)$。

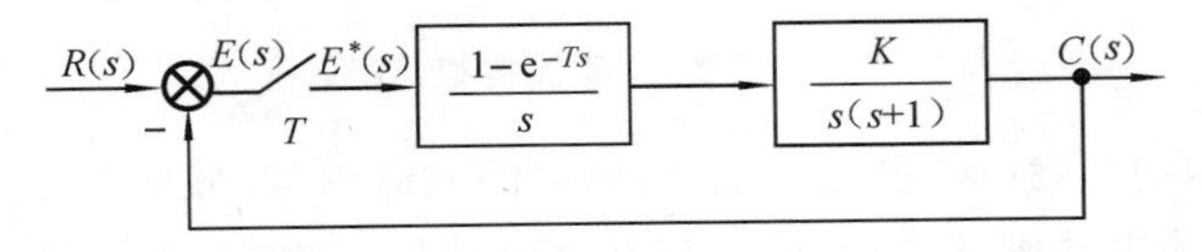


题 8-19 图

8-20 具有零阶保持器的离散系统结构如题 8-20 图所示，其中 $T=0.25$ s。

(1) 求使系统稳定的 $K$ 值范围；

(2) 当输入 $r(t)=2+t$ 时，欲使稳态误差小于 0.1，试选择 $K$ 值。

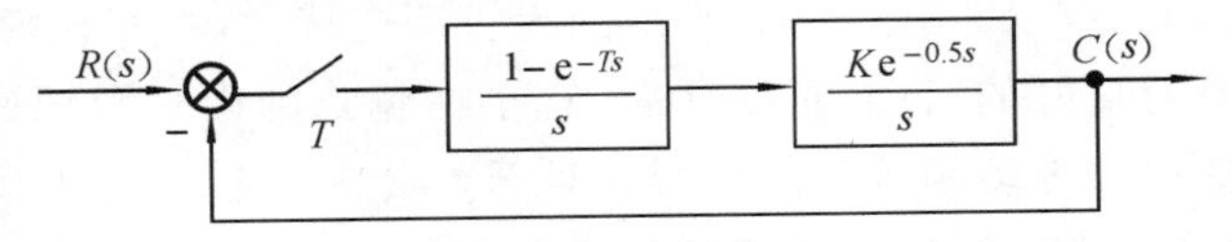


题 8-20 图

# 9

# 直流电动机控制系统分析与综合

## 9.1 直流电机简介

直流电机是利用电和磁的相互作用来实现机械能与直流电能相互转换的电力机械，按照用途可以分为直流电动机和直流发电机两类，两者是可逆的。其中，将机械能转换成直流电能的电机称为直流发电机，如图 9-1(a)所示；将直流电能转换成机械能的电机称为直流电动机，如图 9-1(b)所示。虽然直流发电机和直流电动机的用途各不同，但是它们的结构基本上一样，都是由定子和转子构成的，其间有一定的气隙。

(a) 直流发电机

(b) 直流电动机

**图 9-1　直流电机**

在发电厂里，同步发电机的励磁机、蓄电池的充电机等，都是直流发电机；锅炉给粉机的原动机是直流电动机，驱动磁盘的是直流电动机。此外，在许多工业部门，如大型轧钢设备、大型精密机床、矿井卷扬机、市内电车、电缆设备等严格要求线速度一致的场合，通常都采用直流电动机来拖动工作机械部件旋转和进给。图 9-2 所示的是其应用的几种实例。

直流电动机具有宽广的调速范围，平滑的无级调速特性，可实现频繁的无级快速启动、制动和反转，具有良好的启动、制动性能，宜于在宽范围内平滑调速，在许多需要调速或快速正反向的电力拖动领域广泛应用。对于要求在一定范围内无级平滑调速的系统而言，以调节电枢供电电压的方式控制系统为最好。改变电阻只能有级调速；减弱磁通虽然能够平滑调速，但调速范围较小，往往用于配合调压方案，在额定转速以上作小范围的弱磁升速。因此，自动控制的直流调速系统多以变压调速为主。按照执行单元的不同，调速系统又可分为晶闸管整流器-电机调速系统(简称 V-M 系统)和 PWM 变换器-电机调速系统(PWM-M 系统)两大类。其中，V-M 系统通过调控可控整流器平

(a) 地铁列车

(b) 造纸机

(c) 电解铝车间

(d) 电镀车间

图 9-2 直流电机的应用

均输出直流电压实现调速；PWM-M 系统则是依靠脉宽调制方法，将恒定直流电源电压经调制而输出频率一定、宽度可变的脉冲序列，以此来改变平均输出电压的大小，实现电动机调速。测量单元一般采用编码器。本章的综合不涉及执行器与检测单元的选择，认为均是单位传递关系。

## 9.2 直流电动机模型及特性分析

### 9.2.1 直流电动机模型

建立直流电动机的基本方程式是了解和分析直流电动机性能的主要方法和重要手段。直流电动机的基本方程式包括电压方程式、动力学方程式。图 9-3 所示的为他励直流电动机驱动系统，其中，$R$ 和 $L$ 分别是电枢电阻和电感，$b$ 是电动机和负载折合到电动机轴上的黏性摩擦系数，$J$ 是电动机和负载折合到电动机轴上的转动惯量，$T_l$ 是折合到电动机轴上的总负载转矩。

假设主电路电流连续，则系统电压方程为

$$u=L\frac{\mathrm{d}i}{\mathrm{d}t}+Ri+e_b \tag{9-1}$$

式中：反电势 $e_b$ 正比于转速 $\omega$，即 $e_b=k_e\omega$，$k_e$ 是反电势系数（V·s/rad）。

运动控制系统的基本动力学方程为

$$J\frac{\mathrm{d}\omega}{\mathrm{d}t}=T_e-T_l-b\omega \tag{9-2}$$

$$\frac{\mathrm{d}\theta}{\mathrm{d}t}=\omega \tag{9-3}$$

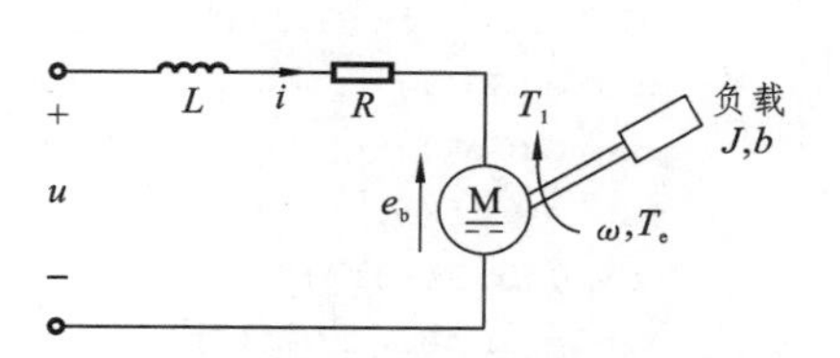


图 9-3 他励直流电动机驱动系统

式中：电磁转矩 $T_e=k_t i$，$k_t$ 为电动机额定励磁下的转矩系数（N·m/A）。

令 $\tau_e=L/R$（电磁时间常数），$\tau_m=J/b$（机械

时间常数),于是可由这三个方程画出如图 9-4 所示的线性模型框图,图中将 $T_1$ 看成对控制系统的扰动。

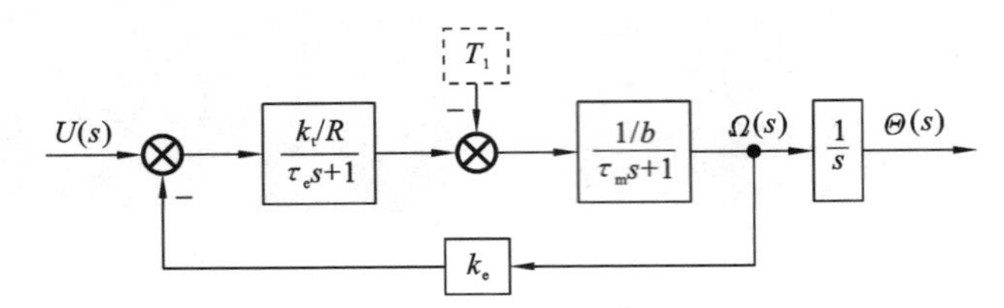


**图 9-4　他励直流电动机线性模型框图**

在位置控制情况下,$U(s)\to\Theta(s)$的传递函数为

$$G_p(s)=\frac{\Theta(s)}{U(s)}=\frac{k_t/Rb}{(\tau_e s+1)(\tau_m s+1)+k_e k_t/Rb}\cdot\frac{1}{s} \tag{9-4}$$

考虑到电枢电感 $L$ 较小,在工程应用中常忽略不计,于是上式转化为

$$G_p(s)=\frac{\Theta(s)}{U(s)}=\frac{K_d}{s(T_{em}s+1)} \tag{9-5}$$

式中:$K_d=k_t/(Rb+k_e k_t)$为传动系数;$T_{em}=JR/(Rb+k_e k_t)$为机电时间常数。

在调速情况下,$U(s)\to\Omega(s)$的传递函数为

$$G_v(s)=\frac{\Omega(s)}{U(s)}=\frac{k_t/Rb}{(\tau_e s+1)(\tau_m s+1)+k_e k_t/Rb} \tag{9-6}$$

考虑到电枢电感 $L$ 较小,在工程应用中常忽略不计,于是上式转化为

$$G_v(s)=\frac{\Omega(s)}{U(s)}=\frac{K_d}{(T_{em}s+1)} \tag{9-7}$$

式中:$K_d=k_t/(Rb+k_e k_t)$为传动系数;$T_{em}=JR/(Rb+k_e k_t)$为机电时间常数。

### 9.2.2　直流电动机模型特性分析

考查式(9-4)的传递函数模型,由两个惯性环节和积分环节串联组成,两个惯性环节体现能量的变化是不能跃变的,积分环节的主要作用是将角速度积分得到角位置。

若令系统参数为 $J=0.001\ \mathrm{kg\cdot m^2}$,$b=0.01\ \mathrm{N\cdot m}$,$k_t=0.1\ \mathrm{N\cdot m/A}$,$k_e=0.1\ \mathrm{V\cdot s/rad}$,$R=1\ \Omega$,$L=4.7\times10^{-6}\ \mathrm{H}$,根据式(9-4),编制程序 9-1 求传递函数,并从时域和频域两个方面分析此对象。

**程序 9-1**

```
clear all% Gp1
J= 0.001;b= 0.01;kt= 0.1;ke= 0.1;R= 1;L= 4.7*10^(- 6);
taue= L/R;taum= J/b;
Gp1= tf(1,[1 0])*tf(kt/(R*b),[taue*taumtaue+ taum 1+ ke*kt/(R*b)]);
Gp1_zp= zpk(Gp1);
pole(Gp1);
zero(Gp1);
Gp1s= tf(5,[0.05,1,0]);
t= 0:0.01:0.4;
yp1= impulse(Gp1,t);
yp1s= impulse(Gp1s,t);
plot(t,yp1,'k- ',t,yp1s,'k- - ','LineWidth',2)
```

```
set(gca,'LineWidth', 2.0,'fontsize',12,'fontname','Times New Roman')
xlabel('\fontname{Times New Roman}\fontsize{12}\itt\rm(s)')
ylabel('\fontname{Times New Roman}\fontsize{12}\ity\rm_p')
legend('\fontname{Times New Roman}\fontsize{12}\ity\rm_p_1','\fontname
{Times New Roman}\fontsize{12}\ity\rm_p_1_s')
legend('boxoff')
grid on
figure
w= 1:0.1:1000;
[MAG1,PHASE1]= bode(Gp1,w);
MAGDB1 =  20 * log10(MAG1);
[MAG1s,PHASE1s]= bode(Gp1s,w);
MAGDB1s =  20 * log10(MAG1s);
for i= 1:length(MAGDB1)
MAGDB1v(i)= MAGDB1(1,1,i);
PHASE1v(i)= PHASE1(1,1,i);
MAGDB1sv(i)= MAGDB1s(1,1,i);
PHASE1sv(i)= PHASE1s(1,1,i);
end
subplot(211)
semilogx(w,MAGDB1v,'- k',w,MAGDB1sv,'- - k','LineWidth',2),grid on
set(gca,'LineWidth', 2.0,'fontsize',12,'fontname','Times New Roman')
xlabel('\fontname{Times New Roman}\fontsize{12}\it\omega\rm(rad/s)')
ylabel('\fontname{Times New Roman}\fontsize{12}\rm|\itG\rm_p|')
legend('\fontname{Times New Roman}\fontsize{12}\itG\rm_p_1','\fontname
{Times New Roman}\fontsize{12}\itG\rm_p_1_s')
legend('boxoff')
subplot(212)
semilogx(w,PHASE1v,'- k',w,PHASE1sv,'- - k','LineWidth',2),grid on
set(gca,'LineWidth', 2.0,'fontsize',12,'fontname','Times New Roman')
xlabel('\fontname{Times New Roman}\fontsize{12}\it\omega\rm(rad/s)')
ylabel('\fontname{Times New Roman}\fontsize{12}\it\phi\rm_p')
legend('\fontname{Times New Roman}\fontsize{12}\itG\rm_p_1','\fontname
{Times New Roman}\fontsize{12}\itG\rm_p_1_s')
legend('boxoff')
```

通过运行程序 9-1 得到传递函数

$$G_{p1}(s)=\frac{10}{4.7\times10^{-7}s^3+0.1s^2+2s} \tag{9-8}$$

其极点为 0、$-2.1276\times10^5$、$-20$，无零点。表明该对象本身是一个不稳定的对象，同时包含两个惯性环节，但由于其没有右半平面的零极点，所以它是一个最小相位的。考虑到分母 3 次项系数较小，可以忽略，于是上面两个对象可以近似为

$$G_{p1}(s)\approx\frac{5}{s(0.05s+1)} \tag{9-9}$$

实际上，这种近似是对原 3 阶系统的降阶，去掉了非主导极点（离主导极点实部很远），并且保证静态增益（误差系数不变）。后续的闭环系统分析与设计将使用这个对象模型。

近似模型与原模型的冲激响应如图 9-5 所示，基本一致；而频域也基本一致，所以近似模型是可以接受的。从画出的频率特性图中也可看出，对象幅频特性在 $-3$ dB 所

在频率点 6.7 rad/s 之后一直是衰减的，即使引入控制器，也几乎不可能使系统的频带增加到 $10^6$ 数量级，故从频率特性上分析，也可将原模型分母的高次项忽略。

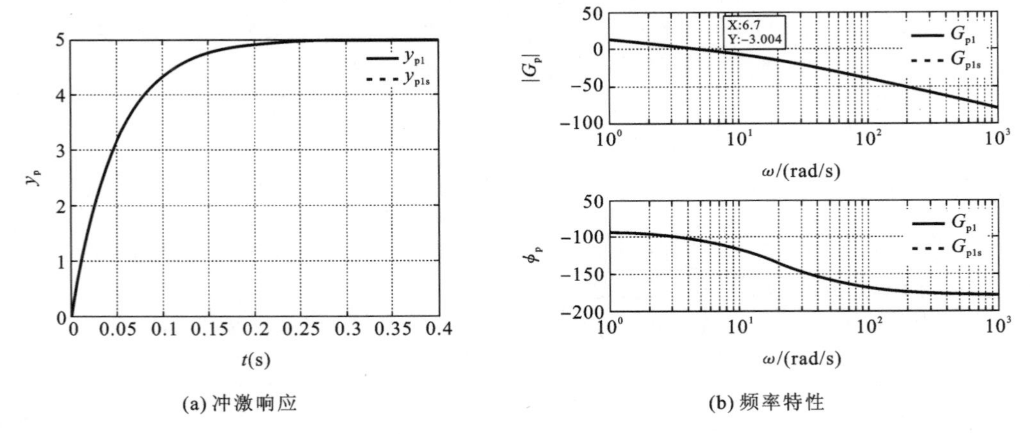


(a) 冲激响应　　(b) 频率特性

图 9-5　近似模型与原模型的冲激响应与频率特性

在调速场合，后续将采用近似的惯性环节

$$G_{v1}(s) \approx \frac{5}{0.05s+1} \tag{9-10}$$

有时也考虑一定的滞后因素，采用带有滞后环节的模型

$$G_{v1}(s) \approx \frac{5}{0.05s+1}e^{-0.03s} \tag{9-11}$$

另外，后续的系统分析与设计时，有些地方也取标称参数 $J=0.001\ \text{kg}\cdot\text{m}^2$，$b=0.01/6\ \text{N}\cdot\text{m}$，$k_t=0.1\ \text{N}\cdot\text{m/A}$，$k_e=0.1/6\ \text{V}\cdot\text{s/rad}$，$R=1\ \Omega$，$L=4.7\times10^{-6}$ H，将程序 9-1 略作修改，便得到传递函数

$$G_{p2}(s)=\frac{60}{2.8\times10^{-6}s^3+0.6s^2+2s} \tag{9-12}$$

其极点为 0、$-2.1276\times10^5$、$-3.3$，无零点。该对象同样是一个不稳定的对象，同时包含两个惯性环节，同样也是一个最小相位的。考虑到分母 3 次项系数较小，可以忽略，于是上面两个对象可以近似为

$$G_{p2}(s)=\frac{30}{s(0.3s+1)} \tag{9-13}$$

在调速场合，采用近似的惯性环节

$$G_{v2}(s) \approx \frac{30}{0.3s+1} \tag{9-14}$$

有时也考虑一定的滞后因素，采用带有滞后环节的模型

$$G_{v2}(s) \approx \frac{30}{0.3s+1}e^{-0.03s} \tag{9-15}$$

## 9.3　直流电动机闭环控制系统的时域分析

### 9.3.1　基于调速模型讨论闭环控制与开环控制的优劣

现在考虑针对调速模型式(9-10)的闭环控制与开环控制，如图 9-6 所示。为了比

较方便，研究传动系数变化前后的阶跃响应，为保证标称下静态增益是 1 或近似为 1，对于开环，取 $K_p=1/5$；而对于闭环情况，取 $K_p=1000/5$。

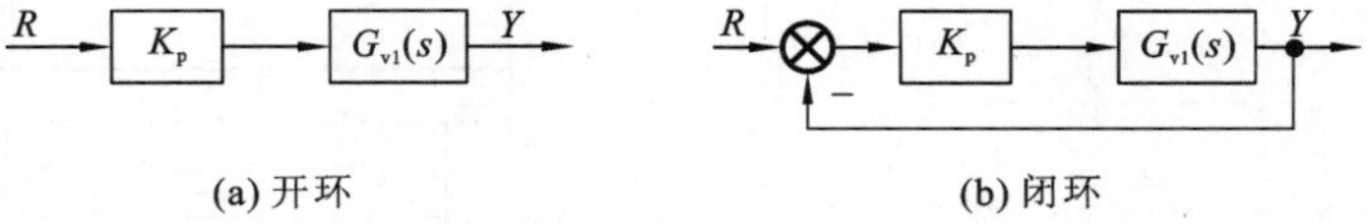

(a) 开环　　(b) 闭环

**图 9-6　直流电动机开环与闭环调速控制系统**

对于开环，误差

$$E(s)=R(s)-\frac{1}{0.05s+1}R(s)=\frac{0.05s}{0.05s+1}\frac{1}{s}=\frac{0.05}{0.05s+1} \tag{9-16}$$

由终值定理，得

$$e_{ss}=\lim_{s\to 0}sE(s)=\lim_{s\to 0}\frac{5s}{0.05s+1}=0 \tag{9-17}$$

对于闭环，误差

$$E(s)=R(s)-\frac{1000}{0.05s+1+1000}R(s)=\frac{0.05s+1}{0.05s+1+1000}\frac{1}{s} \tag{9-18}$$

由终值定理，得

$$e_{ss}=\lim_{s\to 0}sE(s)=\lim_{s\to 0}\frac{0.05s+1}{0.05s+1+1000}=\frac{1}{1+1000}=0.000999 \tag{9-19}$$

现假设 $G_{v1}(s)$ 传动系数增加 1，即为标称传动系数的 20%，即

$$G_{v1}(s)\approx\frac{6}{0.05s+1} \tag{9-20}$$

仍然使用开环和闭环两种方式且控制器不变，求两种情况下的误差。

对于开环，误差

$$E(s)=R(s)-\frac{6/5}{0.05s+1}R(s)=\frac{0.05s-0.2}{0.05s+1}\cdot\frac{1}{s} \tag{9-21}$$

$$e_{ss}=\lim_{s\to 0}sE(s)=\lim_{s\to 0}\frac{0.05s-0.2}{0.05s+1}=-0.2 \tag{9-22}$$

对于闭环，误差

$$E(s)=R(s)-\frac{1000\times 6/5}{0.05s+1+1000\times 6/5}R(s)=\frac{0.05s+1}{0.05s+1+1000\times 6/5}\frac{1}{s} \tag{9-23}$$

$$e_{ss}=\lim_{s\to 0}sE(s)=\lim_{s\to 0}\frac{0.05s+1}{0.05s+1+1000\times 6/5}=0.000833 \tag{9-24}$$

编制程序 9-2 并运行，如图 9-7 所示。从暂态过程看，闭环系统的响应变快了。比较传动系数变化前后的稳态误差，可以看出，闭环有效地抑制了参数不确定性对响应的影响，而开环则产生了较大的稳态误差，与上述理论计算结果一致。在控制器后加入随机干扰，研究开环与闭环响应，同样可以看出，闭环有效地抑制了外部随机扰动的影响，而开环却对外部随机扰动灵敏度是 100%。由此说明，反馈具有克服参数不确定性与外部干扰不确定的作用。

**程序 9-2**

在模型 9-1 所示的模型属性(model property)的回调函数(callbacks)中的 StopFcn 中填入如下代码。

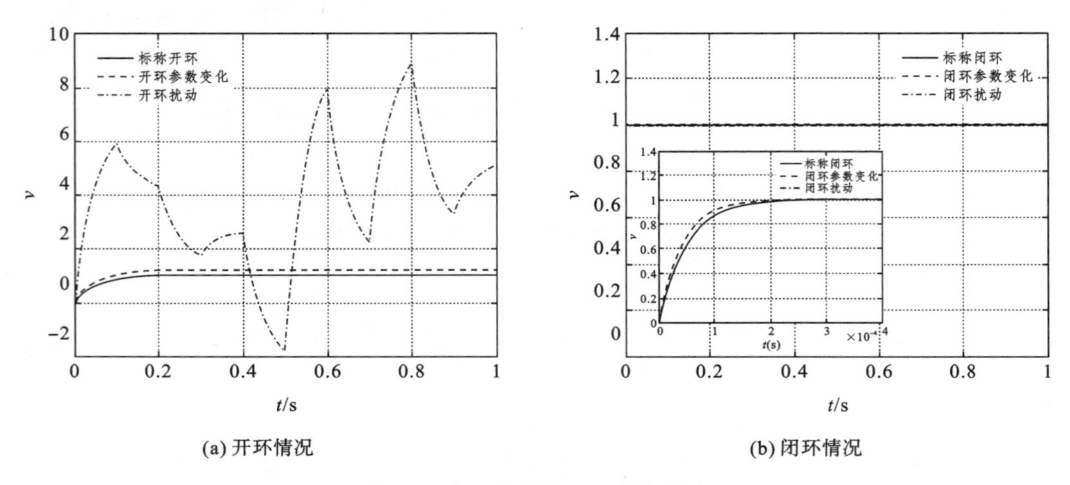


(a) 开环情况 (b) 闭环情况

**图 9-7 闭环控制与开环控制优劣**

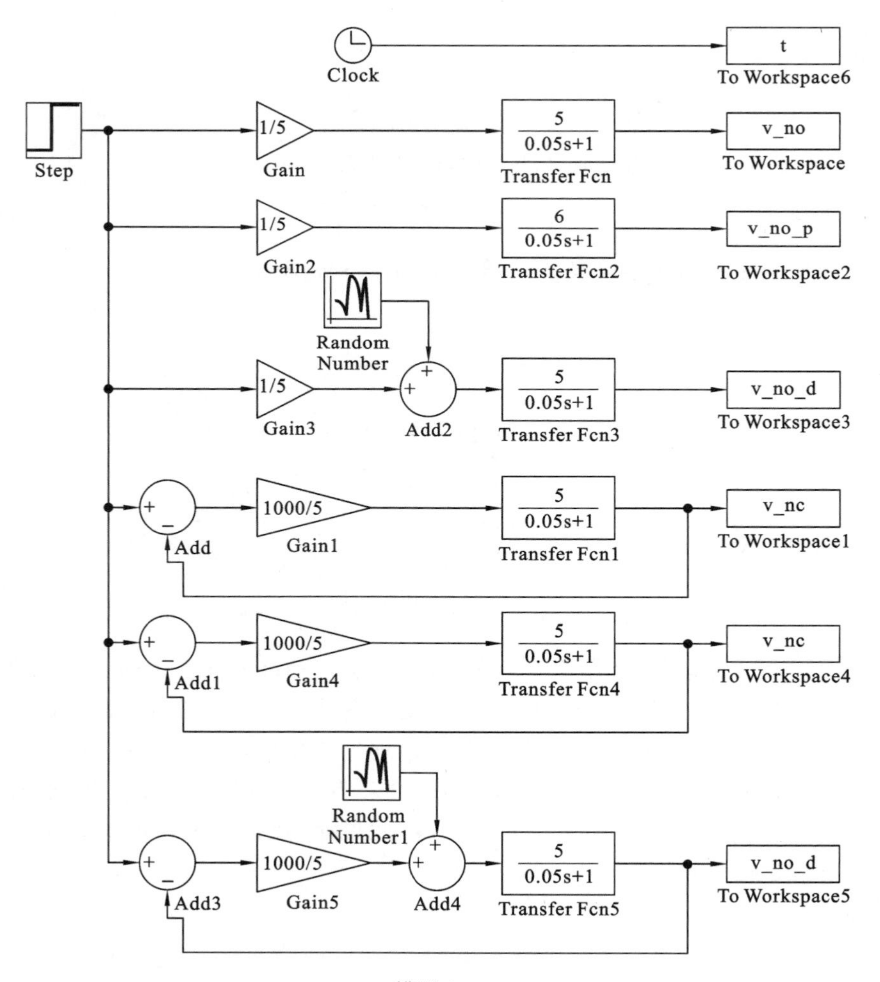


**模型 9-1**

```
figure
plot(t,v_no,'- k',t,v_no_p,'- - k',t,v_no_d,'- .k','LineWidth',1)
set(gca,'LineWidth', 2.0,'fontsize',12,'fontname','Times New Roman')
xlabel('\fontname{Times New Roman}\fontsize{12}\itt\rm(s)')
ylabel('\fontname{Times New Roman}\fontsize{12}\itv\rm')
legend('\fontname{Times New Roman}\fontsize{10}\rm标称开环','\fontname
{Times New Roman}\fontsize{10}\rm开环参数变化','\fontname{Times New Ro-
man}\fontsize{10}\rm开环扰动')
legend('boxoff')
grid on
figure
plot(t,v_nc,'- k',t,v_nc_p,'- - k',t,v_nc_d,'- .k','LineWidth',1)
set(gca,'LineWidth', 2.0,'fontsize',12,'fontname','Times New Roman')
xlabel('\fontname{Times New Roman}\fontsize{12}\itt\rm(s)')
ylabel('\fontname{Times New Roman}\fontsize{12}\itv\rm')
legend('\fontname{Times New Roman}\fontsize{10}\rm标称闭环','\fontname
{Times New Roman}\fontsize{10}\rm闭环参数变化','\fontname{Times New Ro-
man}\fontsize{10}\rm闭环扰动')
legend('boxoff')
grid on
```

### 9.3.2 基于位置模型讨论 PID 闭环控制

本小节以图 9-8 所示的直流电动机闭环控制系统结构图展开讨论，控制器分别以串联 PID 方式和速度反馈方式引入。串联 PID 方式可能选择 P(比例控制)、PD(比例微分控制-超前)、PI(比例积分控制-滞后)或 PID(比例积分微分控制-滞后超前)。

#### 1. P(比例)控制情况

加入 P 控制环节后，闭环系统如图 9-9 所示，对象模型分别采用式(9-8)和式(9-9)，该闭环系统传递函数分别为

$$\Phi(s)=\frac{10K_{\mathrm{P}}}{4.7\times10^{-7}s^{3}+0.1s^{2}+2s+10K_{\mathrm{P}}} \tag{9-25}$$

$$\Phi_{\mathrm{s}}(s)=\frac{5K_{\mathrm{P}}}{0.05s^{2}+s+5K_{\mathrm{P}}} \tag{9-26}$$

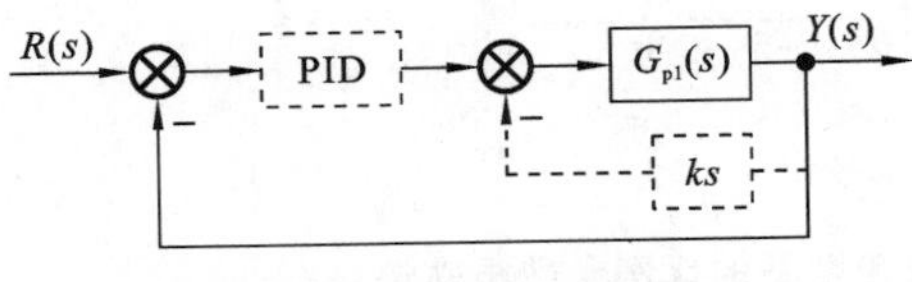


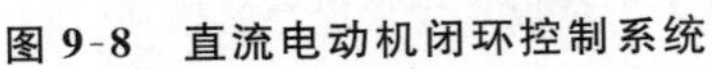
图 9-8 直流电动机闭环控制系统

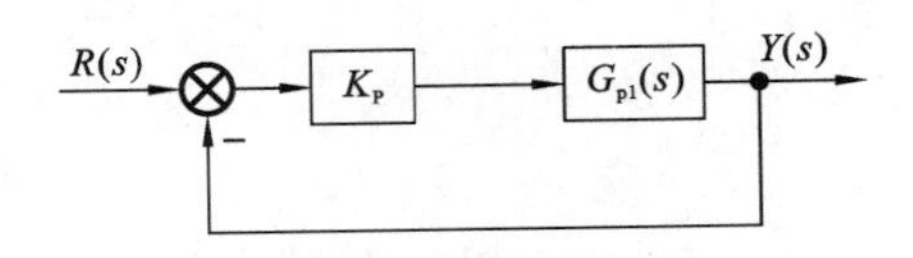


图 9-9 比例控制情况

该系统的开环传递函数为

$$G(s)=\frac{10K_{\mathrm{P}}}{4.7\times10^{-7}s^{3}+0.1s^{2}+2s} \tag{9-27}$$

$$G(s)=\frac{5K_{\mathrm{P}}}{s(0.05s+1)} \tag{9-28}$$

为分析该闭环系统，编制程序 9-3 如下。将 $K_{\mathrm{P}}$ 看成参数，分别画式(9-27)和

(9-28)的参数根轨迹，如图 9-10 所示，前者相较于后者增加了一个极点，根轨迹向右偏或向右移。从图中可以看出，对于非近似位置对象模型，闭环稳定要求 $0<K_{P}<3.20\times10^{4}$；而对于近似位置对象模型，闭环在 $K_{P}>0$ 时总是稳定的。直流电动机模型特性分析结果说明，直流他励电动机在闭环中采用与开环相同的简化方式，其稳定性要求开环增益取值的结论是不同的。不过对于非简化近似情形，$K_{P}$ 在相当宽的范围内取值具有与简化近似情形一样可以使系统稳定，进一步表示近似情形在一般的问题分析中是可以直接使用的。显然两者的参数取值在稳定范围内时，参数值在过了分离点(−10+0i)后使系统由原过阻尼系统变成了一个欠阻尼系统，并且随着 $K_{P}$ 越大阻尼系数越小，对应着响应速度越快，这一点与由式(9-26)得到的阻尼 $\zeta=1/\sqrt{K_{P}}$ 是一致的。同时，非近似位置对象模型与近似位置对象模型两者闭环响应基本是一致的，如图 9-11 所示。因此，在本节后续的讨论中直接采用近似对象模型进行分析。

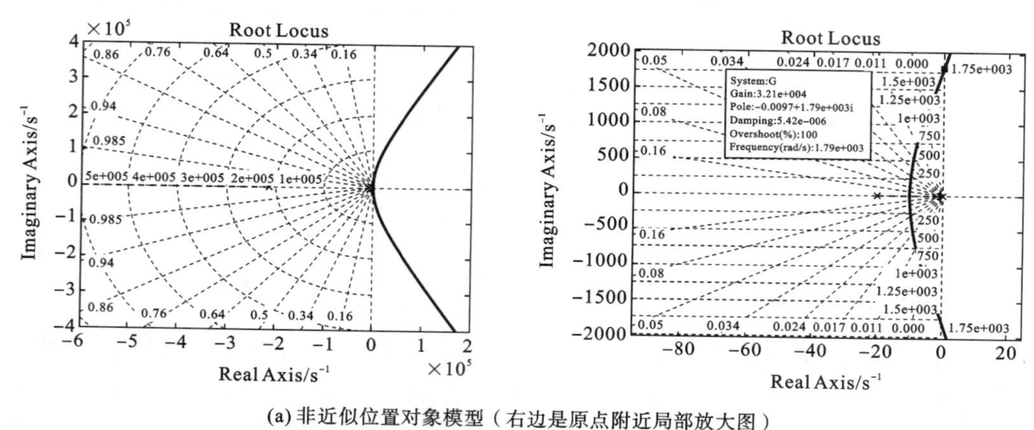


(a) 非近似位置对象模型（右边是原点附近局部放大图）

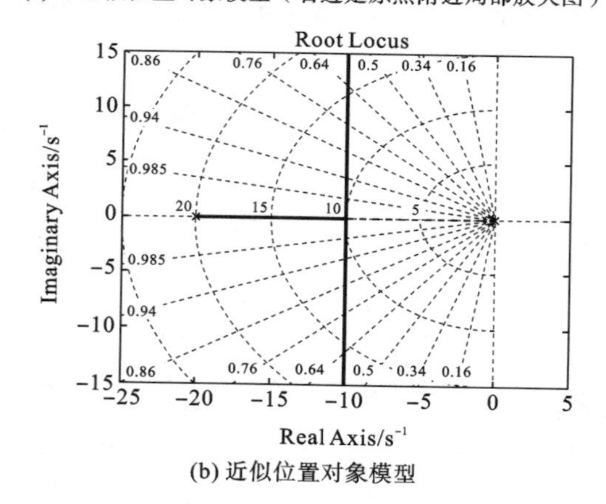


(b) 近似位置对象模型

**图 9-10 非近似与近似位置对象模型下的比例参数根轨迹**

**程序 9-3**

```
clear all
G= tf(10,[4.7 * 10^(- 7) 0.1 2 0])
Gs= tf(5,[0.05,1,0]);
set(gca,'LineWidth', 2.0,'fontsize',12,'fontname','Times New Roman')
rlocus(G);grid on
figure
```

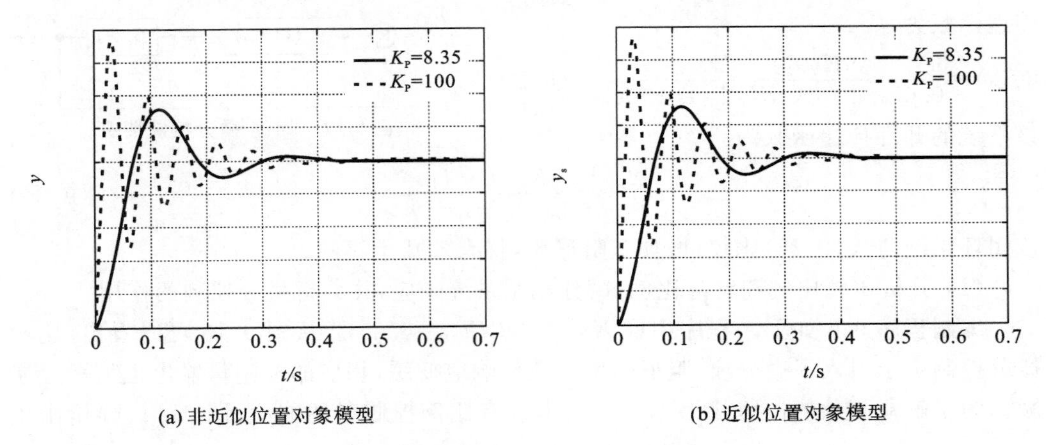


(a) 非近似位置对象模型　　(b) 近似位置对象模型

图 9-11　不同 $K_P$ 的响应曲线

```
set(gca,'LineWidth', 2.0,'fontsize',12,'fontname','Times New Roman')
rlocusplot(Gs);grid on
Kp1= 8.35
T1= feedback(Kp1*G,1,-1)
Ts1= feedback(Kp1*Gs,1,-1)
Kp2= 100
T2= feedback(Kp2*G,1,-1)
Ts2= feedback(Kp2*Gs,1,-1)
figure
t= 0:0.001:0.7
yt1= step(T1,t);
yt2= step(T2,t);
plot(t,yt1,'-k',t,yt2,'--k','LineWidth',2)
set(gca,'LineWidth', 2.0,'fontsize',12,'fontname','Times New Roman')
xlabel('\fontname{Times New Roman}\fontsize{12}\itt\rm(s)')
ylabel('\fontname{Times New Roman}\fontsize{12}\ity\rm_t')
legend('\fontname{Times New Roman}\fontsize{12}\itK\rm_p= 8.35','\font-
name{Times New Roman}\fontsize{12}\itK\rm_p= 100')
legend('boxoff')
grid on
figure
[yts1,t]= step(Ts1,t)
[yts2,t]= step(Ts2,t)
plot(t,yts1,'-k',t,yts2,'--k','LineWidth',2)
set(gca,'LineWidth', 2.0,'fontsize',12,'fontname','Times New Roman')
xlabel('\fontname{Times New Roman}\fontsize{12}\itt\rm(s)')
ylabel('\fontname{Times New Roman}\fontsize{12}\ity\rm_t_s')
legend('\fontname{Times New Roman}\fontsize{12}\itK\rm_p= 8.35','\font-
name{Times New Roman}\fontsize{12}\itK\rm_p= 100')
legend('boxoff')
grid on
```

**2. PD(比例-微分)控制情况**

加入 PD 控制环节后,闭环系统如图 9-12 所示,对象模型采用式(9-9),该闭环系统

传递函数为

$$\Phi_s(s)=\frac{5K_P T_D s+5K_P}{0.05s^2+(1+5K_P T_D)s+5K_P} \tag{9-29}$$

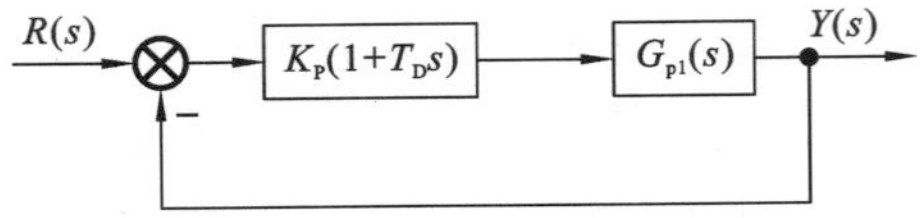

$R(s)$ → ⊗ → $K_P(1+T_D s)$ → $G_{p1}(s)$ → $Y(s)$（负反馈 −）

图 9-12　比例-微分控制情况

该系统的开环传递函数为

$$G(s)=\frac{5K_P(1+T_D s)}{s(0.05s+1)} \tag{9-30}$$

该闭环系统与式(9-26)比较，增加了阻尼比，将有效减小超调。

(1) 分析比较比例控制与比例-微分控制系统响应，并分析微分控制的作用。

编制程序 9-4 如下。程序中取 $K_P=8.35$，$T_D=0.2$ s。从图 9-13 可以看出，比例微分控制由于引入了微分项，阻尼的增加致使响应变缓，相应的控制量输出也呈渐近递减。为了解释微分的作用，图 9-14(a)给出仅有比例控制时的响应，图 9-14(b)给出了

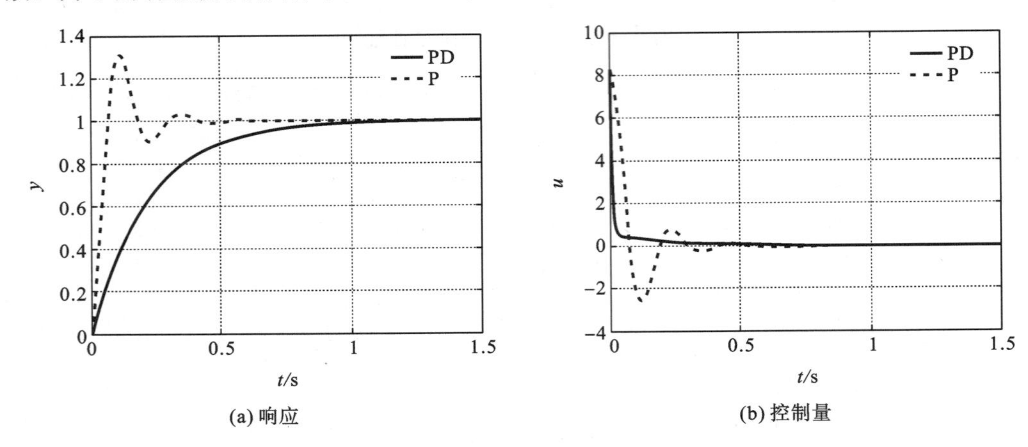

(a) 响应　(b) 控制量

图 9-13　P 与 PD 控制系统比较

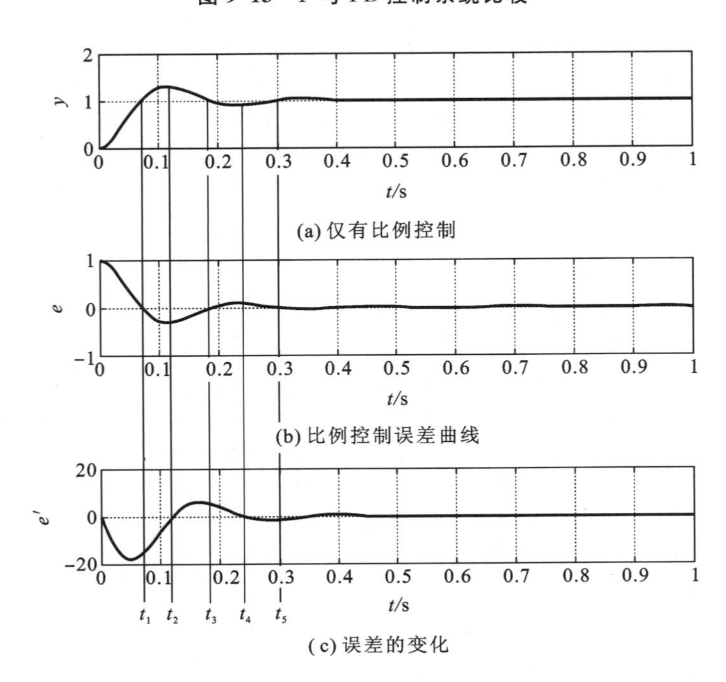

(a) 仅有比例控制

(b) 比例控制误差曲线

(c) 误差的变化

图 9-14　微分的作用

相应的误差曲线，而图 9-14(c)则算出了误差的导数表征误差的变化。图 9-14(a)中引起超调量过大的原因是在$(0,t_1)$区间施加了过大的修正转矩。纯比例控制时，在区间$(t_1,t_3)$误差信号是负的，相应的电动机转矩也是负的。该反向转矩试图使电动机的转速下降，但是引起了区间$(t_3,t_5)$的反向超调。如果我们考虑误差微分的作用则刚好可以克服以上的问题。在$(0,t_1)$区间适当减小正向转矩，在$(t_1,t_2)$区间加大反向转矩，使得正向超调减小。在$(t_2,t_3)$区间增加正向转矩，在$(t_3,t_4)$区间减小反向转矩使得反向超调减小。微分对高频噪声有放大作用，输入噪声较大时，不宜采用，如图 9-15 所示，被高频噪声污染的控制系统不能实现无静差。

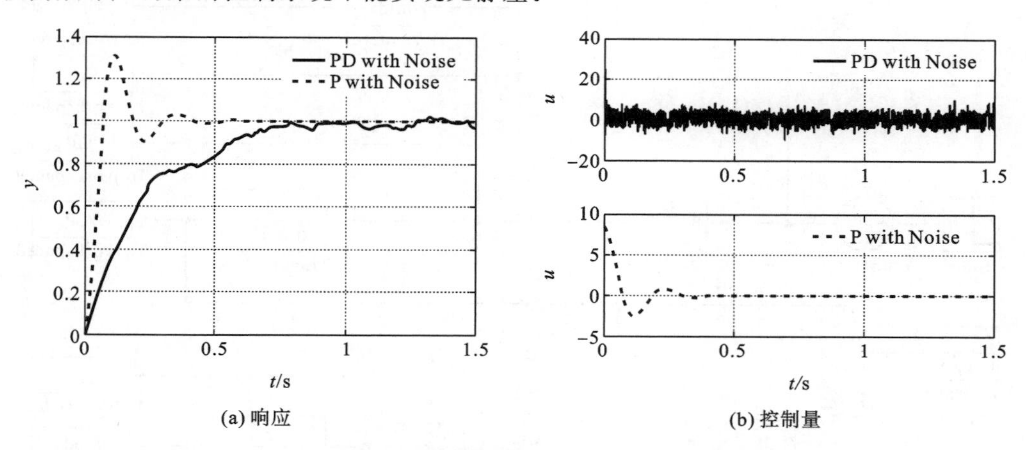


**图 9-15　输入高频噪声情况下 P 与 PD 控制系统比较**

**程序 9-4**

在模型 9-2 所示的模型属性的回调函数中的 StopFcn 中填入如下代码。

```
figure % P and PD control's effective comparation and pd with high fre-
quency noise 0.001sin10000t
set(gca,'fontname','Times New Roman','fontsize',12,'linewidth',2)
plot(t,y_pd,'k- ',t,y_p,'k- - ','linewidth',2)
xlabel('\itt\rm(s)','fontname','Times New Roman','fontsize',12)
ylabel('\ity','fontname','Times New Roman','fontsize',12)
legend('\rmPD','\rmP')
legend('boxoff')
grid on
figure
set(gca,'fontname','Times New Roman','fontsize',12,'linewidth',2)
plot(t,u_pd,'k- ',t,u_p,'k- - ','linewidth',2)
xlabel('\itt\rm(s)','fontname','Times New Roman','fontsize',12)
ylabel('\itu','fontname','Times New Roman','fontsize',12)
legend('\rmPD','\rmP')
legend('boxoff')
grid on
figure % derivative control's effect
set(gca,'fontname','Times New Roman','fontsize',12,'linewidth',2)
subplot(311)
plot(t,y_p,'k- ','linewidth',2)
```

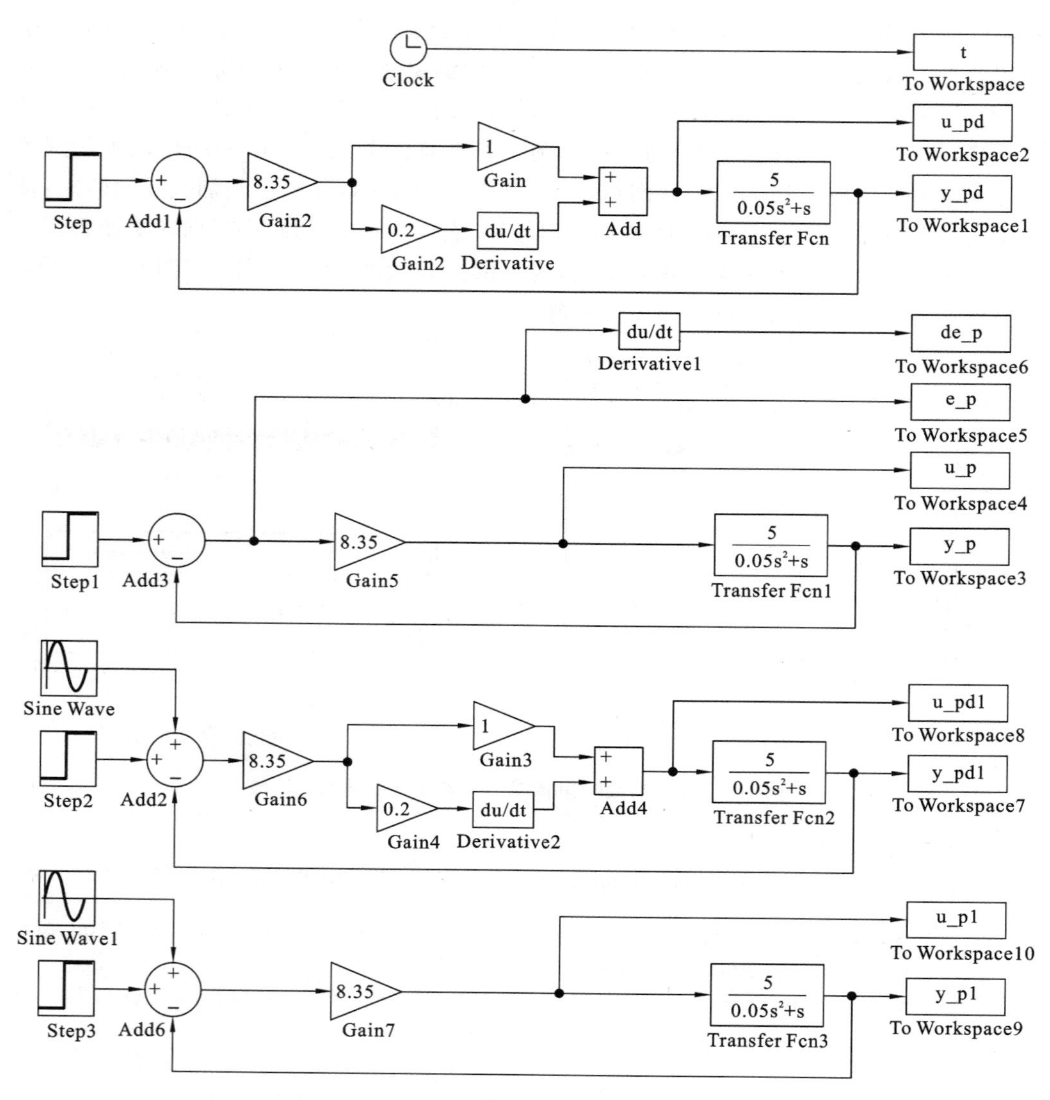


模型 9-2

```
xlabel('\itt\rm(s)','fontname','Times New Roman','fontsize',12)
ylabel('\ity','fontname','Times New Roman','fontsize',12)
grid on
subplot(312)
plot(t,e_p,'k- ','linewidth',2)
xlabel('\itt\rm(s)','fontname','Times New Roman','fontsize',12)
ylabel('\ite','fontname','Times New Roman','fontsize',12)
grid on
subplot(313)
plot(t,de_p,'k- ','linewidth',2)
xlabel('\itt\rm(s)','fontname','Times New Roman','fontsize',12)
ylabel('\ite\prime','fontname','Times New Roman','fontsize',12)
grid on
figure
```

```
set(gca,'fontname','Times New Roman','fontsize',12,'linewidth',2)
plot(t,y_pd1,'k- ',t,y_p1,'k- - ','linewidth',2)
xlabel('\itt\rm(s)','fontname','Times New Roman','fontsize',12)
ylabel('\ity','fontname','Times New Roman','fontsize',12)
legend('\rmPD with Noise','\rmP with Noise')
legend('boxoff')
grid on
figure
set(gca,'fontname','Times New Roman','fontsize',12,'linewidth',2)
subplot(211)
plot(t,u_pd1,'k- ','linewidth',2)
xlabel('\itt\rm(s)','fontname','Times New Roman','fontsize',12)
ylabel('\itu','fontname','Times New Roman','fontsize',12)
legend('\rmPD with Noise')
legend('boxoff')
grid on
subplot(212)
plot(t,u_p1,'k- - ','linewidth',2)
xlabel('\itt\rm(s)','fontname','Times New Roman','fontsize',12)
ylabel('\itu','fontname','Times New Roman','fontsize',12)
legend('\rmP with Noise')
legend('boxoff')
grid on
```

(2) 分析系统中有两个可调参数对控制系统的影响。为分析方便，采用“一静一动”画相应的参数根轨迹，为此编制程序 9-5 如下。

**程序 9-5**

```
clear all
Gs= tf(5,[0.05,1,0]);
Td= 0.2;
C= tf([Td 1],1);
figure
set(gca,'LineWidth', 2.0,'fontsize',12,'fontname','Times New Roman')
G= C * Gs;
rlocus(G)
grid on
Kp= 8.35;
Geq= tf([5 * Kp,0],[0.05 1 5 * Kp]);
figure
set(gca,'LineWidth', 2.0,'fontsize',12,'fontname','Times New Roman')
rlocus(Geq)
grid on
```

令 $T_D=0.2$，有

$$G(s)=\frac{5K_P(1+0.2s)}{s(0.05s+1)} \tag{9-31}$$

讨论闭环系统 $K_P$ 的变化对系统的影响，画出式(9-31)的参数 $K_P$ 根轨迹，如图 9-16

(a)所示。由图可知只要 $K_P>0$,系统就是稳定的,并且是过阻尼系统。

令 $K_P=8.35$,有

$$G_{eq}(s)=\frac{T_D\cdot 5\times 8.35s}{s(0.05s+1)} \tag{9-32}$$

讨论闭环系统 $T_D$ 的变化对系统的影响,画出式(9-32)的参数 $T_D$ 根轨迹,如图 9-16(b)所示。由图可知只要 $T_D>0$,系统就是稳定的,并且当 $T_D>0.0453$ 时系统是过阻尼的。

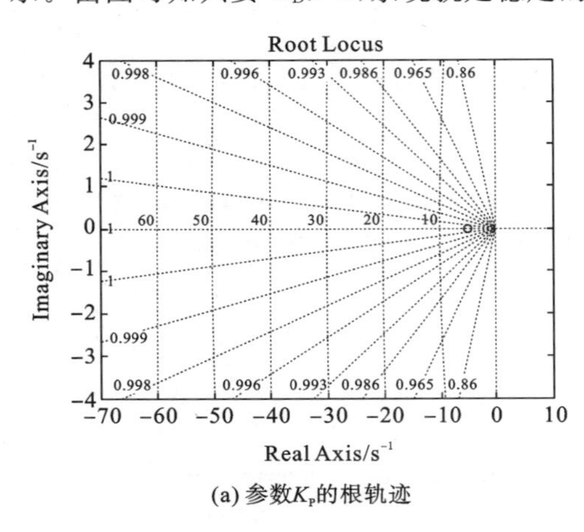


(a) 参数$K_p$的根轨迹

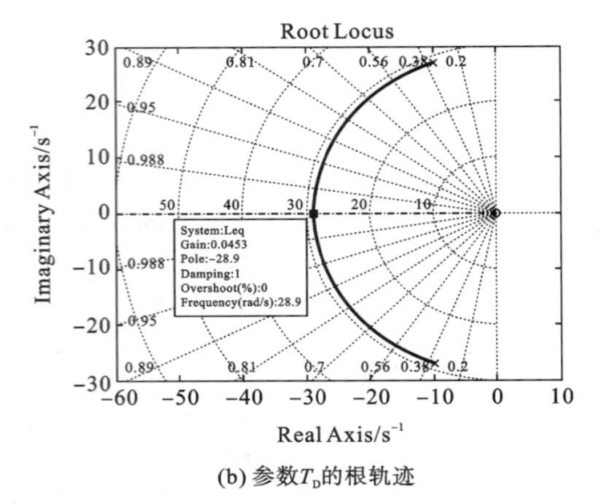


(b) 参数$T_D$的根轨迹

图 9-16 PD 控制系统参数根轨迹

### 3. PI(比例-积分)控制情况

加入 PI 控制环节后,闭环系统如图 9-17 所示,对象模型分别采用式(9-9),该闭环系统传递函数为

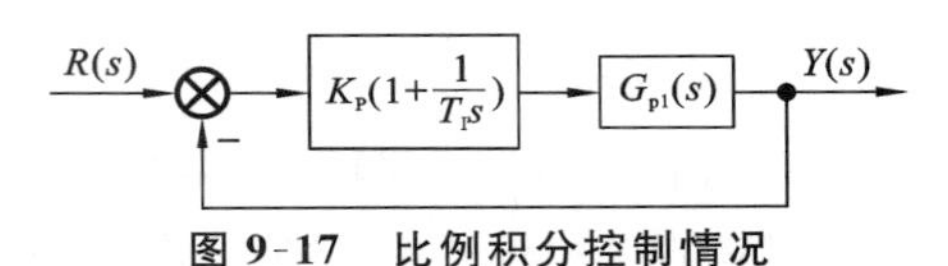


图 9-17 比例积分控制情况

$$\Phi_s(s)=\frac{5K_PT_Is+5K_P}{0.05T_Is^3+T_Is^2+5K_PT_Is+5K_P} \tag{9-33}$$

该系统的开环传递函数分别为

$$G(s)=\frac{5K_P}{T_I}\frac{(T_Is+1)}{s^2(0.05s+1)} \tag{9-34}$$

该闭环系统相较于比例控制情况下的闭环系统阻尼比减小了,同时零点也比 PD 的情况更靠近虚轴,这将导到出现过大超调。

(1) 分析比较比例控制与比例-积分控制系统响应,并分析积分控制的作用。

编制程序 9-6 如下,程序中取 $K_P=8.35$,$T_I=0.4$ s。从图 9-18 给出的 PI 控制与 P 控制效果看,PI 控制产生的超调量比 P 控制情况的大,所以有时会造成积分饱和。从图 9-19 可以看出,PI 控制可以消除恒值扰动时的稳态误差,而 P 控制则不能办到。从图 9-20 可以看出,PI 控制可以很好地跟踪斜坡信号,这一点 P 控制和 PD 控制均办不到。

**程序 9-6**

在模型 9-3 所示的模型属性的回调函数中的 StopFcn 中填入如下代码。

```
figure % P and PI control's effective comparation
set(gca,'fontname','Times New Roman','fontsize',12,'linewidth',2)
plot(t,y_pi,'k- ',t,y_p,'k- - ','linewidth',2)
xlabel('\itt\rm(s)','fontname','Times New Roman','fontsize',12)
```

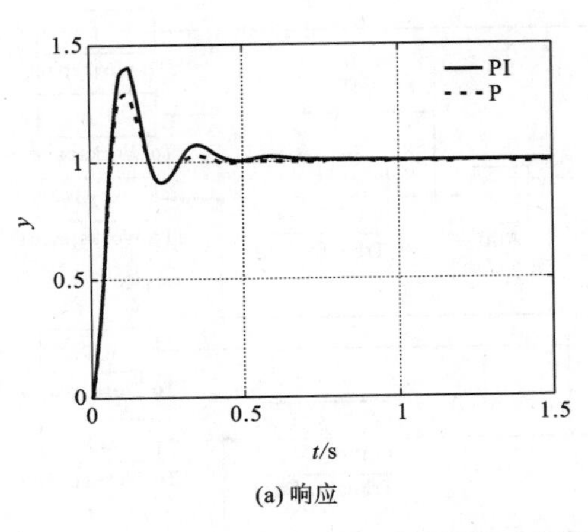


(a) 响应

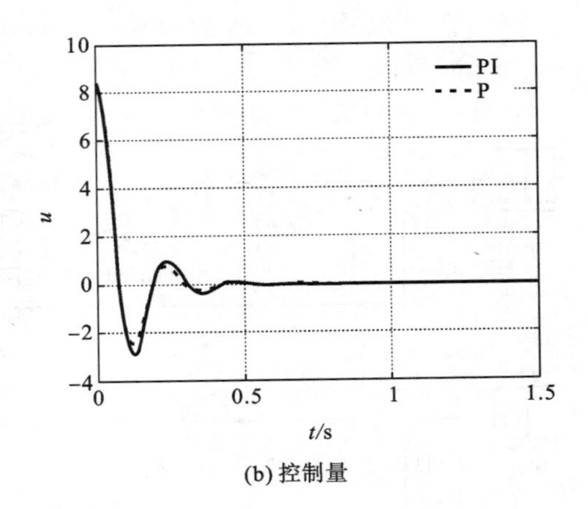


(b) 控制量

图 9-18 P 与 PI 控制系统比较

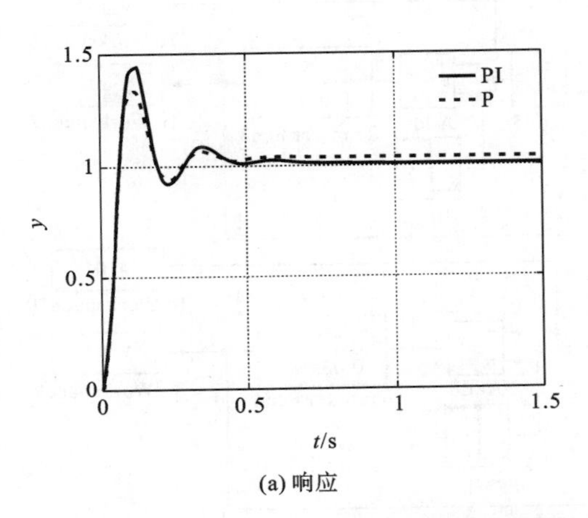


(a) 响应

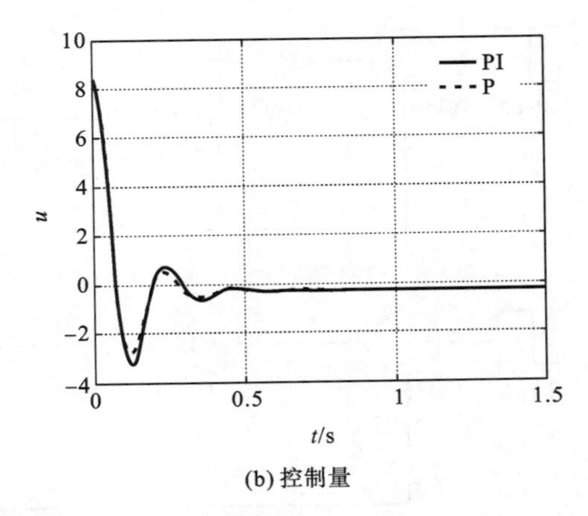


(b) 控制量

图 9-19 存在恒值扰动情况下的 P 与 PI 控制系统比较

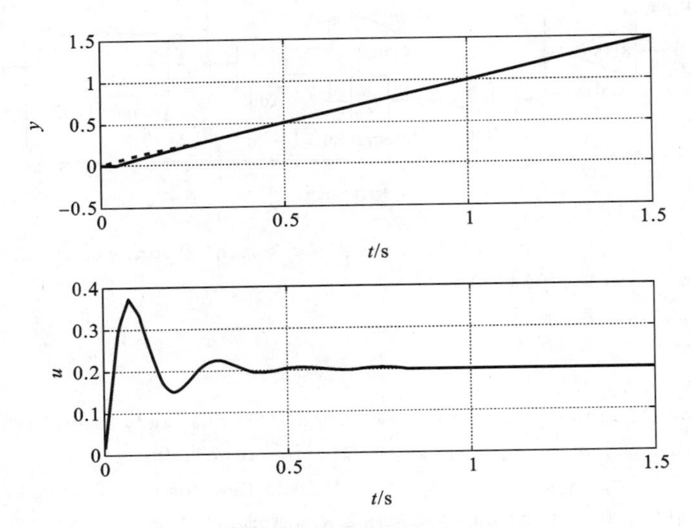


图 9-20 PI 控制跟踪斜坡信号

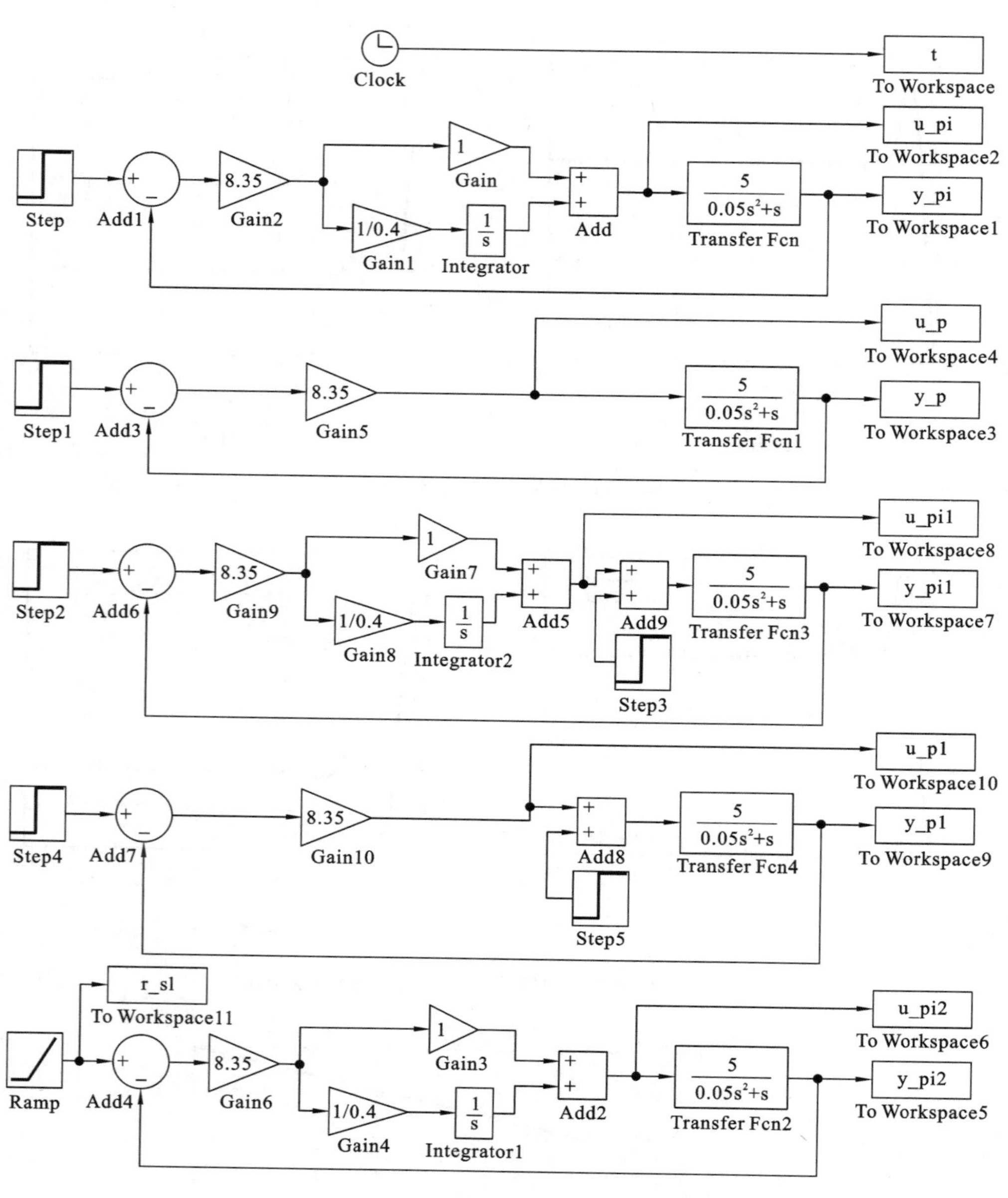


**模型 9-3**

```
ylabel('\ity','fontname','Times New Roman','fontsize',12)
legend('\rmPI','\rmP')
legend('boxoff')
grid on
figure
set(gca,'fontname','Times New Roman','fontsize',12,'linewidth',2)
plot(t,u_pi,'k- ',t,u_p,'k- - ','linewidth',2)
xlabel('\itt\rm(s)','fontname','Times New Roman','fontsize',12)
ylabel('\itu','fontname','Times New Roman','fontsize',12)
legend('\rmPI','\rmP')
legend('boxoff')
```

```
grid on
figure
set(gca,'fontname','Times New Roman','fontsize',12,'linewidth',2)
plot(t,y_pi,'k- ',t,y_p1,'k- - ','linewidth',2)
xlabel('\itt\rm(s)','fontname','Times New Roman','fontsize',12)
ylabel('\ity','fontname','Times New Roman','fontsize',12)
legend('\rmPI','\rmP')
legend('boxoff')
grid on
figure
set(gca,'fontname','Times New Roman','fontsize',12,'linewidth',2)
plot(t,u_pi,'k- ',t,u_p1,'k- - ','linewidth',2)
xlabel('\itt\rm(s)','fontname','Times New Roman','fontsize',12)
ylabel('\itu','fontname','Times New Roman','fontsize',12)
legend('\rmPI','\rmP')
legend('boxoff')
grid on
figure
set(gca,'fontname','Times New Roman','fontsize',12,'linewidth',2)
subplot(211)
plot(t,y_pi2,'k- ',t,r_sl,'k- - ','linewidth',2)
xlabel('\itt\rm(s)','fontname','Times New Roman','fontsize',12)
ylabel('\ity','fontname','Times New Roman','fontsize',12)
grid on
subplot(212)
plot(t,u_pi2,'k- ','linewidth',2)
xlabel('\itt\rm(s)','fontname','Times New Roman','fontsize',12)
ylabel('\itu','fontname','Times New Roman','fontsize',12)
grid on
```

(2) 分析系统中有两个可调参数对控制系统的影响。为分析方便,采用“一静一动”画相应的参数根轨迹,为此编制程序 9-7 如下。

**程序 9-7**

```
clear all
Gs= tf(5,[0.05,1,0]);
Ti= 0.4;
C= tf([0.4 1],[0.4 0]);
figure
set(gca,'LineWidth', 2.0,'fontsize',12,'fontname','Times New Roman')
G= C * Gs;
rlocus(G)
grid on
Kp= 8.35;
Geq= tf([0.05 1 5 * Kp,0],5 * Kp);
figure
set(gca,'LineWidth', 2.0,'fontsize',12,'fontname','Times New Roman')
rlocus(Geq)
grid on
```

令 $T_I=0.4$,有

$$G(s)=\frac{5K_P(1+0.4s)}{0.4s^2(0.05s+1)} \tag{9-35}$$

讨论闭环系统 $K_P$ 的变化对系统的影响,画出式(9-35)的参数 $K_P$ 根轨迹,如图 9-16(a)所示。由图可知只要 $K_P>0$,系统就是稳定的,并且始终是欠阻尼系统。

令 $K_P=8.35$,有

$$G_{eq}(s)=\frac{T_I\cdot(0.05s^3+s^2+5\times 8.35s)}{5\times 8.35} \tag{9-36}$$

讨论闭环系统 $T_I$ 的变化对系统的影响,画出式(9-36)的参数 $T_I$ 根轨迹,如图 9-16(b)所示。由图可知只要 $T_I>0.05$,系统是稳定的且是欠阻尼的。$T_I$ 选择的过小,积分强度大,可能造成不稳定。

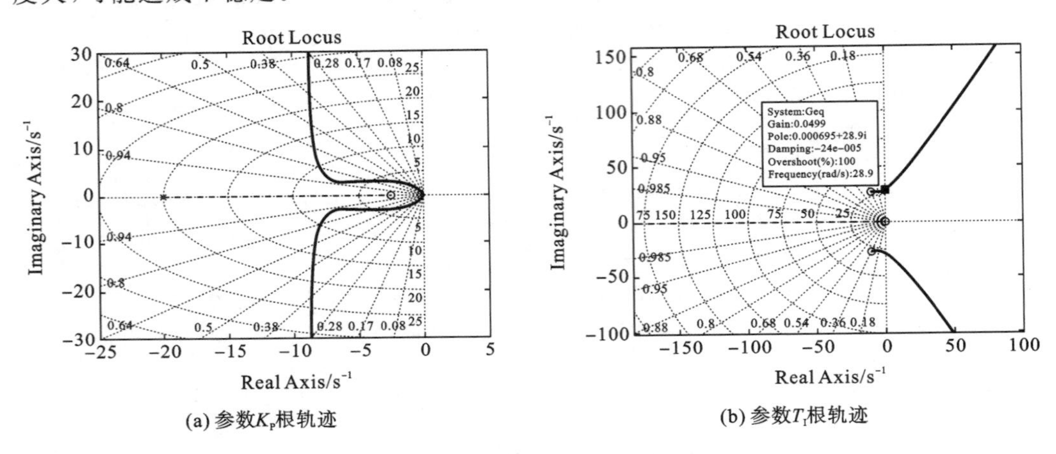


(a) 参数$K_P$根轨迹　　(b) 参数$T_I$根轨迹

**图 9-21　PI 控制系统参数根轨迹**

**4. PID(比例-积分微分)控制情况**

加入 PID 控制环节后,闭环系统如图 9-22 所示,对象模型采用式(9-9),该闭环系统传递函数为

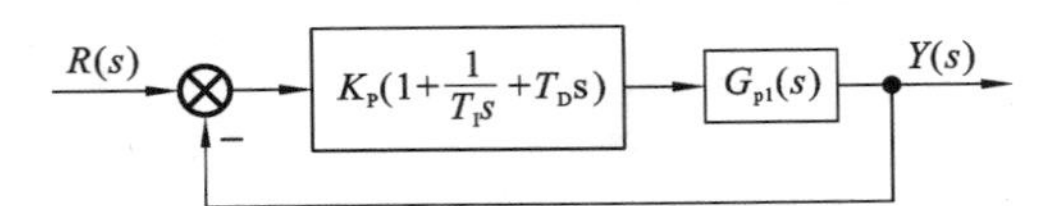


**图 9-22　比例-积分微分控制情况**

$$\Phi_s(s)=\frac{5K_PT_IT_Ds^2+5K_PT_Is+5K_P}{0.05T_Is^3+(T_I+5K_PT_IT_D)s^2+5K_PT_Is+5K_P} \tag{9-37}$$

该系统的开环传递函数为

$$G(s)=\frac{5K_P}{T_I}\frac{(T_IT_Ds^2+T_Is+1)}{s^2(0.05s+1)} \tag{9-38}$$

编制程序 9-6 如下,程序中取 $K_P=8.35$,$T_I=0.4$ s,$T_D=0.2$ s,为了仿真方便程序实现采用一阶柔化微分 $T_Ds/[(T_D/N)s+1]$代替纯微分 $T_Ds$。由程序求得,极点为 $-2.25\pm j2.5$、$-257.75\pm j159.91$;而零点为 $-2.4876\pm j2.4876$,它与其中两个极点比较接近,可以构成一对近似偶极子。从图 9-23 可以看出,暂态响应部分与 PD 类似,而稳态部分与 PI 类似,所以 PID 闭环系统兼顾了 PD 控制和 PI 控制系统的特性。

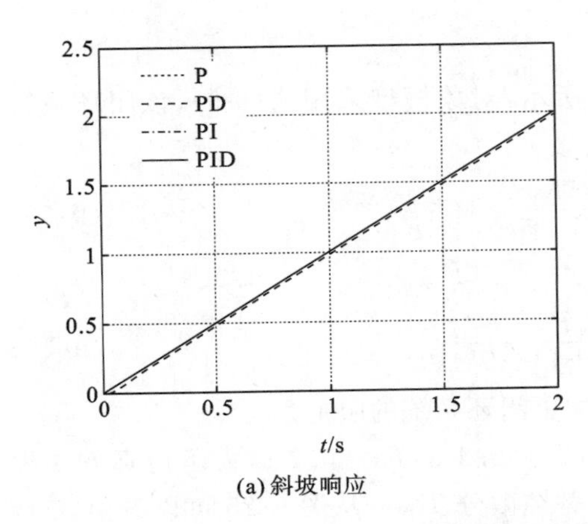

(a) 斜坡响应

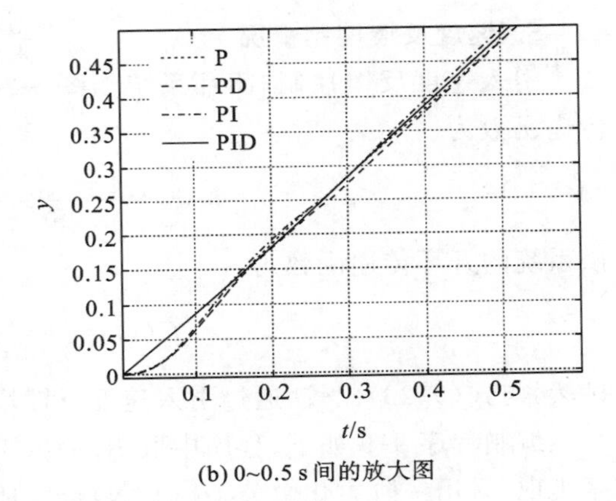

(b) 0~0.5 s 间的放大图

图 9-23 PID 控制系统斜坡响应

**程序 9-8**

```
clear all
Gs= tf(5,[0.05,1,0]);
Ti= 0.4;Td= 0.2;N= 10000000;
Kp= 8.35;
Cpd= 1+ tf([Td 0],[Td/N 1]);% pd
Cpi= tf([0.4 1],[0.4 0]);% Pi
Cpid= 1+ tf(1,[Ti 0])+ tf([Td 0],[Td/N 1]);% pid
L1= Kp * Gs;
L2= Kp * Cpd * Gs;
L3= Kp * Cpi * Gs;
L4= Kp * Cpid * Gs;
F= tf(1,[1,0]);
T1= feedback(L1,1,- 1);
T2= feedback(L2,1,- 1);
T3= feedback(L3,1,- 1);
T4= feedback(L4,1,- 1);
pole(T4);zero(T4);pzmap(T4);
figure
set(gca,'LineWidth', 2.0,'fontsize',12,'fontname','Times New Roman')
t= 0:0.001:2;
yt1= step(F * T1,t);
yt2= step(F * T2,t);
yt3= step(F * T3,t);
yt4= step(F * T4,t);
plot(t,yt1,':k',t,yt2,'- - k',t,yt3,'- .k',t,yt4,'- k','LineWidth',2)
set(gca,'LineWidth', 2.0,'fontsize',12,'fontname','Times New Roman')
xlabel('\fontname{Times New Roman}\fontsize{12}\itt\rm(s)')
ylabel('\fontname{Times New Roman}\fontsize{12}\ity\rm')
legend('\fontname{Times New Roman}\fontsize{12}\rmP','\fontname{Times
New Roman}\fontsize{12}\rmPD','\fontname{Times New Roman}\fontsize{12}\
rmPI','\fontname{Times New Roman}\fontsize{12}\rmPID')
legend('boxoff')
grid on
```

**5. 速度反馈控制情况**

引入速度反馈控制，闭环系统如图 9-24 所示，对象模型采用式(9-9)，该闭环系统传递函数为

$$\Phi_s(s)=\frac{5K_P}{0.05s^2+(1+5k)s+5K_P} \tag{9-39}$$

该系统的开环传递函数为

$$G(s)=\frac{5K_P}{0.05s^2+(1+5k)s} \tag{9-40}$$

显然，与式(9-26)比较，通过引入速度反馈增加了闭环系统的阻尼。

编制程序 9-9 如下，程序中取 $K_P=8.35$，$T_I=0.4$ s，$T_D=0.2$ s，为了仿真方便程序实现，采用一阶柔化微分 $s/[(1/N)s+1]$代替纯微分 $T_Ds$。从图 9-25 可以看出，$k$ 越大，阻尼越大，调节时间也越长，可以说减小超调往往以降低响应的速度为代价。

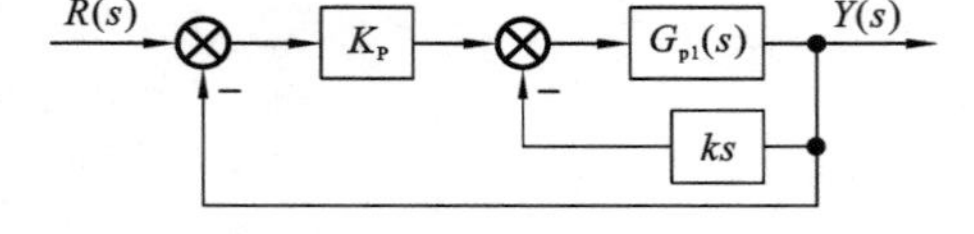


图 9-24 速度反馈控制情况

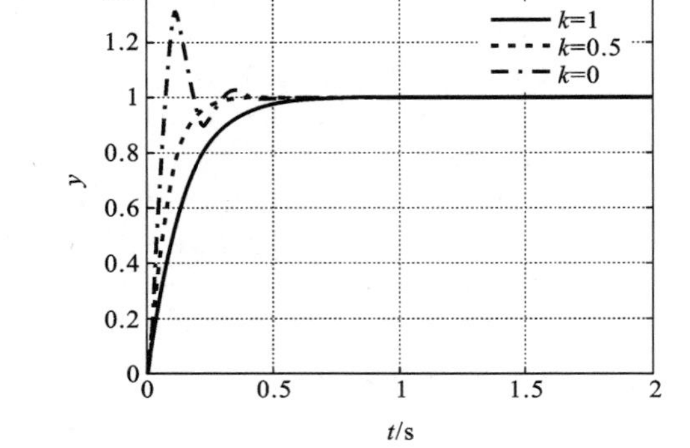


图 9-25 带局部速度反馈的控制系统阶跃响应

**程序 9-9**

```
clear all
Gs= tf(5,[0.05,1,0]);
N= 10000000
Kp= 8.35;
k1= 1;k2= 0.5;
Hi1= k1 * tf([1 0],[1/N 1]);
Hi2= k2 * tf([1 0],[1/N 1]);
Ti1= feedback(Gs,Hi1,- 1);
Ti2= feedback(Gs,Hi2,- 1);
L1= Kp * Ti1;
L2= Kp * Ti2;
L3= Kp * Gs;
T1= feedback(L1,1,- 1)
T2= feedback(L2,1,- 1)
T3= feedback(L3,1,- 1)
figure
set(gca,'LineWidth', 2.0,'fontsize',12,'fontname','Times New Roman')
t= 0:0.001:2;
yt1= step(T1,t);
```

```
yt2= step(T2,t);
yt3= step(T3,t);
plot(t,yt1,'- k',t,yt2,'- - k',t,yt3,'- .k','LineWidth',2)
xlabel('\fontname{Times New Roman}\fontsize{12}\itt\rm(s)')
ylabel('\fontname{Times New Roman}\fontsize{12}\ity\rm')
legend('\fontname{Times New Roman}\fontsize{12}\itk\rm= 1','\fontname
{Times New Roman}\fontsize{12}\itk\rm= 0.5','\fontname{Times New Roman}
\fontsize{12}\itk\rm= 0')
legend('boxoff')
grid on
```

## 9.4 直流电动机闭环控制系统的频域分析

对 9.3 节给出的几个闭环系统(无控制情况(G_s)、比例控制系统(KpG_s)、比例-微分控制系统(PDG_s)、比例-积分控制系统(PIG_s)、比例-积分-微分控制系统(PIDG_s),速度反馈系统(spf)),编制程序 9-10 如下,程序中取 $K_P=8.35$,$T_I=1$ s,$T_D=0.2$ s,分别画出开环频率特性和闭环频率特性。图 9-26(a)给出了开环传递函数的奈氏图,图9-26(b)给出了开环传递函数的伯德图;图 9-27(a)给出了闭环传递函数的奈氏图,图 9-27(b)给出了闭环传递函数的伯德图。

**程序 9-10**

```
clear all
Gs= tf(5,[0.05,1,0]);
Kp= 8.35;Td= 0.2;Ti= 1;k= 1;
Cpd= Kp * tf([Td 1],1);% pd
Cpi= Kp * tf([Ti 1],[Ti 0]);% pi
Cpid= Kp * (1+ tf(1,[Ti 0])+ tf([Td 0],1))% pid
L0= Gs;
L1= Kp * Gs;
L2= Cpd * Gs;
L3= Cpi * Gs;
L4= Cpid * Gs;
Hi= k * tf([1 0],1);
L5= feedback(Gs,Hi,- 1);
w= 0.01:0.01:1000;
bode(L0,L1,L2,L3,L4,L5,w),
grid on
legend('G_s','KpG_s','PDG_s','PIG_s','PIDG_s','spf');
legend('boxoff');
[Gm0,Pm0,Wcg0,Wcp0]= margin(L0);
[Gm1,Pm1,Wcg1,Wcp1]= margin(L1);
[Gm2,Pm2,Wcg2,Wcp2]= margin(L2);
[Gm3,Pm3,Wcg3,Wcp3]= margin(L3);
[Gm4,Pm4,Wcg4,Wcp4]= margin(L4);
[Gm5,Pm5,Wcg5,Wcp5]= margin(L5);
figure
```

```
nyquist(L0,L1,L2,L3,L4,L5),grid on
legend('G_s','KpG_s','PDG_s','PIG_s','PIDG_s','spf');
legend('boxoff');
figure
T0= feedback(L0,1,- 1);
T1= feedback(L1,1,- 1);
T2= feedback(L2,1,- 1);
T3= feedback(L3,1,- 1);
T4= feedback(L4,1,- 1);
T5= feedback(L5,1,- 1);
bode(T0,T1,T2,T3,T4,T5,w),grid on
legend('G_s','KpG_s','PDG_s','PIG_s','PIDG_s','spf');
legend('boxoff');
figure
nyquist(T0,T1,T2,T3,T4,T5),grid on
legend('G_s','KpG_s','PDG_s','PIG_s','PIDG_s','spf');
legend('boxoff');
```

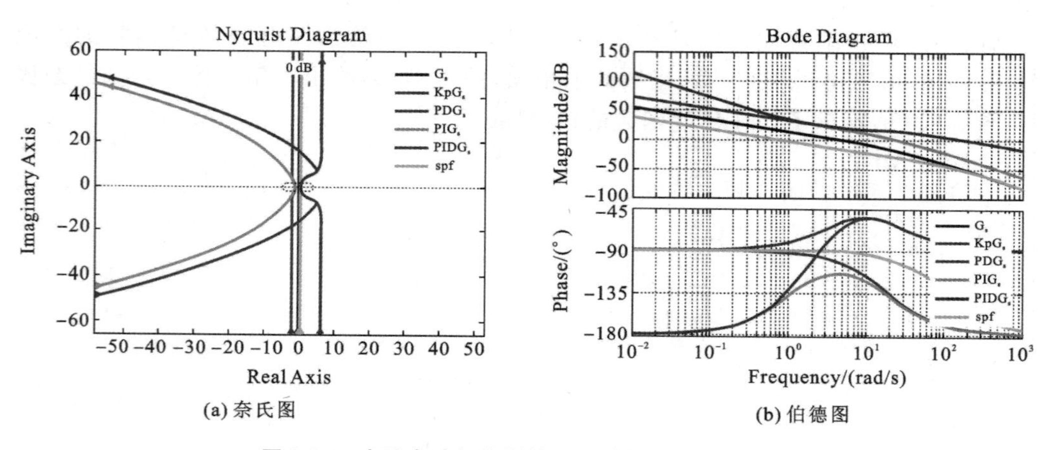


(a) 奈氏图　　(b) 伯德图

**图 9-26　直流电动机位置控制系统的开环频率特性**

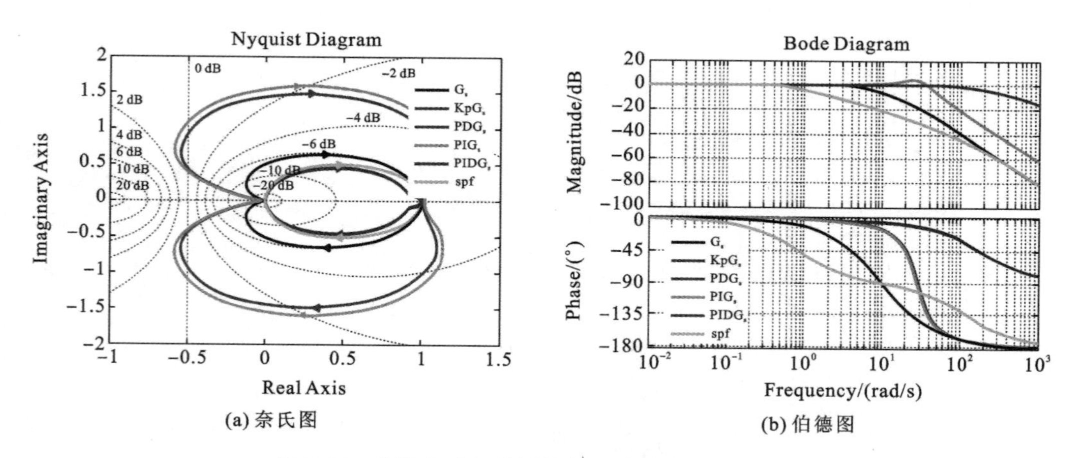


(a) 奈氏图　　(b) 伯德图

**图 9-27　直流电动机位置控制系统的闭环频率特性**

将几个系统的开环频率特性图(见图 9-26)所给出的指标列入表 9-1 中。从图和表中可以看出，根据奈氏稳定性判据知，这几个系统均是稳定的。单独加入比例($K_P>1$)控制后，幅频特性向上平移导致幅值剪切频率后移，而相频特性不变，致使相角裕度减小；反之，若单独加比例($K_P<1$)控制后，幅频特性向上平移导致幅值剪切频率前移，则相角裕度增大。PD控制属超前控制，剪切频率后移，同时相角裕度也相较于比例控制增大，相对稳定性提高。PI控制属滞后控制，进一步改善了P控制的低频特性，使幅值剪切频率基本不变。而PID综合了积分改善低频特性与微分改善交越区动态特性，增加了相对稳定性。而速度反馈控制相对于比例控制进一步减小了幅值剪切频率，使相角裕度变大，相对稳定性增强，但过大的$k$值将使幅值剪切频率有些过小，导致系统响应变得太慢。

**表 9-1　开环频率特性指标列表**

| 指标<br>系统 | 幅值裕度 | 相角裕度 | 相位剪切频率 | 幅值剪切频率 | 闭环稳定性 |
|---|---|---|---|---|---|
| G_s | Inf | 76.3464 | Inf | 4.8583 | 稳定 |
| KpG_s | Inf | 37.9509 | Inf | 25.6441 | 稳定 |
| PDG_s | Inf | 95.1513 | NaN | 165.7848 | 稳定 |
| PIG_s | 0 | 35.7059 | 0 | 25.6560 | 稳定 |
| PIDG_s | 0 | 95.1515 | 0 | 165.7687 | 稳定 |
| spf | Inf | 89.6021 | Inf | 0.8333 | 稳定 |

将几个系统的闭环频率特性图(见图9-27)所给出的指标列入表9-2中。从图和表中可以看出，存在谐振的是P控制系统、PI控制系统和PID控制系统。引入D控制后系统的带宽被大大加宽了，若控制器存在高频输入的情况，要慎用D控制。

**表 9-2　闭环频率特性指标列表**

| 指标<br>系统 | 谐振频率 | 谐振峰值 | 带宽 |
|---|---|---|---|
| G_s | 0 | 0 | 6.42 |
| KpG_s | 25.5 | 3.75 | 40.92 |
| PDG_s | 0 | 0 | 149 |
| PIG_s | 25.5 | 4.26 | 41.21 |
| PIDG_s | 1.46 | 0.122 | 150 |
| spf | 0 | 0 | 0.839 |

# 9.5 直流电动机位置与速度控制系统综合

## 9.5.1 直流电动机位置控制系统的根轨迹综合

### 1. 超前控制器、滞后控制器的设计与仿真

1) 设计要求

直流电动机的位置控制模型采用式(9-9)，根据以下要求利用根轨迹法设计控制器：

(1) 要求加快阶跃响应速度,闭环系统的超调量控制在 $\delta\%\leqslant 10\%$,且调节时间 $t_s\leqslant 0.12$ s。

(2) 要求单位斜坡输入下 $e_{ss}\leqslant 0.02$,但同时要求响应速度不可变化太大,允许单位阶跃响应存在一定量的超调。

2) 系统仿真

假设串联校正控制器为 $C(s)=KC_1(s)$,$K$ 是控制器的静态增益,$C_1(s)$是超前或滞后校正,或者为 1。构建图 9-28 所示的闭环控制系统。

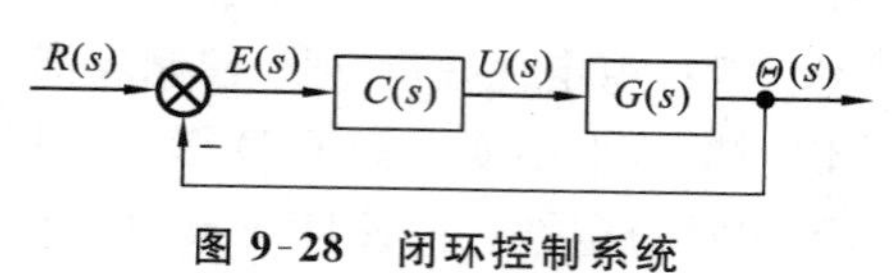


图 9-28 闭环控制系统

(1) 按设计要求,由 $\delta\%=\mathrm{e}^{-\frac{\zeta\pi}{\sqrt{1-\zeta^2}}}\leqslant 10\%\Rightarrow\zeta\geqslant 0.5912$,取 $\zeta=0.63$;由 $t_s=\dfrac{3.5}{\zeta\omega_n}\leqslant 0.12\Rightarrow\omega_n\geqslant 46.2170$,取 $\omega_n=52$ rad/s。由此得到共轭主导极点为

$$s_d=-\zeta\omega_n\pm j\omega_n\sqrt{1-\zeta^2}=-32.76+j40.3829 \tag{9-41}$$

当 $C_1(s)=1$ 时,仅有比例控制 $K$,系统的根轨迹如图 9-10(b)所示。当 $K=1$ 时,闭环系统的传递函数为

$$T(s)=\frac{5}{s(0.05s+1)+5}=\frac{100}{s^2+20s+100} \tag{9-42}$$

显然此闭环系统的极点为$-10$,$-10$。将根轨迹与期望主导极点同时画在图 9-29 中。从图中可以看出,不能仅通过改变根轨迹增益的方式获得期望的共轭主导极点,比较共轭主导极点与原根轨迹,可知需要引入超前校正装置,使根轨迹向左移动(超前校正的零点比极点离虚轴更近,所以轨迹会向左移动)。要使期望闭环主导极点 $s_d$ 位于根轨迹上(阻尼角 $\beta=50.9498°$),即校正装置提供的超前相角满足

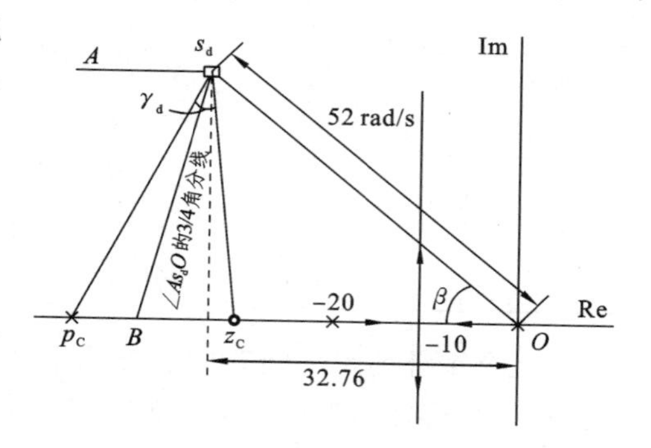


图 9-29 基于根轨迹的超前校正一

$$\gamma_d=\angle C_1(s_d)=(2k+1)\pi-\angle G(s_d)=180°-123.4146°=56.5854° \tag{9-43}$$

如图 9-29 所示,$\gamma_d/4$(左侧)和 $3\gamma_d/4$(右侧)角分线(此题采用角平分线并不能得到符合要求的结果),按正弦定理计算 $z_c$ 和 $p_c$,即

$$\frac{-z_c}{\sin((180°-\beta)/2-3\gamma_d/4)}=\frac{52}{\sin(180°-((180°-\beta)/2-3\gamma_d/4)-\beta)}\quad\Rightarrow\quad z_c=-20.4414 \tag{9-44}$$

$$\frac{-p_c}{\sin((180°-\beta)/2+\gamma_d/4)}=\frac{52}{\sin(180°-((180°-\beta)/2+\gamma_d/4)-\beta)}\quad\Rightarrow\quad p_c=-66.1929 \tag{9-45}$$

于是构成校正装置为

$$C_1(s)=\frac{s+20.4414}{s+66.1929} \tag{9-46}$$

而 $K$ 则据幅值条件 $|C(s)G(s)|=|KC_1(s)G(s)|_{s_d}=1$ 得

$$\left|K\frac{s+20.4414}{s+66.1929}\frac{5}{s(0.05s+1)}\right|_{-32.76+j40.3829}=1\quad\Rightarrow\quad K=27.3463 \tag{9-47}$$

编制程序 9-11 运行,系统响应与控制器输出如图 9-30 所示。从图中可以看出,

加入设计的串联超前校正后闭环系统，调整时间为 0.1 s(2%)，符合要求，超调量为 8.3%，也符合要求。

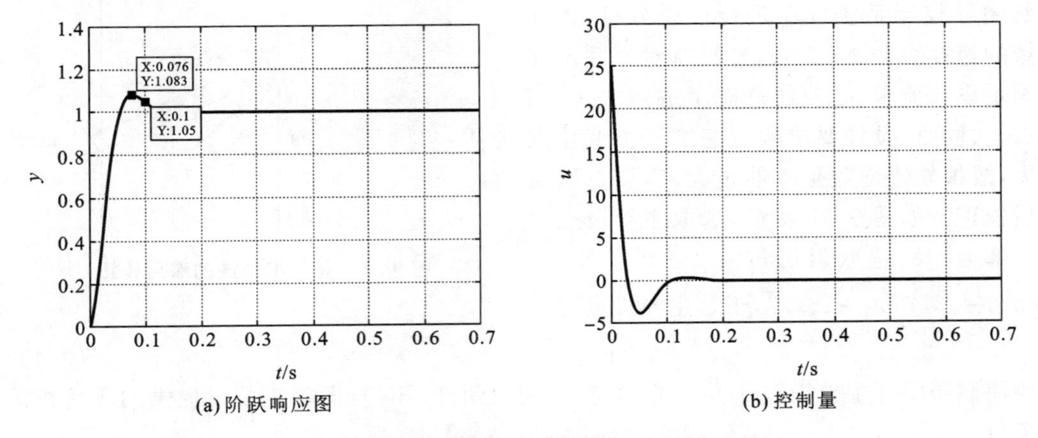

(a) 阶跃响应图

(b) 控制量

**图 9-30　直流电动机位置超前校正控制系统响应**

**程序 9-11**

```
Gs= tf(5,[0.05,1,0]);
K= 27.3463;
C1= tf([1 20.4414],[1 66.1929]);
L= K * C1 * Gs;
T= feedback(L,1,- 1);
UR= feedback(K * C1,Gs,- 1);
t= 0:0.001:0.7;
yt= step(T,t);
u= step(UR,t);
figure
plot(t,yt,'- k','LineWidth',2)
set(gca,'LineWidth', 2.0,'fontsize',12,'fontname','Times New Roman')
xlabel('\fontname{Times New Roman}\fontsize{12}\itt\rm(s)')
ylabel('\fontname{Times New Roman}\fontsize{12}\ity\rm')
legend('boxoff')
grid on
figure
plot(t,u,'- k','LineWidth',2)
set(gca,'LineWidth', 2.0,'fontsize',12,'fontname','Times New Roman')
xlabel('\fontname{Times New Roman}\fontsize{12}\itt\rm(s)')
ylabel('\fontname{Times New Roman}\fontsize{12}\itu\rm')
legend('boxoff')
grid on
```

实际上，从校正后的开环传递函数看，增加的零点离原对象的－20 极点非常近，形成近似偶极子，特性主要由主导极点决定。

(2) 当 $C_1(s)=1$ 时，仅有比例控制 $K$，系统的根轨迹图如图 9-10(b)所示。当 $K=1$ 时，闭环系统的传递函数为

$$T(s)=\frac{5}{s(0.05s+1)+5}=\frac{100}{s^2+20s+100} \tag{9-48}$$

可求得其斜坡响应稳态误差为 $e_{ss}=0.2$,显然比设计要求 $e_{ss}\leqslant 0.02$ 要大得多。对闭环控制系统框图进行误差分析,得期望的速度增益 $K_v\geqslant 50$,显然原对象并不能满足设计要求,故应使静态增益增大 10 倍以上;同时,设计要求响应速度不可变化太大,故根轨迹增益也不能过大,需要选取滞后校正。如图 9-31 所示,选取主导极点的实部为 $-8$,选取阻尼角为 $\beta=30°$,则 $\zeta=\cos\beta=\sqrt{3}/2$,$\omega_n=16/\sqrt{3}$,于是主导极点为

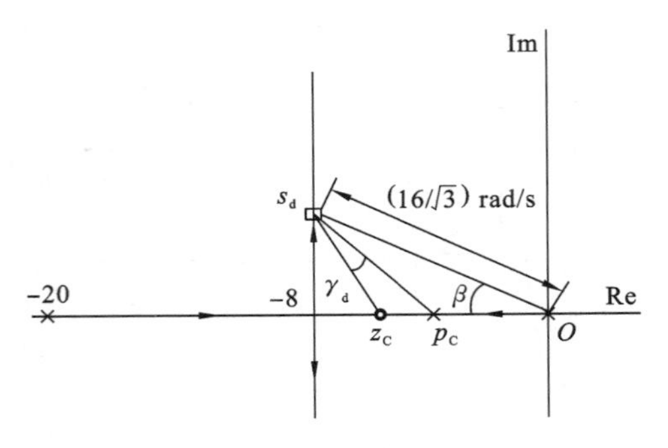


图 9-31 基于根轨迹的滞后校正

$$s_d=-\zeta\omega_n+i\omega_n\sqrt{1-\zeta^2}=-8+j8/\sqrt{3} \tag{9-49}$$

要使期望闭环主导极点 $s_d$ 位于根轨迹上(阻尼角 $\beta=30°$),即校正装置提供的滞后相角满足

$$\gamma_d=\angle C_1(s_d)=(2k+1)\pi-\angle G(s_d)=180°-(-171.0515°)-360°=-8.9485° \tag{9-50}$$

取 $\angle z_c s_d O=10°$,则可以据正弦定理求出 $z_c$ 和 $p_c$,即

$$\frac{-z_c}{\sin(10°)}=\frac{16/\sqrt{3}}{\sin(180°-10°-\beta)} \quad\Rightarrow\quad z_c=-2.4955 \tag{9-51}$$

$$\frac{-p_c}{\sin(10°+\gamma_d)}=\frac{16/\sqrt{3}}{\sin(180°-(10°+\gamma_d)-\beta)} \quad\Rightarrow\quad p_c=-0.3286 \tag{9-52}$$

则滞后校正为

$$C_1(s)=\frac{s-z_c}{s-p_c}=\frac{s+2.4955}{s+0.3286} \tag{9-53}$$

而 $K$ 则据幅值条件 $|C(s)G(s)|=|KC_1(s)G(s)|_{s_d}=1$ 得

$$\left|K\frac{s+2.4955}{s+0.3286}\frac{5}{s(0.05s+1)}\right|_{-8+j8/\sqrt{3}}=1 \quad\Rightarrow\quad K=1.4802 \tag{9-54}$$

由校正后的开环传递函数得到速度静态增益 $K_v=56.21$,满足对斜坡信号的跟踪要求。若不满足,要将系统设置回溯到初始阶段重新选择滞后校正的零极点位置。实际上校正后的极点为 $-8.0000+j4.6190$,$-8.0000-j4.6190$,$-4.3287$,而零点为 $-2.4955$,实数极点离零点较近,有削弱该极点的作用,所以可以认为共轭极点具有一定的主导作用。

编制程序 9-12 运行,系统响应与控制器输出如图 9-32 所示。从图中可以看出,加入设计的串联超前校正后闭环系统,斜坡响应稳态误差为 0.0175 s,符合设计要求,但阶跃响应的超调量大于 20%。

**程序 9-12**

```
Gs= tf(5,[0.05,1,0]);
K= 1.4802;
C1= tf([1 2.4955],[1 0.3286]);
L= K * C1 * Gs;
T= feedback(L,1,- 1);
pole(T)
```

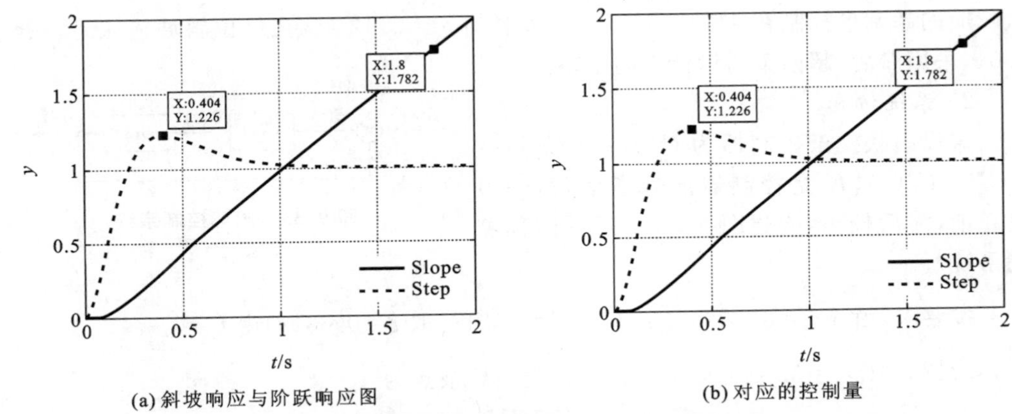


(a) 斜坡响应与阶跃响应图　　(b) 对应的控制量

图 9-32　直流电动机位置滞后校正控制系统响应

```
UR= feedback(K*C1,Gs,- 1);
t= 0:0.001:2;
inte= tf(1,[1 0]);% in order to solve slope response
yt1= step(inte*T,t);
u1= step(inte*UR,t);
yt2= step(T,t);
u2= step(UR,t);
figure
plot(t,yt1,'- k',t,yt2,'- - k','LineWidth',2)
set(gca,'LineWidth', 2.0,'fontsize',12,'fontname','Times New Roman')
xlabel('\fontname{Times New Roman}\fontsize{12}\itt\rm(s)')
ylabel('\fontname{Times New Roman}\fontsize{12}\ity\rm')
legend('\fontname{Times New Roman}\fontsize{12}\rmSlope','\fontname
{Times New Roman}\fontsize{12}\rmStep')
legend('boxoff')
grid on
figure
plot(t,u1,'- k',t,u2,'- - k','LineWidth',2)
set(gca,'LineWidth', 2.0,'fontsize',12,'fontname','Times New Roman')
xlabel('\fontname{Times New Roman}\fontsize{12}\itt\rm(s)')
ylabel('\fontname{Times New Roman}\fontsize{12}\itu\rm')
legend('\fontname{Times New Roman}\fontsize{12}\rmSlope','\fontname
{Times New Roman}\fontsize{12}\rmStep')
legend('boxoff')
grid on
```

比较图 9-30(a)和图 9-32(a)的阶跃响应图，可以看出，超前校正情况的动态响应要比滞后动态响应快。滞后校正的主要不良影响是，在原点附近出现的校正装置零点会产生接近原点的闭环极点。这个闭环极点和校正装置零点会在阶跃响应中生成一个幅值很小但拖延很长的曲线，从而增加调整时间。

**2. 超前-滞后控制器的设计与仿真**

1) 设计要求

直流电动机的位置控制模型采用式(9-13)，现要求加快阶跃响应速度，闭环系统阶跃响应的超调量控制在 $\delta\%\leqslant10\%$，且调节时间 $t_s\leqslant0.12$ s。在单位斜坡输入下，$e_{ss}\leqslant0.01$。采用滞后-超前策略设计控制策略。

2) 系统仿真

假设串联校正控制器为 $C(s)=K\bar{C}(s)=KC_1(s)C_2(s)$，$K$ 是控制器的静态增益，$\bar{C}(s)$ 是超前-滞后校正，构建图 9-33 所示的闭环控制系统。

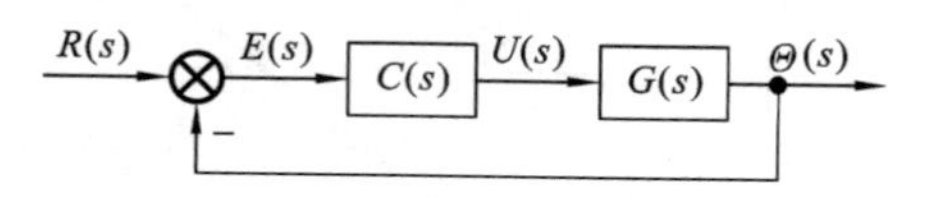


图 9-33 闭环控制系统

按要求，由 $\delta\%=e^{-\frac{\zeta\pi}{\sqrt{1-\zeta^2}}}\leqslant10\%\Rightarrow\zeta\geqslant0.5912$，取 $\zeta=0.63$；而由 $t_s=\dfrac{3.5}{\zeta\omega_n}\leqslant0.12\Rightarrow\omega_n\geqslant46.2170$，取 $\omega_n=52$ rad/s，由此得到共轭主导极点为

$$s_d=-\zeta\omega_n\pm j\omega_n\sqrt{1-\zeta^2}=-32.76+j40.3829 \tag{9-55}$$

当 $C_1(s)=1$ 时，仅有比例控制 $K$，画出系统的根轨迹，如图 9-34 所示。当 $K=1$ 时，闭环系统的传递函数为

$$T(s)=\frac{30}{s(0.3s+1)+30}=\frac{100}{s^2+(10/3)s+100} \tag{9-56}$$

显然此闭环系统的极点为 $-1.6667\pm j9.8601$。从图中可以看出，不能仅通过改变根轨迹增益的方式获得期望的共轭主导极点，比较共轭主导极点与原根轨迹，可知需要引入超前校正装置使根轨迹向左移动(超前校正的零点比极点离虚轴更近，所以轨迹会向左移动)。

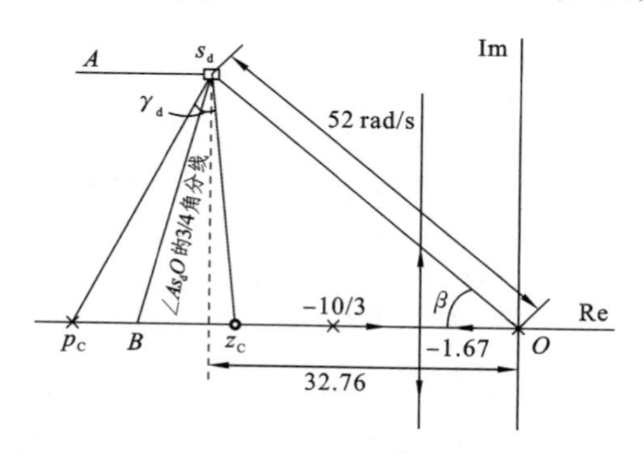


图 9-34 基于根轨迹的超前校正二

要期望闭环主导极点 $s_d$ 位于根轨迹上(阻尼角 $\beta=50.9498°$)，即校正装置提供的超前相角满足

$$\gamma_d=\angle C_1(s_d)=(2k+1)\pi-\angle G(s_d)=180°-104.8693°=75.1307° \tag{9-57}$$

如图 9-34 所示，$\gamma_d/6$(左侧)和 $5\gamma_d/6$(右侧)角分线(此题采用角平分线并不能得到符合设计要求的结果)，按正弦定理计算 $z_{c1}$ 和 $p_{c1}$，即

$$\frac{-z_{c1}}{\sin((180°-\beta)/2-5\gamma_d/6)}=\frac{52}{\sin(180°-((180°-\beta)/2-5\gamma_d/6)-\beta)}\Rightarrow z_{c1}=-2.1810 \tag{9-58}$$

$$\frac{-p_{c1}}{\sin((180°-\beta)/2+\gamma_d/6)}=\frac{52}{\sin(180°-((180°-\beta)/2+\gamma_d/6)-\beta)}\Rightarrow p_{c1}=-64.3069 \tag{9-59}$$

于是构成超前校正装置

$$C_1(s)=\frac{s+2.1810}{s+64.3069} \tag{9-60}$$

而 $K$ 则据幅值条件 $|KC_1(s)G(s)|_{s_d}=1$ 得

$$\left|K\frac{s+2.1810}{s+64.3069}\frac{30}{s(0.3s+1)}\right|_{-32.76+j40.3829}=1\Rightarrow K=26.2856 \tag{9-61}$$

可求得其斜坡响应的稳态误差为 $e_{ss}=0.0374$，显然比设计要求 $e_{ss}\leqslant0.01$ 要大。对闭

环控制系统框图进行误差分析，得期望的速度增益 $K_v \geqslant 100$，显然原对象并不能满足要求，故需要选取滞后校正以使静态增益增大，即

$$\begin{aligned} K_v &= \lim_{s\to 0} sC(s)G(s) = \lim_{s\to 0} sKC_2(s)C_1(s)G(s) \\ &= \lim_{s\to 0} s26.2856b\frac{s+2.1810}{s+64.3069}\frac{30}{s(0.3s+1)} \geqslant 100 \end{aligned} \tag{9-62}$$

由此得 $b \geqslant 3.74$，取 $b=4$。选择 $z_{c2}=1/T$，使

$$\left|\frac{s+1/T}{s+1/bT}\right| = \left|\frac{s+z_{c2}}{s+p_{c2}}\right|_{-32.76+j40.3829} \approx 1 \tag{9-63}$$

取 $z_{c2}=0.03$，则 $p_{c2}=0.0075$。

于是校正后系统的开环传递函数为

$$L(s)=KC_2(s)C_1(s)G(s)=26.2856\frac{s+0.03}{s+0.0075}\frac{s+2.1810}{s+64.3069}\frac{30}{s(0.3s+1)} \tag{9-64}$$

实际上，校正后的极点为 $-32.7491+j40.3741$，$-32.7491-j40.3741$，$-2.1195$，$-0.0300$，而零点为 $-2.1810$，$-0.0300$，实际上实数零极点构成了偶极子，只剩下主导极点了。

编制程序 9-13 并运行，系统响应与控制器输出如图 9-35 所示。从图中可以看出，$\delta\%=5.2\%\leqslant 10\%$，调节时间 $t_s=0.084\text{s}\leqslant 0.12\ \text{s}(5\%)$，在单位斜坡输入 50 s 之后稳态误差达到 $e_{ss}\leqslant 0.01$。

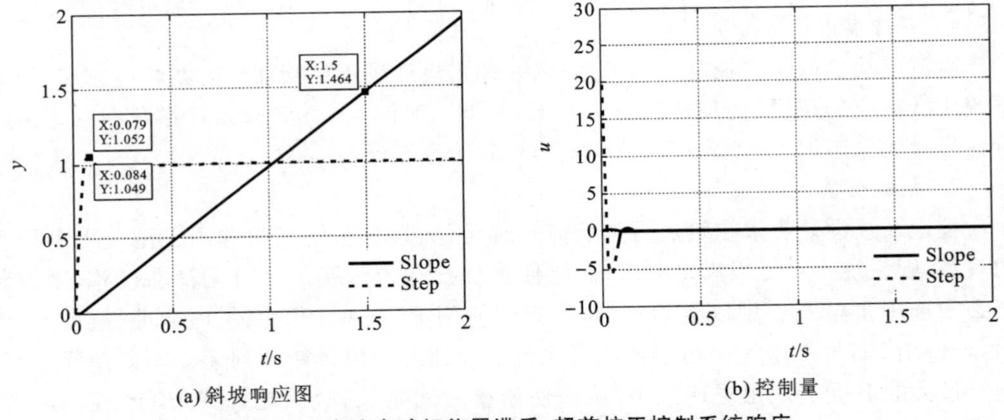


(a) 斜坡响应图　　(b) 控制量

**图 9-35　直流电动机位置滞后-超前校正控制系统响应**

**程序 9-13**

```
Gs= tf(30,[0.3,1,0]);
K= 26.2856;
C1= tf([1 2.1810],[1 64.3069]);
C2= tf([1 0.03],[1 0.0075]);
L= K * C2 * C1 * Gs;
T= feedback(L,1,- 1);
pole(T)
UR= feedback(K * C2 * C1,Gs,- 1);
t= 0:0.001:2;
inte= tf(1,[1 0]);% in order to solve slope response
yt1= step(inte * T,t);
u1= step(inte * UR,t);
```

```
yt2= step(T,t);
u2= step(UR,t);
figure
plot(t,yt1,'- k',t,yt2,'- - k','LineWidth',2)
set(gca,'LineWidth', 2.0,'fontsize',12,'fontname','Times New Roman')
xlabel('\fontname{Times New Roman}\fontsize{12}\itt\rm(s)')
ylabel('\fontname{Times New Roman}\fontsize{12}\ity\rm')
legend('\fontname{Times New Roman}\fontsize{12}\rmSlope','\fontname
{Times New Roman}\fontsize{12}\rmStep')
legend('boxoff')
grid on
figure
plot(t,u1,'- k',t,u2,'- - k','LineWidth',2)
set(gca,'LineWidth', 2.0,'fontsize',12,'fontname','Times New Roman')
xlabel('\fontname{Times New Roman}\fontsize{12}\itt\rm(s)')
ylabel('\fontname{Times New Roman}\fontsize{12}\itu\rm')
legend('\fontname{Times New Roman}\fontsize{12}\rmSlope','\fontname
{Times New Roman}\fontsize{12}\rmStep')
legend('boxoff')
grid on
```

**3. PID 控制器的设计与仿真**

1) 设计要求

直流电动机的位置控制模型采用式(9-13),设计校正控制加快阶跃响应速度,闭环系统阶跃响应的超调量控制在 $\delta\%\leqslant 15\%$,且调节时间 $t_s\leqslant 0.5$ s;闭环系统在给定为跃阶信号时无稳态误差;负载扰动为阶跃信号时无稳态误差。

2) 系统仿真

校正系统设计要求在给定为阶跃信号时无稳态误差,就必须选用Ⅰ型及Ⅰ型以上的系统,则系统本身可以满足要求;而要使负载扰动为阶跃信号时无稳态误差,则控制器必须选用Ⅰ型及Ⅰ型以上的系统,故只能使用 PI 或者 PID 控制环节进行设计。然而,若使用 PI,虽然增大 P 可以使闭环系统响应速度加快且能达到无稳态误差要求,但同时过大的 P 会造成阻尼比减小,从而使调整时间延长,故只能选择 PID 控制器进行设计,以使系统具有良好的动态性能。

令 PID 控制器为

$$C(s)=K_P\left(1+\frac{1}{T_I s}+T_D s\right)$$

由开环传递函数为

$$\begin{aligned}L(s)&=C(s)G(s)=K_P\left(1+\frac{1}{T_I s}+T_D s\right)\frac{30}{s(0.3s+1)}\\&=100K_P T_D\,\frac{s^2+(1/T_D)s+1/T_I T_D}{s}\frac{1}{s(s+10/3)}\\&=K_g\,\frac{s^2+(1/T_D)s+1/T_I T_D}{s}\frac{1}{s(s+10/3)}\end{aligned}\tag{9-65}$$

式中,$K_g$ 为根轨迹增益。这里取控制器增加的零点均位于左半平面,则根轨迹的形式有图 9-36 所示的三种形式。

$$\begin{aligned}\varphi_m^0 &= 180° + (-90° - \arctan(0.05 \times 31.69)) \\ &= 180° + (-90° - 57.7434°) = 32.2566° \end{aligned} \tag{9-68}$$

由于设计要求中并没对剪切频率作特殊要求，故可以试探性地采用超前或滞后校正。

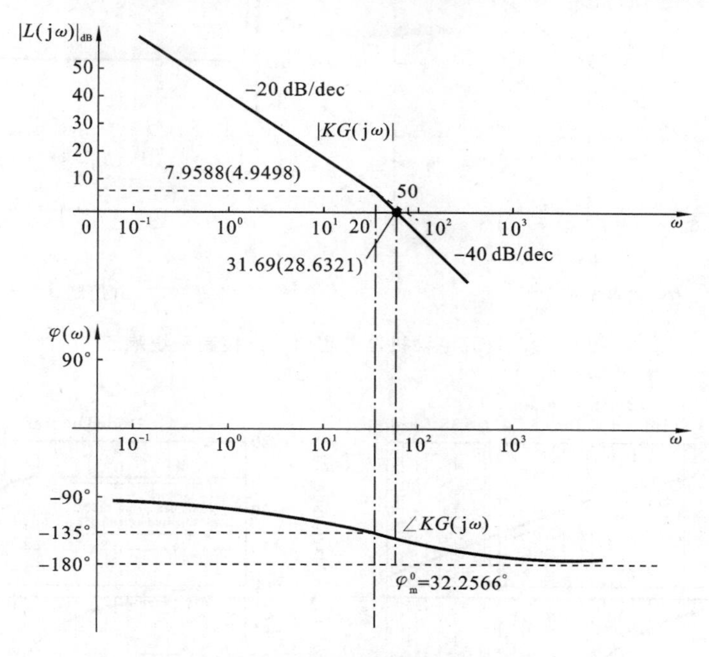


图 9-39 超前校正前的伯德图

(1) $C_1(s)$取超前校正结构，即 $C_1(s)=\dfrac{a\tau s+1}{\tau s+1}, a>1$。根据给定相角裕度 $\varphi_m^* \geqslant 50°$，取 $\varphi_m^*=51°$，计算校正装置所应提供的最大相角超前量为

$$\gamma_m = \varphi_m^* - \varphi_m^0 + \delta = 51° - 32.2566° + 11.2566° = 30° \tag{9-69}$$

相角补偿量 $\delta=11.2566°$是用于补偿引入超前校正装置后交越频率增大所导致的 $KG$ 相角裕度的损失量。于是 $a=\dfrac{1+\sin\gamma_m}{1-\sin\gamma_m}=\dfrac{1+\sin 30°}{1-\sin 30°}=3$。由 $|KG(j\omega_c)|_{dB}=-10\lg a=-10\lg 3$，得校正后系统的近似交越频率 $\omega_c=41.6179$ rad/s(准确值为 39.2887 rad/s)。

令最大超前角频率 $\omega_m=\omega_c$，据 $\omega_m=1/(\tau\sqrt{a})$得

$$\tau = 1/(\sqrt{a}\omega_m) = 1/(\sqrt{3} \times 41.6179) \text{ s} = 0.0139 \text{ s} \tag{9-70}$$

超前校正传递函数为

$$C(s) = KC_1(s) = 10\,\frac{3\tau s+1}{\tau s+1} = 10\,\frac{0.0417s+1}{0.0139s+1} \tag{9-71}$$

编制程序 9-15 并运行，系统响应与控制器输出如图 9-40 所示，从图中可以看出，在单位斜坡输入 2 s 后，$e_{ss} \leqslant 0.02$；系统的频率特性如图 9-41 所示，相角裕度 $\varphi_m=57.4° \geqslant 50°$，且闭环系统存在谐振，频率为 26.2 rad/s，峰值为 0.658 dB，系统的带宽为 61.4 rad/s。

**程序 9-15**

```
clear all
Gs= tf(5,[0.05,1,0]);
K= 10;
```

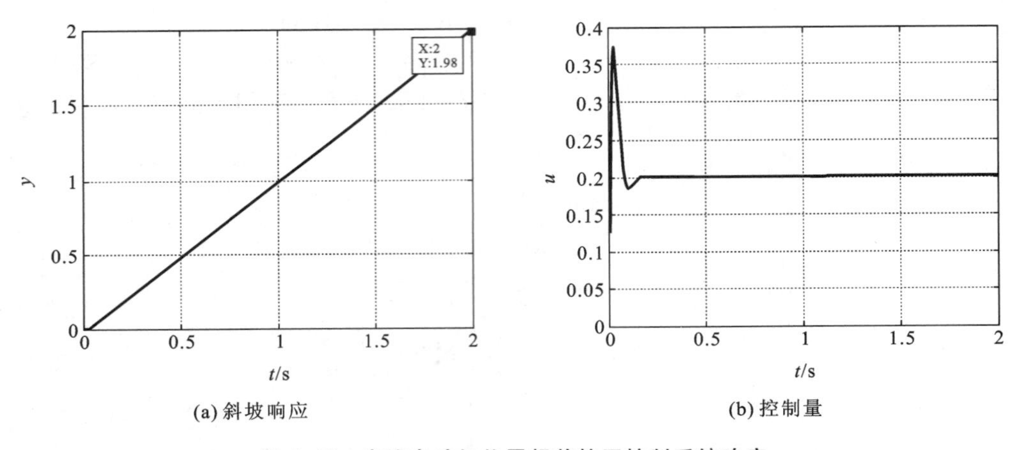


(a) 斜坡响应　　(b) 控制量

图 9-40　直流电动机位置超前校正控制系统响应

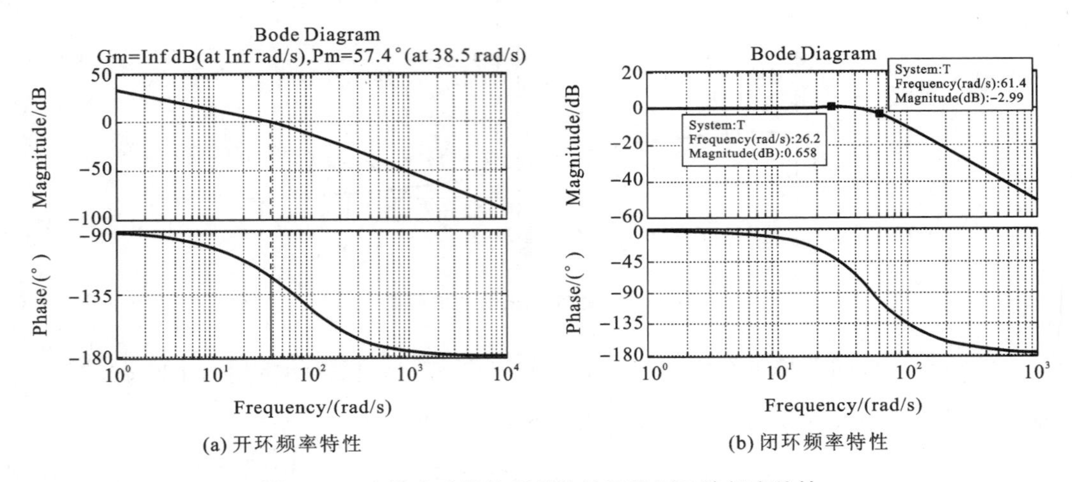


(a) 开环频率特性　　(b) 闭环频率特性

图 9-41　直流电动机位置超前校正控制系统频率特性

```
C1= tf([0.0417 1],[0.0139 1]);
L= K * C1 * Gs;
T= feedback(L,1,- 1);
UR= feedback(K * C1,Gs,- 1);
t= 0:0.001:2;
inte= tf(1,[1 0]);% in order to solve slope response
yt= step(inte * T,t);
u= step(inte * UR,t);
figure
plot(t,yt,'- k','LineWidth',2),grid on
set(gca,'LineWidth', 2.0,'fontsize',12,'fontname','Times New Roman')
xlabel('\fontname{Times New Roman}\fontsize{12}\itt\rm(s)')
ylabel('\fontname{Times New Roman}\fontsize{12}\ity\rm')
legend('boxoff')
figure
plot(t,u,'- k','LineWidth',2),grid on
set(gca,'LineWidth', 2.0,'fontsize',12,'fontname','Times New Roman')
xlabel('\fontname{Times New Roman}\fontsize{12}\itt\rm(s)')
```

```
ylabel('\fontname{Times New Roman}\fontsize{12}\itu\rm')
legend('boxoff')
figure
margin(L);grid on
figure
bode(T);grid on
```

(2) $C_1(s)$取滞后校正结构，即 $C_1(s)=\dfrac{Ts+1}{bTs+1}, b>1$。根据给定相角裕度 $\varphi_m^*\geqslant 50°$，取 $\varphi_m^*=51°$。由 $180°+\angle KG(j\omega_c^*)\geqslant\varphi_m^*+\delta=51°+5°=56°$，$\delta=5°$用于补偿滞后环节的滞后相角，得$\angle KG(j\omega_c^*)\geqslant -124°$。取$\angle KG(j\omega_c)=-120°$，得

$$-90°-\arctan 0.05\omega_c=-120° \quad\Rightarrow\quad \omega_c=\frac{20\sqrt{3}}{3}\ \text{rad/s}=11.5470\ \text{rad/s} \tag{9-72}$$

取$\dfrac{1}{T}=\dfrac{1}{10}\omega_c\Rightarrow T=10/\omega_c=0.886$ s。由$|KG(j\omega_c)|_{dB}+20\lg\left|\dfrac{jT\omega_c+1}{jbT\omega_c+1}\right|=0$，近似得

$$|KG(j\omega_c)|_{dB}+20\lg(1/b)=0 \quad\Rightarrow\quad b=\frac{50}{\omega_c\sqrt{(0.05\omega_c)^2+1}}=4.3301 \tag{9-73}$$

注：准确值为 3.75。于是，滞后校正传递函数为

$$C(s)=KC_1(s)=10\,\frac{0.886s+1}{3.7499s+1} \tag{9-74}$$

编制程序 9-16 并运行，系统响应与控制器输出如图 9-42 所示，从图中可以看出，在单位斜坡输入 6 s 之后，$e_{ss}\leqslant 0.02$。系统的频率特性如图 9-43 所示，相角裕度 $\varphi_m=57.6°\geqslant 50°$，且闭环系统存在谐振，频率为 6.34 rad/s，峰值为 0.788 dB，系统的带宽为 17.1 rad/s。相较于超前较正，系统的带宽减小了，这也验证了滞后控制是通过减小带宽换取相角裕度的增大。

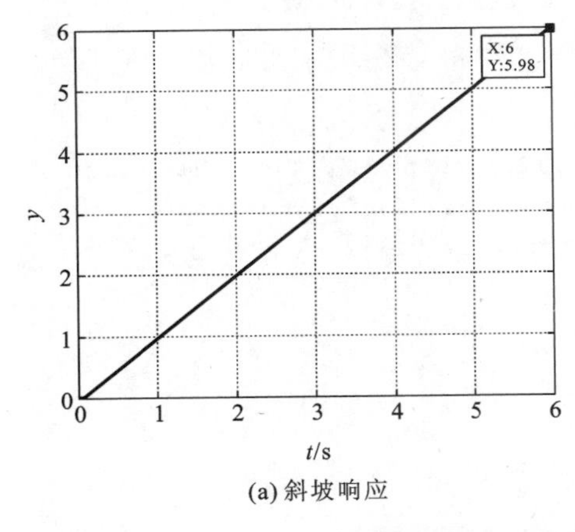

(a) 斜坡响应

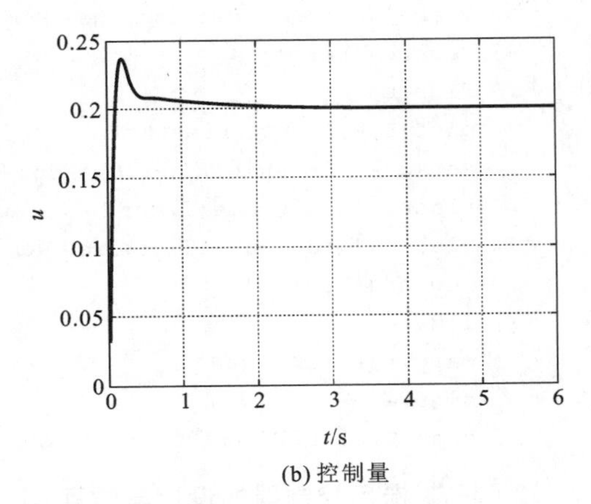

(b) 控制量

**图 9-42 直流电动机位置滞后校正控制系统响应**

**程序 9-16**

```
Clear all
Gs= tf(5,[0.05,1,0]);
K= 10;
C1= tf([0.886 1],[3.7499 1]);
```

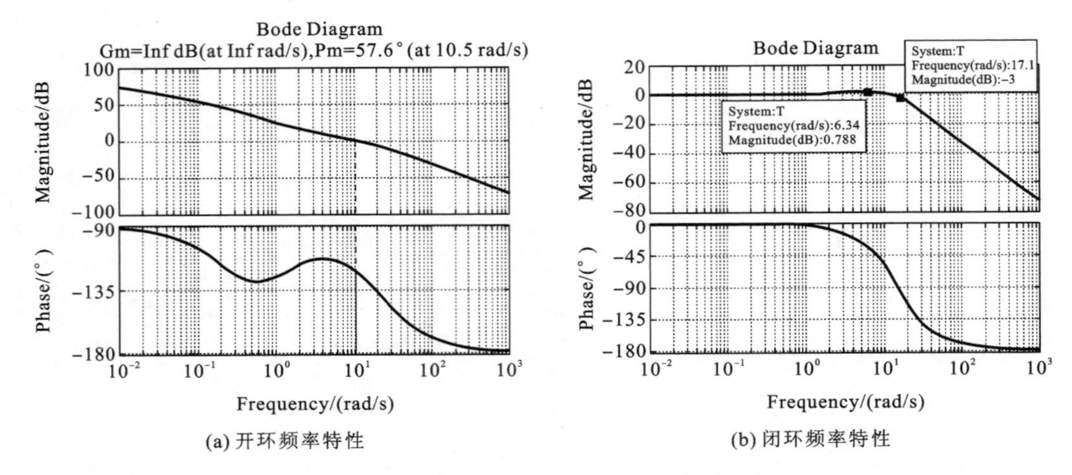


(a) 开环频率特性　　(b) 闭环频率特性

**图 9-43　直流电动机位置滞后校正控制系统频率特性**

```
L= K * C1 * Gs;
T= feedback(L,1,- 1);
pole(T)
UR= feedback(K * C1,Gs,- 1);
t= 0:0.001:6;
inte= tf(1,[1 0]);% in order to solve slope response
yt= step(inte * T,t);
u= step(inte * UR,t);
figure
plot(t,yt,'- k','LineWidth',2),grid on
set(gca,'LineWidth', 2.0,'fontsize',12,'fontname','Times New Roman')
xlabel('\fontname{Times New Roman}\fontsize{12}\itt\rm(s)')
ylabel('\fontname{Times New Roman}\fontsize{12}\ity\rm')
legend('boxoff')
figure
plot(t,u,'- k','LineWidth',2),grid on
set(gca,'LineWidth', 2.0,'fontsize',12,'fontname','Times New Roman')
xlabel('\fontname{Times New Roman}\fontsize{12}\itt\rm(s)')
ylabel('\fontname{Times New Roman}\fontsize{12}\itu\rm')
legend('boxoff')
figure
margin(L);grid on
figure
bode(T,0.01:0.01:1000);grid on
```

**2. 超前-滞后控制器的设计与仿真**

1) 设计要求

直流电动机的位置控制模型采用式(9-13),要求在单位斜坡输入下 $e_{ss}^* \leqslant 0.02$,相角裕度 $\varphi_m^* \geqslant 60°$。采用超前-滞后策略进行设计。

2) 系统仿真

假设串联校正控制器为 $C(s)=K\bar{C}(s)$,$K$ 是控制器的静态增益,$\bar{C}(s)$是超前-滞后校正,构建图 9-44 所示的闭环控制系统。

开环传递函数 $L(s)=G(s)C(s)=KG(s)\bar{C}(s)$，由此，依设计要求输入为单位斜坡，得

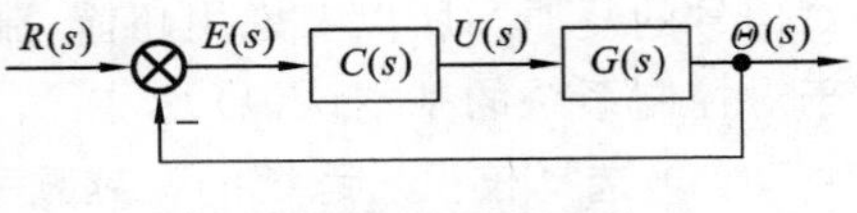

图 9-44　闭环控制系统

$$E(s)=R(s)-Y(s)=R(s)-\frac{L(s)}{1+L(s)}R(s)$$

$$=\frac{1}{1+L(s)}\frac{1}{s^2}=\frac{1}{1+KG(s)\bar{C}(s)}\frac{1}{s^2}=\frac{1}{1+K\dfrac{30}{s(0.3s+1)}\bar{C}(s)}\frac{1}{s^2} \tag{9-75}$$

系统稳定情况下，稳态误差可以用终值定理求，考虑设计要求 $e_{ss}^*\leqslant 0.02$，即

$$e_{ss}=\lim_{x\to\infty}sE(s)=\lim_{x\to\infty}s\frac{1}{1+K\dfrac{30}{s(0.3s+1)}\bar{C}(s)}\frac{1}{s^2}=\frac{1}{30K}\leqslant 0.02 \tag{9-76}$$

得 $K\geqslant 5/3$。取 $K=5/3$，绘制未校正系统的对数幅频特性 $KG(j\omega)=\dfrac{50}{j\omega(j0.3\omega+1)}$。低频段幅频特性的渐近线为 $-20$ dB/dec，与 0 dB 线相交于 50 rad/s 频率点，经过转折频率 3.33 rad/s 后的幅频渐近线斜率为 $-40$ dB/dec，与 0 dB 线相交于 $\omega_c$ 点，近似计算得到转折点处的幅值为23.5218 rad/s(准确值为 20.5115 rad/s)，通过三角法或近似计算得交越频率 $\omega_c^0=12.91$ rad/s 或 12.9099 rad/s (准确值为 12.6966 rad/s)。如图 9-45 所示，校正前的相角裕度

$$\varphi_m^0=180°+(-90°-\arctan(0.3\times 12.91))=180°+(-90°-75.5225°)=14.4775° \tag{9-77}$$

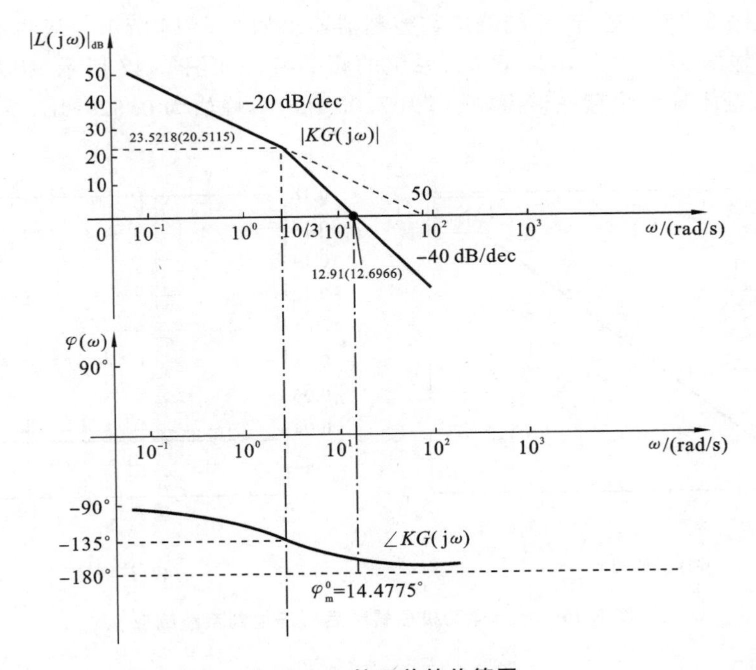


图 9-45　校正前的伯德图

据给定相角裕度 $\varphi_m^*\geqslant 60°$，取 $\varphi_m^*=61°$。若使用超前校正需要的最大超前角为 $\gamma_m=\varphi_m^*-\varphi_m^0+\delta=61°-14.4775°+14.4775°=61°>60°$；而若用滞后校正，由于要满足 $180°+\angle KG(j\omega_c^*)>\varphi_m^*+(5°\sim 15°)=61°+10°=71°$，即 $\angle KG(j\omega_c^*)>-109°$，此时校正后的剪切频率满足 $\omega_c^*<1.1477$ rad/s，这将导致系统没有足够的带宽，影响快速性及

对信号的复原。所以考虑用超前-滞后校正。首先选择交越频率 $\omega_c^*=20$ rad/s(一般基于对控制系统的基本认识)。

(1) 选择校正后系统的交越频率 $\omega_c=\omega_m=\omega_c^*$,先依据相角裕度 $\varphi_m^*$ 和交越频率 $\omega_c$ 确定超前校正部分

$$C_1(s)=\frac{a\tau s+1}{\tau s+1},\quad a=\frac{1+\sin\gamma_m}{1-\sin\gamma_m}=14.9515,\quad \tau=\frac{1}{\sqrt{a}\omega_c}=0.0129$$

(2) 再依据交越频率 $\omega_c$ 和 $KG(j\omega)|_{\omega_c}$ 的幅值衰减要求,确定滞后校正部分

$$C_2(s)=\frac{Ts+1}{bTs+1},\quad \frac{1}{T}=\frac{1}{10}\omega_c\quad\Rightarrow\quad T=0.5$$

$$|KG(j\omega_c)|_{dB}+10\lg a+20\lg(1/b)=0\Rightarrow 20\lg b=|KG(j\omega_c)|_{dB}+10\lg a=4.0236$$
$$\Rightarrow b=1.5892$$

综合上述结果,超前-滞后控制器为

$$C(s)=K\bar{C}(s)=\frac{5}{3}\frac{0.1929s+1}{0.0129s+1}\frac{0.5s+1}{0.7946s+1}\tag{9-78}$$

验证校正后的相角裕度为

$$\begin{aligned}\varphi_m&=180°+(-90°-\arctan(0.3\times20)+\arctan(0.1929\times20)-\arctan(0.0129\times20)\\&\quad+\arctan(0.5\times20)-\arctan(0.7946\times20))\\&=68.3541°\end{aligned}\tag{9-79}$$

表明设计的超前-滞后校正达到要求。

编制程序 9-17 并运行,系统响应与控制器输出如图 9-46 所示。从图中可以看出,在单位斜坡输入 15 s 之后,$e_{ss}\leqslant0.02$;系统的频率特性如图 9-47 所示,相角裕度 $\varphi_m=68.3°\geqslant60°$,且闭环系统存在谐振,频率为 7.02 rad/s,峰值为 0.629 dB,系统的带宽为 29.1 rad/s。

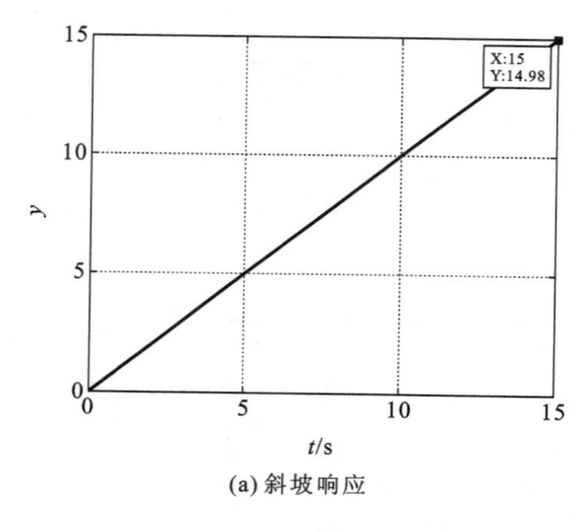

(a) 斜坡响应

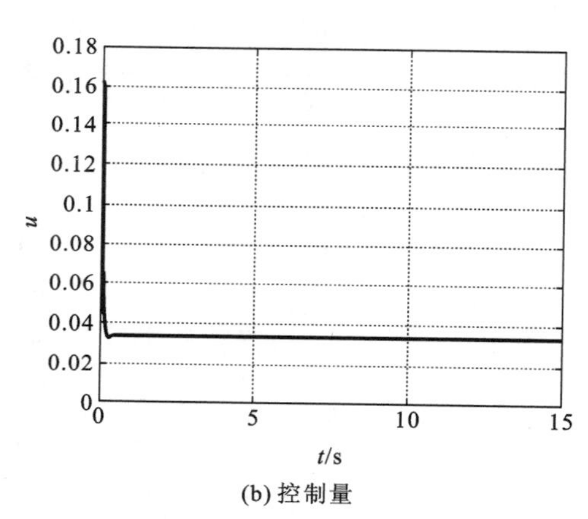

(b) 控制量

图 9-46 直流电动机位置滞后校正控制系统响应

**程序 9-17**

```
Gs= tf(30,[0.3,1,0]);
K= 5/3;
C1= tf([0.1929 1],[0.0129 1]);
C2= tf([0.5 1],[0.7946 1]);
L= K * C2 * C1 * Gs;
```

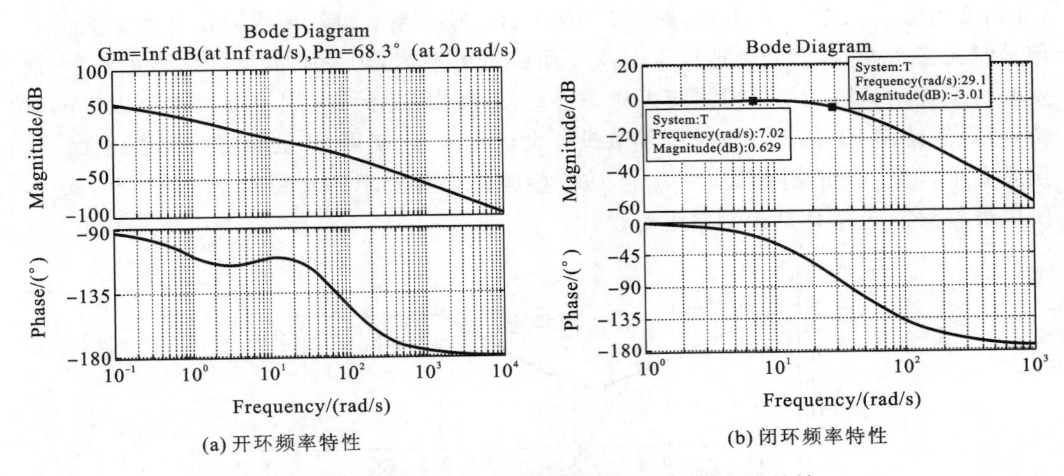

(a) 开环频率特性 (b) 闭环频率特性

图 9-47 直流电动机位置滞后校正控制系统频率特性

```
T= feedback(L,1,- 1);
pole(T)
UR= feedback(K*C2*C1,Gs,- 1);
t= 0:0.001:15;
inte= tf(1,[1 0]);% in order to solve slope response
yt= step(inte*T,t);
u= step(inte*UR,t);
figure
plot(t,yt,'- k','LineWidth',2),grid on
set(gca,'LineWidth', 2.0,'fontsize',12,'fontname','Times New Roman')
xlabel('\fontname{Times New Roman}\fontsize{12}\itt\rm(s)')
ylabel('\fontname{Times New Roman}\fontsize{12}\ity\rm')
legend('boxoff')
figure
plot(t,u,'- k','LineWidth',2),grid on
set(gca,'LineWidth', 2.0,'fontsize',12,'fontname','Times New Roman')
xlabel('\fontname{Times New Roman}\fontsize{12}\itt\rm(s)')
ylabel('\fontname{Times New Roman}\fontsize{12}\itu\rm')
legend('boxoff')
figure
margin(L);grid on
figure
bode(T,1:0.01:1000);grid on
```

### 3. PID 控制器的设计与仿真

1）设计要求

直流电动机的位置控制模型采用式(9-13)，若要求校正后的开环系统交越频率 $\omega_c^* \geqslant 50$ rad/s，相角裕量 $\varphi_m^* \geqslant 55°$；闭环系统在给定为阶跃信号时无稳态误差；负载扰动为阶跃信号时无稳态误差。根据要求选择某一种方法设计校正控制器以满足要求。

2）系统仿真

绘制未校正系统的对数幅频特性 $G(j\omega)=\dfrac{30}{j\omega(j0.3\omega+1)}$，交越频率为 $\omega_c^0=10$ rad/s

(准确值为 $\omega_c^0=8.4096\ \mathrm{rad/s}$),如图 9-48 所示。校正系统设计要求系统在给定为阶跃信号时无稳态误差,就必须选用Ⅰ型及Ⅰ型以上的系统,则系统本身可以满足要求;而要使负载扰动为阶跃信号时系统无稳态误差,则控制器必须选用Ⅰ型及Ⅰ型以上的系统,故只能使用 PI 或者 PID 控制环节进行设计。然而,使用 PI 虽能使系统达到无稳态误差要求,但其本质是降低交越频率,故不能满足设计要求的交越频率 $\omega_c^*=50\ \mathrm{rad/s}$,所以最终只能选择 PID 控制器进行设计。

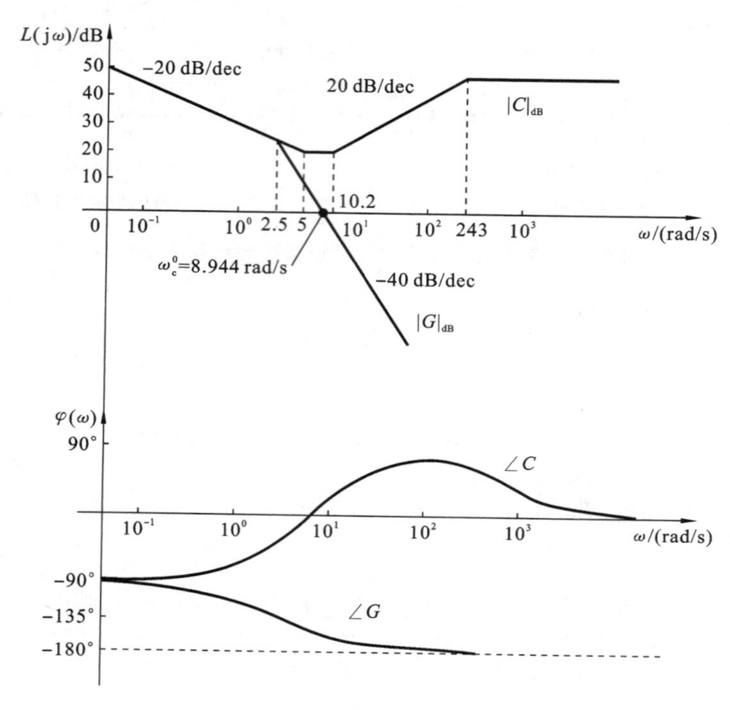


**图 9-48 校正前的伯德图**

PID 控制器计算参数过程如下。

(1) 求解 PD 部分:选择系统校正后的交越频率 $\omega_c=\omega_c^*=50\ \mathrm{rad/s}$,则

$$\angle G(\mathrm{j}\omega_c)\approx-176^\circ,\quad |G(\mathrm{j}\omega_c)|_{\mathrm{dB}}\approx-28\ \mathrm{dB}$$

$$\gamma_m=\varphi_m^*-[180^\circ+\angle G(\mathrm{j}\omega_c)]+\delta=55^\circ-4^\circ+15^\circ=66^\circ$$

$$N=\frac{1+\sin\gamma_m}{1-\sin\gamma_m}\approx22.13,\quad T_D=\frac{\sqrt{N}}{\omega_c}=0.094$$

$$C_1(s)=\frac{T_Ds+1}{T_Ds/N+1}=\frac{0.094s+1}{0.0043s+1}$$

(2) 求解 PI 部分:有

$$\frac{1}{T_I}=\frac{\omega_c}{10}=5\ \mathrm{rad/s},\quad T_I=0.2\ \mathrm{s}$$

另由 $20\lg K_P+|P(\mathrm{j}\omega_c)|_{\mathrm{dB}}+10\lg N=0$,得 $K_P=5.34$。

$$C_2(s)=K_P\frac{T_Is+1}{T_Is}=5.34\times\frac{0.2s+1}{0.2s}=26.7\times\frac{0.2s+1}{s}$$

综合上述结果,得到校正装置的传递函数为

$$C(s)=C_1(s)C_2(s)=K_P\frac{T_Is+1}{T_Is}\frac{T_Ds+1}{T_Ds/N+1}=\frac{26.7(0.2s+1)(0.094s+1)}{s(0.0043s+1)}\tag{9-80}$$

编制程序 9-18 并运行，系统响应与控制器输出如图 9-49 所示。从图中可以看出，闭环系统在给定为阶跃信号时无稳态误差；在 1 s 时加入 0.4·1($t$)的负载扰动，系统可以抑制该恒值扰动。系统的频率特性如图 9-50 所示，校正后的开环系统交越频率 $\omega_c=50.3$ rad/s$>$50 rad/s，相角裕量 $\varphi_m=64.1°>55°$。显然，设计的 PID 校正控制器满足要求。

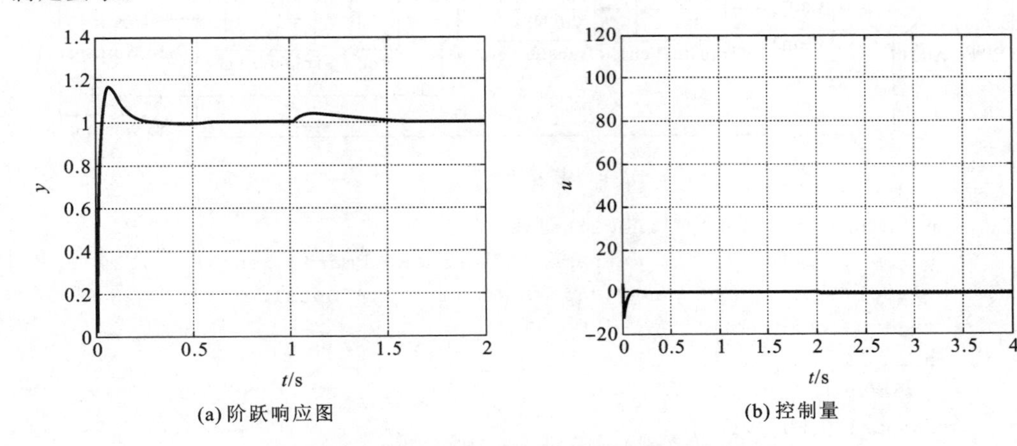

(a) 阶跃响应图　　(b) 控制量

**图 9-49　直流电动机位置 PID 校正控制系统响应**

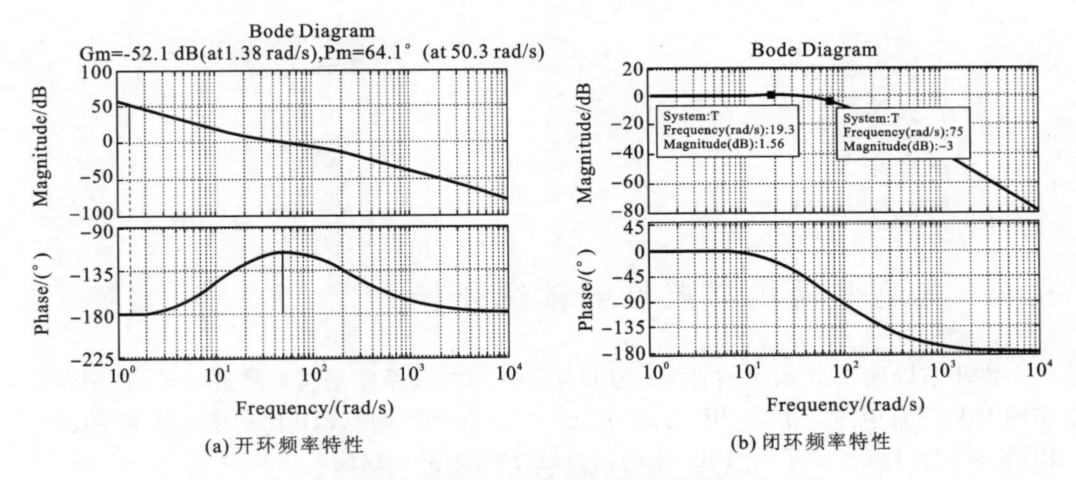

(a) 开环频率特性　　(b) 闭环频率特性

**图 9-50　直流电动机位置 PID 校正控制系统频率特性**

**程序 9-18**

在模型 9-5 所示的模型属性的回调函数中的 StopFcn 中填入如下代码。

```
% 时域响应采用 Simulink
figure
set(gca,'fontname','Times New Roman','fontsize',12,'linewidth',2)
plot(t,y_pid,'k- ','linewidth',2)
xlabel('\itt\rm(s)','fontname','Times New Roman','fontsize',12)
ylabel('\ity','fontname','Times New Roman','fontsize',12)
legend('boxoff')
grid on
figure
set(gca,'fontname','Times New Roman','fontsize',12,'linewidth',2)
```

模型 9-5

```
plot(t,u_pid,'k- ','linewidth',2)
xlabel('\itt\rm(s)','fontname','Times New Roman','fontsize',12)
ylabel('\itu','fontname','Times New Roman','fontsize',12)
legend('boxoff')
grid on
% 频率特性
Gs= tf(30,[0.3,1,0]);
Kp= 5.34;Ti= 0.2;Td= 0.094;N= 22.13;
C= Kp * tf([Ti 1],[Ti 0]) * tf([Td 1],[Td/N 1]);
L= C * Gs;
T= feedback(L,1,- 1);
figure
margin(L);grid on
figure
bode(T);grid on
```

## 9.6　直流电动机离散控制系统分析

本小节以图 9-51 所示的直流电动机闭环离散控制系统结构图展开讨论，控制器以串联 PID 方式引入。串联 PID 方式可能选择 P(比例控制)、PD(比例微分控制-超前)、PI(比例积分控制-滞后)或 PID(比例积分微分控制-滞后超前)。

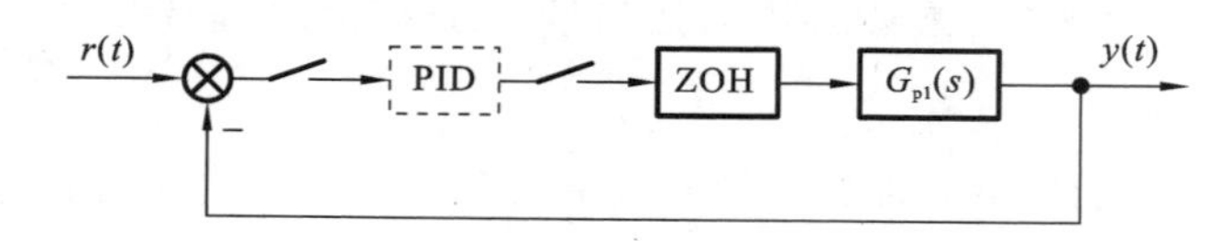


图 9-51　直流电动机闭环离散控制系统

假设采样周期是 $T$，由 ZOH(零阶保持器)与连续对象 $G_{p1}(s)$ 构成的广义对象的 $z$ 变换为

$$G(z)=\mathscr{Z}\left(\frac{1-\mathrm{e}^{-sT}}{s}\frac{5}{s(0.05s+1)}\right)=(1-z^{-1})\mathscr{Z}\left(\frac{5}{s^2(0.05s+1)}\right)$$

$$=100\,\frac{z-1}{z}\mathscr{Z}\left(\frac{-1/400}{s}+\frac{0.05}{s^2}+\frac{1/400}{s+20}\right)$$

$$
\begin{aligned}
&=100\,\frac{z-1}{z}\left[\frac{-(1/400)z}{z-1}+\frac{0.05Tz}{(z-1)^2}+\frac{(1/400)z}{z-\mathrm{e}^{-20T}}\right]\\
&=-0.25+\frac{5T}{z-1}+\frac{0.25(z-1)}{z-\mathrm{e}^{-20T}}
\end{aligned}
\tag{9-81}
$$

将连续域 PID 控制器中积分采用双线性变换法、微分采用后向差分进行离散化，得到

$$
C(z)=K_{\mathrm{P}}\left(1+\frac{1}{T_{\mathrm{I}}}\frac{T(z+1)}{2(z-1)}+\frac{T_{\mathrm{D}}(z-1)}{Tz}\right)
\tag{9-82}
$$

取 $K_{\mathrm{P}}=4, T_{\mathrm{I}}=10, T_{\mathrm{D}}=0.1$。

为了分析采样周期对控制系统稳定性的影响，取不同的采样周期 $T=0.01$ s，0.03 s，0.081525 s，0.1 s，其中周期 0.081525 s 是通过稳定性判据计算出来的。编制程序 9-19 并运行，系统响应和控制器输出如图 9-52 所示，结果表明采样周期大到一定程将引起系统的不稳定。注意到开环传递函数中有两个积分，故闭环系统在稳定的情况下，其阶跃与斜坡响应均无稳态误差。

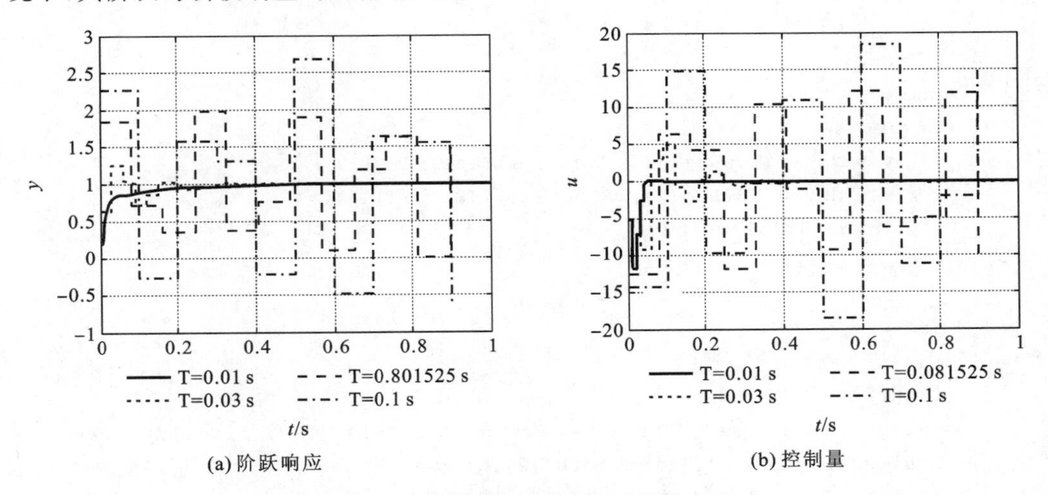


图 9-52　直流电动机闭环离散控制系统响应

**程序 9-19**

```
clear all
z= tf('z');
Secs= 1;% simulation seconds
T1= [0.01,0.03,0.081525,0.1];% four sampleing peroids
Kp= 4;Ti= 10;Td= 0.1;
for j= 1:length(T1)
G= - 0.25+ 5 * T1(j)/(z- 1)+ 0.25 * (z- 1)/(z- exp(- 20 * T1(j)))
C= Kp * (1+ (1/Ti) * T1(j) * (z+ 1)/(2 * (z- 1))+ Td * (z- 1)/(T1(j) * z))
L= C * G;
T= feedback(L,1,- 1);
pole(T)
UR= feedback(C,G,- 1);
if j= = 1
    y1= dstep(T.num{1},T.den{1},1:Secs/T1(j));
```

```
        u1= dstep(UR.num{1},UR.den{1},1:Secs/T1(j));
        for i= 1:1:length(y1)
          t1(i)= (i- 1) * T1(j);
        end
end
if j= = 2
        y2= dstep(T.num{1},T.den{1},1:Secs/T1(j));
        u2= dstep(UR.num{1},UR.den{1},1:Secs/T1(j));
        for i= 1:1:length(y2)
          t2(i)= (i- 1) * T1(j);
    end
end
if j= = 3
    y3= dstep(T.num{1},T.den{1},1:Secs/T1(j));
    u3= dstep(UR.num{1},UR.den{1},1:Secs/T1(j));
    for i= 1:1:length(y3)
        t3(i)= (i- 1) * T1(j);
    end
end
if j= = 4
    y4= dstep(T.num{1},T.den{1},1:Secs/T1(j));
    u4= dstep(UR.num{1},UR.den{1},1:Secs/T1(j));
    for i= 1:1:length(y4)
        t4(i)= (i- 1) * T1(j);
    end
end
end
figure
set(gca,'fontname','Times New Roman','fontsize',12,'linewidth',2)
stairs(t1,y1,'k- ','linewidth',2),grid on,hold on
stairs(t2,y2,'k:','linewidth',2),hold on
stairs(t3,y3,'k- - ','linewidth',2),hold on
stairs(t4,y4,'k- .','linewidth',2)
xlabel('\itt\rm(s)','fontname','Times New Roman','fontsize',12)
ylabel('\ity','fontname','Times New Roman','fontsize',12)
legend('T= 0.01s','T= 0.03s','T= 0.081525s','T= 0.1s','Location','
NorthEast')
legend('boxoff')
figure
set(gca,'fontname','Times New Roman','fontsize',12,'linewidth',2)
stairs(t1,u1,'k- ','linewidth',2),grid on,hold on
stairs(t2,u2,'k:','linewidth',2),hold on
stairs(t3,u3,'k- - ','linewidth',2),hold on
stairs(t4,u4,'k- .','linewidth',2)
xlabel('\itt\rm(s)','fontname','Times New Roman','fontsize',12)
ylabel('\itu','fontname','Times New Roman','fontsize',12)
legend('T= 0.01s','T= 0.03s','T= 0.081525s','T= 0.1s','Location','NorthEast')
legend('boxoff')
```

# 9.7 直流电动机离散控制系统综合

## 9.7.1 利用连续域离散化方法综合控制系统

直流电动机的位置控制模型采用式(9-13)，要求在采样周期 $T=0.01$ s 情况下，利用连续域离散化方法设计控制器，使系统开环增益 $K\geqslant 50$，剪切频率 $\omega_c^*\geqslant 15$ rad/s，相角裕度 $\varphi_m^*\geqslant 50°$。

假设串联校正控制器为 $C(z)$，构建图 9-53 所示的闭环控制系统，图中 $G_h(s)$ 是零阶保持器(ZOH)的传递函数。

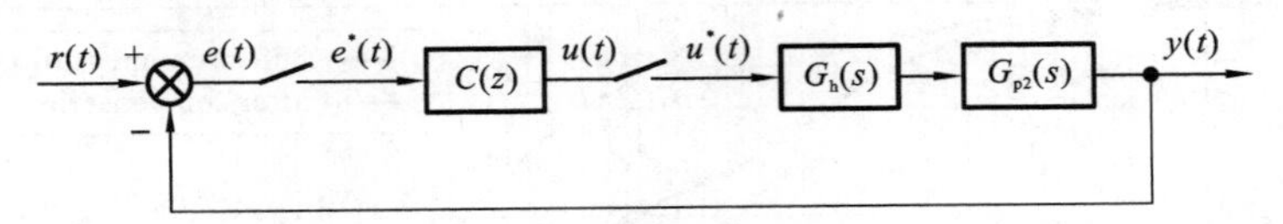


图 9-53 闭环控制系统

首先，利用连续域设计方法确定 $C(s)$。考虑到零阶保持器的影响，有

$$G_h(s)=\frac{1-e^{-Ts}}{s}=\frac{e^{Ts}-1}{se^{Ts}}\approx\frac{T}{1+Ts} \tag{9-83}$$

考虑到离散信号的频谱与连续信号频谱相差 $1/T$ 倍，于是在连续域内 $G_h(s)$ 可以用惯性环节来近似，即

$$G'_h(s)=\frac{1}{1+Ts} \tag{9-84}$$

同时，考虑开环增益为 50，将其视为对象的一部分，即有广义对象传递函数为

$$G(s)=\frac{5}{3}G_{p2}(s)G'_h(s)=\frac{50}{s(0.3s+1)(Ts+1)}=\frac{50}{s(0.3s+1)(0.01s+1)} \tag{9-85}$$

其对数幅频特性曲线，如图 9-54 中实曲线所示。未校正系统的剪切频率 $\omega_c^0=12.6$ rad/s，相角裕度为 $\varphi_m^0=7.56°$。可知，预校正的系统剪切频率、相角裕量两项指标均不满足要求。由于设计要求 $\varphi_m^*\geqslant 50°>\varphi_m^0$，同时要求 $\omega_c^*>15$，即可以增加剪切频率，所以可以采用串联超前校正。

令校正装置的结构为 $\widetilde{C}(s)=\dfrac{a\tau s+1}{\tau s+1}$。据 $\varphi_m^*\geqslant 50°$可得校正装置所应提供的最大相角超前量 $\gamma_m=\varphi_m^*-\varphi_m^0+\delta$，取 $\varphi_m^*=50°$，$\delta=13.96°$，可得 $\gamma_m=56.4°$。由此得 $a=\dfrac{1+\sin\gamma_m}{1-\sin\gamma_m}=10.9704$。又由 $|G(s)|_{dB}=-10\lg a=-10.40233$，得 $\omega_c=23.1$ rad/s。令最大超前频率为 $\omega_m=\omega_c=23.1$ rad/s，得 $\tau=\dfrac{1}{\omega_m\sqrt{a}}=0.0131$。于是，校正装置的结构为

$$\widetilde{C}(s)=\frac{0.1437s+1}{0.0131s+1}\approx\frac{0.15s+1}{0.013s+1} \tag{9-86}$$

进而可得，校正后开环传递函数为

$$L(s)=\frac{50}{s(0.3s+1)(0.01s+1)}\frac{0.15s+1}{0.013s+1} \tag{9-87}$$

画出校正后频率特性，如图 9-54 所示，其剪切频率在 $\omega_c=23.9$ rad/s 处，相角裕量 $\varphi_m$

$=51.7^\circ \geqslant 50^\circ$,满足设计要求。

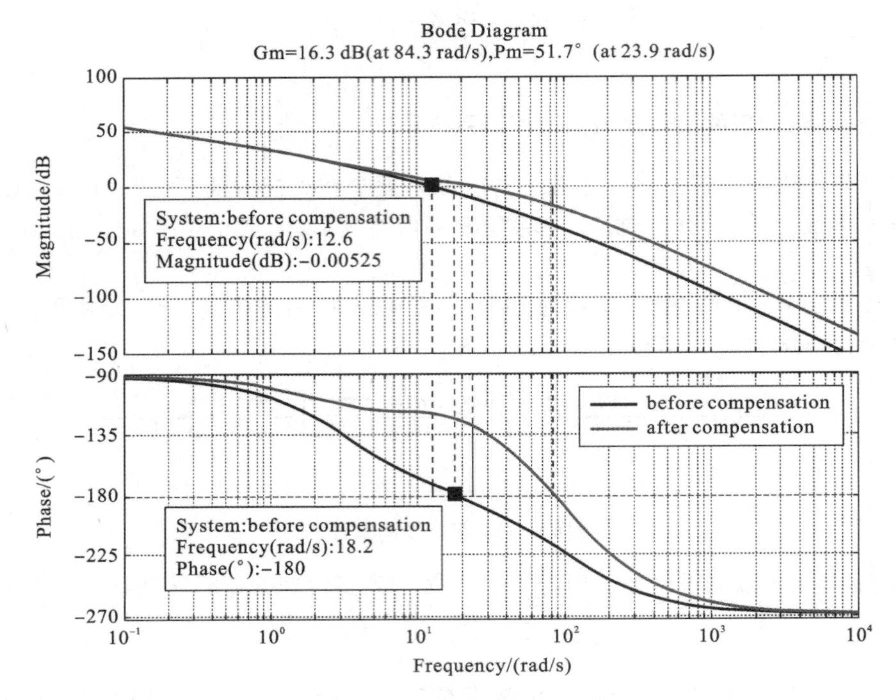


图 9-54 校正前后的频率特性

编制程序 9-20 并运行,画出未校正前与校正后的频率特性,如图 9-54 所示。

**程序 9-20**

```
T= 0.01;% sampling period
Gp2s= tf(30,[0.3 1 0]);
Ghp= tf(1,[T 1]);
G= (5/3) * Gp2s * Ghp;
margin(G),grid on,hold on
Cb= tf([0.15 1],[0.013 1]);
L= G * Cb
margin(L),grid on
legend('before compensation','after compensation')
legend('boxoff')
```

考虑静态增益的要求,对应的校正装置传递函数为

$$C(s)=\frac{5}{3}\times\frac{0.15s+1}{0.013s+1}=\frac{5}{3}\times\frac{T_2 s+1}{T_1 s+1},\quad T_1=0.013\ \text{s},\quad T_2=0.15\ \text{s} \tag{9-88}$$

用双线性变换法确定相应的 $C(z)$,以 $s=\frac{2}{T}\times\frac{z-1}{z+1}$代入 $C(s)$进行变换,得

$$C(z)=\frac{U(z)}{E(z)}=\frac{5}{3}\times\frac{(T+2T_2)z+(T-2T_2)}{(T+2T_1)z+(T-2T_1)}$$

$$=\frac{5}{3}\times\frac{0.31z-0.29}{0.036z-0.016}=\frac{5}{3}\times 8.6\,\frac{z-0.9355}{z-0.4444} \tag{9-89}$$

将 $C(z)$化为差分控制算法

$$U(z)=C(z)E(z) \quad \Rightarrow \quad zU(z)-0.4444U(z)=\frac{5}{3}\times 8.6(z-0.9355)E(z) \tag{9-90}$$

由此可得

$$u(k+1)=0.4444u(k)+(5/3)\times 8.6e(k+1)-(5/3)\times 8.0453e(k) \tag{9-91}$$

编制程序 9-21 并运行，闭环系统的阶跃响应与控制输出如图 9-55 所示。

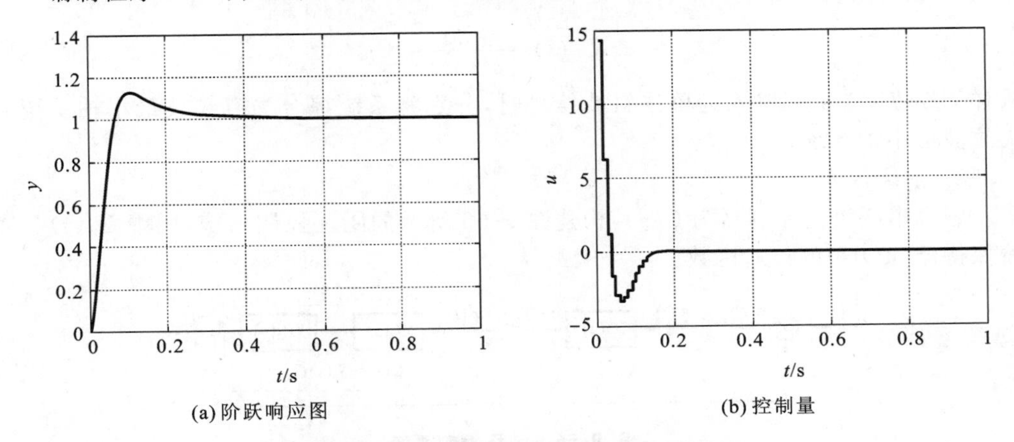


(a) 阶跃响应图　　(b) 控制量

**图 9-55　直流电动机闭环离散控制系统响应**

**程序 9-21**

在模型 9-6 所示的模型属性的回调函数中的 StopFcn 中填入如下代码。

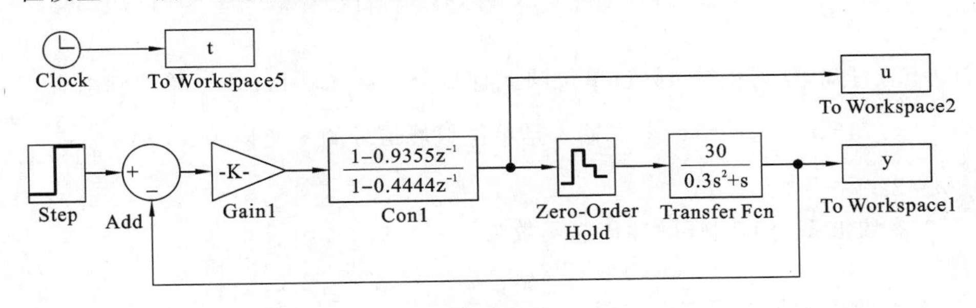


**模型 9-6**

```
% 时域响应采用 Simulink
figure
plot(t,y,'k- ','linewidth',2),grid on
xlabel('\itt\rm(s)','fontname','Times New Roman','fontsize',12)
ylabel('\ity','fontname','Times New Roman','fontsize',12)
set(gca,'fontname','Times New Roman','fontsize',12,'linewidth',2)
figure
for i= 1:length(u)
tt(i)= 0.01* i;
end
stairs(tt,u,'k- ','linewidth',2),grid on
xlabel('\itt\rm(s)','fontname','Times New Roman','fontsize',12)
ylabel('\itu','fontname','Times New Roman','fontsize',12)
axis([0 1 - 5 15])
set(gca,'fontname','Times New Roman','fontsize',12,'linewidth',2)
```

### 9.7.2 利用最小拍设计方法综合控制系统

1) 设计要求

为了充分展示最小拍设计方法综合控制系统的过程，将直流电动机的位置控制模型式(9-13)改写成

$$G_{\mathrm{p}}(s)=\frac{10}{s(s+1)} \tag{9-92}$$

采样周期 $T=1$ s，当输入为单位斜坡信号时，分别将系统综合为有纹波最小拍系统和无纹波最小拍系统。

2) 系统仿真

假设串联校正控制器为 $C(z)$，构建图 9-56 所示的闭环控制系统，图中 $G_{\mathrm{h}}(s)$ 是零阶保持器(ZOH)的传递函数。

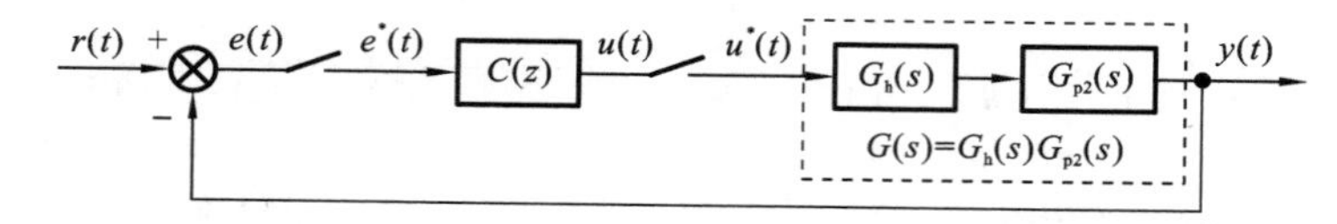


图 9-56 闭环控制系统

广义对象的脉冲传递函数为

$$G(z)=\mathscr{Z}\left(\frac{1-\mathrm{e}^{-Ts}}{s}\frac{K_{\mathrm{d}}}{s(T_{\mathrm{m}}s+1)}\right)=(1-z^{-1})\mathscr{Z}\left(\frac{10}{s^2(s+1)}\right)=\frac{3.68z^{-1}(1+0.718z^{-1})}{(1-z^{-1})(1-0.368z^{-1})} \tag{9-93}$$

由式(9-93)可知，延迟拍数 $h=1$；单位圆上有一个极点 $\alpha_1=1, p=1$；单位圆内有一个零点 $\beta_1=-0.718, q=0, r=1$。考虑输入是单位斜坡信号的 $z$ 变换为 $R(z)=\dfrac{Tz^{-1}}{(1-z^{-1})^2}$，即有 $m=2$。

(1) 有纹波系统的闭环脉冲传递函数为

$$\Phi(z)=z^{-1}(\varphi_0+\varphi_1 z^{-1}+\varphi_2 z^{-2}) \tag{9-94}$$

式中三个系数应满足以下三个方程

$$\Phi(z)\big|_{z=1}=1,\quad \Phi'(z)\big|_{z=1}=0,\quad \Phi(z)\big|_{z=\alpha_1=1}=1 \tag{9-95}$$

显然只有两个方程是相互独立的，闭环脉冲传递函数协调项只取两项，可解得 $\varphi_0=2$，$\varphi_1=-1$，即有

$$\Phi(z)=z^{-1}(2-z^{-1}) \tag{9-96}$$

由此，可得到

$$C(z)=\frac{\Phi(z)}{G(z)[1-\Phi(z)]}=\frac{0.543(1-0.5z^{-1})(1-0.368z^{-1})}{(1-z^{-1})(1+0.718z^{-1})} \tag{9-97}$$

可以估算调节时间为 $t_s\leqslant(1+1+0+2-1)T=3T$

(2) 无纹波系统的闭环脉冲传递函数为

$$\Phi(z)=z^{-1}(1+0.718z^{-1})(\varphi_0+\varphi_1 z^{-1}+\varphi_2 z^{-2}) \tag{9-98}$$

式中三个系数应满足以下三个方程

$$\Phi(z)\big|_{z=1}=1,\quad \Phi'(z)\big|_{z=1}=0,\quad \Phi(z)\big|_{z=\alpha_1=1}=1 \tag{9-99}$$

显然只有两个方程是相互独立的，闭环脉冲传递函数协调项只取两项，可解得 $\varphi_0=1.407$，$\varphi_1=-0.826$，即有

$$\Phi(z)=z^{-1}(1+0.718z^{-1})(1.407-0.826z^{-1}) \tag{9-100}$$

由此，可得到

$$C(z)=\frac{\Phi(z)}{G(z)[1-\Phi(z)]}=\frac{0.38(1-0.587z^{-1})(1-0.368z^{-1})}{(1-z^{-1})(1+0.593z^{-1})} \tag{9-101}$$

可以估算调节时间为

$$t_s \leqslant (1+1+1+2-1)T=4T$$

可见，无纹波系统是以较长的调节时间为代价的。

编制程序 9-22 并运行，得到有纹波系统与无纹波系统的输出曲线与控制器输出曲线，如图 9-57 所示。两者的调节时间分别为 $2T$ 和 $3T$，均小于估算时间。从图中可以看出，有纹波系统在调节时间后实际在采样点上无纹波，而在采样点间隔是有纹波的，其主要原因是控制器在调节时间后有纹波；而无纹波系统对于输出和控制在调节时间后无论是采样点，还是采样间隔都是无纹波的。

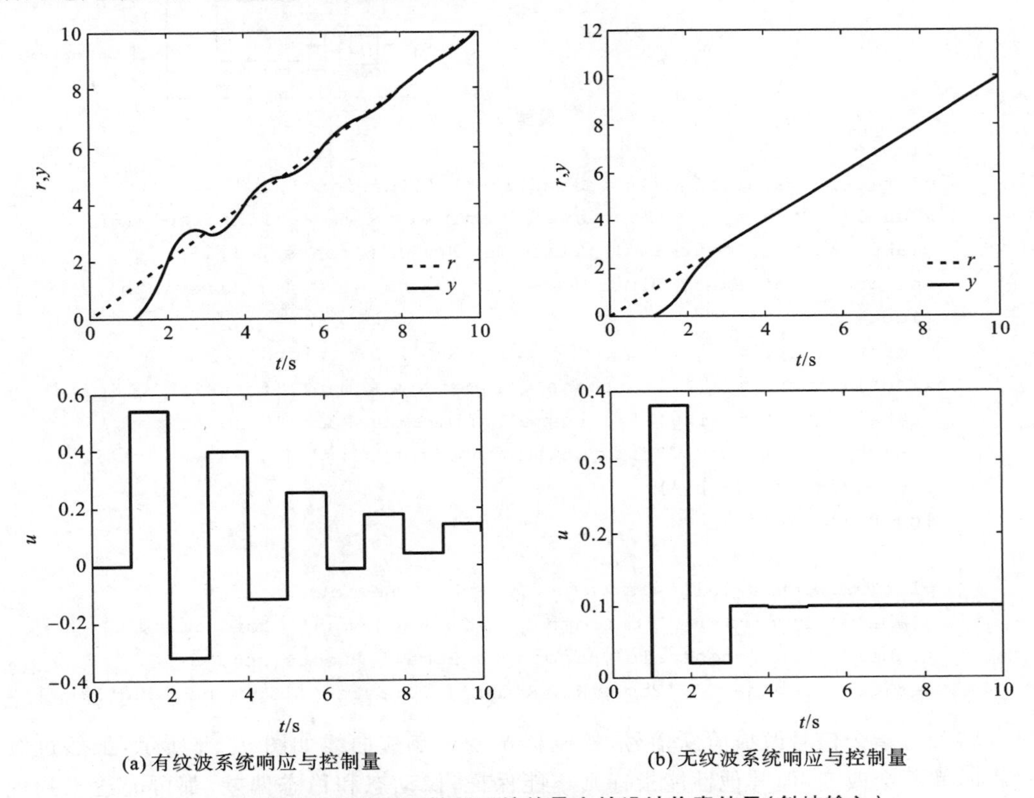


**图 9-57 直流电动机闭环控制系统的最小拍设计仿真结果(斜坡输入)**

**程序 9-22**

在模型 9-7 所示的模型属性的回调函数中的 StopFcn 中填入如下代码。

```
close all
plot(t,ry1(:,1),'k- - ',t,ry1(:,2),'k- ','linewidth',2)
xlabel('\itt\rm(s)','fontname','Times New Roman','fontsize',16)
ylabel('\itr\rm,\ity','fontname','Times New Roman','fontsize',16)
set(gca,'fontname','Times New Roman','fontsize',16,'linewidth',2)
legend('\itr','\ity')
legend('boxoff')
```

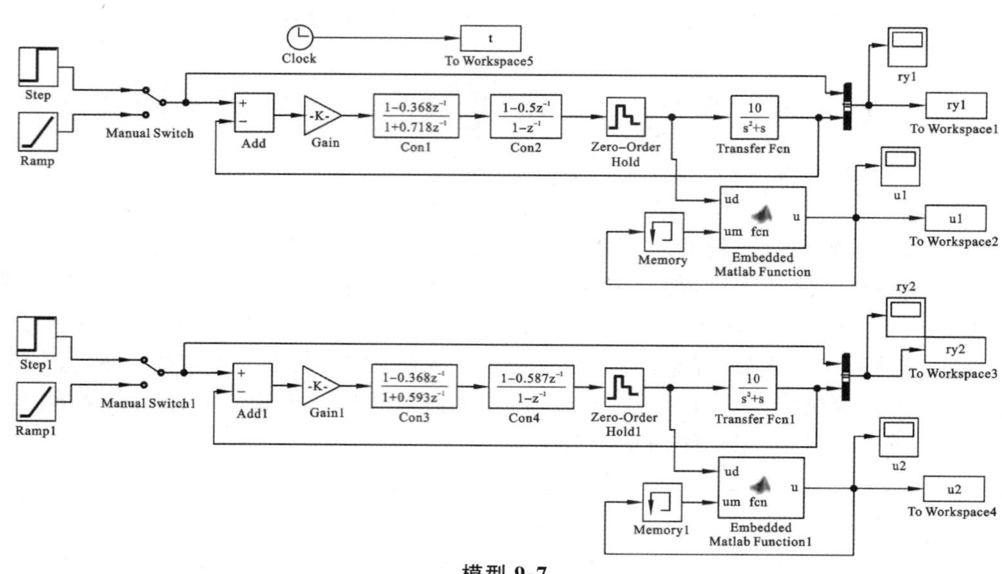


**模型 9-7**

```
figure
plot(u1.time,u1.signals.values,'k- ','linewidth',2)
xlabel('\itt\rm(s)','fontname','Times New Roman','fontsize',16)
ylabel('\itu','fontname','Times New Roman','fontsize',16)
set(gca,'fontname','Times New Roman','fontsize',16,'linewidth',2)
figure
plot(t,ry2(:,1),'k- - ',t,ry2(:,2),'k- ','linewidth',2)
xlabel('\itt\rm(s)','fontname','Times New Roman','fontsize',16)
ylabel('\itr\rm,\ity','fontname','Times New Roman','fontsize',16)
set(gca,'fontname','Times New Roman','fontsize',16,'linewidth',2)
legend('\itr','\ity')
legend('boxoff')
figure
plot(u2.time,u2.signals.values,'k- ','linewidth',2)
xlabel('\itt\rm(s)','fontname','Times New Roman','fontsize',16)
ylabel('\itu','fontname','Times New Roman','fontsize',16)
set(gca,'fontname','Times New Roman','fontsize',16,'linewidth',2)
```

将参考指令信号改成阶跃信号，控制器不变的响应曲线如图 9-58 所示，虽然过渡过程时间不会改变，但其他性能指标则不能保证，像动态和稳态偏差，都可能达不到理想的效果，即最小拍系统对输入的适应性差。为此，采用在闭环脉冲传递函数中增加阻尼项来增强适应性。

如果要求无纹波最小拍系统对阶跃信号输入也具有适应性，则可通过增加阻尼项来增强适应性。针对有纹波系统和无纹波系统，均可以引入一个阻尼因子(即一稳定极点)，同时保持静态增益。这里只讨论有纹波系统情况，有如下两种策略。

(1) 在式(9-96)基础上，直接将其与$(1-d)/(1-dz^{-1})$相乘，即

$$\tilde{\Phi}(z)=\frac{(1-d)\Phi(z)}{1-dz^{-1}} \tag{9-102}$$

由此，可得到

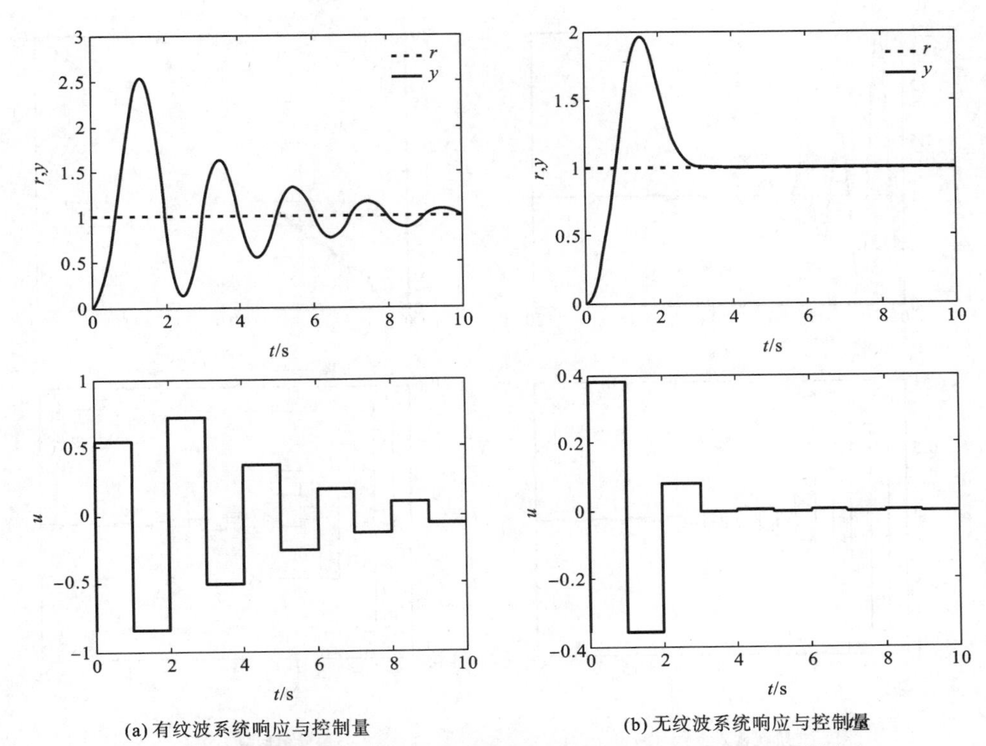


**图 9-58 直流电动机闭环控制系统的最小拍设计仿真结果(阶跃输入)**

$$
\begin{aligned}
C(z)&=\frac{\widetilde{\Phi}(z)}{G(z)[1-\widetilde{\Phi}(z)]}\\
&=\frac{(1-d)z^{-1}(2-z^{-1})(1-z^{-1})(1-0.368z^{-1})(1-dz^{-1})}{3.68z^{-1}(1-dz^{-1})(1+0.718z^{-1})[(1-dz^{-1})-(1-d)z^{-1}(2-z^{-1})]}\\
&=\frac{2(1-d)(1-0.5z^{-1})(1-0.368z^{-1})}{3.68(1+0.718z^{-1})[1-(1-d)z^{-1}]}
\end{aligned}
\tag{9-103}
$$

(2) 直接令

$$
\widetilde{\Phi}(z)=z^{-1}(\varphi_0+\varphi_1 z^{-1}+\varphi_2 z^{-2})/(1-dz^{-1}) \tag{9-104}
$$

式中两个系数应满足以下三个方程

$$
\widetilde{\Phi}(z)|_{z=1}=1,\quad \widetilde{\Phi}'(z)|_{z=1}=0,\quad \widetilde{\Phi}(z)|_{z=\alpha=1}=1 \tag{9-105}
$$

显然只有两个方程是相互独立的,闭环脉冲传递函数协调项只取两项,可解得 $\varphi_0=2-d$,$\varphi_1=-1$,即有

$$
\widetilde{\Phi}(z)=z^{-1}(2-d-z^{-1})/(1-dz^{-1}) \tag{9-106}
$$

由此,可得到

$$
\begin{aligned}
C(z)&=\frac{\widetilde{\Phi}(z)}{G(z)[1-\widetilde{\Phi}(z)]}\\
&=\frac{z^{-1}(2-d-z^{-1})(1-z^{-1})(1-0.368z^{-1})}{3.68(1-dz^{-1})z^{-1}(1+0.718z^{-1})[(1-dz^{-1})-z^{-1}(2-d-z^{-1})]}\\
&=\frac{(2-d)[1-z^{-1}/(2-d)](1-0.368z^{-1})}{3.68(1-dz^{-1})(1+0.718z^{-1})[1-(1-d)z^{-1}]}
\end{aligned}
\tag{9-107}
$$

针对这两种算法编制程序 9-23 并运行,系统在单位阶跃和单位坡输入下的系统响应分别如图 9-59 所示。图中的曲线分别选取 $d$ 为 0.02、0.2、0.7。从响应曲线上可以

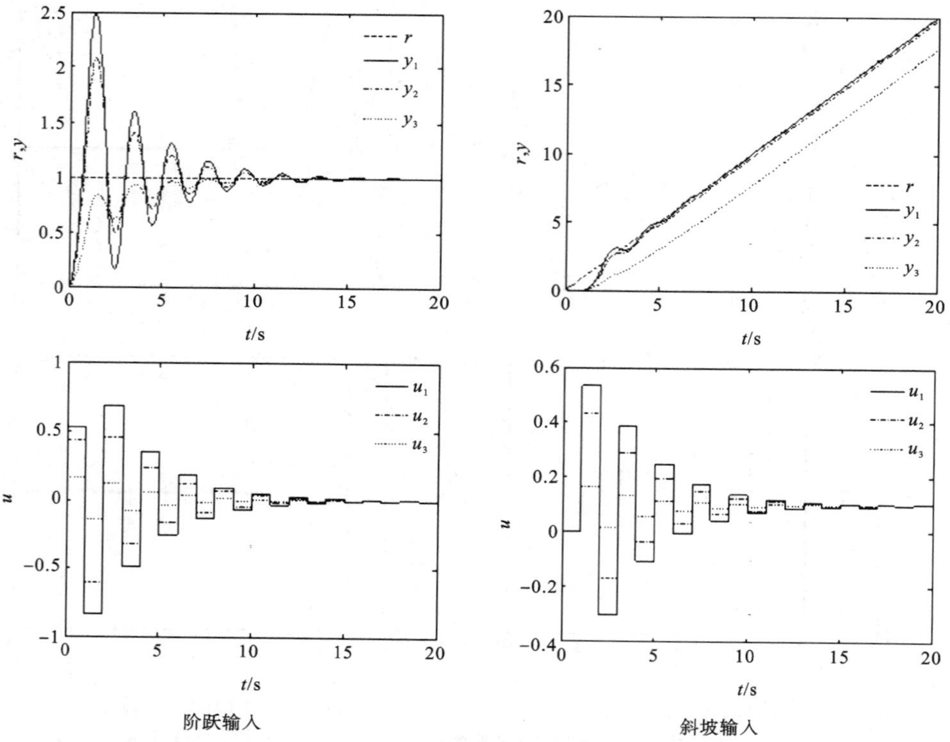

阶跃输入　　斜坡输入

(a) 第一种改进方法的结果

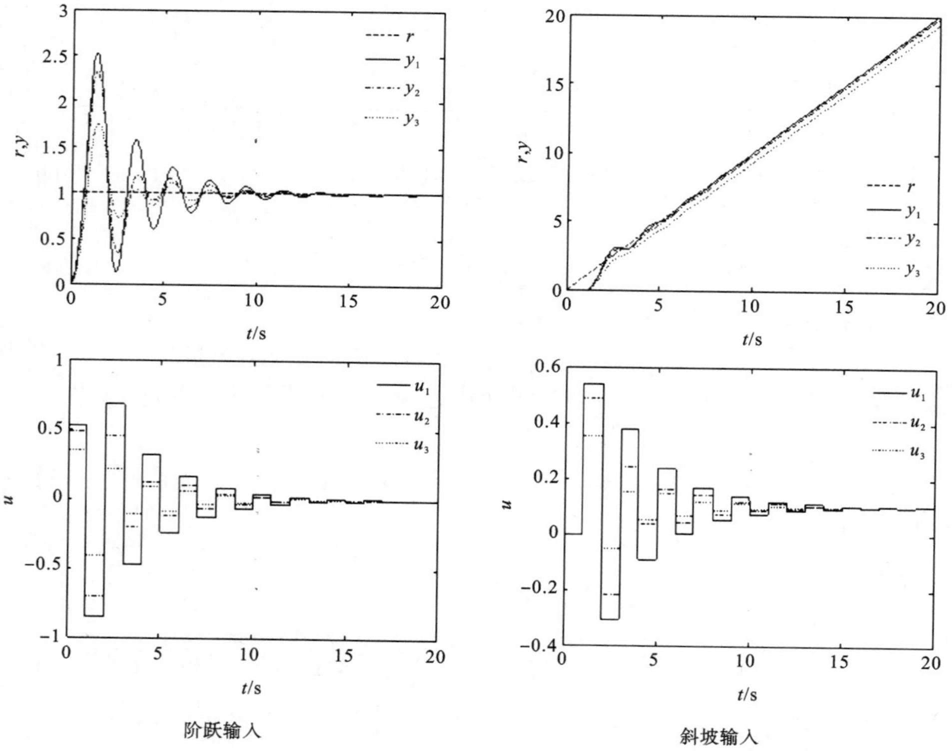

阶跃输入　　斜坡输入

(b) 第二种改进方法的结果

图 9-59　增强适应性的两种方法改进结果(有纹波系统)

看出，当 $d$ 增加时，极点离圆周越近，惯性越大，对于阶跃信号超调减小，对于斜坡信号跟踪速度减慢，稳态误差增加，而且第一种方法比第二种方法的误差大。

**程序 9-23**

在模型 9-8 所示的模型属性的回调函数中的 StopFcn 中填入如下代码。

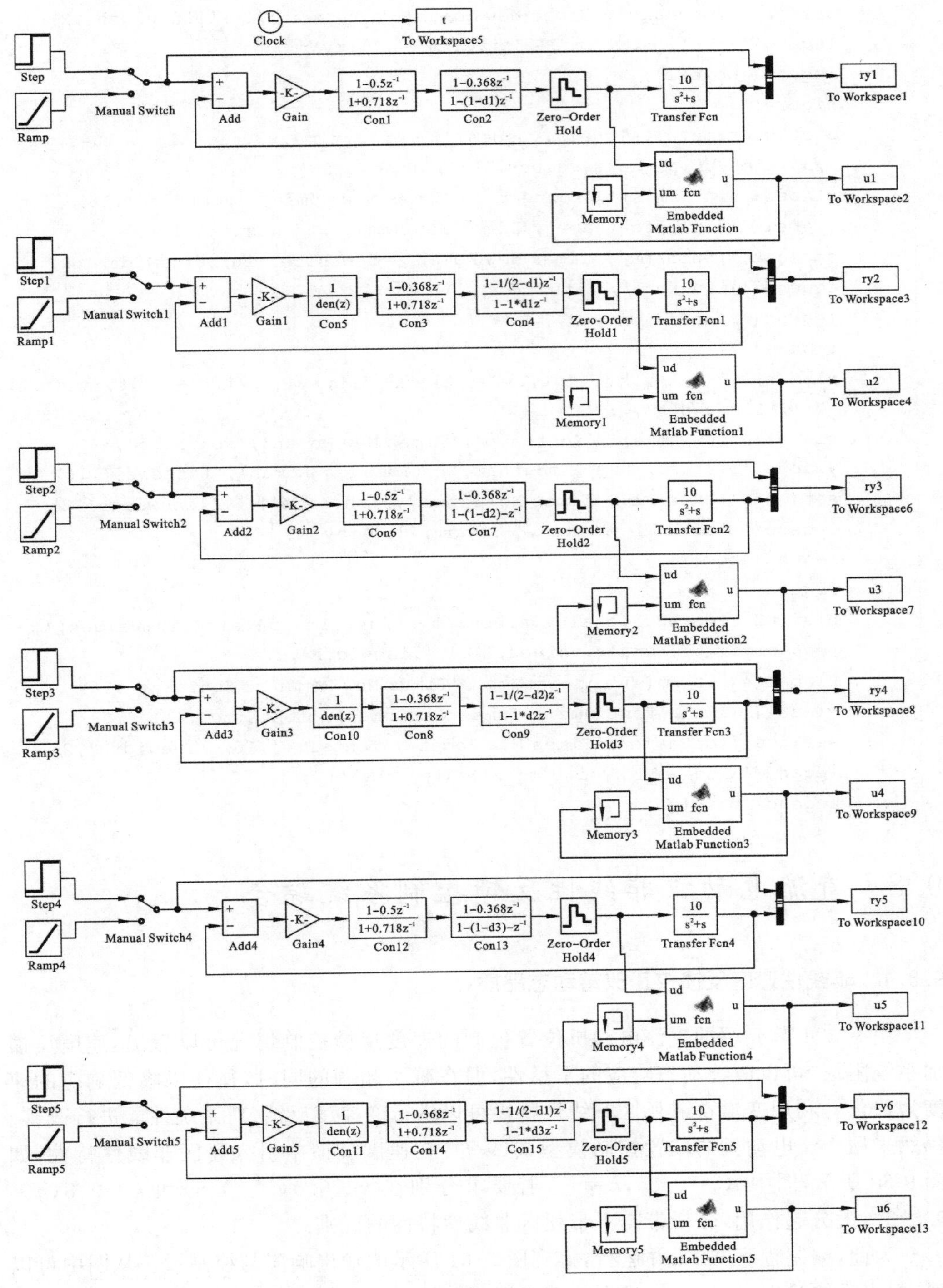


模型 9-8

```
close all
plot(t,ry1(:,1),'k- - ',t,ry1(:,2),'k- ',t,ry3(:,2),'k- .',t,ry5(:,2),
'k:','linewidth',2)
xlabel('\itt\rm(s)','fontname','Times New Roman','fontsize',16)
ylabel('\itr\rm,\ity','fontname','Times New Roman','fontsize',16)
set(gca,'fontname','Times New Roman','fontsize',16,'linewidth',2)
legend('\itr','\ity\rm_1','\ity\rm_2','\ity\rm_3')
legend('boxoff')
figure
plot(u1.time,u1.signals.values,'k- ',u3.time,u3.signals.values,'k- .
',u5.time,u5.signals.values,'k:','linewidth',2)
xlabel('\itt\rm(s)','fontname','Times New Roman','fontsize',16)
ylabel('\itu','fontname','Times New Roman','fontsize',16)
set(gca,'fontname','Times New Roman','fontsize',16,'linewidth',2)
legend('\itu\rm_1','\itu\rm_2','\itu\rm_3')
legend('boxoff')
figure
plot(t,ry2(:,1),'k- - ',t,ry2(:,2),'k- ',t,ry4(:,2),'k- .',t,ry6(:,2),
'k:','linewidth',2)
xlabel('\itt\rm(s)','fontname','Times New Roman','fontsize',16)
ylabel('\itr\rm,\ity','fontname','Times New Roman','fontsize',16)
set(gca,'fontname','Times New Roman','fontsize',16,'linewidth',2)
legend('\itr','\ity\rm_1','\ity\rm_2','\ity\rm_3')
legend('boxoff')
figure
plot(u2.time,u2.signals.values,'k- ',u4.time,u4.signals.values,'k- .
',u6.time,u6.signals.values,'k:','linewidth',2)
xlabel('\itt\rm(s)','fontname','Times New Roman','fontsize',16)
ylabel('\itu','fontname','Times New Roman','fontsize',16)
set(gca,'fontname','Times New Roman','fontsize',16,'linewidth',2)
legend('\itu\rm_1','\itu\rm_2','\itu\rm_3')
legend('boxoff')
```

## 9.8 直流电动机非线性反馈控制系统综合

### 9.8.1 非线性速度反馈校正改善动态品质

由 9.3.1 节介绍的直流电动机位置控制的速度反馈控制情况可以看出，速度反馈加系统阻尼，可以改善动态响应的平稳性，但在减小超调的同时，往往以降低响应的速度为代价。利用变增益或死区非线性特性可以进行变速度反馈，对系统性能进行改善。仍然采用直流电动机的位置控制模型式(9-9)，在速度反馈中引入死区非线性特性，如图 9-60 所示，图中 $K_p=8.35$，$k=1$。若要求分别在 $y>0.5(a=0.5)$ 和 $y>0.8(a=0.8)$ 时，微分起作用，分析带与不带死区非线性特性的区别。

为此，编制程序 9-24 并运行，得到图 9-61 所示的输出响应与控制量。从图中可以看出，当系统输出小于 $a$ 时，没有速度反馈或反馈强度弱，系统处于弱阻尼状态，响应较

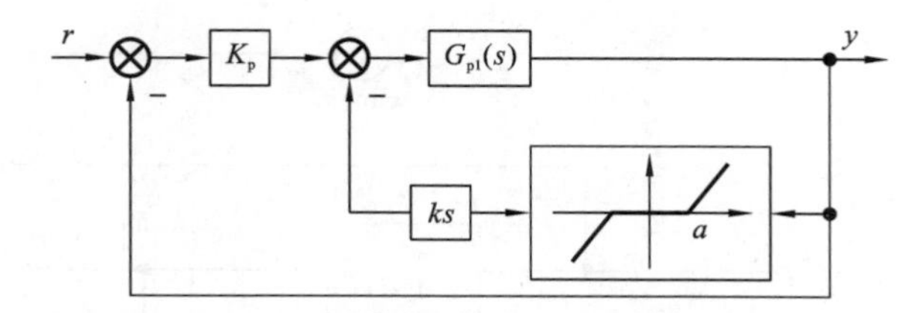


图 9-60 直流电动机带速度反馈的闭环位置控制系统

快。当系统输出增大超过 $a$ 时，速度反馈开始作用，系统的阻尼增大，抑止了超调量，使系统的输出平稳地跟踪输入指令。$a$ 值取值越大，响应速度会越快，但 $a$ 值大到一定时程序将会出现超调。

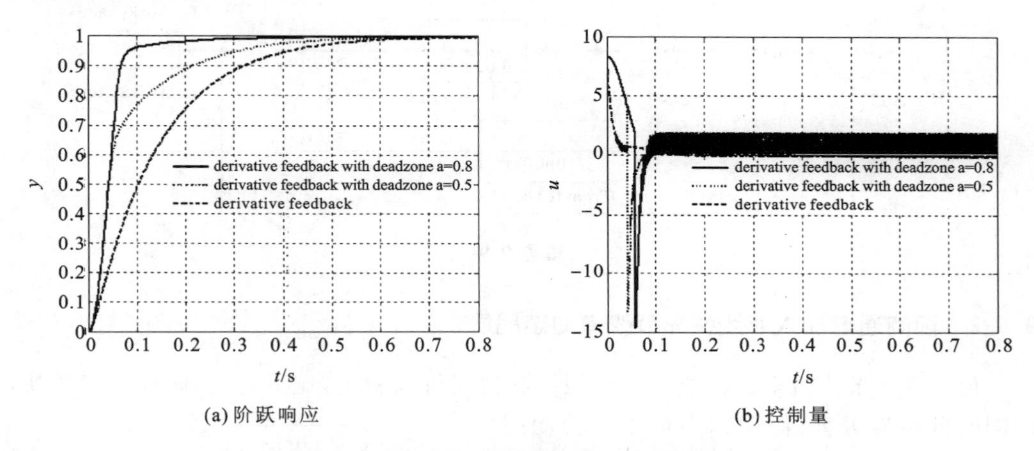


(a) 阶跃响应 (b) 控制量

图 9-61 直流电动机带速度反馈的闭环位置控制系统响应

**程序 9-24**

在模型 9-9 所示的模型属性的回调函数中的 StopFcn 中填入如下代码。

```
figure
set(gca,'fontname','Times New Roman','fontsize',12,'linewidth',2)
plot(t,y_ndf,'k- ',t,y_ndf1,'k:',t,y_ldf,'k- - ','linewidth',2),
grid on
xlabel('\itt\rm(s)','fontname','Times New Roman','fontsize',12)
ylabel('\ity','fontname','Times New Roman','fontsize',12)
legend('derivative feedback with deadzone a= 0.8','derivative feedback
with deadzone a= 0.5','derivative feedback','Location', 'East')
legend('boxoff')
figure
set(gca,'fontname','Times New Roman','fontsize',12,'linewidth',2)
plot(t,u_ndf,'k- ',t,u_ndf1,'k:',t,u_ldf,'k- - ','linewidth',2),
grid on
xlabel('\itt\rm(s)','fontname','Times New Roman','fontsize',12)
ylabel('\itu','fontname','Times New Roman','fontsize',12)
legend('derivative feedback with deadzone a= 0.8','derivative feedback
with deadzone a= 0.5','derivative feedback','Location', 'East')
legend('boxoff')
```

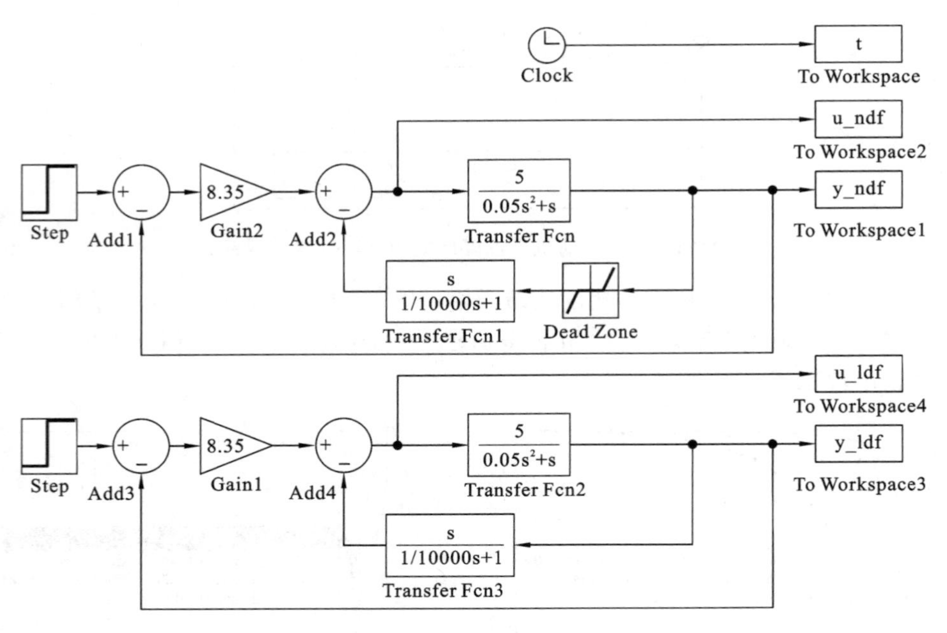


模型 9-9

### 9.8.2 前向通道加入非线性环节改善动态品质

由 9.3.1 节直流电动机位置的比例控制情况可以看出，比例越大，响应速度越快，但同时振荡越厉害；比例越小可以改善动态响应的平稳性，但在减小超调的同时，往往以降低响应的速度为代价。利用变增益或死区非线性，可以对系统性能进行改善。仍然采用直流电动机的位置控制模型式(9-9)，在前向通道中引入变比例非线性特性，如图 9-62 所示，图中 $k_1=1$，$k_2=0.5$，$a$ 分别取 0.8 和 0.5 时，分析变比例控制对控制系统的改善情况。

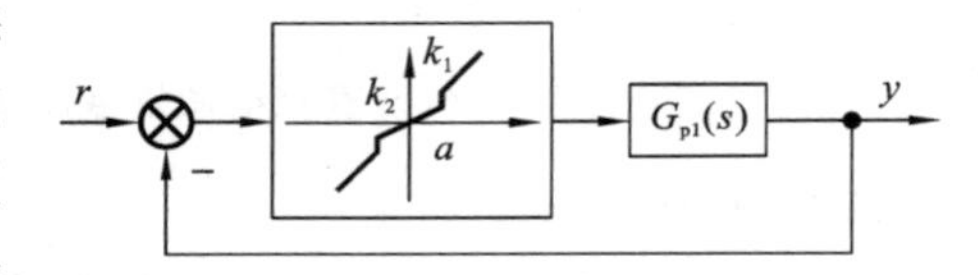


图 9-62 直流电动机变比例闭环位置控制系统

为此，编制程序 9-25 并运行，得到图 9-63 所示的输出响应与控制量。按 9.3.1 节直流电动机位置控制的比例控制情况得到的结果：比例大了，阻尼减小；比例小了，阻尼变大。一般，刚开始运行时系统误差比较大，此时阻尼较小，响应加快；当误差减小到一定程序后，阻尼增大，减小超调。由此，可以改善系统动态响应的平稳性。当需要减小超调，又需要不改变调整时间时，可以采用变比例控制，根据需要选择 $a$ 的大小。

**程序 9-25**

在模型 9-10 所示的模型属性的回调函数中的 StopFcn 中填入如下代码。

```
figure
set(gca,'fontname','Times New Roman','fontsize',12,'linewidth',2)
plot(t,y_ndf,'k- ',t,y_ndf1,'k:',t,y_ldf,'k- - ','linewidth',2),grid on
xlabel('\itt\rm(s)','fontname','Times New Roman','fontsize',12)
ylabel('\ity','fontname','Times New Roman','fontsize',12)
legend('variable proportion with a= 0.9','variable proportion with a= 0.8',
```

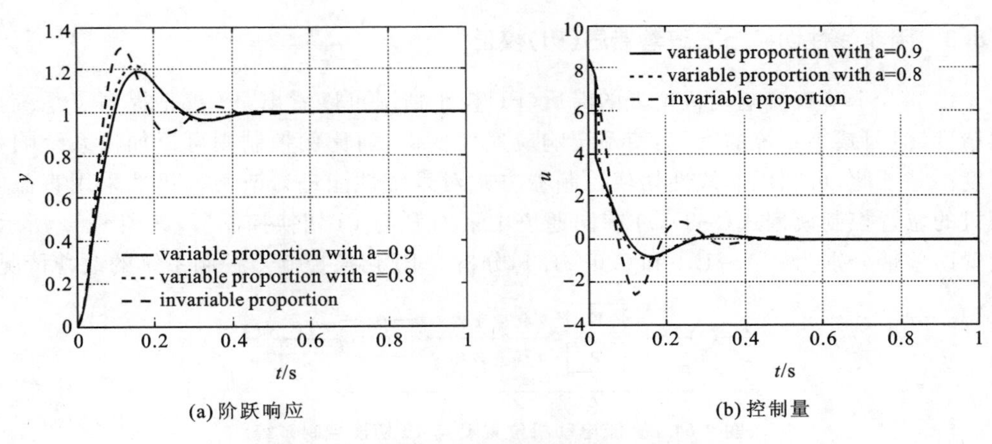


(a) 阶跃响应 (b) 控制量

**图 9-63 直流电动机变比例闭环位置控制系统**

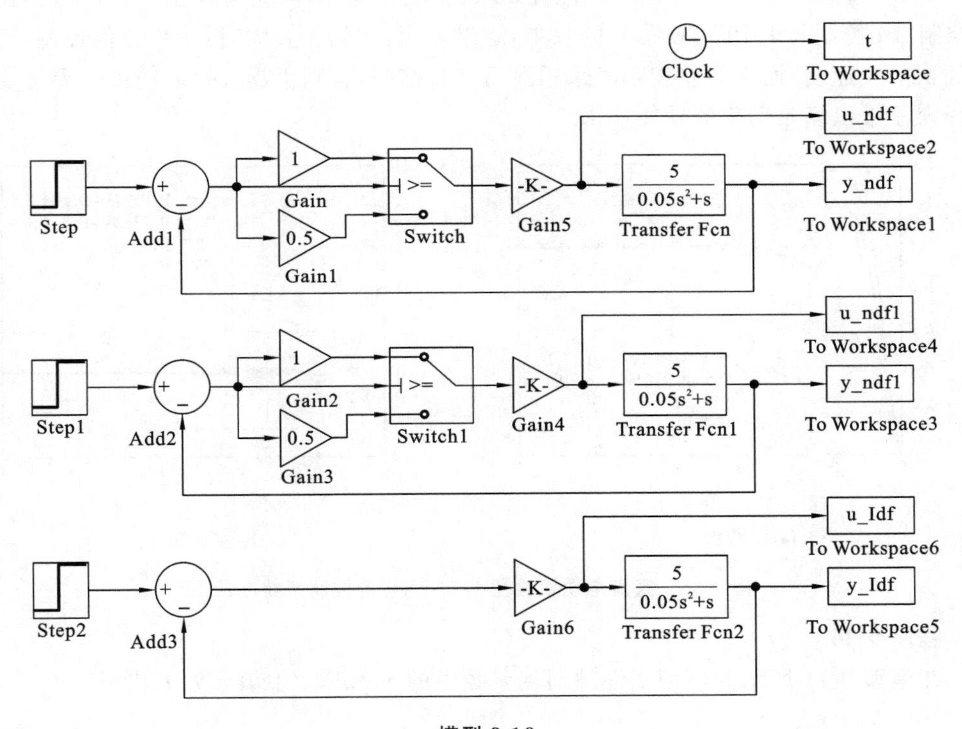


**模型 9-10**

```
'invariable proportion','Location', 'East')
legend('boxoff')
figure
set(gca,'fontname','Times New Roman','fontsize',12,'linewidth',2)
plot(t,u_ndf,'k- ',t,u_ndf1,'k:',t,u_ldf,'k- - ','linewidth',2),grid on
xlabel('\itt\rm(s)','fontname','Times New Roman','fontsize',12)
ylabel('\itu','fontname','Times New Roman','fontsize',12)
legend('variable proportion with a= 0.9','variable proportion with a= 0.8',
'invariable proportion','Location', 'East')
legend('boxoff')
```

### 9.8.3 用非线性切换方式改善滞后(PI)校正

由 9.3.1 节直流电动机位置的滞后(PI)校正情况可以看出,PI 校正提高了系统控制精度,但因减小系统的带宽,使系统响应速度变慢,而比例控制则可以加快系统响应速度。基于此,可利用非线性切换控制器方式对系统性能进行改善。仍然采用直流电动机的位置控制模型式(9-9),在前向通道中采用 P 与 PI 切换控制器,如图 9-64 所示,设置误差带分别为 0.1～1.1 和 0.6～1.4,分析 P-PI 切换控制对控制系统的改善情况。

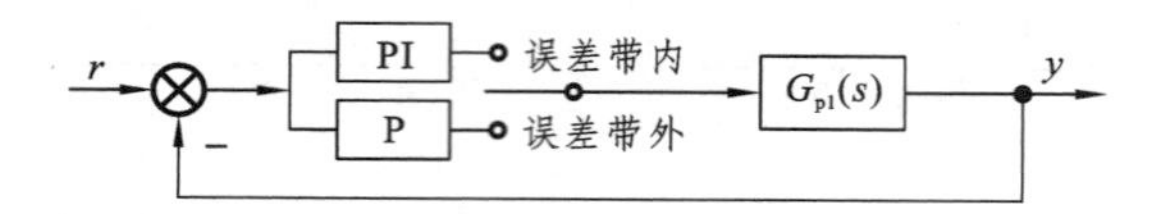


**图 9-64 直流电动机位置 P 与 PI 切换控制系统**

为此,编制程序 9-26 并运行,得到图 9-65 所示的输出响应与控制量。图中给出了 P 控制、PI 控制与 P-PI 切换控制的效果,结果表明:在偏差较大时,采用比例控制,有利于加快响应速度,而在偏差较小时采用滞后(PI)控制,有利于提高控制精度。要适当地选择误差带以满足期望的性能要求。

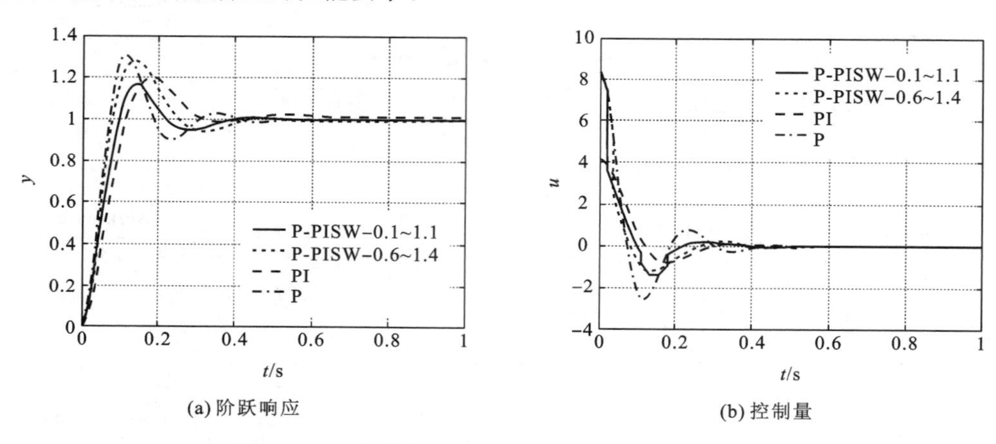


**图 9-65 直流电动机位置 P 与 PI 切换控制系统响应**

**程序 9-26**

在模型 9-11 所示的模型属性的回调函数中的 StopFcn 中填入如下代码。

```
figure
set(gca,'fontname','Times New Roman','fontsize',12,'linewidth',2)
plot(t,y_ndf,'k- ',t,y_ndf1,'k:',t,y_ldf,'k- - ',t,y_ldf1,'k- .','linewidth',2),grid on
xlabel('\itt\rm(s)','fontname','Times New Roman','fontsize',12)
ylabel('\ity','fontname','Times New Roman','fontsize',12)
legend('P- PI SW- 0.1～1.1','P- PI SW- 0.6～1.4','PI','P')
legend('boxoff')
figure
set(gca,'fontname','Times New Roman','fontsize',12,'linewidth',2)
plot(t,u_ndf,'k- ',t,u_ndf1,'k:',t,u_ldf,'k- - ',t,u_ldf1,'k- .','linewidth',2),grid on
xlabel('\itt\rm(s)','fontname','Times New Roman','fontsize',12)
```

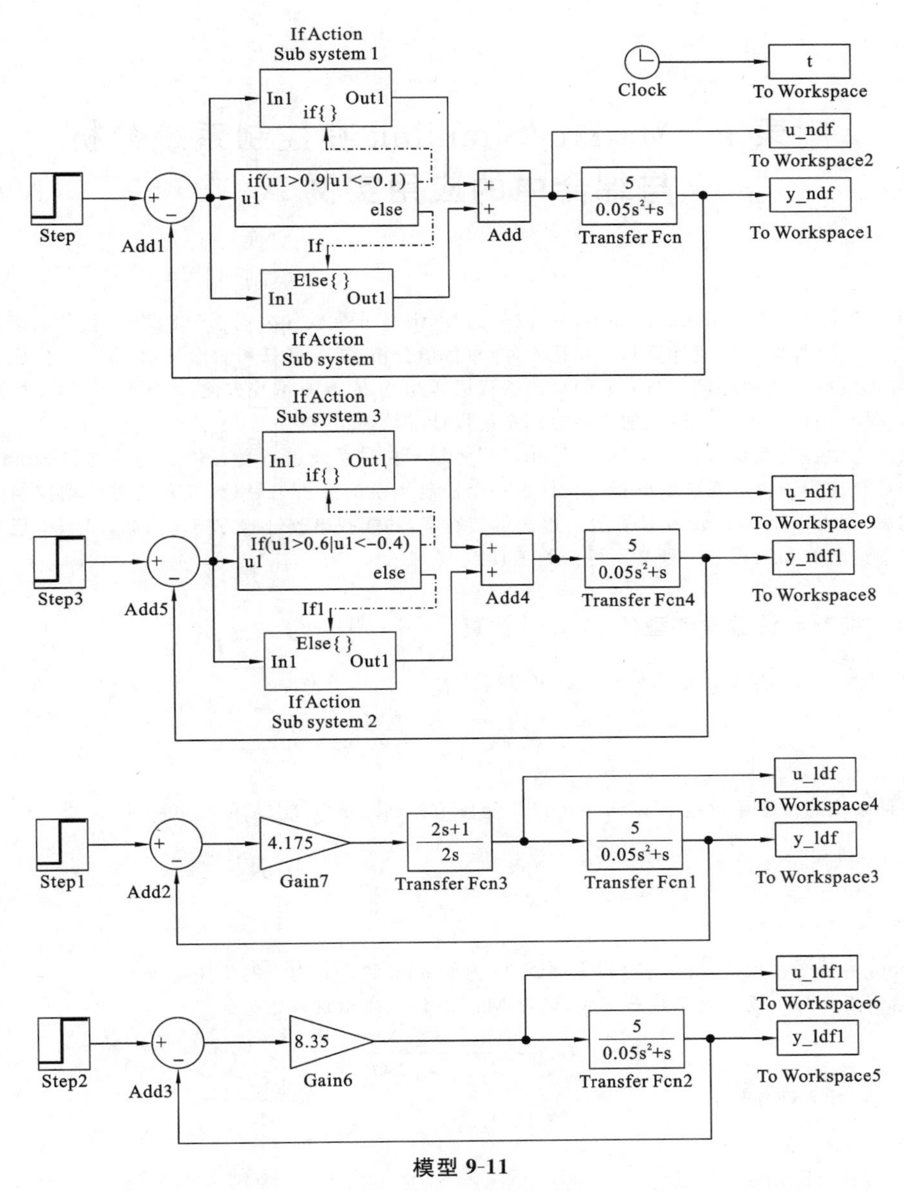


**模型 9-11**

```
ylabel('\itu','fontname','Times New Roman','fontsize',12)
legend('P- PI SW- 0.1～1.1','P- PI SW- 0.6～1.4','PI','P')
legend('boxoff')
```

## 本章小结

本章以直流电动机为对象，对其控制系统分析方法与综合方法的具体做法进行了详细的介绍，并通过 Matlab/Simulink 数值仿真平台对直流电动机控制系统进行了仿真分析、设计、验证和比较。

需要强调的是，系统分析与设计的出发点和落脚点均是闭环系统，根据开环系统传递函数画闭环系统的根轨迹，或画开环奈氏曲线、伯德图，目的是分析闭环系统性能或引入合适的控制器，以得到性能良好的闭环系统。

# 附录1 Matlab/Simulink在控制系统分析与综合中的应用实例

Matlab是Matrix Laboratory的缩写,由美国Math Works软件公司于1984年开发的高级编程语言,它是一套高性能的数值计算和可视化软件,集数值分析、矩阵运算和图形显示于一体,构成一个方便的、界面友好的用户环境。与一般的高级编程语言相比,它具有编程方便、操作简单、图文处理灵活等优点,是目前国际上应用最广的自动控制系统设计的软件工具之一。

用于自动控制系统分析的工具箱Control Toolbox和对系统进行动态仿真的软件包Simulink已被人们广泛应用于控制系统的分析与设计。一个控制系统的分析与设计,或有关对自动控制问题的新的构思,都可以用Matlab在计算机上迅速得到答案,并能找出改进的方向。因此,Matlab已成为自动控制理论研究和工程中一种必不可少的工具。

## 附1.1 控制系统数学模型的Matlab仿真

(1) 传递函数:控制系统的传递函数可以描述为

$$G(s)=\frac{b_m s^m+b_{m-1}s^{m-1}+\cdots+b_1 s+b_0}{a_n s^n+a_{n-1}s^{n-1}+\cdots+a_1 s+a_0}$$

式中:$a_i(0\leqslant i\leqslant n)$与$b_j(0\leqslant j\leqslant m)$均为常数,且$n=m$。

这种系统的传递函数在Matlab中可以用函数tf(num,den)实现,具体如下所示。

```
num= [bm, bm-1,…,b0]
den= [an, an-1,…,a0]
G= tf [num, den]
```

其中,num为分子多项式,den为分母多项式,G为由num和den构成的传递函数。

**【附例1.1-1】** 设传递函数如下式,试用Matlab语句表示该传递函数。

$$G(s)=\frac{s^2+2s+3}{2s^3+3s^2+2s+1}$$

**解** Matlab语句如下。

```
num= [1 2 3];
den= [2 3 2 1];
G= tf(num,den)
```

运行结果为

```
Transfer function:
     s^2+ 2s+ 3
-------------------------
2s^3+ 3s^2+ 2s+ 1
```

说明:程序第一行是注释语句,不执行;如果给定的分子或分母多项式缺项,则所缺项的系数用0补充。

**【附例1.1-2】** 设传递函数如下式,试用Matlab语句表示该传递函数。

$$G(s)=\frac{4(s+2)(s^2+6s+6)^2}{s(s+1)^3(s^3+3s^2+2s+5)}$$

**解** 当存在多项式乘积时,可用多项式乘积运算函数conv( )来处理。调用格式为

```
C= conv(A,B)
```

其中,A和B分别表示一个多项式,C为A和B多项式的乘积多项式。同时,conv( )函数的调用允许多级嵌套。Matlab语句如下。

```
num= 4 * conv([1 2],conv([1 6 6],[1 6 6]));
den= conv([1 0],conv([1 1],conv([1 1],[1 3 2 5])));
G= tf(num,den)
```

运行结果为

```
Transfer function:
s^5+ 56 s^4+ 288 s^3+ 672 s^2+ 720 s+ 288
-----------------------------------------------------------------
s^6+ 5 s^5+ 9 s^4+ 12 s^3+ 12 s^2+ 5 s
```

(2) 零极点模型:为了分析和设计上的需求,有时把传递函数写成以零、极点表示的形式,即

$$G(s)=\frac{K(s-z_1)(s-z_2)\cdots(s-z_m)}{(s-p_1)(s-p_2)\cdots(s-p_n)}$$

对此,在Matlab中采用zpk($Z,P,K$)函数给出相应零、极点形式的传递函数。其中,$Z=[z_1, z_2,\cdots,z_m]$表示$G(s)$的零点;$P=[p_1,p_2,\cdots,p_n]$表示$G(s)$的极点;$K=[K]$表示$G(s)$的增益。

**【附例1.1-3】** 设传递函数如下式,试用Matlab语句表示该传递函数。

$$G(s)=\frac{(s+2)}{(s+1)(s+3)}$$

**解** Matlab语句如下。

```
Z= [- 2];
P= [- 1 - 3];
K= [1];
sys= zpk(Z,P,K);
```

运行结果为

```
Transfer function:
     (s+ 2)
----------------------
(s+ 1)   ( s+ 3)
Continuous-time zero/pole/gain model.
```

(3) 传递函数与零极点模型之间的转换:传递函数可以是有理多项式形式,也可以是零极点形式。Matlab提供了零极点形式与有理多项式形式之间的转换函数。调用格式如下。

```
[z,p,k]= tf2zp(num,den)
[num,den]= zp2tf(z,p,k)
```

其中:z、p和k分别为零点列向量、极点列向量和增益;num和den分别表示有理多项式的分子和分母的系数行向量。

**【附例1.1-4】** 设传递函数如下式,试将其转换为零极点形式。

$$G(s)=\frac{s^2+s-12}{s^3+6s^2+11s+6}$$

**解** Matlab语句如下。

```
num= [1 1 - 12];
den= [1 6 11 6];
[z,p,k]= tf2zp(num,den)
```

运行结果为

```
z=     - 4    3
p=     - 3.0000    - 2.0000    - 1.0000
k=     1
```

则传递函数的零极点形式为

$$G(s)=\frac{(s+4)(s-3)}{(s+3)(s+2)(s+1)}$$

**【附例 1.1-5】** 设传递函数如下式,试将其转换为有理多项式。

$$G(s)=\frac{(s+2)(s+1)}{(s+5)(s+4)(s+3)}$$

**解** Matlab 语句如下。

```
z= [- 2    - 1];
p= [- 5    - 4    - 3];
k= 1;
[num,den]= zp2tf(z,p,k);
G= tf(num,den)
```

运行结果为

```
Transfer function:
s^2+ 3 s+ 2
----------------------------------
s^3+ 12 s^2+ 47 s+ 60
```

(4) 零极点图:传递函数在复平面上的零极点图,可用 pzmap( )函数来实现。调用格式为

```
[p z]= pzmap(num,den)
```

**【附例 1.1-6】** 设传递函数如下式,画出该传递函数的零极点图。

$$G(s)=\frac{s^2+3s+2}{2s^3+s^2+2s+1}$$

**解** Matlab 语句如下。

```
num= [1 3 2];
den= [2 1 2 1];
pzmap (num,den)
```

运行结果如附图 1.1-1 所示。

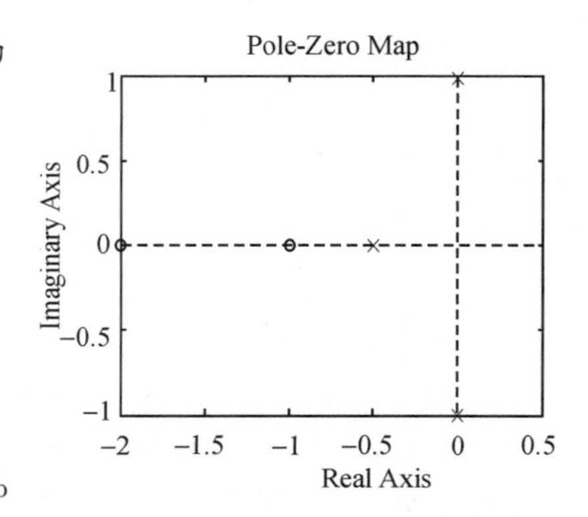


**附图 1.1-1 附例 1.1-6 零极点图**

(5) 方框图:若已知控制系统的方框图,使用 Matlab 函数可实现方框图转换。

(1) 串联。如附图 1.1-2 所示,$G_1(s)$和 $G_2(s)$串联,在 Matlab 中可用串联函数series( )求该开环系统的传递函数,调用格式为

```
[num,den]= series(num1,den1,num2,den2,num,den)
```

其中,$G_1(s)=\mathrm{num}_1/\mathrm{den}_1$,$G_2(s)=\mathrm{num}_2/\mathrm{den}_2$,$G(s)=\mathrm{num}/\mathrm{den}$。

(2) 并联。如附图 1.1-3 所示,$G_1(s)$和 $G_2(s)$并联,在 Matlab 中可用并联函数parallel( )求该开环系统的传递函数,调用格式为

```
[num,den]= series(num1,den1,num2,den2,num,den)
```

其中,$G_1(s)=\mathrm{num}_1/\mathrm{den}_1$,$G_2(s)=\mathrm{num}_2/\mathrm{den}_2$,$G(s)=\mathrm{num}/\mathrm{den}$。

(3) 反馈连接。反馈连接如附图 1.1-4 所示,在 Matlab 中可用反馈连接函数feedback( )求该闭环控制系统的传递函数,调用格式为

```
[num,den]= feedback(numg,deng,numh,denh,sign)
```

其中，$G(s)$=numg/deng，$H(s)$=numh/denh，sign 为反馈极性，"+"表示正反馈，"−"表示负反馈，为默认设置。

$$G(s)/[1\pm G(s)H(s)]=\text{num/den}$$

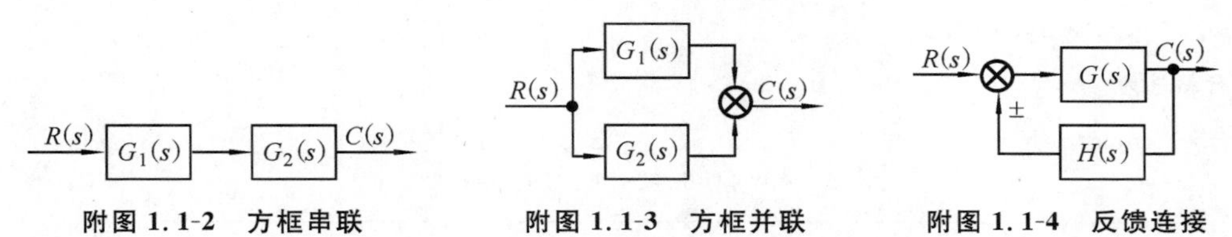


附图 1.1-2　方框串联　　附图 1.1-3　方框并联　　附图 1.1-4　反馈连接

**【附例 1.1-7】**　如附图 1.1-4 所示，若设传递函数为 $G(s)=\dfrac{s+1}{s+2}$，$H(s)=\dfrac{1}{s}$，且为负反馈，求系统的闭环传递函数。

**解**　Matlab 语句如下。

```
numg= [1 1];
deng= [1 2];
numh= [1];
denh= [1 0];
[num,den]= feedback(numg,deng,numh,denh,- 1);
printsys(num,den)
```

运行结果为

```
num/den =
    s^2+ s
-----------------
s^2+ 3 s+ 1
```

**【附例 1.1-8】**　一个多环的反馈系统如第 2 章的图 2-34 所示，给定各环节的传递函数为

$$G_1(s)=\frac{1}{s+10},\quad G_2(s)=\frac{1}{s+1},\quad G_3(s)=\frac{s^2+1}{s^2+4s+4},\quad G_4(s)=\frac{s+1}{s+6}$$

$$H_1(s)=1,\quad H_2(s)=2,\quad H_3(s)=\frac{s+1}{s+2}$$

试求闭环传递函数 $C(s)/R(s)$。

**解**　求解过程可按如下步骤进行。(1) 输入系统各环节的传递函数；(2) 将 $H_2$ 的引出点后移；(3) 消去 $G_3$、$G_4$、$H_3$ 环；(4) 消去包含 $H_3$ 的环；(5) 消去其余的环，计算闭环传递函数 $C(s)/R(s)$。

有时人们需要关心闭环传递函数是否有零极点对消的情况出现。当然，通过pzmap()或 roots()函数可以查看传递函数是否有相同的零极点，另外还可以使用minreal()函数除去传递函数中相同的零极点因子。

Matlab 语句如下。

```
ng1= [1];dg1= [1 10];
ng2= [1];dg2= [1 1];
ng3= [1 0 1];dg3= [1 4 4];
ng4= [1 1];dg4= [1 6];
nh1= [1];dh1= [1];
nh2= [2];dh2= [1];
nh3= [1 1];dh3= [1 2];
[n1,d1]= series(nh2,dh2,dg4,ng4);
[n2,d2]= series(ng3,dg3,ng4,dg4);
[n3,d3]= feedback(n2,d2,nh3,dh3,- 1);
[n4,d4]= series(ng2,dg2,n3,d3);
```

```
[n5,d5]= feedback(n4,d4,n1,d1,- 1);
[n6,d6]= series(ng1,dg1,n5,d5);
[n7,d7]= cloop(n6,d6,- 1);
printsys(n7,d7)
```

运行结果为

```
num/den =
                    s^5+ 4s^4+ 6s^3+ 6s^2+ 5s+ 2
---------------------------------------------------------------
2 s^7+ 40 s^6+ 299 s^5+ 1222 s^4+ 2691 s^3+ 3276 s^2+ 2278 s+ 732
```

利用 Matlab 语句消去相同的零极点因子。

```
[num,den]= minreal(n7,d7);
printsys(num,den)
```

运行结果为

```
1 pole-zero(s) cancelled
num/den =
            0.5 s^4+ 1.5 s^3+ 1.5 s^2+ 1.5 s+ 1
---------------------------------------------------------------
  s^6+ 19 s^5+ 130.5 s^4+ 480.5 s^3+ 865 s^2+ 773 s+ 366
```

## 附 1.2　用 Matlab 和 Simulink 进行瞬态响应分析

(1) 单位脉冲响应:Matlab 中求系统脉冲响应的函数为 impulse(　),其调用格式为

```
impulse(num,den)    或    [y,x,t]= impulse(num,den,t)
```

格式中:num 为传递函数分子的系数向量;den 为传递函数分母的系数向量,即 $G(s)=\mathrm{num}/\mathrm{den}$;t 为仿真时间;y 为时间 t 的输出响应;x 为时间 t 的状态响应。

(1) 函数 impulse(num,den)绘出单位脉冲响应。

(2) 函数[y,x,t]=impulse(num,den,t) 产生系统的输出量和状态响应及时间向量,若需计算机屏幕上画出波形,应接着调用 plot(t,y)命令。

**【附例 1.2-1】**　绘制下列系统的单位脉冲响应。

$$\frac{C(s)}{R(s)}=\frac{1}{s^2+0.7s+1}$$

**解**　Matlab 指令为:

```
≫ t= [0:0.1:40];
≫ num= [1];
≫ den= [1,0.7,1];
≫ impulse(num,den,t);
≫ grid;
≫ title('Unit-impulse Response of G(s)
= 1/(s^2+ 0.7s+ 1)')
```

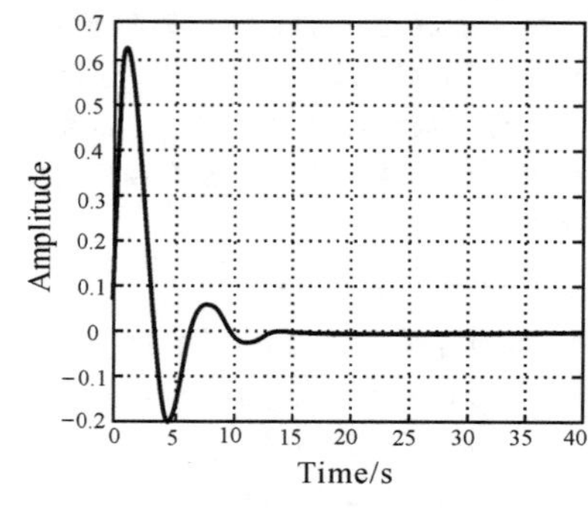


**附图 1.2-1　附例 1.2-1 系统的单位脉冲响应**

其响应结果如附图 1.2-1 所示。

(2) 单位阶跃响应:在 Matlab 中可用 step(　)函数计算系统的单位阶跃响应,其调用格式为

```
step(num,den)    或    [y,x,t]= step(num, den, t)
```

step(　)函数说明及调用方式与函数 impulse(　)相同。

**【附例 1.2-2】**　绘制下列系统的单位阶跃响应。

$$G(s)=\frac{1}{s^2+0.5s+1}$$

**解** Matlab命令为

```
≫ num=[1]; den=[1,0.5,1];
≫ t=[0:0.1:10];
≫ [y,x,t]=step(num,den,t);
≫ plot(t,y);grid;
≫ xlabel('Time[sec] t');
≫ ylabel('y')
```

响应曲线如附图1.2-2所示。

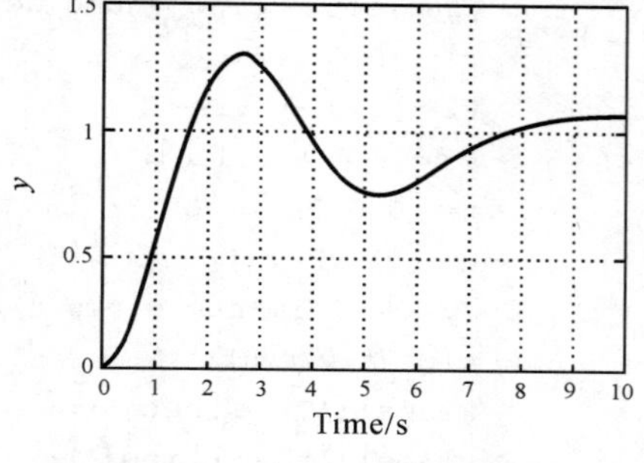


**附图1.2-2 附例1.2-2系统的单位阶跃响应**

(3) 斜坡响应：单位斜坡响应输入是单位阶跃输入的积分，当求斜坡响应时，可先用 $s$ 除以 $\Phi(s)$ 得 $\Phi'(s)$，再利用阶跃响应命令即可求得斜坡响应。

**【附例1.2-3】** 绘制下列系统的单位斜坡响应。

$$\frac{C(s)}{R(s)}=G(s)=\frac{1}{s^2+0.3s+1}$$

**解** 对单位斜坡输入 $r(t)=t, R(s)=1/s^2$，则

$$C(s)=\frac{1}{s^2+0.3s+1}\cdot\frac{1}{s^2}=\frac{1}{(s^2+0.3s+1)\cdot s}\cdot\frac{1}{s}=G'(s)\cdot\frac{1}{s}$$

即对 $G(s)$ 的斜坡响应对应于对 $G'(s)$ 的阶跃响应。

系统单位斜坡响应的Matlab指令：

```
≫ num=[1];
≫ den=[1,0.3,1,0];
≫ t=[0:0.1:10];
≫ y=step(num,den,t);
≫ plot(t,t,t,y);
≫ grid;
≫ xlabel('Time');
≫ ylabel('Input and Output')
```

其响应结果如附图1.2-3所示。

**附图1.2-3 附例1.2-3系统的单位斜坡响应**

(4) 任意函数作用下系统的响应：任意已知函数作用下系统的响应可用线性仿真函数lsim来求取，其调用格式为

```
[y,x]=lsim(num,den,u,t)
```

格式中，u为系统输入信号，x、y、t与前面相同。

注意，调用仿真函数lsim( )时，应给出与时间t向量相对应的输入向量。

**【附例1.2-4】** 反馈系统如附图1.2-4(a)所示，系统输入信号为附图1.2-4(b)所示的三角波，求取系统输出响应。

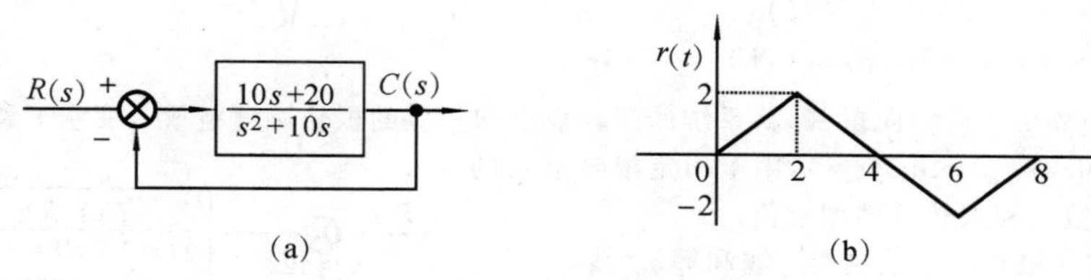


**附图1.2-4 反馈系统及其输入信号**

Matlab实现指令

```
≫ numg=[10,20];deng=[1,10,0];
```

```
≫ [num,den]= cloop(numg,deng,- 1);
≫ v1= [0:0.1:2];
≫ v2= [1.9:- 0.1:- 2];
≫ v3= [- 1.9:0.1:0];
≫ t= [0:0.1:8];
≫ u= [v1,v2,v3];
≫ [y,x]= lsim(num,den,u,t);
≫ plot(t,y,t,u);
≫ xlabel('Time [sec]');
≫ ylabel('theta [rad]');
≫ grid
```

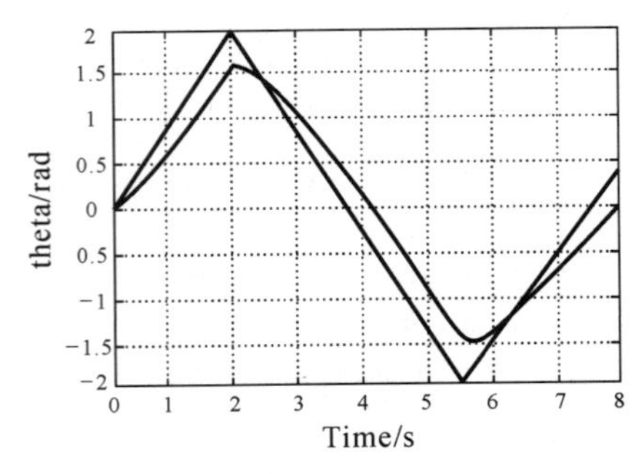


附图 1.2-5　系统响应曲线

其响应曲线如附图 1.2-5 所示。

## 附 1.3　用 Matlab 绘制根轨迹

利用 Matlab 产生根轨迹是非常简单的。在应用 Matlab 画根轨迹时,需要将根轨迹方程(闭环特征方程)写成如下形式

$$1+K\frac{P(s)}{Q(s)}=0$$

式中:$P(s)$为分子多项式;$Q(s)$为分母多项式,二者都必须写成 s 的降幂形式。

若函数为因式乘积的形式,则可利用多项式乘法运算函数 conv( )来表示。Matlab 中使用 tf(num,den)命令来建立系统的传递函数模型,调用格式为

```
sys= tf(num, den)
```

其中,num 和 den 分别为多项式 $P(s)$和 $Q(s)$的系数向量。

Matlab 提供了绘制系统根轨迹的有关函数 rlocus( )、rlocfind( )。以下是绘制根轨迹的常用函数命令:

函数 `rlocus(sys)` 等效于 `rlocus(num,den)`

直接在屏幕上绘制系统根轨迹,增益向量 $K$ 自动确定。对于定义在状态空间内的系统,则采用下列命令

```
rlocus(A,B,C,D)
```

如果用户需要自己定义增益向量 $K$,则上述命令相应变为

`rlocus(num,den,K)`及 `rlocus(A,B,C,D,K)`

若引入左端变量,即

```
[r,K]= rlocus(num,den)
[r,K]= rlocus(num,den,K)
[r,K]= rlocus(A,B,C,D)
[r,K]= rlocus(A,B,C,D,K)
```

屏幕上将显示矩阵 $r$ 和增益向量 $K$,将系统的闭环极点和相应的根轨迹增益放入变量 $r$ 和 $K$ 中。

命令[K,poles]=rlocfind(sys),用于指定根轨迹上的点,并得到根的数值和根轨迹的增益值。

命令 sgrid,在根轨迹上绘制等 $\zeta$ 线和等 $\omega_n$ 线。

**【附例 1.3-1】** 试利用 Matlab 绘制附图 1.3-1 所示系统的根轨迹,选择根轨迹图的区域为 $-6\leqslant x\leqslant 6$,$-6\leqslant y\leqslant 6$。式中 $x$ 和 $y$ 分别为实轴坐标和虚轴坐标。

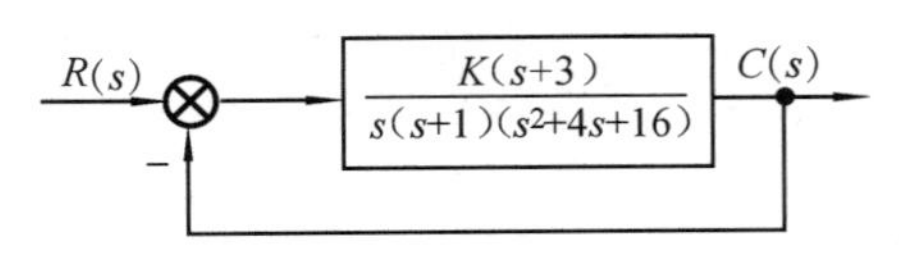


附图 1.3-1　附例 1.3-1 控制系统结构框图

**解**　%Matlab m 程序如下。

```
num= [1 3];
den= conv([1 0],conv([1 1],[1 4 16]));
sys= tf(num,den)
rlocus(num,den)
axis([-6 6 -6 6])
title('Root-Locus Plot of G(s)= K(s+ 3)/[s(s+ 1)(s^2+ 4s+ 16)]')
```

利用 Matlab 可得到系统的根轨迹图，如附图 1.3-2 所示。

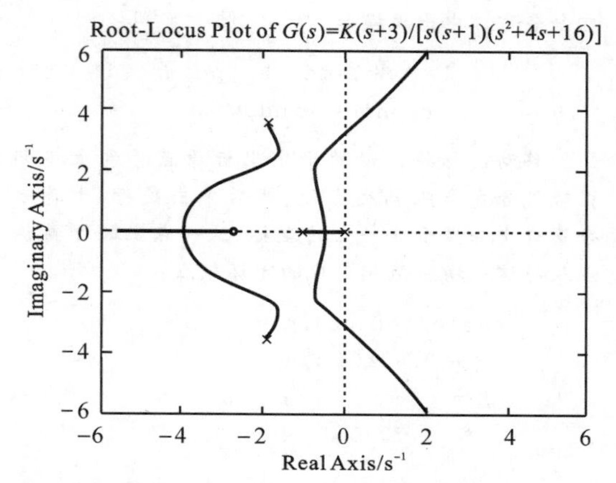


附图 1.3-2 附例 1.3-1 利用 Matlab 产生的根轨迹图

**【附例 1.3-2】** 已知单位负反馈系统开环传递函数为 $G(s)H(s)=\dfrac{K}{s(s^2+4s+5)}$，应用 Matlab 画根轨迹，确定阻尼比为 0.5 的闭环极点，并求该点上的增益值 $K$。

**解** %Matlab m 程序如下。

```
num= 1;
den= conv([1 0],[1 4 5]);
sys= tf(num,den)
rlocus(num,den)
sgrid(0.5,[])
[K,r]= rlocfind(num,den)
```

运行 Matlab 脚本程序，可以画出根轨迹图，如附图 1.3-3 所示。同时在命令窗口中出现提示

```
>> Select a point in the graphics window
```

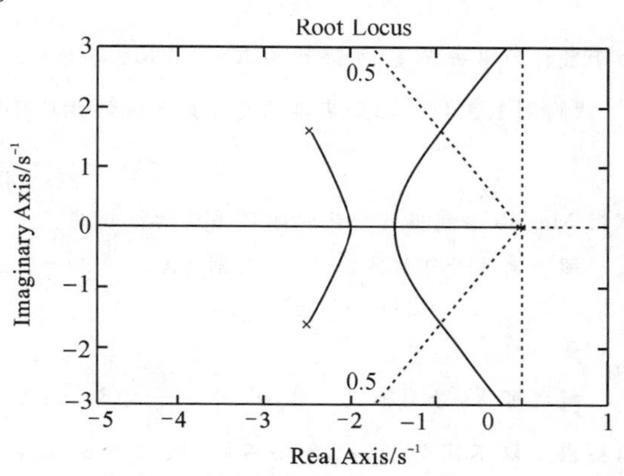


附图 1.3-3 附例 1.3-2 利用 Matlab 产生的根轨迹图

移动鼠标将活动的十字坐标原点移到上半部根轨迹分支与 $\zeta=0.5$ 的直线的交点处，然后点击鼠标，于是命令窗口中会显示这一点的坐标、这一点上的增益值以及与这一增益值相对应的闭环极点

```
selected_point =
  - 0.6351+ 1.0497i
K =
    4.1265
r =
  - 2.7193
  - 0.6403+ 1.0523i
  - 0.6403- 1.0523i
```

**【附例 1.3-3】** 某单位负反馈系统的开环传递函数为

$$G_o(s)=K\frac{s^2-2s+2}{s(s^2+3s+2)}$$

编写 Matlab 程序绘制系统的根轨迹，并用函数 rlocfind()验证，保证系统稳定时，$K$ 的最大值为 $K=0.79$。

**解** %Matlab 程序如下。

```
num= [1 - 2 2];
den= conv([1 0],[1 3 2]);
sys= tf(num,den)
rlocus(num,den)
```

```
axis([-3 2 -1 1])
[K,r]= rlocfind(sys)
```

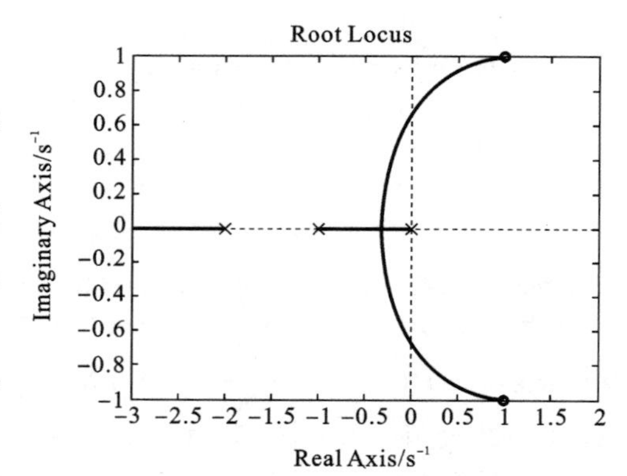


附图 1.3-4 附例 1.3-3 利用 Matlab 产生的根轨迹图

运行 Matlab 程序,可以画出根轨迹图,如附图 1.3-4 所示。

系统稳定时,根轨迹位于纵轴左半侧,当根轨迹与纵轴相交时,$K$ 取得最大值。

运行 Matlab 脚本程序,画出根轨迹图,同时会在命令窗口中出现提示

```
≫ Select a point in the graphics window
```

移动鼠标将活动的十字坐标原点移到上半部根轨迹分支与纵轴交点处,然后单击鼠标,于是命令窗口中会显示这一点的坐标、这一点上的增益值以及与这一增益值相对应的闭环极点:

```
selected_point =
  - 0.0010+ 0.6467i
K =
    0.7905
r =
  - 3.7900+ 0.0000i
  - 0.0003+ 0.6459i
  - 0.0003- 0.6459i
```

由于鼠标的单击误差,所得到的 $K=0.7905$ 与 $K=0.79$ 误差 0.0005。

**【附例 1.3-4】** 已知某单位负反馈系统的开环传递函数为

$$G(s)H(s)=\frac{K_g}{s(s+4)(s^2+4s+a)}$$

试用 Matlab 绘制当 $a$ 变化时闭环系统的根轨迹。

**解** 系统开环极点有 4 个,分别为 0,$-4$ 和 $-2\pm \mathrm{j}\sqrt{a-4}$,确定系统分离点,应该满足方程为

$$\frac{\mathrm{d}[G(s)H(s)]}{\mathrm{d}s}=0$$

解之可得,分离点为 $-2$ 和 $-2\pm\frac{\sqrt{2}}{2}\sqrt{8-a}$,可以得出 $a$ 取不同的值,分离点不同,故需对 $a$ 分类讨论。

(1) 当 $4<a<8$ 时,Matlab 程序如下,得到如附图 1.3-5 所示的根轨迹。

```
num= 1;
den= conv([1 4 0],[1 4 5]);
sys= tf(num,den)
rlocus(num,den)
[r,k]= rlocus(num,den)
```

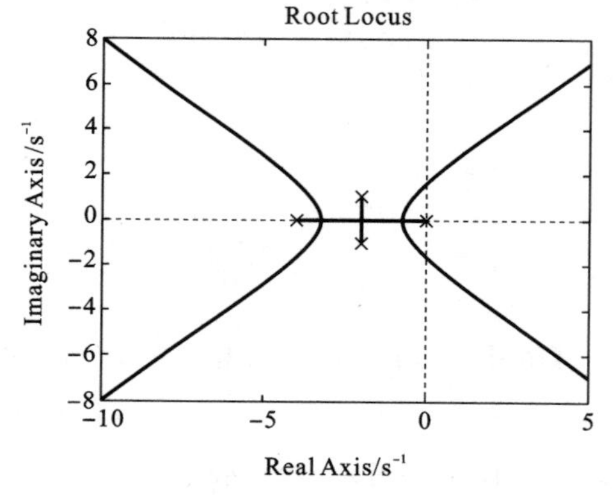


附图 1.3-5 当 $4<a<8$ 时的根轨迹图

(2) 当 $a=8$ 时, Matlab 程序如下,得到附图 1.3-6 所示根轨迹图。

```
num= 1;
den= conv([1 4 0],[1 4 8]);
sys= tf(num,den)
```

```
rlocus(num,den)
[r,k]= rlocus(num,den)
```

(3) 当 $a>8$ 时，Matlab 程序如下，得到的根轨迹如附图 1.3-7 所示。

```
num= 1;
den= conv([1 4 0],[1 4 12]);
sys= tf(num,den)
rlocus(num,den)
[r,k]= rlocus(num,den)
```

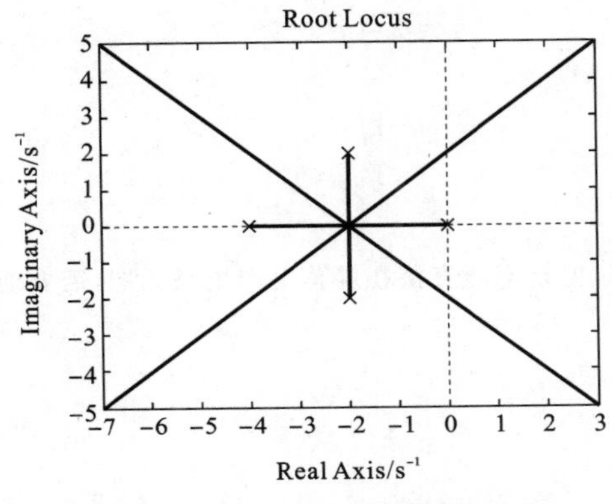


附图 1.3-6　当 $a=8$ 时的根轨迹图

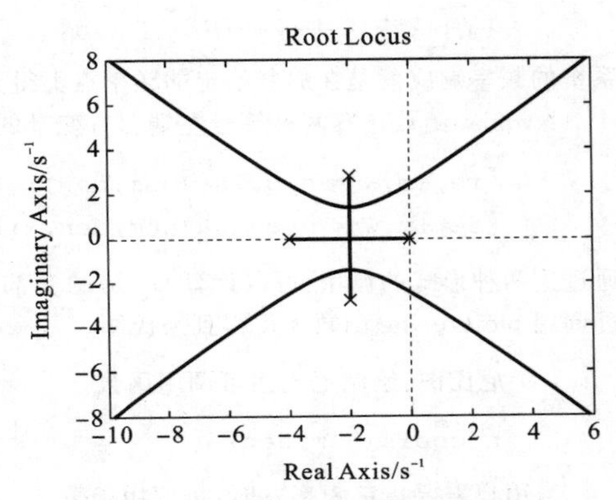


附图 1.3-7　当 $a>8$ 时的根轨迹图

## 附 1.4　基于 Matlab 的控制系统频域分析

1) 频率特性图的绘制

设系统的传递函数为 $G(s)=\frac{num(s)}{den(s)}$，通过函数调用，可画出两种频率特性图。

(1) 伯德图：绘制伯德图可调用函数

```
Bode(num,den)
```

该函数表示在同一幅图中，分上、下两部分生成对数幅频特性曲线(以 dB 为单位)和对数相频特性曲线(以 rad 为单位)，它没有明确给出频率 $\omega$ 的范围，Matlab 能在系统频率响应的范围内自动选取 $\omega$ 值绘图。

若具体地给出频率 w 的范围，则可以调用函数

```
w= logspace(m,n,npts);bode(num,den,w);
```

来绘制系统的伯德图。其中，logspace(m,n,npts)用来产生频率自变量的采样点，即在十进制数 $10^m$ 和 $10^n$ 之间，产生 npts 个用十进制对数分度的等距离点。采样点 npts 的具体值由用户确定。

若需指定幅值范围和相角范围，则需按以下形式调用函数

```
[mag,phase,w]= bode(num,den)
```

此时，生成的幅值 mag 和相角值 phase 为列矢量，并且相角以度为单位，幅值不以 dB 为单位。也可以按以下形式调用函数

```
[mag,phase]= bode(num,den,w)
```

此时，在定义的频率 w 范围内，生成的幅值和相角值为列矢量，并且幅值不以 dB 为单位。利用下列表达式可以把幅值转变成以 dB 为单位的幅值：

```
magdb= 20 * log10(mag)
```

对于后两种方式,必须用下面的绘图函数才可以在屏幕上生成完整的伯德图。

```
subplot(211),semilogx(w,20 * log10(mag));
subplot(212),semilogx(w,phase)
```

其中,semilogx 函数表示以 dB 为单位绘制幅频特性曲线。

(2) 奈氏图:绘制奈氏图可调用函数

```
nyquist(num,den)
```

当用户需要指定频率 $\omega$ 时,可用函数

```
nyquist(num,den,w)
```

系统的频率响应就是在那些给定的频率点上得到的。

Nyquist 函数还有两种等号左端含有变量的形式

```
[re,im,w]= nyquist(num,den);
[re,im,w]= nyquist(num,den,w);
```

通过这两种形式的调用,可以计算 $G(\mathrm{j}\omega)$ 的实部和虚部,但是不能直接在屏幕上产生奈氏图,需要通过调用 plot(re,im)函数才可得到奈氏图。

(3) 尼氏图:绘制尼氏图可调用函数

```
nichols(num,den)
```

当用户需要指定频率 $\omega$ 时,可调用函数

```
nichols(num,den,w)
```

系统的频率响应就是在那些给定的频率点上得到的。

**【附例 1.4-1】** 已知系统的开环传递函数 $G(s)=\dfrac{(2s+1)^2}{s(4s+1)(s+1)}$,利用 Matlab 画出系统伯德图和奈氏图。

**解** (1) 作伯德图的 Matlab 程序如下,可得到伯德图如附图 1.4-1 所示。

```
num= conv([2 1],[2 1]);
den= conv([4 1 0],[1 1]);
sys= tf(num,den);
```

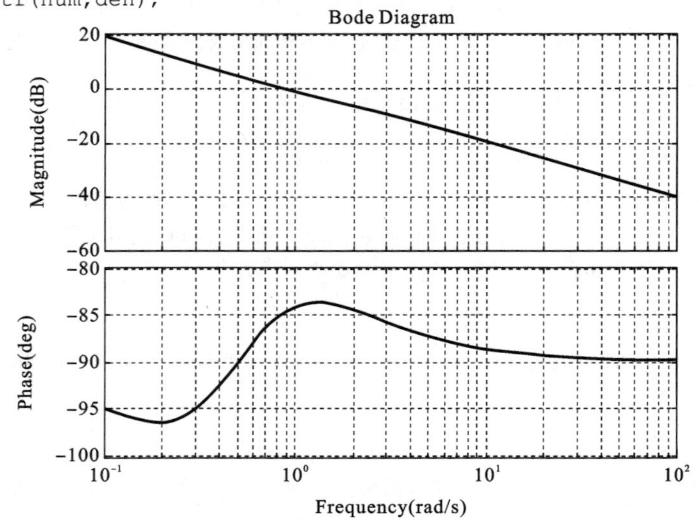


附图 1.4-1 附例 1.4-1 的伯德图

```
w= logspace(- 1,2,100);
bode(sys,w);grid;
```

(2) 在命令窗口运行 nyquist(sys)，可得到奈氏图，如附图 1.4-2 所示。由附图 1.4-2 可见，若不指定频率范围，则奈氏图为 $\omega$ 由 $-\infty\sim\infty$ 时的幅相轨迹。

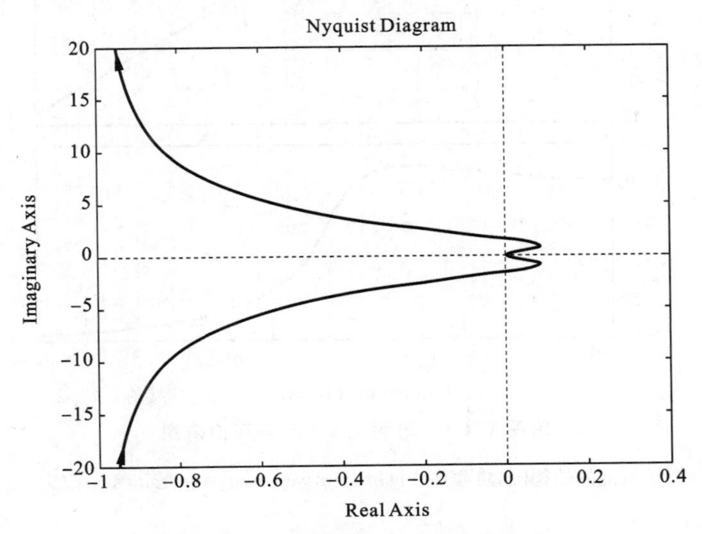


**附图 1.4-2　附例 1.4-1 的奈氏图**

2) 相位裕量和增益裕量的计算

对系统进行频率特性分析时，相位裕量和增益裕量是衡量系统相对稳定性的重要指标，应用 Matlab 函数可以方便地求得系统的相位裕量和增益裕量。可调用函数

```
[gm,pm,wcg,wcp]= margin(mag,phase,w);
```

此函数的输入参数是幅值(不是以 dB 为单位)、相角与频率矢量，它们是由 bode 或 nyquist 命令得到的。函数的输出参数是增益裕量 gm(不是以 dB 为单位的)、相位裕量 pm(以角度为单位)、相位为 $-180^\circ$处的频率 wcg(相角穿越频率)、增益为 0dB 处的频率 wcp(幅值穿越频率)。调用函数

```
[gm,pm,wcg,wcp]= margin(sys);
```

或

```
margin(sys);
```

最后一种格式中没有输出参数，但可以生成带有裕量标记(垂直线)的伯德图，并且在曲线上方给出相应的增益裕量和相位裕量，以及它们所取得的频率。

**【附例 1.4-2】** 已知系统的开环传递函数为 $G(s)H(s)=\dfrac{20(s+1)}{s(s+5)(s^2+2s+10)}$，作出系统开环伯德图，并求系统的稳定裕量。

**解**　Matlab 程序如下，运行结果如附图 1.4-3 所示。

```
num= [0 0 0 20 20];
den= conv([1 5 0],[1 2 10]);
sys= tf(num,den);
w= logspace(- 1,2,100);
bode(sys,w);grid
[Gm,pm,wcp,wcg]= margin(sys);
Gmdb= 20 * log10(Gm);
[Gmdb,pm,wcp,wcg]
```

在 Matlab 命令窗口中输出系统的增益裕量、相位裕量、幅值穿越频率和相角穿越频率分别为

9.9301　103.6573　4.0132　0.4426

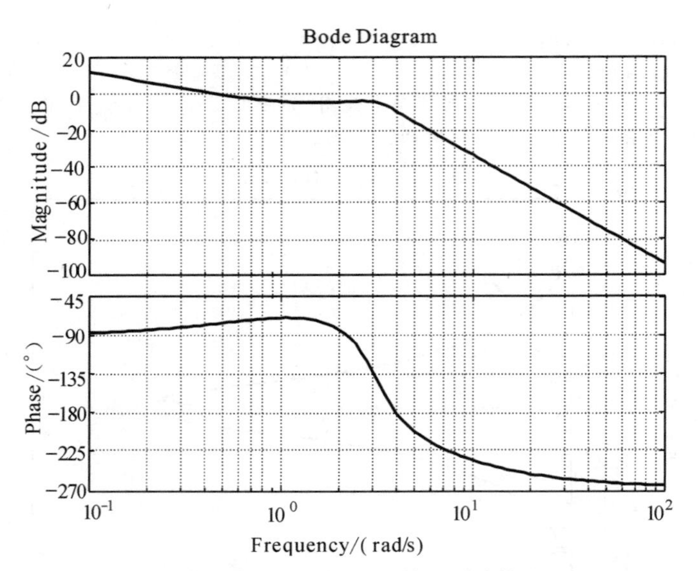


附图 1.4-3　附例 1.4-2 的开环伯德图

若要生成带有裕量标记的伯德图,将程序中[Gm,pm,wcp,wcg]=margin(sys)改为

```
margin(sys)
```

此时的伯德图如附图 1.4-4 所示。

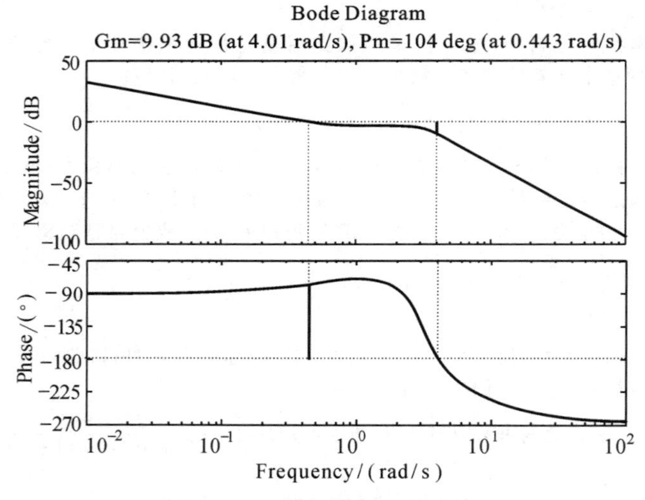


附图 1.4-4　带裕量标记的伯德图

3) 谐振峰值、谐振频率和系统带宽的计算

谐振峰值是闭环频率响应的最大幅值(分贝),谐振频率是产生最大幅值的频率。用来求谐振峰值和谐振频率的 Matlab 命令如下:

```
[mag,phase,w]= bode(num,den,w);或 [mag,phase,w]= bode(sys,w);
[Mp,k]= max(mag);
Resonant_peak= 20 * log10(Mp);
Resonant_frequency= w(k)
```

通过在程序中输入下列命令,可以求出带宽。

```
n= 1;
```

```
while 20*log10(mag(n))>= - 3;
n= n+ 1;
end
bandwidth= w(n)
```

**【附例 1.4-3】** 已知单位负反馈系统的开环传递函数为 $G(s)H(s)=\dfrac{1}{s(0.1s+1)(s+1)}$，试利用Matlab求闭环传递函数的伯德图，并求谐振峰值、谐振频率和带宽。

**解** Matlab程序如下，运行结果如附图1.4-5所示。

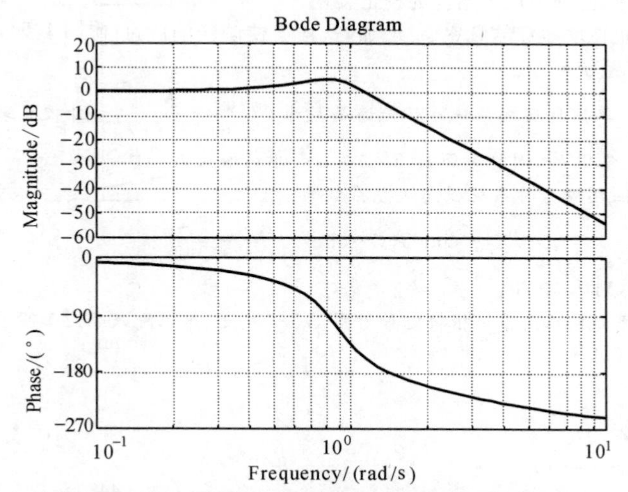


附图 1.4-5 附例 1.4-3 的闭环传递函数的伯德图

```
nump= [0 0 0 1];
denp= [0.5 1.5 1 0];
sysp= tf(nump,denp);
sys= feedback(sysp,1);
w= logspace(- 1,1);
bode(sys,w);grid
[mag,phase,w]= bode(sys,w);
[Mp,k]= max(mag);
Resonant_peak= 20*log10(Mp)
Resonant_frequency= w(k)
n= 1;
while 20*log10(mag(n))>= - 3;
    n= n+ 1;
end
bandwidth= w(n)
```

在命令窗口输出闭环系统谐振峰值、谐振频率和带宽分别为

```
Resonant_peak = 5.2388
Resonant_frequency = 0.7906
bandwidth = 1.2649
```

## 附 1.5 用 Matlab 进行控制系统的校正

相位超前和滞后校正装置通常可以等效地表示为由电阻和电容元件构成的无源网络形式，这样的网络又称为RC网络。串联校正装置主要有三种形式：相位超前校正、相位滞后校正和相位滞后-

超前装置。下面分别介绍这三种校正装置。

(1) 相位超前校正:相位超前校正装置的一般公式为

$$G_t(s)=K_t\frac{1+aTs}{1+Ts}$$

相位超前装置的零、极点位置如附图 1.5-1 所示。因为 $a>1$,所以在 $s$ 平面上极点的位置总在补偿器零点的左边。

一般来说,超前补偿使系统的相角裕量增加,从而提高系统的相对稳定性。对于给定的系统增益 $K$,超前补偿增加了系统的稳态误差。为减小稳态误差,必须使用大增益的校正装置。

超前校正装置也使增益穿越频率 $\omega_c$ 增加,这样会使阶跃响应过渡过程加快,增大了系统带宽。

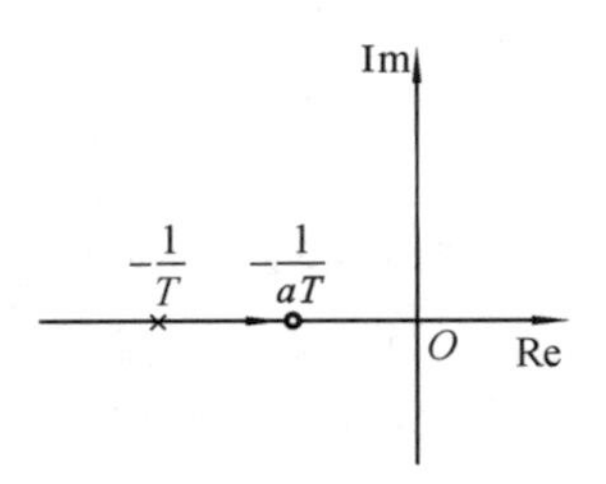


附图 1.5-1 相位超前补偿器的零、极点位置

【附例 1.5-1】 单位负反馈系统开环传递函数为 $G(s)=\frac{K_0}{s(s+2)}$,设计校正装置 $G_c(s)$,使系统的阶跃响应超调量 $\delta\%\leqslant20\%$,调整时间 $t_s(5\%)\leqslant1$ s,开环增益 $K\geqslant10$。

**解** 单位速度函数输入时系统稳态误差系数为

$$\lim_{s\to0}sG(s)=\lim_{s\to0}s\frac{K_0}{s(s+2)}=\frac{K_0}{2}$$

欲使 $K=K_0/2\geqslant10$,则 $K_0\geqslant20$。

Matlab 程序如下。校正前系统根轨迹如附图 1.5-2 所示,单位阶跃响应如附图 1.5-3 所示。

```
k= 20;
num= k;
den= [1 2 0];
G= tf(num,den);
rltool(G)
```

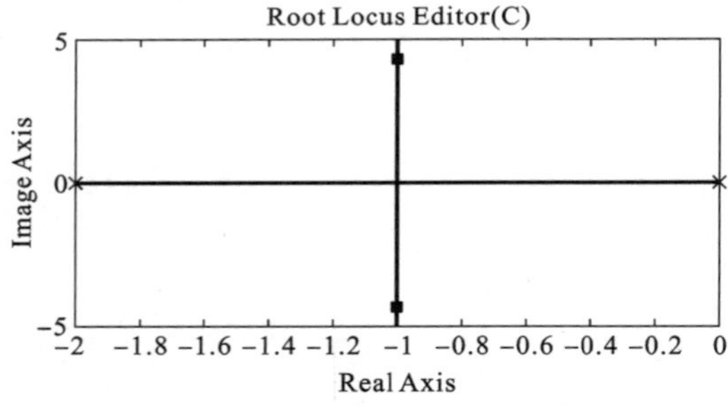


附图 1.5-2 校正前系统根轨迹

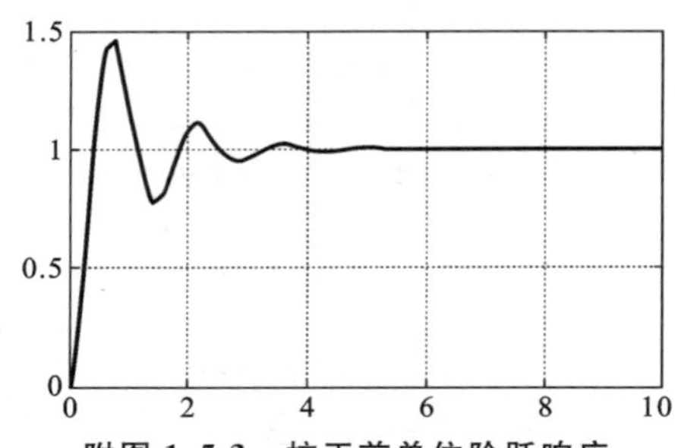


附图 1.5-3 校正前单位阶跃响应

可以看出,目前系统的超调量为 $\delta\%=48.6\%$,调节时间 $t_s=2.99$ s,不满足设计要求。利用 Sisotool 增加一对零、极点并调节其位置,校正后系统根轨迹如附图 1.5-4 所示,单位阶跃响应如附图 1.5-5 所示。Matlab 程序如下:

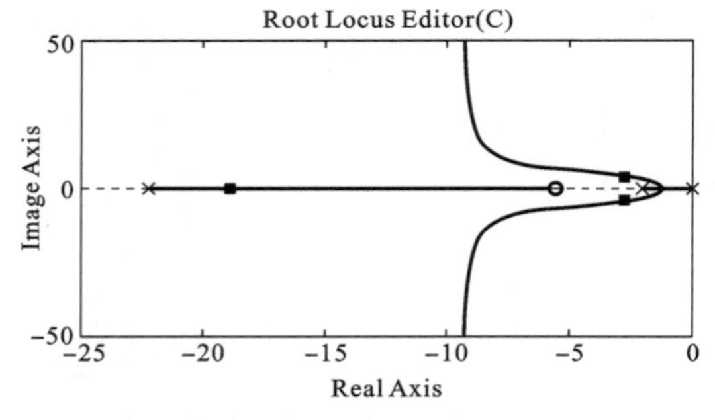


附图 1.5-4 校正后系统根轨迹

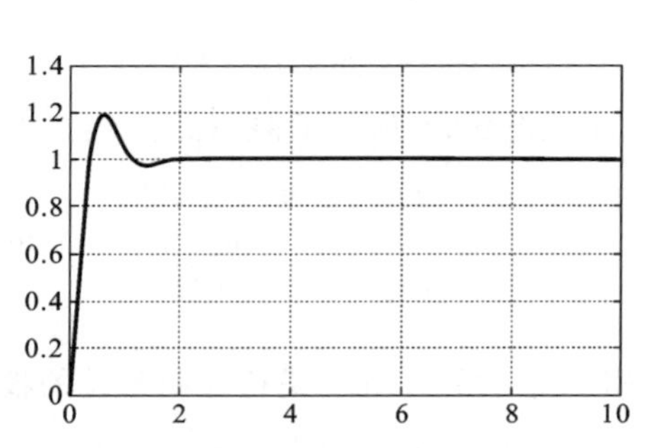


附图 1.5-5 校正后单位阶跃响应

```
num= [3.6 20];
den= [0.045 1.09 2 0];
G= tf(num,den);
rltool(G)
```

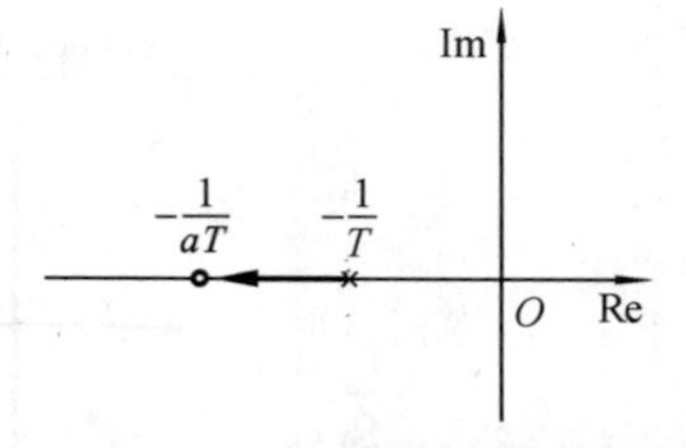


附图 1.5-6 相位滞后补偿器的零、极点位置

从附图 1.5-5 可以看出，校正后的系统超调量 $\delta\%=19.9\%$，调节时间 $t_s=0.98$ s，满足系统要求。超前校正控制器为

$$G_c(s)=\frac{1+0.18s}{1+0.045s}$$

(2) 相位滞后校正：相位滞后校正装置的零、极点位置如附图 1.5-6 所示。相位滞后校正装置的一般形式为

$$G_0(s)=K_0\,\frac{1+aTs}{1+Ts}$$

**【附例 1.5-2】** 一单位负反馈系统开环传递函数为 $G(s)=\frac{2500K}{s(s+25)}$，要求设计一个相位滞后校正网络，满足下列性能指标：

(1) 当输入单位速度函数时，稳定误差不大于 0.01 rad；

(2) 单位阶跃输入的超调量 $\delta\%<12\%$。

**解** 单位速度函数输入时系统稳态误差系数为

$$\lim_{s\to 0}sG(s)=\lim_{s\to 0}s\,\frac{2500K}{s(s+25)}=\frac{2500K}{25}$$

欲使单位速度函数输入时稳定误差不大于 0.01 rad，有 $2500K/25\geqslant 100$，则 $K\geqslant 1$。Matlab 程序如下，校正前系统根轨迹如附图 1.5-7 所示，单位阶跃响应如附图 1.5-8 所示。

```
k= 1;
num= 2500 * k;
den= [1 25 0];
G= tf(num,den);
rltool(G)
```

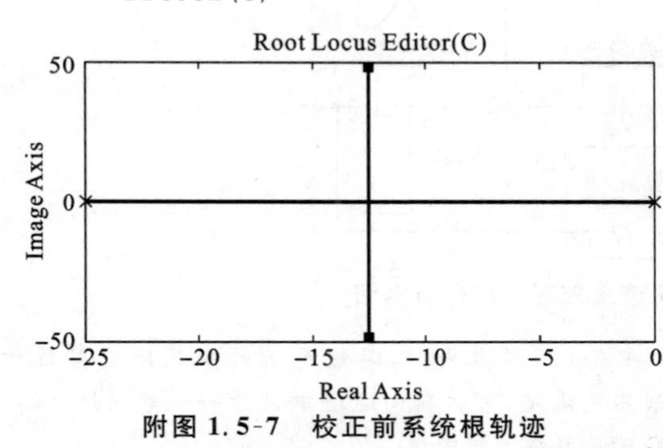


附图 1.5-7 校正前系统根轨迹

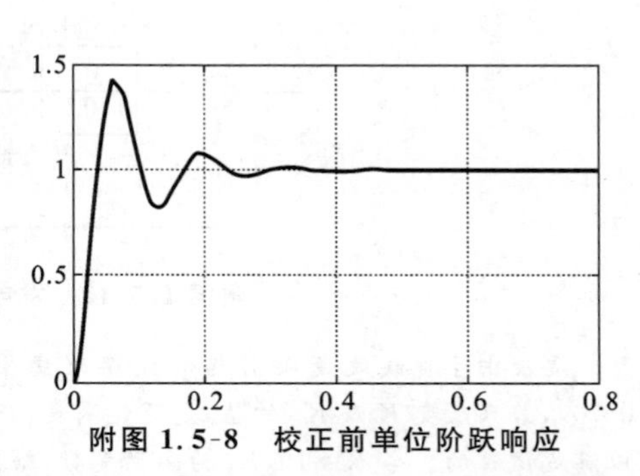


附图 1.5-8 校正前单位阶跃响应

可以看出，校正前系统的超调量为 44.4%，不满足系统要求。利用 Sisotool 增加一对零、极点并调节其位置，得到的根轨迹、伯德图如附图 1.5-9 所示，单位阶跃响应图如附图 1.5-10 所示。

从附图 1.5-10 可以看出，校正后的系统超调量 $\delta\%=11.3\%$，满足系统要求。滞后校正控制器为

$$G_c(s)=\frac{1+1.2s}{1+26s}$$

(3) 滞后-超前校正：相位滞后-超前校正装置的零、极点位置如附图 1.5-11 所示。相位滞后-超前校正装置的一般形式为

$$G_t(s)=\frac{1+\alpha T_1 s}{1+T_1 s}\cdot\frac{1+\beta T_2 s}{1+T_2 s}$$

上式中，当 $\alpha>1$ 且 $\beta<1$ 时，使得第一项具有超前性质，而第二项具有滞后性质。

同样，利用 Sisotool 可以方便地完成各种校正装置的设计。

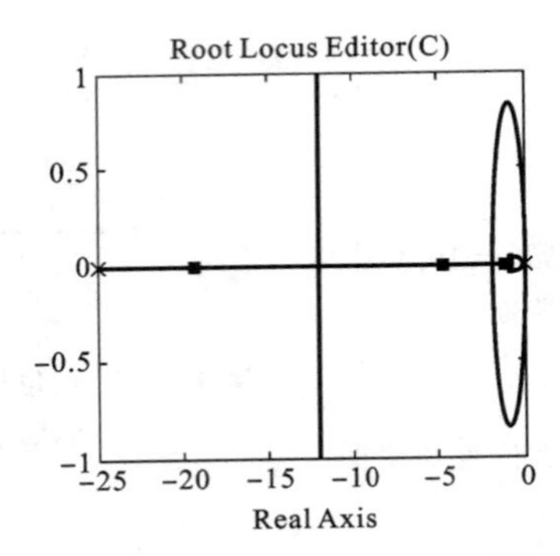


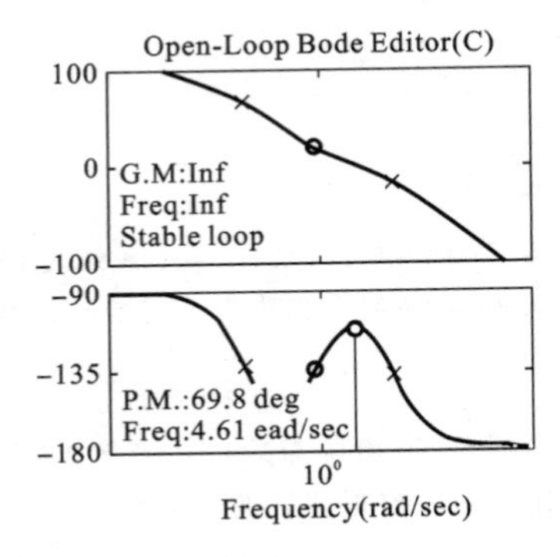


附图 1.5-9 校正后的根轨迹、伯德图

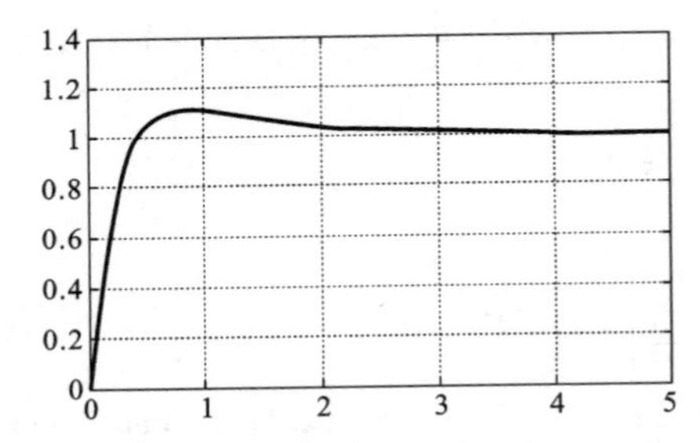

附图 1.5-10 校正后的单位阶跃响应

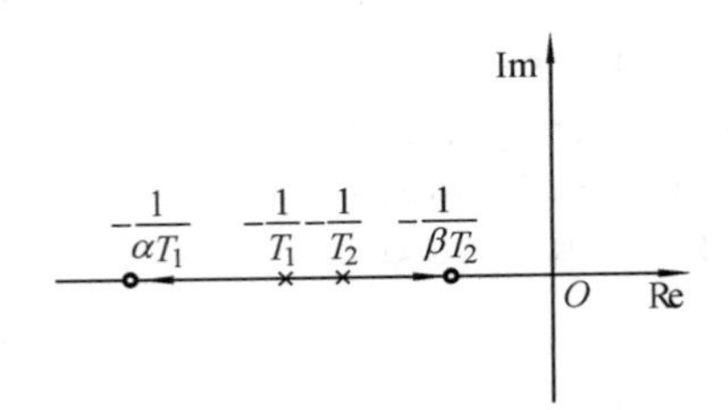


附图 1.5-11 相位滞后-超前校正装置的零、极点位置

【附例 1.5-3】 附图 1.5-12 为发电机速度控制系统的方框图，其速度控制阀控制输入轮机的蒸汽流，轮机驱动发电机，在与发电机速率 $\omega_g$ 成正比的频率下输出电力，该发电机的稳态速率为 1200 r/m，其发电机输出电压为 60 Hz，$J=100$。

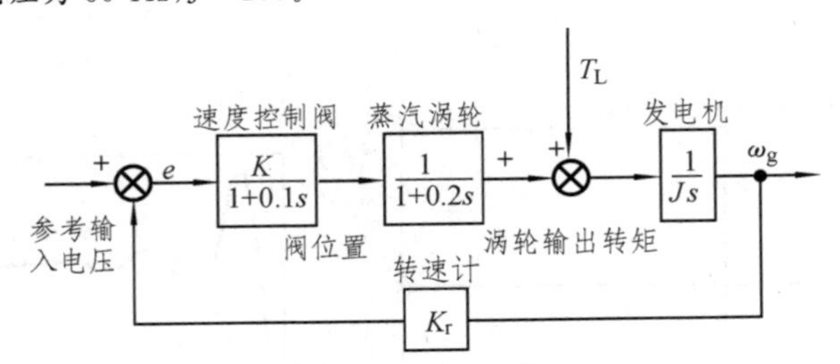


附图 1.5-12 发电机速度控制系统的方框图

要使由于负载改变而引起的频率改变率保持在 0.1% 以内，同时该系统的阻尼比应接近于 0.707，若只改变 $K$ 及 $K_r$ 的值，是否能满足？如果不能满足，可在前向通道中设计一个串联控制器，以满足该目的。令 $K=10$，$K_r$ 为变动参数，给出补偿后系统的根轨迹。

**解** 扰动 $T_L$ 作为系统输入，输出为 $\omega_g$，则系统闭环传递函数为

$$G(s)=\frac{\frac{1}{Js}}{1+\frac{K}{1+0.1s}\cdot\frac{1}{1+0.2s}\cdot\frac{1}{Js}\cdot K_r}=\frac{(1+0.1s)\cdot(1+0.2s)}{(1+0.1s)\cdot(1+0.2s)\cdot Js+K\cdot K_r}$$

阶跃输入时系统稳态误差为

$$\lim_{s\to 0} sG(s)=\lim_{s\to 0} s\frac{(1+0.1s)\cdot(1+0.2s)}{(1+0.1s)\cdot(1+0.2s)\cdot Js+K\cdot K_r}=\frac{1}{K\cdot K_r}$$

欲使速度输入时系统稳态误差在 0.1% 以内，应使 $KK_r\geqslant 1000$，则有 $K_r=100$，由附图 1.5-13 所示的根轨迹图可知该系统的阻尼比为 0.0851，不满足设计要求。

Matlab 程序如下：

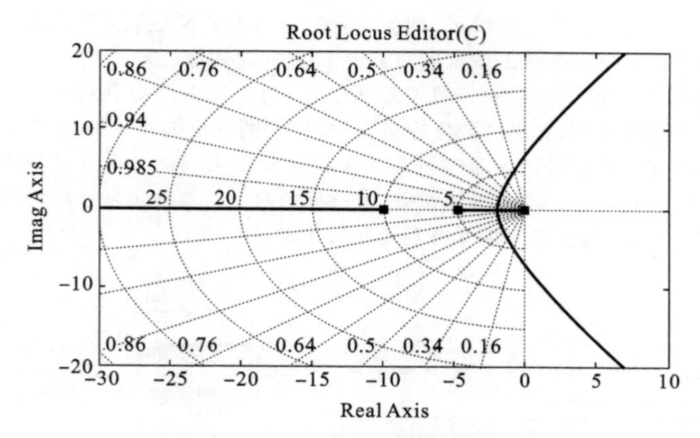


**附图1.5-13 校正前系统根轨迹图**

```
J= 100;
num= 10;
den= conv(conv([0.1 1],[0.2 1]),[J 0]);
G= tf(num,den);
rltool(G)
```

利用Sisotool设计工具，增加一对零、极点，位置调整到$Z=-0.061$，$P=-0.01$时的根轨迹如附图1.5-14所示，恰好满足$K_r=100$，阻尼比为0.707的设计要求。

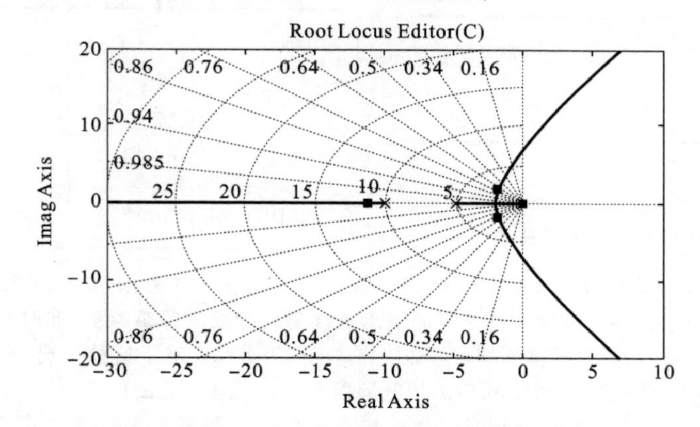


**附图1.5-14 增加一对零、极点后系统根轨迹图**

(4) PID优化设计。

前面介绍了PID控制器的特点，值得注意的是在目前应用的控制器中，有半数以上采用了PID或变形的PID控制方案。

因为大多数PID控制器是现场调节的，所以已有许多不同类型的调节法则，利用这些法则，可以对PID控制器进行精确而细致的现场调节。此外，一些自动调节方法也研究出来，使得一些PID控制器可以具有在线自动调节能力。PID控制器的价值取决于它们对大多数控制系统的广泛应用性。特别是当被控系统的数学模型未知，不能应用解析设计方法时，PID控制就显得特别有用。尤其在工业过程控制领域，基本的或变形的PID控制方案已经证明具有良好的适应性，它们可以提供满意的控制效果，虽然它们在许多给定的情况下还不能提供最佳控制效果。

下面讨论PID控制器的参数调节法则。附图1.5-15表示了一种控制系统的PID控制，如果推导出控制系统的数学模型，则可以采用各种不同的设计方法，确定控制器的参数，以满足闭环系统的瞬态和稳态性能指标。但是，如果控制对象的数学模型未知，那么，PID控制器设计的解析法就不能应用。这时，必须借助于实验的方法设计PID控制器。

为了满足给定的性能指标，选择控制器参数的过程通常称为控制器调节。齐格勒和尼柯尔斯提出了调节 PID 控制器(即设置 $K_P$、$T_I$ 和 $T_D$ 的值)的法则,简称 Z-N 法则。Z-N 法则有两种实施方法,但它们共同的目标都是使被控系统的阶跃响应具有 25%的超调量。

第一种方法:是在对象的输入端加一单位阶跃信号,测量其输出响应曲线,如附图 1.5-16 所示。如果被测对象中既无积分环节,又无复数主导极点,则相应的输出响应曲线可视为 S 形曲线,如附图 1.5-17 所示。这种曲线的特征可用迟滞时间 $L$ 和时间常数 $T$ 来表征。通过 S 曲线的转折点作切线,使之分别与时间坐标轴和 $c(t)=K$ 的直线相交,由所得的两个交点确定延迟滞时间 $L$ 和时间常数 $T$。具有 S 形阶跃响应的对象,其传递函数可用下式近似地表示:

$$\frac{C(s)}{M(s)}=\frac{K\mathrm{e}^{-\tau s}}{1+Ts}$$

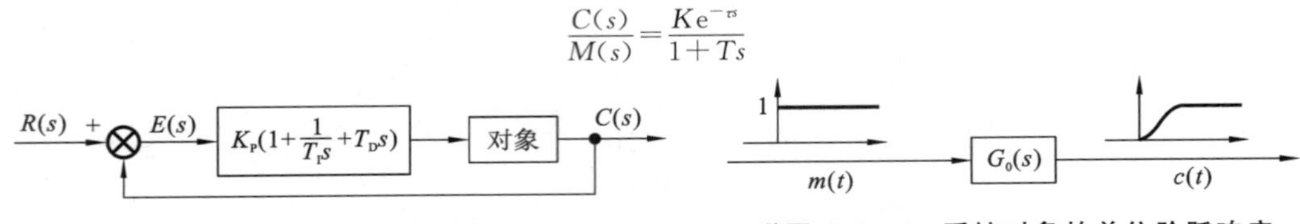


附图 1.5-15 控制系统框图

附图 1.5-16 受控对象的单位阶跃响应

Z-N 第一法则给出了附表 1.5-1 所示的公式,用于确定 $K_P$、$T_I$ 和 $T_D$ 的值,据此得出 PID 控制器的传递函数为

$$G_c(s)=K_P\left(1+\frac{1}{T_I s}+T_D s\right)=1.2\frac{T}{L}\left(1+\frac{1}{2Ls}+0.5Ls\right)=0.6T\frac{\left(s+\frac{1}{L}\right)^2}{s}$$

由上式可见,这种 PID 控制器有一个极点在坐标原点,两个零点在 $s=-1/L$。

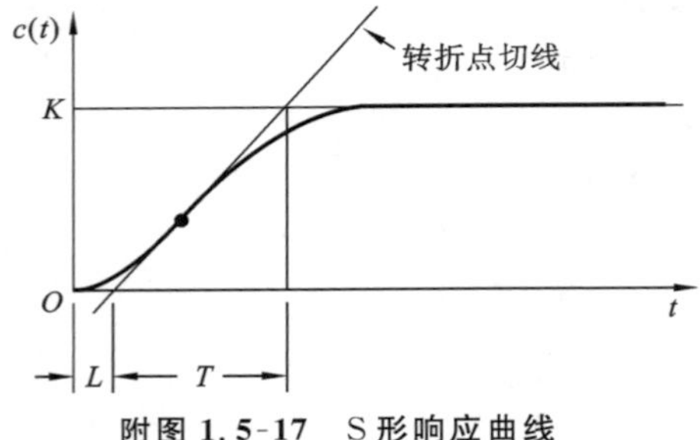


附图 1.5-17 S 形响应曲线

附表 1.5-1 Z-N 第一法则

| 控制器类型 | $K_P$ | $T_I$ | $T_D$ |
|---|---|---|---|
| P | $T/L$ | $\infty$ | 0 |
| PI | $0.9T/L$ | $L/0.3$ | 0 |
| PID | $1.2T/L$ | $2L$ | $0.5L$ |

第二种方法:是先假设 $T_I\to\infty$,$T_D=0$,即只有比例控制 $K_P$,如附图 1.5-18 所示。具体的做法是:将比例系数值 $K_P$ 由零逐渐增大到系统的输出首次呈现持续的等幅振荡,此时对应的 $K_P$ 值称为临界增益,用 $K_c$ 表示,并记下振荡周期 $T_c$,如附图 1.5-19 所示。对于这种情况,Z-N 第二法则又给出了附表 1.5-2 所示的公式,以确定相应的控制器参数 $K_P$、$T_I$ 和 $T_D$ 的值。

附图 1.5-18 具有比例控制器的闭环系统

附表 1.5-2 Z-N 第二法则

| 控制器类型 | $K_P$ | $T_I$ | $T_D$ |
|---|---|---|---|
| P | $0.5K_c$ | $\infty$ | 0 |
| PI | $0.45K_c$ | $T_c/1.2$ | 0 |
| PID | $0.6K_c$ | $0.5T_c$ | $0.125T_c$ |

由附表 1.5-2 求得相应的 PID 控制器的传递函数为

$$G_c(s)=K_P\left(1+\frac{1}{T_I s}+T_D s\right)=0.6K_c\left(1+\frac{1}{0.5T_c s}+0.125T_c s\right)=0.075K_c T_c\frac{\left(s+\frac{4}{T_c}\right)^2}{s}$$

由附表 1.5-2 确定的 PID 控制器,其传递函数也有一个极点在坐标原点,两个零点均位于$s=-4/T_c$。显然,这种方法只适用于附图 1.5-18 所示的系统输出能产生持续振荡的场合。

在控制对象动态特性不能精确确定的过程控制系统中,Z-N 法则被广泛应用来调整 PID 控制器的参数。实践证明这种方法非常实用。当然,Z-N 法则也可以用于对象数学模型已知的系统,即用解析法求出对象的阶跃响应曲线(S 形曲线)或按附图 1.5-19 求出系统的临界增益 $K_c$ 和振荡周期 $T_c$,

然后用附表 1.5-1 或附表 1.5-2 确定 PID 控制器参数。

必须指出，用上述法则确定 PID 控制器的参数，使系统的超调量在 10%～60%之间，其平均值为 25%，这是易于理解的。因为附表 1.5-1 或附表 1.5-2 中的参数值也是在平均值的基础上得到的。由此可知，Z-N 法则仅是 PID 控制器参数调节的一个起点，若要进一步提高系统的动态性能，则必须在此基础上对相关参数做进一步调整。

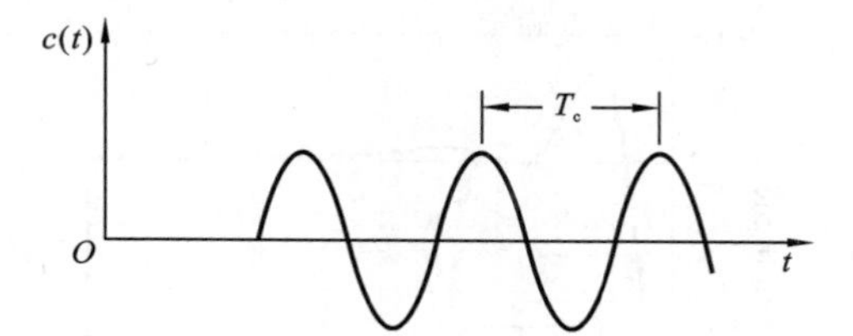


附图 1.5-19　具有比例控制器的闭环系统的振荡周期

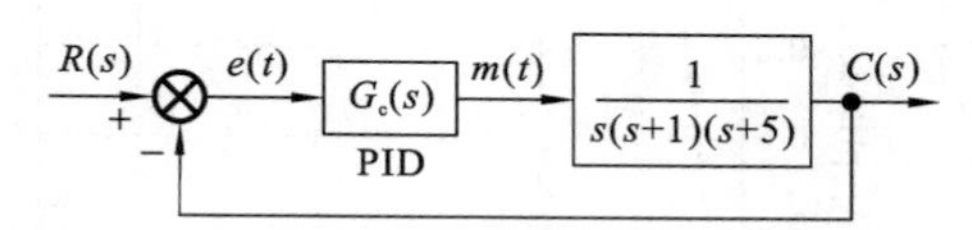


附图 1.5-20　具有 PID 控制器的控制系统

**【附例 1.5-4】**　一具有 PID 控制器的系统如附图 1.5-20 所示，PID 控制器的传递函数为

$$G_c(s)=K_P\left(1+\frac{1}{T_I s}+T_D s\right)$$

试用 Z-N 法则确定 PID 的参数 $K_P$、$T_I$ 和 $T_D$ 的值。

**解**　由于对象的传递函数中，含有积分环节，因而只能用 Z-N 第二法则确定 PID 的参数。假设 $T_I\to\infty$，$T_D=0$，则系统的闭环传递函数为

$$\frac{C(s)}{R(s)}=\frac{K}{s(s+1)(s+5)+K}$$

闭环特征方程为

$$s^3+6s^2+5s+K=0$$

令 $s=j\omega$ 代入上式，得

$$j\omega(5-\omega^2)+K-6\omega^2=0$$

于是有

$$5-\omega^2=0,\quad K-6\omega^2=0$$

解得 $K=K_c=30$，$\omega=\sqrt{5}\ \mathrm{s}^{-1}$，$T_c=2\pi/\omega=2\pi/\sqrt{5}\ \mathrm{s}=2.81\ \mathrm{s}$。根据求得的 $K_c$ 和 $T_c$ 值，由附表 1.5-2 得

$$K_P=0.6K_c=18,\quad T_I=0.5T_c=1.405,\quad T_D=0.125T_c=0.3514$$

因而求得 PID 控制器传递函数为

$$G_c(s)=18\left(1+\frac{1}{1.405s}+0.3514s\right)=\frac{6.3223\ (s+1.4235)^2}{s}$$

系统的闭环传递函数为

$$\frac{C(s)}{R(s)}=\frac{6.3223s^2+18s+12.811}{s^4+6s^3+11.3223s^2+18s+12.811}\tag{1}$$

用 Matlab 求得该系统的单位阶跃响应曲线如附图 1.5-21 所示。由附图可见，系统的超调量约为 62%，显然太大了，因此必须对 PID 控制器的参数作进一步的调整。若保持 $K_P=18$，而把 PID 的双重零点移至 $s=-0.65$ 处，使其传递函数变为

$$G_c(s)=18\left(1+\frac{1}{3.077s}+0.7692s\right)=13.846\,\frac{(s+0.65)^2}{s}\tag{2}$$

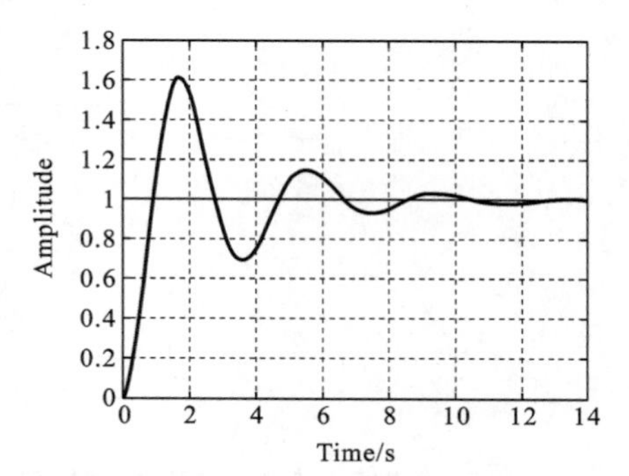


附图 1.5-21　式(1)所示系统的单位阶跃响应

此时求得的单位阶跃响应曲线如附图 1.5-22 所示。由图可见，系统的超调量已降至 18%。如果比例增益 $K_P$ 增加到 39.42，并且不改变一对零点($s=-0.65$)的位置，即采用下列 PID 控制器：

$$G_c(s)=39.42\left(1+\frac{1}{3.077s}+0.7692s\right)=30.322\,\frac{(s+0.65)^2}{s}\tag{3}$$

则系统的响应速度增大，但系统的超调量也增大到约 28%，如附图 1.5-23 所示。因为这时的超调量

相当接近25%,并且响应速度大于由方程式(2)给出的$G_c(s)$校正的系统,所以我们认为由方程式(3)给出的$G_c(s)$是比较满意的。于是$K_P$、$T_I$和$T_D$的调整值为

$$K_P=39.42,\quad T_I=3.077,\quad T_D=0.7692$$

可以看到,上述数值分别为用Z-N第二法则求得的数值的两倍左右。这说明用Z-N第二法则只是精确调节PID参数的一个起点。

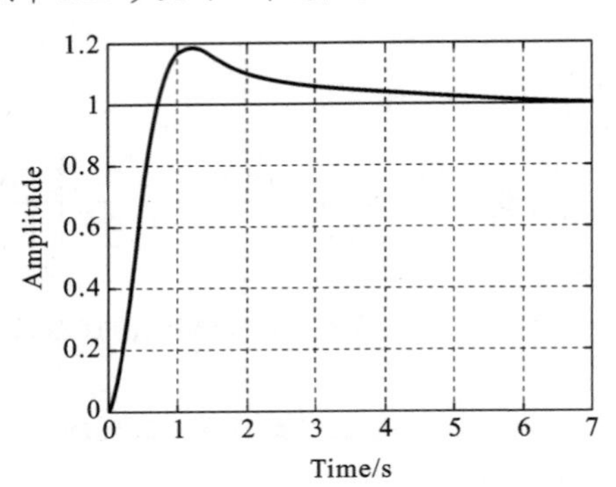


附图 1.5-22 附图 1.5-20 所示系统的单位阶跃响应一

(其中PID控制器参数为$K_P=18$,$T_I=3.077$,$T_D=0.7692$)

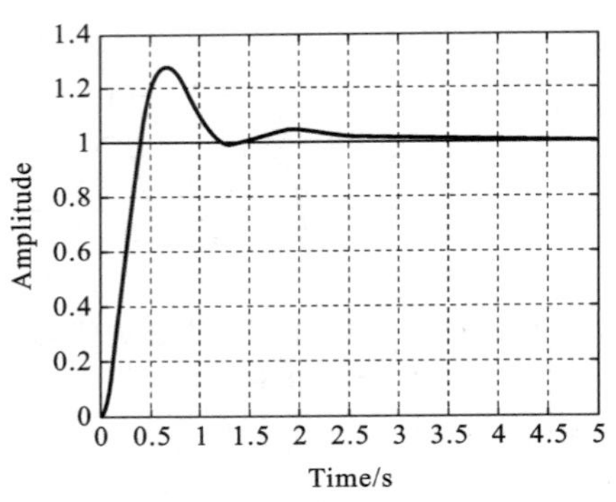


附图 1.5-23 附图 1.5-20 所示系统的单位阶跃响应二

(其中PID控制器参数为$K_P=39.42$,$T_I=3.077$,$T_D=0.7692$)

值得注意的是,当双零点位于$s=-1.4235$时,增大$K_P$的值会使响应速度增加,但就超调量百分比来说,改变增益$K_P$对它的影响很小。其原因可以从根轨迹分析中看出。附图1.5-24表示用Z-N第二法则设计出的系统根轨迹图。因为$K$值在相当大范围变化时,根轨迹的主导分支沿着$\zeta=0.3$的直线分布,所以,改变$K$的值(从6到30)不会使主导闭环极点的阻尼产生太大的变化。但是改变双零点的位置却会对超调量产生重大影响,因为主导闭环极点的阻尼比可能会发生重大变化。这一点也可以从根轨迹图的分析中看出。附图1.5-25表示的根轨迹图是当系统的PID控制器具有双零点$s=-0.65$时得到的。注意根轨迹图形的变化,这种图形变化使主导闭环极点阻尼比的变化成为可能。

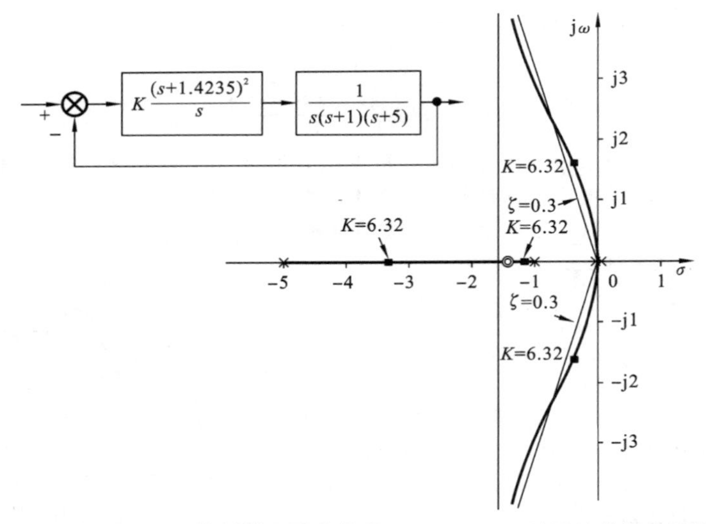


附图 1.5-24 PID控制器双零点位于$s=-1.4235$时系统的根轨迹图

应当指出,在附图1.5-25中,当系统的增益为$K=30.322$时,闭环极点$s=-2.35\pm j4.82$为一对主导极点。另外两个附加的闭环极点非常靠近双零点$s=-0.65$,因此,这两个闭环极点几乎与双零点相互抵消。所以,这对主导闭环极点确实决定了响应的性质。另一方面,当系统的增益为$K=13.846$时,闭环极点$s=-2.35\pm j2.62$的主导作用不甚明显,这是因为其他两个靠近双零点$s=$

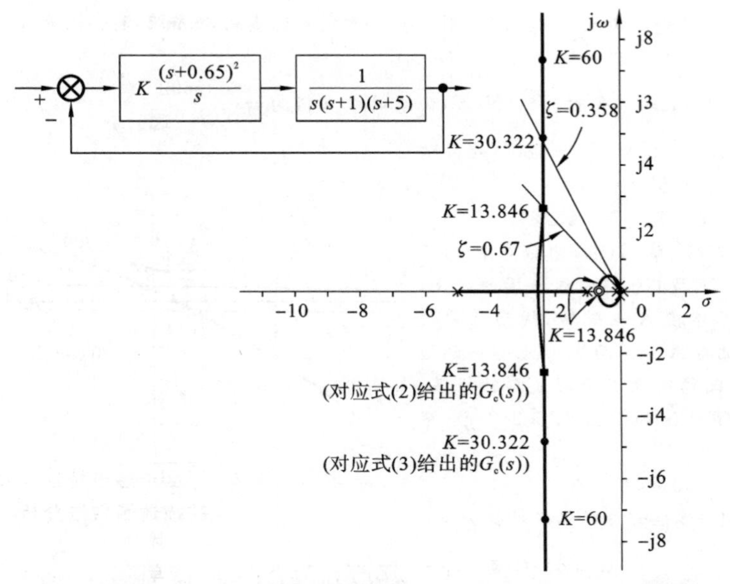


**附图1.5-25** PID控制器双零点位于$s=-0.65$时系统的根轨迹图

$-0.65$的闭环极点，对系统产生了明显的影响。在这种情况下，阶跃响应中的超调量(18%)远大于仅具有主导闭环极点的二阶系统(此种情形，阶跃响应的超调量约为6%)。

## 附1.6 用Matlab进行非线性控制系统分析

Matlab软件有强大的计算、绘图功能，其丰富的自动控制软件工具箱可以用来进行非线性控制系统辅助分析。下面通过具体例子，介绍Matlab在描述函数法分析中的应用。在计算机辅助分析中用到了相对描述函数的概念。根据式(7-21)，非线性系统自振时有

$$k_0G(\mathrm{j}\omega)=-\frac{1}{N_0(X/\alpha)}$$

**【附例1.6-1】** 已知死区+继电特性的非线性控制系统如附图1.6-1所示，其中继电特性参数为$M=1.7$，死区特性参数为$\Delta=0.7$，应用描述函数法作系统分析，分析系统是否存在自振；若有自振，须求出自振的振幅$x$与角频率$\omega$。

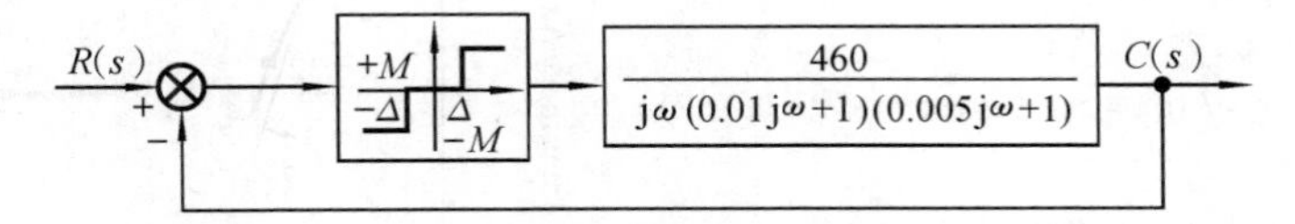


**附图1.6-1 死区+继电特性的非线性控制系统**

**解法一** (1) 带死区的继电型非线性环节的描述函数为

$$N(X)=\frac{4M}{\pi X}\sqrt{1-\left(\frac{\Delta}{X}\right)^2}$$

其负倒描述函数为

$$-\frac{1}{N(X)}=-\frac{\pi X}{4M\sqrt{1-(\Delta/X)^2}}$$

当$X$为变量，由$\Delta$开始增加时，$-1/N(X)$曲线从负无穷处出发沿负实轴增加，相角始终为$-\pi$，所以$-1/N(X)$曲线位于$G_0(\mathrm{j}\omega)$平面的负实轴上，幅值大小$|-1/N(X)|$随着$X$的增加先减后增，在$X$增加到$X=\sqrt{2}\Delta$时，有极大值

$$-\frac{1}{N(X)}=\frac{\pi\Delta}{2M}$$

作$-1/N(X)$曲线如附图1.6-2所示。

(2) 在图上作 $G(j\omega)$ 曲线，当 $\omega=140$ 时，$G(j\omega)$ 曲线穿过实轴，如附图 1.6-2 所示。

$$|G(j\omega)|_{\omega=140}=1.56$$

(3) 当 $M=1.7,\Delta=0.7$ 时，$-1/N(X)$ 曲线的端点值为 $-\left.\frac{1}{N(X)}\right|_{\substack{\Delta=0.7\\M=1.7}}=-0.646$。因此，$G(j\omega)$ 曲线与 $-1/N(X)$ 在 $1.56\angle(-180^\circ)$ 处两次相交，两次相交的 $X$ 值分别为

$$X_A=0.716,\quad X_B=3.3$$

对于 $A$ 点邻域，被 $G(j\omega)$ 曲线包围的段上，$X$ 是增幅的；不被 $G(j\omega)$ 曲线包围的段上，$X$ 是减幅的。因此在 $A$ 点邻域，扰动作用使得系统的运动脱离 $A$ 点。而在 $B$ 点邻域两边的运动，基于奈氏稳定判据而形成自持振荡。振荡频率与振荡幅值如附图 1.6-2 所示，分别为

$$\omega_B=140,\quad X_B=3.3$$

附图 1.6-2　死区+继电特性非线性系统的描述函数法分析

**解法二**　(1) 线性部分的频率特性为

$$G(j\omega)=G(s)|_{s=j\omega}=\frac{460}{j\omega(0.01j\omega+1)(0.005j\omega+1)}$$

(2) 死区+继电特性的描述函数及相对描述函数为

$$N(X)=\frac{4M}{\pi X}\sqrt{1-\left(\frac{\Delta}{X}\right)^2}=\frac{M}{\Delta}\cdot\frac{4\Delta}{\pi X}\sqrt{1-\left(\frac{\Delta}{X}\right)^2}=K_0N_0(X)$$

$$K_0=\frac{M}{\Delta}=\frac{1.7}{0.7}=2.43$$

即死区+继电特性的相对描述函数

$$N_0(X)=\frac{4\Delta}{\pi X}\sqrt{1-\left(\frac{\Delta}{X}\right)^2}$$

(3) 在程序文件方式下执行 Matlab 程序 ok1.m，在同一复平面上绘制非线性特性的相对负倒描述函数与线性部分的奈氏曲线。

```
% Matlab Program ok1.m
clear
syms t x y z c m x;
m= 1.7;c= 0.7;
for x= 0.71:0.1:7
  x= c * 4/(pi * x) * sqrt(1- (c/x)^2);
   y= 0;
   z= - 1/x+ j * y;
   plot(- 1/x,y,'k * ')
   hold on
end
n= [0 0 0 460];
d= conv(conv([1 0],[0.01 1]),[0.005 1]);
g= 1.7/0.7 * tf(n,d);
for w= 50:1:400
   nyquist(g,[w,w+ 1])
   hold on
end
```

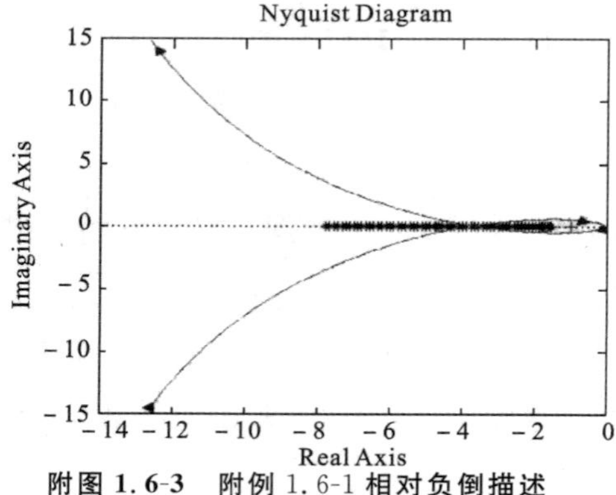


附图 1.6-3　附例 1.6-1 相对负倒描述函数与奈氏曲线

运行该程序，在同一复平面上绘制非线性特性的相对负倒描述函数与线性部分的奈氏曲线，如附图 1.6-3 所示。

由于死区+继电特性的描述函数是自振振幅 $X$ 的实函数，其相对负倒描述函数也是自振振幅 $X$ 的实函数，其虚部为零，曲线在负实轴上，与系统线性部分奈氏曲线的交点也在横坐标上。

(4) 利用交点在横坐标上，其虚部为零，求交点的角频率 $\omega$ 与交点的 $|K_0G(\mathrm{j}\omega)|$。

$$K_0G(\mathrm{j}\omega)=2.43\frac{460}{\mathrm{j}\omega(0.01\mathrm{j}\omega+1)(0.005\mathrm{j}\omega+1)}$$

$$=2.43\frac{460\mathrm{j}(1-0.01\mathrm{j}\omega)(1-0.005\mathrm{j}\omega)}{\mathrm{j}^2\omega(0.01\mathrm{j}\omega+1)(1-0.01\mathrm{j}\omega)(0.005\mathrm{j}\omega+1)(1-0.005\mathrm{j}\omega)}$$

分母有理化后，运行以下程序，由上式分子虚部为零求交点的角频率 $\omega$。

```
syms w n;
n= simple(j * (1-0.01 * j * w) * (1-0.005 * j * w))
```

运行结果为

```
n= i+ 3/200 * w-1/20000 * i * w^2
```

交点虚部为零，运行以下程序求交点的角频率 $\omega$。

```
[w]= solve('1-1/20000 * w^2= 0')
```

运行结果为

```
w =
[  100 * 2^(1/2)]
[ -100 * 2^(1/2)]
```

即交点的角频率 $\omega=141.4$ rad/s。

运行以下程序，将 $\omega=141.4$ rad/s 代入线性部分的频率特性计算交点的 $|K_0G(\mathrm{j}141.4)|$。

```
syms w;
w= 141.4;
g= 2.43 * 460/(j * w * (0.01 * j * w+ 1) * (0.005 * j * w+ 1));
A= abs(g)
```

程序运行结果：

```
A =  3.7271
```

即交点的 $|K_0G(\mathrm{j}141.4)|=3.7271$。

(5) 在此应用相对描述函数的概念。由式(7-21)知，非线性系统自振时有

$$k_0G_0(\mathrm{j}\omega)=-\frac{1}{N_0(X)}$$

运行以下程序，由 $-1/N_0(X)=-3.7271$，求自振的振幅 $X$。

```
syms z;
[z]= solve('-pi/4 * z/sqrt(z-1)= -3.7271');
c= 0.7;
[x]= sqrt(z) * c;
x= vpa(x,3)
```

程序运行结果：

```
x = [ .717]
    [ 3.24]
```

所得结果与方法一的结果非常近似。

## 附1.7 基于Matlab的离散控制系统分析

**【附例1.7-1】** 已知 $E(z)=\frac{10z}{z^2-3z+2}$，求相应脉冲序列 $e(nT)$。

**解** 利用长除法将 $E(z)$ 展开成 $z^{-1}$ 的幂级数，则有

$$\begin{array}{r} 10z^{-1}+30z^{-2}+70z^{-3}+150z^{-4}+\cdots \\ z^2-3z+2\overline{)\quad 10z \qquad\qquad\qquad\qquad\qquad} \\ \underline{10z-30+20z^{-1}} \\ 30-20z^{-1} \\ \underline{30-90z^{-1}+60z^{-2}} \\ 70z^{-1}-60z^{-2} \\ \underline{70z^{-1}-210z^{-2}+140z^{-3}} \\ 150z^{-2}-140z^{-3} \\ \underline{150z^{-2}-450z^{-3}+300z^{-4}} \\ 310z^{-3}-300z^{-4} \\ \cdots \end{array}$$

因此除后所得商为

$$E(z)=10z^{-1}+30z^{-2}+70z^{-3}+150z^{-4}+\cdots$$

$z^{-1}$ 的各幂次项的系数值即序列

$$e(nT)=[0,10,30,70,150,\cdots]$$

用 Matlab 可以进行多项式的乘法和除法的运算，乘法用 conv() 函数，除法用 deconv() 函数。Matlab 程序如下。

```
>> a= [1 - 3 2];
>> b= [10 0 0 0 0 0 0 0];
>> [c,r]= deconv(b,a)        % 用 b 除以 a,c 为商,r 为余数。
c =
    10 30 70 150 310 630
r =
  Columns 1 through 6
          0   0   0   0   0   0
  Columns 7 through 8
        1270      - 1260
>> y= conv(a,c)+ r           % 用 a 乘以 c 加上余数还原成 b。
y =
    10   0   0   0   0   0   0   0
```

在 Matlab 软件中对连续系统的离散化是应用 c2dm() 函数实现的，该函数的一般格式为

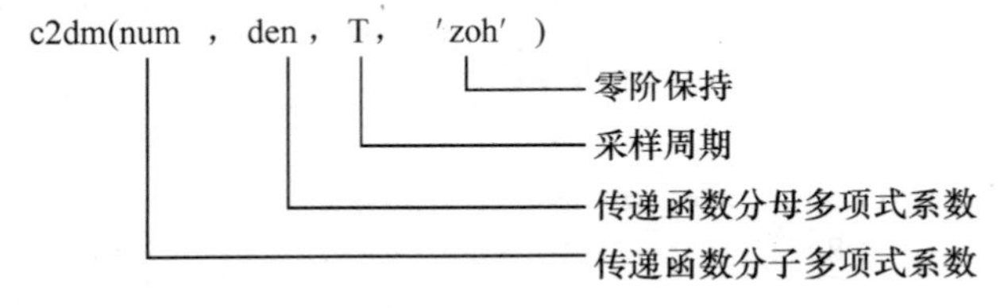


【附例 1.7-2】 已知离散控制系统的结构如附图 1.7-1 所示，求开环脉冲传递函数(采样周期 $T=1$ s)。

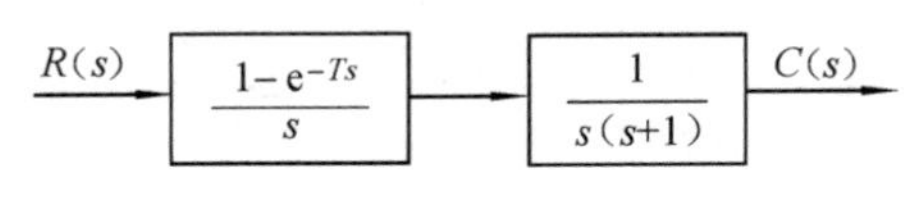


附图 1.7-1 系统结构图

**解** 可用解析法求 $G(z)$，即

$$G(z)=\frac{z-1}{z}\mathscr{Z}\left[\frac{1}{s^2(s+1)}\right]=\frac{0.368z+0.264}{z^2-1.368z+0.368}$$

应用 Matlab 可以方便求得上述结果，程序如下

```
% This script converts the transfer function
% G(s)= 1/s(s+ 1) to a discrete-time system
% with a sampling period of T= 1sec.
%
>> num= [1];den= [1,1,0];
```

```
≫ T= 1;
≫ [numZ,denZ]= c2dm(num,den,T,'zoh');
≫ printsys(numZ,denZ,'Z')
```

打印结果为

$$\frac{0.368z+0.264}{z^2-1.368z+0.368}$$

在Matlab软件中，离散系统的响应可运用dstep()、dimpulse()、dlism()函数来实现，它们分别用于求离散系统的阶跃、脉冲及任意输入时的响应。dstep()的一般格式为

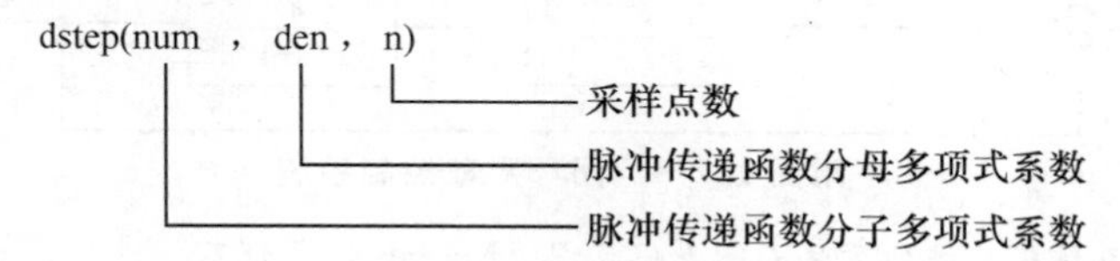


**【附例1.7-3】** 已知离散控制系统结构如第8章的图8-26所示，输入为单位阶跃，采样周期$T=1$ s，求系统输出响应。

**解** 闭环系统的脉冲传递函数$\Phi(z)$和单位阶跃响应输出量$C(z)$分别为

$$\Phi(z)=\frac{G(z)}{1+G(z)}=\frac{0.368z+0.264}{z^2-z+0.632}$$

$$C(z)=\Phi(z)R(z)=\frac{0.368z+0.264}{z^2-z+0.632}\frac{z}{z-1}$$

$$=0.368z^{-1}+z^{-2}+1.4z^{-3}+1.4z^{-4}+1.147z^{-5}+0.895z^{-6}+0.802z^{-7}+0.868z^{-8}+\cdots$$

同样，用Matlab中的dstep()函数很快得到输出响应，如附图1.7-2所示。程序如下：

```
% This script generates the unit step response,c(nT),
% for the sampled data system given in Example 8-31
%
≫ num= [0  0.368  0.264];den= [1  - 1  0.632];
≫ dstep(num,den)
% This scriptcomputes the continous-time unit
% step response for the system in Example 8-32
%
≫ numg= [0  0  1];deng= [1  1  0];
≫[nd,dd]= pade(1,2)
≫ numd= dd-nd;
≫ dend= conv([1  0],dd);
≫[numdm,dendm]= mineral(numd,deng);
%
≫[nl,dl]= series(numdm,dendm,numg,deng);
```

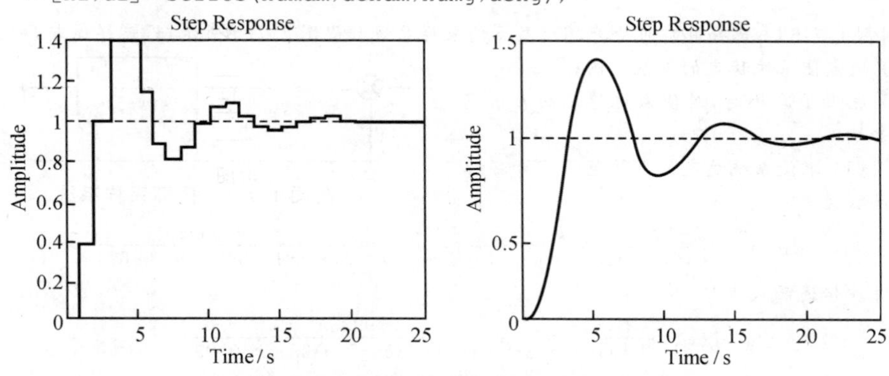


附图1.7-2 离散与连续系统的阶跃响应

```
≫[num,den]= cloop(nl,dl);
≫ t= [0:0.1:20];
≫ step(num,den,t)
```

**【附例 1.7-4】** 已知离散控制系统结构图如附图 1.7-3 所示，采样周期 $T=1$ s，求使闭环系统稳定的 $k$ 值范围。

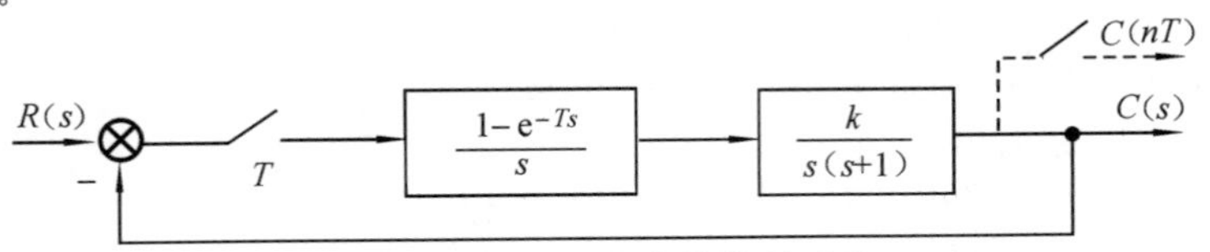


附图 1.7-3 闭环离散控制系统

**解** 采用绘制系统根轨迹的方法求解 $k$ 值范围。Matlab 程序如下：

```
% Stability analysis for the system in Example 8-32
%
≫ numg= [1];deng= [1  2  0];
≫ g= tf(numd,deng)
≫ gd= ctd(g,1);
≫ rlocus(gd)
```

绘制的根轨迹如附图 1.7-4 所示。

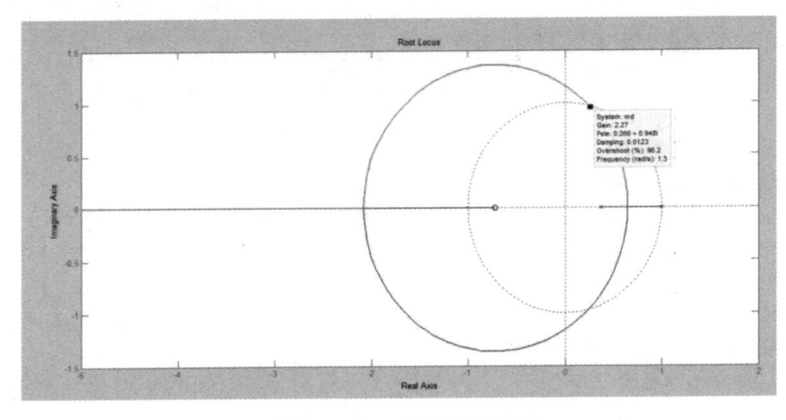


附图 1.7-4 系统的根轨迹

由根轨迹图，并根据采样系统稳定性判据可知，当 $k=2.27$ 时，根轨迹穿出单位圆，系统不再稳定。由此可见，使闭环系统稳定的 $k$ 值范围为 $0<k<2.27$。

**【附例 1.7-5】** 已知具有可变开环增益 $k$ 的采样系统如附图 1.7-5 所示，设采样周期 $T=1$ s。

(1) 确定使系统稳定的 $k$ 值范围；

(2) 说明 $T$ 减小时，对使系统稳定的 $k$ 值范围有何影响？

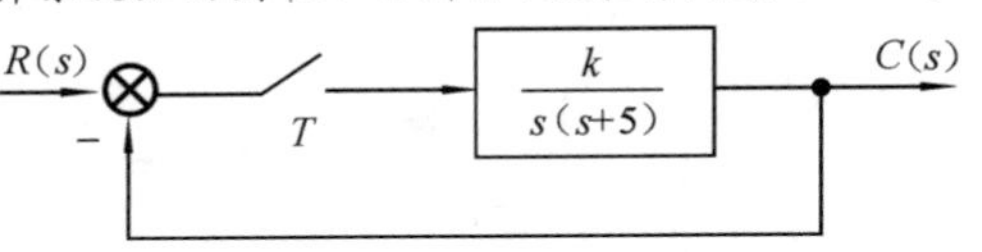


附图 1.7-5 闭环采样系统

**解** (1) 求使系统稳定的 $k$ 值范围。开环脉冲传递函数为

$$G(z)=\mathscr{Z}\left[\frac{k}{s(s+5)}\right]=\frac{k}{5}\frac{(1-\mathrm{e}^{-5})z}{(z-1)(z-\mathrm{e}^{-5})}=\frac{0.9933kz}{5(z^2-1.0067z+0.0067)}$$

则闭环脉冲传递函数为

$$\Phi(z)=\frac{G(z)}{1+G(z)}=\frac{0.9933kz}{5z^2+(0.9933k-5.0335)z+0.0335}$$

特征方程为

$$D(z)=5z^2+(0.9933k-5.0335)z+0.0335=0$$

令 $z=\frac{w+1}{w-1}$，得

$$0.9933kw^2+9.933w+(10-0.9933k)=0$$

根据劳斯判据求得为保证系统稳定性，必须使 $0<k<10.675$。

取 $k=2$ 和 $k=12$ 时的单位阶跃响应曲线如附图1.7-6所示，Matlab程序如下：

```
% Unit step responses for the system in Example 8-33
%
≫ figure(1)
≫ T= 1;t= 0:1:20;
≫ sys1= tf([1.9866,0],[5,1.9866-5.0335,0.0335],T);        % k= 2
≫ step(sys1,t); axis([0,20,0,1.2]); grid;
≫ figure(2)
≫ sys2= tf([11.9196,0],[5,11.9196-5.0335,0.0335],T);        % k= 12
≫ step(sys2,t); grid;
```

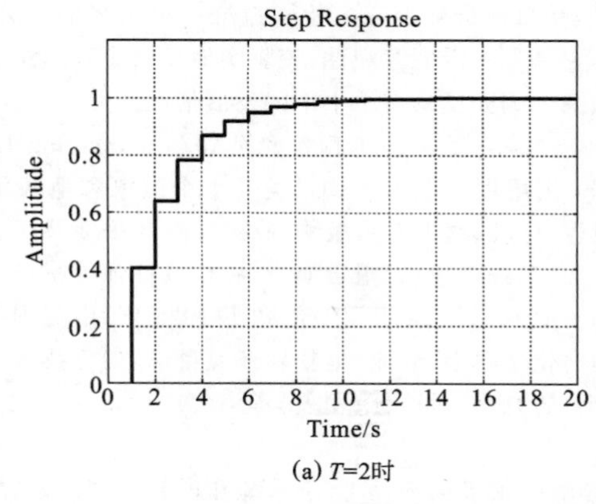


(a) $T$=2时

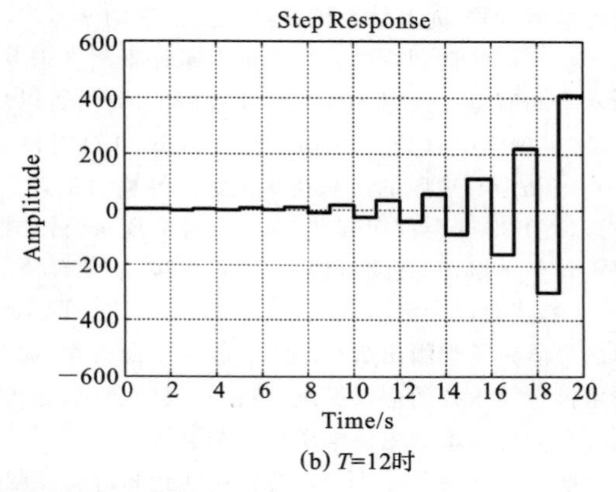


(b) $T$=12时

附图1.7-6　系统单位阶跃响应曲线

(2) $T$ 对 $k$ 值范围的影响。如果 $T$ 待定，则有

$$G(z)=\frac{k(1-e^{-5T})z}{5(z-1)(z-e^{-5T})}$$

$$\Phi(z)=\frac{k(1-e^{-5T})z}{5z^2+[k(1-e^{-5T})-5(1+e^{-5T})]z+5e^{-5T}}$$

令 $z=\frac{w+1}{w-1}$，得　$k(1-e^{-5T})w^2+10(1-e^{-5T})w+10(1+e^{-5T})-k(1-e^{-5T})=0$

根据劳斯判据，当 $0<k<\frac{10(1+e^{-5T})}{1-e^{-5T}}$ 时，系统稳定。此时若 $T$ 减小，则 $k$ 值范围增大。当 $k=12$，$T=1$ 时，系统不稳定，阶跃响应曲线如附图1.7-6所示；而当 $T=0.1$ 时，使系统稳定的 $k$ 值范围为 $0<k<40.83$，取 $k=12$，系统单位阶跃响应曲线如附图1.7-7所示。Matlab程序如下：

```
% Unit step responses for the sys-
tem in Example 8-33
%
≫ T= 0.1;t= 0:0.1:2;
≫ sys= tf([12 * (1- exp(- 0.5)),0],
[5,7- 17 * exp(- 0.5),5 * exp(- 0.5)],
T);
% k= 12,T= 0.1
≫ Step(sys,t); grid;
```

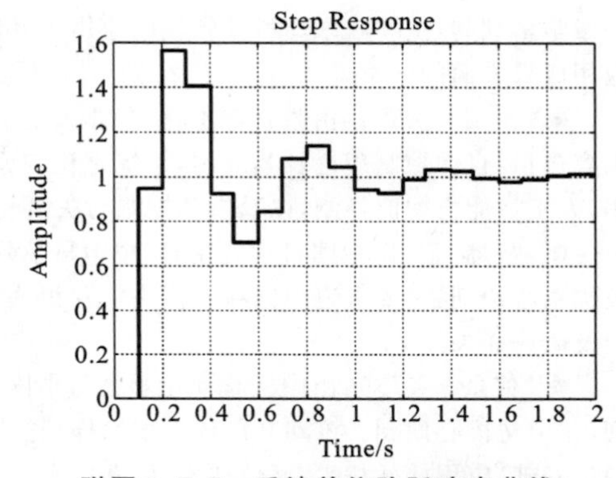


附图1.7-7　系统单位阶跃响应曲线

# 附录 2　自动化领域重要学术期刊、会议及文献检索工具

目前，科学技术界成果交流的主要渠道是学术论文与会议。SCI(科学引文索引)、EI(工程索引)、ISTP(科技会议录索引)是世界著名的三大科技文献检索系统，是国际公认的进行科学统计与科学评价的主要检索工具。

《科学引文索引》(Science Citation Index，SCI)创刊于 1961 年，由美国科学信息研究所(ISI)创办出版的引文数据库，是覆盖生命科学、临床医学、物理化学、农业、生物、兽医学、工程技术等领域的综合性检索刊物，尤其能反映自然科学研究的学术水平，是目前国际上三大检索系统中最著名的一种。从 SCI 严格的选刊原则及严格的专家评审制度来看，它具有一定的客观性，较真实地反映了学术论文的水平和质量。根据 SCI 收录及被引证情况，可以从一个侧面反映学术水平的发展情况。

《工程索引》(The Engineering Index，EI)创刊于 1884 年，是美国工程信息公司(Engineering Information Inc)出版的工程技术类综合性检索工具。EI 选用世界上工程技术类几十个国家和地区 15 个语种的 3500 余种期刊和 1000 余种会议录、科技报告、标准、图书等出版物，收录文献几乎涉及工程技术各个领域，具有综合性强、资料来源广、地理覆盖面广、报道量大、报道质量高、权威性强等特点。

《科技会议录索引》(Index to Scientific & Technical Proceedings，ISTP)创刊于 1978 年，由美国科学情报研究所编辑出版。该索引收录生命科学、物理与化学科学、农业、生物和环境科学、工程技术和应用科学等学科的会议文献，包括一般性会议、座谈会、研究会、讨论会、发表会等。

自动化领域的主要学术期刊与会议简介如下。

● 《Automatica》：IFAC 的旗舰期刊和自动控制领域的顶级期刊，侧重于系统和控制的理论研究，主要内容包括通信、计算机、生物、能源和经济等方面。

● 《IEEE Transactions on Automatic Control》：由 IEEE 控制系统协会(IEEE Control Systems Society)主办，是国际控制领域的顶尖期刊，主要方向包括信息科学、自动化、控制理论与方法等内容。

● 《自动化学报》：由中国自动化学会、中国科学院自动化研究所共同主办的高级学术期刊，主要刊载自动化科学与技术领域的高水平理论性和应用性的科研成果。该期刊内容包括：① 自动控制；② 系统理论与系统工程；③ 自动化工程技术与应用；④ 自动化系统计算机辅助技术；⑤ 机器人；⑥ 人工智能与智能控制；⑦ 模式识别与图像处理；⑧ 信息处理与信息服务；⑨ 基于网络的自动化，等等。

● 《控制理论与应用》：由华南理工大学和中国科学院数学与系统科学研究院联合主办的全国性一级学术刊物，主要收录高科技领域的应用研究成果和在国民经济有关领域技术开发、技术改造中的应用成果方面的文章。

● 《控制与决策》：由教育部主管、东北大学主办，是自动控制与管理决策领域的学术性期刊，主要内容包括：自动控制理论及其应用，系统理论与系统工程，决策理论与决策方法，自动化技术及其应用，人工智能与智能控制，以及自动控制与决策领域的其他重要课题。

● 《机器人》：由中国科学院主管，中国科学院沈阳自动化研究所、中国自动化学会共同主办的科技类核心期刊，主要报道中国在机器人学及相关领域具有创新性的、高水平的、有重要意义的学术进展及研究成果。

● 《信息与控制》：由中国自动化学会与中国科学院沈阳自动化研究所联合主办的全国性学术期刊，是中文核心期刊。该期刊以信息技术推动控制系统和理论发展为目标，以信息理论和控制理论为理论基础，应用软件技术、通信技术、仿真技术、嵌入式系统技术、控制与优化技术、智能信息处理技术等先进技术群，开展面向国防、工业、农业与生态环境等领域的系统理论研究。

● 国际自动控制联合会(IFAC World Congress，IFAC)：国际自动控制联合会是一个以国家组织为其成员的国际性学术组织。该组织负责定期举办控制方面的国际会议，每三年召开一次，其宗旨是通过国际合作促进自动控制理论和技术的发展，推动自动控制在各部门的应用。

● IEEE 决策与控制会议(IEEE Conference on Decision and Control，CDC)：由 IEEE 控制系统学会(IEEE Control Systems Society)主办，国际公认的致力于提高系统与控制理论及应用的顶级会议，每年召开一次，就决策与自动控制及相关领域的最新理论与应用成果以及未来的发展趋势进行广泛交流。

● 美国控制会议(American Control Conference，ACC)：由美国自动控制协会(American Automatic Control Council)主办，是国际控制理论和自动化学界的重要学术会议，每年召开一次。该会议致力于推动控制理论与实践的进步，是国际公认的顶级科学与工程会议。ACC 与 IFAC、CDC 齐名，其会议议题和会议论文集集中反映了国际控制论及自动化学界的主要学术成就，当前关注的核心问题以及新的发展方向等，是 EI 的重要检索源。

● AIAA 制导、导航与控制会议(AIAA Guidance，Navigation，and Control Conference，AIAA GNCC)：由美国航空航天研究所(The American Institute of Aeronautics and Astronautics)主办的、航空航天控制领域最好的国际会议，每年召开一次。该会议议题涉及航空、航天、航海、陆地等运动体制导、导航与控制领域。

● 国际机器人学与自动化大会(IEEE International Conference on Robotics and Automation，ICRA)：由 IEEE 机器人与自动化学会(IEEE Robotics and Automation Society)主办，是机器人与自动化学界享有盛誉、历史最悠久的国际学术会议，每年召开一次。参加者包括来自世界各国/各地区科研院所、工业界、政府的机器人与自动化技术专家、学者，共同讨论机器人和自动化的前沿发展方向，会议期间同期进行机器人展览与竞赛展示。

● IEEE/RSJ 智能机器人与系统国际会议(IEEE/RSJ International Conference on Intelligent Robots and Systems，IROS )：由 IEEE 机器人与自动化学会(IEEE Robotics and Automation Society)主办，是国际机器人与自动化领域的旗舰会议之一，每年召开一次。其规模和影响力仅次于 ICRA，是国际机器人和智能系统领域的著名国际学术会议，并附带有一个机器人展览。

● 中国控制会议(Chinese Control Conference)：由中国自动化学会控制理论专业委员会发起的系列学术会议，现已发展成为控制理论与技术领域的国际性学术年会，每年召开一次。会议以中文和英文为工作语言，采用大会报告、专题研讨论、会前专题讲座、分组报告与张贴论文等形式进行学术交流，为海内外控制领域的专家、学者、研究生及工程设计人员提供了一个及时交流科研成果的机会和平台。

● 中国控制与决策会议(Chinese Control and Decision Conference)：由《控制与决策》编辑委员会联合中国自动化学会应用专业委员会、中国航空学会自动控制专业委员会等学术组织，于 1989 年创办的大型学术会议，是在国内举办的信息与控制领域的重要会议之一，也是高水平的有重要影响的国际学术会议，每年举办一届。

● 中国过程控制会议(Chinese Process Control Conference)：由中国自动化学会过程控制专业委员会主办的国际性学术年会，其目的是为海内外过程控制领域的专家、学者、研究生及工程技术人员搭建一个学术交流、研讨和报告最新研究成果的平台，以推动自动化科学与技术的发展。自 1987 年以来，中国过程控制会议已经成功举办了 28 届。

# 参 考 文 献


[1] 刘仙洲. 中国机械工程发明史(第一编)[M]. 北京:科学出版社, 1962.

[2]《中国儿童百科全书》编委会. 中国大百科全书·自动控制与系统工程卷[M]. 北京:中国大百科全书出版社,1991.

[3] [英]李约瑟. 中国科学技术史·天文卷[M]. 北京:科学出版社, 1975.

[4] 肖湘江,周擎坤. AnBot:为人民守护平安,祝大众智享生活[J]. 科技纵览,2016,06:74-75.

[5] 李志超. 水运仪象志[M]. 合肥:中国科技大学出版社, 1997.

[6] 陈敏. 认知计算导论[M]. 武汉:华中科技大学出版社,2017.

[7] [英]亚. 沃尔夫. 十八世纪科学、技术和哲学史[M]. 北京:商务印书馆, 1991.

[8] 维纳. 控制论[M]. 2 版. 郝季仁,译. 北京:科学出版社, 1985.

[9] 彭永东. 控制论思想在中国的早期传播(1929—1966)[J]. 自然科学史研究,2004,23(4):299-318.

[10] Wiener N. Cybernetics or Control and Communication in the Animal and the Machine [M]. MIT Press, 1961.

[11] Tsien H S. Engineering cybernetics[M]. Royal society of chemistry, 1954.

[12] Black H S. Stabilized Feedback Amplifiers[J]. Bell Syst. Tech. J. , 1934(13):1-18.

[13] Needham J, Ling Wang, Price D J. Chinese Astronomical Clockwork[J]. Nature, 1956, 177 (4509):600-602.

[14] Kalman R E. Contributions to the theory of optimal control[J]. Boletin de la Sociedad Matematica Mexicana, 1965(5): 102-119.

[15] Pontryagin L S, Boltyansky V G, Gamkrelidze R V,etal. The Mathematical Theory of Optimal Processes[M]. New York: Wiley, 1962.

[16] Åström K J, Wittenmark B. Adaptive Control, Addison-Wesley, Reading, MA, 2nd ed. , 1995 (2):102-119.

[17] Bellman R. Dynamic Programming[M]. New Jersey: Princeton Univ. Press, 1957.

[18] Zames G. Feedback and optimal sensitivity: Model reference transformations, weighted seminorms and approximate inverses[J]. IEEE Transactions on Automatic Control, 1981(23): 301-320.

[19] Golnaraghi F,Benjamin C K. Automatic control system[M]. 9th ed. New York: Wiley, 2010.

[20] Zadeh L A. Fuzzy sets[J]. Information and Control, 1965(8):338-353.

[21] Fu K S. Learning control systems and intelligent control systems: an intersection of artificial intelligence and automatic control[J]. IEEE Transactions on Automatic Control, 1971, 16(1):70-72.

[22] Hopfield J J. Neural networks and physical systems with emergent collective computational abilities[J]. Proceedings of the national academy of sciences, 1982, 79(8): 2554-2558.

[23] Åström K J, Albertos P,Blanke M,et al. Control of Complex Systems, Springer, 2001.

[24] Guo L. On critical stability of discrete-time adaptive nonlinear control[J]. IEEE Transactions on Automatic Control. , 1997, 42(11): 1488-1499.

[25] Bennett S. A brief history automatic control[J]. IEEE Control Systems, 1996, 16(3):17-25.

[26] Åström K J, Wittenmark B. Computer-controlled systems: theory and design[M]. Prentice-Hall, 1997.

[27] Katsuhiko O. Modern control engineering[M]. 5th ed. Pretice Hal, 2010.

[28] Saridis G N. Self-organizing control of stochastic systems[M]. New York: Marcel Dekker, 1977

[29] Saridis G N. Toward the Realization of Intelligent Controls[J]. Proc. of the IEEE, 1979, 67 (8):1115-1133.

[30] Bakule L, Papík M. Decentralized control and communication[J]. Annual Reviews in Control, 2012, 36(1): 1-10.
[31] Jäschke J, Cao Y, Kariwala V. Self-optimizing control-A survey[J]. Annual Reviews in Control, 2017.
[32] Müller V C, Bostrom N. Future progress in artificial intelligence: A survey of expert opinion [M]. Springer International Publishing, 2016: 553-570.
[33] Ponce P, Molina A, Alvarez E. A review of intelligent control systems applied to the inverted-pendulum problem[J]. American Journal of Engineering and Applied Sciences, 2014, 7(2): 194-240.
[34] Castillo O, Melin P. A review on interval type-2 fuzzy logic applications in intelligent control[J]. Information Sciences, 2014, 279: 615-631.
[35] Jin J, Ma X, Kosonen I. An intelligent control system for traffic lights with simulation-based evaluation[J]. Control Engineering Practice, 2017, 58: 24-33.
[36] Liu Q, Wang J, Zeng Z. Advances in Neural Networks, Intelligent Control and Information Processing[C]. Neurocomputing, 2016, 198: 1-3.
[37] [俄]索洛多夫尼柯夫. 自动调整原理[M]. 王重托,译. 北京:电力工业出版社,1957.
[38] 钱学森. 工程控制论[M]. 戴汝为,译. 北京:科学出版社, 1958.
[39] 钱学森, 宋健. 工程控制论(上下册)[M]. 北京:科学出版社, 1980.
[40] 钱伟长. 我国历史上的科学发明[M]. 北京:中国青年出版社, 1953.
[41] 钱三强. 科学技术发展的简况[M]. 北京:知识出版社, 1980.
[42] 王新民,等. 自动化技术进展[M]. 北京:科学出版社, 1963.
[43] 陈翰馥, 郭雷. 现代控制理论的若干进展及展望[J]. 科学通报, 1998, 43(1):1-7.
[44] 黄琳, 于年才, 王龙. 李亚普诺夫方法的发展与历史成就[J]. 自动化学报, 1993, 119(5): 587-595.
[45] 王庆林. 自动控制理论的早期发展历史[J]. 自动化博览. 1996(5):22-25.
[46] 杨舒. 人工智能研究的中国力量[N]. 光明日报,2017 年 7 月 13 日(13 版).
[47] 吴澄. 中国自主无人系统智能应用的畅想[N]. 光明日报,2017 年 7 月 13 日(13 版).
[48] 吴澄. 迎接人工智能新高潮,推进自动化学科新发展[R]. 南京:全国自动化教育学术年会,2017 年 8 月 11 日.
[49] 李少远, 席裕庚, 陈增强,等. 智能控制的新进展[J]. 控制与决策, 2000, 15(1):1-5.
[50] 郑南宁. 认知过程的信息处理和新型人工智能系统[J]. 中国基础科学, 2000, 8: 9-18.
[51] 郭雷. 关于反馈的作用及能力的认识[J]. 自动化博览, 2003(1):1-3.
[52] 郑南宁, 贾新春, 袁泽剑. 控制科学与技术的发展及其思考[J]. 中国工控网, 2004,7-17.
[53] 康宇, 刘国平. 自动控制技术应用研究进展[J]. 系统科学与数学,2014, 12:1419-1420.
[54] 刘宸硕. 新时代下控制科学与技术的发展及应用分析[J]. 通讯世界,2015,11:218.
[55] 黄琳,杨莹,王金枝. 信息时代的控制科学[J]. 中国科学:信息科学,2013,11:1511-1516.
[56] 黄琳,彭中兴,王金枝. 控制科学——与需俱进的科学[J]. 科技导报,2011,17:72-79.
[57] 黄琳.《工程控制论》的意义[J]. 控制理论与应用,2014,12:1610-1612.
[58] 黄琳. 控制科学的机遇[J]. 科技导报,2011,17:2.
[59] 刘豹. 自动控制原理[M]. 上海:中国科学图书仪器公司, 1954.
[60] 胡寿松. 自动控制原理[M]. 6 版. 北京:国防工业出版社,2013.
[61] 涂序彦. 人工智能及其应用[M]. 北京:电子工业出版社, 1988.
[62] 杨位钦,谢锡祺. 自动控制理论基础(上下册)[M]. 北京:北京理工大学出版社,1995.
[63] 吴麒,王诗宓. 自动控制原理(上下册)[M]. 2 版. 北京:清华大学出版社,2006.
[64] 蔡自兴, 徐光佑. 人工智能及其应用[M]. 4 版. 北京:清华大学出版社, 2010.
[65] 王顺晃,舒迪前. 智能控制系统及其应用[M]. 2 版. 北京:机械工业出版社,2005.
[66] 王耀南. 智能信息处理技术[M]. 北京:高等教育出版社,2003.
[67] [美]Dorf R C, Bishop R H. 现代控制系统[M]. 12 版. 谢红卫,孙志强,等,译. 北京:电子工业

出版社,2015.
[68] 李友善. 自动控制原理[M]. 3 版. 北京:国防工业出版社,2005.
[69] 王建辉,顾树生. 自动控制原理[M]. 2 版. 北京:清华大学出版社,2014.
[70] 田玉平. 自动控制原理[M]. 2 版. 北京:科学出版社,2013.
[71] 王万良. 自动控制原理[M]. 2 版. 北京:高等教育出版社,2014.
[72] 韩璞. 现代工程控制论[M]. 北京:中国电力出版社,2017.
[73] 吴怀宇,廖家平. 自动控制原理[M]. 2 版. 武汉:华中科技大学出版社,2012.
[74] 周其节,李陪豪,高国桑. 自动控制原理[M]. 广州:华南理工大学出版社,1996.
[75] 潘丰,徐颖秦,熊伟丽. 自动控制原理[M]. 2 版. 北京:机械工业出版社,2015.
[76] 陈复扬,姜斌. 自动控制原理[M]. 2 版. 北京:国防工业出版社,2013.
[77] [美]Franklin G F, Powell J D, Emami-Naeini A. 自动控制原理与设计[M]. 6 版. 北京:电子工业出版社,2014.
[78] 张涛,王娟,杜海英. 自动控制理论及 MATLAB 实现[M]. 北京:电子工业出版社,2016.
[79] 胡寿松. 自动控制原理[M]. 6 版. 北京:科学出版社,2017.
[80] 吴麟. 自动控制原理(上)[M]. 2 版. 北京:清华大学出版社,2006.
[81] 梅晓榕. 自动控制原理[M]. 3 版. 北京:科学出版社,2013.
[82] 鄢景华. 自动控制原理[M]. 哈尔滨:哈尔滨工业大学出版社,2006.
[83] 谢克明. 自动控制原理[M]. 3 版. 北京:电子工业出版社,2013.
[84] 夏超英. 自动控制原理[M]. 北京:科学出版社,2010.
[85] 程鹏. 自动控制原理[M]. 北京:高等教育出版社,2005.
[86] 胡寿松. 自动控制原理习题集[M]. 北京:科学出版社,2004.
[87] 施阳. MATLAB 语言精要及动态仿真工具 SIMULINK[M]. 西安:西北工业大学出版社,1997.
[88] Dorf R C, Bishop R H. Modern control systems[M]. 12th ed. Pearson, 2011.
[89] Katsuhiko Ogata. 现代控制工程[M]. 4 版. 卢伯英,于海勋,等,译. 北京:电子工业出版社,2007.
[90] Benjamin C. K, Farid G. Automatic Control Systems[M]. 8th ed. New York: Wiley, 2002.
[91] 黄坚. 自动控制原理及其应用[M]. 北京:高等教育出版社,2004.
[92] 王建辉,顾树生. 自动控制原理[M]. 4 版. 北京:冶金工业出版社,2005.
[93] 冯巧玲. 自动控制原理[M]. 北京:北京航空航天大学出版社,2003.
[94] 高国燊,余文烋. 自动控制原理[M]. 广州:华南理工大学出版社,2003.
[95] 周其节,李陪豪,高国桑. 自动控制原理[M]. 广州:华南理工大学出版社,1996.
[96] 李友善. 自动控制原理(上)[M]. 北京:国防工业出版社,1997 .
[97] 刘叔军,盖晓华,樊京,等. MATLAB7.0 控制系统应用与实例[M]. 北京:机械工业出版社,2006.
[98] 高国燊. 自动控制原理[M]. 广州:华南理工大学出版社,2002.
[99] 胥布工. 自动控制原理[M]. 北京:电子工业出版社,2013.
[100] 顾树生,王建辉. 自动控制原理[M]. 3 版. 北京:冶金出版社,2001.
[101] 郑有根. 自动控制原理[M]. 重庆:重庆大学出版社,2003.
[102] 孙虎章. 自动控制原理[M]. 北京:中央广播电视大学出版社,1984.
[103] 夏德钤. 自动控制理论[M]. 北京:机械工业出版社,2000.
[104] 蒋大明,戴胜华. 自动控制原理[M]. 北京:清华大学出版社,2003.
[105] 王划一. 自动控制原理[M]. 北京:国防工业出版社,2001.
[106] 孔凡才. 自动控制原理与系统[M]. 2 版. 北京:机械工业出版社,2000.
[107] 谢麟阁. 自动控制原理[M]. 2 版. 北京:水利电力出版社,1991.
[108] 孙德宝. 自动控制原理[M]. 北京:化学工业出版社,2002.
[109] 金波. 信号与系统基础[M]. 武汉:华中科技大学出版社,2006.
[110] 谢克强. 自动控制原理[M]. 北京:电子工业出版社,2004.
[111] 胡寿松. 自动控制原理题海大全[M]. 北京:科学出版社,2011.